支挡结构设计手册

（第三版）

尉希成 周美玲 编著

中国建筑工业出版社

图书在版编目（CIP）数据

支挡结构设计手册/尉希成等编著. —3 版. —北京：
中国建筑工业出版社，2015.5（2022.10重印）
ISBN 978-7-112-17918-3

Ⅰ.①支… Ⅱ.①尉… Ⅲ.①挡土墙—支撑—结构设
计—技术手册 Ⅳ.①TU361.04-62

中国版本图书馆 CIP 数据核字（2015）第 050951 号

本手册是在总结了国内外有关实践经验的基础上，根据国内新规范体系编写而成的一
本实用工具书。本手册详细而又简明地给出了支挡结构的土压力及其他荷载的计算方法，
对重力式、短卸荷板式、悬臂式、扶壁式、锚杆式、锚定板式、加筋土式、桩板式挡土
墙、土钉墙、抗滑桩、预应力锚索、排桩、地下连续墙、撑锚结构、水泥土墙等支挡结构
的设计分别作了详细介绍，并给出相应实例。同时，给出了设计必须的资料及部分电算
程序。

本书可供从事相关专业的设计施工人员及高等院校师生使用与参考。

* * *

责任编辑：咸大庆　王　梅　杨　允
责任设计：李志立
责任校对：陈晶晶　刘　钰

支挡结构设计手册
（第三版）

尉希成　周美玲　编著

*

中国建筑工业出版社出版、发行（北京西郊百万庄）
各地新华书店、建筑书店经销
北京楠竹文化发展有限公司制版
北京建筑工业印刷厂印刷

*

开本：787×1092 毫米　1/16　印张：37¼　字数：930 千字
2015 年 11 月第三版　2022 年 10 月第十次印刷
定价：**80.00** 元
ISBN 978-7-112-17918-3
（27159）

第 三 版 前 言

自本书第一版出版到现在已 20 年。在这 20 年中国家经济腾飞，城市的快速发展，大量土木工程的修建，特别是大型水利水电工程、矿山的建设，高速铁路、高速公路的修建，使得支挡结构得到前所未有的发展，支挡结构形式的创新；新材料、新技术的应用；新的设计理论、新规范不断地发展和完善。

为适应当前发展形势，有必要对本书进行新的修订。

本书新版（第三版）的修订是参照国内最新规范，结合新的设计理论进行的。新增了：短卸荷板式挡土墙、抗滑桩，预应力锚索，桩板式挡土墙等新内容，去掉了二版的逆作拱墙一章。

新版修订工作是由尉希成，周美玲共同完成的。

本书的出版，再版到今天的第三版。首先应感谢中国建筑工业出版社的大力支持和帮助，这里有他们付出的辛勤劳动。同时，新版书中引用了很多著者的成果，在此，谨向这些文献的作者表示衷心感谢。由于作者水平所限，书中不当之处在所难免，敬请读者批评指正。

编者

2015.1 北京

第 二 版 前 言

本书是《支挡结构设计手册》的修订版。

本次修订，首先是根据实际工程需要，把不常用的半重力式挡土墙一章去掉。

其次，本书第一版侧重挡土墙结构，对于基坑支护结构论及较少。这次修订时增加了常用的支护结构、水泥土墙、土钉墙及逆作拱墙三章，同时补充了地下连续墙及撑锚结构部分内容，使手册成为名副其实的《支挡结构设计手册》。

最后，本手册是根据新规范进行修订的，对相应的内容及算例计算上按新规范作了修改。

第二版是由尉希成，周美玲共同完成的。

本手册的出版与再版，应感谢中国建筑工业出版社的大力支持和帮助。同时，文中引用了很多编著者的成果，在此表示谢意。还应对本书初版提出修改意见的读者一并致谢。

限于编著者的水平，可能存在很多缺点和不妥之处，敬请广大读者予以批评指正。

第 一 版 前 言

随着我国经济建设的飞速发展，需要修建大量的土木工程，为保证各项工程的实施与安全，大量的支挡结构得到了广泛应用。

支挡结构，如各种挡土墙、挖方支撑、地下连续墙等，在公路、铁路、水利，港湾、矿山、民用与工业建筑的土木工程中得到了广泛应用，其作用越来越大。为保证支挡结构工程的设计合理、施工及运营的安全，给出一本结合我国工程实际的支挡结构设计手册是十分必要的。它将有助于我国支挡结构设计水平的提高。

本手册依据我国的现行《建筑结构设计统一标准》（GBJ 68—84）、《建筑地基基础设计规范》（GBJ 7—89）及相关的新规范，并结合我国的工程实际，吸取国外先进的理论与方法编著而成。

本手册分为三大部分：第一部分为设计的基本原则及常用资料；第二部分为各种土压力计算方法及相应设计用表；第三部分则分别讨论重力式、半重力式、悬臂式、扶壁式、锚杆式、锚定板式、加筋土、板桩式等各种挡土墙、地下连续墙、开挖支撑等各种支挡结构的构造、设计及施工方法，并给出实例及部分电算程序。

编者希望本手册能为从事土木工程设计、施工的科技人员提供一本有实用价值的工程设计资料。因此，本手册图文并茂，并采用设计方法与计算实例相结合的方法，使得本手册不但使用方便，还可通过各种算例，理解设计方法和计算理论，正确掌握设计方法，解决支挡结构设计中有关问题，做出合理的设计。

本手册的编写过程中，周美玲同志在收集资料、编制程序等方面给予了很多支持，在此表示感谢。

由于某些支挡结构国内虽有应用，但结合我国的实际研究较少。目前我国尚无全国统一的支挡结构设计、施工规范，仅有的一些部门规范尚未能与新规范体系相匹配。虽经作者的研究、探讨，但仍会有很多不当之处，欢迎广大读者提出批评指正，以便于修改、补充，提高手册的水平。

编 者

目　　录

第一篇　设计基本原则及常用资料

第二篇　土　压　力　计　算

附　　录

第一篇 设计基本原则及常用资料

第一章 设计基本原则

第一节 概述

为保持结构物两侧的土体、物料有一定高差的结构称为支挡结构。如挡土墙，抗滑桩、预应力锚索等支撑和锚固结构，是用来支撑、加固填土或山坡土体、防止坍滑以保持稳定的构筑物。在铁路，公路路基工程中，支挡结构主要用于承受土体侧向土压力，它应用稳定路堤、路堑、隧道口以及桥梁两端的路基边坡等工程。在水利水电、矿山、房屋建筑工程中，支挡结构主要用于加固山坡、河流崖壁、基坑边坡的稳定。当工程遇到不良地质灾害时，支挡结构结构主要是加固或拦挡不良地质体，如加固滑坡，崩塌，岩堆体、落石、泥石流等。支挡结构是岩土工程的一个重要组成部分。

随着我国的经济大发展，大量土木工程的修建，支挡结构技术水平不断提高以及保护环境观念的加强。支挡结构在岩土工程更加重要，它将保证工程的安全和经济。

第二节 支挡结构分类及适用范围

支挡结构类型的划分方法较多，按结构形式、建筑材料，施工方法及所处环境条件等进行划分。按结构形式可分为：重力式挡土墙、短卸荷板式挡土墙、悬臂式挡土墙、扶壁式挡土墙、锚杆式挡土墙、锚定板式挡土墙、加筋土挡土墙、抗滑桩、预应力锚索、桩板式挡土墙、土钉墙。作为基坑支护结构有排桩式支护结构、地下连续墙、重力式水泥土墙；按材料区分可分成：石砌、混凝土、钢筋混凝土、土工合成材料。

支挡结构作为一种结构物，其类型很多，其适用范围将取决于结构物所处地形、工程地质、水文地质、水文条件、建筑材料、结构用途、结构本身的特性、施工方法、技术经济条件及当地经验等因素。表1-1仅供参考。

支挡结构类型及适用范围 表1-1

类型	结 构 示 意	特点及适用范围
重力式		1. 依靠墙自重承受土压力，保持平衡； 2. 一般用浆砌片石砌筑，缺乏石料地区可用混凝土； 3. 形式简单，取材容易，施工简便； 4. 当地基承载力低时，可在墙底设钢筋混凝土板，以减薄墙身，减少开挖量。 适用于低墙、地质情况较好有石料地区

1

续表

类型	结 构 示 意	特点及适用范围
短卸荷板式	卸荷板 卸荷板式挡土墙	1. 在重力式挡土墙墙背设置一定长度的水平卸荷板； 2. 卸荷板上填料作为墙体重量，同时卸荷板减少下墙的土压力，增加了抗倾稳定。 3. 地基强度较大时，墙高应大于 6m，小于 12m
悬臂式	立壁 墙趾板　墙踵板	1. 采用钢筋混凝土，由立臂、墙趾板、墙踵板组成，断面尺寸小； 2. 墙过高，下部弯矩大，钢筋用量大。 适用于石料缺乏，地基承载力低地区，墙高 6m 左右
扶壁式	墙面板　扶壁 墙趾板　墙踵板	1. 由墙面板、墙趾板、墙踵板、扶壁组成； 2. 采用钢筋混凝土。 适用于石料缺乏地区，挡土墙高大于 6m，较悬臂式经济，不宜高于 10m
锚杆式	肋柱　锚杆 挡土板	由肋柱、挡土板、锚杆组成，靠锚杆的拉力维持挡土墙的平衡。 适用于一般地区岩质或土质边坡加固工程。可采用单级或多级，上、下级之间应加设平台。单级高小于 6m，双级高小于 12m
锚定板式	墙面板　锚定板 拉杆	1. 结构特点与锚杆式相似，只是拉杆的端部用锚定板固定于稳定区。 2. 填土压实时，钢拉杆易弯，产生次应力。 适用于大型填土工程，墙高不宜大于 10m
加筋土式	墙面板　拉条	1. 由墙面板、拉条及填土组成，结构简单、施工方便； 2. 对地基承载力要求较低。 适用于大型填方工程，墙高不宜大于 10m
抗滑桩	抗滑桩　滑动面	1. 抗滑桩是一种由其锚固段侧向地基抗力来抵抗悬臂段土压力或滑坡下滑力的横向受力桩； 2. 抗滑桩用于稳定滑坡，加固其他特殊边坡
预应力锚索	锚头　自由段 锚固段	1. 预应力锚索由锚固段、自由段及锚头组成。通过对锚索施加预应力以加固岩土体使其达到稳定状态或改善结构内部受力状态； 2. 用于土质，岩质土层的边坡及地基加固
桩板式挡土墙	路基面 钢筋混凝土桩　挡土板	1. 桩板式挡土墙是在桩间设挡土板，来稳定土体； 2. 可用于一般地区，浸水地区，地震区的路堑和路堤支挡，也可用于滑坡等特殊路基的支挡工程； 3. 桩的悬臂长不宜大于 15m； 4. 桩较高或土压力大时，可在桩上部加设锚索

续表

类型	结 构 示 意	特点及适用范围
土钉墙	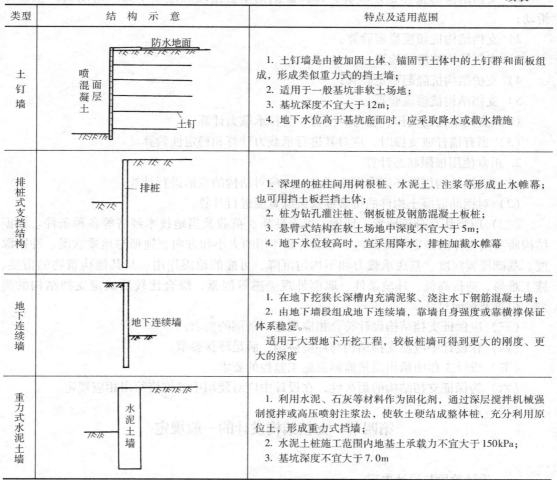	1. 土钉墙是由被加固土体、锚固于土体中的土钉群和面板组成，形成类似重力式的挡土墙； 2. 适用于一般基坑非软土场地； 3. 基坑深度不宜大于 12m； 4. 地下水位高于基坑底面时，应采取降水或截水措施
排桩式支挡结构		1. 深埋的桩柱间用树根桩、水泥土、注浆等形成止水帷幕；也可用挡土板拦挡土体； 2. 桩为钻孔灌注桩、钢板桩及钢筋混凝土板桩； 3. 悬臂式结构在软土场地中深度不宜大于 5m； 4. 地下水位较高时，宜采用降水，排桩加截水帷幕
地下连续墙		1. 在地下挖狭长深槽内充满泥浆、浇注水下钢筋混凝土墙； 2. 由地下墙段组成地下连续墙，靠墙自身强度或靠横撑保证体系稳定。 适用于大型地下开挖工程，较板桩墙可得到更大的刚度、更大的深度
重力式水泥土墙		1. 利用水泥、石灰等材料作为固化剂，通过深层搅拌机械强制搅拌或高压喷射注浆法，使软土硬结成整体桩，充分利用原位土，形成重力式挡墙； 2. 水泥土桩施工范围内地基土承载力不宜大于 150kPa； 3. 基坑深度不宜大于 7.0m

第三节 设计基本原则

支挡结构设计中，应贯彻执行国家的技术经济政策，按照以人为本的可持续发展观，做到安全至上、合理布局、合理选材、节约资源、降低全寿命周期成本、技术先进、质量优良、公众满意、人工环境与自然环境相和谐。

支挡结构应当保证填土、物料、基坑侧壁及构筑物本身的稳定，构筑物应具有足够的承载力和刚度，保证结构的安全正常使用。同时，在设计中还应做到技术先进、经济合理及方便施工。设计的基本原则为：

（一）为保证支挡结构安全正常使用，必须满足承载能力极限状态和正常使用极限状态的设计要求，对于支挡结构应进行下列的计算和验算：

1. 支挡结构均应进行承载能力极限状态的计算，计算内容应包括：

（1）根据支挡结构形式及受力特点进行土体稳定性计算。稳定性验算通常应包括以下内容：

　　1）支挡结构的整体稳定验算，即保证结构不会沿墙底地基中某一滑动面产生整体滑动；

　　2）支挡结构抗倾覆稳定验算；

　　3）支挡结构抗滑移验算；

　　4）支护结构抗隆起稳定验算；

　　5）支挡结构抗渗流验算。

　　（2）支挡结构的受压、受弯、受剪、受拉承载力计算。

　　（3）当有锚杆或支撑时，应对其进行承载力计算和稳定性验算。

　　2. 正常使用极限状态计算

　　（1）支挡结构周围环境有严格要求时，应对结构的变形进行计算；

　　（2）对钢筋混凝土构件的抗裂度及裂缝宽度进行计算。

　　（二）应当认真分析地形、地质、填土性质、荷载及当地技术经济等各种条件。根据结构所支挡土体的稳定平衡条件、考虑荷载作用的大小和方向、地形与地质状况、冲刷深度、基础埋置深度、基底承载力和不均匀沉降、可能的地震作用、与其他构筑物的衔接、施工难易、造价高低、环境条件、墙面外观美感等因素，综合比较后确定支挡结构的类型、位置及截面尺寸。

　　（三）应保证支挡结构设计符合相应规范、条例的要求。

　　（四）在设计中应使支挡结构与环境协调，满足环保要求。

　　（五）设计工作中给出质量监测及施工监控的要求。

　　（六）为保证支挡结构的耐久性，在设计中应对使用中的维修给出相应规定。

第四节　支挡结构设计的一般规定

一、设计阶段与设计内容

　　支挡结构的设计阶段和设计内容，均取决于整体工程的设计阶段、设计内容及对组成文件的要求。有时为了争取工期，也可能早于整体工程的设计阶段。通常可将设计阶段分为以下两种：

　　1. 两阶段设计：初步设计和施工设计；

　　2. 一阶段设计：施工设计。

　　根据工程的要求，确定设计阶段后，其相应的设计文件组成与内容，将根据工程设计阶段、工程种类及要求而定。应符合相关规范的规定。

　　初步设计阶段：

　　根据设计任务书中确定的主要技术条件，确定支挡结构修建的可行性，对平面布置的确定，结构类型的选择，作出综合考虑，确定其最佳方案，并给出工程量及造价的概算。对个别控制工程拟出设计原则。

　　施工设计阶段：

　　最后确定支挡结构的平面布置，选定支挡结构类型、截面形式及构造，决定整个结构的全部尺寸，给出工程数量及造价。对控制工程及独立的高墙作出单独设计。应给出平面布置图，纵平面图，墙的大样图，相关的一些构造图，工程量及造价计算表，设计说明表。在必要时应包括基坑的平面图和断面图。

如果是一设计阶段，将上述两设计阶段工作结合起来一次完成。

二、挡土墙设计的一般规定

（一）挡土墙的稳定性，应符合下列要求：

1. 抗滑安全系数

$$K_{s} = \frac{(G_{n} + E_{an})\mu}{E_{at} - G_{t}} \geqslant 1.3 \tag{1-1}$$

2. 抗倾覆安全系数（图 1-1）

$$K_{l} = \frac{Gx_{0} + E_{az}x_{f}}{E_{ax}z_{f}} \geqslant 1.6 \tag{1-2}$$

$$G_{n} = G\cos\alpha_{0};$$

$$G_{t} = G\sin\alpha_{0};$$

$$E_{at} = E_{a}\sin(\alpha - \alpha_{0} - \delta);$$

$$E_{an} = E_{a}\cos(\alpha - \alpha_{0} - \delta);$$

$$E_{ax} = E_{a}\sin(\alpha - \delta);$$

$$E_{az} = E_{a}\cos(\alpha - \delta);$$

$$x_{f} = b - z\cot\alpha;$$

$$z_{f} = z - b\tan\alpha_{0}$$

式中　G——挡土墙每延米自重；

x_{0}——挡土墙重心离墙趾的水平距离；

α_{0}——挡土墙的基底倾角；

α——挡土墙的墙背倾角；

δ——土对挡土墙墙背的摩擦角；

b——基底的水平投影宽度；

z——土压力作用点离墙踵的高度；

μ——土对挡土墙基底的摩擦系数。

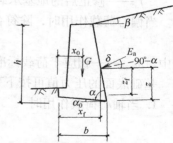

图 1-1　挡土墙稳定验算示意图

3. 整体滑动稳定性验算

一般选用圆弧滑动面法计算。

$$K = \frac{M_{R}}{M_{S}} \geqslant 1.3 \tag{1-3}$$

式中　M_{R}——抗滑力矩；

M_{S}——滑动力矩。

在《公路挡土墙设计与施工技术细则》推荐了极限状态挡土墙稳定方程：

（1）滑动稳定方程

$$[1.1G + \gamma_{Q1}(E_{y} + E_{x}\tan\alpha_{0}) - \gamma_{Q2}E_{p}\tan\alpha_{0}]\mu + (1.1G + \gamma_{Q1}E_{y})\tan\alpha_{0} - \gamma_{Q1}E_{x} + \gamma_{Q2}E_{p} > 0 \tag{1-4}$$

式中　G——墙身重力、基础重力、基础上填土的重力及作用于墙顶的其他竖向荷载的标准值（kN），浸水挡土墙的浸水部分应计入浮力；

E_y——墙后主动土压力标准值的竖向分量（kN）；

E_x——墙后主动土压力标准值的水平分量（kN）；

E_p——墙前被动土压力标准值的水平分量（kN），当为浸水挡土墙时，$E_p = 0$；

α_0——基底倾斜角（°），基底水平时，$\alpha_0 = 0$；

μ——基底与地基间的摩擦系数；

γ_{Q1}，γ_{Q2}——主动土压力分项系数，墙前被动土压力分数系数。

（2）倾覆稳定方程

$$0.8GZ_G + \gamma_{Q1}(E_y Z_x - E_x Z_y) + \gamma_{Q2} E_p Z_p > 0 \tag{1-5}$$

式中　Z_G——墙身重力、基础重力、基础上填土的重力及作用于竖向荷载的合力重心到墙趾的距离（m）；

Z_x——墙后主动土压力的竖向分量到墙趾的距离（m）；

Z_y——墙后主动土压力的水平分量到墙趾的距离（m）；

Z_p——墙前被动土压力的水平分量到墙趾的距离（m）。

（二）挡土墙地基承载力计算

挡土墙基础底面的压力，应符合下式的要求：

当轴心荷载作用时

$$p_k \leqslant f_a \tag{1-6}$$

式中　p_k——相应于荷载标准组合时，基础底面处的平均压力值；

f_a——修正后的地基承载力特征值。

当偏心荷载作用时，除符合上式（1-6）要求外，尚应符合下式要求：

$$p_{kmax} \leqslant 1.2f_a \tag{1-7}$$

式中　p_{kmax}——相应于荷载标准组合时，基础底面边缘的最大压力值。

基础底面的压力值可按下列公式确定：

1. 当轴心荷载作用时

$$p_k = \frac{F_k + G_k}{A} \tag{1-8}$$

式中　F_k——相应于荷载效应标准组合时，上部结构传至基础顶面的竖向力值；

G_k——基础自重和基础上的土重；

A——基础底面面积。

2. 当偏心荷载作用时

$$p_{kmax} = \frac{F_k + G_k}{A} + \frac{M_k}{W} \tag{1-9}$$

$$p_{kmin} = \frac{F_k + G_k}{A} - \frac{M_k}{W} \tag{1-10}$$

式中　M_k——相应于荷载效应标准组合时，作用于基础底面的力矩值；

W——基础底面的抵抗矩；

p_{kmin}——相应于荷载效应标准组合时，基础底面边缘的最小压力值。

当偏心距 $e > b/6$ 时，p_{kmax} 应按下式计算

$$p_{kmax} = \frac{2(F_k + G_k)}{3la} \qquad (1-11)$$

式中　l——垂直于力矩作用方向的基础底面边长；

　　　a——合力作用点至基础底面最大压力边缘的距离。

地基承载力特征值可由载荷试验或其他原位测试、公式计算，并结合工程实践经验等方法综合确定。本书给出的地基承载力标准值仅供参考。（为原《建筑地基基础设计规范》GBJ 7—89 之值）。

基底合力的偏心距 e 不应大于 0.25 倍基础的宽度，即

$$e \leqslant \frac{b}{4}$$

当地基受力层范围内有软弱下卧层时，应按下式验算：

$$p_z + p_{cz} \leqslant f_{az} \qquad (1-12)$$

式中　p_z——相应于荷载效应标准组合时，软弱下卧层顶面处的附加压力值；

　　　p_{cz}——软弱下卧层顶面处土的自重压力值；

　　　f_{az}——软弱下卧层顶面处经深度修正后地基承载力特征值。

对条形基础 p_z 值可用下式计算：

$$p_z = \frac{b(p_k - p_c)}{b + 2z\tan\theta} \qquad (1-13)$$

式中　b——条形基础底边的宽度；

　　　p_c——基础底面处土的自重压力值；

　　　z——基础底面到软弱下卧层顶面的距离；

　　　θ——地基压力扩散线与垂直线的夹角，可按表 1-2 采用。

地基压力扩散角 θ 　　　　表 1-2

E_{s1}/E_{s2}	z/b	
	0.25	0.50
3	6°	23°
5	10°	25°
10	20°	30°

注：1. E_{s1} 为上层土压缩模量；E_{s2} 为下层土压缩模量；

　　2. $z/b < 0.25$ 时取 $\theta = 0°$，必要时，宜由试验确定；$z/b > 0.5$ 时 θ 值不变。

同时，还应进行地基稳定性验算（圆弧滑动面）用式 (1-3)，即

$$K = \frac{M_R}{M_S} \geqslant 1.3$$

式中　M_R——抗滑力矩；

　　　M_S——滑动力矩。

（三）墙身正截面承载力计算（图 1-2）

对一般挡土墙，必须保证：

偏心距

$$e = \frac{B}{2} - \frac{G_1 x + E_{az1} x_{fl} - E_{ax1} z_{fl}}{G_1 + E_{az1}} \leqslant \frac{B}{4} \quad (1\text{-}14)$$

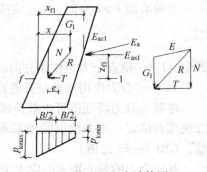

图 1-2　截面正应力计算图

式中　G_1——计算截面以上的墙重；

E_{az1}、E_{ax1}——计算截面以上主动土压的竖向、水平向

的分力；

e——计算截面处的偏心距；

B——计算截面的截面宽度；

x——为 G_1 到截面左边的距离；

x_{fl}——为 E_{az1} 到截面左边的距离；

z_{fl}——为 E_{ax1} 到截面的高度。

确定结构内力后，求截面尺寸、配筋及验算材料强度时，应按承载能力极限状态荷载效应的基本组合，采用相应分项系数。按相关规范进行计算。

三、作用于挡土墙上的力系

（一）荷载

作用于挡土墙上的永久荷载有：

1. 挡土墙自重及位于挡土墙顶面上的恒载；

2. 由于填土作用于墙背上的主动土压力；

3. 由于墙前土体作用于墙面上的被动土压力（一般设计中不考虑，当有条件保证墙前土永远存在方可考虑）；

4. 填土中的地下水压力或常水位时的静水压力与浮力；

5. 由以上荷载引起的基底的竖向反力；

6. 基底的摩擦力。

作用于挡土墙上的可变荷载有：

7. 铁路、公路传来的列车、汽车荷载，或填土上其他工程的超载引起的土压力；

8. 计算水位的静水压力和浮力；

9. 水位退落时的动水压力；

10. 波浪压力；

11. 冻胀力和冰压力；

12. 温度荷载。

作用于挡土墙上的偶然荷载有：

13. 地震作用；

14. 施工及临时荷载，如起吊机、人群、堆载等；

15. 滑坡、泥石流作用。

（二）荷载组合

挡土墙设计应根据使用过程中在挡土墙可能出现的荷载，按承载能力极限状态和正常使用极限状态进行荷载效应组合，并取不利的荷载组合进行设计。

按地基承载力确定基础底面积及埋深时，基础底面上荷载应按正常使用极限状态下荷

载效应的标准组合。荷载效应组合设计值 S 应按下式计算

$$S = S_{Gk} + S_{Q1k} + \sum_{i=2}^{n} \psi_{ci} S_{Qik} \tag{1-15}$$

式中　S_{GK}——按永久荷载标准值 G_k 计算的荷载效应值；

$\quad\quad$ S_{Qik}——按可变荷载标准值 Q_i 计算的荷载效应值，其中 S_{Q1k} 为诸可变荷载效应中起控制作用者；

$\quad\quad$ ψ_{ci}——可变荷载 Q_i 的组合值系数，应分别按《建筑结构荷载规范》（GB 50009—2012）各章规定采用。

计算挡土墙土压力，地基或斜坡稳定及滑坡推力时，荷载效应应按承载能力极限状态下荷载效应的基本组合，但其分项系数均为 1.0。由永久荷载效应控制的组合，其荷载效应组合的设计值：

$$S = \gamma_G S_{Gk} + \sum_{i=1}^{n} \gamma_{Qi} \psi_{ci} S_{Qik} \tag{1-16}$$

式中　γ_G——永久荷载的分项系数，此时取 $\gamma_G = 1$；

$\quad\quad$ γ_{Qi}——第 i 个可变荷载的分项系数，此时也取 $\gamma_{Qi} = 1$。

此处也可采用简化规则，荷载效应基本组合的设计值 S 按下式确定：

$$S = 1.35 S_k \leqslant R \tag{1-17}$$

式中　R——结构构件抗力的设计值；

$\quad\quad$ S_k——荷载效应的标准组合值。

在确定基础、支挡结构截面，计算基础或支挡结构内力，确定配筋和验算材料强度时，上部结构传来的荷载效应组合和相应的基底反力，按承载能力极限状态下荷载效应的基本组合，采用相应的分项系数。

永久荷载的分项系数：

（1）对由永久荷载效应控制的组合，应取 1.35；

（2）当其效应对结构有利时

一般情况下应取 1.0；

对结构的倾覆、滑移或漂浮验算，应取 0.9。

可变荷载的分项系数一般情况下取 1.4。

《公路挡土墙设计与施工技术细则》推荐：

挡土墙设计时，应相应于各种设计状态，对可能同时出现的作用（或荷载），取其最不利情况，选择表 1-3 所列组合。

常用作用（或荷载）组合表　　　　　　　　　　　　　　　　　表 1-3

组合	作用（或）荷载名称
I	挡土墙结构重力，墙顶上的有效永久荷载，填土重力，填土侧压力及其他永久作用（或荷载）相组合
II	组合 I 与基本可变作用（或荷载）相组合
III	组合 II 与其他可变作用（或荷载）相组合

挡土墙按承载能力极限状态设计时，常用作用（或荷载）分项系数可按表 1-4 的规定采用。

承载能力极限状态作用（或荷载）分项系数　　　　　　　　　　表 1-4

情况	作用（或荷载）增大对挡土墙结构起有利作用时		作用（或荷载）增大对挡土墙结构起不利作用时	
组合	Ⅰ，Ⅱ	Ⅲ	Ⅰ，Ⅱ	Ⅲ
垂直恒载 γ_G	0.90		1.20	
恒载或车辆荷载、人群荷载引起的主动土压力分项系数 γ_{Q1}	1.00	0.95	1.40	1.30
被动土压力分项系数 γ_{Q2}	0.30		—	
水浮力分项系数 γ_{Q3}	0.95		1.10	
静水压力分项系数 γ_{Q4}	0.95		1.05	
动水压力分项系数 γ_{Q5}	0.90		1.20	
流水压力分项系数 γ_{Q6}	0.95		1.10	

注：1. 作用于挡土墙结构顶面的车辆荷载、人群荷载，作为垂直力计算时，可采用垂直恒载的分项系数 γ_G；
　　2. 加筋体内部稳定验算时，静止土压力的作用分项系数可取与主动土压力的作用分项系数 γ_{Q1} 相等；
　　3. 本表未列的其他非常用的作用（或荷载）的分项系数，可根据已建工程经验，按该作用（或荷载）增大对挡土墙结构受力有利或受其他作用所削弱时，取值应小于 1.0；反之取值应大于 1.0；
　　4. 作用于挡土墙顶面护栏上的车辆碰撞力按偶然作用计算时，其分项系数取 1.0。

（三）在挡土墙设计中，波浪力、冰压力和冻胀力不同时计算。

当挡土墙浸水时，其受力比较复杂：

1）浸水条件

①经常性浸水；

②季节性浸水。

2）水的作用

①静水压力或动水压力作用；

②水的浮托作用；

③水对填料力学性质的影响；

④对墙体的腐蚀作用。

3）水位的变化

①各种设计水位及涨落情况；

②墙前、墙后水位差及其变化。

4）水引起的特殊作用

①波浪压力；

②冰压力；

③漂浮物的压力。

水的特殊作用，在一般情况下，对挡土墙不起控制作用，因而不计。但对港湾、岸壁的挡土墙，多数情况下波浪压力起控制作用，必须加以计算。

当墙后回填渗水的砂土，墙身设有泄水孔，则墙前、后水位接近平衡。填料浸水后，受到水的减重作用。计算时应计入墙身浸水的上浮力及填料的减重作用。但应注意墙前、后水位的急剧变化，将会引起较大的动水压力作用。

对于水工挡土墙，根据所处条件，应以最不利情况进行考虑。并应遵照相应设计规范要求。

四、关于挡土墙基础的一些规定

挡土墙的基础是保证挡土墙安全正常工作的一个重要部分。很多挡土墙的破坏，都是因基础设计不当而引起的。挡土墙的破坏有的是因地基不良，或者是地基基础处理不当所致。设计基础时，必须充分掌握基底的工程地质与水文地质条件，在安全、可靠、经济的条件下，确定基础类型、埋置深度、地基处理措施。

挡土墙一般采用明挖基础。当基底为松软土层时，可采用换填或桩基础。水下基础挖基有困难时，可采用桩基础或沉井基础。

基础设计应符合《建筑地基基础设计规范》及相应结构设计规范的有关规定。

（一）基础埋置深度的要求

基础的埋置深度，应按下列条件确定：

1. 结构物的用途，基础的类型和构造；
2. 作用在地基上的荷载大小和性质；
3. 工程地质和水文地质条件；
4. 相邻建筑物的基础埋深；
5. 地基土冻胀和融陷情况。

（二）挡土墙的基础埋深

1. 在土质地基中，基础埋深不宜小于 0.5m，在软质岩地基中，基础埋置深度不宜小于 0.3m，规范（TB 10025—2006）规定：不宜小于 1.0m。

2. 当基础底面以下允许有一定厚度的冻土层，基础最小埋深：

$$d_{min} = z_d - h_{max} \tag{1-18}$$

式中　z_d——设计冻深；

h_{max}——基础底面下允许残留冻土层的最大厚度，按规范（GB 50007—2011）附录 G.0.2 查取。

3. 受水流冲刷时，应在冲刷线以下不小于 1.0m。

4. 墙基础位于斜坡地面时，其墙趾嵌入地层中最小尺寸应符合表 1-5。

表 1-5

地 层 类 别	h（m）	L（m）	示 意 图
较完整的硬质岩层	0.25	0.25~0.50	
一般硬质岩层	0.60	0.60~1.50	
软质岩层	1.00	1.00~2.00	
土 层	≥1.00	1.50~2.50	

5. 基础宜埋置在地下水位以上，当必须埋在地下水位以下时，应采取地基土在施工时不受扰动的措施。

6. 当存在相邻建筑物时，新建建筑物的基础埋深不宜深于原有建筑物基础。

7. 基础不得置于有机土、泥炭、腐殖土及废弃垃圾上。

基础尺寸设计必须保证承载力强度及基础本身的强度条件的满足。

五、填料的选择

为保证挡土墙的安全正常工作及经济合理，填料的选择也是一项重要工作。选择好填土，不仅使设计合理，也更经济和安全。

由土压力理论可知，填土重度愈大，主动土压力愈大，填料的内摩擦角愈大，主动土压力愈小。所以应选择重度小，而内摩擦角大的填料。一般以块石、砾石、粗砂为好。这样的填料透水性强，抗剪强度稳定，易排水，能显著减少主动土压力。

因黏性土的压实性和透水性都较差，又常具有吸水膨胀性和冻胀性，产生侧向膨胀压力，影响挡土墙的稳定性。当不得不采用黏性土时，应适当混以块石，填土必须分层夯实，保证质量。

不能采用淤泥、耕土、膨胀黏土，块结黏土为填料。在季节性冻土区，不能用冻胀性材料。应选择炉渣，碎石、粗砂等非冻胀材料。对于重要的、高度较大的挡土墙，用黏土作回填料是不合适的。由于黏土性能不定，在干燥时体积易收缩，而在雨季时膨胀，由于其交错收缩与膨胀，在挡土墙上形成的侧压力无法正确考虑，其数值有时比计算的土压力大许多倍，它会使挡土墙外移，甚至使挡土墙失去作用和毁坏。

填料计算指标的确定，如填料的重度 γ，抗剪强度指标 c、φ，填料与墙背的摩擦角 δ 等，对于挡土墙设计都是十分重要的，直接关系到挡土墙的安全和经济，它们是计算土压力的关键数据。因此，在设计之前，对以上各项指标由试验确定，尽量取得准确的符合实际的数值。

当然，填料一般应当从基坑开挖及附近的挖土取得。正确作法应当是对其材料性质加以改善，使之满足以上要求。

六、挡土墙的构造规定

1. 重力式挡土墙，墙面与墙背的坡度，一般可采用 $1:0.2\sim1:0.3$，具体坡度值应根据断面经济、技术合理的原则确定。

2. 采用混凝土块和石砌的挡土墙，墙顶宽度不宜小于 0.4m；整体灌注的混凝土墙，墙顶宽度不宜小于 0.2m；钢筋混凝土墙顶宽度不应小于 0.2m。在挡土墙拐角处应采取加强措施。

3. 挡土墙顶部根据需要设置帽石。材料可采用粗料石或 C15 强度等级的混凝土，厚度不小于 0.4m，宽度不少于 0.6m，突出墙外飞檐宽度不小于 0.1m。如不设帽石，可选用大块片石置墙顶用砂浆抹平。

4. 沿墙每隔 10~20m 及与其他建筑物连续处应设置伸缩缝。由于墙高不同，墙底纵向坡度大，回填料不同，或地基的压缩性不同，各段挡土墙可能发生不同的变形，应设置沉降缝。伸缩缝与沉降缝可以合并设置。缝宽为 0.02~0.03m。缝内沿墙的前、后、顶三边填塞沥青麻筋或沥青木板，塞入深度不小于 0.2m。

5. 沿墙高和长度方向应设置泄水孔，按上下、左右每隔 2~3m 交错设置。泄水孔一般用 5cm×10cm，10cm×10cm，15cm×20cm 的矩形孔或直径为 10cm 的圆孔。最下一排泄水孔应高于地面 0.3m。而在浸水地区挡土墙的最下一排泄水孔在常水位以上 0.3m。泄水孔后侧应有反滤层。泄水孔应有向外倾斜 5% 的坡度。

在特殊情况下，墙后填土采用全封闭防水时，挡土墙又经常浸水时，一般不设泄水孔。

6. 为防止水渗流入到填土中，除上述泄水孔外，还经常采用地表排水，填土外的截水沟，填土表面做不透水层，排水沟防渗等措施排除地表水，以防地表水的渗入。

为防止地下水浸入，在填土层下修建盲沟及集水管，以收集和排出地下水。

支挡结构的排水设计是支挡结构设计很重要部分，许多支挡结构失效都与排水不善有关。设计者必须给予足够重视。

7. 防水层

为防止水渗入墙身，形成冻害及水对墙身的腐蚀，在严寒地区或有侵蚀水作用时，常在临水面涂以防水层：

（1）石砌挡土墙，先抹一层 M5 水泥砂浆（2cm 厚），再涂以热沥青（2～3mm）。

（2）混凝土挡土墙，涂抹两层热沥青（厚 2～3mm）。

（3）钢筋混凝土挡土墙，常用石棉沥青及沥青浸制麻布各两层防护，或者加厚混凝土保护层。

一般情况下可不设防水层，但片石砌筑挡土墙须用水泥砂浆抹成平缝。

第五节　方案的确定

对于一个支挡结构的设计，首先应当根据当地的自然地形、地质及当地的经验及技术条件，综合考虑以选定一个最好的设计方案。它应当是符合国家的经济技术方针、政策、规范及条例，技术先进、安全可靠、造价经济、施工方便、与环境协调的支挡结构。

一、支挡结构物的确定

根据工程需要，在需设置支挡结构的条件下，也可设置作用相同，而造价相近的其他种类构筑物。因此，在选定支挡结构时，应与其他构筑物进行比较。应考虑以下几个方面：

1. 能否重新选择工程的现场，免去此项工程，但应以满足工程及社会需要为前提；

2. 是否可以采用其他工程措施如高填、深挖，使工程现场不需修建支挡结构；

3. 与护坡比较，在挖方时与放坡比较；

4. 与桥比较；

5. 与清除山坡坍滑体比较；

6. 与隧道及明洞比较；

7. 与其他凡能代替支挡结构的其他构筑物比较。

二、平面位置的选定

根据上述比较，有充分依据证明修建支挡结构确实经济合理。进一步则应根据工程的需要，对平面图、纵、横断面图、地形图及相应的工程地质，水文地质的条件，综合考虑以确定支挡结构的平面位置，结构纵向布置及长度和支挡结构的类型。一般情况下取决于工程需要。

在选择支挡结构的平面位置、长度和支挡结构的类型时，应考虑以下几个主要因素和基本要求：

1. 技术条件

（1）地形、地质条件，水文及水文地质条件；

（2）结构坚固，基础稳定，效果良好，安全可靠；

（3）施工方法先进，或适合当地的经验；

（4）建筑材料及来源；

（5）符合国家规范规定及技术要求。

2. 经济条件

（1）支挡结构类型经济合理；

（2）节约材料；

（3）节约用地和劳动力；

（4）与其他构筑物及环境协调，特别是环境保护的要求。

根据以上原则选择结构的类型，但形式不宜过多，以免造成施工困难，外观不协调，特别是滨河挡土墙，使水流不畅，形成漩涡，增大冲刷，造成危害。

三、断面尺寸的确定

支挡结构类型、平面位置及长度确定后，则应根据地基土的物理力学性质、填土的性质、地下水的情况等条件，经比较选定一经济合理的形式。一般地区将按以下步骤进行：

1. 根据支挡结构的标准设计资料及实测地形、地质资料，来确定支挡结构的高度；

2. 根据填料的性质及地基承载力等资料初步拟定截面的形式及尺寸，并进行试算；

3. 改变不同条件，再进行计算，如改变挡土墙的墙背倾角、墙背的形状，将各种情况下计算结果列出表，以选择最好截面；

4. 根据不同的墙高，地基条件和以上的计算结果，选择一二种基本形式。因为一种截面形式不可能在不同的情况下都经济合理，但又不能截面形式及尺寸变化太多，对施工不便。对选定的一二种断面，再进行高墙、最大、最小摩擦验算，满足要求方可选定。

对于个别起控制作用支护结构应做单独设计。

四、建筑材料的选定

选择建筑材料，应以就地取材为主。如本地区无可用之材，则必须根据材料的来源及价格、运距及工程结构的选型综合考虑选定。

当选用天然石料时，应选用无明显风化的石料，其极限抗压强度不低于30MPa，同时应满足抗冻等要求。在浸水挡土墙中石料软化系数不得低于0.8。

在石料缺乏地区，常选用混凝土或钢筋混凝土，此时也应作比较，到底选用何种材料经济。应对不同材料，不同截面作试算，给出造价的估算，综合评价，以确定支挡结构最后的选型。

第六节 基坑支护结构设计原则

随着城市建设的大发展,各类用途的地下空间已在大中城市得到广泛地应用。如高层建筑的地下室、地下铁道、地下车站、地下停车场、地下商店及地下仓库等。为修建这些构筑物必须开挖大量的深基坑。

在城市中由于用地紧张,基坑不能采用放坡开挖,而是应用垂直的支护结构加以支撑后开挖。如桩式、墙式支护结构,岩锚、土锚杆结构及逆作法施工的基坑支护。

对于基坑的支护结构,为保持一侧土体的稳定,结构要插入土中一定深度,有的结构就是靠入土深度来维持结构及土体的稳定,而挡土墙则是靠重力及摩擦以保持结构及土体的稳定;另外,由于支护结构的刚度与土体之间的相互作用,有时土压力分布不再是三角形分布;最后,支护结构的施工方法与过程也与挡土墙不同。可见,支护结构设计与挡土墙设计有许多不同之处,因此,另立一节加以说明。

一、支护结构的要求

(一)安全适用、保护环境

基坑支护结构应确保岩土开挖、地下结构施工的安全及周围环境不受损害。

(二)经济合理

在确保安全的前提下,要从工期、质量、材料、设备人工及环保等方面综合研究其经济合理性。

(三)便于施工保证工期保证质量

在安全可靠、经济合理的前提下,采用先进技术,合理组织施工,做好监控与测试,最大限度地满足便于施工和保证工期及保证质量的要求。

二、支护结构设计内容

(一)支护体系的方案技术经济比较和选型;
(二)支护结构的承载力、稳定性和变形的计算;
(三)基坑内外土体的稳定性验算;
(四)基坑降水或止水帷幕设计以及围护墙的抗渗设计;
(五)基坑开挖与地下水变化引起的基坑内外土体的变形及其对基础桩、邻近建筑物和周边环境的影响;
(六)基坑开挖施工方法的可行性及基坑施工过程中的监测要求。

三、勘察要求

(一)在主体建筑地基的初步勘察阶段应根据岩土工程条件,搜集工程地质和水文地质资料,提出基坑支护的建议方案。

(二)在建筑地基详细勘察阶段,对需要支护的工程宜按下列要求进行勘察工作:

1. 勘察范围应根据开挖深度及场地的岩土工程条件确定,并宜在开挖边界外按开挖深度的1~2倍范围内布置勘探点。对于软土,勘察范围宜扩大。

2. 勘察的深度应根据基坑支护结构设计要求确定，不宜小于 2 倍开挖深度，软土地区应穿越软土层。

3. 勘探点间距应视地层条件而定，可在 15～25m 内选择，地层变化较大时，应增密勘探点，查明其分布规律。

4. 水文地质勘察应达到以下要求：

（1）查明开挖范围及邻近场地地下水含水层和隔水层的层位、埋深和分布情况，查明各含水层（包括上层滞水、潜水、承压力）的补给条件和水力联系；

（2）测量场地各含水层的渗透系数和渗透影响半径；

（3）分析施工过程中水位变化对支护结构和基坑周边环境的影响，提出应采取的措施。

5. 岩土工程应测试参数：

（1）土的常规物理试验指标；

（2）土的抗剪强度指标；

（3）室内或原位试验测试土的渗透系数。

6. 基坑周边环境勘察应包括以下内容：

（1）查明影响范围内建（构）筑物的结构类型、层数、基础类型及尺寸、埋深、基础荷载大小及上部结构的使用年限、用途及重要性；

（2）查明基坑周边的各类地下设施，包括上下水、电缆、燃气、污水、雨水、热力等管线或管道的分布和性状，地下构筑物的类型、尺寸、位置、埋深等；

（3）查明场地周围和邻近地区地表水汇流、排泄情况，地下水管渗漏情况以及对基坑开挖的影响程度；

（4）查明基坑四周道路的距离及车辆载重情况，施工材料及施工设备等临时荷载。

在以上勘察的基础上，针对基坑特点，应对场地的地层结构和岩土的物理力学性质作出分析，给出地下水的控制方法及计算参数，指出施工中应进行现场监测项目，提出施工中应注意的问题及防治措施。

四、支护结构选型

支护结构选型时，应综合考虑下列因素：

1. 基坑深度；

2. 土的性状及地下水条件；

3. 基坑周边环境对基坑变形的承受能力及支护结构失效的后果；

4. 主体地下结构和基础形式及其施工方法、基坑平面尺寸及形状；

5. 支护结构施工工艺的可行性；

6. 施工场地条件及施工季节；

7. 经济指标、环保性能和施工工期。

支护结构应按表 1-6 选型。

各类支护结构的适用条件　　　　表 1-6

结构类型		适用条件	
		安全等级	基坑深度、环境条件、土类和地下水条件
支挡式结构	锚拉式结构	适用于较深的基坑	1. 排桩适用于可采用降水或截水帷幕的基坑 2. 地下连续墙宜同时用作主体地下结构外墙，可同时用于截水 3. 锚杆不宜用在软土层和高水位的碎石土、砂土层中 4. 当邻近基坑有建筑物地下室、地下构筑物等，锚杆的有效锚固长度不足时，不应采用锚杆 5. 当锚杆施工会造成基坑周边建（构）筑物的损害或违反城市地下空间规划等规定时，不应采用锚杆
	支撑式结构	适用于较深的基坑	
	悬臂式结构	适用于较浅的基坑	
	双排桩	当锚拉式、支撑式和悬臂式结构不适用时，可考虑采用双排桩	
	支护结构与主体结构结合的逆作法	适用于基坑周边环境条件很复杂的深基坑	
土钉墙	单一土钉墙	适用于地下水位以上或降水的非软土基坑，且基坑深度不宜大于 12m	当基坑潜在滑动面内有建筑物、重要地下管线时，不宜采用土钉墙
	预应力锚杆复合土钉墙	适用于地下水位以上或降水的非软土基坑，且基坑深度不宜大于 15m	
	水泥土桩复合土钉墙	用于非软土基坑时，基坑深度不宜大于 12m；用于淤泥质土基坑时，基坑深度不宜大于 6m；不宜用在高水位的碎石土、砂土层中	
	微型桩复合土钉墙	适用于地下水位以上或降水的基坑，用于非软土基坑时，基坑深度不宜大于 12m，用于淤泥质土基坑时，基坑深度不宜大于 6m	
重力式水泥土墙		适用于淤泥质土、淤泥基坑，且基坑深度不宜大于 7m	
放坡		1. 施工场地满足放坡条件 2. 放坡与上述支护结构形式结合	

注：1. 当基坑不同部位的周边环境条件、土层性状、基坑深度等不同时，可在不同部位分别采用不同的支护形式；
　　2. 支护结构可采用上、下部以不同结构类型组合的形式。

五、支护结构的荷载

（一）土压力

主、被动土压力采用朗金土压力理论计算；当支护结构水平变形受到严格限制时采用静止土压力；当按变形控制原则计算时，土压力可按支护结构与土体相互作用原理确定，也可按地区经验计算。当水土共同作用时，对砂性土宜按水、土分算原则计算；对黏土可按水、土合算原则计算，也可按地区经验计算。

（二）静水压力、渗流压力、承压水压力；

（三）基坑开挖影响范围以内建筑物荷载、地面超载、施工荷载及邻近场地施工的作用影响，周边道路车辆荷载；

（四）温度变化（包括冻胀）及其他因素产生对支护结构产生的影响；

（五）临水支护结构尚应考虑波浪作用和水流退落时渗透水压力；

（六）作为永久结构使用时尚应按有关规范考虑相关荷载作用。

六、支护结构设计

（一）支护结构设计时应采用下列极限状态：

1. 承载能力极限状态

1）支护结构构件或连接因超过材料强度而破坏，或因过度变形而不适于继续承受荷载，或出现压屈，局部失稳；

2）支护结构和土体整体滑动；

3）坑底因隆起而丧失稳定；

4）对支挡式结构，挡土构件因坑底土体丧失嵌固能力而推移或倾覆；

5）对锚拉式支挡结构或土钉墙，锚杆或土钉因土体丧失锚固能力而拔动；

6）对重力式水泥土墙，墙体倾覆或滑移；

7）对重力式水泥土墙、支挡式结构，其持力土层因丧失承载能力而破坏；

8）地下水渗流引起的土体渗透破坏。

2. 正常使用极限状态

1）造成基坑周边建（构）筑物、地下管线、道路等损坏或影响其正常使用的支护结构位移；

2）因地下水位下降、地下水渗流或施工因素而造成基坑周边建（构）筑物、地下管线、道路等损坏或影响其正常使用的土体变形；

3）影响主体地下结构正常施工的支护结构位移；

4）影响主体地下结构正常施工的地下水渗流。

（二）支护结构、基坑周边建筑物和地面沉降、地下水控制的计算和验算应采用下列设计表达式：

1. 承载能力极限状态

1）支护结构构件或连接因超过材料强度或过度变形的承载能力极限状态设计，应符合下式要求：

$$\gamma_0 S_d \leqslant R_d \tag{1-19}$$

式中　γ_0——支护结构重要性系数，应按本规程[①]第 3.1.6 条的规定采用；

S_d——作用基本组合的效应（轴力、弯矩等）设计值；

R_d——结构构件的抗力设计值。

对临时性支护结构，作用基本组合的效应设计值应按下式确定：

$$S_d = \gamma_F S_k \tag{1-20}$$

式中　γ_F——作用基本组合的综合分项系数，应按本规程第 3.1.6 条的规定采用；

S_k——作用标准组合的效应。

2）整体滑动、坑底隆起失稳、挡土构件嵌固段推移、锚杆与土钉拔动、支护结构倾覆与滑移、土体渗透破坏等稳定性计算和验算，均应符合下式要求：

$$\frac{R_k}{S_k} \geqslant K \tag{1-21}$$

式中　R_k——抗滑力、抗滑力矩、抗倾覆力矩、锚杆和土钉的极限抗拔承载力等土的抗力标准值；

S_k——滑动力、滑动力矩、倾覆力矩、锚杆和土钉的拉力等作用标准值的效应；

---

①　本规程系指《建筑基坑支护技术规程》JGJ 120－2012

K——安全系数。

2. 正常使用极限状态

由支护结构水平位移、基坑周边建筑物和地面沉降等控制的正常使用极限状态设计，应符合下式要求：

$$S_d \leqslant C \tag{1-22}$$

式中 S_d——作用标准组合的效应（位移、沉降等）设计值；

C——支护结构水平位移、基坑周边建筑物和地面沉降的限值。

3. 支护结构构件按承载能力极限状态设计时，作用基本组合的综合分项系数不应小于1.25。对安全等级为一级、二级、三级的支护结构，其结构重要性系数分别不应小于1.1、1.0、0.9。各类稳定性安全系数应按本规程各章的规定取值。

4. 支护结构重要性系数与作用基本组合的效应设计值的乘积（$\gamma_0 S_d$）可采用下列内力设计值表示：

弯矩设计值

$$M = \gamma_0 \gamma_F M_k \tag{1-23}$$

剪力设计值

$$V = \gamma_0 \gamma_F V_k \tag{1-24}$$

轴向力设计值

$$N = \gamma_0 \gamma_F N_k \tag{1-25}$$

式中 M——弯矩设计值；

M_k——作用标准组合的弯矩值；

V——剪力设计值；

V_k——作用标准组合的剪力值；

N——轴向拉力设计值或轴向压力设计值；

N_k——作用标准组合的轴向拉力或轴向压力值。

（三）基坑支护设计应按下列要求设定支护结构的水平位移控制值和基坑周边环境的沉降控制值：

1. 当基坑开挖影响范围内有建筑物时，支护结构水平位移控制值、建筑物的沉降控制值应按不影响其正常使用的要求确定，并应符合现行国家标准《建筑地基基础设计规范》GB 50007中对地基变形允许值的规定；当基坑开挖影响范围内有地下管线，地下构筑物、道路时，支护结构水平位移控制值、地面沉降控制值应按不影响其正常使用的要求确定，并应符合现行相关标准对其允许变形的规定；

2. 当支护结构构件同时用作主体地下结构构件时，支护结构水平位移控制值不应大于主体结构设计对其变形的限值；

3. 当无本条第1款、第2款情况时，支护结构水平位移控制值应根据地区经验按工程的具体条件确定。

基坑支护应按实际的基坑周边建筑物、地下管线、道路和施工荷载等条件进行设计。设计中应提出明确的基坑周边荷载限值、地下水和地表水控制等基坑使用要求。

（四）基坑支护设计应满足下列主体地下结构的施工要求：

1. 基坑侧壁与主体地下结构的净空间和地下水控制应满足主体地下结构及其防水的

施工要求；

2. 采用锚杆时，锚杆的锚头及腰梁不应妨碍地下结构外墙的施工；

3. 采用内支撑时，内支撑及腰梁的设置应便于地下结构及其防水的施工。

（五）支护结构按平面结构分析时，应按基坑各部位的开挖深度、周边环境条件、地质条件等因素划分设计计算剖面。对每一计算剖面，应按其最不利条件进行计算。对电梯井、集水坑等特殊部位，宜单独划分计算剖面。

基坑支护设计应规定支护结构各构件施工顺序及相应的基坑开挖深度。基坑开挖各阶段和支护结构使用阶段，均应符合本规程第3.1.4条、第3.1.5条的规定。

在季节性冻土地区，支护结构设计应根据冻胀、冻融对支护结构受力和基坑侧壁的影响采取相应的措施。

（六）土压力及水压力计算、土的各类稳定性验算时，土、水压力的分、合算方法及相应的土的抗剪强度指标类别应符合下列规定：

1. 对地下水位以上的黏性土、黏质粉土，土的抗剪强度指标应采用三轴固结不排水抗剪强度指标 c_{cu}、φ_{cu} 或直剪固结快剪强度指标 c_{cq}、φ_{cq}，对地下水位以上的砂质粉土、砂土、碎石土，土的抗剪强度指标应采用有效应力强度指标 c'、φ'。

2. 对地下水位以下的黏性土、黏质粉土，可采用土压力、水压力合算方法；此时，对正常固结和超固结土，土的抗剪强度指标应采用三轴固结不排水抗剪强度指标 c_{cu}、φ_{cu} 或直剪固结快剪强度指标 c_{cq}、φ_{cq}，对欠固结土，宜采用有效自重压力下预固结的三轴不固结不排水抗剪强度指标 c_{uu}、φ_{uu}。

3. 对地下水位以下的砂质粉土、砂土和碎石土，应采用土压力、水压力分算方法，此时，土的抗剪强度指标应采用有效应力强度指标 c'、φ'，对砂质粉土，缺少有效应力强度指标时，也可采用三轴固结不排水抗剪强度指标 c_{cu}、φ_{cu} 或直剪固结快剪强度指标 c_{cq}、φ_{cq} 代替，对砂土和碎石土，有效应力强度指标 φ' 可根据标准贯入试验实测击数和水下休止角等物理力学指标取值；土压力、水压力采用分算方法时，水压力可按静水压力计算；当地下水渗流时，宜按渗流理论计算水压力和土的竖向有效应力；当存在多个含水层时，应分别计算各含水层的水压力。

4. 有可靠的地方经验时，土的抗剪强度指标尚可根据室内、原位试验得到的其他物理力学指标，按经验方法确定。

支护结构设计时，应根据工程经验分析判断计算参数取值和计算分析结果的合理性。

七、基坑支护设计文件内容

（一）基坑支护设计文件应包括下列内容：

1. 工程概况；

2. 周边环境条件；

3. 工程地质及水文地质条件；

4. 设计方案选择；

5. 支护结构设计；

6. 地下水控制设计；

7. 基坑支护施工与质量控制要点；

8. 监控方案与应急预案；

9. 计算书；

10. 施工图。

（二）基坑工程概况部分应明确下列内容：

1. 基坑周长、面积、开挖深度、设计使用年限；

2. ±0.00 标高、自然地面标高及其相互关系。

（三）基坑周边环境条件部分应明确下列内容：

1. 邻近建（构）筑物、道路及地下管线与基坑的位置关系；

2. 邻近建（构）筑物的工程重要性、层数、结构形式、基础形式、基础埋深、建设及竣工时间、结构完好情况及使用状况；

3. 邻近道路的重要性、交通负载量、道路特征、使用情况；

4. 地下管线（包括供水、排水、燃气、热力、供电、通信、消防等）的重要性、特征、埋置深度、走向、使用情况；

5. 环境平面图应标注与基坑之间的平面关系及尺寸；条件复杂时，还应画剖面图并标注剖切线及剖面号，剖面图应标注邻近建（构）筑物的埋深、地下管线的用途、材质、规格尺寸、埋深等。

（四）工程地质及水文地质条件部分应明确下列内容：

1. 与基坑有关的地层描述，包括岩性类别、厚度、工程地质特征等；

2. 含水层的类型，含水层的厚度及顶、底板标高，含水层的富水性、渗透性、补给与排泄条件，各含水层之间的水力联系，地下水位标高及动态变化；

3. 地层简单且分布稳定时，可绘制一个概化剖面，对于地层变化较大的场地，宜沿基坑周边绘制地层展开剖面图。图中标明基坑支护设计所需的各有关地层物理力学性质参数如：γ、c_k、φ_k、k 等。

（五）设计方案应明确下列内容：

1. 分析工程地质特征，指明应重点注意的地层；

2. 分析地下水特征，明确需进行降水或止水控制的含水层；

3. 分析基坑周边环境特征，预测基坑工程对环境的影响，明确需保护的邻近建（构）筑物、管线、道路等，提出相应的保护措施；

4. 结合上述分析，划分基坑安全等级；基坑周边条件差异较大者，应分段划分其安全等级，各分段可采用不同的支护方式；

5. 根据上述分析，提出可行的支护和地下水控制设计方案。

（六）常见支护结构形式的设计内容应包括：

1. 排桩支护：桩型、桩径、桩间距、桩长、嵌固深度及桩顶标高；桩身混凝土强度等级及配筋情况，冠梁的截面尺寸、配筋及顶面标高；

2. 锚杆：锚杆直径、自由段、锚固段及锚杆总长，锚杆间距、倾角、标高及数量；锚杆杆体材质、注浆材料及其强度等级，锚杆与连梁或压板的连接；锚杆轴向拉力设计值、锁定值；

3. 土钉墙：边坡开挖坡率，各层土钉的设置标高，水平、竖向间距；各层土钉直径、长度、倾角、杆体材料规格、注浆材料及其强度等级；面层钢筋网、加强筋、混凝土强度、厚度、土钉与面层的连接方式等。

（七）地下水控制设计内容应包括下列内容：

1. 基坑降水设计：包括降水方法、基坑涌水量、井间距、数量及井位、井径、井深、过滤网、滤料；降水维持时间；地下水位、出水含砂量监测；地面沉降的估算及其对周边环境影响的评价、相应的保护措施；降水设备及连接管线；坑内降水时，降水井与地下室底板的连接方式及防渗处理措施、降水结束后的封井要求等；

2. 基坑截水设计：截水范围、方法及其工艺参数等。

（八）基坑支护施工与质量控制要点应包括下列内容：

1. 施工场地的硬化；

2. 地表水控制要求、地下水控制施工工艺及质量标准；

3. 土钉墙、护坡桩、锚杆等工艺流程及质量标准；

4. 土方开挖顺序及要求；

5. 材料质量及其控制措施；

6. 人员、机械设备的组织管理；

7. 季节性施工技术措施；

8. 需特殊处理的工序及注意事项。

（九）监控方案与应急预案应包括下列内容：

1. 监控方案：基坑支护结构及周边环境监测点平面布置图，监控项目的监测方法，基准点、监测点的位置及埋设方式，监测精度，变形控制值、报警值，监测周期及监测仪器设备的名称、型号、精度等级，中间监测成果的提交时间和主要内容；

2. 应急预案：根据基坑周边环境、地质资料及支护结构特点，对施工中可能发生的情况逐一加以分析说明，制定具体可行的应急、抢险方案。

（十）计算书应包括以下内容：

1. 基坑支护设计参数：基坑深度、地下水位深度、土钉墙放坡角度、超载类型及超载值，基坑侧壁重要性系数等。

2. 基坑相关土层名称及其参数取值，如土层厚度 γ、c_k、φ_k、k 等，土压力计算模式，水土合算或水土分算。

3. 当采用计算软件计算时，应注明所采用的计算机软件名称。

4. 计算结果应包括的内容：

排桩：桩径、桩间距、桩长及嵌固深度；最大弯矩及其位置；最大位移及其位置；配筋量及配筋方式；支护结构受力简图；

锚杆：自由段、锚固段长度；直径、倾角及杆体材料、数量；受拉承载力设计值；

土钉墙：土钉位置及长度；水平向及垂直向间距、直径、倾角及杆体材料及规格；土钉抗拉承载力设计值；土钉墙整体稳定分析验算，必要时进行变形计算。

（十一）施工图应包括：

1. 设计说明：设计使用年限、周边环境设计条件及需要说明的其他事项；

2. 基坑周边环境条件图：建（构）筑物的平面分布、尺寸、基底埋深、使用状况等。道路与基坑之间的平面关系、尺寸，地下管线的用途、材质、管径尺寸、埋深等；

3. 基坑支护平面布置图；

支护桩平面布置，应标明桩的编号、桩径、桩间距及平面位置，桩中心线与建筑物边轴线及基础承台或底板外边线的位置关系；

锚杆平面布置标明锚杆编号、锚杆间距及平面位置；

土钉墙平面布置标明建筑物边轴线、基础边承台或底板边线、基坑开挖上边线、下边线及其与建筑物边轴线的位置关系。

4. 基坑支护结构立面图：

排桩立面图标明排桩的布置、冠梁标高、冠梁与上部结构的关系（如土钉墙、砖墙）、锚杆布置及其标高等；

土钉墙立面图标明面层钢筋网、加强筋、土钉的间距及连接方式。

5. 基坑支护结构剖面图及局部大样图：

基坑支护结构剖面图应标明自然地面标高、槽底标高、桩顶桩底标高、周围建构筑物管线等情况。支护桩的竖向、横向截面配筋图，配筋图应标明配筋数量、钢筋布置形式、钢筋规格、级别、保护层厚度等，非对称配筋时应在配筋图上明确标示方向；

冠梁施工图包括梁的截面尺寸、梁顶标高，混凝土强度及配筋图等；

人工挖孔桩应提交护壁设计施工图。当采用钢筋混凝土护壁时，应标明混凝土强度等级及配筋；

锚杆剖面详图标明锚杆设置标高，锚杆自由段、锚固段长度及总长，锚杆直径、倾角及杆体材料、数量，锚杆与连梁或压板的连接等；

锚杆施工说明应对锚杆浆体材料、配比、浆体设计强度、注浆压力及受拉承载力设计值等加以说明，对锚杆的基本试验及验收提出具体要求；

土钉墙剖面图标明自然地面标高，边坡开挖坡率，各层土钉设置标高，各层土钉直径、长度、倾角、杆体材质及面层混凝土强度、厚度等；

土钉与面板连接大样图应采用可靠的连接构造形式，依据土钉受力大小，土钉与加强筋宜采用"┐┌"字形或"L"形焊接，或其他可靠连接形式。

土钉墙施工说明应对土钉浆体材料、配比、浆体设计强度等加以说明。

6. 基坑降水平面布置图：标明井的类型、编号、井间距、排水系统及供电系统布设等；

7. 降水井、观测井构造大样图：降水井及观测井结构图标明井的直径，实管、滤水管的长度，井的深度，滤料，过滤网，膨润土的回填深度和标高；

8. 基坑监测点布置平面图。

第二章　常用设计资料

第一节　设计应具备资料

支挡结构设计的必备的资料，应根据设计阶段及工程的要求，收集不同的设计资料。

初步设计是在设计任务书中所确定的设计主要条件下，确定支挡结构的平面布置及其类型的选择，经过一定的方案比较，对选定的方案应给出工程数量的计算和造价的概算。

施工设计是根据初步设计，最后确定支挡结构的平面布置、结构类型、断面形状及全部尺寸、工程数量及造价，对于重要的独立支挡结构，如高墙应作出个别施工设计。

一般情况下，各设计阶段应收集与其相应的设计资料，表 2-1 中概要列出，仅供参考。应以相关勘察设计规范为准。

支挡结构设计资料　　　　　　　　　　　　　　表 2-1

资料名称	内 容 与 说 明	
	初 步 设 计	施 工 设 计
勘测说明书	1. 简述修建支挡结构的理由，提出设计意见和注意事项； 2. 说明各方案的特点； 3. 描述工程地质概况（包括土的重度、内摩擦角、地基承载力、摩擦系数、冻结深度、地震等级、地下水位、地表水情况）； 4. 滨水挡土墙应说明有关水文、气象资料； 5. 工程地质的评价及场地稳定性评价； 6. 对于基坑工程，必须给出建筑总平面图，整个结构的情况，周边环境条件； 7. 必要时，可进行少量补充勘察和室内试验	一、说明 　1. 根据方案比较，确定修建支挡结构的理由； 　2. 拟定支挡结构位置、形式、依据； 　3. 拟定墙后填料及排水方案； 　4. 拟定建筑材料及相应施工方法； 　5. 拟定与其他构筑物连接； 　6. 提出现场测试和施工监测的建议。 二、地质部分 　1. 地基情况（基础深度，地基承载力，判断是否作承载试验）； 　2. 基岩风化情况、抗压强度、摩擦系数、黏聚力的数据； 　3. 评述工程地质及水文地质情况； 　4. 冻结深度及冻结时间； 　5. 地震等级，基本烈度、建筑场地烈度； 　6. 建筑材料的调查（数量，运距，运价）； 　7. 钻探及挖探资料； 　8. 地质图例说明。 三、滨河挡土墙所需的水文资料及气象资料

资料名称	内 容 与 说 明	
	初 步 设 计	施 工 设 计

墙 址 地 形 地 质 平 面 图	一、比例尺 1:500~1:200
	二、范围与内容
	  1. 地形图
	    (1) 工程现场的平面范围以外 30~50m，根据方案比较确定增大范围；
	    (2) 滨河挡土墙，不受水流影响者，测至水面足以说明水流方向；否则须测河床地形至对岸 100 年洪水线以外 50m，或 100 年洪水位线以上 2m（陡崖）；长度方向为上、下游各须延长 1 倍河宽的距离，并标注冲刷地点；
	    (3) 顺公路挡土墙则须测至现有公路或新、改公路外侧 20m；顺线路方向在范围以外 30m；
	    (4) 顺铁路挡土墙，横向外延 20~30m，顺线路方向外延 30m。
	  2. 地质图
	    (1) 标明地质构造及工程地质，水文地质现象（不同地质分界线，岩层层理及主要节理，走向倾角，各种不良地质现象及地下水露头，含水层及隔水层的分布）；
	    (2) 表示出观测点，钻孔，试坑编号及位置，测点间距为 15~30m，地层变化大，应加密测点。基坑钻孔深度应满足 2~2.5 倍开挖深度
		一、比例尺同前
		二、范围与内容
		  1. 地形图
		  应附有坐标的地形及建筑总平面图，应标注各构筑物的地面标高，上部结构特点，下部结构设施布置，还应有场地周围环境条件。
		  2. 其他同初步设计

地 质 横 断 面 图	一、比例尺 1:200
	二、范围
	  1. 纵长、横宽同地形地质平面图；
	  2. 钻探深度为基础以下 5~10m 或至基岩下 1~2m；
	  3. 断面数量一般挡土墙 10m 一个，如遇地质不良或地形变化及重要挡土墙应加密至 5m 一个。
	三、内容
	  1. 断面位置
	    (1) 应标注地面标高及相近构筑物的标高；
	    (2) 常水位，100 年一遇洪水位线。
	  2. 地质
	    (1) 地层分界线及标高，岩层的层理，节理的倾角及走向，岩层风化带及深度，土层物理力学性质；
	    (2) 地下水位标高及流向；
	    (3) 含水层，隔水层的情况及其参数如渗透系数，影响半径
		同初步设计
		对石灰岩地区，黄土地区应调查岩洞与陷穴

资料名称	内容与说明	
	初 步 设 计	施 工 设 计
河床横断面图	一、比例尺 1:500 二、范围 　　冲刷最严重或河床最深处断面，测至对岸 100 年洪水位线外 50m（平缓河岸），或对岸 100 年洪水位线上 2m（陡崖）。 　　在工程范围内应有 3~4 个断面，如果沿河方向较长或河床变化较剧烈地区应加密。 三、内容 　1. 低水位、平时水位及 100 年洪水位； 　2. 河床变化情况（冲刷、淤积、河床变迁）及河床土质类型、颗粒大小等	同初步设计
水文气象资料	一、范围 　1. 滨河挡土墙，除地基为良好岩层，无冲刷，且墙顶位于 100 年洪水位以上 0.5m 以外，均需调查水文； 　2. 滨湖、滨海支挡结构，更应调查潮位、水位、风浪。 二、内容 　1. 低水位、平时水位及 100 年洪水位； 　2. 海、湖的水位、潮位、浪高； 　3. 100 年洪水位之水面坡度、流速（浅滩流速、主流流速及平均流速）； 　4. 在水文站处收集全年水位变化曲线； 　5. 当地气象资料，最高、最低气温，年平均气温，冻结期间，冻结深度； 　6. 当地风向图、风力	同初步设计
水质化验		有地下水处或水质对构筑物有侵蚀作用应有水质化验报告
土壤		一、取原状土做下列试验： 　1. 重度； 　2. 内摩擦角； 　3. 黏聚力； 　4. 孔隙比； 　5. 塑性指标（黏性土类）； 　6. 饱和度及含水量（砂土类）； 　7. 压缩性指标。 二、对夯填土 　1. 测重度、内摩擦角，黏聚力试验； 　2. 如需要还作夯实试验

第二节 常用设计资料

一、岩土分类

作为建筑地基的岩土，可分为岩石、碎石土、砂土、粉土、黏性土和人工填土。

（一）岩石

岩石应为颗粒间牢固联结，呈整体或具有节理裂隙的岩体。岩石坚硬程度及完整程度划分分别见表2-2及表2-3。

岩石坚硬程度的划分
表 2-2

坚硬程度类别	坚硬岩	较硬岩	较软岩	软 岩	极软岩
饱和单轴抗压强度标准值 f_{rk} （MPa）	$f_{rk} > 60$	$60 \geqslant f_{rk} > 30$	$30 \geqslant f_{rk} > 15$	$15 \geqslant f_{rk} > 5$	$f_{rk} \leqslant 5$

岩体完整程度划分
表 2-3

完整程度等级	完 整	较完整	较破碎	破 碎	极破碎
完整性指数	> 0.75	0.75 ~ 0.55	0.55 ~ 0.35	0.35 ~ 0.15	< 0.15

注：完整性指数为岩体纵波波速与岩块纵波波速之比的平方。选定岩体、岩块测定声波时应有代表性。

（二）碎石土

碎石土为粒径大于2mm的颗粒含量超过全重50%的土。碎石土分类及密实度分别见表2-4及表2-5。

碎石土的分类
表 2-4

土 的 名 称	颗 粒 形 状	粒 组 含 量
漂 石 块 石	圆形及亚圆形为主 棱角形为主	粒径大于200mm的颗粒含量超过全重50%
卵 石 碎 石	圆形及亚圆形为主 棱角形为主	粒径大于20mm的颗粒含量超过全重50%
圆 砾 角 砾	圆形及亚圆形为主 棱角形为主	粒径大于2mm的颗粒含量超过全重50%

碎石土的密实度
表 2-5

重型圆锥动力触探锤击数 $N_{63.5}$	密 实 度	重型圆锥动力触探锤击数 $N_{63.5}$	密 实 度
$N_{63.5} \leqslant 5$	松 散	$10 < N_{63.5} \leqslant 20$	中 密
$5 < N_{63.5} \leqslant 10$	稍 密	$N_{63.5} > 20$	密 实

注：1. 本表适用于平均粒径小于50mm且最大粒径不超过100mm的卵石、碎石、圆砾、角砾。对于平均粒径大于50mm或最大粒径大于100mm的碎石土，可见《规范》GB 50007—2011附录B鉴别其密实度，即附表1-3；

2. 表内 $N_{63.5}$ 为经综合修正后的平均值。

（三）砂土

砂土为粒径大于2mm的颗粒含量不超过全重50%、粒径大于0.075mm的颗粒超过全重50%的土。砂土分类及密实度分别见表2-6及表2-7。

砂土的分类　　　　　表2-6

土 的 名 称	粒 组 含 量
砾　砂	粒径大于2mm的颗粒含量占全重25%～50%
粗　砂	粒径大于0.5mm的颗粒含量超过全重50%
中　砂	粒径大于0.25mm的颗粒含量超过全重50%
细　砂	粒径大于0.075mm的颗粒含量超过全重85%
粉　砂	粒径大于0.075mm的颗粒含量超过全重50%

注：分类时应根据粒组含量栏从上到下最先符合者确定。

砂土的密实度　　　　　表2-7

标准贯入试验锤击数 N	密　实　度
$N \leqslant 10$	松　散
$10 < N \leqslant 15$	稍　密
$15 < N \leqslant 30$	中　密
$N > 30$	密　实

注：当用静力触探探头阻力判定砂土的密实度时，可根据当地经验确定。

（四）黏性土

黏性土为塑性指数 I_p 大于10的土。黏性土的分类及状态分别见表2-8及表2-9。

黏性土的分类　　　　　表2-8

塑 性 指 数 I_p	土 的 名 称
$I_p > 17$	黏　土
$10 < I_p \leqslant 17$	粉质黏土

注：塑性指数 I_p 由相应于76g圆锥体沉入土样中深度为10mm时测定的液限计算而得。

黏性土的状态　　　　　表2-9

液性指数 I_L	状　态	液性指数 I_L	状　态
$I_L \leqslant 0$	坚　硬	$0.75 < I_L \leqslant 1$	软　塑
$0 < I_L \leqslant 0.25$	硬　塑	$I_L > 1$	流　塑
$0.25 < I_L \leqslant 0.75$	可　塑		

注：当用静力触探探头阻力或标准贯入试验锤击数判定黏性土的状态时，可根据当地经验确定。

（五）粉土

粉土为介于砂土与黏性土之间，塑性指数 $I_p \leqslant 10$ 且粒径大于0.075mm的颗粒含量不超过全重50%的土。

（六）淤泥

淤泥为在静水或缓慢的流水环境中沉积，并经生物化学作用形成，其天然含水量大于液限，天然孔隙比大于或等于1.5的黏性土。

（七）淤泥质土

淤泥质土为天然含水量大于液限而天然孔隙比小于1.5但大于或等于1.0的黏性土或粉土。含有大量未分解的腐殖质、有机质含量大于60%的土为泥炭。有机质含量大于或等于10%且小于或等于60%的土为泥炭质土。

（八）红黏土

红黏土为碳酸盐岩系的岩石经红土化作用形成的高塑性黏土，其液限一般大于50。

次生红黏土为红黏土经再搬运后仍保留其基本特征，其液限大于45的土。

（九）人工填土

素填土为由碎石土、砂土、粉土、黏性土等组成的填土。经过压实或夯实的素填土为压实填土。杂填土为含有建筑垃圾、工业废料、生活垃圾等杂物的填土。冲填土为由水力冲填泥砂形成的填土。

（十）膨胀土

膨胀土为土中黏粒成分主要由亲水性矿物组成，同时具有显著的吸水膨胀和失水收缩特性，其自由膨胀率大于或等于40%的黏性土。

（十一）湿陷性土

湿陷性土为浸水后产生附加沉降，其湿陷系数大于或等于0.015的土。

二、土的主要物理力学性质指标

支挡结构后侧填料的物理力学指标，最好根据试验确定。无试验指标时，粗略计算时可参阅表2-10。

墙背填料物理力学指标 表2-10

墙背填土种类		内摩擦角 φ 或综合内摩擦角 φ_0	重度（kN/m^3）
细粒土	墙高 $H \leqslant 6m$	35°~40°	17~18
	墙高 $H > 6m$	30°~35°	17~18
砂类土		35°	18
砾石类土、碎石类土		40°	19
不易风化的石块		45°	19

较正规设计时，可参阅表2-13。

当为挖方挡土墙时，墙背土层的物理力学指标，在无不良地质情况下，习惯参考天然坡角确定，可参照表2-11、表2-12。

原状土物理力学指标（一） 表2-11

天然坡度	综合内摩擦角 φ_0	重度（kN/m^3）
1:0.5	65°~70°	25
1:0.75	55°~60°	23~24
1:1	50°	20
1:1.25	40°~45°	19
1:1.5	35°~40°	17~18

原状土物理力学指标（二） 表2-12

指标 \ 土类	砾石土	砂	黏砂土	砂黏土
相对密度	2.65~2.79	2.65~2.77	2.63~2.76	2.62~2.73
重度（kN/m^3）	18.7~22.8	17.2~22.2	15.6~21.8	13.2~19.4
含水量（%）	14.9~18.0	11.3~33.9	15.4~79.4	24.7~86.9
天然孔隙比	0.277~0.622	0.308~1.269	0.413~1.962	0.803~2.240
最小孔隙比	0.200~0.459	0.206~0.888	0.337~1.275	0.391~1.848
最大孔隙比	0.500~1.000	0.589~1.872	0.672~2.224	0.958~2.864
饱和度	0.44~0.95	0.52~1.00	0.65~1.00	0.68~1.00
液限	—	—	18~36	26~68
塑限	—	—	15~19	16~52

表 2-13

土的主要物理力学指标参考值

土的名称	土的潮湿程度	天然含水量(%)	平均相对密度	天然重度(kN/m³) 松散	中密	密实	侧压力系数(ζ)	变形模量 E_0(MPa)	黏聚力 c(kPa)	内摩擦角 φ(°) 松散	中密	密实
卵石土(碎石土)	稍湿	<9	2.65~2.80	18~20	20~22	20.5~22.5	0.14~0.20	54~65 (碎石土 29~65)	—	30~33	33~37	37~40
	潮湿	9~24										
	饱和	>24										
砾石土	稍湿	<9	2.65~2.80	18~20	20~22	20.5~22.5	0.14~0.20	14~42	—	25~30	30~35	35~40
	潮湿	9~24										
	饱和	>24										
砾砂粗砂	稍湿	<9.5	2.66	18.5~19.0	19~20	20~21	0.35~0.42	36~43	—	33~36	35~38	37~42
	潮湿	9.5~21		19.5~20	20~21	21~21.5				28~30	30~33	33~35
	饱和	>21		20~21	21~22	22~22.5				28~30	30~33	33~35
中砂	稍湿	<9.5	2.66	16~17	17~18	18~19.5	0.35~0.42	31~42	—	30~33	33~36	36~38
	潮湿	9.5~21		17~18.5	18.5~19.5	19.5~20.5				28~30	30~33	33~35
	饱和	>21		20~20.5	20.5~21	20.5~21.5				28~30	30~33	30~33
细砂	稍湿	<9.5	2.66	15~16	16~17.5	17.5~19	0.35~0.42	25~36	—	27~30	30~34	33~36
	潮湿	9.5~21		16.5~17.5	17.5~19	19~20				24~26	26~28	28~30
	饱和	>21		18.5~19	19~20	20~21				22~24	24~26	26~28
粉砂	稍湿	<9.5	2.66	15~16	16~18	18~20	0.35~0.42	17.5~21	5.0	27~28	30~32	32~34
	潮湿	9.5~24		17~18	18~20	19~20.5		14~17.5	2~2	21~23	24~26	26~28
	饱和	>24		18.5~19	19~20	20~21		9~14	0~1	17~19	19~21	21~23
黏砂土	半干硬	9.5~19.5	2.70	17~18	18~19	18~20	0.5~0.7	12.5~16	10~20	22~26	24~28	26~30
	可塑	16		≤18~19	—	—		5~12.5	2~15	18~21	20~23	22~25
	流	>16		—	—	—		—	—	≤14	—	—
砂黏土	半干硬	<18.5	2.71	17~19	18~19	—	0.50~0.70	16~39	25~60	19~22	21~24	23~26
	可塑	15.5~33.5		18~20	18~20	—		4~16	5~40	13~18	17~20	19~22
	流	>32.5		—	—	—		—	<5	≤10	—	—
黏土	半干硬	<26.5	2.74	17~18	18~20	20~21	0.7~0.75	16~59	60~100以上	16~19	18~21	20~23
	可塑	22.5~86.5		18~19	19~20.5	20.5~21.5		4~16	10~60	8~15	14~17	16~19
	流	>52.5		—	—	—		—	<5	≤6	—	—

三、土与墙背的摩擦角，应根据墙背的粗糙程度和排水条件确定，可按表 2-14 选用。

土对挡土墙墙背的摩擦角 表 2-14

挡 土 墙 情 况	摩 擦 角 δ
墙背平滑，排水不良	$(0 \sim 0.33) \varphi$
墙背粗糙，排水良好	$(0.33 \sim 0.5) \varphi$
墙背很粗糙，排水良好	$(0.5 \sim 0.67) \varphi$
墙背与填土间不可能滑动	$(0.67 \sim 1.0) \varphi$

注：φ 为墙背填土的内摩擦角。

四、土对挡土墙基底的摩擦系数，依据基底粗糙程度，排水条件和土质而定，宜由试验确定，也可按表 2-15 选用。

土对挡土墙基底的摩擦系数 表 2-15

土 的 类 别		摩 擦 系 数 μ
黏 性 土	可 塑	$0.25 \sim 0.30$
	硬 塑	$0.30 \sim 0.35$
	坚 硬	$0.35 \sim 0.45$
粉 土		$0.30 \sim 0.40$
中砂、粗砂、砾砂		$0.40 \sim 0.50$
碎 石 土		$0.40 \sim 0.60$
软 质 岩 石		$0.40 \sim 0.60$
表面粗糙的硬质岩石		$0.65 \sim 0.75$

注：1. 对易风化的软质岩石和塑性指数 I_p 大于 22 的黏性土，基底摩擦系数应通过试验确定；

2. 对碎石土、可根据其密实度，填充物状况，风化程度来确定。

五、建筑材料重度，可参考表 2-16。

建筑材料重度表（kN/m³） 表 2-16

材料名称	钢筋混凝土	混凝土	片石混凝土	浆砌粗料石	浆砌块石	浆砌片石	钢 材
重 度	25	23	23	25	23	22	78.5

六、地基承载力特征值

地基承载力特征值可由载荷试验或其他原位测试、公式计算，并结合工程实践经验等方式综合确定，可按《建筑地基基础设计规范》GB 50007—2011 附录 C、D 确定。

当基础宽度大于 3m 或埋置深度大于 0.5m 时，从载荷试验或其他原位测试，经验值等方法确定的地基承载力特征值，尚应按下式修正：

$$f_a = f_{ak} + \eta_b \gamma (b-3) + \eta_d \gamma_m (d-0.5) \tag{2-1}$$

式中 f_a——修正后的地基承载力特征值；

f_{ak}——地基承载力特征值；

η_b，η_d——基础宽度和埋深的地基承载力修正系数，按查表 2-17 取值；

γ——基础底面以下土的重度，地下水位以下取浮重度；

b——基础底面宽度（m），当基础宽小于 3m 按 3m 取值，大于 6m 按 6m 取值；

γ_m——基础底面以上土的加权平均重度，地下水位以下取浮重度；

d——基础埋置深度（m），一般自室外地面标高算起。在填方整平地区，可自填土地面标高算起，但填土在上部结构施工完成时，应从天然地面标高算起。

承载力修正系数　　　　　　　　　　　　　　　　　　　　　表 2-17

土 的 类 别		η_b	η_d
淤泥和淤泥质土		0	1.0
人工填土 e 或 I_L 大于等于 0.85 的黏性土		0	1.0
红黏土	含水比 $\alpha_w > 0.8$	0	1.2
	含水比 $\alpha_w \leqslant 0.8$	0.15	1.4
大面积压实填土	压实系数大于 0.95，黏粒含量 $\rho_c \geqslant 10\%$ 的粉土	0	1.5
	最大干密度大于 2.1t/m³ 的级配砂石	0	2.0
粉 土	黏粒含量 $\rho_c \geqslant 10\%$ 的粉土	0.3	1.5
	黏粒含量 $\rho_c < 10\%$ 的粉土	0.5	2.0
e 及 I_L 均小于 0.85 的黏性土		0.3	1.6
粉砂，细砂（不包括很湿与饱和时的稍密状态）		2.0	3.0
中砂、粗砂、砾砂和碎石土		3.0	4.4

注：1. 强风化和全风化的岩石，可参照所风化成的相应土类取值，其他状态下的岩石不修正；

　　2. 地基承载力特征值按《规范》GB 50007—2011 附录 D 深层平板载荷试验确定时 η_d 取 0；

　　3. 含水比是指土的天然含水量与液限的比值；

　　4. 大面积压实填土是指填土范围大于两倍基础宽度的填土。

当偏心距 e 小于或等于 0.33 倍基础底面宽度时，根据土的抗剪强度指标确定地基承载力特征值可按下式计算，并应满足变形要求：

$$f_a = M_b \gamma b + M_d \gamma_m d + M_c c_k \tag{2-2}$$

式中　　f_a——由土的抗剪强度指标确定的地基承载力特征值；

M_b、M_d、M_c——承载力系数，按表 2-18 确定；

b——基础底面宽度，大于 6m 按 6m 取值，对于砂土小于 3m 时按 3m 取值；

c_k——基底下一倍短边宽深度内土的黏聚力标准值。

承载力系数 M_b、M_d、M_c　　　　　　　　　　　　　　表 2-18

土的内摩擦角标准值 φ_k（°）	M_b	M_d	M_c
0	0	1.00	3.14
2	0.03	1.12	3.32
4	0.06	1.25	3.51

土的内摩擦角标准值 φ_k（°）	M_b	M_d	M_c
6	0.10	1.39	3.71
8	0.14	1.55	3.93
10	0.18	1.73	4.17
12	0.23	1.94	4.42
14	0.29	2.17	4.69
16	0.36	2.43	5.00
18	0.43	2.72	5.31
20	0.51	3.06	5.66
22	0.61	3.44	6.04
24	0.80	3.87	6.45
26	1.10	4.37	6.90
28	1.40	4.93	7.40
30	1.90	5.59	7.95
32	2.60	6.35	8.55
34	3.40	7.21	9.22
36	4.20	8.25	9.97
38	5.00	9.44	10.80
40	5.80	10.84	11.73

注：φ_k——基底下一倍短边宽深度内土的内摩擦角标准值。

岩石地基承载力特征值，可按《规范》GB 50007—2011 附录 H 岩基载荷试验方法确定。对完整，较完整和较破碎的岩石地基承载力特征值，可根据室内饱和单轴抗压强度按下式计算：

$$f_a = \psi_r \cdot f_{rk} \tag{2-3}$$

式中　f_a——岩石地基承载力特征值（kPa）；

f_{rk}——岩石饱和单轴抗压强度标准值（kPa），可按《规范》GB 50007—2011 附录 J 确定；

ψ_r——折减系数。根据岩体完整程度以及结构面的间距、宽度、产状和组合，由地区经验决定。无经验时，对完整岩体可取 0.5；对较完整岩体可取 0.2 ~ 0.5；对较破碎岩体可取 0.1 ~ 0.2。

注：1. 上述折减系数值未考虑施工因素及建筑物使用后风化作用的继续；

2. 对于黏土质岩，在确保施工期及使用期不致遭水浸泡时，也可采用天然湿度的试样，不进行饱和处理。

对破碎、极破碎的岩石地基承载力特征值，可根据地区经验取值，无地区经验时，可根据平板载荷试验确定。

当初步设计时，既无试验资料又无当地经验，原《建筑地基基础设计规范》GBJ 7—89 给出的地基承载力标准值可供参考。但实际设计中必须遵照新规范规定。

地基承载力标准值

（1）地基承载力标准值，当采用野外鉴别结果来确定其值时，应符合表 2-19、表 2-20；

岩石承载力标准值（kPa）　　　　　　　　　　　　　表 2-19

风化程序 岩石类别	强 风 化	中 等 风 化	微 风 化
硬质岩石	500~1000	1500~2500	≥4000
软质岩石	200~500	700~1200	1500~2000

注：1. 对于微风化的硬质岩石，其承载力如取大于 4000kPa 时，应由试验确定；
　　2. 对于强风化的岩石，当与残积土难于区分时按土考虑。

碎石土承载力标准值（kPa）　　　　　　　　　　　　表 2-20

密实度 土的名称	稍 密	中 密	密 实
卵　石	300~500	500~800	800~1000
碎　石	250~400	400~700	700~900
圆　砾	200~300	300~500	500~700
角　砾	200~250	250~400	400~600

注：1. 表中数值适用于骨架颗粒空隙全部由中砂、粗砂或硬塑、坚硬状态的黏性土或稍湿的粉土所充填；
　　2. 当粗颗粒为中等风化或强风化时，可按其风化程度适当降低承载力，当颗粒间呈半胶结状时，可适当提高承载力。

（2）当根据室内物理、力学指标平均值确定地基承载力标准值时，应按下列规定将表 2-21~表 2-25 中承载力的基本值乘以回归修正系数：

回归修正系数，应按下式计算：

$$\psi_{\mathrm{f}} = 1 - \left(\frac{2.884}{\sqrt{n}} + \frac{7.918}{n^2} \right) \delta \qquad (2\text{-}4)$$

式中　ψ_{f}——回归修正系数；

　　　n——据以查表的土性指标参加统计的数据数；

　　　δ——变异系数。

变异系数应按下式计算

$$\delta = \frac{\sigma}{\mu} \qquad (2\text{-}5)$$

$$\mu = \frac{\sum\limits_{i=1}^{n} \mu_i}{n} \qquad (2\text{-}6)$$

$$\sigma = \sqrt{\frac{\sum\limits_{i=1}^{n} \mu_i^2 - n\mu^2}{n-1}} \qquad (2\text{-}7)$$

式中　μ——据以查表的某一土性指标试验平均值；

　　　σ——标准差。

当表中并列两个指标时，变异系数应按下式计算

$$\delta = \delta_1 + \xi \delta_2 \qquad (2\text{-}8)$$

式中　δ_1——第一指标的变异系数；

　　　δ_2——第二指标的变异系数；

　　　ξ——第二指标的折算系数，见有关的承载力表的注。

粉土承载力基本值（kPa） 表 2-21

第一指标孔隙比 e ＼ 第二指标含水量 w（%）	10	15	20	25	30	35	40
0.5	410	390	(365)				
0.6	310	300	280	(270)			
0.7	250	240	225	215	(205)		
0.8	200	190	180	170	(165)		
0.9	160	150	145	140	130	(125)	
1.0	130	125	120	115	110	105	(100)

注：1. 有括号者仅供内插用；

    2. 折算系数 ξ 为 0；

    3. 在湖、塘、沟、谷与河漫滩地段，新近沉积的粉土，其工程性质一般较差，应根据当地实践经验取值。

黏性土承载力基本值（kPa） 表 2-22

第一指标孔隙比 e ＼ 第二指标液性指数 I_L	0	0.25	0.50	0.75	1.00	1.20
0.5	475	430	390	(360)		
0.6	400	360	325	295	(265)	
0.7	325	295	265	240	210	170
0.8	275	240	220	200	170	135
0.9	230	210	190	170	135	105
1.0	200	180	160	135	115	
1.1	160	135	115	105		

注：1. 有括号者仅供内插用；

    2. 折算系数 ξ 为 0.1；

    3. 在湖、塘、沟、谷与河漫滩地段新近沉积的黏性土，其工程性能一般较差。第四纪晚更新世（Q_3）及其以前沉积的老黏性土，其工程性能通常较好，这些土均应根据当地实践经验取值。

沿海地区淤泥和淤泥质土承载力基本值 表 2-23

天然含水量 w（%）	36	40	45	50	55	65	75
f_0（kPa）	100	90	80	70	60	50	40

注：对于内陆淤泥和淤泥质土，可参照使用。

红黏土承载基本值（kPa） 表 2-24

土的名称	第二指标 液塑比 $I_r = \dfrac{w_L}{w_P}$	第一指标含水比 $\alpha_w = \dfrac{w_L}{w}$					
		0.5	0.6	0.7	0.8	0.9	1.0
红黏土	≤1.7	380	270	210	180	150	140
	≥2.3	280	200	160	130	110	100
次生红黏土		250	190	150	130	110	100

注：1. 本表仅适用于定义范围内的红黏土；

    2. 折算系数 ξ 为 0.4。

素填土承载力基本值 表 2-25

压缩模量 E_{s1-2}（MPa）	7	5	4	3	2
f_0（kPa）	160	135	115	85	65

注：1. 本表只适用于堆填时间超过十年的黏性土，以及超过五年的粉土；

    2. 压实填土地基的承载力，见表 2-31。

（3）当根据标准贯入试验锤击数 N，轻便触探试验锤击数 N_{10} 自表 2-26～表 2-29 确定地基承载力标准值时，现场试验锤击数应经下式修正：

$$N（或 N_{10}）=\mu - 1.645\sigma \tag{2-9}$$

计算值取至整数位。

砂土承载力标准值（kPa）　　　　　　　　表 2-26

土 类 ＼ N	10	15	30	50
中、粗砂	180	250	340	500
粉、细砂	140	180	250	340

黏性土承载力标准值　　　　　　　　表 2-27

N	3	5	7	9	11	13	15	17	19	21	23
f_k（kPa）	105	145	190	235	280	325	370	430	515	600	680

黏性土承载力标准值　　　　　　　　表 2-28

N_{10}	15	20	25	30
f_k（kPa）	105	145	190	230

素填土承载力标准值　　　　　　　　表 2-29

N_{10}	10	20	30	40
f_k（kPa）	85	115	135	160

（4）当为压实填土，如密实度、含水量和边坡坡度符合表 2-30 和表 2-31 规定，则其承载力应根据试验确定，当无试验数据时，可按表 2-31 选用。

压实地基质量控制值　　　　　　　　表 2-30

结 构 类 型	填 土 部 位	压实系数 λ_0	控制含水量（%）
挡 墙 砌 体	在地基主要受力层范围内	＞0.96	$w_{op} \pm 2$
	在地基主要受力层范围以下	0.93～0.96	

注：压实系数为土的控制干密度 ρ_d 与最大的干密度 ρ_{max} 的比值，w_{op} 为最优含水量以百分数表示。

压实填土地基承载力和边坡允许值　　　　　　　　表 2-31

填 土 类 别	压实系数 λ_c	承载力标准值 f_k（kPa）	边坡坡度允许值（高宽比）	
			坡高在 8m 以内	坡高为 8m～15m
碎石、卵石		200～300	1：1.50～1：1.25	1：1.75～1：1.50
砂夹石（其中碎石、卵石占全重 30%～50%）		200～250	1：1.50～1：1.25	1：1.75～1：1.50
土夹石（其中碎石、卵石占全重 30%～50%）	0.94～0.97	150～200	1：1.50～1：1.25	1：2.00～1：1.50
粉质黏土、黏粒含量 $\rho_c \geqslant 10\%$ 的粉土		130～180	1：1.75～1：1.50	1：2.25～1：1.75

七、边坡的坡度允许值，应根据当地经验，参照同类土（岩）体稳定坡度值确定。当地质条件良好，土（岩）质比较均匀时，可按表 2-32、表 2-33 选用。

岩石边坡坡度允许值　　　　　　　　表 2-32

岩石类别	风化程度	坡度允许值（高宽比）	
		坡高在 8m 以内	坡高 8~15m
硬质岩石	微风化	1：0.10~1：0.20	1：0.20~1：0.35
	中等风化	1：0.20~1：0.35	1：0.35~1：0.50
	强风化	1：0.35~1：0.50	1：0.50~1：0.75
软质岩石	微风化	1：0.35~1：0.50	1：0.50~1：0.75
	中等风化	1：0.50~1：0.75	1：0.75~1：1.00
	强风化	1：0.75~1：1.00	1：1.00~1：1.25

土质边坡坡度允许值　　　　　　　　表 2-33

土 的 类 别	密实度或状态	坡度允许值（高宽比）	
		坡高在 5m 以内	坡高为 5~10m
碎石土	密 实	1：0.35~1：0.50	1：0.50~1：0.75
	中 密	1：0.50~1：0.75	1：0.75~1：1.00
	稍 密	1：0.75~1：1.00	1：1.00~1：1.25
黏性土	坚 硬	1：0.75~1：1.00	1：1.00~1：1.25
	硬 塑	1：1.00~1：1.25	1：1.25~1：1.50

注：1. 表中碎石土的充填物为坚硬或硬塑状态的黏性土；
　　2. 对于砂土或充填物为砂土的碎石土，其边坡坡度允许值均按自然休止角确定。

八、砌体强度设计值

龄期为 28d 的以毛截面计算的各类砌体抗压强度设计值，当施工质量控制等级为 B 级时，应根据块体和砂浆的强度等级分别按下列规定采用：

烧结普通砖和烧结多孔砖砌体的抗压强度设计值（MPa）　　　表 2-34

砖强度等级	砂浆强度等级					砂浆强度
	M15	M10	M7.5	M5	M2.5	0
MU30	3.94	3.27	2.93	2.59	2.26	1.15
MU25	3.60	2.98	2.68	2.37	2.06	1.05
MU20	3.22	2.67	2.39	2.12	1.84	0.94
MU15	2.79	2.31	2.07	1.83	1.60	0.82
MU10	—	1.89	1.69	1.50	1.30	0.67

注：当烧结多孔砖的孔洞率大于 30% 时，表中数值应乘以 0.9。

混凝土普通砖和混凝土多孔砖砌体的抗压强度设计值（MPa）　表2-35

砖 强 度 等 级	砂浆强度等级					砂浆强度
	Mb20	Mb15	Mb10	Mb7.5	Mb5	0
MU30	4.61	3.94	3.27	2.93	2.59	1.15
MU25	4.21	3.60	2.98	2.68	2.37	1.05
MU20	3.77	3.22	2.67	2.39	2.12	0.94
MU15	—	2.79	2.31	2.07	1.83	0.82

蒸压灰砂普通砖和蒸压粉煤灰普通砖砌体的抗压强度设计值（MPa）　表2-36

砖 强 度 等 级	砂浆强度等级				砂浆强度
	M15	M10	M7.5	M5	0
MU25	3.60	2.98	2.68	2.37	1.05
MU20	3.22	2.67	2.39	2.12	0.94
MU15	2.79	2.31	2.07	1.83	0.82

注：当采用专用砂浆砌筑时，其抗压强度设计值按表中数值采用。

单排孔混凝土砌块和轻集料混凝土砌块对孔砌筑砌体的抗压强度设计值（MPa）　表2-37

砌块强度等级	砂浆强度等级					砂浆强度
	Mb20	Mb15	Mb10	Mb7.5	Mb5	0
MU20	6.30	5.68	4.95	4.44	3.94	2.33
MU15	—	4.61	4.02	3.61	3.20	1.89
MU10	—	—	2.79	2.50	2.22	1.31
MU7.5	—	—	—	1.93	1.71	1.01
MU5	—	—	—	—	1.19	0.70

注：1. 对独立柱或厚度为双排组砌的砌块砌体，应按表中数值乘以0.7；

　　2. 对T形截面墙体、柱，应按表中数值乘以0.85。

单排孔混凝土砌块对孔砌筑时，灌孔砌体的抗压强度设计值 f_g，应按下列方法确定：

1）混凝土砌块砌体的灌孔混凝土强度等级不应低于Cb20，且不应低于1.5倍的块体强度等级。灌孔混凝土强度指标取同强度等级的混凝土强度指标。

2）灌孔混凝土砌块砌体的抗压强度设计值 f_g，应按下列公式计算：

$$f_g = f + 0.6\alpha f_c$$

$$\alpha = \delta\rho$$

式中　f_g——灌孔混凝土砌块砌体的抗压强度设计值，该值不应大于未灌孔砌体抗压强度设计值的2倍；

　　　f——未灌孔混凝土砌块砌体的抗压强度设计值，应按表2-37采用；

　　　f_c——灌孔混凝土的轴心抗压强度设计值；

　　　α——混凝土砌块砌体中灌孔混凝土面积与砌体毛面积的比值；

　　　δ——混凝土砌块的孔洞率；

　　　ρ——混凝土砌块砌体的灌孔率，系截面灌孔混凝土面积与截面孔洞面积的比值，灌孔率应根据受力或施工条件确定，且不应小于33%。

双排孔或多排孔轻集料混凝土砌块砌体的抗压强度设计值（MPa） 表 2-38

砌块强度等级	砂浆强度等级			砂浆强度
	Mb10	Mb7.5	Mb5	0
MU10	3.08	2.76	2.45	1.44
MU7.5	—	2.13	1.88	1.12
MU5	—	—	1.31	0.78
MU3.5			0.95	0.56

注：1. 表中的砌块为火山渣、浮石和陶粒轻集料混凝土砌块；

2. 对厚度方向为双排组砌的轻集料混凝土砌块砌体的抗压强度设计值，应按表中数值乘以0.8。

块体高度为180～350mm 的毛料石砌体的抗压强度设计值，应按表2-39 采用。

毛料石砌体的抗压强度设计值（MPa） 表 2-39

毛料石强度等级	砂浆强度等级			砂浆强度
	M7.5	M5	M2.5	0
MU100	5.42	4.80	4.18	2.13
MU80	4.85	4.29	3.73	1.91
MU60	4.20	3.71	2.23	1.65
MU50	3.83	3.39	2.95	1.51
MU40	3.43	3.04	2.64	1.35
MU30	2.97	2.63	2.29	1.17
MU20	2.42	2.15	1.87	0.95

注：对细料石砌体、粗料石砌体和干砌勾缝石砌体，表中数值应分别乘以调整系数1.4、1.2和0.8。

毛石砌体的抗压强度设计值。

毛石砌体的抗压强度设计值（MPa） 表 2-40

毛石强度等级	砂浆强度等级			砂浆强度
	M7.5	M5	M2.5	0
MU100	1.27	1.12	0.98	0.34
MU80	1.13	1.00	0.87	0.30
MU60	0.98	0.87	0.76	0.26
MU50	0.90	0.80	0.69	0.23
MU40	0.80	0.71	0.62	0.21
MU30	0.69	0.61	0.53	0.18
MU20	0.56	0.51	0.44	0.15

龄期为28d 的以毛截面计算的各类砌体的轴心抗拉强度设计值、弯曲抗拉强度设计值和抗剪强度设计值，应符合下列规定：

当施工质量控制等级为 B 级时，强度设计值应按表2-41。

沿砌体灰缝截面破坏时砌体的轴心抗拉强度设计值、

弯曲抗拉强度设计值和抗剪强度设计值（MPa） 表 2-41

强度类别	破坏特征及砌体种类		砂浆强度等级			
			≥M10	M7.5	M5	M2.5
轴心抗拉	沿齿缝	烧结普通砖、烧结多孔砖	0.19	0.16	0.13	0.09
		混凝土普通砖、混凝土多孔砖	0.19	0.16	0.13	—
		蒸压灰砂普通砖、蒸压粉煤灰普通砖	0.12	0.10	0.08	—
		混凝土和轻集料混凝土砌块	0.09	0.08	0.07	—
		毛 石	—	0.07	0.06	0.04
弯曲抗拉	沿齿缝	烧结普通砖、烧结多孔砖	0.33	0.29	0.23	0.17
		混凝土普通砖、混凝土多孔砖	0.33	0.29	0.23	—
		蒸压灰砂普通砖、蒸压粉煤灰普通砖	0.24	0.20	0.16	—
		混凝土和轻集料混凝土砌块	0.11	0.09	0.08	—
		毛 石	—	0.11	0.09	0.07
	沿通缝	烧结普通砖、烧结多孔砖	0.17	0.14	0.11	0.08
		混凝土普通砖、混凝土多孔砖	0.17	0.14	0.11	—
		蒸压灰砂普通砖、蒸压粉煤灰普通砖	0.12	0.10	0.08	—
		混凝土和轻集料混凝土砌块	0.08	0.06	0.05	—
抗剪	烧结普通砖、烧结多孔砖		0.17	0.14	0.11	0.08
	混凝土普通砖、混凝土多孔砖		0.17	0.14	0.11	—
	蒸压灰砂普通砖、蒸压粉煤灰普通砖		0.12	0.10	0.08	—
	混凝土和轻集料混凝土砌块		0.09	0.08	0.06	—
	毛 石		—	0.19	0.16	0.11

注：1. 对于用形状规则的块体砌筑的砌体，当搭接长度与块体高度的比值小于1时，其轴心抗拉强度设计值f_t和弯曲抗拉强度设计值f_{tm}应按表中数值乘以搭接长度与块体高度比值后采用；

2. 表中数值是依据普通砂浆砌筑的砌体确定，采用经研究性试验且通过技术鉴定的专用砂浆砌筑的蒸压灰砂普通砖、蒸压粉煤灰普通砖砌体，其抗剪强度设计值按相应普通砂浆强度等级砌筑的烧结普通砖砌体采用；

3. 对混凝土普通砖、混凝土多孔砖、混凝土和轻集料混凝土砌块砌体，表中的砂浆强度等级分别为：≥Mb10、Mb7.5及Mb5。

单排孔混凝土砌块对孔砌筑时，灌孔砌体的抗剪强度设计值f_{vg}，应按下式计算：

$$f_{vg} = 0.2f_g^{0.55}$$

式中 f_g——灌孔砌体的抗压强度设计值（MPa）。

下列情况的各类砌体，其砌体强度设计值应乘以调整系数 γ_a：

（1）对无筋砌体构件，其截面面积小于 0.3m² 时，γ_a 为其截面面积加 0.7；对配筋砌体构件，当其中砌体截面面积小于 0.2m² 时，γ_a 为其截面面积加 0.8；构件截面面积以"m²"计；

（2）当砌体用强度等级小于 M5.0 的水泥砂浆砌筑时，对表2-34～表2-40各表中的数值，γ_a 为 0.9；对表 2-41 中数值，γ_a 为 0.8；

（3）当验算施工中房屋的构件时，γ_a 为 1.1。

（4）施工阶段砂浆尚未硬化的新砌砌体的强度和稳定性，可按砂浆强度为零进行验算。对于冬期施工采用掺盐砂浆法施工的砌体，砂浆强度等级按常温施工的强度等级提高一级时，砌体强度和稳定性可不验算。配筋砌体不得用掺盐砂浆施工。

（5）砌体的弹性模量、线膨胀系数和收缩系数、摩擦系数分别按下列规定采用。砌体的剪变模量按砌体弹性模量的 0.4 倍采用。烧结普通砖砌体的泊松比可取 0.15。

砌体的弹性模量（MPa） 表 2-42

砌体种类	砂浆强度等级			
	≥M10	M7.5	M5	M2.5
烧结普通砖、烧结多孔砖砌体	1600f	1600f	1600f	1390f
混凝土普通砖、混凝土多孔砖砌体	1600f	1600f	1600f	—
蒸压灰砂普通砖、蒸压粉煤灰普通砖砌体	1060f	1060f	1060f	—
非灌孔混凝土砌块砌体	1700f	1600f	1500f	—
粗料石、毛料石、毛石砌体	—	5650f	4000f	2250f
细料石砌体	—	17000f	12000f	6750f

注：1. 轻集料混凝土砌块砌体的弹性模量，可按表中混凝土砌块砌体的弹性模量采用；
2. 表中砌体抗压强度设计值不按 3.2.3 条进行调整；
3. 表中砂浆为普通砂浆，采用专用砂浆砌筑的砌体的弹性模量也按此表取值；
4. 对混凝土普通砖、混凝土多孔砖、混凝土和轻集料混凝土砌块砌体，表中的砂浆强度等级分别为：≥Mb10、Mb7.5 及 Mb5；
5. 对蒸压灰砂普通砖和蒸压粉煤灰普通砖砌体，当采用专用砂浆砌筑时，其强度设计值按表中数值采用。

单排孔且对孔砌筑的混凝土砌块灌孔砌体的弹性模量，应按下列公式计算：

$$E = 2000 f_g$$

式中 f_g——灌孔砌体的抗压强度设计值。

砌体的线膨胀系数和收缩率 表 2-43

砌体类别	线膨胀系数（$10^{-6}/℃$）	收缩率（mm/m）
烧结普通砖、烧结多孔砖砌体	5	−0.1
蒸压灰砂普通砖、蒸压粉煤灰普通砖砌体	8	−0.2
混凝土普通砖、混凝土多孔砖、混凝土砌块砌体	10	−0.2
轻集料混凝土砌块砌体	10	−0.3
料石和毛石砌体	8	—

注：表中的收缩率系由达到收缩允许标准的块体砌筑 28d 的砌体收缩系数。当地方有可靠的砌体收缩试验数据时，亦可采用当地的试验数据。

砌体的摩擦系数 表 2-44

材料类别	摩擦面情况	
	干燥	潮湿
砌体沿砌体或混凝土滑动	0.70	0.60
砌体沿木材滑动	0.60	0.50
砌体沿钢滑动	0.45	0.35
砌体沿砂或卵石滑动	0.60	0.50
砌体沿粉土滑动	0.55	0.40
砌体沿黏性土滑动	0.50	0.30

九、混凝土强度标准值、设计值

混凝土轴心抗压强度标准值（N/mm²）　　　　表 2-45

强　度	混凝土强度等级													
	C15	C20	C25	C30	C35	C40	C45	C50	C55	C60	C65	C70	C75	C80
f_{ck}	10.0	13.4	16.7	20.1	23.4	26.8	29.6	32.4	35.5	38.5	41.5	44.5	47.4	50.2

混凝土轴心抗拉强度标准值（N/mm²）　　　　表 2-46

强　度	混凝土强度等级													
	C15	C20	C25	C30	C35	C40	C45	C50	C55	C60	C65	C70	C75	C80
f_{tk}	1.27	1.54	1.78	2.01	2.20	2.39	2.51	2.64	2.74	2.85	2.93	2.99	3.05	3.11

混凝土轴心抗压强度设计值（N/mm²）　　　　表 2-47

强　度	混凝土强度等级													
	C5	C20	C25	C30	C35	C40	C45	C50	C55	C60	C65	C70	C75	C80
f_c	7.2	9.6	11.9	14.3	16.7	19.1	21.1	23.1	25.3	27.5	29.7	31.8	33.8	35.9

混凝土轴心抗拉强度设计值（N/mm²）　　　　表 2-48

强　度	混凝土强度等级													
	C5	C20	C25	C30	C35	C40	C45	C50	C55	C60	C65	C70	C75	C80
f_t	0.91	1.10	1.27	1.43	1.57	1.71	1.80	1.89	1.96	2.04	2.09	2.14	2.18	2.22

混凝土的剪切变形模量 G_c 可按相应弹性模量值的 40% 采用。

混凝土泊松比 ν_c 可按 0.2 采用。

混凝土弹性模量（$\times 10^4$ N/mm²）　　　　表 2-49

混凝土强度等级	C15	C20	C25	C30	C35	C40	C45	C50	C55	C60	C65	C70	C75	C80
E_c	2.20	2.55	2.80	3.00	3.15	3.25	3.35	3.45	3.55	3.60	3.65	3.70	3.75	3.80

注：1. 当有可靠试验依据时，弹性模量可根据实测数据确定；
　　2. 当混凝土中掺有大量矿物掺合料时，弹性模量可按规定龄期根据实测数据确定。

十、钢筋强度标准值、设计值

普通钢筋强度标准值（N/mm²）　　　　表 2-50

牌　号	符　号	公称直径 d（mm）	屈服强度标准值 f_{yk}	极限强度标准值 f_{stk}
HPB300	Φ	6～22	300	420
HRB335	Φ	6～50	335	455
HRBF335	Φ^F			
HRB400	Φ	6～50	400	540
HRBF400	Φ^F			
RRB400	Φ^R			
HRB500	Φ	6～50	500	630
HRBF500	Φ^F			

预应力筋强度标准值（N/mm²）　　　　　　　　　　　表 2-51

种　　类		符　号	公称直径 d（mm）	屈服强度标准值 f_{pyk}	极限强度标准值 f_{ptk}
中强度预应力钢丝	光面	ϕ^{PM}	5、7、9	620	800
	螺旋肋	ϕ^{HM}		780	970
				980	1270
预应力螺纹钢筋	螺纹	ϕ^{T}	18、25、32、40、50	785	980
				930	1080
				1080	1230
消除应力钢丝	光面	ϕ^{P}	5	—	1570
				—	1860
			7	—	1570
	螺旋肋	ϕ^{H}	9	—	1470
				—	1570
钢绞线	1×3（三股）	ϕ^{S}	8.6、10.8、12.9	—	1570
				—	1860
				—	1960
	1×7（七股）		9.5、12.7、15.2、17.8	—	1720
				—	1860
				—	1960
			21.6	—	1860

注：极限强度标准值为 1960N/mm² 的钢绞线作后张预应力配筋时，应有可靠的工程经验。

普通钢筋强度设计值（N/mm²）　　　　　　　　　　表 2-52

牌　　号	抗拉强度设计值 f_y	抗压强度设计值 f'_y
HPB300	270	270
HRB335、HRBF335	300	300
HRB400、HRBF400、RRB400	360	360
HRB500、HRBF500	435	410

预应力筋强度设计值（N/mm²）　　　　　　　　　　表 2-53

种　　类	极限强度标准值 f_{ptk}	抗拉强度设计值 f_{py}	抗压强度设计值 f'_{py}
中强度预应力钢丝	800	510	
	970	650	410
	1270	810	
消除应力钢丝	1470	1040	
	1570	1110	410
	1860	1320	
钢绞线	1570	1110	
	1720	1220	
	1860	1320	390
	1960	1390	
预应力螺纹钢筋	980	650	
	1080	770	410
	1230	900	

注：当预应力筋的强度标准值不符合表 2-57 的规定时，其强度设计值应进行相应的比例换算。

普通钢筋和预应力筋的弹性模量 E_s。

钢筋的弹性模量（$\times 10^5 \text{N/mm}^2$） 表 2-54

牌号或种类	弹性模量 E_s
HPB 300 钢筋	2.10
HRB 335、HRB 400、HRB 500 钢筋 HRBF 335、HRBF400、HRBF 500 钢筋 RRB 400 钢筋 预应力螺纹钢筋	2.00
消除应力钢丝、中强度预应力钢丝	2.05
钢绞线	1.95

注：必要时可采用实测的弹性模量。

素混凝土构件的稳定系数 ϕ 表 2-55

l_0/b	<4	4	6	8	10	12	14	16	18	20	22	24	26	28	30
l_0/i	<4	14	21	28	36	42	49	56	63	70	76	83	90	97	104
ϕ	1.00	0.98	0.96	0.91	0.86	0.82	0.77	0.72	0.68	0.63	0.59	0.55	0.51	0.47	0.44

十一、常用几何图形形心及面积

表 2-56

名 称	图 形	公 式
任意三角形		$A = \dfrac{b \cdot h}{2} \quad A = \dfrac{a \cdot c}{2}\sin B$ $A = \sqrt{s(s-a)(s-b)(s-c)}$ $s = \dfrac{1}{2}(a+b+c) \quad y_0 = \dfrac{h}{3}$
平行四边形 矩 形		$A = b \cdot h$ $y_0 = \dfrac{h}{2}$ $x_0 = \dfrac{c+b}{2}$
梯 形		$A = \dfrac{a+b}{2} \cdot h$ $y_0 = \dfrac{h}{8} \times \dfrac{2a+b}{a+b}$ $x_0 = \dfrac{(a^2+ba+b^2)+(2a+b)\cdot c}{3(a+b)}$
圆		$A = \pi r^2 = \dfrac{\pi D^2}{4}$
椭 圆		$A = \pi ab$

十二、梯形形心位置简化计算公式及简化计算值

梯形形心位置简化计算公式　　　　　　　　　表 2-57

图　　形	公　　式
	$x = \alpha' \cdot b + \beta' \cdot c$ $y = \beta' \cdot H$
	$x = \alpha' \cdot b$ $y = \beta' \cdot H$
	$x = \alpha' \cdot b + \beta' \cdot (-c)$（当 x 为负值时，形心在 0 点之左） $y = \beta' \cdot H$

注：公式中 α'、β' 值，根据 $\gamma = \dfrac{a}{b}$ 值由表 2-58 查出。

梯形形心位置简化计算 α'、β' 值　　　　　　表 2-58

γ	α'	β'	γ	α'	β'	γ	α'	β'	γ	α'	β'
0.200	0.344	0.389	0.285	0.354	0.407	0.370	0.367	0.423	0.455	0.381	0.438
0.205	0.345	0.390	0.290	0.355	0.408	0.375	0.368	0.424	0.460	0.382	0.438
0.210	0.345	0.391	0.295	0.356	0.409	0.380	0.368	0.425	0.465	0.382	0.439
0.215	0.346	0.392	0.300	0.356	0.410	0.385	0.369	0.426	0.470	0.383	0.440
0.220	0.346	0.393	0.305	0.357	0.411	0.390	0.370	0.427	0.475	0.384	0.441
0.225	0.347	0.395	0.310	0.358	0.412	0.395	0.371	0.428	0.480	0.385	0.441
0.230	0.348	0.396	0.315	0.358	0.413	0.400	0.371	0.429	0.485	0.386	0.442
0.235	0.348	0.397	0.320	0.359	0.414	0.405	0.372	0.429	0.490	0.387	0.443
0.240	0.349	0.398	0.325	0.360	0.415	0.410	0.373	0.430	0.495	0.388	0.444
0.245	0.349	0.399	0.330	0.361	0.416	0.415	0.374	0.431	0.500	0.389	0.444
0.250	0.350	0.400	0.335	0.361	0.417	0.420	0.375	0.432	0.505	0.390	0.445
0.255	0.351	0.401	0.340	0.362	0.418	0.425	0.376	0.433	0.510	0.391	0.446
0.260	0.351	0.402	0.345	0.363	0.419	0.430	0.376	0.434	0.515	0.392	0.447
0.265	0.352	0.403	0.350	0.364	0.420	0.435	0.377	0.434	0.520	0.393	0.447
0.270	0.352	0.404	0.355	0.364	0.421	0.440	0.378	0.435	0.525	0.394	0.448
0.275	0.353	0.405	0.360	0.365	0.422	0.445	0.379	0.436	0.530	0.395	0.449
0.280	0.354	0.406	0.365	0.366	0.422	0.450	0.380	0.437	0.535	0.396	0.450

续表

γ	α'	β'	γ	α'	β'	γ	α'	β'	γ	α'	β'
0.540	0.397	0.450	0.610	0.410	0.460	0.680	0.425	0.468	0.750	0.441	0.476
0.545	0.397	0.451	0.615	0.411	0.460	0.685	0.426	0.469	0.755	0.442	0.477
0.550	0.398	0.452	0.620	0.412	0.461	0.690	0.427	0.469	0.760	0.443	0.477
0.555	0.399	0.452	0.625	0.414	0.462	0.695	0.428	0.470	0.765	0.444	0.478
0.560	0.400	0.453	0.630	0.415	0.462	0.700	0.429	0.470	0.770	0.445	0.478
0.565	0.401	0.454	0.635	0.415	0.463	0.705	0.430	0.471	0.775	0.446	0.479
0.570	0.402	0.454	0.640	0.417	0.463	0.710	0.432	0.472	0.780	0.447	0.479
0.575	0.403	0.455	0.645	0.418	0.464	0.715	0.433	0.472	0.785	0.448	0.480
0.580	0.404	0.456	0.650	0.419	0.465	0.720	0.434	0.473	0.790	0.450	0.480
0.585	0.405	0.456	0.655	0.420	0.465	0.725	0.435	0.473	0.795	0.451	0.481
0.590	0.406	0.457	0.660	0.421	0.466	0.730	0.436	0.474	0.800	0.452	0.481
0.595	0.407	0.458	0.665	0.422	0.466	0.735	0.437	0.475			
0.600	0.408	0.458	0.670	0.423	0.467	0.740	0.438	0.475			
0.605	0.409	0.459	0.675	0.424	0.468	0.745	0.439	0.476			

第二篇 土压力计算

第三章 土压力计算公式及图表

第一节 土压力概论

　　作用在支挡结构上的土压力，即填土（填土和填土表面上荷载）或挖土坑壁原位土对支挡结构产生的侧向土压力，它是支挡结构物所承受的主要荷载。因此，设计支挡结构物时，首先要确定土压力的大小、方向和作用点。这是一个复杂的问题，它与支挡结构物的形状、刚度、位移，背后填土的物理力学性质，墙背和填土表面的倾斜程度等有关。

　　作用在支挡结构上的土压力，根据结构的位移方向、大小及背后填土所处的状态，可分为三种：

　　1. 静止土压力

　　如果支挡结构在土压力作用下，结构不发生变形和任何位移（移动或转动），背后填土处于弹性平衡状态，如图 3-1（b）所示。则作用在结构上的土压力称为静止土压力，并以 E_0 表示。

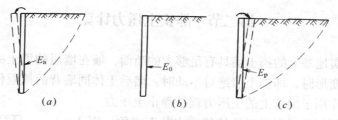

(a)　　　　　　　　(b)　　　　　　　　(c)

图 3-1　三种土压力示意图

　　2. 主动土压力

　　若挡土墙（由于支挡结构本身无变形，则取重力式挡土墙为代表，以后简称挡土墙）在填土产生的土压力作用下离开填土方向向墙前发生位移时，则随着位移的增大，墙后土压力将逐渐减小。当位移达到表 3-1 中所列数值时，土体出现滑裂面，墙后填土处于主动极限平衡状态。此时，作用于挡土墙上的土压力称为主动土压力，用 E_a 表示，如图 3-1（a）所示。

产生主、被动土压力所需墙位移量　　　　　表 3-1

土的类别	土压力类别	墙体位移（变形）方式	所需位移量
砂 土	主 动	墙体平行移动	$0.001H$（H 为挡土墙高）
	主 动	绕墙趾转动	$0.001H$
	主 动	绕墙顶转动	$0.02H$
	被 动	墙体平行移动	$-0.05H$
	被 动	绕墙趾转动	$>-0.1H$
	被 动	绕墙顶转动	$-0.05H$
黏 土	主 动	墙体平行移动	$0.004H$
	主 动	绕墙趾转动	$0.004H$

3. 被动土压力

如挡土墙在外荷载作用下，使墙向填土方向位移，随着位移增大，墙受到填土的反作用力逐渐增大，当位移达到表 3-1 所需的位移量，土体出现滑裂面，墙背后填土就处于被动极限平衡状态，如图 3-1（c）所示。这时作用于墙背上的土压力称为被动土压力，以 E_p 表示。

由图 3-2 可以看出填土所处平衡状态，土压力与挡土墙位移的关系。

土压力计算，实质是土的抗剪强度理论的一种应用。静止土压力计算，主要是应用弹性理论方法和经验方法。计算主、被动土压力，主要是应用极限平衡理论（处于塑性状态）的库仑理论和朗金理论及依上述理论为基础发展的近似方法和图解法。

一般挡土墙均属平面问题，故在以后研究中均取沿墙长度方向每延长米计算。

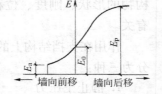

图 3-2　土压力类别图

第二节　静止土压力计算

当建筑在坚实地基上的挡土墙具有足够大的断面，墙在墙后的填土的推力作用下，不产生任何位移和变形时，即挡土墙绝对不动时，墙后土体同墙背的侧限作用而处于弹性平衡状态。此时，作用于墙背上的土压力就是静止土压力。

静止土压力可根据半无限弹性体的应力状态求解。图 3-3 中，在填土表面以下任意深度 z 处 M 点取一单元体（在 M 点附近一微小正六面体），作用于单元体上力有二：一为竖直向的土的自重应力 σ_c，其值等于土柱的重量：

$$\sigma_c = \gamma z \qquad (3-1)$$

式中　γ ——填土的重度；

　　　z ——由填表表面算起至 M 点的深度。

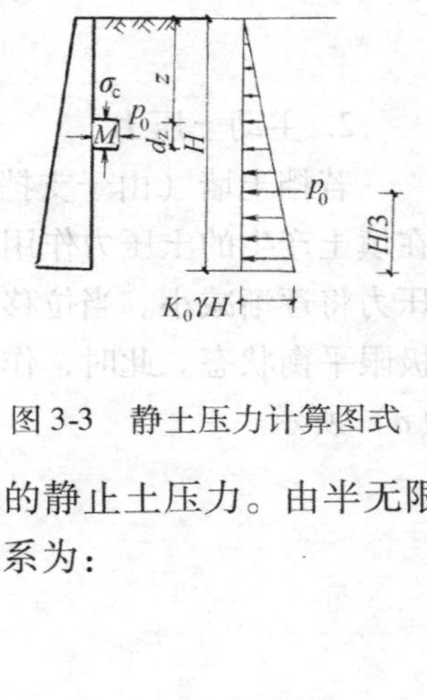

二是侧向压应力，是由于侧向不能产生变形而产生的，也就是填土受到挡土墙的静止压力。它的反作用力就是我们要求的静止土压力。由半无限弹性体在无侧移的条件下，其侧向压力与竖直方向压力之间的关系为：

图 3-3　静土压力计算图式

$$p_0 = K_0 \sigma_c = K_0 \gamma z \tag{3-2}$$

式中　K_0——静止土压力系数，

$$K_0 = \frac{\mu}{1-\mu} \tag{3-3}$$

其中　μ——填土的泊松比，由试验确定。

静止土压力系数 K_0，与土的种类有关，而同一种土的 K_0，还与其孔隙比、含水量、加压条件、压缩程度有关。常见土的静止土压力系数 K_0 如表3-2所示。

静止土压力系数 K_0　　　　　表3-2

土　类	坚硬土	硬-可塑黏性土 粉质黏土，砂土	可-软塑 黏性土	软塑黏性土	流塑黏性土
K_0	0.2~0.4	0.4~0.5	0.5~0.6	0.6~0.75	0.75~0.8

也可根据半经验公式

$$K_0 = 1 - \sin\varphi' \tag{3-4}$$

式中　φ'——填土的有效应力内摩擦角。

式（3-4）对砂土误差较小，但对黏土会产生较大的误差。

墙后填土表面为水平时，静止土压力按三角形分布，静止土压力合力

$$E_0 = \frac{1}{2}\gamma h^2 K_0 \tag{3-5}$$

式中　h——挡土墙的高度。

合力作用点是位于距离墙踵 $h/3$ 处。

如墙后的填土为超固结土，将产生较大的静止土压力。在实际工程中必须注意避免因过大的侧向压力而造成挡土墙的破坏。此时，静止土压力可按以下半经验公式估算：

$$K_{0R} = \sqrt{R}\,(1-\sin\varphi) \tag{3-6}$$

式中　R——超固结比，

$$R = \frac{p_c}{p}$$

其中　p_c——土的前期固结压力；

p——目前土的自重压力。

当挡土墙位移很小，填土处于静止土压力与主动土压力状态之间的弹性阶段。此时土压力系数与填土内摩擦角 φ、填土表面倾角 β、挡土墙面倾斜角 α 有关。由弹性力学方法求解得土压力系数见表3-3。

弹性阶段土压力系数 K 值　　　　　表3-3

内摩擦角 φ（°）	21	24	27	30	33	36	39	42	45
土压力系数 K	0.44	0.39	0.35	0.32	0.29	0.26	0.24	0.21	0.19

第三节　库仑土压力理论

库仑土压力理论由法国科学家库仑于1773年发表。库仑在建立此理论时，作出如下

假定:

1. 挡土墙墙后填土为砂土(仅有内摩擦力而无黏聚力);

2. 挡土墙后填土产生主动土压力或被动土压力时,填土形成滑动楔体,其滑裂面为通过墙踵的平面。

库仑土压力理论是根据滑动楔体处于极限平衡状态,应用静力平衡条件求解得主动土压力和被动土压力。

一、主动土压力计算

设挡土墙高为 h,墙背俯斜并与竖直面之间夹角为 ρ,墙后填土为砂土,填土表面与水平面成 β 角,墙背与土体的摩擦角为 δ。挡土墙在主动土压力作用下向前位移(平移或转动)。当墙后填土处于极限平衡状态时,填土内产生一滑裂平面 BC,与水平面之间夹角为 θ,此时,形成一滑动楔体 ABC,如图 3-4 所示。

为求解主动土压力,取滑动土体 ABC 为隔离体,作用其上的力系为:

土楔体自重 $G = \Delta ABC \cdot \gamma$,方向竖直向下;

滑裂面 BC 上的反力 R,大小未知,但作用方向与滑裂面 BC 法线顺时针成 φ 角(φ 为土的内摩擦角);

墙背对土体的反作用力 E,当土体向下滑动,墙对土楔的反力向上,其方向与墙背法线逆时针成 δ 角,大小未知。

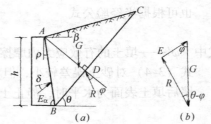

图 3-4 主动状态下滑动楔体图

滑动楔体在 G、R、E 三力作用下处于平衡状态,其封闭力三角形如图 3-4(b)。由正弦定理可知:

$$\frac{E}{\sin(\theta - \varphi)} = \frac{G}{\sin[180° - (\theta - \varphi - \psi)]} = \frac{G}{\sin(\theta - \varphi - \psi)}$$

$$E = \frac{\sin(\theta - \varphi)}{\sin(\theta - \varphi - \psi)} \qquad (3-7)$$

式中 $\psi = 90° - \rho - \delta$。

楔体自重 G

$$G = \Delta ABC \cdot \gamma = \frac{1}{2} BC \cdot AD \cdot \gamma \qquad (3-8)$$

在 ΔABC 中由正弦定理可知:

$$BC = AB \cdot \frac{\sin(90° - \rho + \beta)}{\sin(\theta - \beta)}$$

$$\because AB = \frac{h}{\cos\rho} \qquad (3-9)$$

$$\therefore BC = h \frac{\cos(\rho - \beta)}{\cos\rho \sin(\theta - \beta)}$$

由 ΔABD 知:

$$AD = AB \cdot \cos(\theta - \rho) = \frac{h\cos(\theta - \rho)}{\cos\rho} \qquad (3-10)$$

将 AD、BC 代入式（3-8）中 G 内，得：

$$G = \frac{\gamma h^2}{2} \cdot \frac{\cos(\rho - \beta)\cos(\theta - \rho)}{\cos^2 \rho \sin(\theta - \beta)}$$

将上式 G 代入式（3-7）中，得 E

$$E = \frac{\gamma h^2}{2} \cdot \frac{\cos(\rho - \beta)\cos(\theta - \rho)\sin(\theta - \varphi)}{\cos^2 \rho \sin(\theta - \beta)\sin(\theta - \varphi - \psi)} \tag{3-11}$$

因为滑动面 BC 是任意选定的。如果求得 E_a，必须是实际的滑裂面。由式（3-11）可知 E 是滑裂面与水平线之间夹角 θ 的函数，E_a 应当是 E_{max}，即求 E 的极值。由 $\frac{\mathrm{d}E}{\mathrm{d}\theta} = 0$，求得最危险滑裂面的角 θ_0，将 θ_0 代入式（3-11）得：

$$E_a = \frac{\gamma h^2}{2} \cdot \frac{\cos^2(\varphi - \rho)}{\cos^2 \rho \cos(\delta + \rho)\left[1 + \sqrt{\dfrac{\sin(\delta + \varphi) \cdot \sin(\varphi - \beta)}{\cos(\delta + \rho) \cdot \cos(\rho - \beta)}}\right]^2} = \frac{\gamma h^2}{2}K_a \tag{3-12}$$

$$K_a = \frac{\cos^2(\varphi - \rho)}{\cos^2 \rho \cos(\delta + \rho)\left[1 + \sqrt{\dfrac{\sin(\delta + \varphi) \cdot \sin(\varphi - \beta)}{\cos(\delta + \rho) \cdot \cos(\rho - \beta)}}\right]^2} \tag{3-13}$$

式中　γ——填土重度；

φ——填土内摩擦角；

ρ——墙背倾角，即墙背与铅垂线之间夹角，反时针为正（称为俯斜）；顺时针为负（称为仰斜）；

β——墙背填土表面的倾角；

δ——墙背与土体之间的摩擦角，其值可由表 2-14 查得；

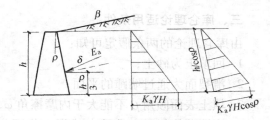

图 3-5　主动土压强度分布图

K_a——主动土压力系数，查表 3-4。

由式（3-12）知：主动土压力合力的大小与墙高 h 的平方成正比。因此，土压力强度呈三角形分布，如图（3-5）所示。深度 z 处 M 点的土压力强度

$$p_{az} = \frac{\mathrm{d}E_a}{\mathrm{d}z} = K_a \cdot \gamma \cdot z \tag{3-14}$$

合力作用点是距墙踵为 $h/3$ 处，作用方向与墙背法线逆时针方向成 δ 角。

二、被动土压力计算

挡土墙在外力作用下向填土方向位移，直至使墙后填土沿某一滑裂面 BC 滑动而破坏。在发生破坏的瞬间，滑动楔体处于极限平衡状态。此时，作用在隔离体 ABC 上仍是三个力：

楔体 ABC 自重 G；

滑动面上的反力 R；

墙背的反力 E_p。

如图 3-6 所示。除土楔体自重 G 仍为竖直向下外，其他两力 R 及 E_p 方向和相应法线夹角均与主动土压力计算时相反，即均位于法线的另一侧。按照求解主动土压力原理与方法，可求得被动土压力计算公式：

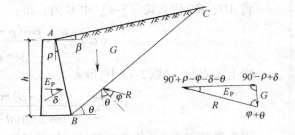

图 3-6 被动土压力计算图

$$E_p = \frac{\gamma h^2}{2} \cdot \frac{\cos^2(\varphi+\rho)}{\cos^2\rho\cos(\rho-\delta)\left[1 - \sqrt{\dfrac{\sin(\varphi+\delta)\cdot\sin(\varphi+\beta)}{\cos(\rho-\delta)\cdot\cos(\rho-\beta)}}\right]^2} = \frac{\gamma h^2}{2}K_p \qquad (3-15)$$

式中 K_p——被动土压力系数。

$$K_p = \frac{\cos^2(\varphi+\rho)}{\cos^2\rho\cos(\rho-\delta)\left[1 - \sqrt{\dfrac{\sin(\varphi+\delta)\cdot\sin(\varphi+\beta)}{\cos(\rho-\delta)\cdot\cos(\rho-\beta)}}\right]^2} \qquad (3-16)$$

被动土压力强度分布也呈三角形，被动土压力合力 E_p 作用点距墙踵为 $h/3$ 处，其方向与墙背法线顺时针成 δ 角。

三、库仑理论适用条件

由库仑理论的两条假定可知：

1. 回填土为砂土；
2. 滑裂面为通过墙踵的平面；
3. 填土表面倾角 β 不能大于内摩擦角 φ，否则，求得主动土压力系数为虚根；
4. 当墙背仰斜时，土压力减小，若倾角等于 φ 时，土压力为零，而实际上不为零，其原因是假定破裂面为平面，而实际为曲面导致此误差，因此，墙背不宜缓于 1：0.3；
5. 当墙背俯斜时，若倾斜角很大，即墙背过于平缓，滑动土体不一定沿墙背滑动，而是沿土体内另一破裂面滑动，因此，本节推导的公式不能用。

由于假定滑裂面为平面，与实际曲面有差异，则导致误差的出现。此差异对于主动土压力时为 2%~10%；对于被动土压力与实际相差较大，随着内摩擦角 φ 的增大而增大，有时相差数倍至十多倍，如应用此值则是危险的。

主动土压力系数 K_a 值   表 3-4

$\delta = 0°$

ρ	β\\φ	15°	20°	25°	30°	35°	40°	45°	50°
0°	0°	0.589	0.490	0.406	0.333	0.271	0.217	0.172	0.132
	5°	0.635	0.524	0.431	0.352	0.284	0.227	0.178	0.137
	10°	0.704	0.569	0.462	0.374	0.300	0.238	0.186	0.142
	15°	0.933	0.639	0.505	0.402	0.319	0.251	0.194	0.147
	20°		0.883	0.573	0.441	0.344	0.267	0.204	0.154
	25°		0.821	0.505	0.379	0.288	0.217	0.162

$\delta = 0°$

ρ	β \ φ	15°	20°	25°	30°	35°	40°	45°	50°
0°	30°				0.750	0.436	0.318	0.235	0.172
	35°					0.617	0.369	0.260	0.186
	40°						0.587	0.303	0.206
	45°							0.500	0.242
	50°								0.413
10°	0°	0.652	0.560	0.478	0.407	0.343	0.288	0.238	0.194
	5°	0.705	0.601	0.510	0.431	0.362	0.302	0.249	0.202
	10°	0.784	0.655	0.550	0.461	0.384	0.318	0.261	0.211
	15°	1.039	0.737	0.603	0.498	0.411	0.337	0.274	0.221
	20°		1.015	0.685	0.548	0.444	0.360	0.291	0.231
	25°			0.977	0.628	0.491	0.391	0.311	0.245
	30°				0.925	0.566	0.433	0.337	0.262
	35°					0.860	0.502	0.374	0.284
	40°						0.785	0.437	0.316
	45°							0.703	0.371
	50°								0.614
20°	0°	0.736	0.648	0.569	0.498	0.434	0.375	0.322	0.274
	5°	0.801	0.700	0.611	0.532	0.461	0.397	0.340	0.288
	10°	0.896	0.768	0.663	0.572	0.492	0.421	0.358	0.302
	15°	1.196	0.868	0.730	0.621	0.529	0.450	0.380	0.318
	20°		1.205	0.834	0.688	0.576	0.484	0.405	0.337
	25°			0.977	0.790	0.639	0.539	0.435	0.361
	30°				0.925	0.660	0.586	0.442	0.387
	35°					0.860	0.682	0.497	0.410
	40°						0.785	0.612	0.460
	45°							0.703	0.498
	50°								0.614
−10°	0°	0.540	0.433	0.344	0.270	0.209	0.158	0.117	0.083
	5°	0.581	0.461	0.364	0.284	0.218	0.164	0.120	0.085
	10°	0.644	0.500	0.389	0.301	0.229	0.171	0.125	0.088
	15°	0.860	0.562	0.425	0.322	0.243	0.180	0.130	0.090
	20°		0.785	0.482	0.353	0.261	0.190	0.136	0.094
	25°			0.703	0.405	0.287	0.205	0.144	0.098
	30°				0.614	0.331	0.226	0.155	0.104
	35°					0.523	0.263	0.171	0.111
	40°						0.433	0.200	0.123
	45°							0.344	0.145
	50°								0.262
−20°	0°	0.497	0.380	0.287	0.212	0.153	0.106	0.070	0.043
	5°	0.535	0.405	0.302	0.222	0.159	0.110	0.072	0.044
	10°	0.595	0.439	0.323	0.234	0.166	0.114	0.074	0.045
	15°	0.809	0.494	0.352	0.250	0.195	0.119	0.076	0.046
	20°		0.707	0.401	0.274	0.198	0.125	0.080	0.047
	25°			0.603	0.316	0.206	0.134	0.084	0.049
	30°				0.498	0.239	0.147	0.090	0.051
	35°					0.396	0.172	0.099	0.055
	40°						0.301	0.116	0.060
	45°							0.215	0.071
	50°								0.141

δ = 5°   续表

ρ	β \ φ	15°	20°	25°	30°	35°	40°	45°	50°
0°	0°	0.556	0.465	0.387	0.319	0.260	0.210	0.166	0.129
	5°	0.605	0.500	0.412	0.337	0.274	0.219	0.173	0.133
	10°	0.680	0.547	0.444	0.360	0.289	0.230	0.180	0.138
	15°	0.937	0.620	0.488	0.388	0.308	0.243	0.189	0.144
	20°		0.886	0.558	0.428	0.333	0.259	0.199	0.150
	25°			0.825	0.493	0.369	0.280	0.212	0.158
	30°				0.753	0.428	0.311	0.229	0.168
	35°					0.674	0.363	0.255	0.182
	40°						0.589	0.299	0.202
	45°							0.502	0.241
	50°								0.415
10°	0°	0.622	0.536	0.460	0.393	0.333	0.280	0.233	0.191
	5°	0.680	0.579	0.493	0.418	0.352	0.294	0.243	0.199
	10°	0.767	0.636	0.534	0.448	0.374	0.311	0.255	0.207
	15°	1.060	0.725	0.589	0.486	0.401	0.330	0.269	0.217
	20°		1.035	0.676	0.538	0.436	0.354	0.286	0.228
	25°			0.996	0.622	0.484	0.385	0.306	0.242
	30°				0.943	0.563	0.428	0.333	0.259
	35°					0.877	0.500	0.371	0.281
	40°						0.801	0.436	0.314
	45°							0.716	0.371
	50°								0.626
20°	0°	0.709	0.627	0.553	0.485	0.424	0.368	0.318	0.271
	5°	0.781	0.682	0.597	0.520	0.452	0.391	0.335	0.285
	10°	0.887	0.755	0.650	0.562	0.484	0.416	0.355	0.300
	15°	1.240	0.866	0.723	0.614	0.523	0.445	0.376	0.316
	20°		1.250	0.835	0.684	0.571	0.480	0.402	0.335
	25°			1.24	0.794	0.639	0.525	0.434	0.357
	30°				1.212	0.746	0.587	0.474	0.385
	35°					1.166	0.689	0.532	0.421
	40°						1.103	0.627	0.472
	45°							1.026	0.559
	50°								0.937
-10°	0°	0.503	0.406	0.324	0.256	0.199	0.151	0.112	0.080
	5°	0.546	0.434	0.344	0.269	0.208	0.157	0.116	0.082
	10°	0.612	0.474	0.369	0.286	0.219	0.164	0.120	0.085
	15°	0.850	0.537	0.405	0.308	0.232	0.172	0.125	0.087
	20°		0.776	0.463	0.339	0.250	0.183	0.131	0.091
	25°			0.695	0.390	0.276	0.197	0.139	0.095
	30°				0.607	0.321	0.218	0.149	0.100
	35°					0.518	0.255	0.166	0.108
	40°						0.428	0.195	0.120
	45°							0.341	0.141
	50°								0.259
-20°	0°	0.457	0.352	0.267	0.199	0.144	0.101	0.067	0.041
	5°	0.496	0.376	0.282	0.208	0.150	0.104	0.068	0.042
	10°	0.557	0.410	0.302	0.220	0.157	0.108	0.070	0.043
	15°	0.789	0.466	0.331	0.236	0.165	0.112	0.073	0.044
	20°		0.668	0.380	0.259	0.178	0.119	0.076	0.045
	25°			0.586	0.300	0.196	0.127	0.080	0.047
	30°				0.484	0.228	0.140	0.085	0.049
	35°					0.386	0.165	0.094	0.052
	40°						0.293	0.111	0.058
	45°							0.209	0.068
	50°								0.137

$\delta = 10°$　　　　　　　　　　　　　　　　　　　　　　　　　　续表

ρ	β ╲ φ	15°	20°	25°	30°	35°	40°	45°	50°
0°	0°	0.533	0.447	0.373	0.309	0.253	0.204	0.163	0.127
	5°	0.585	0.483	0.398	0.327	0.266	0.214	0.169	0.131
	10°	0.644	0.531	0.431	0.350	0.282	0.225	0.177	0.136
	15°	0.947	0.609	0.476	0.379	0.301	0.238	0.185	0.141
	20°		0.897	0.549	0.420	0.326	0.254	0.195	0.148
	25°			0.834	0.487	0.363	0.275	0.209	0.156
	30°				0.726	0.423	0.306	0.226	0.166
	35°					0.681	0.359	0.252	0.180
	40°						0.596	0.297	0.201
	45°							0.508	0.238
	50°								0.420
10°	0°	0.603	0.520	0.448	0.384	0.326	0.275	0.230	0.189
	5°	0.665	0.566	0.482	0.409	0.346	0.290	0.240	0.197
	10°	0.759	0.626	0.524	0.440	0.369	0.307	0.253	0.206
	15°	1.089	0.721	0.582	0.480	0.396	0.326	0.267	0.216
	20°		1.064	0.674	0.534	0.432	0.351	0.284	0.227
	25°			1.024	0.622	0.482	0.382	0.304	0.241
	30°				0.969	0.564	0.427	0.332	0.258
	35°					0.901	0.503	0.371	0.281
	40°						0.823	0.438	0.315
	45°							0.736	0.374
	50°								0.644
20°	0°	0.695	0.615	0.543	0.478	0.419	0.365	0.316	0.271
	5°	0.773	0.674	0.589	0.515	0.448	0.388	0.334	0.285
	10°	0.890	0.752	0.646	0.558	0.482	0.414	0.354	0.300
	15°	1.298	0.872	0.723	0.613	0.522	0.444	0.377	0.317
	20°		1.308	0.844	0.687	0.573	0.481	0.403	0.337
	25°			1.298	0.806	0.643	0.528	0.436	0.360
	30°				1.268	0.758	0.594	0.478	0.383
	35°					1.220	0.702	0.539	0.426
	40°						1.155	0.640	0.480
	45°							1.074	0.572
	50°								0.981
−10°	0°	0.477	0.385	0.309	0.245	0.191	0.146	0.109	0.078
	5°	0.521	0.414	0.329	0.258	0.200	0.152	0.112	0.080
	10°	0.590	0.455	0.354	0.275	0.211	0.159	0.116	0.082
	15°	0.847	0.520	0.390	0.297	0.224	0.167	0.121	0.085
	20°		0.773	0.450	0.328	0.242	0.177	0.127	0.088
	25°			0.692	0.380	0.268	0.191	0.135	0.093
	30°				0.605	0.313	0.212	0.140	0.098
	35°					0.516	0.249	0.162	0.106
	40°						0.426	0.191	0.117
	45°							0.339	0.139
	50°								0.258
−20°	0°	0.427	0.330	0.252	0.188	0.137	0.096	0.064	0.039
	5°	0.466	0.354	0.267	0.197	0.143	0.099	0.066	0.040
	10°	0.529	0.388	0.286	0.209	0.149	0.103	0.068	0.041
	15°	0.772	0.445	0.315	0.225	0.158	0.108	0.070	0.042
	20°		0.675	0.364	0.248	0.170	0.114	0.073	0.044
	25°			0.575	0.288	0.188	0.122	0.077	0.045
	30°				0.475	0.220	0.135	0.082	0.047
	35°					0.378	0.159	0.091	0.051
	40°						0.288	0.108	0.056
	45°							0.205	0.066
	50°								0.135

$\delta = 15°$

ρ	β \ φ	15°	20°	25°	30°	35°	40°	45°	50°
0°	0°	0.518	0.434	0.363	0.301	0.248	0.201	0.160	0.125
	5°	0.571	0.471	0.389	0.320	0.261	0.211	0.167	0.130
	10°	0.656	0.522	0.423	0.343	0.277	0.222	0.174	0.135
	15°	0.966	0.603	0.470	0.373	0.297	0.235	0.183	0.140
	20°		0.914	0.546	0.415	0.323	0.251	0.194	0.147
	25°			0.850	0.485	0.360	0.273	0.202	0.155
	30°				0.777	0.422	0.305	0.225	0.165
	35°					0.695	0.359	0.251	0.179
	40°						0.608	0.298	0.200
	45°							0.518	0.238
	50°								0.428
10°	0°	0.592	0.511	0.441	0.378	0.323	0.273	0.228	0.189
	5°	0.658	0.559	0.476	0.405	0.343	0.288	0.240	0.197
	10°	0.760	0.623	0.520	0.437	0.366	0.305	0.252	0.206
	15°	1.129	0.723	0.581	0.478	0.395	0.325	0.267	0.216
	20°		1.103	0.679	0.535	0.432	0.351	0.284	0.228
	25°			1.062	0.628	0.484	0.383	0.305	0.242
	30°				1.005	0.571	0.430	0.334	0.260
	35°					0.935	0.509	0.375	0.284
	40°						0.853	0.445	0.319
	45°							0.763	0.380
	50°								0.668
20°	0°	0.690	0.611	0.540	0.476	0.419	0.366	0.317	0.273
	5°	0.774	0.673	0.588	0.514	0.449	0.389	0.336	0.287
	10°	0.904	0.757	0.649	0.560	0.484	0.416	0.357	0.303
	15°	1.372	0.889	0.731	0.618	0.526	0.448	0.380	0.321
	20°		1.383	0.862	0.697	0.579	0.486	0.408	0.341
	25°			1.372	0.825	0.655	0.536	0.442	0.365
	30°				1.341	0.778	0.606	0.487	0.395
	35°					1.290	0.722	0.551	0.435
	40°						1.221	0.659	0.492
	45°							1.136	0.590
	50°								1.037
−10°	0°	0.458	0.371	0.298	0.237	0.186	0.142	0.106	0.076
	5°	0.503	0.400	0.318	0.251	0.195	0.148	0.110	0.078
	10°	0.576	0.442	0.344	0.267	0.205	0.155	0.114	0.081
	15°	0.850	0.509	0.380	0.289	0.219	0.163	0.119	0.084
	20°		0.776	0.441	0.320	0.237	0.174	0.125	0.087
	25°			0.695	0.374	0.263	0.188	0.133	0.091
	30°				0.607	0.308	0.209	0.143	0.097
	35°					0.518	0.246	0.159	0.104
	40°						0.428	0.189	0.116
	45°							0.341	0.137
	50°								0.259
−20°	0°	0.405	0.314	0.240	0.180	0.132	0.093	0.062	0.038
	5°	0.445	0.338	0.255	0.189	0.137	0.096	0.064	0.039
	10°	0.509	0.372	0.275	0.201	0.144	0.100	0.066	0.040
	15°	0.763	0.429	0.303	0.216	0.152	0.104	0.068	0.041
	20°		0.667	0.352	0.239	0.164	0.110	0.071	0.042
	25°			0.568	0.280	0.182	0.119	0.075	0.044
	30°				0.470	0.214	0.131	0.080	0.046
	35°					0.374	0.155	0.089	0.049
	40°						0.284	0.105	0.055
	45°							0.203	0.065
	50°								0.133

$\delta = 20°$

续表

ρ	β \ φ	15°	20°	25°	30°	35°	40°	45°	50°
0°	0°			0.357	0.297	0.245	0.199	0.160	0.125
	5°			0.384	0.317	0.259	0.209	0.166	0.130
	10°			0.419	0.340	0.275	0.220	0.174	0.135
	15°			0.467	0.371	0.295	0.234	0.183	0.140
	20°			0.547	0.414	0.322	0.251	0.193	0.147
	25°			0.874	0.487	0.360	0.273	0.207	0.155
	30°				0.798	0.425	0.306	0.225	0.166
	35°					0.714	0.362	0.252	0.180
	40°						0.625	0.300	0.202
	45°							0.532	0.241
	50°								0.440
10°	0°			0.438	0.377	0.322	0.273	0.229	0.190
	5°			0.475	0.404	0.343	0.289	0.241	0.198
	10°			0.521	0.438	0.367	0.306	0.254	0.208
	15°			0.586	0.480	0.397	0.328	0.269	0.218
	20°			0.690	0.540	0.436	0.354	0.286	0.230
	25°			1.111	0.639	0.490	0.388	0.309	0.245
	30°				1.051	0.582	0.437	0.338	0.264
	35°					0.978	0.520	0.381	0.288
	40°						0.893	0.456	0.325
	45°							0.799	0.389
	50°								0.699
20°	0°			0.543	0.479	0.422	0.370	0.321	0.277
	5°			0.594	0.520	0.454	0.395	0.341	0.292
	10°			0.659	0.568	0.490	0.423	0.363	0.309
	15°			0.747	0.629	0.535	0.456	0.387	0.327
	20°			0.891	0.715	0.592	0.496	0.417	0.349
	25°			1.467	0.854	0.673	0.549	0.453	0.374
	30°				1.434	0.807	0.624	0.501	0.406
	35°					1.379	0.750	0.569	0.448
	40°						1.305	0.685	0.509
	45°							1.214	0.615
	50°								1.109
−10°	0°			0.291	0.232	0.182	0.140	0.105	0.076
	5°			0.311	0.245	0.191	0.146	0.108	0.078
	10°			0.337	0.262	0.202	0.153	0.113	0.080
	15°			0.374	0.284	0.215	0.161	0.117	0.083
	20°			0.437	0.316	0.233	0.171	0.124	0.086
	25°			0.703	0.371	0.260	0.186	0.131	0.090
	30°				0.614	0.306	0.207	0.142	0.096
	35°					0.524	0.245	0.158	0.103
	40°						0.433	0.188	0.115
	45°							0.344	0.137
	50°								0.262
−20°	0°			0.231	0.174	0.128	0.090	0.061	0.038
	5°			0.246	0.183	0.133	0.094	0.062	0.038
	10°			0.266	0.195	0.140	0.097	0.064	0.039
	15°			0.294	0.210	0.148	0.102	0.067	0.040
	20°			0.344	0.233	0.160	0.108	0.069	0.042
	25°			0.566	0.274	0.178	0.116	0.073	0.043
	30°				0.468	0.210	0.129	0.079	0.045
	35°					0.373	0.153	0.087	0.049
	40°						0.283	0.104	0.054
	45°							0.202	0.064
	50°								0.133

$\delta = 25°$　　　　　　　　　　　　　　　　　　　　　　　　　　　续表

ρ	β ╲ φ	15°	20°	25°	30°	35°	40°	45°	50°
0°	0°				0.296	0.245	0.199	0.160	0.126
	5°				0.316	0.259	0.209	0.167	0.130
	10°				0.340	0.275	0.221	0.175	0.136
	15°				0.372	0.296	0.235	0.184	0.141
	20°				0.417	0.324	0.255	0.195	0.148
	25°				0.494	0.363	0.275	0.209	0.157
	30°				0.828	0.432	0.309	0.228	0.168
	35°					0.741	0.368	0.256	0.183
	40°						0.647	0.306	0.205
	45°							0.552	0.246
	50°								0.456
10°	0°				0.379	0.325	0.276	0.232	0.193
	5°				0.408	0.346	0.292	0.244	0.201
	10°				0.443	0.371	0.311	0.258	0.211
	15°				0.488	0.403	0.333	0.273	0.222
	20°				0.551	0.443	0.360	0.292	0.235
	25°				0.658	0.502	0.396	0.315	0.250
	30°				1.112	0.600	0.448	0.346	0.270
	35°					1.034	0.537	0.392	0.295
	40°						0.944	0.471	0.335
	45°							0.845	0.403
	50°								0.739
20°	0°				0.488	0.430	0.377	0.329	0.284
	5°				0.530	0.463	0.403	0.349	0.300
	10°				0.582	0.502	0.433	0.372	0.318
	15°				0.648	0.550	0.469	0.399	0.337
	20°				0.740	0.612	0.512	0.430	0.360
	25°				0.894	0.699	0.569	0.469	0.387
	30°				1.553	0.846	0.650	0.520	0.421
	35°					1.494	0.788	0.594	0.466
	40°						1.414	0.721	0.532
	45°							1.316	0.647
	50°								1.201
−10°	0°				0.228	0.180	0.139	0.104	0.075
	5°				0.242	0.189	0.145	0.108	0.078
	10°				0.259	0.200	0.151	0.112	0.080
	15°				0.281	0.213	0.160	0.117	0.083
	20°				0.341	0.232	0.170	0.123	0.086
	25°				0.371	0.259	0.185	0.131	0.090
	30°				0.620	0.307	0.207	0.142	0.096
	35°					0.534	0.246	0.159	0.104
	40°						0.441	0.189	0.116
	45°							0.351	0.138
	50°								0.267
−20°	0°				0.170	0.125	0.089	0.060	0.037
	5°				0.179	0.131	0.092	0.061	0.038
	10°				0.191	0.137	0.096	0.063	0.039
	15°				0.206	0.146	0.100	0.066	0.040
	20°				0.229	0.157	0.106	0.069	0.041
	25°				0.270	0.175	0.114	0.072	0.043
	30°				0.470	0.207	0.127	0.078	0.045
	35°					0.374	0.150	0.086	0.048
	40°						0.284	0.103	0.053
	45°							0.203	0.064
	50°								0.133

第四节 第二破裂面计算法

一、第二破裂面出现的条件

按照库仑理论，破裂的楔体有两个滑动面，一是楔体中的破裂面，另一个是墙背。如果挡土墙是俯斜的墙背或人形墙背，假想墙背缓到一定程度，挡土墙后的土体中将会出现第二个破裂面，如图3-7所示。土体不再沿墙背滑动，如果再按库仑公式计算将出现较大误差。

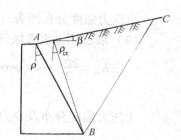

图3-7 第二破裂面计算图式

第二破裂面的产生，与墙背与土体的摩擦值有关。当填土表面无活荷载时，第二破裂面的形成总是在土体与墙背的摩擦角 δ 等于土体内摩擦角 φ 时才会出现。当 $\delta < \varphi$ 时，第二破裂面的产生将取决于 δ 与 φ 值。

第二破裂面产生的条件：

1. 墙背倾角必须大于第二破裂面的倾角，从而使第二破裂面有可能产生。即

$$\rho > \rho_{cr} \tag{3-17}$$

式中 ρ_{cr}——第二破裂面产生的临界角。

2. 投影在墙背 AB 上的诸力（第二破裂面与墙背之间的土体自重及作用在第二破裂面上的土压力）所产生的下滑力必须小于墙背处的抗滑力：

$$N_R + (N_1 + N_2)\tan\delta > N_W$$

化简

$$E_{ax} > (E_{ay} + W)\cot(\rho + \delta) \tag{3-18}$$

或者是作用在墙背上 AB 的合力 E_a 对墙背法线的倾角 δ_1 必须小于土体与墙背摩擦角 δ。

二、第二破裂面土压力计算公式

1. 临界角计算

一般当挡土墙的墙背倾角 ρ（图3-7）超过 $20° \sim 25°$时，应考虑可能产生第二破裂面。计算主动土压力时，其临界角 ρ_{cr} 可由精确计算法确定，其计算公式为：

$$\rho_{cr} = 45° - \frac{\varphi}{2} + \frac{\beta}{2} - \frac{1}{2}\arcsin\frac{\sin\beta}{\sin\varphi} \tag{3-19}$$

$$\theta'_{cr} = 45° - \frac{\varphi}{2} - \frac{\beta}{2} + \frac{1}{2}\arcsin\frac{\sin\beta}{\sin\varphi} \tag{3-20}$$

式中 ρ_{cr}——第二破裂面与铅垂线之间夹角；

θ'_{cr}——第一破裂面与铅垂线之间的夹角。

当填土表面水平时

$$\theta'_{cr} = 45° - \frac{\varphi}{2} \tag{3-21}$$

L 形墙背时，令 ρ_1 为墙顶 A 与墙踵 B 两点连线 AB 与铅垂线之间夹角。当 $\rho_1 > \rho_{cr}$ 时，第二破裂面与墙后填土表面相交；如 $\rho_1 \leqslant \rho_{cr}$ 时，则连线 AB 为第二破裂面。

2. 土压力计算

当确定了第二破裂面，则可按照库仑理论计算土压力：

（1）墙后填土表面水平，其上作用有连续均匀分布超载 q 时

$$E_{ax} = \frac{\gamma h^2}{2}\left(1 + \frac{2q}{\gamma h}\right)(1 + \tan\varphi \cdot \tan\rho_{cr})^2 \cos^2\varphi \tag{3-22}$$

$$E_{az} = E_{ax} \cdot \tan(\rho_{cr} + \varphi) \tag{3-23}$$

土压力强度分布图为三角形，其合力作用点距底 $h/3$ 处，即过分布图形的形心。

（2）墙后填土表面倾斜

$$E_{ax} = \frac{\gamma h^2}{2} \cdot \sec^2\rho\cos(\rho - \beta) \cdot [1 - \tan(\varphi - \beta) \cdot \tan(\theta'_{cr} + \beta)]^2\cos^2(\varphi - \beta) \tag{3-24}$$

$$E_{ay} = E_{ax} \cdot \tan(\rho_{cr} + \varphi) \tag{3-25}$$

土压力强度分布及合力作用点如图 3-8 所示。

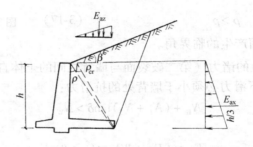

图 3-8 填土表面倾斜

第五节 朗金土压力理论

朗金土压力理论是由英国科学家朗金于 1857 年提出。朗金假定：挡土墙背竖直、光滑，墙后砂性填土表面水平并无限延长。因此，砂性填土内任意水平面与墙背面均为主平面（即平面上无剪应力作用），作用于两主平面上的正应力均为主应力。

朗金根据墙后填土处于极限平衡状态，应用极限平衡条件推导出主动土压力及被动土压力公式。

一、主动土压力计算公式

现研究挡土墙后填土表面以下 z 处的土单元体的应力状态。作用于上面的竖向应力为 γz；由于挡土墙既无变形又无位移，则侧向水平力为 $K_0\gamma z$，即为静止土压力，两者均为主应力。此时点的应力圆在土的抗剪强度线下面不与其相切，如图 3-9 所示，墙后填土处于弹性平衡状态。当挡土墙在土压力作用下，离开填土向前位移，此时，作用于单元体上竖向应力仍为 γz，但侧向水平应力逐渐减小。如果墙移动到表 3-1 中所列数值，墙后填土就

处于极限平衡状态。此时，应力圆与土的抗剪强度线相切。作用在单元体与最大主压应力为 γz，而最小主压应力为 p_a，就是我们研究的主动土压力强度。

由土的极限平衡条件可知，作用于挡土墙上主动土压力强度为：

$$p_a = \gamma z \tan^2\left(45° - \frac{\varphi}{2}\right) = \gamma z K_a \tag{3-26}$$

式中　p_a——主动土压力强度；

γ——填土的重度；

z——计算点到填土表面的距离；

K_a——主动土压力系数，

$$K_a = \tan^2\left(45° - \frac{\varphi}{2}\right)$$

φ——填土的内摩擦角。

发生主动土压力时的滑裂面与水平面

之间的夹角 $45° + \dfrac{\varphi}{2}$。

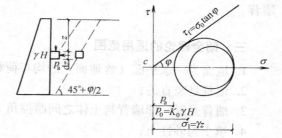

图 3-9　主动土压力计算图式

主动土压力强度与 z 成正比，沿墙高土压力强度分布为三角形，主动土压力合力为

$$E_a = \frac{\gamma h^2}{2}\tan^2\left(45° - \frac{\varphi}{2}\right) = \frac{\gamma h^2}{2} \cdot K_a \tag{3-27}$$

土压力合力作用线过土压力强度分布图形形心，距墙踵 $h/3$ 处，并垂直于墙背。

二、被动土压力计算

当挡土墙在外力作用下，向填土方向位移时，墙后填土被压缩。这时，距填土表面为 z 处单元体，竖向应力仍为 γz；而水平向应力则由静止土压力逐渐增大。如墙继续后移，达到表 3-1 所列数值，墙后填土会出现滑裂面，而填土处于极限平衡状态，应力圆与土的抗剪强度线相切。作用于单元体上竖向应力为最小主压应力，其

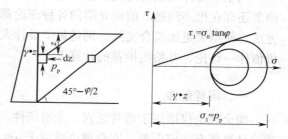

图 3-10　被动土压力计算图式

值为 γz；而水平应力为最大主压应力 p_p，即我们要求的被动土压力强度（图 3-10）。

根据土体的极限平衡条件，作用在挡土墙上的被动土压力强度为

$$p_p = \gamma z \tan^2\left(45° + \frac{\varphi}{2}\right) = \gamma z K_p \tag{3-28}$$

式中　p_p——被动土压力强度；

K_p——被动土压力系数，

$$K_p = \tan^2\left(45° + \frac{\varphi}{2}\right)$$

被动土压力强度呈三角形分布。

被动土压力作用时，滑裂面与水平面之间夹角为$\left(45°-\dfrac{\varphi}{2}\right)$。

被动土压力合力

$$E_{\mathrm{p}}=\frac{\gamma h^{2}}{2}\tan^{2}\left(45°+\frac{\varphi}{2}\right)=\frac{\gamma h^{2}}{2}K_{\mathrm{p}} \tag{3-29}$$

被动土压力合力 E_{p} 通过被动土压力强度分布图形的形心，距墙踵 $h/3$ 处，并垂直于墙背。

三、朗金理论的适用范围

1. 地面为一水平面（含地面上的均布荷载）；
2. 墙背是竖直的；
3. 墙背光滑，即墙背与土体之间摩擦角 δ 为零；
4. 填土为砂性土；
5. 由朗金理论计算求得 L 形挡土墙墙踵竖直面 BV 上的
总土压力，土压力方向与地面平行。欲求作用于挡土墙的合
力，可将 BV 面上的总压力与 BV 面和墙背之间的土体重量 W
合成而求得（图 3-11）。

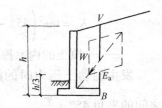

图 3-11　L 形墙背土压力计算

第六节　推荐土压力计算公式及图表

挡土墙设计的主要荷载是土压力。到目前为止，无论是在理论上，还是在实际观测方面都还存在很多问题。前面介绍的各种理论都存在一定的缺点。怎样选用比较合理的计算方法，使结果更加符合实际，则是每个设计人员所关心的问题。下面就对各种理论的实用价值作一评论，并给出推荐的计算方法：

一、墙背条件

朗金理论仅适用于墙背竖直、光滑条件。当墙背有一定倾角，或墙背不平滑时，朗金理论计算将有一定误差；库仑理论适用于 $\rho\leqslant\rho_{\mathrm{cr}}$ 的陡墙，而且墙背是粗糙的，它反映了墙背倾角和粗糙程度影响，对一般俯斜角不大的挡土墙其土压力值与精确值相近。当墙背俯斜的坡度为 1：0.1～1：0.5 时，库仑理论计算值偏大 1%～10%，属安全一面。但当墙背仰斜时，倾斜程度愈大，其误差愈大，其值偏小。当墙背倾斜为 1：0.3 时小 5%；当倾斜为 1：0.5 时则偏小 15%。由此得出结论：库仑理论对于墙背倾斜小于 1：0.3 时，土压力计算是合理的。

当 $\rho\geqslant\rho_{\mathrm{cr}}$ 时，在填土中会出现第二破裂面，应按第二破裂面法计算土压力。

二、填土条件

朗金理论一般仅适用于填土表面水平；而库仑理论适用于填土表面水平面、倾斜平面。以库仑理论为基础的图解法更适用于各种形状的填土。

三、计算误差

朗金理论对于一般挡土墙计算，由于假定墙背竖直及光滑，计算出主动土压力偏大，但不超过20%，而计算被动土压时，比库仑理论合理，数值与精确值相差较小。

库仑理论计算主动土压力合适、误差较小。但对被动土压力，滑裂面不是平面，而是一个复杂的曲面。故误差较大，随内摩擦角 φ 的增大而增大，有时相差几倍甚至十几倍。

综上所述：计算主动土压力，库仑理论比较符合实际，对于砂土、墙背倾角 $\rho <$ 10°～25°的挡土墙应用库仑理论是经济合理的；当 $\rho > \rho_{cr}$ 时，应用第二破裂面计算法。计算被动土压力时，朗金理论合理些，一般不用库仑理论。对于支护结构则推荐应用朗金理论。

对于高大挡土墙，通常不允许出现达到极限状态时的位移值。由于位移值不能达到极限状态，土压力值应取主动土压力和静止土压力的某一中间值。因此在土压力计算式中应计入增大系数，主动土压力计算公式：

$$E_a = \psi_c \frac{1}{2} \gamma h^2 K_a \tag{3-30}$$

式中　ψ_c——主动土压力增大系数，土坡高度小于5m时宜取1.0；高度为5～8m时取 1.1；高度大于8m时取1.2。

为方便于读者的应用，特推荐几种计算图表：

1.《建筑地基基础设计规范》用表。

在规范附录L中给出了高度小于或等于5m的挡土墙，当排水条件、填土质量符合下列要求时，其主动土压力系数可从图3-12～图3-15中查得。

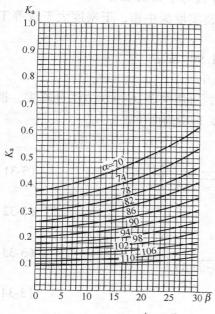

图3-12　Ⅰ类土土压力系数$\left(\delta = \dfrac{\varphi}{2}, q=0\right)$

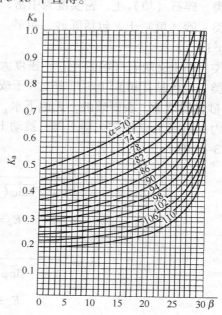

图3-13　Ⅱ类土土压力系数$\left(\delta = \dfrac{\varphi}{2}, q=0\right)$

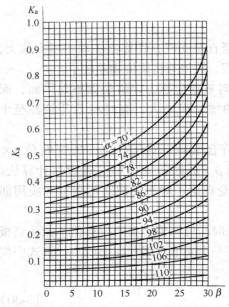

图3-14 Ⅲ类土土压力系数$\left(\delta=\dfrac{\varphi}{2},q=0,H=5\text{m}\right)$

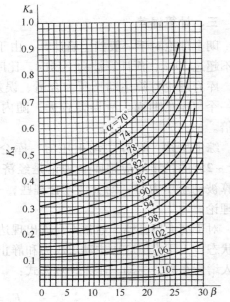

图3-15 Ⅳ类土土压力系数$\left(\delta=\dfrac{\varphi}{2},q=0,H=5\text{m}\right)$

排水条件：挡土墙应设置泄水孔，其间距宜取 2 ~ 3m，外斜 5%，孔眼不小于 $\phi100\text{mm}$。墙后做好滤水层和必要的排水盲沟，在墙顶上宜铺防水层。墙后山坡应设置截水沟。当地下水丰富时，应考虑水压力作用。

填土质量要求：

Ⅰ类 碎石（填）土，密实度为中密，干密度大于或等于 $2.0\text{t}/\text{m}^3$；

Ⅱ类 砂（填）土，包括砾砂、粗砂、中砂，其密实度为中密，干密度大于或等于 $1.65\text{t}/\text{m}^3$；

Ⅲ类 黏土夹块石（填）土，干密度大于或等于 $1.90\text{t}/\text{m}^3$；

Ⅳ类 粉质黏（填）土，干密度大于或等于 $1.65\text{t}/\text{m}^3$。

2. 砂性回填土，表面倾斜，无地下水，墙背光滑，可用图 3-16 所示方法计算主、被动土压力；用图 3-17 确定主动土楔、被动土楔破坏面，即滑裂面位置。

图 3-16 中

$$K_a=\left[\frac{\cos\varphi}{1+\sqrt{\sin\varphi(\sin\varphi-\cos\varphi-\tan\beta)}}\right]^2 \tag{3-31}$$

$$E_a=\frac{\gamma H^2}{2}K_a \tag{3-32}$$

$$K_p=\left[\frac{\cos\varphi}{1-\sqrt{\sin\varphi(\sin\varphi+\cos\varphi\tan\beta)}}\right]^2 \tag{3-33}$$

$$E_p=\frac{\gamma H^2}{2}K_p \tag{3-34}$$

式中 K_a——库仑公式主动土压力系数（垂直面上无剪应力）；

K_p——库仑公式被动土压力系数（垂直面上无剪应力）；

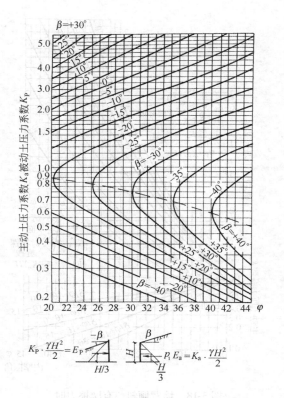

图 3-16　倾角同填砂土主、被动土压系数

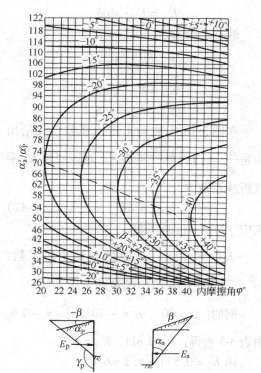

图 3-17　主、被动土楔滑裂面位置

φ——填土内摩擦角；

β——填土表面坡角；

γ——填土重度；

H——挡土墙高度。

图 3-17 中

$$\cot\alpha_a = \tan\varphi + \sqrt{1 + \tan^2\varphi - \frac{\tan\beta}{\sin\varphi \cdot \cos\varphi}} \qquad (3\text{-}35)$$

$$\cot\alpha_p = -\tan\varphi + \sqrt{1 + \tan^2\varphi - \frac{\tan\beta}{\sin\varphi \cdot \cos\varphi}} \qquad (3\text{-}36)$$

式中　α_a、α_p——主、被动土压计算时滑裂面与垂直面之间的夹角；

φ——内摩擦角；

β——填土表面坡角。

图中 α_a、α_p 与图 3-16 的主、被动土压力系数相对应。

3. 砂性填土表面水平、倾斜墙背有摩擦力时，主、被动土压力系数，可由图 3-18 中查得。

主动土压力

$$E_a = K_a \cdot \frac{\gamma H^2}{2}$$

$$E_{ax} = E_a \cdot \cos\delta$$

$$E_{az} = E_a \cdot \sin\delta$$

被动土压力

$$E_p = K_p \cdot \frac{\gamma H^2}{2}$$

$$E_{px} = E_p \cdot \cos\delta$$

$$E_{pz} = E_p \cdot \sin\delta$$

在图 3-18 中被动土压力系数，仅给出的是 $\frac{\delta}{\varphi} = -1$，如 $\frac{\delta}{\varphi}$ 不为 -1 时，应将 K_p 乘以折减系数 R

$$K_p = RK_{p1} \tag{3-37}$$

式中　R——折减系数；

K_{p1}——$\frac{\delta}{\varphi} = -1$ 时的被动土压系数，即图 3-19 给出的被动土压系数。

例如：$\varphi = 30°$，$\rho = -10°$，$\frac{\delta}{\varphi} = -0.6$。

由表 3-5 查得：$R = 0.811$　$K_{p1} = 8.2$

则 $K_p = 0.811 \times 8.2 = 6.65$

不同 δ/φ 比值的 K_p 折算系数 R，见表 3-5。

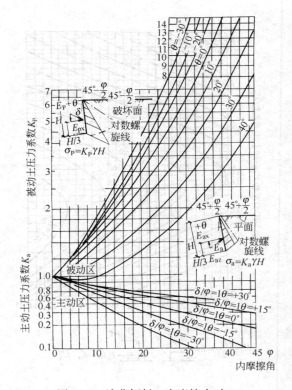

图 3-18　墙背倾斜，有摩擦力时
主、被动土压力系数

不同 $\frac{\delta}{\varphi}$ 比值的 K_p 折减系数 R　　　　表 3-5

φ \ δ/φ	-0.7	-0.6	-0.5	-0.4	-0.3	-0.2	-0.1	0
10°	0.978	0.962	0.946	0.929	0.912	0.898	0.881	0.864
15°	0.961	0.934	0.907	0.881	0.854	0.830	0.803	0.775
20°	0.939	0.901	0.862	0.824	0.787	0.752	0.716	0.678
25°	0.912	0.860	0.808	0.759	0.711	0.666	0.620	0.574
30°	0.878	0.811	0.746	0.686	0.627	0.574	0.520	0.467
35°	0.836	0.752	0.674	0.603	0.536	0.475	0.417	0.362
40°	0.783	0.682	0.592	0.512	0.439	0.375	0.316	0.262
45°	0.718	0.600	0.500	0.414	0.339	0.276	0.221	0.174

4. 砂性回填土表面倾斜、墙背竖直有摩擦力，计算主、被动土压力系数可用图 3-19，计算方法同前。

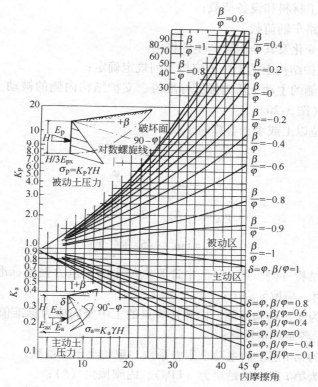

图 3-19 具有墙摩擦力时主、被动土压力系数（填土面倾斜）

第七节 支护结构土压力计算

深基坑支护结构与挡土墙是有区别的，它们是：

（1）挡土墙是先筑墙后填土；而基坑支护是先做好支护的围护墙，后开挖，其土压力从静止土压力再产生主动、被动土压力。

（2）挡土墙墙后填土是无黏性土，或有黏性土均视为散体，但它与基坑开挖的土是大不一样，基坑开挖的土一般有杂填土、黏土、粉土、砂土等，它们是经过多年自然压实的土，它们的黏聚力有很大区别。

（3）库仑、朗金理论是按平面问题计算的，而深基坑是个空间问题。实测表明：基坑的滑动面受相邻坑壁的制约。

但支护结构围护墙是铅直的，同时墙背后土层表面为水平面基本上与朗金理论相符。因此在支护结构设计计算时一般采用朗金理论。

《建筑基坑支护技术规程》JGJ 120—2012 给出了水平荷载的标准值（主动土压力标准值）及水平抗力标准值（被动土压力标准值）。

（一）计算作用在支护结构上的水平荷载时，应考虑下列因素：

1）基坑内外土的自重（包括地下水）；

2）基坑周边既有和在建的建（构）筑物荷载；

3）基坑周边施工材料和设备荷载；

4）基坑周边道路车辆荷载；

5）冻胀、温度变化及其他因素产生的作用。

（二）作用在支护结构上的土压力应按下列规定确定：

1）支护结构外侧的主动土压力强度标准值、支护结构内侧的被动土压力强度标准值宜按下列公式计算（图 3-20）：

（1）对地下水位以上或水土合算的土层

$$p_{ak} = \sigma_{ak} K_{a,i} - 2c_i \sqrt{K_{a,i}} \tag{3-38}$$

$$K_{a,i} = \tan^2 \left(45° - \frac{\varphi_i}{2}\right) \tag{3-39}$$

$$p_{pk} = \sigma_{pk} K_{p,i} + 2c_i \sqrt{K_{p,i}} \tag{3-40}$$

$$K_{p,i} = \tan^2 \left(45° + \frac{\varphi_i}{2}\right) \tag{3-41}$$

式中 p_{ak}——支护结构外侧，第 i 层土中计算点的主动土压力强度标准值（kPa）；当 p_{ak} < 0 时，应取 $p_{ak} = 0$；

σ_{ak}、σ_{pk}——分别为支护结构外侧、内侧计算点的土中竖向应力标准值（kPa），按（四）（五）各条规定计算；

$K_{a,i}$、$K_{p,i}$——分别为第 i 层土的主动土压力系数、被动土压力系数；

c_i、φ_i——分别为第 i 层土的黏聚力（kPa）、内摩擦角（°）；

p_{pk}——支护结构内侧，第 i 层土中计算点的被动土压力强度标准值（kPa）。

（2）对于水土分算的土层

$$p_{ak} = (\sigma_{ak} - u_a) K_{a,i} - 2c_i \sqrt{K_{a,i}} + u_a \tag{3-42}$$

$$p_{pk} = (\sigma_{pk} - u_p) K_{p,i} + 2c_i \sqrt{K_{p,i}} + u_p \tag{3-43}$$

式中 u_a、u_p——分别为支护结构外侧、内侧计算点的水压力（kPa）；对静止地下水，按式（3-44）或（3-45）计算求得。当采用悬挂式截水帷幕时，应考虑地下水从帷幕底向基坑内的渗流对水压力的影响。

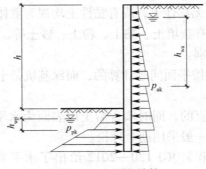

图 3-20　土压力计算

2）在土压力影响范围内，存在相邻建筑物地下墙体等稳定界面时，可采用库仑压力理论计算界面内有限滑动楔体产生的主动土压力，此时，同一土层的土压力可采用沿深度线性分布形式，支护结构与土之间的摩擦角宜取零。

3）需要严格限制支护结构的水平位移时，支护结构外侧的土压力宜取静止土压力。

4）有可靠经验时，可采用支护结构与土相互作用的方法计算土压力。

5）对成层土，土压力计算时的各土层计算厚度应符合下列规定：

（1）当土层厚度较均匀、层面坡度较平缓时，宜取邻近勘察孔的各土层厚度，或同一计算剖面内各土层厚度的平均值；

（2）当同一计算剖面内各勘察孔的土层厚度分布不均时，应取最不利勘察孔的各土层厚度；

（3）对复杂地层且距勘探孔较远时，应通过综合分析土层变化趋势后确定土层的计算厚度；

（4）当相邻土层的土性接近，且对土压力的影响可以忽略不计或有利时，可归并为同一计算土层。

（三）静止地下水的水压力可按下列公式计算：

$$u_a = \gamma_w h_{wa} \qquad (3-44)$$

$$u_p = \gamma_w h_{wp} \qquad (3-45)$$

式中 γ_w——地下水重度（kN/m^3），取 $\gamma_w = 10kN/m^3$；

h_{wa}——基坑外侧地下水位至主动土压力强度计算点的垂直距离（m）；对承压水，地下水位取侧压管水位；当有多个含水层时，应取计算点所在含水层的地下水位；

h_{wp}——基坑内侧地下水位至被动土压力强度计算点的垂直距离（m）；对承压水，地下水位取测压管水位。

（四）土中竖向应力标准值应按下式计算：

$$\sigma_{ak} = \sigma_{ac} + \sum \Delta\sigma_{k,j} \qquad (3-46)$$

$$\sigma_{pk} = \sigma_{pc} \qquad (3-47)$$

式中 σ_{ac}——支护结构外侧计算点，由土的自重产生的竖向总应力（kPa）；

σ_{pc}——支护结构内侧计算点，由土的自重产生的竖向总应力（kPa）；

$\Delta\sigma_{k,j}$——支护结构外侧第 j 个附加荷载作用下计算点的土中附加竖向应力标准值（kPa）。

（五）超载作用下竖向应力标准值

1）均布附加荷载作用下的土中附加竖向应力标准值应按下式计算（图3-21）：

$$\Delta\sigma_k = q_0 \qquad (3-48)$$

式中 q_0——均布附加荷载标准值（kPa）。

2）局部附加荷载作用下的土中附加竖向应力标准值可按下列规定计算：

（1）对条形基础下的附加荷载（图3-22a）：

当 $d + a/\tan\theta \leqslant z_a \leqslant d + (3a+b)/\tan\theta$ 时

$$\Delta\sigma_k = \frac{p_0 b}{b + 2a} \qquad (3-49)$$

式中 p_0——基础底面附加压力标准值（kPa）；

d——基础埋置深度（m）；

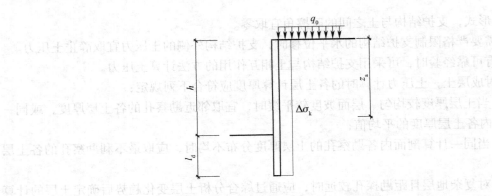

图 3-21 均布竖向附加荷载作用下的土中附加竖向应力计算

  b——基础宽度（m）；

  a——支护结构外边缘至基础的水平距离（m）；

  θ——附加荷载的扩散角（°），宜取 $\theta = 45°$；

  z_a——支护结构顶面至土中附加竖向应力计算点的竖向距离。

当 $z_a < d + a/\tan\theta$ 或 $z_a > d + (3a + b)/\tan\theta$ 时，取 $\Delta\sigma_k = 0$。

（2）对矩形基础下的附加荷载（图 3-22a）：

当 $d + a/\tan\theta \leqslant z_a \leqslant d + (3a + b)/\tan\theta$ 时

$$\Delta\sigma_k = \frac{p_0 bl}{(b + 2a)(l + 2a)} \tag{3-50}$$

式中 b——与基坑边垂直方向上的基础尺寸（m）；

  l——与基坑边平行方向上的基础尺寸（m）。

当 $z_a < d + a/\tan\theta$ 或 $z_a > d + (3a + b)/\tan\theta$ 时，取 $\Delta\sigma_k = 0$。

  3）对作用在地面的条形、矩形附加荷载，按式（3-49）、式（3-50）计算土中附加竖向应力标准值 $\Delta\sigma_k$ 时，应取 $d = 0$（图 3-22b）。

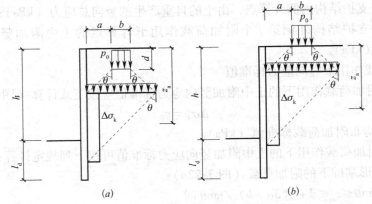

图 3-22 局部附加荷载作用下的土中附加竖向应力计算
(a) 条形或矩形基础；(b) 作用在地面的条形或矩形附加荷载

  （六）当支护结构顶部低于地面，其上方采用放坡或土钉墙时，支护结构顶面以上土体对支护结构的作用宜按库仑土压力理论计算，也可将其视作附加荷载并按下列公式计算土中附加竖向应力标准值（图 3-23）：

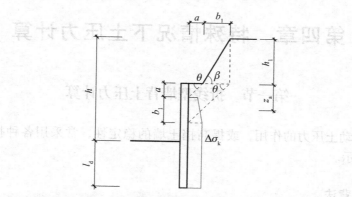

图 3-23 支护结构顶部以上采用放坡或土钉墙时土中附加竖向应力计算

1）当 $a/\tan\theta \leqslant z_a \leqslant (a+b_1)/\tan\theta$ 时

$$\Delta\sigma_k = \frac{\gamma h_1}{b_1}(z_a-a) + \frac{E_{ak1}(a+b_1-z_a)}{K_a b_1^2} \qquad (3-51)$$

$$E_{ak1} = \frac{1}{2}\gamma h_1^2 K_a - 2ch_1\sqrt{K_a} + \frac{2c^2}{\gamma} \qquad (3-52)$$

2）当 $z_a > (a+b_1)/\tan\theta$ 时

$$\Delta\sigma_k = \gamma h_1 \qquad (3-53)$$

3）当 $z_a < a/\tan\theta$ 时

$$\Delta\sigma_k = 0 \qquad (3-54)$$

式中 z_a——支护结构顶面到土中附加竖向应力计算点的竖向距离（m）；

　　a——支护结构外边缘到放坡坡脚的水平距离（m）；

　　b_1——放坡坡面的水平尺寸（m）；

　　θ——扩散角（°），宜取 $\theta=45°$；

　　h_1——地面至支护结构顶面的竖向距离（m）；

　　γ——支护结构顶面以上土的天然重度（kN/m³）；对多层土取各层土按厚度加权的平均值；

　　c——支护结构顶面以上土的黏聚力（kPa）；

　　K_a——支护结构顶面以上土的主动土压力系数。

第四章 特殊情况下土压力计算

第一节 折线型墙背土压力计算

为了减小主动土压力的作用，或提高挡土墙的稳定性，常采用各种折线形的挡土墙背，如图 4-1 所示。

一、延长墙背法

对于图 4-1 所示之挡土墙背的土压力计算，常采用延长墙背法。将各段直线段延长，依次按库仑理论公式计算各段墙背的土压力。计算时，首先将 AB 段墙背视为挡土墙单斜向墙背，按 ρ_1 与 β 角算出沿墙 ab 的主动土压力强度分布，如图4-1中 abd。再延长下部墙背 BC 与填土表面交于 c' 点，$c'C$ 为新的假想墙背，按 ρ_2 和 β 角计算出沿墙 $c'e$ 的主动土压力强度分布图，如图 4-1 中 $c'ef$ 三角形。在墙背倾角 ρ 为负值的情况下，BC 段墙背上主动土压力作用方向取水平方向。最后取土压力分布图 $aefgda$ 来表示沿折线墙背作用的主动土压力强度分布图。

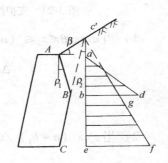

图 4-1 折线墙背土压力

用延长墙背法有一定误差。实践证明，如果上、下墙背的倾角 ρ 相差超过 10° 以上时，有必要进行修正。这主要是忽略了延长墙背与实际墙背之间的土体及作用其上荷载的重量，多考虑了由于延长墙背和实际墙背土压力方向不同而引起的竖向分量之差。但由于本方法计算简便，一直为工程设计人员广泛采用。文献 [44] 指出延长墙背法，有时偏于安全，但也有时偏于不安全，在重要设计中最好采用力多边形法。

当上部与下部墙背形成凹形或墙背过缓，土体将会出现第二破裂面，则应按第二破裂面土压力公式计算。

二、力多边形法

根据作用在破裂楔体上各力所构成的力多边形如图 4-2 所示。由此图可求得作用于下部墙背的土压力 E_{a2}：

$$E_{a2} = W_2 \frac{\cos(\theta + \varphi)}{\sin(\theta + \psi)} - \Delta E \tag{4-1}$$

式中 $\psi = \varphi + \delta_2 - \rho_2$

W——下部分墙延长墙背与破裂面之间的土体及其上荷载的重量；

$$W = \gamma(A_0 \tan\theta - B_0)$$

θ——下部分墙后土体破裂角；

A_0、B_0——与边界条件有关的系数，可以从破裂棱体

几何关系中求得，如图 4-2 中。

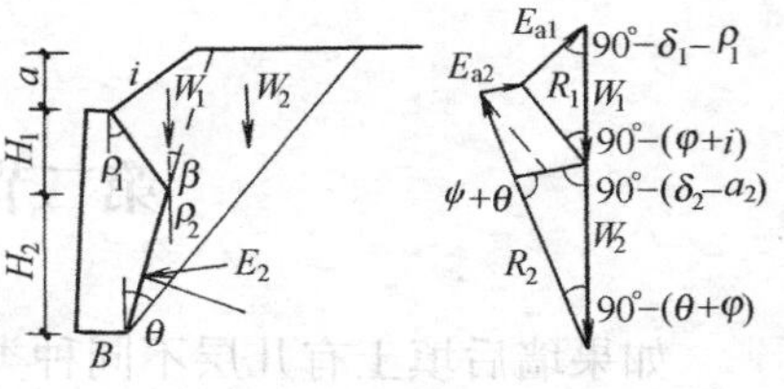

$$A_0 = \frac{1}{2}(H_2 + H_1 + a + 2h_0) \cdot (H_2 + H_1 + a)$$

$$B_0 = \frac{1}{2}(H_2 + 2H_1 + 2a + 2h_0) \cdot H_2 \tan\rho_2 + \frac{1}{2}$$

$$(a + H_1)^2 \tan\beta + (K + b - H_1 \tan\rho_1)h_0$$

图 4-2　力多边形求下墙土压力

$$\Delta E = R_1 \frac{\sin(\theta - \beta)}{\sin(\theta + \psi)}$$

其中　R_1——墙后填土对上部分墙的破裂面的反力，

$$R_1 = \frac{E_{1x}}{\cos(\varphi + \beta)}$$

E_{1x}——作用在上墙背上的水平土压力。

为求得 E_2 和破裂角 θ，取 $\dfrac{dE_2}{d\theta} = 0\left(或 \dfrac{dE_2}{d(\theta + \beta)} = 0\right)$。

由于力多边形能满足破裂楔体静力平衡矢量闭合条件，因而消除了延长墙背法的误差。

用力多边形计算折线形墙背下墙土压力　　　　　　　　　　　　　　表 4-1

计　算　简　图	公　　　式
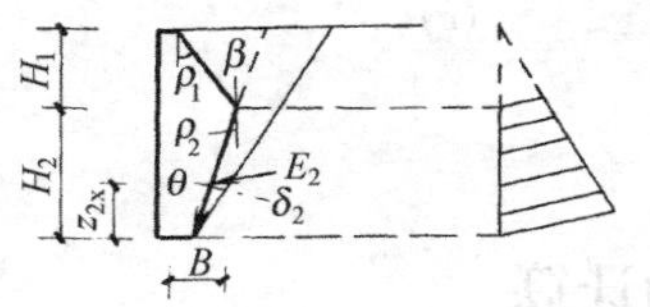	$\tan\theta = -\tan\psi \pm \sqrt{(\tan\psi + \cot\varphi)\left(\tan\psi + \dfrac{B_0}{A_0}\right) - \dfrac{R_1 \sin(\psi + \beta)}{A_0 \gamma \sin\varphi \cos\psi}}$ $\psi = \varphi + \delta_2 - \rho_2 \quad R_1 = \dfrac{E_{1x}}{\cos(\beta + \varphi)}$ $A_0 = \dfrac{1}{2}(H_0 + H_1)^2 \quad B_0 = \dfrac{H_2}{2}(H_2 + 2H_1)\tan\rho_2 + \dfrac{H_1^2}{2}\tan\beta$ $E_2 = \gamma \dfrac{\cos(\theta + \varphi)}{\sin(\theta + \psi)}(A_0 \tan\theta - B_0) - R_1 \dfrac{\sin(\theta - \beta)}{\sin(\theta + \psi)}$ $E_{2x} = E_2 \cos(\delta_2 - \rho_2) \quad E_{2z} = E_2 \sin(\delta - \rho_2)$ $Z_{2x} = \dfrac{H_2}{3}\left(1 + \dfrac{H_1}{2H_1 + H_2}\right) \quad Z_{2z} = B + Z_{2x}\tan\rho_2$
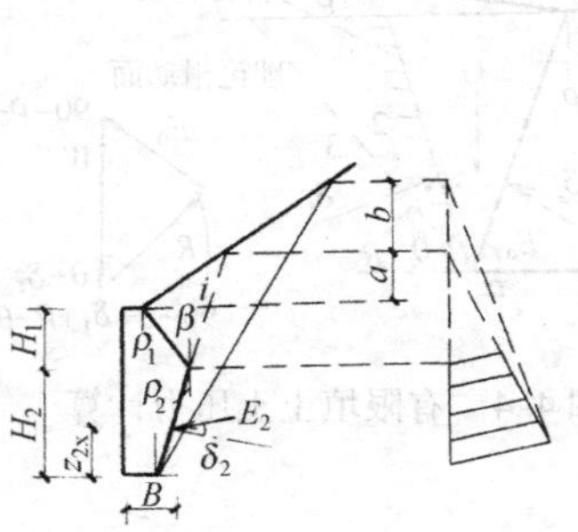	$\tan(\theta + i) = -\tan\psi_2 \pm \sqrt{(\tan\psi_2 + \cot\psi_1)[\tan\psi_2 + \tan(\rho_2 + i)] + D}$ $\psi_1 = \varphi - i \quad \psi_2 = \varphi + \delta_2 - \rho_2 - i$ $D = \dfrac{1}{A_0 \cos(\rho_2 + i)}\left[B_0(\tan\psi_2 + \cot\psi_1) - \dfrac{R_1 \sin(\beta + \psi_2 + i)}{\gamma \sin\psi_1 \cos\psi_2}\right]$ $R_1 = \dfrac{E_{1x}}{\cos(\beta + \varphi)}$ $E_2 = \gamma\left[A_0 \dfrac{\sin(\theta - \rho_2)}{\cos(\theta + i)} - B_0\right]\dfrac{\cos(\theta + \varphi)}{\sin(\theta + \psi_2 + i)} - R_1 \dfrac{\sin(\theta - \beta)}{\sin(\theta + \psi_2 + i)}$ $A_0 = \dfrac{H_2^2}{2}\left[\dfrac{1}{\cos\rho_2} + \dfrac{H_1 \cos(\rho_1 - i)}{H_2 \cos\rho_1 \cos(\rho_2 + i)}\right]^2 \cos(\rho_2 + i)$ $B_0 = \dfrac{H_1^2}{2} \cdot \dfrac{\sin(\beta - \rho_2)\cos^2(\rho_1 - i)}{\cos^2\rho_1 \cos(\rho_2 + i)\cos(\beta + i)}$ $E_{2x} = E_2 \cdot \cos(\delta_2 - \rho_2) \quad E_{2z} = E_2 \cdot \sin(\delta_2 - \rho_2)$ $Z_{2x} = \dfrac{H_2}{3}\left(1 + \dfrac{H_1 + a}{H_2 + 2H_1 + 2a + b}\right) \quad Z_{2z} = B + Z_{2x}\tan\rho_2$ $a = \dfrac{(\tan\rho_1 + \tan\beta) \cdot \tan i H_1}{1 - \tan\beta \cdot \tan i}$ $b = \dfrac{H_2(\tan\theta - \tan\rho_2) + H_1(\tan\rho_1 + \tan\theta)}{\cot i - \tan\theta} - a$

第二节 填土成层时土压力计算

如果墙后填土有几层不同种类的水平土层时，第一层按均质计算土压力，计算第二层时，可将第一层按土重 $\gamma_1 H_1$ 作为作用在第二层的顶面的超载（图4-3），按库仑公式计算。

$$E_{2a} = \left(\gamma_1 H_1 \cdot H_2 + \frac{\gamma_2}{2} H_2^2 \right) K_{2a} \tag{4-2}$$

式中 K_{2a}——第二层土层的主动土压力系数。

土压力的作用点高度为：

$$Z_{2x} = \frac{H_2}{3} \left(1 + \frac{\gamma_1 H_1}{2\gamma_1 H_1 + \gamma_2 H_2} \right) \tag{4-3}$$

多层土时，计算方法同上。

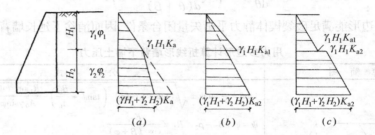

图4-3 多层填土土压力计算图式

第三节 有限范围填土的土压力计算

若挡土墙后不远处有岩石坡面或坚硬的稳定坡面，其坡角大于填土的理论滑动面的倾角，如图4-4所示。此时状况与库仑理论假定墙后相当距离内均为均质填土，且滑裂在填土范围内发生相矛盾。此时，既不可能在有限的填土范围内出现滑裂面，也不会在坚硬坡面内土层中产生剪切破裂面，故应取坚硬坡面为滑裂面。

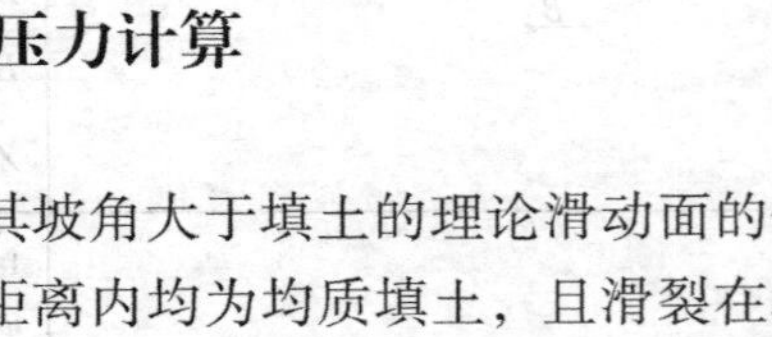

应用与库仑理论的相似方法，根据滑动楔体的平衡，可求得主动土压力系数：

$$K_a = \frac{\sin(\alpha + \theta)\sin(\alpha + \beta)\sin(\theta - \delta_r)}{\sin^2\alpha\sin(\theta - \beta)\sin(\alpha - \delta + \theta - \delta_r)} \tag{4-4}$$

图4-4 有限填土土压力计算

式中 θ——稳定岩石坡面倾角；

δ_r——稳定岩石坡面与填土间的摩擦角，根据试验确定；无试验资料时，可取 $\delta_r = 0.33\varphi_k$，φ_k 为填土内摩擦角标准值。

第四节　地震时土压力计算

一、用地震角加大墙背和填土表面的坡角公式

地震时填土连同支挡结构一起以地震加速度产生振动，支挡结构和填土组成的体系承受了与地震加速度方向相反的惯性力的作用，其数值等于 ma，m 是体系的质量，a 为最大加速度，这个惯性力就是地震力。地震加速度可以分解成水平与竖直两个向量。由于支挡结构体系在竖向有较大的强度储备，因而可以不考虑竖向地震加速度的影响，认为支挡结构体系的破坏主要是由水平方向的地震力引起的。因此在分析土压力时，只考虑水平方向地震加速度的作用。

目前一般按惯性力法求地震土压力，与求解非地震区土压力的不同点在于多考虑了一个由破裂体自重所引起的水平地震力 P。该于作用于棱体重心，大小可按下式计算：

$$P = C_z \cdot K_H \cdot G \tag{4-5}$$

式中　C_z——综合影响因素，表示结构体系的地震反应与理论计算间的差异，取 0.25；

　　　K_H——水平地震系数，为地震时地面最大水平加速度的统计平均值与重力加速度 g 的比值，可按表 4-2 取值；

　　　G——破裂棱体自重力。

水平地震系数 K_H　　　　　　　　　　　　　　　表 4-2

地震动峰值加速度（m/s²）	0.1g，0.15g	0.2g，0.3g	≥0.4g
水平地震系数 K_H	0.1	0.2	0.4

地震力 P 的方向水平并指向墙后土体滑动的方向，它与破裂棱体自重力 G 的合力 G_1 如图 4-5 所示，其大小为

$$G_1 = \frac{G}{\cos\eta} \tag{4-6}$$

式中　η——地震角，为棱体自重力与地震力的合力偏离铅垂线的角度。

图 4-5　地震时的棱体自重力计算简图

由图 4-5 和式（4-5）可知 $\eta = \arctan\,(C_z \cdot K_H)$，可查表 4-3 来确定。

地　震　角　η　　　　　　　　　　　　　　　表 4-3

地震动峰值加速度（m/s²）	0.1g，0.15g	0.2g，0.3g	≥0.4g
非浸水	1°30′	3°	6°
水下	2°30′	5°	10°

知道了地震力与自重力的合力的大小和方向，并假定在地震条件下土的内摩擦角 φ 和墙背摩擦角 δ 不变，则墙后破裂棱体上的平衡力系即如图 4-6（a）所示。

若保持挡土墙和墙后棱体位置不变，将整个平衡力系转动 η 角，使 G_1 仍位于竖直方向（见图 4-6b），由于没有改变平衡力系中三力间的相互关系，即没有改变图 4-6（c）中

的力三角形面 $\triangle abc$，因此这种转动并不影响对 E_a 的计算。然而这样一来却大大简化了计算工作。由图 4-6（b）可以看出，只要用下列各值

$$\gamma_1 = \gamma/\cos\eta, \quad \delta_1 = \delta + \eta, \quad \varphi_1 = \varphi - \eta \tag{4-7}$$

取代 γ、δ、φ 各值，即可直接用一般的库仑土压力公式求地震时的土压力。例如当填土表面为一平面（倾角为 β）时，按库仑土压力理论计算，得出地震时的土压力公式为

$$E_a = \frac{1}{2} \cdot \frac{\gamma}{\cos\eta} \cdot H^2 K_a \tag{4-8}$$

$$K_a = \frac{\cos^2(\varphi - \eta - \rho)}{\cos^2\rho\cos(\delta + \eta + \rho)\left[1 + \sqrt{\dfrac{\sin(\varphi + \delta)\sin(\varphi - \eta - \beta)}{\cos(\delta + \eta + \rho)\cos(\rho - \beta)}}\right]} \tag{4-9}$$

式中 ρ——墙背与铅垂线的夹角，当墙背仰斜时为正值，俯斜时为负值。

各种边界条件下的地震土压力都可用 γ_1、δ_1、φ_1 取代 γ、δ、φ，然后按一般数解公式或图解法求算。必须指出，用这种方法求出地震土压力 E_a 后，在计算水平和竖向土压力 E_x 和 E_y 时，仍采用实际墙背摩擦角 δ，而不采用 δ_1。

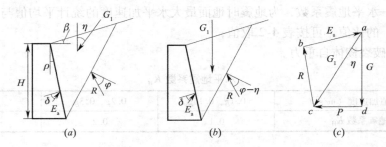

图 4-6　地震条件下的墙后破裂棱体上的平衡力系

二、《水工建筑物抗震设计规范》公式

《水工建筑物抗震设计规范》DL 5073—2000，关于水平向地震作用下总土压力，建议用如下公式

$$E_e = (1 \pm K_h C_z C_e \tan\varphi) \cdot E_s \tag{4-10}$$

式中 "＋" 和 "－"——分别对应于主动土压力和被动土压力；

K_h——水平向地震系数，查表 4-4；

C_z——综合影响系数，取 1/4；

C_e——地震动土压力系数，查表 4-5；

E_s——静主动土压力合力 E_a；

φ——填土内摩擦角。

水平向地震系数 K_h　　　　　表 4-4

设计烈度（度）	7	8	9
K_h	0.1	0.2	0.4
$K_h \cdot C_z$	0.025	0.05	0.1

地震动土压力系数 C_e 表 4-5

动土压力	填土坡度	内 摩 擦 角 φ				
		$21° \sim 25°$	$26° \sim 30°$	$31° \sim 35°$	$36° \sim 40°$	$41° \sim 45°$
主动土压力	0°	4.0	3.5	3.0	2.5	2.0
	10°	5.0	4.0	3.5	3.0	2.5
	20°	—	5.0	4.0	3.5	3.0
	30°	—	—	—	4.0	3.5
被动土压力	0° ~ 20°	3.0	2.5	2.0	1.5	1.0

注：填土坡度在表列角度之间时，可进行内插。

第五节 墙后填土有地下水时土压力计算

墙后填土土体浸水时，一方面因水的浮力作用使土的自重减小；另一方面，浸水时砂性土的抗剪强度的变化虽不大，但黏性土的抗剪强度会发生显著的降低。因此，在土压力计算中必须考虑土体浸水的影响。此外，当墙后土体中出现水的渗流时，还应计入动水压力的影响。

（一）砂性土浸水后假设 φ 值不变，只考虑浮力影响时的土压力计算

现以部分浸水的路肩挡土墙为例说明土压力计算公式的推导过程。如图 4-7 所示，这时破裂棱体的自重力为：

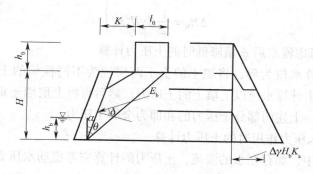

图 4-7 浸水时土压力计算简图

$$G = \gamma\left[\frac{1}{2}H\left(H+2h_0\right) - \frac{\Delta\gamma}{2\gamma}H_b^2\right]\tan\theta - \gamma\left[\frac{1}{2}H\left(H+2h_0\right)\tan\alpha + Kh_0 - \frac{\Delta\gamma}{2\gamma}H_b^2\tan\alpha\right]$$
$$= \gamma\left[\left(A_0-\Delta A_0\right)\tan\theta - \left(B_0-\Delta B_0\right)\right] \quad (4-11)$$

式中　γ——填料天然重力密度；

　　　γ_u——填料的浮重力密度；

　　　H_b——计算水位以下的墙高；

$$\Delta\gamma = \gamma - \gamma_u$$
$$\Delta A_0 = \frac{\Delta\gamma}{2\gamma}H_b^2$$

$$\Delta B_0 = \frac{\Delta\gamma}{2\gamma}H_b^2\tan\alpha$$

$$A_0 = 0.5H\ (H + 2h_0)\ \cdots$$

$$B_0 = A_0\tan\alpha + K\cdot h_0\cdots$$

按照推导库仑公式的程序可得：

$$\tan\theta = -\tan\psi \pm \sqrt{(\tan\psi + \cot\varphi)\ (\tan\psi + \frac{B_0 - \Delta B_0}{A_0 - \Delta A_0})}$$

$$E_b = \gamma\ \Big[\ (A_0 - \Delta A_0)\ \tan\theta - (B_0 - \Delta B_0)\Big]\ \frac{\cos\ (\theta + \varphi)}{\sin\ (\theta + \psi)} \tag{4-12}$$

或

$$E_b = \gamma K_a\ \frac{(A_0 - \Delta A_0)\ \tan\theta - (B_0 - \Delta B_0)}{\tan\theta - \tan\alpha} \tag{4-13}$$

式中 $K_a = (\tan\theta - \tan\alpha)\ \dfrac{\cos\ (\theta + \varphi)}{\sin\ (\theta + \psi)}$，$\psi = \varphi + \delta - \alpha$。

此外，在假设 φ 值不变的条件下，破裂角 θ 虽因浸水而略有变化，但对土压力的计算影响不大。为了简化计算，可以进一步假设浸水后 θ 角亦不变。这样，如图4-7所示，可以先求出不浸水条件下的土压力 E_a，然后再扣除计算水位以下因浮力影响而减小的土压力 $\triangle E_b$，即得浸水条件下的土压力 E_b。因此 E_b 亦可按下式计算：

$$\left.\begin{array}{l} E_b = E_a - \Delta E_b \\ \Delta E_b = \dfrac{1}{2}\Delta\gamma H_b^2 K_a \end{array}\right\} \tag{4-14}$$

（二）黏性土考虑浸水后 φ 值降低时的土压力计算

这时，应以计算水位为界，将填土的上下两层视为不同性质的土层，分层计算土压力。计算中，先求出计算水位以上填土的土压力；然后再将上层填土重量作为荷载，计算浸水部分的土压力。上述两部分土压力的和即为全墙土压力。

（三）考虑动水压力作用时的土压力计算

在弱透水土体中，如存在水的渗流，土压力的计算应考虑动水压力的影响。这时可采用下述两种近似的方法。

1. 假设破裂角不受影响

计算中，先不考虑水压力的影响，而按一般浸水情况求算破裂角 θ 和土压力 E_b，然后再单独求算动水压力 D，认为它作用于破裂棱体浸水部分的形心，方向水平，并指向土体滑动的方向。其大小为

$$D = \gamma_w\cdot I\cdot\Omega \tag{4-15}$$

式中　γ_w——水的重力密度；

I——水力梯度，采用土体中降水曲线的平均坡度，查表4-6；

Ω——破裂棱体中的浸水面积。

渗流降落曲线平均坡度 I　　　　　　　表 4-6

土壤类别	卵石粗砂	中　砂	细　砂	粉　砂	黏砂土	砂黏土	黏　土	重黏土	泥　炭
渗流降落平均坡度 I	0.0025 ~ 0.005	0.005 ~ 0.015	0.015 ~ 0.02	0.015 ~ 0.05	0.02 ~ 0.05	0.05 ~ 0.120	0.12 ~ 0.15	0.15 ~ 0.2	0.02 ~ 0.12

2. 考虑破裂角 θ 因渗流影响而发生变化

计算时，要考虑由挡土墙全部浸水骤然降低水位这一最不利情况。这时破裂棱体所受的体积力中，除自重力 G 外，还有动水压力 D，两者的合力 G' 为

$$G' = G/\cos\varepsilon \tag{4-16}$$

从图 4-8 可知，ε 为合力 G' 偏离铅垂线的角度，即

$$\varepsilon = \arctan\frac{D}{G} = \arctan\frac{\gamma_n \cdot I\Omega}{\gamma_u\Omega} = \arctan\frac{\gamma_w I}{\gamma_u} \tag{4-17}$$

根据分析地震土压力时所采用过的办法，这时只要用

$$\gamma'_u = \gamma_u/\cos\varepsilon$$
$$\delta' = \delta + \varepsilon$$
$$\varphi' = \varphi - \varepsilon$$

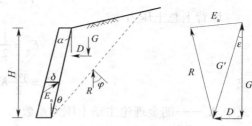

图 4-8　破裂角 θ 发生变化时土压力计算

取代 γ_u、δ、φ，就可以按一般库仑土压力公式计算浸水条件下并考虑动水压力影响的土压力。

第六节　黏性土土压力计算

在我国，黏性土分布面积广，用黏性土作回填土在工程中经常使用。由于土体中存在黏聚力，对作用于挡土墙上的土压力有很大影响。

一、朗金黏性土土压力公式

假定挡土墙墙背竖直，黏性回填土表面水平。如果土层有足够数量的侧向伸张，土层的顶部就会出现拉应力，从地面直到拉应力消失的深度，将产生竖向裂缝，裂缝深度为 h_c：

$$h_c = \frac{2c}{\gamma}\tan\left(45° + \frac{\varphi}{2}\right) = \frac{2c}{\gamma\sqrt{K_a}} \tag{4-18}$$

式中　c——土体的黏聚力；

　　　K_a——朗金主动土压力系数；

　　　γ——土的重度。

土体的侧向伸张，还会在裂缝区以下土体中产生剪应力，并形成两簇破裂面，如图 4-9。地面水平时，破裂面接近平面，每簇破裂面与竖直面的夹角为 $\theta_1 = \theta_2 = 45° -$

$\dfrac{\varphi}{2}$。裂缝区以下墙踵竖直面上的土压强度分布呈三角形。

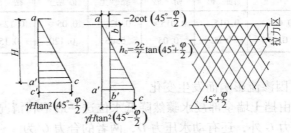

图 4-9 黏性土朗金理论计算图式

距地面任意深度 z 处的土压强度

$$p_{ay} = \gamma \ (z - h_c) \ K_a \tag{4-19}$$

墙背上总土压力

$$E_a = \frac{1}{2} \gamma \ (h - h_c)^2 K_a \tag{4-20}$$

或

$$E_a = \frac{\gamma h^2}{2} K_a - 2ch \sqrt{K_a} + \frac{2c^2}{\gamma} \tag{4-21}$$

式中 K_a——朗金理论主动土压力系数，

$$K_a = \tan^2\left(45° - \frac{\varphi}{2}\right)$$

h——挡土墙高；

z——计算点到地面的深度；

h_c——竖向裂缝深度，

$$h_c = \frac{2c}{\gamma \sqrt{K_a}}$$

被动土压力

$$p_p = \gamma z K_p + 2c \sqrt{K_p} \tag{4-22}$$

式中 $K_p = \tan^2\left(45° + \dfrac{\varphi}{2}\right)$。

二、库仑黏性土土压力公式

利用库仑理论计算黏性土土压力时，我国过去常用综合内摩擦角法。综合内摩擦角法是用增大内摩擦角的方法来考虑黏聚力的影响，然后再按砂性土的库仑土压力公式计算。综合内摩擦角，通常都采用经验数据。事实上，影响土体综合内摩擦角的因素很多，不能真实反映黏性土抗剪强度。所以《建筑地基基础设计规范》推荐按平面滑动假定计算黏性土及粉土的主动土压力法：

1. 数解法

以平面滑裂面假定为基础的黏性土、粉土主动土压力数值计算法，是库仑理论的一种改进，考虑了土的黏聚力作用。它适用于填土表面为一倾斜平面，其上作用有均布超载 q 的一般情况。

如图 4-10 所示，挡土墙在主动土压力作用下，离开填土向前位移达一定数值时，墙后填土将产生滑裂面 BC 而破坏，破坏瞬间，滑动楔体处于极限平衡状态。这时作用在滑动楔体 ABC 上的力有：楔体自重 G 及填上表面上均布超载 q 的合力 F，其方向竖直向下；滑裂面 BC 上反力 R，其作用方向与 BC 平面法线顺时针成 φ 角；在滑裂面 BC 上还有黏聚力 $c \cdot L_{BC}$，其方向与楔体下滑方向相反，墙背 AB 对楔体的反力 E'_a，作用方向与墙背法线逆时针成 δ 角。仿库仑土压力公式推导过程，可求得 GB 50007—2011 规范给出的主动土压力计算公式。

$$E_a = \frac{\gamma h^2}{2} K_a \qquad (4\text{-}23)$$

式中 K_a——黏性土、粉土主动土压力系数，按下式计算

$$
\begin{aligned}
K_a = &\frac{\sin(\alpha+\beta)}{\sin^2\alpha \cdot \sin^2(\alpha+\beta-\varphi-\delta)}\{K_q[\sin(\alpha+\beta)\cdot\sin(\alpha-\delta)\\
&+\sin(\varphi+\delta)\cdot\sin(\varphi-\beta)] + 2\eta\sin\alpha\cdot\cos\varphi\cdot\cos(\alpha+\beta-\varphi-\delta)\\
&-2[(K_q\sin(\alpha+\beta)\cdot\sin(\varphi-\beta)+\eta\cdot\sin\alpha\cdot\cos\varphi)\\
&\times(K_q\sin(\alpha-\delta)\cdot\sin(\varphi+\delta)+\eta\sin\alpha\cdot\cos\varphi)]^{1/2}\}
\end{aligned}
\qquad (4\text{-}24)
$$

$$\eta = \frac{2c}{\gamma h} \qquad (4\text{-}25)$$

式中　α——墙背与水平面的夹角；

　　　β——填土表面与水平面之间的夹角；

　　　δ——墙背与填土之间的摩擦角；

　　　φ——回填土内摩擦角；

　　　c——填土黏聚力；

　　　γ——填土的重度；

　　　h——挡土墙高度；

　　　K_q——考虑填土表面均布超载影响的系数，

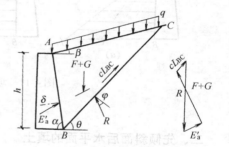

图 4-10　按规范求土压力示意图

$$K_q = 1 + \frac{2q}{\gamma h} \cdot \frac{\sin\alpha \cdot \cos\beta}{\sin(\alpha+\beta)} \qquad (4\text{-}26)$$

　　　q——填土表面均布超载（以单位水平投影面上荷载强度计）。

按式（4-24）计算主动土压力时，破裂面与水平面的倾角为

$$\theta = \arctan\left\{\frac{\sin\beta \cdot S_q + \sin(\alpha-\varphi-\delta)}{\cos\beta \cdot S_q - \cos(\alpha-\varphi-\delta)}\right\} \qquad (4\text{-}27)$$

式中，

$$S_q = \sqrt{\frac{K_q \cdot \sin(\alpha-\delta) \cdot \sin(\varphi+\delta) + \eta\sin\alpha \cdot \cos\varphi}{K_q \cdot \sin(\alpha+\beta) \cdot \sin(\varphi-\beta) + \eta\sin\alpha \cdot \cos\varphi}} \qquad (4\text{-}28)$$

2. 查表法

在《规范》GB 50007—2011 中，选用了 $\delta = \dfrac{\varphi}{2}$ 编制了 K_a 的系数图表。对于黏性土、粉土为回填土时，只要排水条件、墙背填土质量符合规范要求，可根据回填土的性质，挡土墙墙背倾角 α 及回填土表面倾角 β。可查图 3-14 和图 3-15 求得主动土压力系数 K_a。

第七节　填土表面不规则时土压力计算

在工程中常有填土表面不是单一的水平面或倾斜平面，而是两者组合而成。此时，前面推得的公式都不能直接应用。但可以近似地分别按平面、倾斜面计算，然后再进行组合。下面介绍几种常见情况：

一、先水平面，后倾斜面的填土

为计算土压力，可将填土表面分解为水平面或倾斜面，分别计算，最后再组合。为计算土压力，先延长倾斜填土面交于墙背 C 点。在水平面填土的作用下，其土压力强度分布图如图4-11（a）中 ABe；在倾斜面填土作用下，其土压力强度分布图为 CBf。两个三角形交于 g 点，则土压力分布图 $ABfgA$ 为此填土情况下土压力分布图。

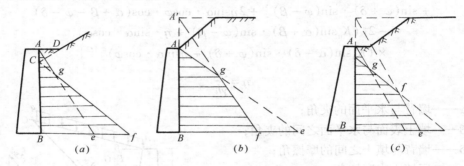

图4-11　填土面不规则土压力计算图

二、先倾斜面后水平面的填土

在倾斜面填土作用下，土压力分布图形如图4-11（b）中 ABe；在水平面填土作用下，先延长水平面与墙背延长线交于 A'，此时，土压力分布图为 $A'Bf$。两三角形相交于 g 点，则图形 $ABfgA$ 为此时填土的土压力分布图。

三、先水平面，再倾斜面，最后水平面填土

如图4-11（c），首先画出水平面作用下的土压力三角形 ABe'；再绘出在倾斜面填土作用下的土压力三角形 CBe''，此时 Ce'' 与 Ae' 交于 g 点；最后求第二个水平面的土压力三角形 $A'Be$，$A'e$ 与 Cge'' 交于 f 点。则图形 $ABefgA$ 为此种填土的土压力分布图形。

当填土面形状极不规则或为曲面时，一般多采用图解法。

第八节　超载作用下土压力计算

当墙背后填土表面上作用有荷载，特别是活荷载，我们通常称为超载。在超载作用下的土压力计算将分为以下几种情况：

一、集中力 Q_p 作用

由试验表明：各种超载作用下的土压力，均可用修正的弹性理论公式计算。当刚性挡土墙无向前移动时，其侧压力约等于弹性公式计算值的一倍。刚性挡土墙不移动的假设是保守的。

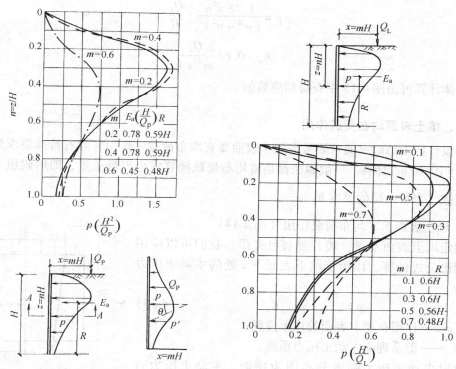

图 4-12　集中力作用下刚性挡土墙上土压力

图 4-13　线形荷载引起的土压力

由图 4-12 中可知：

对于 $m \leqslant 0.4$

$$p \cdot \left(\frac{H^2}{Q_p}\right) = \frac{0.28n^2}{(0.16 + n^2)^3} \tag{4-29}$$

$$E_a = 0.78Q_p/H \tag{4-30}$$

对于 $m > 0.4$

$$p \cdot \left(\frac{H^2}{Q_p}\right) = \frac{1.77m^2n^2}{(m^2 + n^2)^3} \tag{4-31}$$

$$p' = p\cos^2 (1.1\theta) \tag{4-32}$$

$$E_a = 0.45Q_p/H \tag{4-33}$$

其相应计算曲线在图 4-12 中已给出，此值已加以修正，与实测值一致。

二、线荷载 Q_L 作用

线荷载 Q_L 作用下，引起的侧向土压力强度计算公式：

对于 $m \leqslant 0.4$

$$p = \frac{0.2n}{(0.16 + n^2)^2} \cdot \frac{Q_\mathrm{L}}{H} \tag{4-34}$$

$$E_\mathrm{a} = 0.55Q_\mathrm{L} \tag{4-35}$$

对于 $m > 0.4$

$$p = \frac{1.28m^2n}{(m^2 + n^2)^2} \cdot \frac{Q_\mathrm{L}}{H} \tag{4-36}$$

$$E_\mathrm{a} = 0.64 \frac{Q_\mathrm{L}}{m^2 + 1} \tag{4-37}$$

具体计算可由图 4-13 中查得相应数值。

三、填土表面均布荷载作用

在设计挡土墙时，通常要考虑填土表面要有均布荷载 q 作用，除有特殊要求外，一般可按 $q = 10\mathrm{kN/m^2}$ 计算。一般做法都是将均布超载换算成为当量土重，即用假想土重代替均布荷载，当量土层的厚度 $h_0 = \dfrac{q}{\gamma}$。

1. 填土表面水平均布荷载作用（图 4-14）

假定填土表面水平，墙背竖直且光滑。我们可以应用朗金理论公式计算，作用于填土表面下 z 处的主动土压力强度为

$$p = (q + \gamma z) K_\mathrm{a} \tag{4-38}$$

式中　q——作用在填上表面的均布荷载；

　　　K_a——朗金理论主动土压力系数。

这时主动土压力强度分布图为梯形，主动土压力合力为

$$E_\mathrm{a} = \frac{H}{2}(2q + \gamma H) \cdot K_\mathrm{a} = \frac{H}{2}(2h_0 + H) K_\mathrm{a} \tag{4-39}$$

其作用线通过梯形形心，距墙踵

$$z_\mathrm{f} = \frac{H}{3} \cdot \frac{3q + \gamma H}{2q + \gamma H} \tag{4-40}$$

2. 墙背倾斜、填土表面倾斜时均布荷载作用（图 4-15）

仍将均布荷载换算成当量土重，当量土层厚度 $h_0 = \dfrac{q}{\gamma}$。以此假想填土而与墙背延长线交于 A' 点，故以 $A'B$ 作为假想墙背计算土压力。假想挡土墙高度为 $H + h'$，根据 $\Delta AA'D$，按正弦定理可求得

$$AA' = AD \cdot \frac{\cos\beta}{\cos(\beta - \rho)} = h_0 \frac{\cos\beta}{\cos(\beta - \rho)}$$

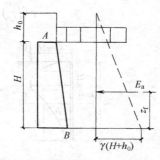

图 4-14　填土表面水平均布荷载作用土压力图

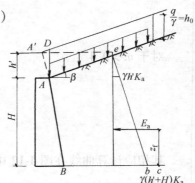

图 4-15　填土面倾斜时均布荷载作用土压力图

$$h' = AA' \cdot \cos\rho = h_0 \frac{\cos\beta\cos\rho}{\cos\ (\beta-\rho)} \tag{4-41}$$

主动土压力强度

$$p = \gamma\ (h'+z)\ K_a \tag{4-42}$$

式中 K_a——库仑理论主动土压力系数。

主动土压力

$$E_a = \frac{\gamma\ (2h'+H)\ H}{2} K_a \tag{4-43}$$

主动土压力作用线距底

$$z_f = \frac{(3h'+H)}{(2h'+H)} \cdot \frac{H}{3} \tag{4-44}$$

四、起始位置与墙顶有一段距离的填土表面分布的均布荷载

如图 4-16 所示,当均布荷载的起始位置与墙顶有一段距离时,支挡结构上的主动土压力可近似按以下方法计算:在地面超载起点 O 处,做辅助线 OD 和 OE,分别与墙面交于 D 点和 E 点,近似认为 D 点以上的土压力不受地面超载的影响;而 E 点以下的土压力完全受地面超载的影响,D、E 两点之间的土压力按直线分布。于挡土墙上的土压力如图 4-16 所示。其中辅助线 OD 和 OE 与地表水平面的夹角分别为填土的内摩擦角 φ 和填土的破裂角 θ。

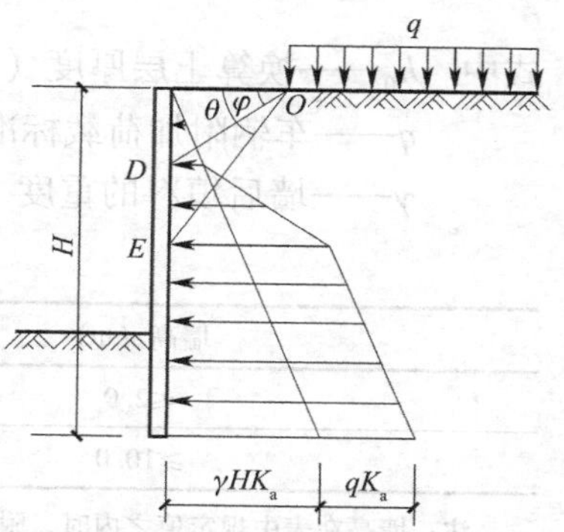

五、地面有局部均布荷载

当地面的均布荷载只作用在一定宽度的范围内时,可用图 4-17 所示的方法计算主动土压力。从均布荷载的两个端点,分别作两条辅助线 OD 和 $O'E$,它们与水平线的夹角均为 θ。近似认为 D 点以上和 E 点以下的土压力都不受地面超载的影响,而 D、E 两点间的土压力按满布的均布地面超载来计算,挡土结构上的土压力分布如图 4-17 所示。局部均布荷载作用下的土压力计算,也可采用弹性力学的方法。如图 4-18 所示,支挡结构上各点的附加侧向土压力值为

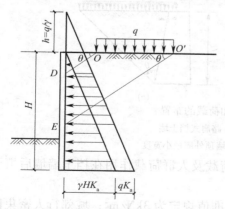

图 4-17　局部均布荷载产生的侧向土压力

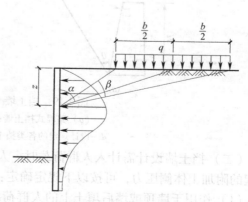

图 4-16　与墙顶有一段距离的均布荷载产生侧向土压力

图 4-18　局部均布荷载产生的附加侧向土压力

$$p = \frac{2q}{\pi}(\beta - \sin\beta \cdot \cos2\alpha) \tag{4-45}$$

式中　α——计算点与条形荷载中心连线与竖向线之间夹角；

　　　β——条形荷载起、止点与计算点连续之间的夹角，以弧度计。

但在应用式（4-45）时，在某种 α、β 组合下，会在墙深某处出现拉应力。

六、公路车辆荷载、人群荷载引起土压力计算

在公路挡土墙设计时，应当考虑车辆荷载引起的土压力。在《公路挡土墙设计与施工技术细则》中对车辆荷载（也给了人群荷载）引起的土压力计算给出了如下的计算方法：

（一）车辆荷载作用在挡土墙墙后填土上所引起的附加土体侧压力，可按下式换算成等代均布土层厚度计算：

$$h_0 = \frac{q}{\gamma} \tag{4-46}$$

式中　h_0——换算土层厚度（m）；

　　　q——车辆附加荷载标准值（kN/m^2），可按表4-7的规定采用；

　　　γ——墙后填料的重度（kN/m^3）。

车辆附加荷载标准值表　　　　　　　　　　　表4-7

墙高（m）	附加荷载标准值 q（kN/m^2）
≤2.0	20.0
≥10.0	10.0

注：墙高在表中规定值之内时，附加荷载标准值可用直线内插法计算。

路堤式挡土墙、路肩式挡土墙墙后填土破坏棱体上的车辆附加荷载可按图4-19的规定布置。

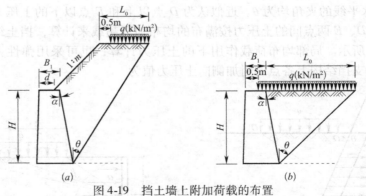

图4-19　挡土墙上附加荷载的布置

（a）路堤式挡土墙；（b）路肩式挡土墙

d——设计规定的各类挡土墙的墙顶外露最小宽度

（二）挡土墙设计需计入人群荷载时，人群荷载及人群荷载作用在挡土墙墙后填土上引起的附加土体侧压力，可按以下规定确定：

（1）作用于墙顶或墙后填土上的人群荷载标准值规定为 $3kN/m^2$；城郊行人密集区可参照所在地区城市桥梁设计规范的规定采用，或取上述规定值的1.15倍。

（2）作用于挡土墙栏杆立柱柱顶的水平推力标准值采用 0.75kN/m；作用在栏杆扶手上的竖向力标准值采用 1kN/m。

（3）人群荷载作用在挡土墙墙后填土上引起的附加土体侧压力，可按下式换算成等代均布土层厚度计算：

$$h_0 = \frac{q_r}{\gamma} \qquad (4-47)$$

式中　q_r——作用于墙后填土上的人群荷载标准值（kN/m²）。

七、铁路荷载下土压力计算

路基面承受轨道静载和列车的竖向活载两种主要荷载。轨道静载根据轨道类型及其道床的标准型式尺寸进行计算；列车竖向活荷载采用中华人民共和国铁路标准荷载，其计算图式如图4-20所示，简称"中—活载"。

在挡土墙力学计算时，将路基面上轨道静载和列车的竖向活载一起换算成为与路基土重度相同的矩形土体。活载分布于路基础上的宽度，自轨枕底两端向下向外按45°扩散角计算。

换算土柱作用于路基面上的分布宽度和高度计算如图4-21所示。

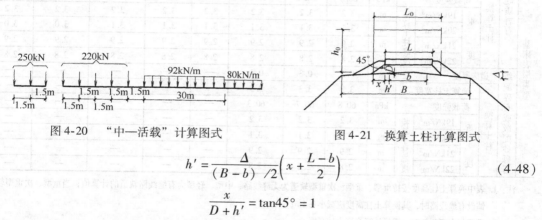

图 4-20　"中—活载"计算图式　　　　图 4-21　换算土柱计算图式

$$h' = \frac{\Delta}{(B-b)/2}\left(x + \frac{L-b}{2}\right) \qquad (4-48)$$

$$\frac{x}{D+h'} = \tan45° = 1$$

由上式求得 x 值，土柱作用在路基面上的宽度

$$L_0 = L + 2x \qquad (4-49)$$

式中　D——道床厚度；

　　　L——轨枕长度；

　　　Δ——轨下路拱高；

　　　B——路基面宽度；

　　　b——路拱顶面宽。

活荷载 $Q = 220/1.5 = 146\text{kN/m}$

钢轨、轨枕、道床总重为 P，（根据轨道类型及道床形式尺寸计算决定）总荷载为 $P+Q$。路基土重度为 γ，则换算土柱高

$$h_0 = \frac{P+Q}{\gamma \cdot h_0} \qquad (4-50)$$

各级铁路轨道和列车活载换算土柱高度及分布宽度见表4-8。

列车和轨道荷载换算土柱高度及分布宽度　　表4-8

项目	单位	I级铁路				II级铁路			
		特重形	特重形	重型	次重型	次重型	次重型	中型	轻型
路段旅客列车设计行车速度 v	km/h	120≤v≤160	120<v≤160	120	120	80≤v≤120		80≤v≤100	80
轨道条件 — 钢轨	kg/m	75	60	60	60	50	50	50	50
轨道条件 — 混凝土枕型号		Ⅲ	Ⅲ	Ⅲ	Ⅲ	Ⅱ	Ⅱ	Ⅱ	Ⅱ
轨道条件 — 铺轨根数	根/km	1667	1667	1667	1667	1760	1760	1760	1760
轨道条件 — 混凝土轨枕长度	m	2.6	2.6	2.6	2.6	2.5	2.5	2.5	2.5
轨道条件 — 道床顶面宽度	m	3.5	3.5	3.4	3.4	3.3	3.3	3.0	2.9
轨道条件 — 道床边坡坡率		1.75	1.75	1.75	1.75	1.75	1.75	1.75	1.5
基床表层类型 土质 — 道床厚度	m	0.5	0.5	0.5	0.5	0.45	0.45	0.40	0.35
基床表层类型 土质 — 换算土柱宽度	m	3.7	3.7	3.7	3.7	3.5	3.5	3.4	3.3
基床表层类型 土质 — 荷载强度	kPa	60.2	60.2	59.7	59.7	60.1	60.1	59.1	58.5
换算土柱 重度 18kN/m³ (换算土柱高度)	m	3.4	3.4	3.4	3.4	3.4	3.4	3.4	3.3
换算土柱 重度 19kN/m³	m	3.2	3.2	3.2	3.2	3.2	3.2	3.2	3.1
换算土柱 重度 20kN/m³	m	3.1	3.1	3.0	3.0	3.0	3.0	3.0	3.0
换算土柱 重度 21kN/m³	m	2.9	2.9	2.9	2.9	2.9	2.9	2.9	2.9
基床表层类型 硬质岩石 — 道床厚度	m	0.35	0.35	0.35	0.35	0.3	0.3	0.3	0.25
硬质岩石 — 换算土柱宽度	m	3.4	3.4	3.4	3.4	3.2	3.2	3.2	3.1
硬质岩石 — 荷载强度	kPa	60.5	60.4	60.1	60.1	60.8	60.8	59.8	59.6
换算土柱 重度 19kN/m³ (换算土柱高度)	m	3.2	3.2	3.2	3.2	3.2	3.2	3.2	3.2
换算土柱 重度 20kN/m³	m	3.1	3.1	3.1	3.1	3.1	3.1	3.0	3.0
换算土柱 重度 21kN/m³	m	2.9	2.9	2.9	2.9	2.9	2.9	2.9	2.9
换算土柱 重度 22kN/m³	m	2.8	2.8	2.8	2.8	2.8	2.8	2.8	2.8
基床表层类型 级配碎石或级配砂砾石 — 道床厚度	m	0.3	0.3	0.3	—	—	—	—	—
级配碎石或级配砂砾石 — 换算土柱宽度	m	3.3	3.3	3.3	—	—	—	—	—
级配碎石或级配砂砾石 — 荷载强度	kPa	60.8	60.7	60.3	—	—	—	—	—
换算土柱 重度 19kN/m³ (换算土柱高度)	m	3.2	3.2	3.2	—	—	—	—	—
换算土柱 重度 20kN/m³	m	3.1	3.1	3.1	—	—	—	—	—
换算土柱 重度 21kN/m³	m	2.9	2.9	2.9	—	—	—	—	—
换算土柱 重度 22kN/m³	m	2.8	2.8	2.8	—	—	—	—	—

注: 1. 表中换算土柱高度按特重型、重型、次重型轨道为无缝线路，中型、轻型为有缝线路轨道的计算值；当重型、次重型轨道铺设有缝线路时，其换算土柱高度应减小0.1m；

2. 重度与本表不符时，需另计算换算土柱高度；

3. 列车竖向荷载采用"中—活载"，即轴重220kN、间距1.5m；

4. 列车和轨道荷载分布于路基面上的宽度，自轨枕底两端向下按45°扩散角计算；

5. Ⅱ型轨枕的换算土柱高度考虑了轨枕加强地段每千米铺设根数1840的影响。

2. 过墙顶 B 作水平线段取 Bc，再在 BC 上取段 δ 角，作 BF 使与 δ 角 =90°-δ-ρ 值；

3. 作 BC 之 BC 弧... 再由弧绘出 C 作三角形 C；再作一铅垂线段 BF 与之上交于...取 BC=C...由 B 作角 BC 对 BC...再作...由此得 Ai；

4. 同理，再按次序 L 个滑动面（此处 5 个）...
BC=BC 之。连 E...

第五章　土压力图解法及电算

第一节　库尔曼图解法

挡土墙后填土表面是不规则形状，或者有集中力、不连续等较复杂的荷载，这时就不能直接应用朗金或库仑理论的已有计算土压力的公式及图表。即使应用以上两种理论去求解，也是比较繁琐的。但应用图解法求解土压力则很方便。

土压力图解法是数解法的一种辅助手段，有时比数值解法还要简便，图解法的方法很多，各有优缺点，本手册介绍一种简便而又应用广泛的库尔曼法。

一、填土表面无超载

库尔曼法是基于库仑理论，应用楔体平衡的试算法求主动土压力的一种图解法。按库仑理论土压力计算的原理，当墙后填土达到极限平衡状态时，填土将沿破裂面滑动，而形成滑动楔体。作用在滑动楔体上的力有三个：土楔体的自重大小、方向均已知；E、R 方向已知、大小未知。利用平衡力的封闭三角形，即可求得填土推力 E。若假定多个不同的滑动面，可按不同滑动楔体的 G、R、E，连续画出多个平衡力的封闭三角形，得

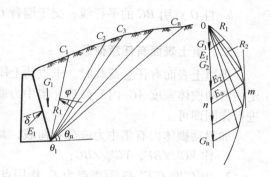

图 5-1　图解法计算图式

出沿不同滑动面滑动时产生的不同推力 E_1、E_2、$\cdots E_n$。将不同推力连成曲线，并作此曲线的铅垂线（平行于 G），得切点 m，自 m 点作平行 E 的直线，交 OG 线于 n 点，则 mn 为 E 的最大值，就是主动土压力值 E_a（图 5-1）。

库尔曼图解法具体步骤：

1. 如图 5-2 所示，按比例绘出挡土墙和土坡的剖面图，取单位延长米的墙体计算；

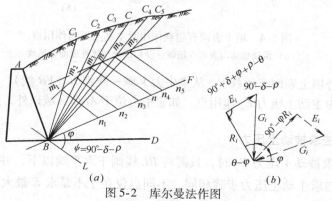

图 5-2　库尔曼法作图
(a) 作图法；(b) 平衡力三角形

2. 过墙踵 B 点作自然坡面 BF，与水平线成 φ 角，作 BL 与 BF 成 $\psi = 90° - \delta - \rho$ 角；

3. 任意假定 BC_1 为滑动面，算出滑动楔体 ABC_1 的重量 G_1，并按一定比例在 BF 线上取 $Bn_1 = G_1$，自 n_1 点引 BL 的平行线，与 BC_1 线交于 m_1 点，则 m_1n_1 即为滑动面 BC_1 的主动土压力 E_1；

4. 同理，再假定若干个滑动面（最少五个）BC_2、BC_3、$\cdots BC_n$ 等，重复上述步骤，可得出相应的 n_2、$n_3 \cdots n_n$ 及 m_2、m_3、$\cdots m_n$ 等诸点；

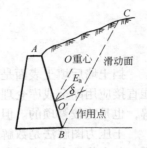

5. 将 m_1、m_2、$\cdots m_n$ 各点连成曲线，作该曲线平行于 BF 线的切线，得切点 m，再从 m 点作与 BL 平行线，交 BF 于 n 点，则 mn 为所求的主动土压力 E_a 值；

6. 过 m 点作 BC 线，即为相应于 E_a 的滑裂面。

以上作图仅能求得主动土压力 E_a 大小和方向，其作用点可用下法近似求得（图 5-3）：

图 5-3　库尔曼法求主动土压力作用点

a. 求出滑动楔体 ABC 的重心 O 点；

b. 自 O 点引 BC 的平行线，交于墙背 O' 点，该点可视为 E_a 的作用点。

二、填土表面有任意荷载

当填土表面有任意荷载时，求主动土压力图解法基本作法同无荷载时作法。仅需将假定的滑动楔体宽度 AC_i 内的荷载（集中力或分布荷载的合力）和滑动楔体的土重 G 叠加，进行作图即可。

如滑动楔体内有集中力或分布荷载，其主动土压力作用点可以下列步骤；

1. 作 $VC'//BF$，$VC'_f//BC$；

2. 由 C' 取 $C'C'_f/3$ 距离点为 E_a 作用点（如图 5-4a 所示）。

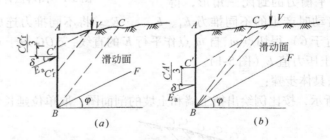

图 5-4　填土表面有超载作用时主动土压力作用点
（a）滑动楔体内表面有超载；（b）滑动楔体外表面有超载

如滑动楔体外填土表面有超载 V，从集中力 V 画一线到 B（VB 线），画 $VC'//BF$，从 C' 取 $C'B$ 的 1/3 作为主动土压力 E_a 作用点。如集中力位于 ABC 区域以外，应按无荷载处理。

三、库尔曼法求被动土压力

用库尔曼法求被动土压力 E_p 时，只需将 BL 线画于水平线以下，并与水平线之间夹角为 φ。其他步骤与求主动土压力步骤相同，不同点仅在于不是求 E 最大值，而是求 E 的最小值。如图 5-5 所示。

库尔曼图解法还可求填土面不规则、墙背为折线、黏性土填料等情况的主动土压力。

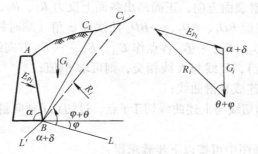

图 5-5 库尔曼法求被动土压力示意图

第二节 试算楔体解

试算楔体解也是一种图解法。与库尔曼法极为相似，它适用黏性土。本节将介绍两种破裂面方法：平面破裂面；对数螺旋线破裂面。

一、平面破裂面

试算楔体法仍是以作用于一滑动楔体的平衡力多边形为依据。这些力包括：滑动楔体自重，墙背对土体的支持力 E、墙背与土体的摩擦力、黏聚力，破裂面上的支承力、摩擦力及黏聚力。理想化后的情况如图 5-6 (b) 中力多边形来说明。

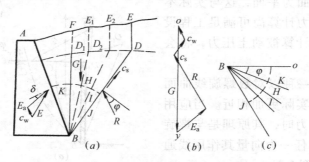

图 5-6 破裂面为平面试算楔体法计算图

具体作图步骤：

1. 以适当比例尺画出墙和填土的剖面图，并计算出张裂缝的深度：

$$h_e = \frac{2c}{\gamma} \sqrt{K_a}$$

此值应在足够多的点上绘出已定出张裂缝连线；

2. 画出各试算楔体 ABD_1E_1、ABD_2E_2、……，并计算出相应楔体的自重 G_1、G_2、……；

3. 计算出楔体与墙面及滑动面黏聚力 c_w、c_s，并按着墙背斜度用适当比例尺画出 c_w。由于可能沿墙背产生张裂隙，长度 AB 也应加以修正；

4. 从 c_w 终点沿假定的滑裂面斜率画出 c_s；

5. 从 c_w 起点沿竖向 OY，并按比例画出 G_1、G_2、$\cdots G_n$ 点；

6. 从 c_s 终点按各滑裂面方向，正确画出各面上反力 R_1、R_2、$\cdots R_n$ 的作用线。该反力的斜率就是与假定滑裂面 BD_1、BD_2、$\cdots BD_n$ 法线成 φ 角（顺时针）；

7. 由各楔体自重 G_1、G_2、$\cdots G_n$ 各点作 E_{a1}、E_{a2}、$\cdots E_{an}$ 方向线，E_a 作用线均为与墙背法线成 δ 角（逆时针转），E_a 线与 R 线相交，则可求 E_a 值；

8. 将 E_a 与 R 交点连成光滑曲线；

9. 画平行于 OY 的切线与上述曲线切于 f 点，过切点 f 画向量 E，求得的最大值为主动土压力值。

向量 R 的斜度在画图中可按以下步骤求得：

1. 以图 5-6（a）中垂线 BF 中 B 点为圆心，用任意半径 r 作圆弧 $\overset{\frown}{KJ}$；

2. 在图 5-6（c）中画出水平线 BO，并如图画出 φ 角，用半径 r 绘圆弧 $\overset{\frown}{OJ}$；

3. BJ 就是滑裂面 BF 反力 R 的斜度；

4. 用图 5-6（a）中的圆弧长 $\overset{\frown}{KH}$、$\overset{\frown}{KI}$、$\overset{\frown}{IJ}$，在图 5-6（c）中画出相同的各弧，得图 5-6（c）圆弧中各点；

5. 图 5-6（c）中 BH、BI、BJ 线斜度就是相应滑裂面反力 R 的斜度。

当假定滑裂面范围内的荷载计入楔体土重中时，其他作法同前，这样就可以确定填土表面有荷载的情况。

二、对数螺旋线曲面

由于假定滑裂面为平面，这与实际不符。对于主动土压力计算尚可满足工程设计需要；如用此法计算被动土压力，将会引起较大的误差。

本节将再介绍一种以对数螺旋线曲面为滑裂面，它将与实际更加相近。当应用此法求解主动土压力时，其原理是与螺旋线的切线成 φ 角的任一力向量其作用线通过螺旋线中心 O（图 5-7）。

具体作图步骤：

1. 在一张描图纸上，用下列方程绘出一般螺旋线

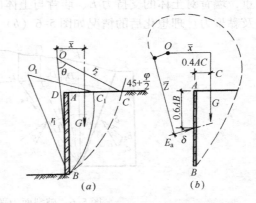

图 5-7 沿对数螺旋线曲面滑动计算图式

$$\gamma = \gamma_0 e^{(\theta \tan\varphi)} \qquad (5-1)$$

式中 γ——与 γ_0 成 θ 角时螺旋线的半径；

φ——填土内摩擦角；

θ——γ 与 γ_0 之间的夹角。

2. 按比例绘出墙与填土的剖面图。

3. 将对数螺旋线复于墙、填土的剖面图上，目估布置螺旋线（使逸出角约为 $45° + \dfrac{\varphi}{2}$），按比例求得从螺旋线原点到 B 点的垂直距离（逸出角一定为 $45° + \dfrac{\varphi}{2}$，才能保证地

面为主平面而无剪应力）。

4. 计算滑动楔体的自重

$$OBC = \frac{\gamma_1^2 - \gamma_2^2}{4\tan\varphi} \tag{5-2}$$

并计算两个三角形 ODC 和 ADB 面积，再扣除有关面积，最后乘以重度。

$$\Delta ABC = OBC - ODC - BDA \tag{5-3}$$

5. 求到滑动楔体形心的垂直距离，可得

$$M_0 = G \cdot \bar{x} \tag{5-4}$$

另外求出与 E_a 线的垂直距离 $\bar{z}$

$$M_\gamma = E_a \cdot \bar{z} \tag{5-5}$$

在实用上，可按图 5-7（b）给出的距离计算。

6. 计算 E_a

$$E_a = \frac{M_0}{z} = G \cdot \frac{\bar{x}}{z} \tag{5-6}$$

7. 重新选择若干个试算中心和逸出点 C，重复以上各步骤，计算出多个 E_a，取其最大值。

第三节　电算程序介绍

一、试算楔体法的计算机解

试算楔体法（或库尔曼法）解的最简单方法是应用电子计算机求解。计算机求解的作法如下：

1. 将墙与填土的剖面图按一定的比例绘出，并得到 A、B 及图 5-6 中 F 点的坐标；

2. 再取一些附加坐标，以充分定出填土顶面和全部集中荷载的坐标；

3. 为求解图 5-6（b）的力多边形（库尔曼法为力三角形）编制计算程序，它涉及两个未知数 E_a 和 R，不知其大小，但已知其方向的角度或斜度，以及力多边形必须闭合，因此，可以作出 E_a 的直接分析解；

4. 从 FAD_1 角约为 5° 的土楔 AFD_1 开始（决定于 AF 是否垂直），并以角增量为 1° 来增大楔体角度，在所有集中荷载处求解两次（一次取其左 dx 处，一次取其右 dx 处）；

5. 将步骤 3、4 算得的 E_a 值排列，直到计及所有的集中荷载为止，以及 E_a 连续下降两次后才停止计算。并打印出 E_a 的最大值和它相应的滑裂面的角度 θ，这样的程序能作参数（φ，δ，c，γ）影响的研究，远比前二节的图解法容易。

E_a 的作用点可用类似库尔曼法求得。

程序在附录中。

二、国家《建筑地基基础设计规范》推荐的公式直接电算程序

为了计算黏性土的主动土压力，国家规范推荐了式（4-24）计算其主动土压力系数。由于公式很繁杂，计算起来不是非常方便，为方便广大读者，本书给出了计算公式的电算程序。程序较短，应用方便、省时。程序在附录中。

第三篇　支挡结构设计

第六章　重力式挡土墙设计

第一节　概述

重力式挡土墙是以挡土墙自身重力来维持挡土墙在土压力作用下的稳定。它是我国目前常用的一种挡土墙。重力式挡土墙可用石砌或混凝土建成，一般都做成简单的梯形，如图6-1。它的优点是就地取材，施工方便，经济效果好。所以，重力式挡土墙在我国铁路、公路、水利、港湾、矿山等工程中得到广泛的应用。

由于重力式挡土墙靠自重维持平衡稳定，因此，体积、重量都大，在软弱地基上修建往往受到承载力的限制。如果墙太高，它耗费材料多，也不经济。当地基较好，挡土墙高度不大，本地又有可用石料时，应当首先选用重力式挡土墙。

重力式挡土墙一般不配钢筋或只在局部范围内配以少量的钢筋，墙高在6m以下，地层稳定、开挖土石方时不会危及相邻建筑物安全的地段，其经济效益明显。

重力式挡土墙可根据其墙背的坡度分为仰斜（图6-1a）、垂直（图6-1b）和俯斜（图6-1c）三种类型。

1. 按土压力理论，仰斜墙背的主动土压力最小，而俯斜墙背的主动土压力最大，垂直墙背位于两者之间。

2. 如挡土墙修建时需要开挖，因仰斜墙背可与开挖的临时边坡相结合，而俯斜墙背后需要回填土，因此，对于支挡挖方工程的边坡，以仰斜墙背为好。反之，如果是填方工程，则宜用俯斜墙背或垂直墙背，以便填土易夯实。在个别情况下，为减小土压力，采用仰斜墙也是可行的，但应注意墙背附近的回填土质量。

3. 当墙前原有地形比较平坦，用仰斜墙比较合理；若原有地形较陡，用仰斜墙会使墙身增高很多，此时宜采用垂直墙或俯斜墙（如图6-2）。

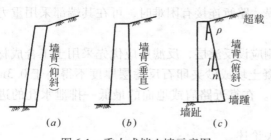

图6-1　重力式挡土墙示意图

图6-2　垂直墙或俯斜墙

综上所述：边坡需要开挖时，仰斜墙施工方便，土压力小，墙身截面经济，故设计时应优先选用仰斜墙。

土质边坡挡土墙高度不宜大于10m，岩质边坡挡土墙高度不宜大于12m。

第二节　重力式挡土墙构造

重力式挡土墙的尺寸随墙型和墙高而变。重力式挡土墙墙面胸坡和墙背的背坡一般选用1：0.2~1：0.3，仰斜墙背坡度愈缓，土压力愈小。但为避免施工困难及本身的稳定，墙背坡不小于1：0.25，墙面尽量与墙背平行。

对于垂直墙，如地面坡度较陡时，墙面坡度可有1：0.05~1：0.2，对于中、高挡土墙，地形平坦时，墙面坡度可较缓，但不宜缓于1：0.4。

采用混凝土块和石砌体的挡土墙，墙顶宽不宜小于0.4m；整体灌注的混凝土挡土墙，墙顶宽不应小于0.2m；钢筋混凝土挡土墙，墙顶不应小于0.2m。通常顶宽约为$H/12$，而墙底宽约为$(0.5~0.7)H$，应根据计算最后决定墙底宽。

当墙身高度超过一定限度时，基底压应力往往是控制截面尺寸的重要因素。为了使地基压应力不超过地基承载力，可在墙底加设墙趾台阶。加设墙趾台阶时挡土墙抗倾覆稳定也有利。墙趾的高度与宽度比，应按圬工（砌体）的刚性角确定，要求墙趾台阶连线与竖直线之间的夹角θ（图6-3），对于石砌圬工不大于35°，对于混凝土圬工不大于45°。一般墙趾的宽度不大于墙高的二十分之一，也不应小于0.1m。墙趾高应按刚性角定，但不宜小于0.4m。

墙体材料：挡土墙墙身及基础，采用混凝土不低于C15，采用砌石、石料的抗压强度一般不小于MU30，寒冷及地震区，石料的重度不小于20kN/m³，经25次冻融循环，应无明显破损。挡土墙高小于6m，砂浆采用M5；超过6m高时宜采用M7.5，在寒冷及地震地区应选用M10。

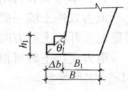

图6-3　墙趾示意图

挡土墙与路堤连接可采用锥体填土连接。挡土墙端部伸入路堤内不应小于0.75m。路堤锥体顺线路方向的坡度，当锥体边坡高度在8m以内时不应陡于1：1.25，在20m以内时不应陡于1：1.5。

路堤，路肩挡土墙端部嵌入原地层的深度，土质不应小于1.5m，弱风化岩层不应小于1m，微风化岩层不应小于0.5m。

路堑挡土墙应向两端顺延逐渐降低高度，并与路堑坡面平顺相接。

其他挡土墙按上述规定直接与路堤、路堑连接有困难时，可在其端部采用重力式挡土墙过渡或用其他端墙形式过渡。

泄水孔应采用管形材料，其进水侧应设反滤层，反滤层应优先采用土工合成材料，无砂混凝土块或其他新型材料。无砂混凝土块或砂夹卵石反滤层厚度不得小于0.3m，墙背为膨胀土的反滤层厚度不应小于0.5m。在靠近路肩或地面的最低一排泄水孔的进水口下部应设置隔水层。

其他一些具体规定，见第一章有关论述。

第三节　重力式挡土墙设计

挡土墙在墙后填土土压力作用下，必须具有足够的整体稳定性和结构的强度。设计时应验算挡土墙在荷载作用下，沿基底的滑动稳定性，绕墙趾转动的倾覆稳定性和地基的承载力。当基底下存在软弱土层时，应当验算该土层的滑动稳定性。在地基承载力较小时，应考虑采用工程措施，以保证挡土墙的稳定性。

一、作用于挡土墙上的力系计算

作用于挡土墙力系，即一般的荷载和约束反力，如表 6-1 所示。

表 6-1

力系类别	荷　载　名　称
永久荷载	墙背回填土及表面的超载引起的土压力
	墙身自重
	墙顶上的有效荷载
可变荷载	铁路列车荷载、公路汽车荷载
	计算水位的静水压力和浮力
	水位退落时的动水压力
	波浪压力
	冻胀压力和冰压力
	温度荷载
偶然荷载	地震作用
	施工及临时荷载
	其他特殊力

注：1. 常水位是指每年大部分时间保持的水位；

　　2. 波浪压力、冰压力和冻胀压力不同时计算；

　　3. 洪水和地震不同时考虑。

（一）作用于挡土墙上的荷载（按性质分）

1. 永久荷载

长期作用在挡土墙上不变的荷载。如挡土墙的自重、土重、土压力、水压力、浮力、地基反力及摩擦力等。

2. 活荷载

作用于挡土墙上可变的荷载、动荷载、波浪压力、洪水位水压力及浮力、温度荷载、地震作用等。

（二）作用于挡土墙的荷载（按作用条件和作用机率分类）

1. 基本荷载（主要荷载）

在挡土墙正常工作条件下经常起作用的荷载，或在使用时经常不定期重复作用的荷载。基本荷载包括：挡土墙自重，墙顶上的有效荷载，填料及其表面超载引起的土压力，正常蓄水位（或设计洪水位）时的静水压力、浮力等。

2. 偶然荷载

挡土墙在正常使用时，不经常或偶然作用的荷载。如设计洪水位时的静水压力、温度荷载、地震作用和施工及临时荷载都是偶然荷载。

（三）荷载组合效应

在考虑挡土墙不同的计算项目时，如整体稳定，墙身的强度计算时，应根据使用时情况和工作条件，进行荷载组合。在组合时应考虑以下原则：

1. 按地基承载力确定挡土墙基础底面积及埋深时，按正常使用极限状态下荷载效应的标准组合。相应的抗力应采用地基承载力特征值。

正常使用极限状态下，荷载效应的标准组合值 S_k 应用下式计算：

$$S_k = S_{Gk} + S_{Q1k} + \psi_{c2}S_{Q2k} + \cdots + \psi_{cn}S_{Qnk} \tag{6-1}$$

式中　S_{Gk}——按永久荷载标准值 G_k 计算的荷载效应值；

　　　S_{Qik}——按可变荷载标准值 Q_{ik} 计算的荷载效应值；

　　　ψ_{ci}——可变荷载 Q_i 的组合值系数，按现行《建筑结构荷载规范》GB 50009 的规定取值。

应满足　　　　　　　　　　$S \leqslant c$　　　　　　　　　　　　　（6-2）

式中　c——此处代表地基承载力特征值。

2. 计算挡土墙土压力、地基或斜边稳定及滑坡推力时，荷载效应按承载能力极限状态下荷载效应的基本组合，但其分项系数均为1.0。其设计值公式：

$$S = S_{Gk} + S_{Q1k} + \psi_{c2}S_{Q2k} + \cdots + \psi_{cn}S_{Qnk} \tag{6-3}$$

3. 在确定基础高度、支挡结构截面，计算基础或支挡结构内力，确定配筋和验算材料强度时，上部结构传来的荷载效应组合和相应的地基反力，应按承载能力极限状态下荷载效应的基本组合，采用相应的分项系数。

由可变荷载效应控制的基本组合设计值 S，应用下式计算：

$$S = \gamma_G S_G + \gamma_{Q1}S_{Q1k} + \gamma_{Q2}S_{Q2k} + \cdots + \gamma_{Qn}S_{Qnk} \tag{6-4}$$

基本组合的荷载分项系数，应按下列规定采用：

1）永久荷载分项系数：

（1）当其效应对结构不利时

——对由可变荷载效应控制的组合，应取1.2；

——对由永久荷载效应控制的组合，应取1.35。

（2）当其效应对结构有利时

——一般情况下取1.0；

——对结构的倾覆，滑移或漂浮验算应取0.9。

2）可变荷载分项系数：

一般情况下应取1.4。

对由永久荷载效应控制的基本组合，也可采用简化规则，荷载效应基本组合的设计值 S 按下式确定：

$$S = 1.35S_k \leqslant R \tag{6-5}$$

式中　R——结构构件抗力的设计值，按有关建筑结构设计规范的规定确定；

S_k——荷载效应的标准组合值。

荷载效应系数是结构或构件中效应（如内力、应力）与产生该效应的荷载成线性关系的比例系数。

对于承载能力极限状态，应按荷载效应的基本组合进行荷载效应组合，并采用下式进行设计

$$\gamma_0 S \leq R \qquad (6-6)$$

式中　γ_0——结构重要性系数；

　　　S——荷载效应组合的设计值；

　　　R——结构抗力的设计值。

（四）各种荷载计算

1. 挡土墙的自重

$$G = \gamma_0 V \qquad (6-7)$$

式中　γ_0——挡土墙材料的重度，其值应根据试验资料确定；缺乏资料时，可参照表2-16；

　　　V——挡土墙计算体积，当采用每延长米墙体计算时，体积的数值上等于挡土墙截面积。

自重 G 作用于挡土墙的重心处。

2. 土压力

前篇已有论述。填土重度应以试验资料确定；如无资料时，可参照表2-11～表2-13中值选用。

3. 静水压力

垂直作用于挡土墙某一点处的静水压力强度

$$p = \gamma_w H_1 \qquad (6-8)$$

式中　γ_w——水的重度，一般应取 9.80kN/m³，但计算时都取 10kN/m³；

　　　H_1——点到水面的垂直距离。

4. 动水压力

当水流流经挡土墙时，由于流向流速的改变，水流将对挡土墙产生动水压力作用，一般可由下式计算：

$$p_d = K\gamma_w \omega \frac{V^2}{g} \frac{(1-\cos\alpha)}{\sin\alpha} \qquad (6-9)$$

当 $\alpha = 90°$ 时

$$p_d = K\gamma_w \omega \cdot \frac{V^2}{g} \qquad (6-9')$$

式中　p_d——作用于挡土墙上的动水压力；

　　　K——水流绕流系数，与挡土墙形状有关，一般可取为1.0；

　　　ω——水流作用于挡土墙的面积；当取1m宽计算时 $\omega = 1 \cdot H$，H 为水深；

　　　α——水流流向与挡土墙面之间的夹角；

　　　V——水流平均流速；

　　　g——重力加速度（$g = 9.81\text{m/s}^2$）。

动水压力分布，可假定为倒三角形，其合力作用点到水面为水深的三分之一。当流速

大于10m/s时，尚应考虑水深的脉动冲击。

5. 波浪压力

滨临湖、海、水库及较大的江河的挡土墙或护岸，波浪的冲击压力及波浪滚退时的动水压力作用，常是挡土墙等构筑物破坏的重要因素。计算波浪压力需确定：计算风速值、有效吹程、波浪要素、水面的风壅高度及根据波浪压力图形确定波浪压力。

1）确定计算风速值

对于挡土墙，在正常蓄水位和设计洪水位时，设计风速可用相应蓄水期和洪水期吹向挡土墙的多年平均最大风速的1.5倍。

2）有效吹程

方向基本不变的风所吹过的连续水面长度为吹程。当从挡土墙到水域对岸距离小于5倍水域宽度，到对岸的距离为有效吹程；如大于5倍水域宽度，则有效吹程为5倍水域宽。滨海区吹程确定可参照交通部《港口工程技术规范》。

3）波浪要素

规则波浪要素（图6-4）

一般情况下

$$2L = (8 \sim 15) \cdot 2h_0 \qquad (6-10)$$

式中　h_0——波浪中心线高出静水位的高度

$$h_0 = \frac{4\pi h^2}{2L}\cosh\frac{\pi H_0}{L} \qquad (6-11)$$

式中　H_0——挡土墙前水深。

当$\frac{H_0}{h} \geqslant 1$为深水波；否则，$\frac{H_0}{h} < 1$为浅水波。

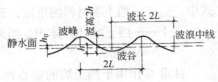

图6-4　波浪要素示意图

2h—波峰至波谷的垂直距离称为波高；
2L—相邻两波之间的水平距离称为波长

影响波浪要素的主要因素有风速、风向、吹程、水深、水域大小、地形变化等，现推荐两种常用的经验公式：

（1）官厅水库公式

适用于山区，峡谷水库库区边缘地势高峻地区，风速4～16m/s，吹程1～13km。该公式为

$$2h = 0.0166 V^{\frac{5}{4}} D^{\frac{1}{3}} \qquad (6-12)$$

$$2L = 10.4(2h)^{0.8} \qquad (6-13)$$

式中　V——计算风速（m/s）；

D——有效吹程（km）。

（2）安德烈杨诺夫公式

$$2h = 0.0208 V^{\frac{5}{4}} D^{\frac{1}{3}} \qquad (6-14)$$

$$2L = 0.304 V D^{\frac{1}{2}} \qquad (6-15)$$

本公式只适用深水波。

4）风壅高度值

当风沿水域吹向挡土墙时，使墙前的水位高出原来水位的垂直距离称为风壅高度。可近似按下式计算：

$$e = K \frac{V^2 D}{2gH_0} \cos\alpha \qquad (6-16)$$

式中　e——风壅高度；

　　　K——综合摩擦系数，其值为（$1.5 \sim 5.0$）$\times 10^{-6}$，一般可取 3.6×10^{-6}；

　　　V——水面以上 10m 高的风速，即计算风速；

　　　D——有效吹程；

　　　H_0——水域的平均水深；

　　　α——风向与挡土墙法线之间的夹角。

5）根据波浪风力图形计算波浪压力

根据我国《混凝土重力坝设计规范》规定，根据挡土墙不同水深，分别确定作用于挡土墙上波浪压力图形及数值。

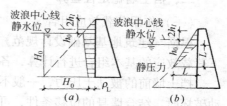

图 6-5　波浪压力图形
（a）$H_{ij} < H_0 < L$ 时波浪压力图形；
（b）$H_0 > L$ 时波浪压力图形

（1）当墙前水深 H_0 满足条件 $H_{ij} < H_0 < L$ 时，波浪压力如图 6-5（a），即假定水域的静水位上、下各近似作直线分布，作用于单位墙长的铅垂墙面的上波浪压力 P_L，可按立波概念，由下式计算：

$$p_L = \gamma_w \frac{(H_0 + 2h + h_0)(H_0 + p_L)}{2} - \frac{\gamma H_0^2}{2} \qquad (6-17)$$

式中　p_L——挡土墙基面的波浪压力剩余强度，其值分布为

$$p_L = 2h \cdot \sinh \frac{\pi H_0}{L} \qquad (6-18)$$

　　　H_{ij}——使波浪破碎的临界深度，其值为

$$H_{ij} = \frac{L}{2\pi} \ln \frac{2L + 4\pi h}{2L - 4\pi h} \approx (3 \sim 5)h \qquad (6-19)$$

（2）当墙前水深 $H_0 > L$ 时，在水域静水位深 h 以下各点的波浪压力可忽略不计，波浪压力计算图形如图 6-5（b）所示。此时作用在单位长墙的垂直墙面的上波浪压力 P'_L 可按下式计算

$$P'_L = \frac{\gamma_w}{2}(2h + h_0)L \qquad (6-20)$$

波浪压力的作用点及对某一高程截面的力矩可根据图 6-5 中图形确定。

波浪压力、冰压力、动冰压力详细计算可参阅文献 [4]。

6）浮托力

作用于挡土墙基础底面的上扬压力，一般由浮托力和渗透压力两部分组成。

浮托力可由下式计算

$$G_1 = \gamma_w V_1 \qquad (6-21)$$

式中　G_1——浮托力；

　　　γ_w——水的重度；

　　　V_1——墙体水下部分的体积。

作用于墙基底的浮托力，按作用在全部底面积上考虑。

7）渗透压力

对于一般挡土墙不设防水帷幕，则渗透压力图形如图6-6所示。

8）公路荷载

各级公路的车辆荷载见第一章。

9）铁路荷载。

铁路荷载见第一章。

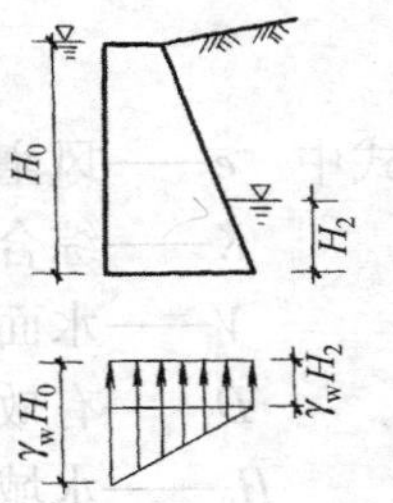

二、挡土墙稳定性验算

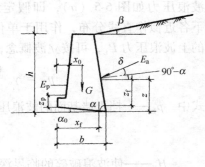

图6-6　浮托力计算

（一）作用荷载效应组合

根据《建筑地基基础设计规范》规定，验算挡土墙的稳定性，应用承载能力极限状态下荷载效应的基本组合进行计算，各分项系数取值为1.0。

挡土墙前的被动土压力，一般不予考虑。当基础较深，地层稳定，不受水流冲刷和扰动破坏时，结合墙身的位移条件，可以考虑适量的被动土压力。

在浸水和地震等特殊情况下，应按偶然组合考虑。

（二）一般地区挡土墙稳定验算

挡土墙的整体稳定验算在第一章中按国家《建筑地基基础设计规范》GB 50007—2011 和《公路挡土墙设计与施工技术细则》（简称细则）给出相应的计算公式。现结合各种具体情况，给出各种情况下的具体计算公式。一般地区挡土墙上作用力系见图6-7。

图6-7　一般地区挡土墙受力图

稳定验算公式：

1. 抗滑稳定安全系数

$$K_c = \frac{(G_n + E_{an})\,\mu}{E_{at} - G_t} \geqslant 1.3 \tag{6-22}$$

$$G_n = G \cdot \cos\alpha_0 \qquad\qquad G_t = G \cdot \sin\alpha_0$$

$$E_{an} = E_a\cos\,(\alpha - \alpha_0 - \delta) \qquad E_{at} = E_a \cdot \sin\,(\alpha - \alpha_0 - \delta)$$

式中　G——挡土墙每延米自重；

　　　α_0——挡土墙基底的倾角；

　　　α——挡土墙墙背的倾角；

　　　δ——土对挡土墙墙背的摩擦角；

　　　μ——土对挡土墙基底的摩擦系数。

2. 抗倾覆稳定性验算

$$K_0 = \frac{Gx_0 + E_{az}x_f}{E_{ax}z_f} \geqslant 1.6 \tag{6-23}$$

$$E_{ax} = E_a\sin\,(\alpha - \delta) \qquad\qquad E_{az} = E_a\cos\,(\alpha - \delta)$$

$$x_f = b - z\cos\alpha \qquad\qquad z_f = z - b\tan\alpha_0$$

式中　z——土压力作用点离墙踵的高度；

　　　x_0——挡土墙重心离墙趾的水平距离；

b——基底的水平投影宽度。

3. 整体滑动稳定性验算

可采用圆弧滑动面法。

《公路挡土墙设计与施工技术细则》给出如下稳定方程：

1）滑动稳定方程

$$[1.1G+\gamma_{Q1}(E_y+E_x\tan\alpha_0)-\gamma_{Q2}E_p\cdot\tan\alpha_0]\mu+(1.1G+\gamma_{Q1}E_y)\tan\alpha_0-\gamma_{Q1}E_x+\gamma_{Q2}E_p>0$$

$$(6-24)$$

式中　G——墙身重力、基础重力、基础上填土的重力及作用于墙顶的其他竖向荷载的标准值，浸水挡土墙的浸水部分应计入浮力；

　　　E_y——墙后主动土压力标准值的竖向分量；

　　　E_x——墙后主动土压力标准值的水平分量；

　　　E_p——墙前被动土压力标准值的水平分量，当为浸水挡土墙时，$E_p=0$；

　　　α_0——基底倾斜角，基底水平 $\alpha_0=0$；

　　　μ——基底与地基间的摩擦系数；

γ_{Q1}、γ_{Q2}——主动土压力分项系数、墙前被动土压力分项系数，可见第一章表1-4。

2）倾覆稳定方程

$$0.8GZ_G+\gamma_{Q1}(E_yZ_x-E_xZ_y)+\gamma_{Q2}E_pZ_p>0 \qquad (6-25)$$

式中　Z_G——墙身重力、基础重力、基础上填土的重力及作用于墙顶的其他竖向荷载的合力重心到墙趾的距离；

　　　Z_x——墙后主动土压力的竖向分量到墙趾的距离；

　　　Z_y——墙后主动土压力的水平分量到墙趾的距离；

　　　Z_p——墙前被动土压力的水平分量到墙趾的距离。

4. 地基承载力验算

基础底面的压力，应符合下式要求：

当轴心荷载作用时

$$p_k\leqslant f_a \qquad (6-26)$$

式中　p_k——相应于荷载效应标准组合时，基础底面处的平均压力值；

　　　f_a——修正后的地基承载力特征值。

当偏心荷载作用时，除符合式（6-26）要求，尚应符合下式要求（图6-8）：

$$p_{kmax}\leqslant 1.2f_a \qquad (6-27)$$

式中　p_{kmax}——相应于荷载效应标准组合时，基础底面边缘的最大压力值。

基础底面的压力，按下列公式确定：

1）当轴心荷载作用时

$$p_k=\frac{F_k+G_k}{A} \qquad (6-28)$$

式中　F_k——相应于荷载效应标准组合时，上部结构传至基础顶面的竖向力值；

　　　G_k——基础自重和基础上的土重；

　　　A——基础底面积。

2) 当偏心荷载作用时

$$p_{kmax} = \frac{F_k + G_k}{A} + \frac{M_k}{W} \qquad (6\text{-}29)$$

$$p_{kmin} = \frac{F_k + G_k}{A} - \frac{M_k}{W} \qquad (6\text{-}30)$$

式中 M_k——相应于荷载效应标准组合时，作用于基础底面的力矩值；

W——基础底面的抵抗矩；

p_{kmin}——相应于荷载效应标准组合时，基础底面边缘的最小压力值。

当偏心距 $e > \dfrac{b}{6}$ 时，p_{kmax} 应按下式计算（图6-9）

$$p_{kmax} = \frac{2(F_k + G_k)}{3La} \qquad (6\text{-}31)$$

式中 L——垂直于力矩作用方向的基础底面边长；

a——合力作用点至基础底面最大压力边缘的距离。

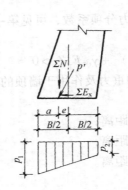

图6-8 基底偏心距
与基底应力分布

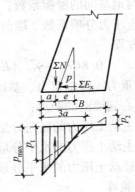

图6-9 基底应力重分布

地基承载力特征值可由载荷试验或其他原位测试、公式计算，并结合工程实践经验等方法综合确定。

5. 基底合力的偏心距

$$e = \frac{b}{2} - c = \frac{b}{2} - \frac{\sum M_y - \sum M_0}{\sum N} \leqslant \frac{b}{4} \qquad (6\text{-}32)$$

式中 $\sum M_y$——稳定力系对墙趾的总力矩；

$\sum M_0$——倾覆力系对墙趾的总力矩；

$\sum N$——作用在基础底面上总垂直力。

6. 当基底下受力层范围内有软弱下卧层时，按下列公式验算其强度：

$$p_z + p_{cz} \leqslant f_z \qquad (6\text{-}33)$$

式中 p_z——软弱下卧层顶面处附加压力设计值；

p_{cz}——软弱下卧层顶面处土的自重压力；

f_z——软弱下卧层顶面处经深度修正后的地基承载力设计值。

如上层土和下层软弱土层的压缩模量比值大于等于 3 时，对于条形挡土墙基础，式

(6-33)中，p_z 可按下式计算

$$p_z = \frac{b(p - p_c)}{(b + 2z\tan\theta)} \tag{6-34}$$

式中　b——挡土墙条形基础底宽度；

　　　p_c——基底处土的自重压力标准值；

　　　z——基底至软弱下卧层顶面的距离；

　　　θ——地基压力扩散线与竖直线之间的夹角，可按表6-2采用。

θ 角 值　　　　　　　　　　　　　　　　　　表 6-2

E_{s1}/E_{s2}	z/b	
	0.25	0.50
3	6°	23°
5	10°	25°
10	20°	30°

注：1. E_{s1}、E_{s2}分别为上、下层土压缩模量；

　　2. $z < 0.25b$ 时，一般取 $\theta = 0°$，必要时由试验确定，$z > 0.5b$ 时 θ 值不变。

7. 当基底下受力层范围内有软弱土层时，应按圆弧滑动面法进行验算：

$$K_s = \frac{M_R}{M_S} \geqslant 1.2 \tag{6-35}$$

式中　M_R——作用于滑动体上各力对滑动中心的抗滑力矩；

　　　M_S——作用于滑动体上各力对滑动中心的滑动力矩。

8. 位于稳定土坡上的挡墙，当垂直于坡顶边缘线的基础底面边长小于或等于 3m 时，其基础底面外边缘至坡顶面的水平距离（图6-10）应符合下式，但不得小于2.5m。

$$a \geqslant 3.5b - \frac{d}{\tan\beta} \tag{6-36}$$

式中　a——基础底面外边缘至坡顶的水平距离；

　　　b——垂直于坡顶边缘线的基础底面边长；

　　　d——基础埋置深度；

　　　β——边坡的坡角。

（三）浸水地区挡土墙稳定计算

浸水地区挡土墙后的填料采用岩块及渗水土时，不考虑墙前、后的静水压力及墙后动水压力。作用在挡土墙上的力系，除一般地区挡土墙所受到力系外，

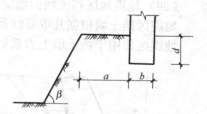

图 6-10　基础底面外边缘至坡顶的水平距离示意

还应计算水位以下挡土墙及填料的水浮力（图6-11）。挡土墙的计算水位应采用最不利水位。最不利水位的确定，需要对不同的水位验算而求得。无经验设计者可在 (0.7~0.9) H 之间选定。确定的最不利水位高于设计水位，还是应按设计水位计算。

浸水地区稳定验算公式：

抗滑稳定

$$K_c = \frac{\sum N \cdot \mu}{E'_x} = \frac{(G' + E'_{az})\mu}{E'_{ax}} \geqslant 1.3 \tag{6-37}$$

抗倾覆稳定

$$K_0 = \frac{\sum M'_y}{\sum M'_0} = \frac{G'x_0 + E'_{az}x_f}{E'_{ax}z_f} \geqslant 1.6 \qquad (6-38)$$

基底合力的偏心距

$$\rho = \frac{b}{2} - c = \frac{b}{2} - \frac{\sum M'_y - \sum M'_0}{\sum N'} \leqslant \frac{b}{4} \qquad (6-39)$$

基底压应力　　　　　　　轴心荷载　　$p_k \leqslant f_a$

$$e \leqslant \frac{b}{6} \text{时} \quad p_{kmax} = \frac{F_k + G'}{A} + \frac{M'_0}{W} \leqslant 1.2 f_a \qquad (6-40)$$

$$e > \frac{b}{6} \text{时} \quad p_{kmax} = \frac{2\sum N'}{3La} \leqslant 1.2 f_a \qquad (6-41)$$

式中　G'——考虑了浮力的墙身自重；

E'_{ax}、E'_{az}——考虑了填料部分浸水的主动土压力分力；

$\sum N'$——考虑了浸水后垂直力总和；

$\sum M'_y$——考虑了浸水后的稳定力矩；

$\sum M'_0$——考虑了浸水后的倾覆力矩。

　　浸水地区一般不应考虑墙前被动土压力作用。墙身所受到的浮力，应根据基底地层的渗水情况确定：当地基为砂类土、碎石土和节理发育的岩石地基，按计算水位的100%计算；当地基为节理不发育的岩石地基时，按计算水位的50%计算。

　　通常应按浸水与非浸水两种情况验算，都应满足稳定要求。

　　如为滨海、湖、水库及大的江河的挡土墙及护岸墙，应当考虑波浪压力、冰压力，按相应规范要求设计。

　　（四）地震地区挡土墙的稳定计算

　　地震区挡土墙根据其重要性及地基土的性质，应验算其抗震强度和稳定性。

　　地震区作用于挡土墙上力系如图6-12所示。

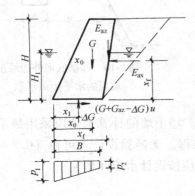

图6-11　浸水地区挡土墙作用力系

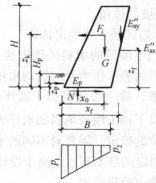

图6-12　地震区挡土墙作用力系

图中：E''_{ax}、E''_{ay}为作用于挡土墙上考虑了地震作用的主动土压力水平分力、竖向分力；F_i为墙体的水平地震力，z_k为水平地震力F_i到墙趾的力臂，其他符号同前。

挡土墙抗震稳定性验算：

抗滑稳定

$$K_c = \frac{\sum N \cdot \mu + E_p}{E''_{ax} + F_i} = \frac{(G + E''_{az}) \cdot \mu + E_p}{E''_{ax} + F_i} \geqslant 1.1 \tag{6-42}$$

抗倾覆稳定

$$K_0 = \frac{\sum M''_y}{\sum M''_0} = \frac{Gx_0 + E''_{az}x_f + E_p z_p}{E''_{ax}z_f + F_i z_k} \geqslant 1.2 \tag{6-43}$$

基底合力的偏心距

$$e = \frac{b}{2} - c = \frac{b}{2} - \frac{\sum M''_y - \sum M''_0}{\sum N''} \leqslant \frac{b}{4} \tag{6-44}$$

抗震时，对于岩石地基：

当为硬质岩石　$e \leqslant \dfrac{b}{3}$

当为其他岩石　$e \leqslant \dfrac{b}{4}$

对于土质地基：

$$e \leqslant \frac{b}{4}$$

基底应力

$$e \leqslant \frac{b}{6}时, \quad p_{kmax} = \frac{F_k + G + E''_{az}}{A} + \frac{M_k}{W} \leqslant 1.2f_{sE} \tag{6-45}$$

$$e > \frac{b}{6}时, \quad p_{kmax} = \frac{2\sum N''}{3La} \leqslant 1.2f_{sE} \tag{6-46}$$

地基承载力给予提高，按《建筑抗震设计规范》GB 50011—2010 规定：地基土抗震承载力应按下式计算：

$$f_{aE} = \zeta_a \cdot f_a \tag{6-47}$$

式中　f_{aE}——调整后的地基抗震承载力；

ζ_a——地基抗震承载力调整系数，应按表6-3采用；

f_a——深宽修正后的地基承载力特征值，应按现行国家标准《建筑地基基础设计规范》GB 50007 采用。

表 6-3

岩 土 名 称 和 性 状	ζ_a
岩石、密实的碎石土，密实的砾、粗、中砂，$f_{ak} \geqslant 300$ 的黏性土粉土	1.5
中密、稍密的碎石土，中密和稍密的砾、粗、中砂，密实和中密的细、粉砂，$150 \leqslant f_{ak} < 300$ 黏性土和粉土，坚硬黄土	1.3
稍密的细、粉砂，$100 \leqslant f_{ak} < 150$ 黏性土和粉土，可塑黄土	1.1
淤泥、淤泥质土、松散的砂、杂填土，新近堆积黄土及流塑黄土	1.0

在验算天然地基地震作用下的竖向承载力时，基础底面平均压力和边缘最大压力应符合式（6-45）、式（6-46）的要求，同时，基础底面与地基土之间零应力区面积不应超过基础底面积的25%。

地震区浸水挡土墙，验算时应当考虑常水位的水压力和浮力。

三、挡土墙截面强度计算

（一）极限状态法

为保证墙身的安全可靠，应保证墙身的强度足够，验算截面承载力，其中包括：偏心压缩承载力验算、弯曲承载力验算。

对于一般地区挡土墙，应选取一两个控制截面进行强度计算（图6-13）。

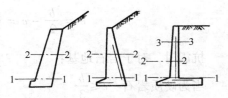

图6-13　计算截面位置图

1. 偏心压缩的承载力计算

石砌或混凝土砌块砌筑的挡土墙截面，在自重及水平向土压力作用下，使截面承受偏心压缩的作用。

砌体偏心受压构件，随偏心距 e 的增加，其强度将逐渐降低。这主要是偏心受压构件截面上应力分布不均匀所致。砌体偏心受压构件承载力计算公式

$$N \leqslant \varphi f A \tag{6-48}$$

式中　N——轴向力设计值；

　　　f——砌体抗压强度设计值；

　　　A——截面面积；

　　　φ——承载力影响系数。

无筋砌体矩形截面单向偏心受压构件承载力影响系数 φ 按下列公式计算，也可查《砌体结构设计规范》表 D.0.1-1～表 D.0.1-3（即附表5-1～附表5-3）

当 $\beta \leqslant 3$

$$\varphi = \frac{1}{1 + 12\left(\dfrac{e}{h}\right)^2} \tag{6-49}$$

当 $\beta > 3$

$$\varphi = \frac{1}{1 + 12\left[\dfrac{e}{h} + \sqrt{\dfrac{1}{12}\left(\dfrac{1}{\varphi_0} - 1\right)}\right]^2} \tag{6-50}$$

$$\varphi_0 = \frac{1}{1 + \alpha \beta^2} \tag{6-51}$$

式中　e——轴向力的偏心距；

　　　h——矩形截面的轴向力偏心方向的边长；

　　　φ_0——轴心受压构件的稳定系数；

　　　α——与砂浆强度等级有关的系数，当砂浆强度等级大于或等于 M5 时，α 等于 0.0015；当砂浆强度等级等于 M2.5 时，α 等于 0.002；当砂浆强度等级等于零时，α 等于 0.009；

　　　β——构件的高厚比。

对于矩形截面高厚比为

$$\beta = \gamma_\beta \frac{H_0}{h} \qquad (6\text{-}52)$$

式中 γ_β——不同砌体材料构件的高厚比修正系数，按表6-4选用；

H_0——受压构件的计算高度，对于上端自由的挡土墙 $H_0 = 2H$（H 为墙高）；

h——矩形截面轴向力偏心方向的边长，当轴心受压时为截面较小边长。

高厚比修正系数 γ_β 表 6-4

砌 体 材 料 类 别	γ_β
烧结普通砖，烧结多孔砖	1.0
混凝土普通砖、混凝土多孔砖、混凝土及轻集料混凝土砌块	1.1
蒸压灰砂砖普通砖、蒸压粉煤灰普通砖，细料石	1.2
粗料石，毛石	1.5

注：对灌孔混凝土砌块砌体，γ_β 取 1.0。

当为石砌体时，新规范要求偏心距 e 不宜超过 $0.6y$，y 为截面重心到轴向力所在偏心方向截面边缘的距离。

对于混凝土灌注的挡土墙，则应按素混凝土偏心受压计算，除应计算弯矩作用平面的受压承载力，还应按轴心受压构件验算其受压承载力，此时，不考虑弯矩，但应考虑稳定系数 φ 的影响。

受压承载力应按下列公式计算

$$N \leqslant \varphi f_{cc} b (h - 2e_0) \qquad (6\text{-}53)$$

式中 N——轴向力设计值；

φ——素混凝土构件的稳定系数，对于重力式挡土墙可取 1.0；

f_{cc}——素混凝土的轴心抗压强度设计值，其值由表 2-47 查得 f_c 值再乘以系数 0.85；

A'_c——混凝土受压区的截面面积；

e_0——受压区混凝土的合力点至截面重心的距离；

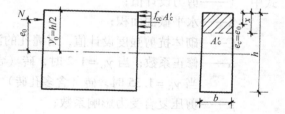

图 6-14 矩形截面的素混凝土受压构件
受压承载力计算

b——截面宽度，挡土墙计算中多取 1.0m；

h——截面高度，即为挡土墙厚度。

当 $e_0 \geqslant 0.45y'_0$ 的受压构件，应在混凝土受拉区配置构造钢筋，否则必须满足下式方可不配构造筋

$$N \leqslant \varphi \frac{\gamma_m f_{ct} b h}{\dfrac{6e_0}{h} - 1} \qquad (6\text{-}54)$$

式中 f_{ct}——素混凝土抗拉强度设计值，由表 2-48 中查出 f_t 值乘以系数 0.55 确定；

γ_m——截面抵抗矩塑性影响系数，对于挡土墙计算截面为矩形时 $\gamma_m = 1.55$；

b、h——分别为单位长和挡土墙的厚度。

2. 受剪承载力计算

对于石砌或砌块砌筑的挡土墙尚应验算其抗剪承载力。按受弯构件受剪承载力计算：

$$V \leqslant f_v bz \tag{6-55}$$

式中　V——剪力设计值；

f_v——砌体的抗剪强度设计值，按表 2-41 采用；

b——截面宽度，挡土墙为单位延长米；

z——内力臂，$z = \dfrac{I}{S}$，在挡土墙计算时，截面为矩形，$z = \dfrac{2h}{3}$；

I——截面惯性矩；

S——截面面积矩；

h——截面高度，挡土墙的厚度。

对于挡土墙，特别是重力式挡土墙截面大，剪应力很小，通常可不作剪力承载力验算。如计算时可用

$$V \leqslant \frac{2}{3} h f_v \tag{6-56}$$

沿通缝或沿阶梯形截面破坏时受剪构件的承载力，按下式计算

$$V \leqslant (f_v + \alpha \mu \sigma_0) A \tag{6-57}$$

当 $\gamma_G = 1.2$ 时，$\qquad\qquad \mu = 0.26 - 0.082 \dfrac{\sigma_0}{f}$　　　　　　　　　　　(6-58)

当 $\gamma_G = 1.35$ 时，$\qquad\qquad \mu = 0.23 - 0.065 \dfrac{\sigma_0}{f}$　　　　　　　　　　　(6-59)

式中　V——剪力设计值；

A——水平截面面积；

f_v——砌体抗剪强度设计值，对灌孔的混凝土砌块砌体取 f_{vg}；

α——修正系数；当 $\gamma_G = 1.2$ 时，砖（含多孔砖）砌体取 0.60，混凝土砌块取 0.64；

当 $\gamma_G = 1.35$ 时，砖（含多孔砖）砌体取 0.64，混凝土砌块砌体取 0.66；

μ——剪压复合受力影响系数；

f——砌体的抗压强度设计值；

σ_0——永久荷载设计值产生的水平截面平均压应力，其值不应大于 0.8f。

（二）容许应力法

《铁路路基支挡结构设计规范》规定重力式挡土墙可按容许应力法计算。并作了如下规定：

1. 设计荷载

1）作用在挡土墙上的力应按表 6-5 所列荷载进行组合。

表 6-5

挡土墙荷载

荷载分类	荷载名称
主　力	墙背岩土主动土压力
	墙身重力及位于挡土墙顶面上的恒载
	轨道及列车荷载产生的土压力、离心力、摇摆力
	基底的法向反力及摩擦力
	常水位时静水压力和浮力

续表

荷载分类	荷载名称
附加力	设计水位的静水压力和浮力 水位退落时的动水压力 波浪压力 冻胀力和冰压力
特殊力	地震力 施工及临时荷载 其他特殊力

注：1. 常水位系指每年大部分时间保持的水位；
　　2. 冻胀力和冰压力不与波浪压力同时计算；
　　3. 洪水和地震不同时考虑。

2）浸水挡土墙应从设计水位及以下选择最不利水位作为计算水位。

3）浸水挡土墙墙背填料为渗水土时，可不计墙身两侧静水压力和墙背动水压力。

4）墙身所受浮力，应根据地基地层的浸水情况按下列原则确定：

（1）碎石类土、砂类土（细砂、粉砂除外）和节理很发育的岩石地基，按计算水位的100%计算；

（2）节理不发育的岩石地基按计算水位的50%计算。

5）当主力与附加力、特殊力组合时，应将材料的容许应力（纯剪应力除外）乘以不同的提高系数。当主力与附加力组合时乘以1.30，当主力与特殊力组合时乘以1.40；当主力与地震力组合时，应符合现行《铁路工程抗震设计规范》GB 50111的规定。

当主力与附加力组合时，地基容许承载力可乘以1.20。当挡土墙按有荷载、无荷载计算，其基底合力躯偏心距为负值时，墙踵基底压应力可超过地基容许承载力，一般地区最大不得超过30%，浸水地区不得超过50%，但平均压应力不得超过地基容许承载力。当主力加地震力时，应符合现行《铁路工程抗震设计规范》GB 50111的规定。

6）单线铁路挡土墙应按有列车荷载与无列车荷载进行检算；双线铁路及站场内的挡土墙，除按有列车荷载进行检算外，尚应按邻近挡土墙的一线、二线有列车荷载与无列车荷载等组合进行检算。

7）作用在墙背上的主动土压力，可按库仑理论计算。

8）墙背俯斜度较大、土体中出现第二破裂面时，应按第二破裂面法计算土压力。

9）墙背为折线形时，可简化为两直线段计算土压力，其下墙段的土压力可用力多边形法计算。

10）挡土墙前的被动土压力可不计算。当基础埋置较深且地层稳定、不受水流冲刷和扰动破坏时，根据墙身的位移条件，可采用1/3被动土压力值。

2. 填料物理力学指标

墙背填料的物理力学指标应根据试验资料确定。有经验时，也可按表6-6采用。路堑挡土墙墙背地层的物理力学指标，可根据边坡设计的数据综合确定。

填料的物理力学指标 表 6-6

填料种类		综合内摩擦角 φ_0	内摩擦角 φ	重度（kN/m³）
细粒土 （有机土除外）	墙高 $H \leqslant 6m$	35°	—	18、19
	6m ＜墙高 $H \leqslant 12m$	30° ~35°		
砂类土		—	35°	19、20
碎石类、砾石类土		—	40°	20、21
不易风化的块石类土		—	45°	21、22

注：1. 计算水位以下的填料重度采用浮重度；

  2. 填料的重度可根据填料性质和压实等情况作适当修正；

  3. 全风化岩石、特殊土的 φ、c 值宜根据试验资料确定。

土与墙背间的摩擦角应根据墙背的粗糙程度、土质和排水条件确定。有经验时，也可按表 6-7 所列数值采用。

土与墙背间的摩擦角 δ 表 6-7

墙背 墙身材料	巨粒土及粗粒土	细粒土（有机土除外）
混凝土或片石混凝土	$\varphi/2$	$\varphi_0/2$
第二破裂面或假想墙背土体	φ	φ_0

注：1. φ 为土的内摩擦角，φ_0 为土的综合内摩擦角；

  2. 当按表计算的 $\delta ＞ 30°$ 时，采用 $\delta = 30°$。

3. 挡土墙稳定性验算

1）挡土墙沿基底的抗滑动稳定系数 K_c 应分别按下列公式计算：

非浸水

$$K_c = \frac{\left[\sum N + \left(\sum E_x - E'_x \right) \cdot \tan\alpha_0 \right] \cdot f + E'_x}{\sum E_x - \sum N \cdot \tan\alpha_0} \qquad (6-60)$$

浸水

$$K_c = \frac{\left(\sum N - \sum N_w + \sum E_x \cdot \tan\alpha_0 \right) \cdot f}{\sum E_x - \left(\sum N - \sum N_w \right) \cdot \tan\alpha_0} \qquad (6-61)$$

式中 $\sum N$——作用于基底上的总垂直力；

   $\sum E_x$——墙后主动土压力的总水平分力；

   E'_x——墙前土压力的水平分力；

   $\sum N_w$——墙身的总浮力；

   α_0——基底倾斜角；

   f——基底与地层间的摩擦系数。

当为倾斜基底时，应检算沿地基水平方向的滑动稳定性。基底下有软弱土层时，应检算该土层的滑动稳定性。

基底与地层间的摩擦系数，宜根据试验资料确定。在有经验时，也可采用表 6-8 所列值。

基底与地基间的摩擦系数 f　表 6-8

地基类别	f
硬塑黏土	0.25 ~ 0.30
粉质黏土、粉土、半干硬的黏土	0.30 ~ 0.40
砂类土	0.30 ~ 0.40
碎石类土	0.40 ~ 0.50
软质岩	0.40 ~ 0.60
硬质岩	0.60 ~ 0.70

2）挡土墙抗倾覆稳定系数 K_0 应按下式计算：

$$K_0 = \frac{\sum M_y}{\sum M_0} \qquad (6-62)$$

式中　$\sum M_y$——稳定力系对墙趾的总力矩（kN·m）；

　　　$\sum M_0$——倾覆力系对墙趾的总力矩（kN·m）。

挡土墙抗滑动稳定系数 K_c 不应小于 1.3，抗倾覆稳定系数 K_0 不应小于 1.6。

计入附加力时，K_c 不应小于 1.2，K_0 不应小于 1.4。架桥机等运架设备临时荷载作用下，K_c 不应小于 1.05，K_0 不应小于 1.1。

4. 地基强度验算

1）挡土墙基底合力的偏心距应按下式计算：

$$e = \frac{B}{2} - c = \frac{B}{2} - \frac{\sum M_y - \sum M_0}{\sum N} \qquad (6-63)$$

式中　e——基底合力的偏心距（m）：当为倾斜基底时，为倾斜基底合力的偏心距；土质地基不应大于 $B/6$，岩石地基不应大于 $B/4$；

　　　B——基底宽度（m），倾斜基底为其斜宽；

　　　c——作用于基底上的垂直分力对墙趾的力臂；

　　$\sum N$——作用于基底上的总垂直力。

当为倾斜基底时，作用于其上的总垂直力为

$$\sum N' = \sum N \cdot \cos\alpha_0 + \sum E_x \cdot \sin\alpha_0$$

2）基底压应力 σ 应按下列公式计算：

当 $|e| \leqslant \dfrac{B}{6}$ 时，$\sigma_{1,2} = \dfrac{\sum N}{B}\left(1 \pm \dfrac{6e}{B}\right)$　(6-64)

当 $e > \dfrac{B}{6}$ 时，$\sigma_1 = \dfrac{2\sum N}{3c}$，$\sigma_2 = 0$　(6-65)

当 $e < -\dfrac{B}{6}$ 时，$\sigma_1 = 0$，$\sigma_2 = \dfrac{2\sum N}{3(B-c)}$　(6-66)

式中　σ_1——挡土墙趾部的压应力；

　　　σ_2——挡土墙踵部的压应力。

基底平均压应力不应大于基底的容许承载力 $[\sigma]$。

5. 墙身截面强度检算

墙身截面强度检算应符合下列要求：

1）检算截面的合力偏心距 e'：

当按主力计算时　　$|e| \leqslant 0.3B'$

当按主力加附加力计算时　　$|e| \leqslant 0.35B'$

式中　B'——墙身截面宽度。

2）检算截面的法向压应力，不应大于所用材料的容许压应力。当计算的最小应力为负值时，应小于所用材料的容许抗弯曲拉应力，并应检算不计材料承受拉力时受压区应力重新分布的最大压应力，其值不得大于容许压应力。

3）必要时墙身截面应作剪应力检算。

重力式挡土墙墙身材料应采用混凝土或片石混凝土，其强度等级及适用范围应按表6-9采用。

重力式挡土墙材料强度等级与适用范围　　　　表6-9

材料种类	重度（kN/m³）	混凝土强度等级	适 用 范 围
混凝土或片石混凝土	23	C15	$t \geqslant -15℃$地区
		C20	浸水及$t < -15°$地区

注：表中 t 系最冷月平均气温。

重力式挡土墙可按容许应力法计算。混凝土、片石混凝土的容许应力值应按表6-10采用。

混凝土、片石混凝土的容许应力（MPa）值　　　　表6-10

应力种类	符号	混 凝 土 强 度 等 级			
		C30	C25	C20	C15
中心受压	$[\sigma_c]$	8.0	6.8	5.4	4.0
弯曲受压及偏心受压	$[\sigma_b]$	10.0	8.5	6.8	5.0
弯曲拉应力	$[\sigma_{b1}]$	0.55	0.50	0.43	0.35
纯剪应力	$[\tau_c]$	1.10	1.00	0.85	0.70
局部承压应力	$[\sigma_{c1}]$	$8.0 \times \sqrt{\dfrac{A}{A_c}}$	$6.8 \times \sqrt{\dfrac{A}{A_c}}$	$5.4 \times \sqrt{\dfrac{A}{A_c}}$	$4.0 \times \sqrt{\dfrac{A}{A_c}}$

注：1. 片石混凝土的容许压应力同混凝土，片石掺用量不大于总体积的20%；

2. A 为计算底面积，A_c 为局部承压面积。

四、基础设计

挡土墙的破坏，很多是由于地基不良，或者是基础设计和地基处理不当而引起的。设计时应充分掌握基底的地质条件（包括勘探调查、试验有关资料），再确定基础的类型和埋置深度。

挡土墙一般采用明挖基础。当地基为松软土层时，可采用换填或桩基础。水下挖基有困难时，可采用桩基础和沉井基础。

（一）基础埋置深度要求

在第一章第四节中作出一些说明，为满足设计需要，本节再详细论述并给出某些计算方法：

1. 在冻结深度以下 0.25m（不冻胀土除外），同时不少于 1m 埋深。若允许有冻土层参见第一章第四节。

2. 受水流冲刷时，在冲刷线以下不小于 1m。挡土墙基底的冲刷深度，除按不同河段位置的设计水位和相应的流速，计算产生的一般冲刷和局部冲刷外，尚应对河床、地层及冲刷的资料，进行综合分析，比较计算与实测资料，最后确定冲刷深度。

1）一般冲刷

由于挡土墙侵占了河床，压缩了水流断面，引起流速增大，水流挟砂能力增强，因而能发生对河床或挡土墙地基的冲刷。

对于平原河流和山区的稳定河段，一般冲刷深度 h_{pm} 可用下式计算：

$$h_{pm} = (\lambda - 1) H_0 \tag{6-67}$$

式中　λ——冲刷系数，一般应由水文资料提供，如无水文资料，也可按下式计算

$$\lambda = \frac{W_x}{W_G} \tag{6-68}$$

其中　W_x——挡土墙处需要不产生冲刷的河床过水断面积，可用流量和允许不冲刷流速（参见附录）来计算；

W_G——挡土墙处因压缩河床而仅能提供的过水断面面积；

H_0——冲刷前墙前水深。

2）局部冲刷

由于挡土墙阻挡了水流，引起水流结构的变化，在挡土墙的迎水面形成向下流束，强烈地淘刷河床，在局部范围内将使挡土墙基础前地基形成较深的冲刷坑。

局部冲刷作用的大小，与挡土墙地段的流速及地质因素（即与基础前缘地层颗粒直径"d"的大小及紧密程度）有关。也与挡土墙阻挡水流的程度有关，亦即是水流方向与挡土墙轴线的交角"α"有关，交角愈大，冲刷愈深。

由于形成局部冲刷水流结构性质的改变非常复杂。目前多采用雅罗斯拉夫采夫公式计算：

对于非黏性土河床

$$h_{pi} = 23 \frac{\tan\frac{\alpha}{2}}{\sqrt{1+m^2}} \cdot \frac{v^2}{g} - 30d \tag{6-69}$$

对于黏性土河床

$$h_{pi} = 23 \frac{\tan\frac{\alpha}{2}}{\sqrt{1+m^2}} \cdot \frac{v^2}{g} - 6\frac{v_b^2}{g} \tag{6-70}$$

式中　h_{pi}——挡土墙前局部冲刷深度；

v——行进水流的平均流速；

g——重力加速度；

v_b——河床上的允许不冲刷流速，参阅附录2；

m——挡土墙墙面的坡度；

d——冲刷过程中，裸露出来的河床表层土颗粒筛分达 15% 以上重量的粗颗粒

直径；

α——水流方向与挡土墙迎水面切线的交角。在变迁河段上，当在洪水位时，水流方向可能改变，α 角大为减小。设计时，应分析中水位时水流方向，因为 α 角可能很大，局部冲刷较深。

3）冲刷深度的选用

（1）当挡土墙较多地压缩河道的水流断面，但水流不冲击挡土墙时，只考虑一般冲刷。

（2）当挡土墙没有压缩或很少压缩河道的水流断面，但水流流向冲击挡土墙，应考虑局部冲刷。

（3）当挡土墙较多地压缩了河道水流断面，且水流流向又冲击挡土墙，则应同时考虑局部冲刷和一般冲刷。此时，基础埋深应大于 $h_{pm} + h_{pi}$，并加 1.0m 的安全深度值。

3. 墙基在斜坡地面，其墙趾嵌入地层最小尺寸应符合表 1-5 的有关规定数值。

（二）扩大基础设计

当挡土墙受倾覆稳定，基底应力和偏心距因素控制时，可采用扩大基础，亦即加设墙趾台阶的方法来解决。

墙趾台阶的宽度，应根据倾覆稳定，基底应力和偏心距等条件，由试算决定。具体要求应符合前节构造要求。

1. 混凝土和浆砌片石墙趾台阶见图 6-3。

2. 钢筋混凝土底板

当基底应力与地基承载力设计值相差较大时，需要加宽的 Δb 较大，为避免 h_1 过高，造成材料浪费，或者无法满足地基承载力的要求。可采用图 6-15 所示的钢筋混凝土底板。钢筋混凝土底板，除了满足抗弯要求以外，其高度尚应满足剪应力和主拉应力的要求。

墙趾的钢筋混凝土板，其内力计算图式如图 6-16。各截面的剪力、弯矩可按下列公式计算：

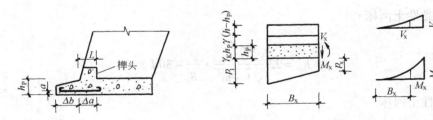

图 6-15　钢筋混凝土底板图　　　　图 6-16　墙趾钢筋混凝土板计算图式

$$V_x = B_x \left[p_1 - \gamma_c h_p - \gamma \left(h - h_p \right) - \left(p_1 - p_2 \right) B_x / 2B \right] \tag{6-71}$$

$$M_x = B_x^2 \{ 3x \left[p_1 - \gamma_c h_p - \gamma \left(h - h_p \right) \right] - \left(p_1 - p_2 \right) B_x / B \} / b \tag{6-72}$$

式中　V_x——每延长米墙趾板上距墙趾为 B_x 截面的剪力；

M_x——每延长米墙趾板上距墙趾为 B_x 截面的弯矩；

B_x——计算截面到墙趾的距离；

h_p——钢筋混凝土板趾板厚度；

h——墙趾埋置深度；

p_1、p_2——分别为墙趾、墙踵处基底应力；

　　γ_c——钢筋混凝土的重度；

　　γ——土的重度；

　　B——底板全宽。

　　为保证钢筋混凝土墙趾板的安全，根据各种承载力设计的要求进行验算和设计：

（1）正截面剪切承载力

　　墙趾板根部受到剪力作用，此时应满足剪切承载力的要求（不考虑钢筋的抗剪作用）：

$$V \geqslant f_v bz$$

此式同式（6-55），具体计算可参考式（6-55）。

（2）斜截面承载力

　　由于钢筋混凝土墙趾板 h_p 一般小于 0.4m，由斜截面承载力知

$$V \leqslant 0.7 b h_0 f_t \tag{6-73}$$

式中　V——构件斜截面上最大剪力设计值；

　　　f_t——混凝土轴心抗拉强度设计值。

（3）单筋受弯构件承载力

　　一般墙趾钢筋混凝土板，只在受拉侧配置钢筋。可由下列公式计算：

$$\alpha_s = \frac{M}{f_{cm} b h_0^2} \tag{6-74}$$

式中　α_s——计算系数，是反映截面抵抗矩的系数；

　　　M——正截面受弯承载力设计值；

　　　f_{cm}——混凝土弯曲抗压强度设计值，$f_{cm} = \alpha_1 f_c$，α_1 为等效矩形应力图形系数，当混凝土强度等级 $\leqslant$ C30 时 $\alpha_1 = 1$；

　　　b——截面的宽度，在挡土墙计算中一般为 1.0m；

　　　h_0——截面的有效高度。

　　根据计算得出系数 α_s，查本手册附录4附表4-5，可得 γ_s 或 ξ 值，由下式确定受拉钢筋面积：

$$A_s = \frac{M}{\gamma_s f_y h_0} \tag{6-75}$$

$$A_s = \frac{\xi f_{cm} b h_0}{f_y} \tag{6-76}$$

式中　γ_s——内力臂系数；

　　　ξ——相对界限受压高度；

　　　f_y——钢筋抗拉强度设计值。

　　墙趾板端顶面采用倾斜坡时，其端部之最小厚度，不得小于 30cm。分布钢筋的设置应符合规范规定。

（4）榫头长度计算

　　为保证钢筋混凝土板与墙身的连接，板上常做凸榫，榫头长度计算，不考虑钢筋的作用，可用下式

$$L \geqslant 1.5 \frac{E_{ax}}{f_v} \tag{6-77}$$

（三）换土地基

当基础设置在较弱土层上（如淤泥、软黏土等），地基承载力不满足设计时，可用较好的土换填一定深度，以扩散基础压力，使之均匀地传递到下卧土层中。

换土法最好用于其下卧层为岩层或砂类卵石及粗粒等透水性良好的土层，而且基底面距良好土层不深，施工不困难。此时，只需将上层的软弱土挖去，换以好土（一般采用碎、砾、卵石及砂夹卵石为好。无上述材料时，粗中砂亦可），严格分层夯实，便能起到良好的效果。换填土层的承载力设计值，最好由试验资料确定，无试验资料可参阅表2-31。

换土的深度和宽度。可参照图6-17所示方法近似确定。换土深度愈大，传布到下卧层的压力强度愈小。但会增大工程量、不经济，同时也会增加施工的难度，通常不宜小于1.5m，也不宜大于3.0m。

换土层厚度可按以下公式计算

$$p_h = \gamma h + \alpha(p_{h1} - \gamma_0 h_1) \leqslant f \qquad (6\text{-}78)$$

式中　p_h——换土层底压力强度；

p_{h1}——基础底面压力强度；

γ——换土及其上回填土的平均重度；

γ_0——回填土的重度；

h_1——基础埋置深度；

h——地面至换土层底的深度；

α——附加压应力系数，见表6-11。

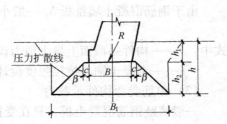

图6-17　换土地基计算图式

					α　系　数			表6-11
h_2/b	0.0	0.1	0.2	0.3	0.4	0.5	0.6	0.7
α	1.000	0.989	0.977	0.929	0.881	0.819	0.755	0.698
h_2/b	0.8	0.9	1.0	1.1	1.2	1.3	1.4	1.5
α	0.642	0.596	0.550	0.513	0.477	0.448	0.420	0.397
h_2/b	1.6	1.7	1.8	1.9	2.0	2.1	2.2	2.3
α	0.374	0.355	0.337	0.320	0.304	0.292	0.280	0.269
h_2/b	2.4	2.5	2.6	2.7	2.8	2.9	3.0	
α	0.258	0.249	0.239	0.234	0.228	0.218	0.208	

由图6-17可知，换土厚度 h_2 与压力扩散角 β 有关，一般可取换填土的内摩擦角，对卵石、碎石、砾石可取 $\beta = 45°$；粗中砂取 $\beta = 50°$。

为避免换填土层受压后挤向四周软弱土层，换土层的顶面和底部宽度应适当放宽，可取

$$B_1 = B + 2C + 2h_2 \tan\beta \qquad (6\text{-}79)$$

式中 C 值可取 $0.2 \sim 0.5$m。若换土范围两侧软弱土层力学性能极差，不可能形成阻力，β 角应放缓至 $90° - \varphi$。

当然，对软弱地基处理的方法很多，如选用机械压（夯）实、堆载预压、砂井真空预压、砂桩、碎石桩、灰土桩、水泥土桩及桩基等方法。具体规定及作法参见《建筑地基基础设计规范》。设计者应根据当地的实际条件，进行多方案比较，综合考虑确定地基的处

理方法，以保证基础及挡土墙的稳定。

五、增加挡土墙稳定性的措施

（一）增加抗倾覆稳定的措施

1. 改变墙身的胸、背坡的坡度

由抗倾覆稳定安全系数公式（6-23）可知，当稳定力矩增大，或倾覆力矩减小，均可增大抗倾覆稳定的安全系数。由图 6-18（a）所示，改变胸坡以增大 z_G，可增大稳定力矩，如图 6-18（b）所示改缓墙背坡，减小 E，可使倾覆力矩减小。

2. 改变墙身形状

当地面横向坡度较陡或墙前净空受到限制，要求胸坡尽可能陡立，以争取"有效墙高"时，如图 6-19 所示。在墙背设立衡重台或卸荷平台等，以达到减少墙背土压力和增加稳定力矩的效果。设置卸荷板的方法不但可用于新建的挡土墙，也可作为已成挡土墙的改建补强措施。

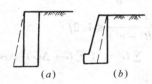
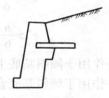

图 6-18　墙身胸、背坡改变示意图　　　图 6-19　胸坡陡立有卸荷板挡墙

3. 扩大基础，加设墙趾台阶

（二）增加抗滑稳定方法——设倾斜基底

重力式挡土墙，当受滑动稳定控制时，可采用倾斜基底，如图 6-20 所示。基底的倾斜度，一般地区挡土墙，土质地基不陡于 1.0:10.0；岩石地基不陡于 1.0:5.0。浸水地区挡土墙，当基底摩擦系数 $\mu < 0.5$ 时，一般不设倾斜基底；当 $\mu \geqslant 0.5$ 时，可设 0.1:1.0 的倾斜基底。

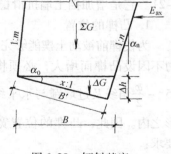

图 6-20　倾斜基底

1. 倾斜基底的计算

基底的斜宽

$$B' = \frac{B\cos\alpha_n}{\cos(\alpha_0 - \alpha_n)} \qquad (6-80)$$

基底的增加高度

$$\Delta h = B'\sin\alpha_0 \qquad (6-81)$$

基底增大的面积

$$\Delta A = \frac{1}{2}\Delta h \cdot B \qquad (6-82)$$

基底倾斜增加的自重

$$\Delta G = \gamma\Delta A \qquad (6-83)$$

2. 全墙稳定性验算

一般地区，基底采用综合系数 f，且不考虑趾前的被动土压力，其计算公式为：

滑动稳定安全系数

$$K_s = \frac{\left[\ (\sum G + \Delta G)\ + E_{ax}\tan\alpha_0\right]\cdot\mu}{E_{ax} - (\sum G + \Delta G)\ \tan\alpha_0}\geqslant 1.3 \tag{6-84}$$

抗倾覆稳定安全系数

$$K_l = \frac{\sum M_y}{\sum M_0}\geqslant 1.6 \tag{6-85}$$

基底合力偏心距

$$e' = \frac{B'}{2} - c' = \frac{B'}{2} - \frac{\sum M_y - \sum M_0}{\sum G'}\leqslant\frac{B'}{4} \tag{686}$$

基底应力

$$e'\leqslant\frac{b}{6}\quad p_{kmax} = \frac{\sum G' + P_k}{A'} + \frac{M'}{W'}\leqslant 1.2f \tag{6-87}$$

$$e' > \frac{b}{6}\quad p_{kmax} = \frac{2\sum G'}{3\ (0.5B' - e')}\leqslant 1.2f \tag{6-88}$$

式中　$\sum G'$——作用于倾斜基底上的垂直力总和，$\sum G' = (\sum G + \Delta G)\ \cos\alpha_0 + E_{ax}\sin\alpha$；

$\quad\quad e'$——作用于倾斜基底合力的偏心距。

浸水地区：除一般地区的计算外，还要增加计算水位以下挡土墙的水浮力。

地震地区：在 E_{ax} 及 $\sum M_0$ 中增加水平地震力 F_i 项。

（三）凸榫基础

在挡土墙底部增设凸榫基础（防滑键），如图 6-21。它是增加挡土墙抗滑稳定的一种措施。

1. 凸榫的位置

为使榫前被动土楔能够完全形成，墙背的主动土压力不因设凸榫而增大，必须将榫置于过墙趾与水平成 $45° - \dfrac{\varphi}{2}$ 角线及过墙踵与水平线成 φ 角线所包围的三角形之内。因此，凸榫的位置宽度与高度必须符合以下要求：

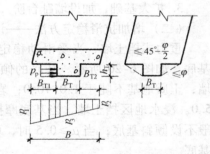

图 6-21　凸榫计算图

$$B_{T1}\geqslant h_T\tan\left(45° + \frac{\varphi}{2}\right) \tag{6-89}$$

$$B_{T2}\geqslant B - B_{T1} - B_T\geqslant h_T\cot\varphi \tag{6-90}$$

凸榫前侧距墙趾的最小距离 B_{T1min}

$$B_{T1min} = B - \sqrt{B\left\{B - \frac{2K_S E_{ax} - B\mu p_1}{p_1\left[\cot\left(45° + \dfrac{\varphi}{2}\right) - \mu\right]}\right\}} \tag{6-91}$$

2. 凸榫高度 h_T

$$h_T = \frac{K_S E_{ax} - \frac{1}{2}(B - B_{T1})(p_3 + p_2) \cdot \mu}{p_P}$$　　　　（6-92）

式中　p_1、p_2、p_3——墙趾、墙踵及凸榫前缘处基底的压力强度；

　　　　p_P——凸榫前的被动土压力强度，可取下式作近似计算：

$$p_P = \frac{1}{2}(p_1 + p_3)\tan^2\left(45° + \frac{\varphi}{2}\right)$$　　　　（6-93）

3. 凸榫宽度 B_T

$$M_T = \frac{h_T}{2}\left[K_S E_{ax} - \frac{1}{2}(B - B_{T1}) \cdot (p_3 + p_2) \cdot \mu\right]$$

$$M = KM_T$$

$$M \leqslant \frac{\gamma f_t B_T^2}{6}$$

$$\gamma = \left(0.7 + \frac{120}{B_T}\right)\gamma_m$$　　　　（6-94）

式中　M——凸榫根部弯矩设计值；

　　　b——凸榫根部截面宽度，在挡土墙计算取每延长米时，取 $b = 1.0\mathrm{m}$；

　　　γ_m——截面抵抗矩塑性系数，取 1.55；

　　　f_{ct}——素混凝土抗拉强度设计值，可查本手册表 2-48 的混凝土轴心抗拉强度设计值 f_t 值乘以系数 0.55 确定；

　　　K——混凝土受弯构件的强度设计安全系数，2.65。

六、排水设计

　　边坡支挡结构的排水设计，是支挡结构设计的很重要环节。许多支挡结构的失效，都与排水不善有关。根据重庆市的统计，倒塌的支挡结构，由于排水不善造成的事故占 80% 以上。所以，设计者必须给予足够的重视。

　　对于可以向坡外排水的挡墙，应在墙上设置排水孔。排水孔应沿横竖两个方向设置，其间距宜取 2~3m，排水孔外斜坡度宜为 5%，孔眼的尺寸不宜小于 100mm。墙后应做好滤水层，必要时应作排水暗沟。墙后有山坡时，应在坡脚处设置截水沟。对于不能向坡外排水的边坡，应在墙后设置排水暗沟。

第四节　重力式挡土墙施工

　　挡土墙施工与一般土建工程施工有相同的共性，但也有其特殊性，下面仅给出在挡土墙施工时应注意的事项：

　　（一）挡土墙基础如置于基岩上时，应注意清除基岩表面层风化部分；基础如置于土层上，则不应将基础放于软土、松土及未经处理的回填土上。

　　（二）挡土墙位于斜坡上时，基底纵坡应不陡于 5%；当纵坡大于 5% 时，应将基底作成台阶形式。横向位于斜坡上时，较坚硬的岩石上可作成台阶形，但应满足设计要求。

（三）挡土墙墙后地面坡度陡于 1:5 时，应先处理填方地基（铲除草皮，开挖台阶等），然后填土，以免填方沿原地面滑动。

（四）墙后临时开挖边坡的坡角，随不同土层和边坡高度而定。松散坡积层地段挡土墙，宜分散跳槽开挖，挖成一段，砌筑一段，以保证施工安全。

（五）沿河、滨湖、水库、海边地区的挡土墙，由于基底受水流冲刷和波浪侵袭，常导致墙身的破坏，应注意加固与防护。

（六）施工前应做好地面排水系统、保持基坑干燥；对基坑内排水及内支撑做好考虑，以保证安全施工。

（七）基坑挖到设计标高时，地基与原设计不符，一定要作变更设计或采取其他工程措施，以保证基础的安全。

（八）浆砌片石挡土墙，使用的砂浆水灰比必须符合要求，砂浆应填塞饱满。岩石基坑砌料应紧靠坑壁，应与岩层结为一体。

（九）不应使用易于风化的石料或未凿面的大卵石砌筑墙身，片石中间厚不应小于 20cm。

（十）经常受侵蚀水作用的挡土墙，应采用抗侵蚀的水泥砂浆砌筑或抗侵蚀的混凝土灌注，否则应采用其他防护措施。

（十一）砌筑挡土墙时，不得做成水平通缝，墙趾台阶转折处，不能做成竖直通缝。

（十二）墙身砌出地面后，基坑应及时回填夯实，并做成不小于 4% 的向外流水坡，以免积水下渗，影响墙身稳定。

（十三）随着墙身的砌筑，待坯工强度达到 70% 以上时，墙后填料及时回填，并使填料夯实，保证质量，必须使内摩擦角达到设计要求。

（十四）地震地区挡土墙应分段砌筑，每段墙基础应在均质土壤上，每段墙长宜选为 10~15m。当浆砌片石挡土墙高超过 8m 时，最好沿墙高第 4m 设一混凝土垫层。

（十五）浸水地区挡土墙，墙身两侧必须涂防渗层，使水流仅能由泄水孔溢出。

（十六）浸水地区挡土墙后的回填土，尽量采用渗水土填筑，以利于迅速排出积水，减少由于水位涨落而引起的动水压力。当采用围堰施工地段，宜在枯水季节施工，一般应分段开挖，避免过多挤压河身，加剧冲刷。

（十七）施工中一定注意监测及时发现不利情况，采取有效措施。

第五节　算　例

【例 1】　设计一浆砌块石挡土墙。墙高 $h=5m$，墙背竖直光滑，墙后填土水平，填土的物理力学指标：重度 $\gamma=18kN/m^3$，内摩擦角 $\varphi=38°$，黏聚力 $c=0$。基底摩擦系数 $\mu=0.6$，地基承载力设计值 $f=200kN/m^2$。

一、挡土墙断面尺寸的选择

顶宽采用 $\dfrac{h}{10}=\dfrac{5}{10}=0.5m$，底宽取 $\dfrac{h}{3}=\dfrac{5.0}{3}=1.7m$，如图 6-22（a）所示。

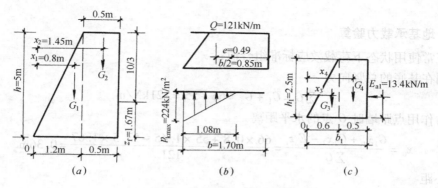

图 6-22 浆砌块石挡土墙

二、土压力计算

$$E_a = \frac{1}{2}\gamma h^2 \tan^2\left(45° - \frac{\varphi}{2}\right)$$

$$= \frac{1}{2} \times 18 \times 5^2 \times \tan^2\left(45° - \frac{\varphi}{2}\right)$$

$$= 53.5 \text{kN/m}$$

土压力作用点距墙趾 $z_f = \dfrac{h}{3} = 1.67\text{m}$。

三、挡土墙自重及重心

将挡土墙的截面分成为一个三角形和一个矩形，它们的重量分别为：

$$G_1 = \frac{1}{2} \times 1.2 \times 5 \times 22 = 66 \text{kN/m}$$

$$G_2 = 0.5 \times 5 \times 22 = 55 \text{kN/m}$$

式中浆砌块石的重度 $\gamma = 22\text{kN/m}^3$。

G_1、G_2 作用点距墙趾 O 点的水平距离：

$$x_1 = \frac{2}{3} \times 1.2 = 0.8\text{m}$$

$$x_2 = 1.2 + \frac{1}{2} \times 0.5 = 1.45\text{m}$$

四、倾覆稳定性验算

稳定校核承载能力极限状态下荷载效应的基本组合，但各分项系数均为 1.0：

$$K_0 = \frac{G_1 x_1 + G_2 x_2}{E_a z_f} = \frac{66 \times 0.8 + 55 \times 1.45}{53.5 \times 1.67} = 1.48 \approx 1.5 < 1.6$$

五、滑动稳定性验算

$$K_c = \frac{(G_1 + G_2)\mu}{E_a} = \frac{(66 + 55) \times 0.6}{53.5} = 1.35 > 1.3$$

六、地基承载力验算

按正常使用状态下荷载效应标准组合值：

作用在基底的总竖向力

$$\sum G = G_1 + G_2 = 66 + 55 = 121\,\text{kN/m}$$

合力作用点距墙趾 O 点的水平距离

$$x_0 = \frac{G_1 x_1 + G_2 x_2 - E_a z_f}{\sum G} = \frac{66 \times 0.8 + 55 \times 1.45 - 53.5 \times 1.67}{121} = 0.36\,\text{m}$$

偏心距

$$e = \frac{b}{2} - x_0 = \frac{1.70}{2} - 0.36 = 0.49 > \frac{b}{4} = 0.425\,\text{m}$$

$$p_{k\max} = \frac{2\sum G}{3\left(\dfrac{b}{2} - e\right)} = \frac{2 \times 121}{3\left(\dfrac{1.7}{2} - 0.49\right)} = 224\,\text{kN/m}^2$$

$$< 1.2f = 1.2 \times 200 = 240\,\text{kN/m}^2$$

按轴向受压：$p = \dfrac{1}{2}(p_{\max} + p_{\min}) = \dfrac{1}{2}(224 + 0) = 112\,\text{kN/m}^2 < f = 200\,\text{kN/m}^2$

七、墙身强度验算

采用 MU20 毛石，混合砂浆强度等级 M2.5，砌体抗压强度设计值 $f_c = 440\,\text{kN/m}^2$。验算挡土墙半高处截面的抗压强度（图 6-22c）：

该截面以上的水平土压力

$$E_{a1} = \frac{1}{2}\gamma h_1^2 \tan^2\left(45° - \frac{\varphi}{2}\right)$$

$$= \frac{1}{2} \times 18 \times 2.5^2 \times \tan^2\left(45° - \frac{38°}{2}\right)$$

$$= 13.4\,\text{kN/m}$$

作用点距该截面的距离

$$z_{f1} = \frac{h_1}{3} = \frac{2.5}{3} = 0.83\,\text{m}$$

截面以上的自重

$$G_3 = \frac{1}{2} \times 0.6 \times 2.5 \times 22 = 16.5\,\text{kN/m}$$

$$G_4 = 0.5 \times 2.5 \times 22 = 27.5\,\text{kN/m}$$

G_3、G_4 作用点到截面前缘点 O_1 的水平距离

$$x_3 = \frac{2}{3} \times 0.6 = 0.4\,\text{m}$$

$$x_4 = 0.6 + 0.25 = 0.85\,\text{m}$$

截面以上竖向力之和

$$\sum G = G_3 + G_4 = 16.5 + 27.5 = 44\,\text{kN/m}$$

$\sum G$ 距离截面前缘点 O_1 的水平距离

$$x_{O_1} = \frac{G_3 x_3 + G_4 x_4 - E_{a1} z_{f1}}{\sum G}$$
$$= \frac{16.5 \times 0.4 + 27.5 \times 0.85 - 13.4 \times 0.83}{44}$$
$$= 0.428\text{m}$$

偏心距

$$e_1 = \frac{b_1}{2} - x_{O_1} = \frac{1.10}{2} - 0.428 = 0.122\text{m}$$

受压构件的承载力按下式计算

$$N \leqslant \varphi f_c A$$

按承载能力极限状态下荷载效应的基本组合求得轴向压力设计值

$$N = 1.35 \cdot \sum G$$
$$= 1.35 \times 44 = 59.4\text{kN/m}$$

截面面积　$A = 1 \times 1.1 = 1.1\text{m}^2$

由 MU20 毛石，混合砂浆强度等级 M2.5，查得砌体抗压强度设计值 $f_c = 440\text{kN/m}^2$。
受压构件承载力影响系数 φ。

构件高厚比

$$\beta = \gamma_\beta \frac{H_0}{h}$$

墙体受压构件计算高度　$H_0 = 2H = 10\text{m}$

γ_β 查表

$$\gamma_\beta = 1.5$$

则

$$\beta = 1.5 \times \frac{10}{1.7} = 8.82$$

$\beta > 3$

$$\varphi = \frac{1}{1 + 12\left[\frac{e}{h} + \sqrt{\frac{1}{12}\left(\frac{1}{\varphi_0} - 1\right)}\right]^2}$$

$$\varphi_0 = \frac{1}{1 + \alpha \beta^2}$$

式中，因砂浆强度等级 M2.5 时，$\alpha = 0.002$。

$$\varphi_0 = \frac{1}{1 + 0.002 \times 8.82^2}$$
$$= 0.865$$

可查附录表 5-1 得 φ 值，也可按公式

$$\varphi = \frac{1}{1 + 12\left[\frac{0.122}{1.7} + \sqrt{\frac{1}{12}\left(\frac{1}{0.865} - 1\right)}\right]^2} = 0.622$$

$$\varphi A f_c = 0.622 \times 1.1 \times 440$$
$$= 301\text{kN} > N = 59.4\text{kN}$$

此算例抗滑不能满足要求，基底偏心矩也大于 $b/4$。此设计应重新设计。

【例 2】　设计图 6-23 所示挡土墙。墙后填土为砂性土，其重度 $\gamma_t = 18\mathrm{kN/m^3}$，内摩擦角 $\varphi = 35°$，黏聚力 $c = 0$，填土与挡土墙背的摩擦角 $\delta = 23.3°$，填土面与水平面夹角 $\beta = 18.43°$。挡土墙面的倾角 $\rho = -14°$，基础底面与地基的摩擦系数 $\mu = 0.4$，基底面与水平面的夹角 $\alpha_0 = 11.31°$。挡土墙为 C15 毛石混凝土，其标准重度 $\gamma_c = 24\mathrm{kN/m^3}$。地基承载力设计值 $f = 300\mathrm{kN/m^2}$。

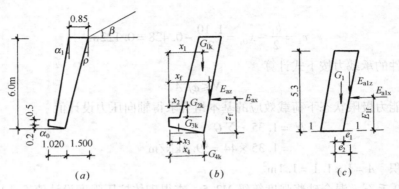

图 6-23　仰斜挡土墙

一、截面形式选择

为减少土压力，选择了仰斜墙背。顶宽为 0.85m，墙厚取等厚。为保证整体稳定，挡土墙底增加墙趾台阶，将基底作成倾斜面。根据地面确定墙高为 6m，墙底宽为 1.02m，详细尺寸如图 6-23（a）所示。

二、土压力计算

由墙后填土为砂性土，填土面倾斜，可用库仑理论公式（3-12）、（3-13）计算：

$$K_a = \frac{\cos^2(\varphi - \rho)}{\cos^2\rho\cos(\delta + \rho)\left[1 + \sqrt{\dfrac{\sin(\delta + \varphi)\sin(\varphi - \beta)}{\cos(\delta + \rho)\cos(\rho - \beta)}}\right]^2}$$

$$K_a = \frac{\cos^2(35° + 14°)}{\cos^2(-14°)\cos(23.3° - 14°)\left[1 + \sqrt{\dfrac{\sin(35° + 23.3°)\sin(35° - 18.43°)}{\cos(23.3° - 14°)\cos(-14° - 18.43°)}}\right]^2}$$

$$= \frac{0.43}{0.987 \times 0.941 \times \left[1 + \sqrt{\dfrac{0.851 \times 0.285}{0.987 \times 0.844}}\right]^2}$$

$$= 0.195$$

$$E_a = \frac{1}{2}\gamma_t h^2 K_a = \frac{1}{2} \times 18 \times 6^2 \times 0.195 = 63.18\mathrm{kN/m}$$

挡土墙自重

$$G_k = \sum G_{ik}$$

$$G_{1k} = 0.85 \times 5.3 \times 24 = 108.12 \text{kN/m}$$
$$x_1 = 1.02 + 0.175 + 0.24 = 1.44 \text{m}$$
$$G_{2k} = 0.70 \times 1.195 \times 24 = 20.08 \text{kN/m}$$
$$x_2 = \frac{1.02 + 0.175}{2} = 0.6 \text{m}$$
$$G_{3k} = \frac{0.2 \times 1.02}{2} \times 24 = 2.45 \text{kN/m}$$
$$x_3 = \frac{1.02}{3} = 0.34 \text{m}$$
$$G_{4k} = \frac{0.7 \times 0.175}{2} \times 24 = 1.47 \text{kN/m}$$
$$x_4 = 1.02 + \frac{2}{3} \times 0.175 = 1.14 \text{m}$$

三、倾覆稳定验算

土压力的水平分力
$$E_{ax} = E_a \cdot \cos(\rho + \delta) = 63.18\cos(-14° + 23.3°) = 62.35 \text{kN/m}$$
$$z_f = \frac{H}{3} = \frac{6}{3} = 2\text{m}$$
$$E_{az} = E_a \sin(\rho + \delta) = 63.18\sin(-14° + 23.3°) = 10.21 \text{kN/m}$$
$$x_f = 1.02 + 2 \times 0.25 = 1.52 \text{m}$$

抗倾覆力矩
$$M_{zk} = (108.12 \times 1.44 + 20.08 \times 0.60 - 2.45 \times 0.34 - 1.47 \times 1.14) + 10.21 \times 1.52$$
$$= 180.75 \text{kN} \cdot \text{m/m}$$

倾覆力矩
$$M_{qk} = 62.35 \times (2 - 0.20) = 112.23 \text{kNm/m}$$
$$K_0 = \frac{M_{zk}}{M_{qk}} = \frac{180.75}{112.23} = 1.61 > 1.6$$

四、抗滑稳定验算

主动土压力 E_a 引起垂直基底的法向力
$$p_k = E_a \cdot \sin(\rho + \alpha_0 + \delta)$$
$$= 63.18\sin(-14° + 11.31° + 23.3°)$$
$$= 22.24 \text{kN/m}$$

平行于基底的力
$$T_k = E_a \cos(\rho + \alpha_0 + \delta)$$
$$= 63.18 \times \cos(-14° + 11.31° + 23.3°)$$
$$= 59.14 \text{kN/m}$$
$$K_c = \frac{(G_k \cos\alpha_0 + p_k)\mu}{T_k - W_k \sin\alpha_0}$$

$$= \frac{(125\cos11.31° + 22.24) \times 0.40}{59.14 - 125 \times \sin11.31°}$$

$$= 1.67 > 1.3$$

五、地基承载力验算

1. 求偏心距 e_0

由于荷载分项系数均为 1.0，则

$$e = \frac{M_{zk} - M_{qk}}{G_k\cos\alpha_0 + p_k} = \frac{180.75 - 112.23}{125\cos11.31° + 22.24} = 0.47\text{m}$$

$$e_0 = \frac{B}{2} - e = \frac{1.02}{2} - 0.47 = 0.04\text{m} < \frac{B}{4} = \frac{1.02}{4}$$

2. 地基压力

$$p_{\min}^{k\max} = \frac{(G_k\cos\alpha_0 + p_k)}{B}\left(1 \pm \frac{6e_0}{B}\right)$$

$$= \frac{1.20 \times (125\cos11.31° + 22.4)}{1.02}\left(1 \pm \frac{6 \times 0.04}{1.02}\right)$$

$$= \frac{210}{130}\text{kN/m}^2 < 1.2 \times 300$$

六、墙身强度验算

取距顶 5.3m 截面 1 − 1 计算：

1. 土压力

由前面计算已知 $K_a = 0.195$，$h_1 = 5.3\text{m}$，则

$$E_{a1} = \frac{1}{2}\gamma_t h_1^2 k_a = \frac{1}{2} \times 18 \times 5.30^2 \times 0.195 = 49.30\text{kN/m}$$

$$E_{a1x} = E_{a1}\cos(\rho + \delta) = 49.30 \times \cos(-14° + 23.3°) = 48.65\text{kN/m}$$

$$z_{1f} = \frac{h_2}{3} = \frac{5.3}{3} = 1.77\text{m}$$

$$E_{a1z} = E_{a1}\sin(\rho + \delta) = 49.3 \times \sin(-14° + 23.3°) = 7.97\text{kN/m}$$

$$x_{1f} = 1.77 \times 0.25 + 0.425 = 0.87\text{m}$$

2. 墙体自重

$$G_{1k} = 0.85 \times 5.3 \times 24 = 108.12\text{kN/m}$$

$$x_1 = 2.65 \times 0.25 = 0.66\text{m}$$

3. 截面 1 − 1 内力

荷载分项系数 1.35

法向力

$$N = (G_{1k} + E_{a1z}) \times 1.35 = (108.12 + 7.97) \times 1.35 = 156.7\text{kN/m}$$

弯矩

$$M = (G_{1k} \cdot x_{11} + E_{a1z} \cdot x_{1f} - E_{a1x} \cdot z_{1f}) \times 1.35$$

$$= （108.12 \times 0.66 + 7.97 \times 0.87 - 48.65 \times 1.77） \times 1.35$$
$$= -10.6 \text{kN} \cdot \text{m/m}$$

4. 强度计算

按《混凝土结构设计规范》GB 50010—2010 中附录 D

偏心距

$$e_0 = \frac{M}{N} = \frac{10.6}{156.7} = 0.067 \text{m} < 0.45 y'_0$$

$$y'_0 = \frac{0.85}{2} = 0.425 \text{m}$$

墙身受压，上端自由，下端固定，计算长度 $l_0 = 2H = 2 \times 6 = 12\text{m}$，$l_0/B = 12/0.85 = 14$，查得稳定系数 $\varphi = 0.77$，知 C15 混凝土抗压强度设计值 $f_c = 7.20\text{N/mm}^2$，则 $f_{cc} = 0.85 f_c$。截面厚 $h = 0.85\text{m} = 850\text{mm}$，宽为 $b = 1\text{m} = 1000\text{mm}$，由

$$N \leqslant \varphi f_{cc} \cdot b （h - 2e_0）$$
$$0.77 \times 0.85 \times 7.2 \times 1000 \times （850 - 2 \times 67）$$
$$= 3375\text{kN} \gg N = 156.7\text{kN}$$

【例3】　按容许应力法

某 8 度地震区的工业园区护坡工程，采用混凝土重力式挡土墙，断面尺寸示于图 6-24。

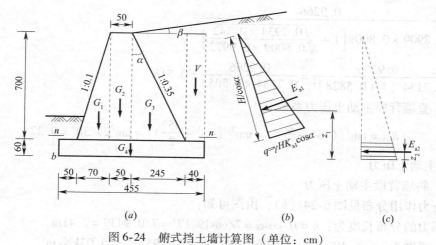

图 6-24　俯式挡土墙计算图（单位：cm）
（a）作用力系图；（b）土压力 E_{a1} 分布图；（c）土压力 E_{a2} 分布图

（一）基本资料

（1）混凝土强度：采用 C15 混凝土，轴心抗压容许应力 2N/mm^2，弯曲抗拉容许应力 0.35N/mm^2，混凝土重度 24kN/m^3。

（2）墙后填土：填土料为碎石类土，重度 19kN/m^3，内摩擦角 $\varphi = 35°$，填土表面倾角 $\beta = 15°$。

（3）地基：地基为砾石土，重度 18kN/m^3，承载力特征值 750kPa。

（4）墙体构造：俯斜墙背，墙背坡率 1:0.35，即 $\alpha = 19°17'$；

斜墙胸，墙胸坡率 1:0.10，即 $\alpha' = 5°42'$；

取外摩擦角 $\delta = \dfrac{\varphi}{2} = 17°30'$。

（5）摩擦系数：基底与土壤，$\mu = 0.5$；

墙身与墙身，$\mu_0 = 0.65$

（二）土压力计算

1）土压力系数

作用在挡墙上的土压力有两个，一个是墙身的斜墙背段，另一个是基础的直墙背段，故主动土压力系数按两个计算。

（1）斜墙背段主动土压力系数

$$K_{a1} = \frac{\cos^2 (\varphi - \alpha)}{\cos^2\alpha\cos (\delta + \alpha) \left[1 + \sqrt{\dfrac{\sin (\delta + \varphi) \sin (\varphi - \beta)}{\cos (\delta + \alpha) \cos (\alpha - \beta)}} \right]^2}$$

$$= \frac{\cos^2 (35° - 19°17')}{\cos^2 19°17'\cos (17°30' + 19°17') \left[1 + \sqrt{\dfrac{\sin (17°30' + 35°) \sin (35° - 15°)}{\cos (17°30' + 19°17') \cos (19°17' - 15°)}} \right]^2}$$

$$= \frac{\cos^2 (15°43')}{\cos^2 19°17'\cos (36°47') \left[1 + \sqrt{\dfrac{\sin (52°30') \sin (20°)}{\cos (36°47') \cos (4°17')}} \right]^2}$$

$$= \frac{0.9266}{0.8909 \times 0.8009 \left[1 + \sqrt{\dfrac{0.7934 \times 0.342}{0.8009 \times 0.9972}} \right]^2}$$

$$= \frac{0.9266}{0.7134 \left[1 + 0.5828 \right]^2} = \frac{0.9266}{0.7134 \times 2.5053} = 0.518$$

（2）直墙背段主动土压力系数

$$K_{a2} = \tan^2 \left(45° - \frac{\varphi}{2} \right) = \tan^2 \left(45° - \frac{35°}{2} \right) = \tan^2 27°30' = 0.27$$

2）主动土压力

（1）斜墙背段主动土压力

土压力作用分布见图 6-24（b），由图可知：

土压力的分布长度为：$h = H/\cos\alpha = 7/\cos 19°17' = 7/0.9439 = 7.41\text{m}$

底边强度为：$q = \gamma H K_{a1}\cos\alpha = 19 \times 7 \times 0.518 \times \cos 19°17' = 65.03\text{kN/m}^2$

所以土压力：$E_{a1} = \dfrac{1}{2}hq = \dfrac{1}{2} \times 7.41 \times 65.03 = 240.9\text{kN}$

或 $E_{a1} = \dfrac{1}{2}\gamma H^2 K_{a1} = \dfrac{1}{2} \times 19 \times 7^2 \times 0.518 = 241.1\text{kN}$

对基底力臂：$z_1 = \dfrac{1}{3}H + d = \dfrac{1}{3} \times 7 + 0.6 = 2.93\text{m}$

对墙趾：$e_z = 1.7 + \dfrac{2 \times 7}{3} \times 0.35 = 3.33\text{m}$

竖向分力：

$E_{ay} = E_{a1}\sin (\alpha + \delta) = E_{a1}\sin (19°17' + 17°30') = 240.1 \times \sin 36°47' = 143.8\text{kN}$

水平分力：

$$E_{aH} = E_{a1}\cos\ (\alpha + \delta)\ = E_{a1}\cos\ (19°17' + 17°30')\ = 240.1 \times \cos36°47' = 192.3\text{kN}$$

（2）直墙背段主动土动力

土压力为梯形，分力状况见图6-24（c）。

梯形顶边强度：$q_1 = \gamma H K_{a2} = 19 \times 7 \times 0.27 = 35.91\text{kN/m}^2$

梯形底边强度：$q_2 = \gamma\ (H + d)\ K_{a2} = 19 \times\ (7 + 0.6)\ \times 0.27 = 39.0\text{kN/m}^2$

所以土压力：$E_{a2} = \dfrac{q_1 + q_2}{2}d = \dfrac{35.9 + 39.0}{2} \times 0.6 = 22.47\text{kN}$

对基底力臂：$z_2 = \dfrac{d\ (2q_1 + q_2)}{3\ (q_1 + q_2)} = \dfrac{0.6\ (2 \times 35.9 + 39.0)}{3\ (35.9 + 39.0)} = 0.296\text{m} \approx 0.3\text{m}$

（三）墙及土的重量计算

墙重量：

$$G_1 = \frac{1}{2}\gamma bh = \frac{1}{2} \times 0.7 \times 7 \times 24 = 58.8\text{kN}$$

$$G_2 = \gamma bh = 0.5 \times 7 \times 24 = 84\text{kN}$$

$$G_3 = \frac{1}{2}\gamma bh = \frac{1}{2} \times 24 \times 2.45 \times 7 = 205.8\text{kN}$$

$$G_4 = \gamma bh = 24 \times 4.55 \times 0.6 = 65.52\text{kN}$$

对墙趾 b 点力臂：

$$e_1 = 0.5 + \frac{2}{3} \times 0.7 = 0.97\text{m}$$

$$e_2 = 1.2 + \frac{0.5}{2} = 1.45\text{m}$$

$$e_3 = 1.7 + \frac{1}{3} \times 2.45 = 2.52\text{m}$$

$$e_4 = \frac{4.55}{2} = 2.275\text{m}$$

因土的重量很小，忽略墙的前襟边上的土重，仅计算墙的后襟边上的土重。

$$V = \gamma bh = 19 \times 0.4 \times 7 = 53.2\text{kN}$$

$$e = 4.55 - \frac{0.4}{2} = 4.35\text{m}$$

（四）稳定计算

1）抗滑动计算

$$K_c = \frac{\sum V\mu}{\sum H}$$

式中　$\sum V$——作用在墙上的竖直力代数和；

　　　$\sum H$——作用在墙上的水平力代数和；

　　　μ——基底摩擦系数，0.5。

　　因为　　　$\sum V = G_1 + G_2 + G_3 + G_4 + V + E_{ay}$

　　　　　　　$= 58.8 + 84 + 205.8 + 65.52 + 53.2 + 143.8$

$$= 610.82 \text{kN}$$

$$\sum H = E_{aH} + E_{a2} = 192.3 + 22.47 = 214.77 \text{kN}$$

所以 $K_s = \dfrac{\sum V_{\mu}}{\sum H} = \dfrac{610.82 \times 0.5}{214.77} = 1.42 > 1.3$（满足）

2）抗倾覆计算

$$K_0 = \frac{稳定力矩}{倾覆力矩} = \frac{M_b}{M'_b}$$

因为 $M_b = G_1 e_1 + G_2 e_2 + G_3 e_3 + G_4 e_4 + V_e + E_{ay} e$

$$= 58.8 \times 0.97 + 84 \times 1.45 + 205.8 \times 2.52 + 65.52 \times 2.275 + 53.2 \times 4.35$$

$$+ 143.8 \times 3.33$$

$$= 57.04 + 121.8 + 518.62 + 149.06 + 231.42 + 478.85$$

$$= 1556.8 \text{kN} \cdot \text{m}$$

$$M'_b = E_{aH} \cdot z_1 + E_{a2} \cdot z_2 = 192.3 \times 2.93 + 22.47 \times 0.3 = 570.2 \text{kN} \cdot \text{m}$$

所以 $K_0 = \dfrac{M_b}{M'_b} = \dfrac{1556.8}{570.2} = 2.73 > 1.5$（满足）

（五）基底应力验算

$$P_{\frac{max}{min}} = \frac{\sum V}{B} \left(1 \pm \frac{6e}{B} \right)$$

式中 $\sum V$——竖直力总和，610.82kN；

B——基底宽度，4.55m；

e——所有力对基底中心的偏心距，$e = \dfrac{B}{2} - e_b$；

e_b——所有力对墙趾 b 点的偏心距，$e_b = \dfrac{\sum M_b}{\sum V}$；

$\sum M_b$——所有力对墙趾 b 点的力矩代数和，$\sum M_b = M_b - M'_b$。

所以：

$$e = \frac{B}{2} - e_b = \frac{B}{2} - \frac{M_b - M'_b}{\sum V} = \frac{4.55}{2} - \frac{1556.8 - 570.2}{610.82}$$

$$= 2.275 - \frac{986.6}{610.82} = 2.275 - 1.615 = 0.66 < \frac{B}{6} = 0.758 \text{（符合要求）}$$

则 $P_{max} = \dfrac{\sum V}{B} \left(1 + \dfrac{6e}{B} \right) = \dfrac{610.82}{4.55} \left(1 + \dfrac{6 \times 0.66}{4.55} \right)$

$$= 134.25 \ (1 + 0.87) = 251.1 \text{kN/m}^2 < 750 \text{kPa} \text{（满足）}$$

$$P_{min} = 134.25 \ (1 - 0.87) = 17.5 \text{kN/m}^2 > 0 \text{（满足）}$$

（六）墙身应力验算

沿基础顶切 $n - n$ 剖面，对 $n - n$ 剖面进行应力计算（见图 6-25）。

土压力：$E_a = \dfrac{1}{2} \gamma H^2 K_{a1} = \dfrac{1}{2} \times 19 \times 7^2 \times 0.518 = 241.1 \text{kN}$

对墙身底力臂：$z = \dfrac{7}{3} = 2.33 \text{m}$

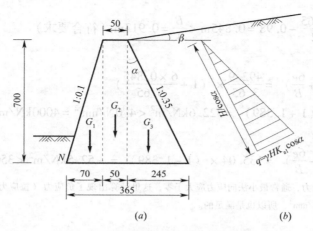

图 6-25 $n-n$ 剖面计算图（单位：cm）

（a）作用力系图；（b）土压力分布图

对墙身趾力臂：$e = 1.2 + \dfrac{2 \times 7}{3} \times 0.35 = 1.2 + 1.63 = 2.83\text{m}$

竖向分力：

$E_{ay} = E_{a1} \sin\ (\alpha + \delta)\ = E_{a1}\sin\ (19°17' + 17°30') = 241.1 \times \sin 36°47' = 144.3\text{kN}$

水平分力：

$E_{aH} = E_{a1}\cos\ (\alpha + \delta)\ = E_{a1}\cos\ (19°17' + 17°30') = 241.1 \times \cos 36°47' = 193.1\text{kN}$

墙的重量：

$G_1 = 58.8\text{kN}$ $e_1 = \dfrac{2}{3} \times 0.7 = 0.47\text{m}$

$G_2 = 84.\text{kN}$ $e_2 = 0.7 + \dfrac{0.5}{2} = 0.95\text{m}$

$G_3 = 205.8\text{kN}$ $e_3 = 1.2 + \dfrac{2.45}{3} = 2.02\text{m}$

竖向力总和：

$\sum V = G_1 + G_2 + G_3 + E_{ay} = 58.8 + 84 + 205.8 + 144.3 = 492.9\text{kN}$

水平力总和：

$$\sum H = E_{aH} = 193.1\text{kN}$$

断面总宽：$B = 3.65\text{m}$

对 N 点稳定力矩：

$M_N = G_1 e_1 + G_2 e_2 + G_3 e_3 + V_2 e_4 + E_{aH} e$

$= 58.8 \times 0.47 + 84 \times 0.95 + 205.8 \times 2.02 + 144.3 \times 2.83$

$= 27.64 + 79.8 + 415.72 + 408.37 = 931.53\text{kN} \cdot \text{m}$

对 N 点倾覆力矩：

$M'_N = E_{aH} z = 193.1 \times 2.33 = 449.93\text{kN} \cdot \text{m}$

对 N 点的偏心矩：

$e_N = \dfrac{M_N - M'_N}{\sum V} = \dfrac{931.53 - 449.93}{492.9} = 0.98\text{m}$

对墙底中心偏心距：

$$e = \frac{B}{2} - e_N = \frac{3.65}{2} - 0.98 = 0.845\text{m} < \frac{B}{4} = 0.913\text{m}\ (\text{符合要求})$$

最大法向应力：

$$\sigma_{max} = \frac{\sum V}{B}\ (1 + \frac{6e}{B})\ = \frac{492.9}{3.65} \times\ (1 + \frac{6 \times 0.845}{3.65})$$

$$= 135.04\ (1 + 1.389)\ = 322.6\text{kN/m}^2 < 4.0\text{N/mm}^2 = 4000\text{kN/m}^2\ (\text{满足})$$

最小法向应力：

$$\sigma_{min} = \frac{\sum V}{B}\ (1 - \frac{6e}{B})\ = 135.04 \times\ (1 - 1.389)\ = -52.5\text{kN/m}^2 < 350\text{kN/m}^2\ (\text{满足})$$

注：为使结构均匀受力，通常最小法向应力应大于零，这里计算出现了负应力（拉应力），但仍小于 C15 混凝土的弯曲容许拉应力 0.35N/mm²，所以也是满足的。

剪切应力：

$$\tau = \frac{\sum H - \sum V_{\mu 0}}{B} = \frac{193.1 - 492.9 \times 0.65}{3.65} = -34.9\text{kN/m}^2$$

（负值说明不会发生剪切力，满足要求）

（七）地震时稳定校核

采用精确计算方法进行地震主动土压力计算。

8 度地震，地震角 $\theta = 5°$（查表），地震系数 $K_d = 0.05$（查表）。

地震土压力：$E_{ax} = \frac{1}{2}\gamma_z H^2 K_{az}$

式中　γ_z——地震时土的重度，$\gamma_z = \gamma/\cos\theta = 19/\cos 5° = 19.1\text{kN/m}^3$；

　　　H——墙总高度 7.6m；

　　　K_{az}——地震主动土压力系数。

$$K_{az} = \frac{\cos^2(\varphi - \alpha - \theta)}{\cos^2(\alpha + \theta)\cos(\delta + \alpha + \theta)\left[1 + \sqrt{\frac{\sin(\delta + \varphi)\sin(\varphi - \beta - \theta)}{\cos(\delta + \alpha + \theta)\cos(\alpha - \beta)}}\right]^2}$$

$$= \frac{\cos^2(35° - 19°17' - 5°)}{\cos^2(19°17' + 5°)\cos(17°30' + 19°17' + 5°)\left[1 + \sqrt{\frac{\sin(17°30' + 35°)\sin(35° - 15° - 5°)}{\cos(17°30' + 19°17' + 5°)\cos(19°17' - 15°)}}\right]^2}$$

$$= \frac{0.9654}{0.8309 \times 0.7456 \times \left[1 + \sqrt{\frac{0.7934 \times 0.2588}{0.7456 \times 0.9969}}\right]^2} = \frac{0.9654}{0.6195 \times [1 + 0.5255]^2}$$

$$= \frac{0.9654}{1.4416} = 0.6697 \approx 0.67$$

为简化计算，认为斜墙背延伸到基底，只计算一个土压力。

主动土压力：$E_{az} = \frac{1}{2}\gamma_z H^2 K_{az} = \frac{1}{2} \times 19.1 \times 7.6^2 \times 0.67 = 369.6\text{kN}$

对基底力臂：$z = \frac{(H + d)}{3} = \frac{7.6}{3} = 2.53\text{m}$

对墙趾力臂：$e = 1.7 + \frac{2 \times 7.6}{3} \times 0.35 = 3.47\text{m}$

竖向分为：$E_{azy} = E_{az}\sin\ (\alpha + \delta)\ = E_{az}\sin\ (19°17' + 17°30')$

$$= E_{az}\sin36°47' = 369.6 \times 0.5988 = 221.3\text{kN}$$

水平分力：$E_{azH} = E_{az}\cos(\alpha+\delta) = E_{az}\cos36°47'$

$$= 369.6 \times 0.8099 = 299.4\text{kN}$$

抗滑动稳定计算：$K_c = \dfrac{\sum V_\mu}{\sum H}$

因为　$\sum V = G_1 + G_2 + G_3 + G_4 + V + E_{azy}$

$$= 58.8 + 84 + 205.8 + 65.52 + 53.2 + 221.3 = 688.62\text{kN}$$

$$\sum H = E_{azH} = 299.4\text{kN}$$

所以　　$K_s = \dfrac{\sum V_\mu}{\sum H} = \dfrac{688.62 \times 0.5}{299.4} = 1.15 > 1.1$（满足）

抗倾覆稳定计算：

$$K_0 = \frac{\text{稳定力矩}}{\text{倾覆力矩}} = \frac{M_b}{M'_b}$$

因为　$M_b = G_1 e_1 + G_2 e_2 + G_3 e_3 + G_4 e_4 + V e_5 + E_{azy} e$

$$= 58.8 \times 0.97 + 84 \times 1.45 + 205.8 \times 2.52 + 65.52 \times 2.275 + 53.2 \times 4.35 +$$
$$221.3 \times 4.37$$
$$= 57.04 + 121.8 + 518.62 + 149.06 + 231.42 + 967.08$$
$$= 2045.02\text{kN}\cdot\text{m}$$

$$M'_b = E_{azH}Z = 299.4 \times 2.53 = 757.5\text{kN}$$

所以　　$K_t = \dfrac{M_b}{M'_b} = \dfrac{2045.02}{757.5} = 2.7 > 1.3$（满足）

【例4】　按《公路挡土墙设计与施工技术细则》规定方法计算：

（一）基本资料

墙 身 及 基 础		填 料 及 地 基	
挡土墙类型	仰斜式路肩墙	填料种类重度 γ（kN/m³）	砂类土 19
墙高 H（m）	5.00	填料内摩擦角 φ（°）	35
墙面坡度	1：0.25	填料与墙背摩擦角 δ	$\varphi/2$
墙背坡度	1：0.25	基础顶面埋深（m）	0.80
砌筑材料	M5 浆砌 MU50 片石	地基土类别重度 γ_J（kN/m³）	密实砂类土 21
砌筑材料的重度 γ_t（kN/m³）	23	地基土承载力特征值 f_a（kN）	400
基地坡度 $\tan\alpha_0$	0.20	基底与地基土摩擦系数 μ_1	0.40
圬工砌体间的摩擦系数 μ	0.70	地基土摩擦系数 μ_n	0.80
公路等级及荷载强度		片石砂浆砌体强度设计值	
公路等级	一级	抗压 f_{cd}（MPa）	0.71
汽车荷载标准	公路 - I 级	轴心抗拉 f_{td}（MPa）	0.048
墙顶护栏荷载强度 q_L（kN/m²）	7	弯曲抗拉 f_{tmd}（MPa）	0.072
		直接抗剪 f_{vd}（MPa）	0.120

已建挡土墙的截面基本尺寸见图6-26，试按本细则①的规定对其进行验算。

（二）挡土墙自重及重心计算

取单位墙长（1m），如图6-27虚线所示，将挡土墙截面划分为三部分，截面各部分对应的墙体重量为：

$$G_1 = \gamma_t \times 1.20 \times 5.0 \times 1 = 138.00 \text{kN}$$

$$G_2 = \gamma_t \times 1.50 \times 0.5 \times 1 = 17.25 \text{kN}$$

$$G_3 = \gamma_t \times 1.50 \times 0.29/2 = 5.00 \text{kN}$$

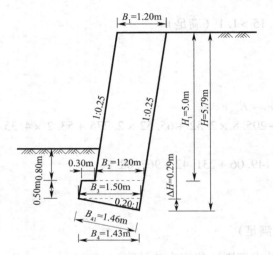

图6-26 挡土墙截面基本尺寸　　　　　图6-27 挡土墙自重及重心计算图式

截面各部分的重心到墙趾（O_1）的距离：

$$Z_1 = 0.3 + 0.5 \times 0.25 + (5 \times 0.25 + 1.2)/2 = 1.65 \text{m}$$

$$Z_2 = 0.5 \times 0.25/2 + 1.5/2 = 0.81 \text{m}$$

$$Z_3 = (1.5 + 1.43)/3 = 0.98 \text{m}$$

单位墙长的自重重力为：

$$G_0 = G_1 + G_2 + G_3 = 160.25 \text{kN}$$

全截面重心至墙趾的距离：

$$Z_0 = (Z_1 \times G_1 + Z_2 \times G_2 + Z_3 \times G_3)/G_0 = 1.54 \text{m}$$

（三）后踵点截面处，墙后填土和车辆荷载所引起的主动土压力计算按本细则表4.2.5的规定，当墙身高度为5m时，附加荷载标准值：

$$q = 16.25 \text{kN/m}^2$$

换算等代均布土层厚度为：

$$h_0 = \frac{q}{\gamma} = \frac{16.25}{19} = 0.86 \text{m}$$

因基础埋置较浅，不计墙前被动土压力。

当采用库仑土压力理论计算墙后填土和车辆荷载引起的主动土压力时候，计算图式如

---

① 本细则系指《公路挡土墙设计与施工技术细则》

图 6-28 所示。

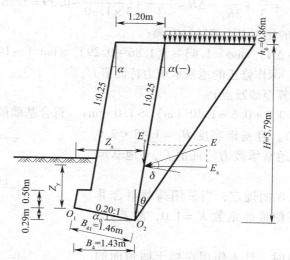

图 6-28　挡土墙土压力计算图式

按本细则附录 A.0.3 条所列土压力计算公式，计算结果如下：

$$\alpha = \arctan\ (-0.25)\ = -14.04°$$

$$\psi = \varphi + \alpha + \delta = 35 - 14.04 + 35/2 = 38.46°$$

$$A = \frac{2dh_0}{H\ (H + 2h_0)} - \tan\alpha$$

因地面与墙顶位于同一水平面上 $d = 0$，故 $A = -\tan\alpha = 0.25$

$$\tan\theta = -\tan\psi + \sqrt{(\cot\varphi + \tan\psi)\ (\tan\psi + A)}$$

$$= -\tan38.46° + \sqrt{(\cot35° + \tan38.46°)\ \times\ (\tan38.46° + 0.25)} = 0.73,$$

$$\theta = 36.11°$$

$$K_a = \cos\ (\theta + \varphi)\ \frac{(\tan\theta + \tan\alpha)}{\sin\ (\theta + \psi)} = \cos\ (36.11° + 35°)\ \times\frac{\tan36.11° - 0.25}{\sin\ (35.11 + 38.46°)} = 0.16$$

$$h_1 = \frac{d}{\tan\theta + \tan\alpha} = 0$$

墙顶至后踵点 (O_2) 的墙背高度为：$H = 5.79\text{m}$

$$K_1 = 1 + \frac{2h_0}{H}\ (1 - \frac{h_1}{H})\ = 1 + \frac{2h_0}{H} = 1 + \frac{2 \times 0.86}{5.79} = 1.30$$

后踵点土压力为：

$$E = \frac{1}{2}\gamma K_a K_1 H^2 = \frac{1}{2} \times 19 \times 0.16 \times 1.30 \times 5.79^2 = 66.24\text{kN/m}$$

单位墙长（1m）上土压力的水平分量：

$$E_x = E \times \cos\ (\alpha + \delta)\ \times 1 = 66.24 \times \cos\ (-14.04° + 17.5°)\ \times 1 = 66.12\text{kN}$$

单位墙长（1m）上土压力的竖直分量：

$$E_y = E \times \sin\ (\alpha + \delta)\ \times 1 = 66.24 \times \sin\ (-14.04° + 17.5°)\ \times 1 = 4.00\text{kN}$$

土压力水平分量的作用点至墙趾的距离：

$$Z_y = \frac{H}{3} + \frac{h_0}{3K_1} - \Delta H = \frac{5.79}{3} + \frac{0.86}{3 \times 1.30} - 0.29 = 1.86\text{m}$$

土压力竖直分量的作用点至墙趾的距离：

$$Z_x = B_4 - (Z_y + \Delta H)\tan\alpha = 1.43 - (1.86 + 0.29) \times \tan(-14.94°) = 1.97\text{m}$$

（四）按基础宽、深作修正的地基承载力特征值 f'_a

基础最小埋深（算至墙趾点）：

$h_{埋} = 0.8 + H_2 = 0.8 + 0.5 = 1.30$（m）$> 1.0$（m），符合基础最小埋深的规定；

但 $h_{埋} < 3.0$（m），且基础宽度 $B_1 = 1.43 < 2.0$（m），所以修正后的地基承载力特征值 f'_a＝地基承载力特征值 f_a。

按本细则表 5.2.8 的规定，当采用荷载组合 Ⅱ 时，地基承载力特征值提高系数 $K = 1.0$，故 $f'_a = 1.0 \times 400 = 400\text{kPa}$

验算地基承载力时，计入作用在挡土墙顶面的护栏荷载强度 q_L 与车辆附加荷载标准值 q，基底应力计算的力系图可参见图 6-29。

（五）基底合力的偏心距检验

按本细则 5.2.1 条的规定：在地基承载力计算力，基础的作用效应取正常使用极限状态下作用效应标准组合。

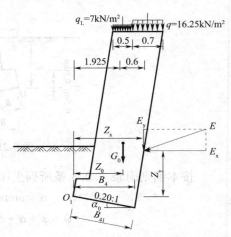

图 6-29　挡土墙基底应力验算力系图

作用于基底形心处的弯矩：

$$M_K = G_0 \times \left(Z_0 - \frac{B_4}{2}\right) + q_L \times 0.5 \times \left(1.925 - \frac{B_4}{2}\right) + q \times 0.7 \times \left(2.525 - \frac{B_4}{2}\right)$$

$$+ E_y\left(Z_x - \frac{B_4}{2}\right) - E_x\left(Z_y + \frac{\Delta H}{2}\right)$$

$$= 160.25 \times \left(1.54 - \frac{1.43}{2}\right) + 7 \times 0.5 \times \left(1.925 - \frac{1.43}{2}\right) + 16.25 \times 0.7 \times \left(2.525\right.$$

$$\left. - \frac{1.43}{2}\right) + 4.00 \times \left(1.97 - \frac{1.43}{2}\right) - 66.12 \times \left(1.86 + \frac{0.29}{2}\right)$$

$$= 29.48\text{kN} \cdot \text{m}$$

作用于倾斜基底的垂直力：

$$N_K = \left[G_0 + (q_L \times 0.5 + q \times 0.7) + E_y\right]\cos\alpha_0 + E_x\sin\alpha_0$$

$$= \left[160.25 + (7 \times 0.5 + 16.25 \times 0.7) + 4.00\right] \times \cos11.31° + 66.12 \times \sin11.31°$$

$$= 188.61\text{kN}$$

倾斜基底合力的偏心距为：

$$e_0 = \left|\frac{M_K}{N_K}\right| = \left|\frac{29.48}{188.61}\right| = 0.156\text{（m）} < \frac{B_{41}}{6} = \frac{1.46}{6} = 0.243\text{m}$$

偏心距验算符合本细则表 5.2.4 及公式（5.2.2-4）的规定。

（六）地基承载力验算

由本细则公式（5.2.2）可算得：

$$p_{max} = \frac{N_K}{B_{41}} \left(1 + \frac{6e_0}{B_{41}}\right) = \frac{188.61}{1.46} \times \left(1 + 6 \times \frac{0.156}{1.46}\right) = 212.00 \text{kPa}$$

$$p_{min} = \frac{N_K}{B_{41}} \left(1 - \frac{6e_0}{B_{41}}\right) = \frac{188.61}{1.46} \times \left(1 - 6 \times \frac{0.156}{1.46}\right) = 46.37 \text{kPa}$$

基底最大压应力与地基承载力特征值比较：

$$p_{max} = 212.00 \text{kPa} < f'_a = 400 \text{kPa}$$

地基承载力验算通过。

（七）挡土墙及基础沿基底平面、墙踵处地基水平面的滑动稳定验算

按本细则 5.2.1 条规定：计算挡土墙及地基稳定时，荷载效应应按承载能力极限状态下的作用效应组合。

（1）沿基底平面滑动的稳定性验算（图 6-30）

不计墙前填土的被动土压力，即 $E_p = 0$，计入作用于墙顶的护栏重力。

①滑动稳定方程

应符合：

$$[1.1G + \gamma_{Q1}(E_y + E_x \tan\alpha_0)]\mu_1 + (1.1G + \gamma_{Q1}E_y)$$
$$\tan\alpha_0 - \gamma_{Q1}E_x > 0$$

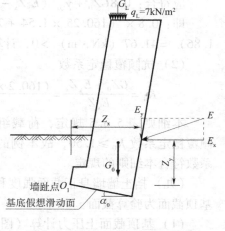

图 6-30 沿挡土墙基底平面滑动
稳定性验算图式

按表 1-4 规定，土压力作用的综合效应增长对挡土墙结构起不利作用时，$\gamma_{Q1} = 1.4$，则有：

$$[1.1 \times (160.25 + 7 \times 0.5) + 1.4 \times (4.00 + 66.12 \times 0.2)] \times 0.4 + [1.1 \times (160.25 + 7 \times 0.5) + 1.4 \times 4.00] \times 0.2 - 1.4 \times 66.12 = 26.28 \text{kN} > 0$$

符合沿基底倾斜平面滑动稳定方程的规定。

②抗滑动稳定系数

$$N = G_0 + E_y + q_L \times 0.5 = 160.25 + 4.00 + 7 \times 0.5 = 167.75 \text{kN}$$

$$K_c = \frac{(N + E_x \tan\alpha_0)\mu_1}{E_x - N\tan\alpha_0} = \frac{(167.75 + 66.12 \times 0.2) \times 0.4}{66.12 - 167.75 \times 0.2} = 2.22$$

本细则表 5.3.5 规定，荷载组合 II 时，抗滑动稳定系数 $K_c > 1.3$，故本例沿倾斜基底的抗滑动稳定系数，符合本细则的规定。

（2）沿过墙踵点水平面滑动稳定性验算（见图 6-31）

计入倾斜基底与水平滑动面之间的土楔的重力 ΔN，砂性土黏聚力 $c = 0$。

$$\Delta N = 1.43 \times 0.29 \times 21/2 = 4.35 \text{kN}$$

①滑动稳定方程

应符合：$(1.1G + \gamma_{Q1}E_y)\mu_n - \gamma_{Q1}E_x > 0$

即：$[1.1 \times (160.25 + 7 \times 0.5 + 4.35) + 1.4 \times 4.00] \times 0.8 - 1.4 \times 66.12 = 59.84 \text{kN} > 0$

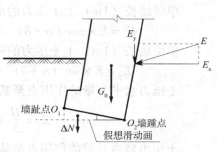

图 6-31 沿墙踵点水平面滑动
稳定性验算图式

计算结果符合滑动稳定方程的规定。

②抗滑动稳定系数

$$K_c = \frac{(N + \Delta N)\ \mu_n}{E} = \frac{(160.25 + 7 \times 0.5 + 4.00 + 4.35)\ \times 0.8}{66.12} = 2.08 > 1.3$$

符合本细则抗滑动稳定系数的规定。

（八）挡土墙绕墙趾点的倾覆稳定验算

不计墙前填土的被动土压力。

（1）倾覆稳定方程

应符合：$0.8GZ_0 + \gamma_{Q1}\ (E_yZ_x - E_xZ_y) > 0$

即：$0.8 \times (160.25 \times 1.54 + 7.0 \times 0.5 \times 1.925) + 1.4 \times (4.00 \times 1.97 - 66.12 \times 1.86) = 41.67$（kN·m）$> 0$，计算结果符合倾覆稳定方程的规定。

（2）抗倾覆稳定系数

$$K_0 = \frac{GZ_0 + E_yZ_x}{E_xZ_y} = \frac{(160.2 \times 1.54 + 7 \times 0.5 \times 1.925)\ + 4.00 \times 1.97}{66.12 \times 1.86} = 2.06$$

本细则表 5.3.5 规定，荷载组合Ⅱ时，抗倾覆稳定系数 $K_0 \geqslant 1.50$，故本例的抗倾覆稳定系数符合本细则的规定。

（九）挡土墙墙身正截面强度和稳定验算取基顶截面为验算截面。

（1）基顶截面土压力计算（图 6-32）

由墙踵点土压力的计算结果：$K_a = 0.16$，$h_0 = 0.86$m；

基顶截面宽度：$B_s = B_2 = 1.20$m；

基顶截面处的计算墙高为：$H = 5.0$m。

按：$K_1 = 1 + \dfrac{2h_0}{H} = 1 + \dfrac{2 \times 0.86}{5} = 1.34$

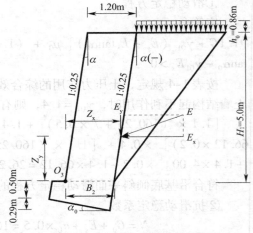

图 6-32　基顶截面土压力计算图式

基顶处的土压力为：

$$E = \frac{1}{2}\gamma K_a K_1 H^2 = \frac{1}{2} \times 19 \times 0.16 \times 1.34 \times 5^2$$
$$= 50.92\text{kN/m}$$

单位墙长（1m）上土压力的水平分量：

$$E_x = E \times \cos\ (\alpha + \delta)\ = 50.92 \times \cos\ (-14.04° + 17.5°)\ = 50.83\text{kN}$$

单位墙长（1m）上土压力的竖直分量：

$$E_y = E \times \sin\ (\alpha + \delta)\ = 50.92 \times \sin\ (-14.04° + 17.5°)\ = 3.07\text{kN}$$

土压力水平分量的作用点至基顶截面前缘的力臂长度：

$$Z_y = \frac{H}{3} + \frac{h_0}{3K_1} = \frac{5.00}{3} + \frac{0.86}{3 \times 1.34} = 1.88\text{m}$$

土压力竖直分量的作用点至基顶截面前缘的力臂长度：

$$Z_x = B_S - Z_y\tan\alpha = 1.20 - 1.88 \times \tan\ (-14.04°)\ = 1.67\text{m}$$

（2）基顶截面偏心距验算

截面宽度：$B_s = B_2 = 1.20m$

取单位墙长（1m），基顶截面以上墙身自重：$N_s = G_1 = 138.00kN$

墙身重心至验算截面前缘力臂长度：

$$Z_s = (B_s - H_1\tan\alpha) / 2 = [1.2 - 5\times\tan(-14.04°)] / 2 = 1.23m$$

墙顶防撞护栏重量换算集中力：$N_L = q_L\times 0.5 = 7\times 0.5 = 3.50kN$

护栏换算集中力至验算截面前缘的力臂长度：$Z_L = 0.25 - H_1\tan\alpha = 1.50m$

$$N_G = N_s + N_L = 138 + 3.5 = 141.50kN, \quad N_{Q1} = E_y = 3.07kN$$

按承载能力极限状态计算，查表6.3.5-1取综合效应组合系数 $\psi_{zc} = 1.0$，并按表1-4的规定，取荷载分项系数 $\gamma_G = 1.2$，$\gamma_{Q1} = 1.4$，截面形心上的竖向力组合设计值为：

$$N_d = \psi_{ac}(\gamma_G N_G + \gamma_{Q1} N_{Q1}) = 1.0\times(1.2\times 141.5 + 1.4\times 3.07) = 174.10kN$$

基底截面形心处，墙身自重及护栏重量作用的力矩：

$$M_G = N_s\left(Z_s - \frac{B_s}{2}\right) + N_L\left(Z_L - \frac{B_s}{2}\right)$$

$$= 138\times(1.23 - 0.6) + 3.5\times(1.5 - 0.6) = 90.09kN\cdot m$$

基底截面形心处，土压力作用的力矩：

$$M_E = E_y\left(Z_x - \frac{B_s}{2}\right) - E_x Z_y = 3.07\times(1.67 - 0.6) - 50.83\times 1.88 = -92.28kN\cdot m$$

按本细则表4.1.7的规定，分别取作用分项系数：$\gamma_G = 0.9$，$\gamma_{Q1} = 1.4$

根据本细则表6.3.5-1的规定，取综合效应组合系数 ψ_{zc} 为1.0。

截面形心上的总力矩组合设计值：

$$M_d = \psi_{zc}(\gamma_G M_G + \gamma_{Q1} M_E) = 0.9\times 90.09 + 1.4\times(-92.28) = -48.11kN\cdot m$$

查本细则表6.3.6得合力偏心距容许限值为：$[e_0] = 0.25B_s = 0.25\times 1.2 = 0.3m$

截面上的轴向力合力偏心距：$e_0 = \left|\dfrac{M_d}{N_d}\right| = \left|\dfrac{-48.11}{174.10}\right| = 0.28m < 0.3m$

符合偏心距验算要求，应按本细则公式（6.3.8-1）验算受压构件墙身承载力。

（3）截面承载力验算

由前计算结果知，作用于截面形心上的竖向力组合设计值为：$N_d = 174.10kN$

按本细则表3.1.5的规定，本挡墙之结构重要性系数为：$\gamma_0 = 1.0$

查本细则表6.3.8得长细比修正系数：$\gamma_\beta = 1.3$

由本细则公式（6.3.8-3）计算构件的长细比：$\beta_s = 2\gamma_\beta H/B_s = 2\times 1.3\times 5.0/1.2 = 10.83$

按本细则6.3.8条规定：$\alpha_s = 0.002$，$\dfrac{e_0}{B_s} = \dfrac{0.28}{1.2} = 0.23$

由公式（6.3.8-1）得构件轴向力的偏心距 e_0 和长细比 β_s 对受压构件承载力的影响系数：

$$\psi_k = \frac{1 - 256\left(\dfrac{e_0}{B_s}\right)^8}{1 + 12\left(\dfrac{e_0}{B_s}\right)^2}\times\frac{1}{1 + \alpha_s\beta_s(\beta_s - 3)\left[1 + 16\left(\dfrac{e_0}{B_s}\right)^2\right]}$$

$$= \frac{1 - 256 \times 0.23^8}{1 + 12 \times 0.23^2} \times \frac{1}{1 + 0.002 \times 10.83 \times (10.83 - 3) \times [1 + 16 \times 0.23^2]}$$

$$= 0.47$$

$A = 1.0 \times B_s = 1.2 \text{m}^2$，由基本资料知：

$$f_{cd} = 0.71 \text{MPa} = 710 \text{kN/m}^2$$

墙身受压构件抗力效应设计值：

$$\psi_k A f_{cd} = 0.47 \times 1.2 \times 710 = 400.44 \text{kN}$$

因此 $\gamma_0 N_d = 1.0 \times 174.10 = 174.10 \text{kN} < 400.44 \text{kN}$，符合本细则公式（6.3.8 − 1）的规定，所以截面尺寸满足承载力验算要求。

（4）正截面直接受剪验算

按本细则 6.3.12 条的规定，要求：

$$\gamma_0 V_d \leqslant A f_{vd} + \alpha \mu N_{Gd}$$

计算截面上的剪力组合设计值：

$$V_d = \gamma_{Q1} E_x = 1.4 \times 50.83 = 71.16 \text{kN}$$

$$N_{Gd} = \psi_{zc} (\gamma_G N_G + \gamma_{Q1} N_{Q1}) = 1.0 \times (0.9 \times 141.5 + 1.0 \times 3.07) = 130.42 \text{kN}$$

由基础资料得：

$$f_{vd} = 0.120 \text{MPa} = 120 \text{kN/m}^2, \quad f_{cd} = 0.71 \text{MPa} = 710 \text{kN/m}^2$$

又：

$$A = 1.0 \times B_s = 1.2 \text{m}^2$$

可计算得到轴压比为：

$$N_{Gd} / f_{cd} A = 130.42 / (710 \times 1.2) = 0.15$$

由本细则表 6.3.12 得：

$$\alpha \mu = 0.16$$

$$A f_{vd} + \alpha \mu N_{Gd} = 1.2 \times 120 + 0.16 \times 130.42 = 164.87 \text{kN} > 71.16 \text{kN}$$

符合正截面直接受剪验算要求。

第七章　短卸荷板式挡土墙设计

第一节　概述

卸荷板式挡土墙是指在重力墙背适当高度处设置卸荷平台或卸荷板，达到减少墙背土压力和增加稳定力矩的效果，以填土重量和墙身自重共同抵抗土体侧压力的挡土结构。

卸荷板就是一定长度的钢筋混凝土板。它将墙后的土体分为上、下两部分：上部分土体可作墙身的重量；而下部分土体由于卸荷板隔帘作用，使作用于下墙背的土压力大大减少。由此可知，卸荷板的作用就是减少墙背土压力和增加稳定力矩，从而达到降低墙体坍工的目的。

根据卸荷板的长度、形状等可分为：短卸荷板式挡土墙、长卸荷板式挡土墙，拉杆卸荷板柱板式挡土墙、"一"字形卸荷板式挡土墙、"人"形卸荷板式挡土墙、卸荷板－托盘式路肩挡土墙等（图7-1）。

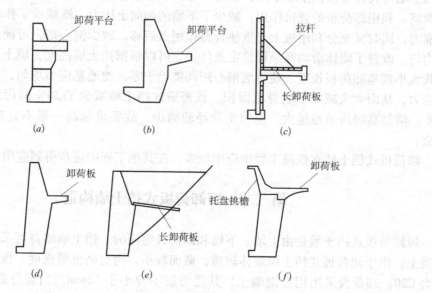

图 7-1　各种类型的卸荷板式挡土墙

（a）卸荷板重力式码头；（b）混合式坞墙；（c）拉杆卸荷板柱板式挡土墙；（d）短卸荷板路肩挡土墙；（e）长卸荷板路肩挡土墙；（f）短卸荷板－高托盘路肩挡土墙

卸荷板挡土墙土压力分布如图7-2所示，上墙土压力分布同重力式挡土墙，下墙受卸荷板影响，土压力减小，土压力合力作用点下降。卸荷效应随卸荷板长度增长而增大。当卸荷平台宽度在破裂面以内时，该挡土结构称为短卸荷板挡土墙，其土压力分布如图7-2（a）所示；当卸荷平台宽度在破裂面附近时，其土压力分布如图7-2（b）所示；当卸荷平台宽度超出通过墙踵部与水平线成φ角的直线以外时，该挡土结构称为长卸荷板挡土墙，此时下墙背土压力不受上墙填料的影响，其土压力分布如图7-2（c）所示。

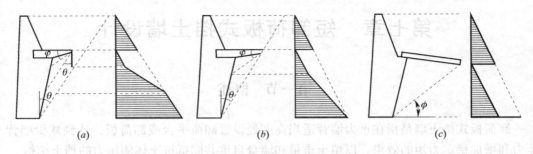

图7-2　卸荷板式挡土墙土压力分布图

根据图7-2卸荷板挡土墙土压力分布图形及有关卸荷板挡土墙模型试验资料分析，卸荷板长度影响卸荷板挡土墙受力状态。板越短，下墙土压力越大，板上垂直压力越小；板越长，下墙土压力越小，板上垂直压力越大，板长大于某一长度时，板底出现垂直压力，也就是说，长卸荷板挡土墙下墙背土压力仍然要受上墙填料的一定影响。长卸荷板挡土墙具有较大的负偏心，使墙踵应力墙大，当基底承载力较低时，需加宽挡土墙基础。短卸荷板挡土墙与长卸荷板挡土墙不同，它的末端在下墙土体破裂面以内，可以在一定范围内任意调整。利用卸荷板的遮帘作用，减少了下墙的侧向土压力、既减少了作用于挡土墙上水平推力，同时又充分利用板上土重使合力作用点后移。减少偏心矩，可使地基应力分布更加均匀。改善了墙体滑动及倾覆稳定条件。它可以根据挡土墙高度，填土材料特征，上部荷载大小调整卸荷板长度，使基底偏心矩调整趋于零，使地基应力均匀，充分利用地基承载能力，从而大大减少了墙身截面积。较衡重式挡土墙减少了30%的圬工，降低造价约20%。墙越高经济效益越大，但因实践经验尚少，故要求墙高一般不宜超过12m以保证安全。

卸荷板式挡土墙在铁路工程中应用较多。在其他工程中逐步得到应用。

第二节　短卸荷板式挡土墙构造

短卸荷板式挡土墙是由上墙、下墙和卸荷板组成的。挡土墙墙身可采用片石混凝土或混凝土。由于卸荷板式挡土墙墙体较薄，截面较小，为提高抗剪强度，推荐混凝土强度等级为C20。卸荷板采用钢筋混凝土，其受力筋不应小于12mm。当墙身截面强度控制时，提高材料强度比增加墙体的体积更经济。

上、下墙的高度比宜为4:6。

由于短卸荷板式挡土墙较薄，尤其是卸荷板与上墙底部及下墙的顶部的接触面处墙身更为薄弱，同时又存在应力集中，所以除了满足强度检算要求外，在构造上应采取下列措施：

1. 卸荷板与上墙接触面，沿纵向每隔30~40cm插入长度为35cm的短钢筋，以增加接触面的抗剪强度；

2. 卸荷板插入端上、下应垫以20cm厚的钢筋混凝土垫板，长度可为卸荷板伸入墙体的 2/3，采用构造钢筋纵向布置。

短卸荷板式挡土墙顶宽度不应小于 0.4m。路肩挡土墙顶部应设置帽石，帽石应采用混凝土制作，其厚度应不小于 0.4m，宽度不小于 0.6m，飞檐宽度应为 0.1m。

卸荷板顶面高度处墙体应设置一排向墙外坡度不小于 40% 的泄水孔。

第三节 短卸荷板式挡土墙设计

一、受力分析

1. 设计荷载

《铁路路基支挡结构设计规范》TB 10025—2006 规定：作用在短卸荷板式挡土墙的荷载力系，同重力式挡土墙，参见表 6-5 及对组合的相应规定。

2. 土压力计算

卸荷板式挡土墙上的土压力计算方法主要有力多边形法、延长墙背法和校正墙背法。经试验及研究表明：力多边形法考虑了上墙对下墙土压力的影响，理论上较为严谨，而延长墙背法和校正墙背法误差较大，未考虑上墙对下墙土压力的影响，而且墙踵和卸荷板末端连线与下墙实际墙背间的一块土体无法考虑。土压力分布的规律为上下两头小，中间大，作用点位置约为下墙高度的 0.52 倍左右，考虑到力作用点对挡土墙的倾覆稳定、偏心矩和基底应力均有较大影响，研究成果建议短卸荷板式挡土墙下墙土压力强度按矩形分布，作用点位置为下墙墙高的二分之一处，这样既接近实际情况，又简化计算过程。

在设计中土压力可按以下方法计算：作用在墙背上的主动土压力可按库仑理论计算，其中上墙可按第二破裂面法计算，两破裂面交点在短卸荷板悬臂端；下墙可按力多边形法计算，土压力强度按矩形分布，作用点为墙高的二分之一处（图 7-3）。按上述计算方法分别计算出上、下土压力，叠加后成为全墙土压力。

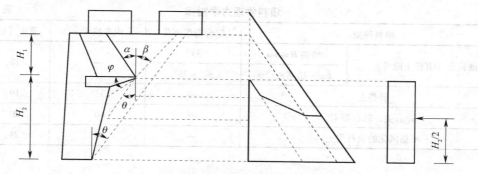

图 7-3 土压力强度分布及作用点位置图示

计算作用于短卸荷板上的竖向压力时，可先计算第二破裂面上的竖向分力，短卸荷板承受其长度相应部分投影的应力；再计算第二破裂面以下的土体重量，两者叠加则为短卸荷板的竖向压力，在板上按均匀分布，如图 7-4 所示。

土与墙背间的摩擦角 δ，可按表 7-1 所列数值选取。

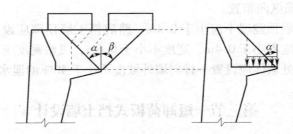

图 7-4 短卸荷板上的竖向压力及分布图示

α—上墙第二破裂角；β—上墙第一破裂角

土与墙背间的摩擦角 δ　　　　　　　　表 7-1

墙身材料 \ 墙背土	岩块及粗粒土	细粒土
混凝土	$\frac{1}{2}\varphi$	$\frac{1}{2}\varphi_0$
石砌体	$\frac{1}{2}\varphi$	$\frac{1}{2}\varphi_0$
第二破裂面或假想墙背体	φ	φ_0

注：1. φ 为土的内摩擦角，φ_0 为土的综合内摩擦角；

　　2. 计算墙背摩擦角 $\delta > 30°$ 时仍采用 30°。

墙背填料的物理力学指标，应根据试验资料确定。当填料为黏性土时，应通过试验测定其力学指标 c、φ，然后通过抗剪强度相等的原则，换算综合内摩擦角来代替其内摩擦角和黏聚力，换算方法可采用以下公式：

$$\varphi_0 = \tan^{-1}\left[\tan\varphi + \frac{2c}{\gamma H}\right] \tag{7-1}$$

当墙背填料的物理力学指标无试验数据时，可按表 7-2 选用综合内摩擦角。

填料物理力学指标　　　　　　　　表 7-2

填料种类		综合内摩擦角	内摩擦角 φ	重度（kN/m³）
细粒土（有机土除外）	墙高 $H \leq 6m$	35°	—	18，19
	6m < 墙高 ≤ 12m	30° ~ 35°		
砂类土		—	35°	19，20
碎石类，砾石类土		—	40°	20，21
不易风化的块石类土		—	45°	21，22

二、全墙稳定性检算

1. 抗滑稳定检算

挡土墙沿基底的抗滑动稳定系数 K_c，应分别按下列公式计算：

非浸水

$$K_c = \frac{[\sum N + (\sum E_x - E'_x)\tan\alpha_0]\cdot f + E'_x}{\sum E_x - \sum N \cdot \tan\alpha_0} \geq 1.3 \tag{7-2}$$

浸水

$$K_c = \frac{(\sum N - \sum N_w + \sum E_x \cdot \tan\alpha_0) \cdot f}{\sum E_x - (\sum N - \sum N_w) \cdot \tan\alpha_0} \geqslant 1.3 \quad (7\text{-}3)$$

式中　$\sum N$——作用于基底上的总垂直力（kN）；

　　　$\sum E_x$——墙后主动土压力的总水平分力（kN）；

　　　E'_x——墙前土压力的水平分力（kN）；

　　　$\sum N_w$——墙身的总浮力（kN）；

　　　α_0——基底倾斜角（°）；

　　　f——基底与地层间摩擦系数。

当为倾斜基底时，应检算沿地基水平方向的滑动稳定性。基底下有软弱土层时，应检算该土层的滑动稳定性。

基底与地层间的摩擦系数，宜根据试验资料确定。在有经验时，也可采用表 2-15 所列值。

2. 抗倾覆稳定性检算

抗倾覆稳定系数 K_0 按下式计算：

$$K_0 = \frac{\sum M_y}{\sum M_0} \leqslant 1.6 \quad (7\text{-}4)$$

式中　$\sum M_y$——稳定力系对墙趾的总力矩（kN·m）；

　　　$\sum M_0$——倾覆力系对墙趾的总力矩（kN·m）。

当计入附加力时，K_c 不应小于 1.2，K_0 不应小于 1.4。架桥机等运架设备临时荷载作用下，K_c 不应小于 1.05，K_0 不应小于 1.1。

当墙背填料的物理力学指标缺少试验数据时，可按表 3-2 选用内摩擦角或综合内摩擦角，稳定系数应根据填料黏聚力和墙高按表 7-3 取值。

稳定系数取值　　　　　　　　　　　　　　　　　表 7-3

墙高（m）稳定系数 黏聚力（kPa）	$6 < H \leqslant 10$		$10 < H \leqslant 12$	
	K_c	K_0	K_c	K_0
$c \leqslant 5.0$	1.30 ~ 1.40	1.60 ~ 1.70	1.40 ~ 1.45	1.60 ~ 1.75
$5.0 < c \leqslant 10.0$	1.30 ~ 1.50	1.60 ~ 1.80	1.50 ~ 1.60	1.80 ~ 1.90
$10.0 < c \leqslant 15.0$	1.30 ~ 1.60	1.60 ~ 1.90	1.60 ~ 1.75	1.90 ~ 1.95

注：1. 相同填料，稳定系数应随墙高增大而增大；
　　2. 当无黏聚力实测值时，可根据填料的分类取值，即 A 组填料取小值、B 组填料取中值、C 组填料取大值。

三、地基安全检算

1. 基底合力偏心矩检算

挡土墙基底合力偏心矩应按下式计算：

$$e = \frac{B}{2} - c = \frac{B}{2} - \frac{\sum M_y - \sum M_0}{\sum N} \quad (7\text{-}5)$$

式中　e——基底合力偏心距（m）：当为倾斜基底时，为倾斜基底的偏心距；土质地基不应大于 $B/6$，岩石地基不应大于 $B/4$；

B——基底宽度（m），倾斜基底为其斜宽；

c——作用于基底上的垂直分力对墙趾的力臂（m）；

$\sum N$——作用于基底上的总垂直力（kN）。

当为倾斜基底时，作用于其上的总垂直力为

$$\sum N' = \sum N \cdot \cos\alpha_0 + \sum E_x \cdot \sin\alpha_0 \tag{7-6}$$

对于短卸板式挡土墙此项检算可以不作。

2. 基底压应力强度检算

基底压应力应按下列公式计算

当 $|e| \leqslant \dfrac{B}{6}$ 时，$\sigma_{1,2} = \dfrac{\sum N}{B}\left(1 \pm \dfrac{6e}{B}\right)$ \tag{7-7}

当 $e > \dfrac{B}{6}$ 时，$\sigma_1 = \dfrac{2\sum N}{3c}$，$\sigma_2 = 0$ \tag{7-8}

当 $e < -\dfrac{B}{6}$ 时，$\sigma_1 = 0$，$\sigma_2 = \dfrac{2\sum N}{3(B-c)}$ \tag{7-9}

式中　σ_1——挡土墙趾部的压应力（kPa）；

σ_2——挡土墙踵部的压应力（kPa）。

基底平均应力不应大于基底的容许承载力 $[\sigma]$。

四、结构设计

《铁路路基支挡结构设计规范》规定：短卸荷板挡土墙可按容许应力法设计。

（一）短卸荷板

短卸荷板长度和截面尺寸，应通过试算确定，使基底应力分布均匀，同时满足墙身截面的强度检算要求。卸荷板采用钢筋混凝土，其插入端长度一般宜控制在上墙底宽的 1/2 ~2/3，配筋设计可按悬臂梁结构计算。

（二）上下墙墙身

1. 墙身截面强度检算位置

短卸荷板式挡土墙上下墙之间，即卸荷板处墙身截面变化较大，是这种墙型的薄弱截面。卸荷板固定端上方的一段及下方靠墙背处应力水平很高、变化快。因此在设计时，应对上下墙之间墙身截面进行强度检算，截面强度检算的位置可按图 7-5 所示选取，检算 I – I、II – II 截面的法向拉应力和水平剪应力；III – III、IV – IV、V – V 斜截面的剪应力。此外，尚应检算台阶上部墙身截面的法向拉应力和水平剪应力。

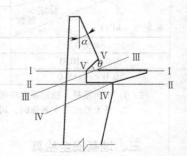

图 7-5　上下墙之间截面
强度检算位置

2. 上墙墙背的土压力

由于卸荷板挡土墙达到主动极限状态时，上墙产生第二破裂面，该破裂面与上墙墙背间的一块土体位移很少，始终不可能达到主动极限状态，因此上墙墙背承受的土压力是大于主动土压力的。根据有关研究结果，上墙承受的土压力是介于主动土压力与静止土压力之间，一般为主动土压力的 1.27~1.43。为简化计算，在墙身截面强度检算中所需的上墙墙背的水平土压力，按实际墙背用库仑公式的计算值乘以 1.4 的系数计算；考虑到此时墙背摩擦力不能充分发挥和偏于安全起见，竖向土压力可不乘系数。

3. 墙身截面强度检算

（1）法向应力检算

如图 7-6 所示，截面 Ⅰ–Ⅰ 以上主动土压力 E 的水平及垂直分力分别为 E_{1x} 及 E_{1y} 墙身自重为 W_1，截面偏心距为

$$e_1 = \frac{B_1}{2} - Z_{1N} = \frac{B_1}{2} - \frac{W_1 Z_{1w} + E_{1y} Z_{1y} - E_{1x} Z_{1x}}{W_1 + E_{1y}} \quad (7\text{-}10)$$

式中　B_1——计算截面的宽度（m）；

　　　Z_{1N}——作用于计算截面上的合力的法向分力 N_1 对

　　　　　O_1 点的力臂（m）。

当 $e_1 \leqslant B_1/6$ 时，截面上的法向应力为

$$\sigma_{1,2} = \frac{W_1 + E_{1y}}{B_1} \left(1 \pm \frac{6e_1}{B_1}\right) \leqslant [\sigma_a] \quad (7\text{-}11)$$

当 $e_1 > B_1/6$ 时，截面上出现拉应力

$$\sigma_1 = \frac{W_1 + E_{1y}}{B_1} \left(1 - \frac{6e_1}{B_1}\right) \leqslant [\sigma_1] \quad (7\text{-}12)$$

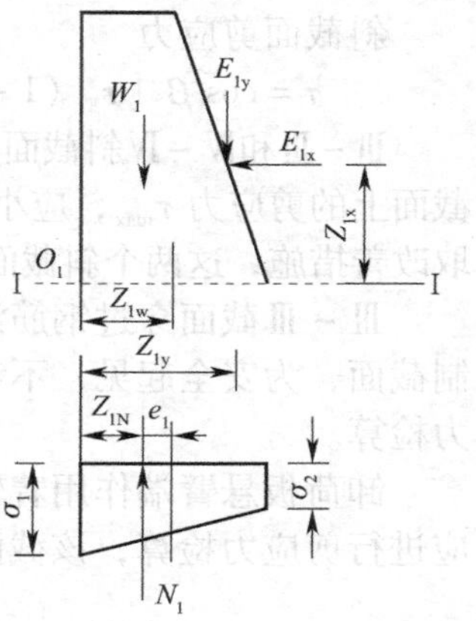

图 7-6　截面法向应力计算图式

式中　$[\sigma_a]$，$[\sigma_1]$——墙身砌体容许拉应力、压应力。

当拉应力超过砌体或混凝土容许拉应力时，需修改截面尺寸。如果 Ⅰ–Ⅰ 截面不能通过，则放缓上墙墙背坡度，如果 Ⅱ–Ⅱ 截面不能通过，则放缓下墙墙背坡度。应注意 Ⅰ–Ⅰ 截面承受的土压力是上墙实际墙背承受的土压力，而 Ⅱ–Ⅱ 截面承受的土压力则是第二破裂面上的土压力，但如果这个土压力小于实际墙背上的土压力，为安全起见，则仍用实际墙背上的土压力。

（2）剪应力检算

① 水平方向的剪应力

$$\tau = \frac{E_{1x}}{B_1} \leqslant [\tau] \quad\quad\quad\quad (7\text{-}13)$$

式中　$[\tau]$——墙身圬工的容许剪应力。

② 斜截面剪应力

如图 7-7 所示，上墙卸荷平台处沿倾斜方向被剪裂，裂缝与水平面成 β 角，剪裂面上的作用力为上墙主动土压力的水平分力 E_{1x} 和竖直力（$W_1 + W_2 + E_{1y}$）在该面上的切向分力 P_E 和 P_W。最大剪应力 τ 可由 τ 对 β 求导等于零导出。

$$\tan\beta = -A \pm \sqrt{A^2 + 1} \quad (7\text{-}14)$$

$$A = \frac{\tau_y - \tau_x - \tau_w \tan\alpha}{\tau_x \tan\alpha - \tau_w} \quad (7\text{-}15)$$

$$\tau_x = \frac{E_{1x}}{B}$$

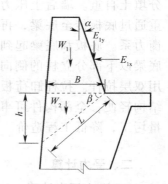

图 7-7　斜截面剪应力计算图式

$$\tau_w = \frac{E_{1y} + W_1}{B}$$

$$\tau_\gamma = \frac{1}{2}\gamma \cdot B$$

式中　γ——墙身圬工的重度。

斜截面剪应力

$$\tau = \cos^2\beta \left[\tau_x \left(1 - \tan\alpha\tan\beta\right) + \tau_w \tan\beta \left(1 - \tan\alpha\tan\beta\right) + \tau_\gamma \tan^2\beta \right] \leqslant [\tau] \quad (7\text{-}16)$$

Ⅲ－Ⅲ和Ⅳ－Ⅳ斜截面剪应力的检算，先求最危险截面与水平面的夹角β，然后求出该斜截面上的剪应力τ_{max}，应小于或等于墙身圬工的容许剪应力$[\tau]$，如不满足强度要求，则采取改善措施，这两个斜截面上承受的外力分别为检算Ⅰ－Ⅰ和Ⅱ－Ⅱ截面时的土压力。

Ⅲ－Ⅲ截面穿过钢筋混凝土卸荷板侵入墙体，考虑到板的厚度较小，该斜截面又是控制截面，为安全起见，不考虑钢筋混凝土的容许剪应力，全部截面按墙体圬工的容许剪应力检算。

卸荷板悬臂端作用着较大的竖直压力，上墙经卸荷板固定端部为起点的斜截面Ⅴ－Ⅴ应进行剪应力检算，该截面与水平面成θ角，θ可由下式确定

$$\tan\theta = \tan\alpha \pm \sqrt{\tan^2\alpha + 1} \quad (7\text{-}17)$$

式中　α——上墙墙背倾角。

第四节　拉杆卸荷板柱板式挡土墙的设计

一、结构特点

拉杆卸荷板柱板式挡土墙是由立柱、挡板、底梁、卸荷板、拉杆、槽形基座及金属插销等构件拼装而成，如图7-8所示，底梁的一端支承在立柱牛腿上。

在牛腿和底梁的预留孔眼中用金属插销连接固定。把钢拉杆的上下端分别与立柱、底梁的预埋伸出钢筋相焊接，使立柱、底梁、拉杆三者构成一个三角形框架，并在立柱之间设挡板，用以挡住墙后填土。在底梁上铺设底板（卸荷板），以承受底梁以上一部分填土自重。墙后土压力通过挡板传至立柱，填土自重通过底板传至底梁，再通过拉杆传至立柱，构成平衡力系。底板和底梁起到卸荷平台的作用，并可减少底梁以下部分立柱的侧向土压力。当墙身较高时可采用双层拉杆。拉杆卸荷板柱板式挡土墙的主要优点是结构轻便，全部构件可事先预制，拼装快，能节省大量圬工，降低工程造价。

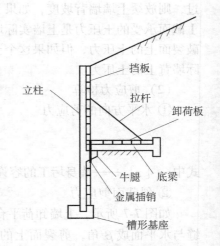

图7-8　拉杆卸荷板柱板式挡土墙结构示意图

二、受力计算

（一）土压力计算

将底梁以上称为上墙，底梁以下称为下墙。上墙土压力按第二破裂面法计算，下墙按

实际墙背法计算。计算下墙土压力时，应根据底梁以下的地基情况而定，可近似按以下两种情况考虑：

（1）当底梁以下为比较坚硬的天然地基时，可不考虑底梁以上的超载作用，下墙的侧压力按无超载的垂直墙计算，墙高从底梁算起，其土压力分布如图7-9（a）所示，应力图形为三角形分布，底梁处应力为零。

（2）当底梁置于填土或非岩石地基上，施工后底梁有可能发生少许沉降时，计算下墙土压力应考虑底梁以上土体的超载作用，根据实测试验资料，传到下墙的超载 ΔG 约相当于底梁以上土柱重量 G 的 $10\% \sim 40\%$，即

$$\Delta G = G - 2P_z = m \cdot G \qquad (7-18)$$

式中　G——底梁承受的土体自重（kN）；

　　　P_z——拉杆承受拉力的垂直分力（kN）；

　　　m——传递系数，约（$0.1 \sim 0.4$）。

设计时应先假定一个 m 值，按下式求出传递到下墙的超载 ΔG 的换算土柱高 h_0 和下墙的侧压应力，如图7-9（b）所示。

$$h_0 = \frac{mG}{l\gamma} \qquad (7-19)$$

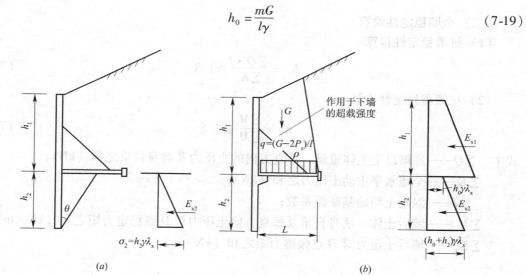

图7-9　拉杆卸荷板柱板式挡土墙墙背土压力分布图

下墙顶部的侧压应力

$$\sigma_1 = h_0 \gamma \lambda_x \qquad (7-20)$$

下墙底部的侧压应力

$$\sigma_2 = (h_0 + h_2) \gamma \lambda_x \qquad (7-21)$$

根据所计算的上下墙土压力，按图7-10（b）所示解三弯矩方程求出立柱上支点反力。由拉杆所在处支点反力 R_C，按图7-10（b）求出 P_y 值。给定不同的 m 值，经过多次试算，使其满足式（7-18）。

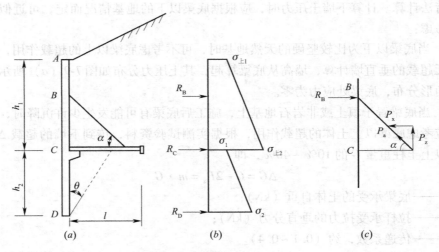

图 7-10　立柱及拉杆计算图

（a）拉杆卸荷板柱板式挡墙结构示意；（b）立柱支点反力计算；（c）拉杆受力计算

（二）全墙稳定性检算

（1）抗滑稳定性检算

$$K_C = \frac{\sum Q \cdot f}{\sum E_x} \geqslant 1.3 \qquad (7-22)$$

（2）抗倾覆稳定性检算

$$K_0 = \frac{\sum M_y}{\sum M_o} \geqslant 1.5 \qquad (7-23)$$

式中　$\sum Q$——底梁以上土体重量、垂直方向的土压力及墙身自重之和（kN）；

　　　$\sum E_x$——全墙水平主动土压力之和（kN）；

　　　f——混凝土与地基摩擦系数；

　　　$\sum M_y$——墙后土体、墙身自重及垂直方向土压力对 D 点稳定力矩之和（kN·m）；

　　　$\sum M_o$——墙后土压力对 D 点倾覆力矩之和（kN·m）。

三、结构设计及构造要求

1. 立柱

立柱采用矩形截面，根据墙的高度，一般采用 30cm × 30cm、30cm × 40cm、40cm × 40cm 等尺寸，立柱间距一般为 2～3m。

立柱承受挡板传来的土体侧压力，它受拉杆、底梁及槽形基座三个支点约束，按多支点连续梁设计。

2. 挡板

挡板一般采用矩形截面，尺寸一般为（15～20）cm × 50cm，也可采用空心板、槽形板或拱形板。挡板按简支梁设计，其计算方法同锚杆挡土墙中的挡板计算。

3. 底梁

底梁的长度和位置直接影响墙后土压力的大小，并控制墙身结构的整体稳定，底梁的长度应根据地形地质条件及墙的整体稳定条件而定。底梁末端应设置在较坚实的地基上，墙的整体稳定主要依靠底梁以上的填土作为平衡，因此，在设计时应首先根据全墙倾覆和滑动稳定性检算所需的最小长度，再结合地形地质具体情况，最后确定底梁合适的长度和高程。底梁一般设在距柱底 $(0.4 \sim 0.6) H$ 的范围比较适宜（H 为立柱高）。

底梁一般采用矩形截面，尺寸一般为 30cm×30cm、30cm×40cm 等尺寸。底梁靠山一端下设键，上设凸肩，以增加墙身抗滑能力和约束卸荷板与底梁之间的相对位移。键高一般为 30cm，凸肩高 15～20cm。

底梁计算时可简化为一端支承在立柱牛腿上、另一端与拉杆连接的简支梁，取拉杆轴向拉力的垂直分力作为 B 点的支点竖直反力，根据底板与地基的接触程度，确定底梁的计算荷载。当底板与地基完全接触时，则底梁可按 $2P_y$ 作为均布荷载，其计算图式如图 7-11 所示。如底板与地基不发生接触时，则应考虑全部土重作为计算荷载。

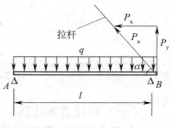

图 7-11 底梁计算图式

$$q = \frac{2P_y}{l} \qquad (7-24)$$

式中　P_z——拉杆的垂直分力（kN）；

　　　l——底梁计算长度（m）。

4. 卸荷板（底板）

卸荷板采用矩形截面，厚 15～20cm，宽 50cm，也可采用槽形板，卸荷板按两端支承在底梁上的简支梁设计。

5. 槽形基座

槽形基座除具有扩大立柱基础作用外，还具有立柱的吊设定位作用。槽孔尺寸较立柱截面略大，槽深一般 15～20cm，底部厚 30cm，采用混凝土材料预制。

6. 拉杆

拉杆按轴心受拉杆件设计，轴向拉力根据立柱支点反力 P_x 而定，如图 7-10（c）所示。

$$P_a = \frac{P_x}{\cos\alpha} \qquad (7-25)$$

式中　α——拉杆与底梁夹角；

　　　P_a——拉杆轴向拉力（kN）。

拉杆一般采用普通圆钢，并进行防锈保护处理。施工时一般先对圆钢作除锈处理，外套聚氯乙烯塑料管，管内充填沥青砂胶，或采用两道沥青麻筋包裹。

第五节　算　例

侯月铁路短卸荷板挡土墙工点位于侯嘉段沁水县境内杏河南岸的山坡下部，地面横坡 20°～30°，地层上覆黄土质砂黏土，下伏基岩为页岩夹砂岩，线路以陡坡路堤通过。路堤中心最大填高 11.4m，为收回坡脚保证路基稳定，靠河侧设置短卸荷板挡土墙，图 7-12 为工点代表性断面图。

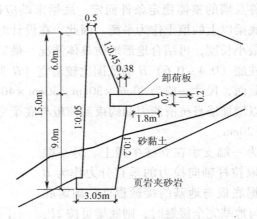

图 7-12　侯月线短卸荷板挡土墙工点代表性断面图

（一）设计方案比选

本工点原设计靠河侧设置传统的衡重式路肩挡土墙，根据现场地质情况，若将挡土墙基础置于较完整基岩上，最大墙高为 15m，该墙高截面积达 58.1m²。为减小断面尺寸，节省圬工，施工前该工点进行了优化设计，将其中长 136m 墙高大于 6m 的衡重式路肩挡土墙变更为短卸荷板挡土墙，15m 高的短卸荷板挡土墙截面积仅为 39.3m²。此段优化设计后节省圬工 1250m³（约 33%），降低造价约 25%。

（二）设计计算

短卸荷板挡土墙墙背填料为路堑挖方中的砂黏土及页岩夹砂岩，设计参数：$\varphi = 35°$，$\gamma = 17kN/m^3$，$f = 0.4$，$[\sigma] = 400kPa$，墙底置于基岩中。以 15m 高的挡土墙为例，挡土墙墙身采用 M10 浆砌片石，卸荷板及垫板均采用 C20 钢筋混凝土现场预制。紧靠卸荷板的上部墙体设置一排泄水孔，墙高变化处设置沉降伸缩缝。按双线有荷进行设计计算，图 7-13 为计算断面图。

1. 土压力计算

根据折线形墙背的土压力计算方法，以卸荷板顶面为界分为上、下墙计算。

（1）上墙土压力计算

假定上墙形成破裂面 β 及第二破裂面 α，通过试算确定其交于地面点分别为 A、B（图 7-13），由此可确定第二破裂面上的应力分布，求出第二破裂面上的 E_{a1}，$E_{a1} = 400.9kN$，$\sigma_{o1} = 37.4kPa$，$\sigma_{H1} = 65.9kPa$。

由力三角形平衡可推求出上墙墙背土压力，计算结果如下：

考虑墙背与土的摩擦力时　$E_1 = 282.0kN$，$\sigma'_{o1} = 29.8kPa$，$\sigma'_{H1} = 52.6kPa$；

卸荷板上压力　$p = 300.4kN$；$h'_1 = 1.17m$；$h'_2 = 3.58m$；$h'_3 = 0.66m$；$h'_4 = 0.59m$。

上墙土压力合力作用点位置　$x_1 = 1.41m$，$y_1 = 2.87m$。

（2）下墙土压力计算

假定下墙破裂面 θ 交于地面点 D，D 在换算土柱 C 点之外，且 $\theta > \beta$。

由于上墙及卸荷板的遮帘作用，在上墙破裂面 β 以内的土及上部荷载均由上墙分担，下墙承担的土及荷载压力仅为上墙破裂面与下墙破裂面所夹那部分棱体，由此计算出下墙破裂面夹角及土压力为：

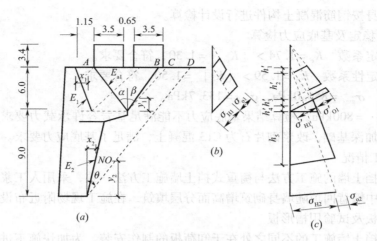

图 7-13 墙身计算断面及荷载布置（尺寸单位：m）

（a）计算图示；（b）上墙第二破裂面土压力分布；（c）墙背土压力分布

$\theta = 35°12'21'' > \beta = 30°09'59''$（假定正确）；

$E_2 = 244.9\text{kN}$，$\sigma_{o2} = 33.52\text{kPa}$，$\sigma_{H2} = 7.6\text{kPa}$，$h_5 = 4.44\text{m}$。

下墙土压力合力作用点位置　$x_2 = 0.55\text{m}$，$y_2 = 2.73\text{m}$。

2. 墙身截面强度计算

对于短卸荷板挡土墙，因墙背为折线形，且墙身较薄，因此，按图 7-14 中六个截面检算截面强度，各截面强度计算结果见表 7-4。

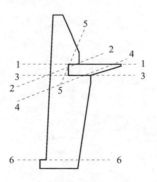

图 7-14 挡土墙墙身检算

计算结果表明，墙身强度能保证力系稳定，为避免在卸荷板上、下应力集中而造成局部压坏，在卸荷板上、下端增加了混凝土垫块。6－6 截面剪力最大，为抗剪薄弱处，实施时浆砌块石采用错缝并插钢筋以增强抗剪能力。

墙身截面强度检算结果　　　　表 7-4

应力种类 ＼ 截面位置	1－1	2－2	3－3	4－4	5－5	6－6	备 注
$\sigma_{\max}$（kPa）	601.5		322.4			1146.7	$[\sigma] = 1\ 500\text{kPa}$
$\tau_{\max}$（kPa）	80.9	105.4	74.1	147.2	116.8	166.5	$[\tau]_{平缝} = 160\text{kPa}$ $[\tau]_{错缝} = 160\text{kPa}$

卸荷板本身按钢筋混凝土构件进行设计检算。

3. 挡土墙稳定及基底应力检算

抗滑动稳定系数 $K_c = 1.74 > [K_c] = 1.30$，符合要求。

抗倾覆稳定性系数 $K_0 = 1.59 > [K_0] = 1.50$，符合要求。

基底应力 $\sigma_{max} = 850.0 \text{kPa}$，$\sigma_{min} = 133.7 \text{kPa}$。

由于 $[\sigma] = 800 \text{kPa}$，检算结果基底应力不能满足基岩容许承载力要求，因此，试验段采用扩大并加深基础，改浆砌片石为 C13 混凝土，满足了基底应力要求。

（三）施工情况

短卸荷板挡土墙的施工方法与衡重式挡土墙施工方法一致，采用人工浆砌片石、挤浆法施工，施工中墙背回填随墙身砌筑增高而分层填筑，在施工现场附近布设预制场地，预制卸荷板、垫板及试验用槽形板。

与衡重式挡土墙施工的不同之处在于卸荷板的制作安装。为加快施工进度，设计采用预制卸荷板、上、下垫板，待墙身砌筑到板底高程时，用吊车吊装就位。在施工过程中由于场地限制，吊车难以靠近挡土墙，预制件不能一次吊装就位，安装卸荷板花费了较多的时间与人力。结合实际情况，以后施工的卸荷板及垫板均采用现浇。

第八章 悬臂式与扶壁式挡土墙设计

第一节 概述

悬臂式与扶壁式挡土墙，如图 8-1 所示，是钢筋混凝土挡土墙主要的形式，是一种轻型支挡结构物。它是依靠墙身的重量及底板以上的填土（含表面超载）的重量来维持其平衡，其主要特点是厚度小，自重轻，挡土高度可以很高，而且经济指标也比较好。6m左右用悬臂式；6m 以上多用扶壁式。它们适用于缺乏石料、地基承载力低及地震地区的填方工程。

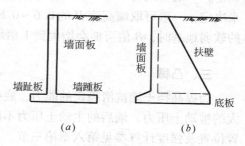

图 8-1　悬臂式、扶壁式挡土墙

悬臂式挡土墙由墙面板和墙底板（包括墙趾板和增踵板）组成。其中墙面板是与墙底板固结的悬臂板。当悬臂式挡土墙墙高大于6m 时，墙面板下部弯矩增大，用钢量较多，且变形不宜控制。因此一般沿墙长方向，每隔一定距离加设扶壁，使墙面板与墙踵板相互连接起来，这种结构形式称为扶壁式挡土墙。主要是由墙面板、墙踵板、墙趾板及扶壁组成。设置扶壁改善了墙面板与墙踵板的受力条件，提高结构的刚度和整体性，减少墙面板的变形。

悬臂式挡土墙的结构稳定性是依靠墙身自重和墙踵板上方填土的重力来保证的，同时，墙趾板也增加了墙体抗倾覆的稳定性，并减小了地基应力。

悬臂式挡土墙的主要特点是构造简单，施工方便，墙身断面较小，圬工量省，占地少，自身的重量轻，可以较好地发挥材料的强度性能，常用于填土路段作路肩墙或路堤墙使用。

悬臂式和扶壁式挡土墙在国内外已广泛被采用。国内在公路、铁路上已大量使用。特别是原铁道部专业设计院编制了《一般地区悬臂式路堤挡土墙》标准设计图，加速该结构在铁路路基工程的推广使用。通过工程实践证明，该结构具有良好的经济效益。

第二节 悬臂式挡土墙构造

一、墙面板

悬臂式挡土墙是由墙面板和底板两部分组成。为便于施工，墙面板内侧（即墙背）做成竖直面，外侧（即墙面）可做成1:0.02 ~ 1:0.05 的斜坡，具体坡度值将根据墙面板的强度和刚度要求确定。当挡土墙墙高不大时，墙面板可做成等厚度。墙顶的最小厚度通常采用20 ~ 25cm。当墙高较高时，宜在墙面板下部将截面加厚。

二、墙底板

墙底板一般水平设置。通常做成变厚度，底面水平，顶面则自与墙面板连接处向两侧倾斜。

墙底板是由墙踵板和墙趾板两部分组成。墙踵板顶面倾斜，底面水平，其长度由全墙抗滑稳定验算确定，并具有一定的刚度。靠墙面板处厚度一般取为墙高的 $1/12 \sim 1/10$，且不应小于 $20 \sim 30 cm$。

墙趾板的长度应根据全墙的倾覆稳定、基底应力（即地基承载力）和偏心距等条件来确定，一般可取为 $0.15 \sim 0.3B$，其厚度与墙踵相同。通常底板的宽度 B 由墙的整体稳定来决定，一般可取墙高度 H 的 $0.6 \sim 0.8$ 倍。当墙后为地下水位较高，且地基承载力很小的软弱地基时，B 值可能会增大到 1 倍墙高或者更大。

三、凸榫

为提高挡土墙抗滑稳定的能力，底板设置凸榫，如图 6-21。为使凸榫前的土体产生最大的被动土压力，墙后的主动土压力不因设凸榫而增大，凸榫应设在正确位置上。具体设置位置及强度计算参见第六章第三节。

第三节　悬臂式挡土墙设计

悬臂式挡土墙设计，分为墙身截面尺寸拟定及钢筋混凝土结构设计两部分。

确定墙身的断面尺寸，是通过试算法进行的。其作法是先拟定截面的试算尺寸，计算作用其上的土压力，通过全部稳定验算来确定墙踵板和墙趾板的长度。

钢筋混凝土结构设计，则是对已确定的墙身截面尺寸，进行内力计算和设计钢筋。在配筋设计时，可能会调整截面尺寸，特别是墙身的厚度。一般情况下这种墙身厚度的调整对整体稳定影响不大，可不再进行全墙的稳定验算。

悬臂式挡土墙，一般也以墙长方向取一延长米计算。

一、墙身截面尺寸的拟定

根据上节的构造要求，也可以参考以往成功的设计，初步拟定出试算的墙身截面尺寸：墙高是根据工程需要确定的；墙顶宽可选用 $20 \sim 25 cm$；墙背取竖直面；墙面取 $1:0.02 \sim 1:0.05$ 的斜度的倾斜面，从而定出立板的截面尺寸。

底板在与墙面板相接处厚度为 $(1/12 \sim 1/10) H$，而墙趾板及墙踵板端部厚度不小于 $20 \sim 30 cm$；其宽度 B 可近似取 $(0.6 \sim 0.8) H$，当地下水位高或软弱地基时，B 值应增大。墙踵板、墙趾板的具体长度将由全墙的稳定条件试算确定：

1. 墙踵板长度

墙踵板长必须满足以下需求

一般情况下

$$K_c = \frac{f \cdot \sum G}{E_{ax}} \geqslant 1.3 \tag{8-1}$$

有凸榫时

$$K_c = \frac{f \cdot \sum G}{E_{ax}} \geq 1.0 \qquad (8\text{-}2)$$

式中 K_c——滑动稳定安全系数；

f——基底摩擦系数；

$\sum G$——墙身自重，墙踵板以上第二破裂面（或假想墙背）与墙背之间的土体重量和土压力的竖向分量之和，一般情况下墙趾板上的土体重将忽略；

E_{ax}——主动土压力水平分力。

计算公式如下：

（1）路肩墙，墙顶有均布荷载 h_0、墙面板面坡度为 0 时（见图 8-2a）：

$$B_3 = \frac{K_c E_x}{f(H+h_0)\mu\gamma} - B_2 \qquad (8\text{-}3)$$

（2）路堤墙，墙顶面与水平线呈 β 角，墙面板面坡的坡度为 0 时（见图 8-2b）：

$$B_3 = \frac{K_c E_x - f E_y}{f\left(H + \frac{1}{2}B_3\tan\beta\right)\mu\gamma} \qquad (8\text{-}4)$$

（3）当立臂面坡的坡度为 1:m 时，上两式应加上立臂面坡修正长度 ΔB（见图 8-2c）：

$$\Delta B_3 = \frac{1}{2}mH_1 \qquad (8\text{-}5)$$

上述式中 K_c——滑动稳定系数；

f——基底摩擦系数；

γ——填土重度；

h_0——活荷载的换算土层高；

E_x——主动土压力水平分力；

E_y——主动土压力竖直分力；

$\sum G$——墙身自重力、墙踵板以上第二破裂面（或假想墙背）与墙背之间的土体自重力和土压力的竖向分量之和，一般情况下墙趾板上的土体重力将忽略；

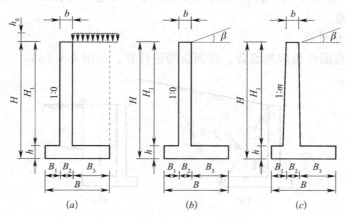

图 8-2 墙底板长度计算示意图

μ——重度修正系数，由于未考虑墙趾板及其上部土重对抗滑动的作用，因而将填土的重度根据不同的 γ 和 f 提高 3% ~ 20%，见表 8-1。

重度修正系数 μ 　　　　　　　　　　表 8-1

重度（kN/m³）	摩擦系数 f								
	0.30	0.35	0.40	0.45	0.50	0.60	0.70	0.84	1.00
16	1.07	1.08	1.09	1.10	1.12	1.13	1.15	1.17	1.20
18	1.05	1.06	1.07	1.08	1.09	1.11	1.12	1.14	1.16
20	1.03	1.04	1.04	1.05	1.06	1.07	1.08	1.10	1.12

2. 墙趾板长度

（1）路肩墙（见图 8-2a）：

$$B_1 = 0.5fH \frac{2p_0 + p_H}{K_c(p_0 + p_H)} - 0.25(B_2 + B_3) \tag{8-6}$$

式中　$p_0 = \gamma h_0 K$；$p_H = \gamma H K$。

（2）路堤墙（见图 8-2b）：

$$B_1 = \frac{0.5(H + B_3 \tan\beta)f}{K_0} - 0.25(B_2 + B_3) \tag{8-7}$$

如果由 $B = B_1 + B_2 + B_3$ 计算出的基底应力 $\sigma > [\sigma]$ 或偏心距 $e > \dfrac{B}{6}$ 时，应采取加宽基础的方法加大 B_1，使其满足要求。

有时因地基承载力很低，致使计算的墙趾板过长。为此，可增长墙踵板长，再重新计算。

二、土压力计算

为了简化计算，铁路列车活载，公路的汽车荷载，均可按等效的均布荷载计算，本节推荐弹性理论计算法。作用于挡土墙上的土压力：

1. 按库仑理论计算

用墙踵下缘与立板上边缘连线作为假想墙背，按库仑公式计算，如图 8-3（a）。此时，δ 值应取土的内摩擦角 φ，ρ 应为假想墙背的倾角，计算 $\sum G$ 时，要计入墙背与假想墙背之间 $\triangle ABD$ 的土体重。

2. 按朗金理论计算

用墙踵的竖直面作为假想墙背，按朗金理论计算，如图 8-3（b）。

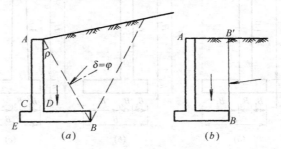

图 8-3　土压力计算图式

3. 按第二破裂面理论计算

当墙踵下边缘与墙面板上边缘连线的倾角大于临界角，在墙后填土中将会出现第二破裂面，则应按第二破裂面理论计算公式计算。稳定计算时应记入第二破裂面与墙背之间的土体作用。

4. 轨道及列车荷载作用下土压力

按弹性理论条形匀布荷载作用下土压力计算公式（《铁路路基支挡结构设计规范》推荐）

1）荷载产生的水平土压应力应按下列公式计算：

$$\sigma_{hi} = \frac{\gamma h_0}{\pi}\left[\frac{b h_i}{b^2 + h_i^2} - \frac{h_i\,(b + l_0)}{h_i^2 + (b + l_0)^2} + \arctan\frac{b + l_0}{h_i} - \arctan\frac{b}{h_i}\right] \tag{8-8}$$

式中　σ_{hi}——荷载产生的水平土压应力（kPa）；

　　　b——荷载内边缘至面板的距离（m）；

　　　h_i——墙背距路肩的垂直距离（m）；

　　　h_0——荷载换算土柱高（m）；

　　　l_0——荷载换算宽度（m）。

2）在踵板上荷载产生的竖向土压力应按下列公式计算：

$$\sigma_v = \frac{\gamma h_0}{\pi}\left(\arctan X_1 - \arctan X_2 + \frac{X_1}{1 + X_1^2} - \frac{X_2}{1 + X_2^2}\right) \tag{8-9}$$

$$X_1 = \frac{2x + l_0}{2\,(H_1 + H_s)},\quad X_2 = \frac{2x - l_0}{2\,(H_1 + H_s)}$$

式中　σ_v——荷载在踵板上产生的垂直压应力（kPa）；

　　　x——计算点至荷载中线的距离（m）；

　　　H_1——悬臂板的高度（m）；

　　　H_s——墙顶以上填土高度（m）。

三、墙身内力计算

1. 墙面板的内力

墙面板为固定在墙底板上的悬臂梁，主要承受墙后的主动土压力与地下水压力。墙前的土压多不考虑（图8-4）。墙面板较薄，自重小而略去不计，墙面板按受弯构件计算。各截面的剪力、弯矩按下列公式计算：

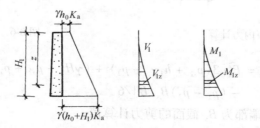

图8-4　立板受力及内力计算

应按承载能力极限状态下荷载效应的基本组合，采用相应的分项系数：

由可变荷载效应控制的组合：

$$V_{1z} = 1.2\frac{\gamma}{2}z^2 K_a + 1.4 h_0 \gamma z K_a \tag{8-10}$$

$$M_{1z} = 1.2\frac{\gamma}{6}z^3 K_a + 1.4\frac{\gamma}{2}h_0 z^2 K_a \tag{8-11}$$

式中　V_{1z}——距墙顶 z 处立板的剪力；

　　　M_{1z}——距墙顶 z 处立板的弯矩；

　　　z——计算截面到墙顶的距离；

　　　γ——填土的重度；

　　　h_0——列车、汽车等活载的等代换算土柱高；

　　　K_a——主动土压力系数。

由永久荷载效应控制的组合：

$$V_{1z} = 1.35\frac{\gamma}{2}z^2 K_a + 1.4 \times \gamma h_0 z K_a \tag{8-12}$$

$$M_{1z} = 1.35\frac{\gamma}{6}z^3 K_a + 1.4 \times \frac{\gamma}{2}h_0 z^2 K_a \tag{8-13}$$

取两种计算值最大者确定其为剪力、弯矩设计值。

2. 墙踵板的内力

墙踵板是以墙面板底端为固定端的悬臂梁。墙踵板上作用有第二破裂面（或假想墙背）与墙背之间的土体（含其上的列车、汽车等活载）的重量、墙踵板自重、主动土压力的竖向分量、地基反力、地下水浮托力、板上水重等荷载作用（图8-5）。

当计算墙踵板的内力时，应按荷载效应的基本组合设计值。

当无可变荷载和地下水时，在土压和墙体自重作用下，墙踵板内力计算值：

$$V_{2x}^d = B_x\left[p_{z2} + h_1\gamma_c - p_2 + (\gamma H_1 - p_{z2} + p_{z1})B_x/2B \right.$$
$$\left. - (p_1 - p_2)B_x/2B\right] \tag{8-14}$$

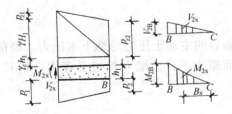

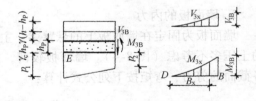

图 8-5　墙踵板内力计算　　　　　　　图 8-6　墙趾板内力计算

$$M_{2x}^d = B_x^2\left[3(p_{z2} + h_1\gamma_c - p_2) + (\gamma H_1 - p_{z2} + p_{z1})B_x/B \right.$$
$$\left. - (p_1 - p_2)B_x/B\right]/6 \tag{8-15}$$

式中　V_{2x}^d——距墙踵端部为 B_x 截面的剪力计算值；

　　　M_{2x}^d——距墙踵端部为 B_x 截面的弯矩计算值；

　　　B_x——计算截面到墙踵端部的距离；

　　　h_1——墙踵板的厚度；

H_1——墙面板的高度；

γ_c——钢筋混凝土的重度；

p_{z1}，p_{z2}——分别为墙顶、墙踵处的竖直土压力；

p_1，p_2——分别为墙趾，墙踵处地基压力。

如果将上式中：

$$p_{z1} + \gamma H_1 = p_{z3}, \qquad p'_2 = (p_1 - p_2) \cdot \frac{B_x}{B}$$

则上式可以写为

$$V_{2x}^d = (p_{z2} + \gamma_c h_1 - p_2) \cdot B_x + (p_{z3} - p'_2) \times \frac{B_x}{2} \tag{8-16}$$

$$M_{2x}^d = (p_{z2} + \gamma_c h_1 - p_2) \cdot \frac{B_x^2}{2} + (p_{z3} - p'_2) \frac{B_x^2}{6} \tag{8-17}$$

其内力设计值为

$$M = 1.35 M_{2x}^d$$

$$V = 1.35 V_{2x}^d$$

当有活载（列车、汽车）作用时，则应分两种情况：即永久荷载效应控制和可变荷载效应控制。

首先计算出可变荷载引起的内力计算值：由列车、汽车等活载的等代换算土柱高 h_0 已知，作用在墙踵板上的压力为 γh_0，此时再算出在活载作用下的地基反力 p^c。

$$V_{2x}^c = B_x \cdot h_0 \gamma - B_x p_{z2}^c + \frac{B_x}{2}\Big[(p_{z2}^c - p_{z1}^c)\frac{B_x}{B}\Big] \tag{8-18}$$

$$M_{2x}^c = \frac{1}{2}B_x^2 h_0 \gamma - \frac{1}{2}p_{z2}^c B_x^2 + \frac{B_x^2}{6}\Big[(p_{z2}^c - p_{z1}^c)\frac{B_x}{B}\Big] \tag{8-19}$$

由可变荷载效应控制，其内力设计值

$$V_{2x} = 1.2 V_{2x}^d + 1.4 V_{2x}^c \tag{8-20}$$

$$M_{2x} = 1.2 M_{2x}^d + 1.4 M_{2x}^c \tag{8-21}$$

由永久荷载效应控制，其内力设计值

$$V_{2x} = 1.35 V_{2x}^d + 1.4 V_{2x}^c \tag{8-22}$$

$$M_{2x} = 1.35 M_{2x}^d + 1.4 M_{2x}^c \tag{8-23}$$

最终设计值应从上列组合值中取最不利值。

当然，计算时最好把每个荷载单独列出，计算每一种荷载作用下的内力，最后叠加，可能更方便，清晰。

3. 墙趾板的内力计算

当无活载和地下水作用时，

墙趾板受力如图8-6所示。各截面的剪力和弯矩分别为：

$$V_{3x}^d = B_x[p_1 - \gamma_c h_p - \gamma(h - h_p) - (p_1 - p_2)B_x/2B] \tag{8-24}$$

$$M_{3x}^d = B_x^2\Big\{3[p_1 - \gamma_c h_p - \gamma(h - h_p)] - (p_1 - p_2)\frac{B_x}{B}\Big\}/6 \tag{8-25}$$

式中　V_{3x}^d，M_{3x}^d——每延长米墙趾板距墙趾为 B_x 截面的剪力、弯矩计算值；

B_x——计算截面到墙趾端的距离；

h_p——墙趾板的平均厚度；

h——墙趾板埋置深度。

按荷载效应组合设计值

$$V_{3x} = 1.35V_{3x}^{d} \tag{8-26}$$

$$M_{3x} = 1.35M_{3x}^{d} \tag{8-27}$$

如有活载作用，则应计算出在活载作用的内力：V_{3x}^{c}、M_{3x}^{c}。最后按可变荷载控制和永久荷载控制的不同组合中取最不利值。作法同墙踵板。

四、墙身钢筋混凝土配筋设计

悬臂式挡土墙的墙面板和底板，按受弯构件设计。除构件正截面受弯承载能力、斜截面承载力之外，还要进行裂缝宽度验算。其钢筋计算均可查有关手册的图表，因本手册篇幅所限，未能将有关表格载入。

1. 墙面板钢筋设计

经钢筋计算，已确定钢筋的面积。钢筋的设计则是确定钢筋直径和钢筋的布置。

墙面板受力钢筋沿内侧竖直放置，一般钢筋直径不小于 12cm，底部钢筋间距一般采用 100 ~ 150mm。因墙面板承受弯矩越向上越小，可根据材料图将钢筋切断。当墙身立板较高时，可将钢筋分别在不同高度分两次切断，仅将 1/4 ~ 1/3 受力钢筋延伸到板顶。顶端受力钢筋间距不应大于 500mm。钢筋切断部位，应在理论切断点以上再加一钢筋锚固长度，而其下端插入底板一个锚固长度。锚固长度 L_m 一般取 $25d \sim 30d$（d 为钢筋直径）。

在水平方向也应配置不小于 $\phi 6$ 的分布钢筋，其间距不大于 400 ~ 500mm，截面积不小于墙面板底部受力钢筋的 10%。

对于特别重要的悬臂式挡土墙，在墙面板的墙面一侧和墙顶，也按构造要求配置少量钢筋或钢丝网，以提高混凝土表层抵抗温度变化和混凝土收缩的能力，防止混凝土表层出现裂缝（图 8-7）。

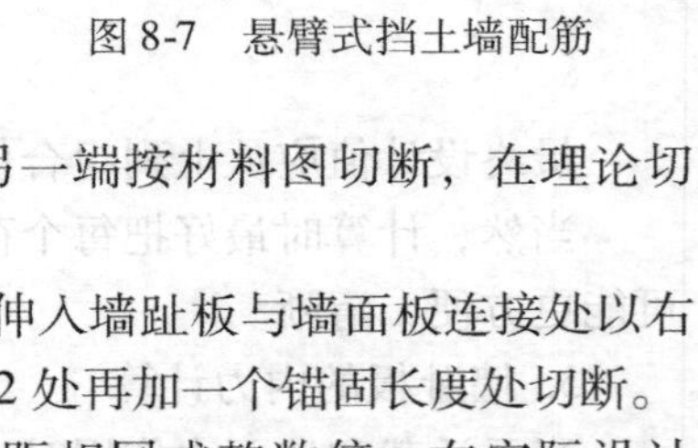

图 8-7 悬臂式挡土墙配筋

2. 底板钢筋设计

墙踵板受力钢筋，设置在墙踵板的顶面。受力筋一端插入墙面板与底板连接处以左不小于一个锚固长度；另一端按材料图切断，在理论切断点向外伸出一个锚固长度。

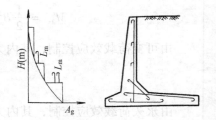

墙趾板的受力钢筋，应设置于墙趾板的底面，该筋一端伸入墙趾板与墙面板连接处以右不小于一个锚固长度；另一端一半延伸到墙趾，另一半在 $b/2$ 处再加一个锚固长度处切断。

为便于施工，底板的受力钢筋间距最好取与立臂的间距相同或整数倍。在实际设计中，常将墙面板的底部受力钢筋一半或全部弯曲作为墙趾板的受力钢筋。墙面板与墙踵板连接处最好做成贴角予以加强，并配以构造筋，其直径与间距可与墙踵板钢筋一致，底板也应配置构造钢筋。钢筋直径及间距均应符合有关规范的规定。

【例】 设计一无石料地区挡土墙，墙背填土与墙前地面高差为 2.4mm，填土表面水平，上有均布标准荷载 $p_k = 10\text{kN/m}^2$，地基承载力设计值为 100kN/m^2，填土的标准重度

$\gamma_t = 17\text{kN/m}^3$，内摩擦角 $\varphi = 30°$，底板与地基摩擦系数 $\mu = 0.45$，由于采用钢筋混凝土挡土墙，墙背竖直且光滑，可假定墙背与填土之间的摩擦角 $\delta = 0$。

（一）截面选择

由于缺石地区，选择钢筋混凝土结构。墙高低于 6m，选择悬臂式挡土墙。尺寸按悬臂式挡土墙规定初步拟定如图 8-8 所示。

（二）荷载计算

1. 土压力计算

由于地面水平，墙背竖直且光滑，土压力计算选用朗金理论公式计算：

$$K_a = \tan^2\left(45° - \frac{\varphi}{2}\right) = 0.333$$

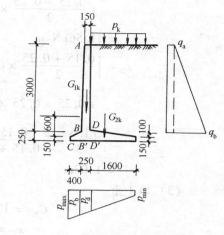

图 8-8　悬臂挡土墙计算图

地面活荷载 p_k 的作用，采用换算土柱高 $H_0 = \dfrac{p_k}{\gamma_t}$，地面处水平压力，$q_a = \gamma_t H_0 K_a = 17 \times \dfrac{10}{17} \times \dfrac{1}{3} = 3.33 \text{ kN/m}^2$，悬臂底 B 点水平压力

$$q_b = \gamma_t\left(\frac{10}{17} + 3\right) \times 0.333 = 20.33\text{kN/m}^2$$

底板底 C 点水平压力

$$q_c = \gamma_t\left(\frac{10}{17} + 3 + 0.25\right) \times 0.333 = 21.75\text{kN/m}^2$$

土压力合力

$$E_{a1} = q_a \times 3.25 = 10.83\text{kN/m}$$

$$z_{f1} = \frac{3.25}{2} = 1.625\text{m}$$

$$E_{a2} = \frac{1}{2}(q_c - q_a) \times 3.25 = 29.93\text{kN/m}$$

$$z_{f2} = \frac{1}{3} \times 3.25 = 1.08\text{m}$$

2. 竖向荷载计算

（1）墙面板自重

钢筋混凝土标准重度 $\gamma_c = 25\text{kN/m}^3$，其自重

$$G_{1k} = \frac{0.15 + 0.25}{2} \times 3 \times 25 = 15\text{kN/m}$$

$$x_1 = 0.4 + \frac{\dfrac{0.1 \times 3}{2} \times \dfrac{2 \times 0.10}{3} + 0.15 \times 3 \times \left(0.10 + \dfrac{0.15}{2}\right)}{\dfrac{0.1 \times 3}{2} + 0.15 \times 3}$$

$$= 0.55\text{m}$$

（2）底板自重

$$G_{2k} = \left[\frac{0.15 + 0.25}{2} \times 0.4 + 0.25 \times 0.25\right.$$

$$\left. + \frac{0.15 + 0.25}{2} \times 1.6\right] \times 25 = 0.4625 \times 25$$

$$= 11.56 \text{kN/m}$$

$$x_2 = \left[\frac{0.15 + 0.25}{2} \times 0.40 \times \left(\frac{0.4}{3} \times \frac{2 \times 0.25 + 0.15}{0.25 + 0.15}\right)\right.$$

$$+ 0.25 \times 0.25 \times (0.40 + 0.125) + \frac{0.15 + 0.25}{2} \times 1.60 \times$$

$$\left.\left(\frac{1.6}{3} \times \frac{2 \times 0.15 + 0.25}{0.15 + 0.25} + 0.65\right)\right] \div 0.4625$$

$$= 1.07 \text{m}$$

（3）填土重

$$G_{3k} = 17 \times 3 \times 1.60 = 81.60 \text{kN/m}$$

$$x_3 = 0.65 + 0.80 = 1.45 \text{m}$$

（4）地面均布活载总重

$$G_{4k} = 10 \times 1.6 = 16 \text{kN/m}$$

$$x_4 = 1.45 \text{m}$$

（三）抗倾覆稳定验算

稳定力矩

$$M_{zk} = G_{1k}x_1 + G_{2k}x_2 + G_{3k}x_3 + G_{4k}x_4$$

$$= 15 \times 0.55 + 11.56 \times 1.07 + 81.6 \times 1.45 + 16 \times 1.45$$

$$= 162.14 \text{kN} \cdot \text{m/m}$$

倾覆力矩

$$M_{qk} = E_{a1}z_{f1} + E_{a2}z_{f2}$$

$$= 10.8 \times 1.625 + 29.9 \times 1.08 = 49.84 \text{kN} \cdot \text{m/m}$$

$$K_0 = \frac{M_{zk}}{M_{qk}} = \frac{162.14}{49.84} = 3.25 > 1.6 \quad \text{稳定}$$

（四）抗滑稳定验算

竖向力之和 $\quad G_k = \sum G_{ik} = 15 + 11.56 + 81.6 + 16 = 124.16 \text{kN/m}$

抗滑力 $\quad G_k \cdot \mu = 124.16 \times 0.45 = 55.876 \text{kN/m}$

滑移力 $\quad E_a = E_{a1} + E_{a2} = 10.8 + 29.9 = 40.7 \text{kN/m}$

$$K_c = \frac{G_k\mu}{E_a} = \frac{55.87}{40.7} = 1.37 > 1.3 \quad \text{稳定}$$

（五）地基承载力验算

地基承载力验算应按正常使用极限状态下荷载效应的标准组合。

基础底面偏心距 e_0，先计算总竖向力到墙趾的距离：$e = \dfrac{M_v - M_H}{G_k}$

式中 M_v 为竖向荷载引起的弯矩

$$M_v = (15 \times 0.55 + 11.56 \times 1.07 + 17 \times 3 \times 1.6 \times 1.45) + 10 \times 1.60 \times 1.45$$
$$= 162.1 \text{kN} \cdot \text{m/m}$$

M_H 为水平力引起的弯矩

$$M_H = 10.8 \times 1.625 + 29.9 \times 1.08 = 49.8 \text{kN} \cdot \text{m/m}$$

总竖向力

$$G_k = (15 + 11.56 + 17 \times 3 \times 1.60) + 10 \times 1.6 = 124.2 \text{kN/m}$$

$$e = \frac{162.1 - 49.8}{124.2} = 0.9 \text{m}$$

偏心距

$$e_0 = \frac{B}{2} - e = \frac{2.25}{2} - 0.9 = 0.225 \text{m} < \frac{B}{4} = \frac{2.25}{4}$$

地基压力

$$p_{k_{min}}^{max} = \frac{G_k}{B}\left(1 \pm \frac{6e_0}{B}\right)$$
$$= \frac{124.2}{2.25}\left(1 \pm \frac{6 \times 0.225}{2.25}\right)$$
$$= \frac{88.3}{22.1} \text{kN/m}^2 < 1.2f = 1.2 \times 100 = 120 \text{kN/m}^2$$

（六）结构设计

墙面板与底板均采用 C20 混凝土和 II 级钢筋，$f_c = 9.6 \text{N/mm}^2$，$f_t = 1.10 \text{N/mm}^2$，$f_y = 300 \text{N/mm}^2$，$E_s = 2 \times 10^5 \text{N/mm}^2$

立板：底截面设计弯矩

底截面弯矩设计值：采用承载能力极限状态下荷载效应的基本组合，永久荷载效应起控制作用，弯矩设计值

$$M = 10 \times 1.5 \times 1.4 + 25.5 \times 1 \times 1.35$$
$$= 55.42 \text{kN} \cdot \text{m/m}$$

强度计算

$$h_0 = 250 - 40 = 210 \text{mm}, \quad b = 1000 \text{mm}$$
$$\alpha_s = \frac{2M}{\alpha_1 f_c b h_0^2}$$
$$= \frac{2 \times 55.42 \times 10^6}{1 \times 9.6 \times 1000 \times 210^2}$$
$$= 0.261$$
$$\xi = 1 - \sqrt{1 - 2\alpha_s}$$
$$= 1 - \sqrt{1 - 2 \times 0.261}$$
$$= 0.309$$
$$\gamma_s = 0.5 \times (1 + \sqrt{1 - 2\alpha_s})$$
$$= 0.5 \times (1 + \sqrt{1 - 2 \times 0.261})$$
$$= 0.846$$

$$A_s = \frac{55.42 \times 10^6}{300 \times 0.846 \times 210}$$

$$= 1040 \text{mm}^2$$

选用 Φ 12@100

$$A_s = 1131 \text{mm}^2$$

最大裂缝宽度验算

$$W_{max} = \alpha_{cr} \psi \frac{\sigma_{sk}}{E_s} \left(1.9c + 0.08 \frac{d_{eq}}{\rho_{te}}\right)$$

$$\alpha_{cr} = 2.10, \quad c = 35 \text{mm}, \quad d_{eq} = d \cdot 1 = d = 12 \text{mm}$$

$$\rho_{te} = \frac{A_s}{A_{te}} = \frac{1131}{0.50 \times 1000 \times 250} = 0.009 \quad 取 \rho_{te} = 0.01$$

此时，采用正常使用极限状态荷载效应标准组合。其弯矩设计值

$$M = 10 \times 1.5 + 25.5 \times 1 = 40.5 \text{kN} \cdot \text{m/m}$$

$$\sigma_{sk} = \frac{40.5 \times 10^6}{0.87 \times 210 \times 1131} = 196 \text{N/mm}^2$$

$$\psi = 1.10 - 0.65 \times \frac{1.54}{0.01 \times 196}$$

$$= 0.589$$

最大裂缝宽度

$$W_{max} = 2.10 \times 0.589 \times \frac{196}{2 \times 10^5} \times \left(1.9 \times 35 + 0.08 \times \frac{12}{0.01}\right)$$

$$= 0.197 \text{mm} < 0.2 \text{mm}$$

底板设计

弯矩设计值：

墙踵板根部 D 点的地基反力计算应按承载能力极限状态荷载效应基本组合。

竖向力引起的弯矩设计值

$$M_v = (15 \times 0.55 + 11.56 \times 1.07 + 17 \times 3 \times 1.6 \times 1.45) \times 1.35$$

$$+ 10 \times 1.6 \times 1.45 \times 1.4$$

$$= 220 \text{kN} \cdot \text{m/m}$$

水平力引起弯矩设计值

$$M_H = 10 \times 1.75 \times 1.4 + 25.5 \times 1.25 \times 1.35$$

$$= 67.5 \text{kN} \cdot \text{m/m}$$

总竖向力 G_k

$$G_k = (15 + 11.56 + 17 \times 3 \times 1.6) \times 1.35 + 10 \times 1.6 \times 1.4$$

$$= 168.4 \text{kN/m}$$

偏心距

$$e = \frac{B}{2} - \frac{M_v - M_H}{G_k}$$

$$= \frac{2.25}{2} - \frac{220 - 67.5}{168.4} = 0.22\text{m} < \frac{B}{4}$$

地基反力

$$p_{k_{\min}^{\max}} = \frac{G_k}{B}\left(1 \pm \frac{6e}{B}\right)$$

$$= \frac{168.4}{2.25}\left(1 \pm \frac{6 \times 0.22}{2.25}\right)$$

$$= \frac{118.8}{30.9}\text{ kN/m}^2$$

墙踵板根部 D 点的地基压力设计值:

$$p_d = 30.9 + \frac{118.8 - 30.9}{2.25} \times 1.6 = 93.4\text{kN/m}^2$$

墙趾板根部 B 点的地基反力设计值:

$$p_b = 30.9 + \frac{118.8 - 30.9}{2.25} \times 1.8 = 103.2\text{kN/m}^2$$

墙踵板根部 D 点的弯矩设计值

$$M_d = 0.32 \times 25 \times 0.733 \times 1.35 + 17 \times 3 \times 1.6 \times 0.8 \times 1.35$$

$$+ 10 \times 1.6 \times 0.8 \times 1.4 - 30.9 \times 1.6 \times 0.8 - \frac{93.4 - 30.9}{6} \times 1.6^2$$

$$= 47.74\text{kN} \cdot \text{m/m}$$

墙趾板根部 B 点的弯矩设计值

$$M_b = 103.2 \times 0.4 \times 0.2 + \frac{118.8 - 103.2}{2} \times 0.4 \times \frac{2 \times 0.4}{3}$$

$$= 9.1\text{kN} \cdot \text{m/m}$$

墙踵板的强度设计

$$h_0 = 210\text{mm}, \quad b = 1000\text{mm}$$

$$\alpha_s = \frac{2M}{\alpha_1 f_c b h_0^2}$$

$$= \frac{2 \times 47.74 \times 10^6}{1 \times 9.6 \times 1000 \times 210^2}$$

$$= 0.225$$

$$\gamma_s = 0.5 \times (1 + \sqrt{1 - 2\alpha_s})$$

$$= 0.5 \times (1 + \sqrt{1 - 2 \times 0.225})$$

$$= 0.87$$

$$A_s = \frac{47.74 \times 10^6}{300 \times 0.87 \times 210} = 870\text{mm}^2$$

也选 $\Phi 12@100$, $A_s = 1131\text{mm}^2$

最大裂缝宽度

$$W_{\max} = \alpha_{cr}\psi\frac{\sigma_{sk}}{E_s}\left(1.9C + 0.08\frac{d_{eq}}{\rho_{te}}\right)$$

$$\alpha_{cr} = 2.10, \quad c = 35\mathrm{mm}, d_{eq} = d = 12\mathrm{mm}$$

$$\rho_{te} = \frac{A_s}{A_{te}} = \frac{1131}{0.50 \times 1000 \times 250}$$

$$= 0.009, 取\ \rho_{te} = 0.01$$

此时，应采用正常使用极限状态荷载效应标准组合，其弯矩设计值：

$$e = \frac{M_{zk} - M_{qk}}{G_k} = \frac{162.14 - 49.38}{124.16} = 0.91\mathrm{m}$$

$$e_0 = \frac{B}{2} - e = \frac{2.25}{2} - 0.91 = 0.215\mathrm{m}$$

此时地基压力

$$p_{k\min}^{k\max} = \frac{G_k}{B}\left(1 \pm \frac{6e_0}{B}\right) = \frac{124.16}{2.25}\left(1 \pm \frac{6 \times 0.215}{2.25}\right)$$

$$= \frac{86.63}{23.73}\mathrm{kN/m^2}$$

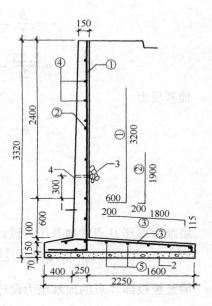

图 8-9 挡土墙大样图
1—墙体；2—垫层；
3—砾石；4—泄水孔

$$p_d = 23.73 + \frac{86.63 - 23.73}{2.25} \times 1.6 = 68.46\mathrm{kN/m^2}$$

$$M_d = 0.32 \times 25 \times 0.733 + 17 \times 3 \times 1.6 \times 0.8 + 10 \times 1.6 \times 0.8$$

$$- 23.73 \times 1.6 \times 0.8 - (68.46 - 23.73) \times \frac{1.6}{2} \times \frac{1.6}{3}$$

$$= 34.49\mathrm{kN \cdot m/m}$$

$$V_{sk} = \frac{34.49}{0.87 \times 210 \times 1131} = 166.9\mathrm{N/mm^2}$$

$$\psi = 1.10 - 0.65 \times \frac{1.54}{0.01 \times 166.9}$$

$$= 0.5$$

最大裂缝宽度

$$W_{\max} = 2.10 \times 0.5 \times \frac{166.9}{2 \times 10^5} \times \left(1.9 \times 35 + 0.08 \times \frac{12}{0.01}\right)$$

$$= 0.142\mathrm{mm} < 0.2\mathrm{mm}$$

（七）施工图（挡土墙大样图）见图 8-9

材料：垫层为 C10 混凝土，墙面板及底板用混凝土 C20，钢筋为 Ⅱ 级Φ和 Ⅰ 级φ。

第四节 扶壁式挡土墙构造

扶壁式挡土墙是钢筋混凝土挡土墙的一种主要形式，也属轻型结构。挡土墙高大于6m，扶壁式要比悬臂式经济。一般扶壁式挡土墙高在 9～10m 左右，有文献建议最高不应高于 15m。

扶壁式挡土墙（图8-1）由墙面板、墙趾板、墙踵板和扶壁组成，通常还设置有凸榫。墙趾板和凸榫的构造与悬臂式挡土墙相同。

墙面板通常为等厚的竖直板，与扶壁和墙踵板固结相连。其厚度，低墙决定于板的最小厚度，高墙则根据配筋要求确定。墙面板的最小厚度与悬臂式挡土墙相同。

墙踵板与扶壁的连接为固结，与墙面板的连接考虑铰接较为合适，其厚度的确定方式与悬臂式挡土墙相同。

扶壁为固结于墙踵板的T形变截面悬臂梁，墙面板可视为扶壁的翼缘板。扶壁的经济间距与混凝土钢筋、模板和劳动力的相对价格有关，应根据试算确定，一般为墙高的 $1/3 \sim 1/2$，可近似取为 $3 \sim 4.5\mathrm{m}$。其厚度取决于扶壁背面配筋的要求，通常为两扶壁间距的 $1/8 \sim 1/6$，但不得小于30cm。

扶壁两端墙面板悬出端的长度，根据悬臂端的固端弯矩与跨中间弯矩相等的原则确定，通常采用两扶壁间净距的0.41倍。

扶壁式挡土墙的底宽 B 与墙高之比，可取 $0.6 \sim 0.8$ 之间，有地下水或地基承载力较低时要加大。

扶壁式挡土墙设计流程见图8-10。

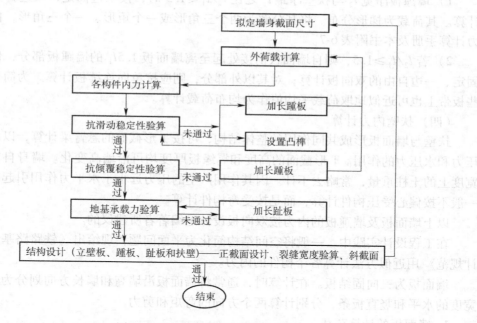

图8-10　扶壁式挡土墙设计流程图

一、土压力计算

同悬臂式挡土墙

二、墙踵板和墙趾板长度的确定

同悬臂挡土墙

三、墙身内力计算

（一）墙面板

墙面板实为三边固定，一边自由的双向板。作用于其上的荷载为水平方向上的土压力和水压力。计算时，可将立板划分为上、下两部分，在离底板顶面 $1.5l_1$（l_1 为两扶壁之间净距）高度以下的立板，可视为三边固定一边自由的双向板；而以上部分则可视为沿高度将其划分为单位高的水平板带，以扶壁为支座，按水平单向连续梁计算，作用其上的均布荷载为水平方向土压力的平均值。

墙面板内力计算，上部为水平单向连续梁的内力，可查本手册附录及《建筑结构静力计算手册》，下部双向板内力计算可查附录表6-7。

（二）墙趾板内力计算

同悬臂式挡土墙。

（三）墙踵板内力计算

墙踵板的荷载与悬臂挡土墙底板相同。墙踵板计算应考虑两种情况：

1）墙踵板净宽 l_2 与扶壁净距 l_1 之比 $l_2/l_1 \leqslant 1.5$ 时，按三边固定，一边自由的双向板计算。其荷载为梯形分布。将其分解为两个三角形或一个矩形、一个三角形，内力可查静力计算手册及本书附表6-7。

2）若 $l_2/l_1 \geqslant 1.5$，则自墙面板衔接处起至离墙面板 $1.5l_1$ 的墙踵板部分，仍可按三边固定、一边自由的双向板计算；对其以外部分，则应按单向连续板计算。为简化计算，这些板带上也可近似地取荷载平均值作为均布荷载计算。

（四）扶壁内力计算

扶壁与墙面板形成共同作用的整体结构，可按 T 形截面的悬臂梁计算，以承受水平土压力和水压力的作用。T 形截面的高度和翼缘板厚度均可沿墙高变化。墙身自重及扶壁的宽度上的土柱重量，常略去不计。因其作用产生的压力远小于水平力作用引起的弯矩。故一般不按偏心受压构件计算，而是按受弯构件计算。

以上墙面板及墙踵板的内力按双向板设计是编著者所建议的。

在工程设计实践中，一般将空间结构简化为平面问题，现给出《铁路路基支挡结构设计规范》用近似方法计算各个构件的内力。

墙面板为三向固结板。在计算时，通常将墙面板沿墙高和墙长方向划分为若干个单位宽度的水平和竖直板条，分别计算两个方向的弯矩和剪力。

1. 墙面板的计算荷载

在计算墙面板的内力时，为考虑墙面板与墙踵板之间固结状态的影响，采用如图8-11所示的替代土压应力图形。图中，图形 afge 为按土压力公式计算的法向土压应力；有水平画线的梯形 abde 部分在墙面板的水平板条内产生水平弯矩和剪力；有竖直画线的图形 afb 部分的土压应力在墙面板竖直板条的下部产生较大的弯矩。在计算跨中水平正弯矩时，采用图形 abde，在计算扶壁两侧固结端水平负弯矩时，采用图形 abce。

$$\sigma_{\rho j} = \sigma_{H_1}/2 + \sigma_0 \tag{8-28}$$

式中 σ_{H_1}——墙面板底端由填料引起的法向土压应力；

σ_0——均布荷载引起的法向土压应力。

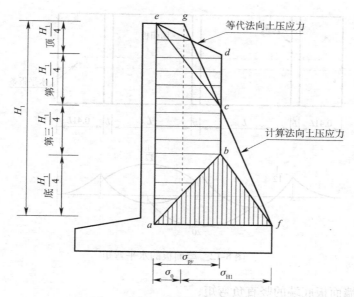

图 8-11　墙面板的等代土压应力

2. 墙面板的水平内力

在计算时，假定每一水平板条为支承在扶壁上的连续梁，荷载沿板条按均匀分布，其大小等于该板条所在深度的法向土压应力。

各板条的弯矩和剪力按连续梁计算，其计算方法见《建筑结构设计手册》（静力计算）。为了简化设计，也可按图 8-12 中给出的弯矩系数，计算受力最大板条跨中和扶壁两端的弯矩和剪力，然后按此弯矩和剪力配筋。其中：

跨中正弯矩：

$$M_{中} = \sigma_{pj} L^2 / 20 \tag{8-29}$$

扶壁两端负弯矩：

$$M_{端} = -\sigma_{pj} L^2 / 12 \tag{8-30}$$

式中　$M_{中}$，$M_{端}$——受力最大板条跨中和扶壁两端的弯矩；

　　　　L——扶壁之间的净距；

　　　　σ_{pj}——墙面板受力最大板条的法向土压应力。

水平板条的最大剪力发生在扶壁的两端，其值可假设等于两扶壁之间水平板条上法向土压力之和的一半。受力最大板条扶壁两端的剪力为：

$$Q_{端} = \sigma_{pj} L / 2 \tag{8-31}$$

3. 墙面板的竖直弯矩

作用于墙面板的土压力（图 4-20 中的 afb 部分），在墙面板内产生竖直弯矩。

墙面板跨中竖直弯矩沿墙高的分布如图 8-13（a）所示。负弯矩使墙面板靠填土一侧受拉，发生在墙面板的下 $H_1/4$ 范围内，最大负弯矩位于墙面板的底端，其值按下述经验公式计算：

$$M_{底} = -0.03 \, (\sigma_{H1} + \sigma_0) \, H_1 L \tag{8-32}$$

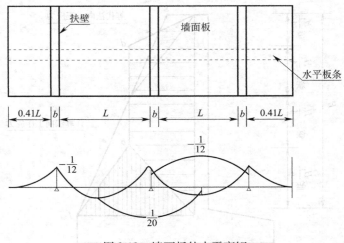

图 8-12 墙面板的水平弯矩

式中 $M_{底}$——墙面板底端的竖直负弯矩；

H_1——墙面板的高度。

最大正弯矩位于墙面板的下 $H_1/4$ 分点附近，其值等于最大竖直负弯矩的 $1/4$。在板的上 $H_1/4$ 弯矩为零。

墙面板竖直弯矩沿墙长方向呈抛物线分布，如图 8-13（b）所示，设计时，可采用中部 $2L/3$ 范围内的竖直弯矩不变，两端各 $L/6$ 范围内的竖直弯矩较跨中减少一半的简化办法。

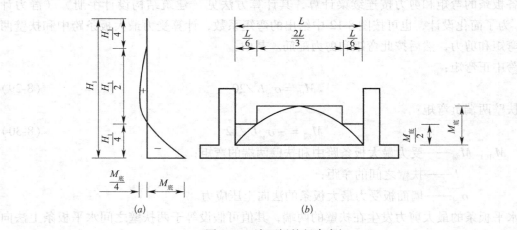

图 8-13 墙面板的竖直弯矩
（a）沿墙高的分布；（b）沿墙长的分布

（五）墙踵板

1. 墙踵板的计算荷载

作用于墙踵板的外力，除了作用在悬臂式挡土墙墙踵板上四种外力以外，尚需考虑墙趾板弯矩在墙踵板上引起的等代荷载。

墙趾板弯矩引起的等代荷载的竖直压应力可假设为抛物线分布，如图 8-14（a）所示。该应力图形在墙踵板内缘点的应力为零，墙踵处的应力 σ 根据等代荷载对墙踵板内缘点的

力矩与墙趾板弯矩 M_{3B} 相等的原则求得，即：

$$\sigma = 2.4 M_{3B}/B_3^2 \tag{8-33}$$

式中　M_{3B}——墙趾板在与墙面板衔接处的弯矩；

　　　　B_3——墙踵板的长度。

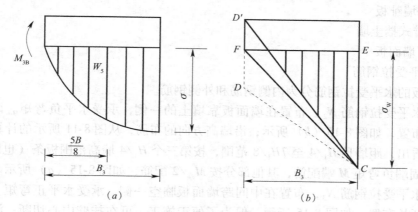

图 8-14　墙踵板的计算荷载

（a）墙趾板弯矩引起的等代荷载；（b）墙踵板的计算荷载

将上述荷载在墙踵板上引起的竖直压应力叠加，即可得到墙踵板的计算荷载，如图 8-14（b）所示。图中：图形 CDE（或 $CD'E$）为叠加后作用于墙踵板的竖直压应力。由于墙面板对墙踵板的支撑约束作用，在墙踵板与墙面板衔接处，墙踵板沿墙长方向板条的弯曲变形为零，向墙踵方向变形逐渐增大，故可近似的假设墙踵板的计算荷载为三角形分布，如图 8-14（b）中的 CFE。墙踵处的竖直压应力为：

$$\sigma_{\mathrm{w}} = \sigma_{y2} + \gamma_k h_1 - \sigma_2 + 2.4 M_{3B}/B_3^2 \tag{8-34}$$

式中　σ_{y2}——墙踵处的竖直土压应力；

　　　　γ_k——钢筋混凝土的重度；

　　　　h_1——墙踵板的厚度；

　　　　σ_2——墙踵处地基压力。

2. 墙踵板的内力计算

由于假设了墙踵板与墙面板为铰支连接，作用于墙面板的水平土压力主要通过扶壁传至墙踵板，故不计算墙踵板横向板条的弯矩和剪力。

墙踵板纵向板条弯矩和剪力的计算与墙面板相同，计算荷载取墙踵板的计算荷载即可。

（六）扶壁

扶壁承受相邻两跨墙面板中点之间的全部水平土压力，扶壁自重和作用于扶壁的竖直土压力可忽略不计。另外，虽然在计算墙面板内力时，考虑图 8-11 中图形 afb 所示的土压力通过墙面板传至墙踵板，但在计算扶壁内力时，可不考虑这一影响。各截面的弯矩和剪力按悬臂梁计算，计算方法与悬臂式挡土墙的立壁相同。

四、外部稳定性验算

外部稳定性验算包括抗滑稳定性验算、抗倾覆稳定性验算、地基承载力验算。

五、墙身钢筋混凝土配筋设计

扶壁式挡土墙的墙面板、墙趾板和墙踵板按一般受弯构件（板）配筋，扶壁按变截面的 T 形梁配筋。

（一）墙趾板

同悬臂式挡土墙

（二）墙面板

1. 水平受拉钢筋

墙面板的水平受拉钢筋分为内侧钢筋和外侧钢筋。

内侧水平受拉钢筋 N_2，布置在墙面板靠填土的一侧，承受水平负弯矩。该钢筋沿墙长方向的布置，如图 8-15（b）所示；沿墙高方向的布筋，从图 8-11 所示的计算荷载 abde 图形可以看出，距墙顶 $H_1/4$ 至 $7H_1/8$ 范围，按第三个 $H_1/4$ 墙高范围板条（也即受力最大板条）的固端负弯矩 $M_{端}$ 配筋，其他部分按 $M_{端}/2$ 配筋，如图 8-15（a）所示。

外侧水平受拉钢筋 N_3，布置在中间跨墙面板临空一侧，承受水平正弯矩。该钢筋沿墙长方向通长布置，如图 8-15 所示，但为了便于施工，可在扶壁中心切断；沿墙高方向的布筋，从图 8-11 所示的计算荷载 abce 图形可以看出，从距墙顶 $H_1/8$ 至 $7H_1/8$ 范围，应按中 $H_1/2$ 墙高范围板条也即受力最大板条的跨中正弯矩 $M_{中}$ 配筋。如图 8-15（a）中其他部分按 $M_{中}/2$ 配筋。

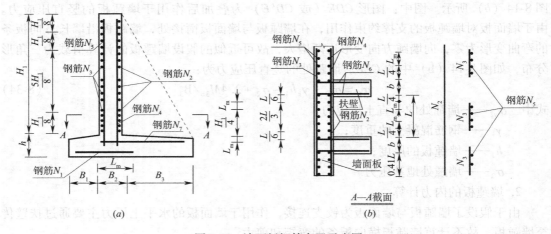

图 8-15　墙面板钢筋布置示意图

2. 竖直纵向受力钢筋

墙面板的竖直纵向受力钢筋，也分为内侧钢筋和外侧钢筋。

内侧竖直受力钢筋 N_4，布置在墙面板靠填土一侧，承受墙面板的竖直负弯矩。该钢筋向下伸入墙踵板不少于一个钢筋锚固长度，向上在距墙踵板顶面 $H_1/4$ 加钢筋锚固长度处可切断，如图 8-15（a）所示，也可通长布置。沿墙长方向的布筋从图 8-15（b）可以看出，在跨中 $2L/3$ 范围内按跨中的最大竖直负弯矩 $M_{底}$ 配筋，其两侧各 $L/6$ 部分按 $M_{底}/2$ 配筋。两端悬出部分的竖直内侧钢筋可参照上述原则布置。

外侧竖直受力钢筋 N_5，布置在墙面板的临空一侧，承受墙面板的竖直正弯矩，按

$M_底/4$ 配筋。该钢筋可通长布置，兼做墙面板的分布钢筋之用。

3. 墙面板与扶壁之间的 U 形拉筋。

钢筋 N_6（图 8-15b）为连接墙面板和扶壁的水平 U 形拉筋，其开口朝扶壁的背侧。该钢筋的每一肢承受宽度为拉筋间距的水平板条的板端剪力 Q 端，在扶壁的水平方向通长布置（图 8-16a）。

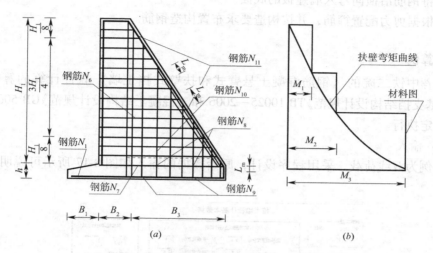

图 8-16 墙踵板和扶壁钢筋布置示意图

（三）墙踵板

1. 顶面横向水平钢筋

墙踵板顶面横向水平钢筋 N_7，是为了使墙面板承受竖直负弯矩的钢筋 N_4 得以发挥作用而设置。该钢筋位于墙踵板顶面，并与墙面板垂直，如图 8-16（a）所示，承受与墙面板竖直最大负弯矩相同的弯矩。钢筋 N_7 沿墙长方向的布置与 N_4 相同，在垂直于墙面板方向，一端伸入墙面板一个钢筋锚固长度，另一端延伸至墙踵，作为墙踵板顶面纵向受拉钢筋 N_8 的定位钢筋。如果钢筋 N_7 较密，其中一半可以在距墙踵板内缘 $B_3/2$ 加钢筋锚固长度处切断。

钢筋 N_8 和 N_9（图 8-16（a））为墙踵板顶面和底面的纵向水平受拉钢筋，承受墙踵板扶壁两端负弯矩和跨中正弯矩。钢筋 N_8 如果要截断，该钢筋沿墙长方向的切断情况与 N_2 相同；在垂直墙面板方向，可将墙踵板的计算荷载划分为 2～3 个分区，每个分区按其受力最大板条的法向压应力配置钢筋。

2. 墙踵板与扶壁之间的 U 形拉筋

钢筋 N_{10} 为连接墙踵板和扶壁的 U 形拉筋，其开口朝上。该钢筋的计算方法与墙面板和扶壁之间的水平拉筋 N_6 相同；向上可在距墙踵板顶面一个钢筋锚固长度处切断，也可延至扶壁顶面，作为扶壁两侧的分布钢筋之用；在垂直墙面板方向的分布与墙踵板顶面的纵向水平钢筋 N_8 相同。

（四）扶壁

钢筋 N_{11} 为扶壁背侧的受拉钢筋。在计算 N_{11} 时，可近似的假设混凝土受压区的合力作用在墙面板的中心处。

在配置钢筋 N_{11} 时，一般根据扶壁的弯矩图（图 8-16（b））选择取 2~3 个截面，分别计算所需受拉钢筋的根数。为了节省混凝土，钢筋 N_{11} 可按多层排列，但不得多于 3 层，而且钢筋间距必需满足规范的要求，必要时可采用束筋。各层钢筋上端应较按计算不需要此钢筋的截面延长一个钢筋锚固长度，下端埋入墙底板的长度不得少于钢筋的锚固长度，必要时可将钢筋沿横向弯入墙踵板的底面。

还需根据剪力配置箍筋，并按构造要求布置构造钢筋。

六、算例

现推荐中铁二院的《钢筋混凝土悬臂式和扶壁式挡土墙》软件计算的算例配筋按《铁路路基支挡结构设计规范》TB 10025—2006 和《混凝土结构设计规范》GB 50010—2010 的有关规定执行。

（一）输入

本算例为双线荷载，采用程序设计，原始数据的输入如图 8-17 所示可说明下程序的情况：

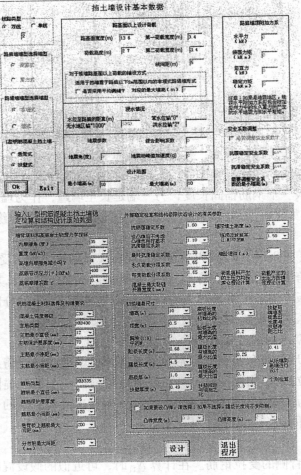

图 8-17 原始数据输入图

（二）屏幕输出部分结果

1. 挡土墙设计基本数据

正线数目：2；路基面宽度 = 13.6m；荷载：宽度 = 3.4m；高度 = 2.7m；间距 = 5m；K = 2.6m；最小墙高 = 10m；最大墙高 = 10m。

2. 挡土墙结构设计原始数据（cm）

按粗粒土设计。填料：$\varphi = 35°$，$\gamma = 19\text{kN/m}^3$，基底：$[\sigma] = 400\text{kPa}$，$f = 0.4$

3. 挡土墙计算结果

H	H_1	H_2	H_3	B	B_1	B_2	B_3	B_T	H_T	BT_1	BT_2	L
10.0	9.0	1.0	1.0	5.68	0.68	0.50	4.50	0.00	0.00	0.00	0.00	5.55

L_1	L_2	b	V_2
1.03	2.51	0.49	7.63

α_i	β_i	K_c	K_0	e	σ_1	σ_2	E_x	M_x	N	M_y
24.2277	27.6991	1.31	2.62	0.914	399	7	1952	7606	6396	19922

（三）计算扶壁式挡土墙尺寸

图 4-27 中：$D = 5.0\text{m}$，$k = 2.6\text{m}$；$L_0 = 3.4\text{m}$，$h_0 = 2.7$。墙身断面尺寸，见屏幕输出结果，见图 8-19。

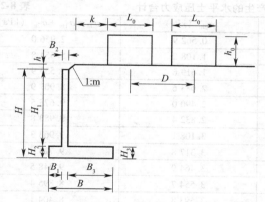
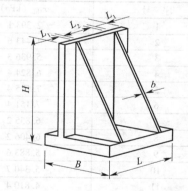

图 8-18　扶壁式挡土墙路基横断面布置图　　　　图 8-19　扶壁式挡土墙结构示意图

（四）扶壁式挡土墙所受各种力系的计算

1. 土压力计算的主要参数

$$\varphi = 35°，\gamma = 19\text{kN/m}^3，\gamma_{坯} = 25\text{kN/m}^3，f = 0.4，[\sigma] = 400\text{kPa}$$
$$H = 10\text{m}，h_0 = 2.7\text{m}，L_0 = 3.4\text{m}，D = 5\text{m}，k = 2.6\text{m}$$

2. 按弹性理论路基面以上荷载在墙背和墙踵板上的分布

（1）路基面以上荷载在悬臂板及踵板端部产生的侧向土压应力计算

$$\sigma_{hi} = \frac{\gamma h_0}{\pi}\left[\frac{k_0 h_i}{k_0^2 + h_i^2} - \frac{(k_0 + L_0)\,h_i}{h_i^2 + (k_0 + L_0)^2} + \tan^{-1}\left(\frac{k_0 + L_0}{h_i}\right) - \arctan\frac{k_0}{h_i}\right]$$

$$\frac{\gamma h_0}{\pi} = \frac{19 \times 2.7}{\pi} = 16.329\,297\,16\text{kPa}$$

式中，k_0 为墙背距离荷载边缘的距离。路基面以上两荷载在悬臂板及踵板端部产生的侧向土压应力计算结果如表 8-2 所示。

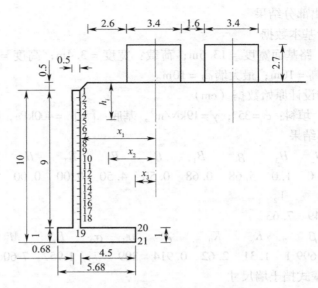

图 8-20　弹性理论计算图（单位：m）

第一荷载和二荷载产生的水平土压应力合计　表 8-2

序　号	σ_{1hi} （kPa）	σ_{2hi} （kPa）	$\sigma_{hi} = \sigma_{1hi} + \sigma_{2hi}$ （kPa）
1	2.393 1	0.562 9	2.956 0
2	4.443 6	1.108 2	5.551 8
3	5.936 3	1.619 6	7.555 9
4	6.824 4	2.083 6	8.907 9
5	7.185 4	2.490 0	9.675 5
6	7.151 4	2.832 4	9.983 8
7	6.855 2	3.108 1	9.963 3
8	6.406 2	3.317 8	9.723 9
9	5.883 6	3.464 9	9.348 5
10	5.340 7	3.554 7	8.895 4
11	4.810 4	3.593 8	8.404 1
12	4.311 4	3.589 0	7.900 7
13	3.853 0	3.548 6	7.401 6
14	3.438 6	3.478 5	6.917 1
15	3.067 8	3.385 5	6.453 3
16	2.738 4	3.275 3	6.013 6
17	2.446 9	3.152 7	5.599 6
18	2.189 7	3.022 0	5.211 7
19	1.963 0	2.886 7	4.849 7
20	0.154 4	2.166 1	2.320 5
21	0.115 6	1.771 9	1.887 5

侧向土压应力在悬臂板和踵板端部产生的剪力和弯矩的计算公式：

$$Q_i = Q_{i-1} + (\sigma_{hi-1} + \sigma_{hi}) \times \frac{(h_i - h_{i-1})}{2}$$

$$M_i = M_{i-1} + Q_{i-1} \times (h_i - h_{i-1}) + \sigma_{hi-1} \times \frac{(h_i - h_{i-1})^2}{3} + \sigma_{hi} \times \frac{(h_i - h_{i-1})^2}{6}$$

侧向土压应力在悬臂板和踵板端部产生的剪力和弯矩　　　　　　　表 8-3

序号	h_i（m）	σ_{hi}（kPa）	剪力（kN）		弯矩（kN·m）	
			Q_i（每延米）	$Q_i \times L$（每节）	M_i（每延米）	$M_i \times L$（每节）
1	0.5	2.956 0	0	0	0	0
2	1.0	5.551 8	2.126 95	11.804 572 5	0.477 658 333	2.651 003 75
3	1.5	7.555 9	5.403 875	29.991 506 25	2.318 612 5	12.868 299 4
4	2.0	8.907 9	9.519 825	52.835 028 75	6.021 370 833	33.418 608 1
5	2.5	9.675 5	14.165 675	78.619 496 25	11.926 754 17	66.193 485 6
6	3.0	9.983 8	19.080 5	105.896 775	20.231 875	112.286 906
7	3.5	9.963 3	24.067 275	133.573 376 3	31.019 245 83	172.156 814
8	4.0	9.723 9	28.989 075	160.889 366 3	44.288 320 83	245.800 181
9	4.5	9.348 5	33.757 175	187.352 321 3	59.982 704 17	332.904 008
10	5.0	8.895 4	38.318 15	212.665 732 5	78.010 975	432.960 911
11	5.5	8.404 1	42.643 025	236.668 788 8	98.261 504 17	545.351 348
12	6.0	7.900 7	46.719 225	259.291 698 8	120.612 554 2	669.399 676
13	6.5	7.401 6	50.544 8	280.523 64	144.938 958 3	804.411 219
14	7.0	6.917 1	54.124 475	300.390 836 3	171.116 370 8	949.695 858
15	7.5	6.453 3	57.467 075	318.942 266 3	199.023 920 8	1 104.582 76
16	8.0	6.013 6	60.583 8	336.240 09	228.545 8	1 268.429 19
17	8.5	5.599 6	63.487 1	352.353 405	259.572 15	1 440.625 43
18	9.0	5.211 7	66.189 925	367.354 083 8	291.999 487 5	1 620.597 16
19	9.5	4.849 7	68.705 275	381.314 276 3	325.730 829 2	1 807.806 1
20	9.5	2.320 5	68.705 275	381.314 276 3	325.730 829 2	1 807.806 1
21	10.5	1.887 5	70.809 275	392.991 476 3	395.524 187 5	2 195.159 24

注：表中 L 为每节扶壁式墙的长度。

根据上表可确定路基面以上荷载对悬臂段第 19 点的剪力和弯矩：

$$Q_{19} = 68.705\ 3 \text{kN}, \quad M_{19} = 325.730\ 8 \text{kN·m}$$

路基面以上荷载对墙身的水平推力及对墙趾的水平弯矩：

$$E_{\text{x\_move}} = Q_{21} \times L = 392.991\ 5 \text{kN}, \quad M_{\text{x\_move}} = M_{21} \times L = 2\ 195.159\ 2 \text{kN·m}$$

（2）路基面以上荷载在踵板上产生的竖向土压应力计算

$$\sigma_{vi} = \frac{\gamma h_0}{\pi} \left(\tan^{-1} X_1 - \tan^{-1} X_2 + \frac{X_1}{1 + X_1^2} - \frac{X_2}{1 + X_2^2} \right)$$

$$X_1 = \frac{2x + L_0}{2h_i}, \quad X_2 = \frac{2x - L_0}{2h_i}$$

式中，$h_i = 9.5\text{m}$，$L_0 = 3.4\text{m}$，x 为踵板顶面各计算点至荷载中心的距离，一般选择图 8-20 中的 19 点、19～20 点的中点、20 点，则这三点距路基面荷载中心的距离分别为 x_1，x_2，x_3。

第一荷载：$x_1 = h \times m + k + \dfrac{L_0}{2} = 0.5 \times 1.5 + 2.6 + \dfrac{3.4}{2} = 5.05\text{m}$

$$x_2 = x_1 - \frac{B_3}{2} = 5.05 - \frac{4.5}{2} = 2.8\text{m}$$

$$x_3 = x_1 - B_3 = 5.05 - 4.5 = 0.55\text{m}$$

第二荷载：$x_1 = h \times m + k + \dfrac{L_0}{2} + D = 0.5 \times 1.5 + 2.6 + \dfrac{3.4}{2} + 5 = 10.05\text{m}$

$$x_2 = x_2 - \frac{B_3}{2} = 10.05 - \frac{4.5}{2} = 7.8\text{m}$$

$$x_3 = x_2 - B_3 = 10.05 - 4.5 = 5.55\text{m}$$

X_1 和 X_2 计算　　　　　表 8-4

序号 i	第一荷载			第二荷载		
	x_i	X_1	X_2	x_i	X_1	X_2
1	5.05	0.710 5	0.352 6	10.05	1.236 8	0.878 9
2	2.8	0.473 7	0.115 8	7.8	1.000 0	0.642 1
3	0.55	0.238 6	-0.121 1	5.55	0.763 2	0.405 3

路基面以上荷载在踵板上每延米产生的竖向压应力　　　　　表 8-5

序号 i	x_{1i} (m)	$\tan^{-1}X_1$ (rad)	$\tan^{-1}X_2$ (rad)	$\dfrac{X_1}{1+X_1^2}$	$\dfrac{X_2}{1+X_2^2}$	σ_{vi} (kPa)		备注
						分算	合计	
1	5.05	0.617 7	0.339 0	0.472 2	0.313 6	7.140 2	9.799 8	第一荷载
	10.05	0.890 9	0.721 0	0.488 9	0.495 9	2.659 6		第二荷载
2	2.80	0.442 4	0.115 3	0.386 9	0.114 3	9.793 0	14.037 6	第一荷载
	7.80	0.785 4	0.570 8	0.500 0	0.454 7	4.244 6		第二荷载
3	0.55	0.232 5	-0.120 5	0.224 2	-0.119 3	11.374 8	17.923 1	第一荷载
	5.55	0.651 9	0.385 1	0.482 3	0.348 1	6.548 3		第二荷载

踵板上剪力和弯矩的计算公式：

$$Q_1 = \frac{(\sigma_{v1} + \sigma_{v2})}{2} \times \frac{B_3}{2} + \frac{(\sigma_{v2} + \sigma_{v3})}{2} \times \frac{B_3}{2} = 62.772\ 9\text{kN}$$

$$Q_2 = \frac{(\sigma_{v2} + \sigma_{v3})}{2} \times \frac{B_3}{2} = 35.955\ 8\text{kN}$$

$$M_2 = \sigma_{v2} \times \frac{B_3^2}{8} + (\sigma_{v3} - \sigma_{v2}) \times \frac{B_3^2}{12} = 42.089\ 5\text{KN} \cdot \text{m}$$

$$M_1 = M_2 + Q_2 \times \frac{B_3}{2} + \sigma_{v1} \times \frac{B_3^2}{8} + (\sigma_{v2} - \sigma_{v1}) \times \frac{B_3^2}{12} = 154.947\ 1\text{kN} \cdot \text{m}$$

路基面以上荷载在踵板上产生的剪力和弯矩　　　　　表 8-6

Q_1 (kN)	Q_2 (kN)	Q_3 (kN)	M_1 (kN·m)	M_2 (kN·m)	M_3 (kN·m)
62.772 9	35.955 8	0	154.947 1	42.089 5	0

路基面以上荷载对墙趾产生的稳定力系：

$$E_{y\_move} = Q_1 \times L = 348.389\ 4\text{kN}$$

$$M_{y\_move} = [M_1 + Q_1 \times (B_2 + B_1)] \times L = 1\ 271.056\ 1\text{kN} \cdot \text{m}$$

3. 按库仑理论计算填料产生的土压力（图 8-21）

第一破裂角和第二破裂角的计算从略。

由输出结果可知：$\alpha_i = 24.227\ 7°$，$\beta_i = 27.699\ 1°$，则：

$$E_x = [0.5\gamma\ (H+h)^2\ (1 - \tan\varphi\tan\beta_i)^2\cos^2\varphi] \times L = 1\ 559.924\ 7\text{kN}$$

$$E_y = [E_x \times \tan\ (\varphi + \alpha_i)\ \times L] = 2\ 619.676\ 8\text{kN}$$

$$h_1 = \frac{c}{(\tan\alpha_i + \tan\beta_i)} = 9.5\text{m}$$

$$Z_x = \frac{H^3 + h\ (H^2 + Hh_1 + h_1^2)}{3\ [H^2 + h\ (H + h_1)]} = 3.470\ 4\text{m}$$

$$Z_y = B_3 - Z_x \tan\alpha_i = 2.938\ 3\text{m}$$

$$M_{x\_0'} = E_x Z_x = 5\ 413.562\ 6\text{kN} \cdot \text{m}$$

$$M_{y\_0'} = E_y Z_y = 7\ 697.396\ 3\text{kN} \cdot \text{m}$$

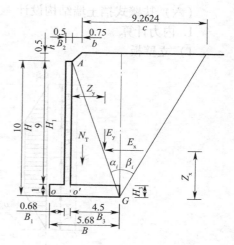

图 8-21　填料产生的土压力
计算图（尺寸单位：m）

填料产生的库仑主动土压力系向墙趾转化：

$$M_x = M_{x\_0} = M_{x\_0'} = 5\ 413.562\ 6\text{kN} \cdot \text{m}$$

$$M_{y\_0} = M_{y\_0'} + E_y\ (B - B_3) = 10\ 788.614\ 9\text{kN} \cdot \text{m}$$

4. 三角形 $AO'G$ 产生的竖向土压力系

注：在这一步计算中，假设踵板不存在，与踵板相重叠部分在计算总力系时再扣除。

$$N_T = \frac{1}{2}HB_3\gamma L = 2\ 372.625\text{kN}$$

$$M_{T\_0'} = N_T \times \frac{B_3}{3} = 3\ 558.937\ 5\text{kN} \cdot \text{m}$$

向墙趾转化：$M_{T\_0} = M_{T\_0'} + N_T\ (B - B_3) = 6\ 358.635\text{kN} \cdot \text{m}$

5. 墙身自重对墙趾产生的稳定力系

$$N_w = (BH_3 + B_2 H_1)\ L\gamma_{\text{墙}} + B_3 H_1 b\gamma_{\text{墙}} = 1\ 908.6\text{kN}$$

$$M_{w\_0} = \left[\frac{BH_3 B}{2} + B_2 H_1 \left(B_1 + \frac{B_2}{2}\right)\right]\gamma_{\text{墙}} L + B_3 H_1 b\gamma_{\text{墙}} \left(\frac{B_3}{3} + B_1 + B_2\right) = 4\ 148.487\ 8\text{kN} \cdot \text{m}$$

6. 对墙趾的所有力系合计（本算例未考虑墙趾板以上的覆土）

$$\sum E_x = E_{x\_\text{move}} + E_x = 1\ 952.916\ 2\text{kN}$$

$$\sum M_x = M_{x\_\text{move}} + M_x = 7\ 608.721\ 8\text{kN} \cdot \text{m}$$

$$\sum E_y = E_{y\_\text{move}} + E_y + N_T = 5\ 340.691\ 2\text{kN}$$

$$\sum N = \sum E_y + N_w - B_3 H_3 \gamma L - H_1 B_3 b\gamma = 6\ 397.711\ 2\text{kN}$$

$$\sum M_{N\_0} = M_{y\_\text{move}} + M_{y\_0} + M_{T\_0} + M_{w\_0} - B_3 H_3 \gamma L\left(\frac{B_3}{2} + B_2 + B_1\right) - H_1 B_3 b\gamma\left(\frac{B_3}{3} + B_1 + B_2\right)$$

$$= 19\ 928.665\ 7\text{kN} \cdot \text{m}$$

（五）扶壁式挡土墙外部稳定性验算

$$K_c = \frac{\sum N \times f}{\sum E_x} = 1.31 > 1.3 \quad 满足要求$$

$$K_0 = \frac{\sum M_{n\_0}}{\sum M_x} = 2.62 > 1.6 \quad 满足要求$$

$$e = \frac{B}{2} - \frac{\sum M_{N-0} - \sum M_x}{\sum N} = 0.914\ 3 < \frac{B}{6} = 0.946\ 7\text{m} \quad 满足要求$$

$$\sigma_1 = \frac{\sum N}{B}\left(1 + \frac{6e}{B}\right)/L = 399 < [\sigma] = 400\text{kPa} \quad 满足要求$$

$$\sigma_2 = \frac{\sum N}{B}\left(1 - \frac{6e}{B}\right)/L = 7 < [\sigma] = 400\text{kPa} \quad 满足要求$$

（六）扶壁式挡土墙结构设计

1. 内力计算

1）立壁板

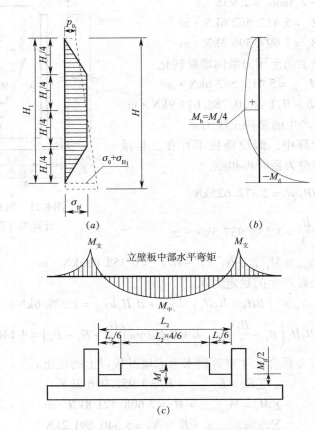

图 8-22 立壁板土压应力及弯矩分布示意图

（a）应力简化图示；（b）跨中和肋板竖向弯矩在水平方向上的分布；（c）跨中和肋板竖向弯矩在水平方向上的分布

图 8-22 中的应力和内力按每延米计，计算步骤如下：

（1）应力简化图示中各符号的值

$$\sigma_0 = \frac{6\sum M_x - 2\sum E_x H}{H^2 L} = 11.881\ 1\text{kPa}$$

$$\sigma_H = \frac{6\sum E_x H - 12\sum M_x}{H^2 L} = 46.613\ 2\text{kPa}$$

$$\sigma_{H1} = \frac{H_1}{H} \times p_H = 41.951\ 9\text{kPa}$$

$$\sigma_0 + \sigma_{H1} = 53.833\ 0\text{kPa}$$

$$\sigma_{pj} = \frac{2\sigma_0 + \sigma_{H1}}{2} = 32.857\ 1\text{kPa}$$

（2）立壁板中部最大水平弯矩和立壁板与肋板结合处 1m 高条带的剪力

$$M_{中} = \frac{\sigma_{pj} L_2^2}{20} = 10.350\ 2\text{kN·m}$$

$$M_{\text{支}} = \frac{\sigma_{\text{pj}} L_2^2}{12} = 17.250\ 3 \text{kN} \cdot \text{m}$$

$$Q_{\text{支}} = \frac{1}{2} \sigma_{\text{pj}} L_2 = 41.235\ 7 \text{kN}$$

（3）立壁板竖直面内最大竖直弯矩和两肋中间 1m 宽条带垂直墙底处的剪力

$$M_b = 0.03\ (\sigma_{H_1} + \sigma_0)\ L_2 H_1 = 36.482\ 6 \text{kN} \cdot \text{m}$$

$$M_d = \frac{M_b}{4} = 9.120\ 7 \text{kN} \cdot \text{m}$$

$$Q_d = 0.4\ (\sigma_{H1} + \sigma_0)\ L_2 = 54.095\ 5 \text{kN}$$

2）墙踵板

（1）应力计算

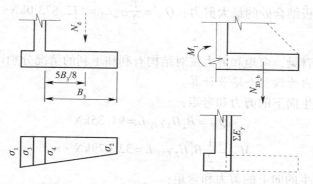

图 8-23 基底压应力、墙背竖向土压力（含活载）及等代荷载

图 8-23 中 $\sigma_1 = 399 \text{kPa}$，$\sigma_2 = 7 \text{kPa}$

$$\sigma_3 = \sigma_2 + \frac{(B - B_1)}{B} \times (\sigma_1 - \sigma_2)\ = 352.070\ 4 \text{kPa}$$

$$\sigma_4 = \sigma_2 + \frac{B_3}{B} \times (\sigma_1 - \sigma_2)\ = 317.563\ 4 \text{kPa}$$

$$M_1 = \sigma_3 \times \frac{B_1^2}{2} + (\sigma_1 - \sigma_3) \times \frac{B_1^2}{3} - H_2 \times \gamma_{\text{坊}} \times \frac{B_1^2}{2} = 82.852\ 1 \text{kN} \cdot \text{m}$$

与 M_1 对应的等待力：$N_d = \dfrac{M_1}{5B_3} \times 8 = 29.458\ 5 \text{kN}$

踵板及肋板自重（注意两个肋板应分摊到每延米）：

$$N_{B3\_b} =\ (B_3 H_3 + H_1 B_3 b/L)\ \gamma_{\text{坊}} = 201.891\ 9 \text{kN}$$

踵板及以上所有外力产生的竖向力之和：$\sum E_y = 5\ 340.691\ 2 \text{kN}$

踵板及以上所有外力产生的竖向力之和扣除踵板部分多算的土压力后，与基底反力之差：

$$N_0 = N_d + \sum E_y/L + N_{B3\_b} - H_2 B_3 \gamma - H_1 B_3 b\gamma/L -\ (\sigma_4 + \sigma_2)\ \frac{B_3}{2} = 309.931 \text{kN}$$

$$\sigma_w = \frac{2N_0}{B_3} = 137.747\ 4 \text{kPa}$$

（2）内力计算（见图 8-24，图 8-25）

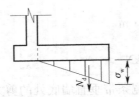

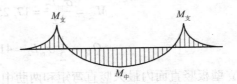

图 8-24　踵板应力分布　　　　图 8-25　踵板沿纵向弯矩的分布

最大纵向（水平）负弯矩：$M_支 \dfrac{\sigma_w L_2^2}{12} = 72.318\ 5\text{kN} \cdot \text{m}$

最大纵向（水平）正弯矩：$M_中 = \dfrac{\sigma_w L_2^2}{20} = 43.391\ 1\text{kN} \cdot \text{m}$

踵板端部与肋板结合处的最大剪力：$Q_支 = \dfrac{1}{2}\sigma_w L_2 = 172.873\ 0\text{kN}$

3）墙趾板

将趾板看成悬臂梁，弯矩和剪力按对结构有利和不利的情况分别计算。

注意：趾板的内力按整个墙长计算。

墙趾板自重产生向下的剪力和弯矩：

$$Q_下 = B_1 H_2 \gamma_污\ L = 94.35\text{kN}$$

$$M_下 = \frac{1}{2}B_1^2 H_2 \gamma_污\ L = 32.079\text{kN} \cdot \text{m}$$

基底压应力产生的向上的剪力和弯矩：

$$Q_上 = \frac{(\sigma_1 + \sigma_3)\ B_1 L}{2} = 1\ 417.298\ 5\text{kN}$$

$$M_上 = \left[\frac{\sigma_3 \times B_1^2}{2} + \frac{(\sigma_1 - \sigma_3)\ B_1^2}{3}\right]L = 491.908\ 1\text{kN} \cdot \text{m}$$

4）肋板

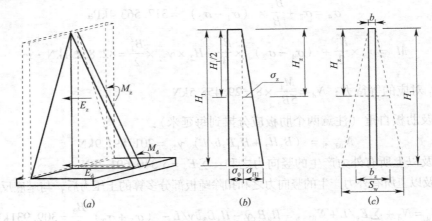

图 8-26　肋板内力计算图示

（a）肋板计算单元；（b）土压应力简化图示；（c）b_z 长度计算简图

$\sigma_0 = 11.881\ 1\text{kPa}$，$\sigma_{H_1} = 41.951\ 9\text{kPa}$，$H_1 = 9.0\text{m}$

$$H_z = \frac{H_1}{2} = 4.5 \text{m}$$

$$\sigma_z = \frac{\sigma_{H_1}}{2} = 20.976\,0\text{kPa}$$

$$S_w = 0.91 L_2 + b = 2.774\,1\text{m} < b + 12B_2 = 6.49\text{m} \quad \text{满足要求}$$

$$b_z = \frac{(b + S_w)}{2} = 1.632\,1\text{m}$$

肋板底部水平力和弯矩：

$$E_d = \frac{(2\sigma_0 + \sigma_{H_1})\,H_1 L}{4} = 820.604\,8\text{kN}$$

$$M_d = \left(\frac{1}{2}H_1^2\sigma_0 + \frac{1}{6}H_1^2\sigma_{H1}\right)\frac{L}{2} = 2\,906.910\,2\text{kN} \cdot \text{m}$$

肋板中部水平力和弯矩：

$$E_z = \frac{(2\sigma_0 + \sigma_2)\,H_z L}{4} = 279.334\,1\text{kN}$$

$$M_z = \left(\frac{1}{2}H_z^2\sigma_0 + \frac{1}{6}H_z^2\sigma_z\right)\frac{L}{2} = 530.275\,1\text{kN} \cdot \text{m}$$

肋板两侧水平及竖向拉筋计算时的拉力：

水平拉力：
$$F_H = \frac{1}{2}\sigma_{pj}L_2 = 41.235\,7\text{kN}$$

竖向拉力：
$$F_v = \frac{1}{2}\sigma_w L_2 = 172.873\,0\text{kN}$$

2. 结构设计（参见图 8-27 ~ 图 8-29）

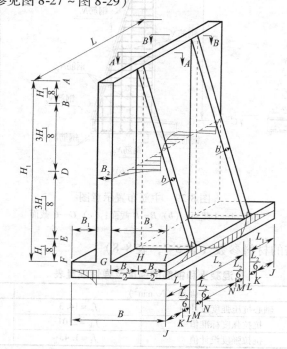

图 8-27　立壁板和踵板纵向弯矩布置及趾板横向弯矩布置示意图

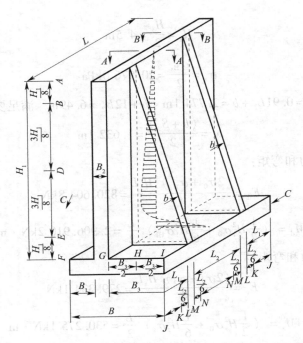

图 8-28　立壁板竖向弯矩布置示意图

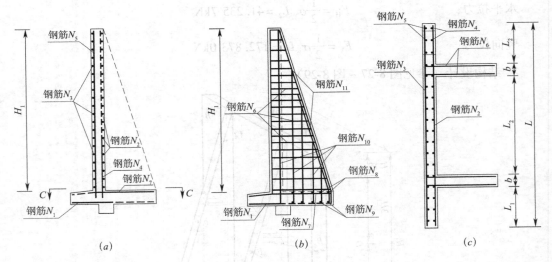

图 8-29　主筋布置示意图

（a）A—A 截面；（b）B—B 截面；（c）C—C 截面

1）结构设计所需的材料参数（表 8-7，表 8-8）

混凝土和钢筋的强度及弹性模量表

表 8-7

材　料	强度（N/mm²）		弹性模量（N/mm²）
C30 混凝土	轴心抗压强度设计值	$f_c = 14.3$	$E_c = 30\,000$
	抗拉强度标准值	$f_{tk} = 2.01$	
	抗拉强度设计值	$f_t = 1.43$	

续表

材 料	强度（N/mm²）		弹性模量（N/mm²）
钢筋	HRB400 抗拉强度设计值	$f_y = 360$	$E_s = 200\ 000$
	HRB335 抗拉强度设计值	$f_y = 300$	$E_s = 200\ 000$

计算公式中的系数　　　　　　　　　表 8-8

名　称	符　号	数　值
矩形应力图受压区高度与中和轴高度的比值	β_1	0.8
受压区混凝土矩形应力图的应力值与混凝土轴心抗压设计值的比值	α_1	1.0
非均匀受压时的混凝土极限压应变	ε_{cu}	0.003 3
主筋最小配筋率	ρ_{min}	0.2

2）趾板结构设计包含正截面设计、裂缝宽度计算和斜截面设计。

标准弯矩：$M_k = 45\ 942\ 910 \text{N} \cdot \text{mm}$，设计弯矩：$M = 779\ 170\ 000 \text{N} \cdot \text{mm}$

标准剪力：$V_k = 1\ 322\ 948.5 \text{N}$，设计剪力：$V = 2\ 244\ 190 \text{N}$

计算图示如图 8-30 所示：

图中 $b = 5\ 550 \text{mm}$，$h = 1\ 000 \text{mm}$，钢筋最外层保护层厚度 $c = 70 \text{mm}$。

主筋 N_0 的直径选择 $d = 14 \text{mm}$，$h_0 = h - c - \dfrac{d}{2} = 923 \text{mm}$

主筋混凝土保护层厚度：$c = 70 \text{mm}$，取 $c = 40 \text{mm}$

计算过程从略。

由计算得：需要钢筋 $n = 67$ 根。

3）立壁板结构设计包含正截面设计、裂缝宽度计算和斜截面设计。

（1）内侧纵向主筋 N_2

分布范围在 AB、BE 和 EF

标准弯矩：$M_k = 17\ 250\ 300 \text{N} \cdot \text{mm}$，设计弯矩：$M = 28\ 460\ 000 \text{N} \cdot \text{mm}$

图 8-31 中：$b = 1\ 000 \text{mm}$，$h = 500 \text{mm}$，钢筋最外层保护层厚度 $c = 70 \text{mm}$。

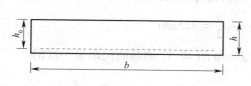　　　　　　

图 8-30　趾板正截面设计示意图　　　图 8-31　立壁板正截面设计示意图一

主筋 N_2 的直径选择 $d = 12 \text{mm}$，$h_0 = h - c - \dfrac{d}{2} = 424 \text{mm}$

由计算可得：每延米需要钢筋根数 $n = 8$ 根，计算过程从略。

BE 段钢筋根数：$n_{BE} = \dfrac{6}{8} H_1 n = 54$ 根

由于是构造配筋，AB、EF 段钢筋根数分别为 $n_{AB} = n_{EF} = \dfrac{1}{8} H_1 n = 9$ 根

（2）由于是构造配筋，故外侧纵向主筋 N_3 的直径根数和分布与内侧 N_2 钢筋一样。

（3）内侧竖向主筋 N_4

分布范围在 JK、KL、MN 和 NN。

标准弯矩：$M_k = 36\,482\,600\,\mathrm{N \cdot mm}$，设计弯矩：$M = 60\,200\,000\,\mathrm{N \cdot mm}$

图 8-32 中：$b = 1\,000\,\mathrm{mm}$，$h = 500\,\mathrm{mm}$，钢筋最外层保护层厚度 $c = 70\,\mathrm{mm}$。

主筋 N_4 的直径选择 $d = 12\,\mathrm{mm}$，$h_0 = h - c - \dfrac{d}{2} = 424\,\mathrm{mm}$

由计算可得：每延米需要钢筋 $n = 8$ 根，计算过程从略

NN 段钢筋根数 $n_{NN} = \dfrac{4}{6}L_2 n = 13.4$ 根

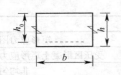

图 8-32　立壁板正截面
设计示意图二

JK 段钢筋根数 $n_{JK} = \left(L_1 - \dfrac{1}{6}L_2 \right)\, n = 4.9$ 根

KL 和 MN 段按构造配筋，钢筋根数均为 3.3 根。

（4）外侧竖向主筋 N_5

墙面板外侧竖向钢筋按最小配筋率配筋，与内侧 N_4 钢筋一致。

（5）墙面板箍筋配置

标准剪力：$V_k = 41\,235.7\,\mathrm{N}$，设计弯矩：$V = 68\,040\,\mathrm{N}$

$0.7 f_t b h_0 = 424\,424\,\mathrm{N} > V$　按构造配筋。

4）踵板结构设计

（1）踵板顶面横向主筋 N_7 的配置和利用与设计弯矩与立壁底部的弯矩值相等，由于是最小配筋率控制用钢量，故虽然底板很厚，但所需的钢筋却更多，当 N_7 钢筋根数与 N_4 钢筋根数协调一致时，本算例一节扶壁式挡土墙中的 N_7 钢筋的直径 $d = 18\,\mathrm{mm}$，总根数为 36 根。

（2）踵板顶面纵向主筋 N_8

分布范围在 GH 和 HI 段。

标准弯矩：$M_k = 72\,318\,500\,\mathrm{N \cdot mm}$，设计弯矩：$M = 119\,330\,000\,\mathrm{N \cdot mm}$

图 8-33 中：$b = 1\,000\,\mathrm{mm}$，$h = 1\,000\,\mathrm{mm}$，钢筋最外层保护层厚度 $c = 70\,\mathrm{mm}$。

主筋 N_8 的直径选择：$d = 14\,\mathrm{mm}$，$h_0 = h - c - \dfrac{d}{2} = 923\,\mathrm{mm}$

根据计算可知，主筋 N_8 按构造配筋，故 JH 和 HI 段 N_8 钢筋的间距是一样的。钢筋的根数为 54 根。

踵板剪力小于趾板剪力，根据趾板斜截面剪算可知，踵板内箍筋均可按构造布置。

5）N_9 钢筋配筋从略，由于是按最小配筋率配筋，故直径、间距和 N_8 钢筋一样。

6）肋板的配筋计算与其他构件有所不同，下面详细介绍肋板的配筋设计。

（1）肋板两侧横向水平主筋 N_6 按受拉杆件配筋

分布范围在 AB、BE 和 EF 段，以 BE 段的配筋为例：

标准拉力：$N_k = 41\,235.7\,\mathrm{N}$，设计拉力：$N = 68\,040\,\mathrm{N}$

① 肋板两侧横向主筋正截面受拉设计

图 8-34 中：$b = 1\,000\,\mathrm{mm}$，$h = 490\,\mathrm{mm}$，受拉钢筋设计面积 $A_s = \dfrac{N}{f_y} = 189\,\mathrm{mm}^2$

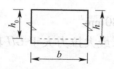

图 8-33　立壁板正截面设计示意图三

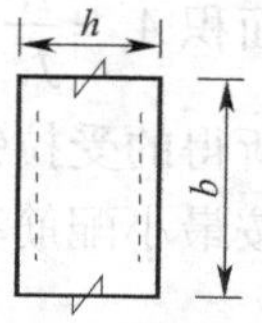

图 8-34　肋板两侧横向主筋正截面受拉配筋示意图

按最小配筋率所得的受拉钢筋的设计面积 $A_\mathrm{s} = \rho_\mathrm{min} bh = 980\mathrm{mm}^2$

由计算可知，按最小配筋率配筋即可。由于 BE 段每延米最大拉力大于 AB 和 EF 段，故侧向水平拉筋均按构造配筋。

取每延米 $n = 10$ 根，$d = 12\mathrm{mm}$，

则，实际钢筋面积 $A_\mathrm{g} = n \times \dfrac{\pi d^2}{4} = 1\,130.4\mathrm{mm}^2 > A_\mathrm{s} = 980\mathrm{mm}^2$

两侧每延米分别布置 5 根钢筋。

② 裂缝宽度验算

$$\sigma_\mathrm{sk} = \frac{N_\mathrm{k}}{A_\mathrm{g}} = 36.4789\mathrm{N/mm}^2$$

有效受拉混凝土截面面积 $A_\mathrm{te} = bh = 490\,000\mathrm{mm}^2$

按有效受拉混凝土截面面积计算的纵向受拉钢筋配筋率：

$$\rho_\mathrm{te} = \frac{A_\mathrm{g}}{A_\mathrm{te}} = 0.0023 \quad 取 \rho_\mathrm{te} = 0.01$$

不均匀系数 $\psi = 1.1 - \dfrac{0.65 f_\mathrm{tk}}{\rho_\mathrm{te} \sigma_\mathrm{sk}} = -2.49 \quad 取 \psi = 0.2$

构件受力特征系数　$\alpha_\mathrm{cr} = 2.7$

主筋混凝土保护层厚度 $c = 70\mathrm{mm}$，取 $c = 40\mathrm{mm}$

最大裂缝开展宽度：

$$\omega_\mathrm{max} = \alpha_\mathrm{cr} \psi \frac{\sigma_\mathrm{sk}}{E_\mathrm{s}} (1.9c + 0.08 \times \frac{d}{\rho_\mathrm{te}}) = 0.0169\mathrm{mm} < [\omega] = 0.2\mathrm{mm}$$

③ 肋板两侧水平拉筋布置

N_6 钢筋是双侧布置，故每延米 10 根，相当于双肢的 5 根。

肋板两侧水平拉筋如果按等间距布置，两侧根数分别为 $5 \times H_1 = 45$ 根，如果只在中间部分按计算配筋，顶部和底部不考虑最小配筋率，而按照侧向构造钢筋处理，则只需布置 39 根。

（2）肋板两侧竖向主筋 N_{10} 按受拉杆件配筋

分布范围在 GH 和 HI 段，以 HI 段的配筋为例：

标准拉力　$N_\mathrm{k} = 172\,873\mathrm{N}$

设计拉力　$N = 285\,240\mathrm{N}$

① 肋板两侧竖向主筋正截面受拉设计

图 8-35 中 $b = 1\,000\mathrm{mm}$，$h = 490\mathrm{mm}$

图 8-35　肋板两侧横向主筋
正截面受拉配筋示意图

受拉钢筋设计面积 $A_s = \dfrac{N}{f_y} = 792.33\text{mm}^2$

按最小配筋率所得的受拉钢筋的设计面积 $A_s = \rho_{\min}bh = 980\text{mm}^2$

由计算可知，按最小配筋率配筋即可。由于 HI 段每延米最大拉力大于 GH 段，故竖向拉筋均按构造配筋。

取每延米 $n = 10$ 根，$d = 12\text{mm}$，

则，实际钢筋面积 $A_g = n \times \dfrac{\pi d^2}{4} = 1\,130.4\text{mm}^2 > A_s = 980\text{mm}^2$　满足要求

② 裂缝宽度验算

$$\sigma_{sk} = \frac{N_k}{A_g} = 152.9\,308\text{N/mm}^2$$

有效受拉混凝土截面面积 $A_{te} = bh = 490\,000\text{mm}^2$

按有效受拉混凝土截面面积计算的纵向受拉钢筋配筋率：

$$\rho_{te} = \frac{A_g}{A_{te}} = 0.002\,3 \quad 取\ \rho_{te} = 0.01$$

不均匀系数　　　　　　　　$\psi = 1.1 - \dfrac{0.65f_{tk}}{\rho_{te}\sigma_{sk}} = 0.245\,7$

构件受力特征系数　$\alpha_{cr} = 2.7$

主筋混凝土保护层厚度 $c = 70\text{mm}$，取 $c = 40\text{mm}$

最大裂缝开展宽度：

$$\omega_{\max} = \alpha_{cr}\psi\frac{\sigma_{sk}}{E_s}\left(1.9c + 0.08 \times \frac{d}{\rho_{te}}\right) = 0.087\text{mm} < [\omega] = 0.2\text{mm}$$

③ 肋板两侧竖向拉筋布置

N_{10} 钢筋是双侧布置，故每延米 10 根，相当于双肢 5 根。

肋板两侧竖向拉筋按等间距布置，两侧根数分别为 $5 \times B_3 = 22.5$ 根

（3）由以上计算可知，连接肋板两侧横竖主筋的构造钢筋按规范要求布置即可。

（4）肋板斜拉筋 N_{11} 设计（按正截面设计，如图 8-36 所示）

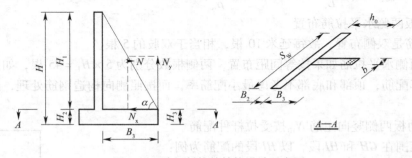

图 8-36　肋板斜拉筋结构设计示意图

① 肋板与底板交接处正截面抗弯配筋

标准弯矩　　　　　　　　$M_k = 2\,906\,910\,200\text{N·mm}$

设计弯矩　　　　　　　　$M = 4\,796\,400\,000\text{N·mm}$

正截面受弯设计：
$$b = 490\text{mm}, \quad h = B_2 + B_3 = 5\,000\text{mm}, \quad h_0 = 0.9h = 4\,500\text{mm}$$
$$S_w = 0.91L_2 + b = 2\,774.1\text{mm}$$

判别截面类型　　$\alpha_1 f_c S_w B_2 \left(h_0 - \dfrac{B_2}{2} \right) = 8.4298 \times 10^{10}\text{N} \cdot \text{mm} > M$

按矩形截面设计

相对受压区高度界限　　　　$\xi_b = \dfrac{\beta_1}{1 + \dfrac{f_y}{E_s \varepsilon_{cu}}} = 0.5176$

实际相对受压区高度　$\xi = 1 - \sqrt{1 - \dfrac{2M}{\alpha_1 f_c S_w h_0^2}} = 5.9887 \times 10^{-3} < \xi_b$　满足要求

钢筋设计面积　　　　　　$A_s = \dfrac{\xi S_w h_0 f_c}{f_y} = 1\,838.67\text{mm}^2$

根据最小配筋率计算钢筋设计面积　$A_s = \rho_{min} bh_0 = 4\,410\text{mm}^2$

钢筋直径 $d = 25\text{mm}$，钢筋根数 $n = 12$，

则，钢筋实际面积　　　　$A_g = n \times \dfrac{\pi d^2}{4} = 5\,887.5\text{mm}^2$

钢筋分两排布置，$h_0 = 4\,890\text{mm}$
$$\tan\alpha = \dfrac{H_1}{B_3} = 2 \qquad \alpha = 63.4349°$$

$\sin\alpha = 0.8944$，转换为垂直截面方向：$A'_g = A_g \sin\alpha = 5\,265.78\text{mm}^2$

配筋率 $\rho = \dfrac{A'_g}{bh_0} = 0.22\% > \rho_{min} = 0.2\%$　满足要求

实际受压区高度 $x = \dfrac{A'_g f_y}{\alpha_1 bf_c} = 270.54\text{mm} < B_2 = 500\text{mm}$ 与实际情况相符

裂缝宽度验算：
$$\sigma_{sk} = \dfrac{M_k}{0.87 h_0 A'_g} = 129.7599\text{N}/\text{mm}^2$$

有效受拉混凝土截面积 $A_{te} = 0.5bh = 1\,225\,000\text{mm}^2$

按有效受拉混凝土截面面积计算的纵向受拉钢筋配筋率：
$$\rho_{te} = \dfrac{A'_g}{A_{te}} = 0.00430 \quad 取 \rho_{te} = 0.01$$

不均匀系数　　　　$\psi = 1.1 - \dfrac{0.65 f_{tk}}{\rho_{te} \sigma_{sk}} = 0.093 \quad 取 \psi = 0.2$

构件受力特征系数　　　　　　　$\alpha_{cr} = 2.1$

主筋混凝土保护层厚度 $c = 70\text{mm}$，取 $c = 40\text{mm}$

最大裂缝开展宽度：
$$\omega_{max} = \alpha_{cr} \psi \dfrac{\sigma_{sk}}{E_s} \left(1.9c + 0.08 \times \dfrac{d}{\rho_{te}} \right) = 0.0752\text{mm} < [\omega] = 0.2\text{mm}$$

② 肋板中部正截面抗弯配筋

标准弯矩　$M_k = 530\ 275\ 100 \text{N} \cdot \text{mm}$

设计弯矩　$M = 874\ 950\ 000 \text{N} \cdot \text{mm}$

正截面受弯设计：

$$S_{wz} = \left(\frac{S_w + b}{2}\right) = 1.632.05 \text{mm}, \quad h_z = \frac{B_3}{2} + B_2 = 2\ 750 \text{mm}, \quad h_0 = 0.9H = 2\ 475 \text{mm}$$

判别截面类型　$\alpha_1 f_c S_{wz} B_2 \left(h_0 - \frac{B_2}{2}\right) = 2.596\ 4 \times 10^{10} \text{N} \cdot \text{mm} > M$

按矩形截面设计：　$h_0 = h_z - c - \dfrac{d}{2} - 25 = 2\ 642.5 \text{mm}$

实际相对受压区高度　$\xi = 1 - \sqrt{1 - \dfrac{2M}{\alpha_1 f_c S_{wz} h_0^2}} = 0.005\ 383 < \xi_b = 0.517\ 6$　满足要求

钢筋设计面积　$A_s = \dfrac{\xi S_{wz} h_0 f_c}{f_y} = 922.2 \text{mm}^2$

根据最小配筋率计算钢筋设计面积 $A_s = \rho_{\min} b h_0 = 2\ 589.65 \text{mm}^2$

钢筋直径 $d = 25 \text{mm}$，钢筋根数 $n = 6$

则钢筋实际面积　$A_g = n \times \dfrac{\pi d^2}{4} = 2\ 943.75 \text{mm}^2$

$$\tan\alpha = \frac{H_1}{B_3} = 2 \quad \alpha = 63.434\ 9°$$

$\sin\alpha = 0.894\ 4$，转换为垂直截面方向：$A'_g = A_g \sin\alpha = 2\ 632.89 \text{mm}^2$

配筋率　$\rho = \dfrac{A'_g}{bh_0} = 0.203\% > \rho_{\min}$　满足要求

实际受压区高度 $x = \dfrac{A'_g f_y}{\alpha_1 b f_c} = 135.27 \text{mm} < B_2 = 500 \text{mm}$　满足要求

裂缝宽度验算：

$$\sigma_{sk} = \frac{M_k}{0.87 h_0 A'_g} = 87.606 \text{N/mm}^2$$

有效受拉混凝土截面面积 $A_{te} = 0.5 b h_z = 673\ 750 \text{mm}^2$

按有效受拉混凝土截面面积计算的纵向受拉钢筋配筋率：

$$\rho_{te} = \frac{A'_g}{A_{te}} = 0.003\ 907\ 8 \quad 取\ \rho_{te} = 0.01$$

不均匀系数　$\psi = 1.1 - \dfrac{0.65 f_{tk}}{\rho_{te} \sigma_{sk}} = -0.39$

取 $\psi = 0.2$

构件受力特征系数　$\alpha_{cr} = 2.1$

主筋混凝土保护层厚度 $c = 70 \text{mm}$，取 $c = 40 \text{mm}$

最大裂缝开展宽度：

$$\omega_{\max} = \alpha_{cr} \psi \frac{\sigma_{sk}}{E_s} \left(1.9c + 0.08 \times \frac{d}{\rho_{te}}\right) = 0.05 \text{mm} < [\omega] = 0.2 \text{mm}$$

也可以应用《支挡结构设计计算手册》查表而得。

第九章　锚杆挡土墙设计

第一节　概　　述

锚杆挡土墙是由钢筋混凝土肋柱、挡土板和锚杆组成或者是由钢筋混凝土面板及锚杆组成的支挡结构物。一般挡土墙是靠自重来保持挡土墙的稳定性。而锚杆挡土墙是靠锚固于稳定土层中锚杆所提供的拉力，以承受结构物的挡土墙的土压力、水压力来保证挡土墙的稳定。这是一种有效的方法。

锚杆挡土墙可作为山边的支挡结构物，也可用于地下工程的临时支撑。在墙较高时，它可以自上而下分级施工，避免坑壁及填土的坍塌。对于开挖工程它可避免内支撑，以扩大工作面而有利于施工。同时由于其施工占地少，可缩小基础开挖面积，加快施工速度。

这种挡土墙对于岩石陡坡地区和挖方工程及地下工程有利。这是由于它对边坡扰动较小；预应力锚杆可控制结构的变形。目前，在我国已得到广泛应用。

目前我国常见的锚杆式挡土墙有两种主要形式：柱板式和板壁式。柱板式挡土墙是锚杆连接在肋柱上，肋柱间加挡土板；而板壁式是由钢筋混凝土面板和锚杆组成。

第二节　柱板式锚杆挡土墙设计

一、柱板式锚杆挡土墙的构造

柱板式锚杆挡土墙，如图 9-1 所示。由肋柱、挡土板和锚杆组成。可以为预制拼装式，也可就地灌注。根据需要可以是直立式或倾斜式，直立式便于施工。也可以根据地形地质条件，把挡土墙设计为单级的或多级的。上、下级之间一般应设置平台，平台宽度不小于 2.0m，每级墙高一般不大于 8m。总高度不宜大于 18m。锚杆应根据墙高、墙后填土性质等条件确定用单排锚杆或多排锚杆。

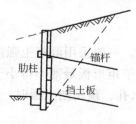

图 9-1　柱板式挡土墙

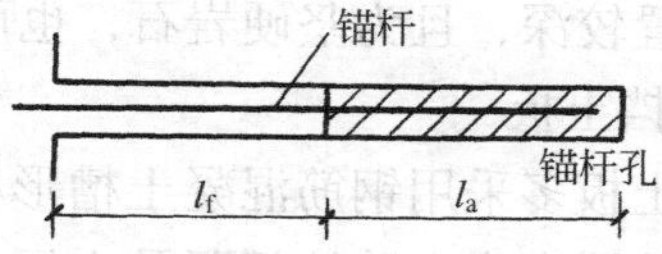

图 9-2　圆柱形钻孔图

l_f—自由锚杆段长；l_a—有效锚固段长

1. 锚杆

一般锚杆挡土墙应用的锚杆，多采用钻机钻孔，插入钢筋后，灌浆形成锚固体，也可采用直接打入法。根据锚固的形态可将锚杆分为三类：

（1）圆柱形孔洞锚杆。由钻孔机一般钻孔为圆形孔洞。孔洞内采用水泥砂浆灌注或其他固定剂充填，如图9-2。

（2）扩大圆柱体锚杆。将孔由钻机钻出圆柱孔后，在其一定部位采用控制的高压下的灌注浆注入，使孔壁受压扩大而形成部分扩大的圆柱体，如图9-3。

图9-3　扩大圆柱体锚杆

图9-4　多段扩大圆柱体锚杆

（3）多段扩大圆柱体锚杆。是采用一种特殊插凿装置在孔洞中多处扩大圆柱体，如图9-4。

对于岩石地区采用第一类锚杆；对黏性土和非黏性土的土层地区采用第二、三类；对淤泥质土层并要求较高承载力的锚杆，可进行高压灌浆处理，对锚固体进行二次或多次高压灌浆使锚固段形成一连串球状体，使之与周围土体有更高的嵌固强度。

对于锚杆布置应遵守以下规定：

（1）锚杆上下排间距不宜小于2.0m；锚杆水平间距不宜小于1.5m。

（2）锚杆锚固体上覆土厚度不应小于4.0m；锚杆锚固段长度不应小于4.0m。

（3）倾斜锚杆的倾角不应小于10°，并不得大于45°，以15°~35°为宜。

（4）锚杆自由段长度不宜小于5.0m，并应超过潜在滑裂面1.5m。

锚杆锚固体宜采用水泥浆或水泥砂浆，其强度等级不宜低于M30。

预应力锚杆体宜选用钢绞线，高强度钢丝或高强度螺纹钢筋。

2. 肋柱

肋柱截面多为矩形，也可设计为T形。混凝土强度等级不低于C20。为安放挡土板和锚杆，截面宽度不宜小于30cm，截面高度不宜小于40cm。肋柱间距视工地的起吊能力和锚杆的抗拔力而定。一般可选用2~3m。每根肋柱可布置2~3层锚杆，其位置应尽量使肋柱受力合理，即最大正、负弯矩值相近或支反力相等。为防止施工时肋柱不均匀受力，钢筋宜通长布置。

肋柱的底端视地基承载力的大小和埋置深度不同，一般可设计为铰支端或自由端。如基础埋置较深，且为坚硬岩石，也可设计为固定端。

3. 挡土板

挡土板多采用钢筋混凝土槽形板，矩形板和空心板。一般采用混凝土强度等级C20。挡土板的厚度应由肋柱间距及土压力大小计算确定，对于矩形板最薄不得小于15cm。挡土板与肋柱搭接长度不宜小于10cm。挡土板应设置泄水孔，预制挡土板时，泄水孔和吊装孔可合并设置。

4. 锚杆与肋柱的连接

当肋柱就地灌注时，锚杆必须插入肋柱，并保证其锚固长度符合规范要求。当肋柱为预制拼装时，锚杆与肋柱之间一般采用螺栓连接。

如图9-5（a），它是由螺钉端杆、螺母、垫板和砂浆包头所组成，也可采用焊短钢筋

（3）6

及弯钩的连接，如图9-5（b）、（c）。

5. 锚杆的防锈

锚杆的锈蚀是影响锚杆挡土墙耐久性的关键因素。所以，锚杆的防锈则应是每位设计者所应关心的重要问题。

锚杆防腐处理的可靠性及耐久性是影响锚杆使用寿命的重要因素，"应力腐蚀"和"化学腐蚀"双重作用将使锚杆体锈蚀速度加快，大大降低锚杆的使用寿命，防腐处理应保证锚杆各段均不出现局部腐蚀的现象。

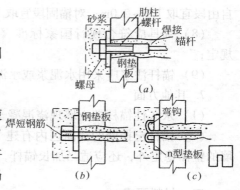

图9-5　锚杆与肋柱的连接
（a）螺柱；（b）焊短钢筋；（c）弯钩

（1）永久性锚杆的防腐应符合下列规定：

①非预应力锚杆的自由段，应除锈、刷沥青船底漆并用沥青玻璃纤布缠裹不少于两层。

②对采用精轧螺纹钢制作的预应力锚杆的自由段可按上述方法进行处理后装入聚乙烯塑料套管中；套管两端100～200mm长度范围内用黄油充填，外绕扎工程胶布固定；也可采用除锈、刷沥青船底漆、涂钙基润滑脂后绕扎塑料布再涂润滑油、装入塑料套管、套管两端黄油充填。

③位于无腐蚀性岩土层内的锚固段应除锈，砂浆保护层厚度不应小于25mm。

④位于腐蚀性岩土层内的锚杆的锚固段和非锚固段，应采取特殊防腐处理。

⑤经过防腐处理后，非预应力锚杆的自由段外端应埋入钢筋混凝土构件内50mm以上；对预应力锚杆，其锚头的锚具经除锈、三度涂防腐漆后应采用钢筋网罩、现浇混凝土封闭；混凝土强度等级不应低于C30，厚度不应小于100mm，混凝土保护层厚度不应小于50mm。

（2）临时锚杆的防腐蚀可采取下列措施：

①非预应力锚杆的自由段，可采用除锈后刷沥青防锈漆处理。

②预应力锚杆的自由段，可采用除锈后刷沥青防锈漆或加套管处理。

③外锚头可采用外涂防腐材料或外包混凝土处理。

6.《建筑基坑支护技术规程》有如下规定。

钢绞线锚杆、钢筋锚杆的构造应符合下列规定：

（1）锚杆成孔直径宜取100～150mm；

（2）锚杆自由段的长度不应小于5m，且应穿过潜在滑动面并进入稳定土层不小于1.5m；钢绞线、钢筋杆体在自由段应设置隔离套管；

（3）土层中的锚杆锚固段长度不宜小于6m；

（4）锚杆杆体的外露长度应满足腰梁、台座尺寸及张拉锁定的要求；

（5）锚杆杆体用钢绞线应符合现行国家标准《预应力混凝土用钢绞线》GB/T 5224的有关规定；

（6）钢筋锚杆的杆体宜选用预应力螺纹钢筋、HRB400、HRB500螺纹钢筋；

（7）应沿锚杆杆体全长设置定位支架；定位支架应能使相邻定位支架中点处锚杆杆体的注浆固结体保护层厚度不小于10mm，定位支架的间距宜根据锚杆杆体的组装刚度确定，对自由段宜取 1.5～2.0m；对锚固段宜取 1.0～1.5m；定位支架应能使各根钢绞线相互分离；

（8）锚具应符合现行国家标准《预应力筋用锚具、夹具和连接器》GB/T 14370 的规定；

（9）锚杆注浆应采用水泥浆或水泥砂浆，注浆固结体强度不宜低于 20MPa。

7. 其他方面

（1）永久性锚杆挡土墙现浇混凝土构件的温度伸缩缝间距不宜大于 20～25m。

（2）锚杆土挡墙的锚固区内有建（构）筑物基础传递的较大荷载时，除应验算挡土墙的整体稳定外，还应适当加长锚杆，并应采用长短相间的设置方法。

二、材料要求

1. 锚杆

（1）由于锚杆每米直接费用中钻孔所占比例较大，因此，在设计中应适当减少钻孔量。采用承载力低而密的锚杆是不经济的，应选用承载力较高的锚杆，同时也可避免"群锚效应"的不利影响。锚杆材料可根据锚固工程性质、锚固部位和工程规模等因素，选择 Ⅱ、Ⅲ级普通带肋钢筋。预应力锚杆可选择高强精轧螺纹钢筋，不宜采用镀锌钢材。钢筋每孔不宜多于 3 根，其直径宜为 18～32mm。

（2）灌浆材料性能应符合下列规定：

①水泥应使用普通硅酸盐水泥，必要时可使用抗硫酸盐水泥。

②砂浆的含泥量按重量计不得大于 3%，砂中云母、有机物、硫化物及硫酸盐等有害物质的含量按重量计不得大于 1%。

③水中不应含有影响水泥正常凝结和硬化的有害物质，不得使用污水。

④外掺剂的品种及掺入量应由试验确定。

⑤浆体配制的灰砂比宜为 0.8～1.5，水灰比宜为 0.38～0.5。

⑥浆体材料 28d 的无侧限抗压强度，用于全黏结锚杆时不应低于 25～30MPa。

（3）防腐材料应满足下列要求：

①在锚杆的使用年限内，保持耐久性。

②在规定的工作温度内或张拉过程中不得开裂、变脆或成为流体。

③应具有化学稳定性和防水性，不得与相邻材料发生不良反应。

（4）套管材料应满足下列要求：

①具有足够的强度，保证其在加工和安装的过程中不致损坏。

②具有抗水性和化学稳定性。

③与水泥砂浆和防腐剂接触无不良反应。

2. 肋柱和挡土板

（1）对于永久性锚杆挡土墙肋柱、挡土板采用的混凝土，其强度等级不应小于 C30；临时性锚杆挡土墙混凝土强度等级不应小于 C20。

（2）钢筋宜采用 HRB400 级和 HRB335 级钢筋。

（3）肋柱基础位于稳定的岩层内，可采用独立基础、条形基础或桩基等形式。肋柱的基础应采用 C20 混凝土。

（4）各分级挡土墙之间的平台顶面，宜用 C20 混凝土封闭，其厚度为 15cm，并设

2%横向排水坡度。

3. 锚头

（1）锚具应由锚环、夹片和承压板组成，并具有补偿张拉和松弛的功能。

（2）预应力锚具和连接锚杆的部件，其承载能力不应低于锚杆极限承载力的95%。

（3）预应力锚具、夹具和连接器必须符合现行国家标准《预应力筋用锚具、夹具和连接器》JGJ 85 的规定。

三、柱板式挡土墙荷载，内力计算

1. 根据库仑公式计算各级锚杆墙侧向土压力理论值

《铁路路基支挡结构设计规范》TB 10025—2006 中 6.2.2 条规定，作用于锚杆挡土墙的墙背土压力的理论值，可按库仑主动土压力计算。多级锚杆指土墙墙背的土压力当考虑上级墙体对下级墙体的影响时，各级墙应分别按库仑公式计算；如果不考虑上级墙对下级墙的影响，也可按延长墙背法进行简化计算。

（1）库仑公式的精确计算方法

$$\left.\begin{array}{l} E_{x1} = \dfrac{1}{2}\sigma_{H1}H_1 \\[2mm] E_{x2} = \dfrac{1}{2}\sigma_{H2}H_2 + \sigma_2 h_2 + \dfrac{1}{2}\sigma_{h2}h_2 \\[2mm] E_{x3} = \dfrac{1}{2}\sigma_{H3}H_3 + \sigma_3 h_3 + \dfrac{1}{2}\sigma_{h3}h_3 \end{array}\right\} \tag{9-1}$$

图 9-6 及式中　E_{x1}、E_{x2}、E_{x3}——分别为第一级、第二级和第三级锚杆挡土墙上所受库仑土压力（kN/m）；

σ_{H1}——第一级锚杆挡土墙底处的库仑土压应力（kN/m²）；

H_1——第一级墙高（m）；

W_1——第一级平台宽（m）；

σ_{H2}、σ_2、σ_{h2}——第二级锚杆挡土墙底处的库仑土压应力（kN/m²）；

H_2——第二级墙高（m）；

W_2——第二级平台宽（m）；

σ_{H3}、σ_3、σ_{h3}——第三级锚杆挡土墙底处的库仑土压应力（kN/m²）；

H_3——第三级墙高（m）；

θ_1、θ_2、θ_3——分别为第一级、第二级和第三级墙背土压力破裂角（°）。

①第一级挡土墙土压应力计算

$$\left.\begin{array}{l} \psi_1 = \varphi - i \\[2mm] \psi_2 = \varphi + \delta - i \\[2mm] \tan(\theta_1 + i) = -\tan\psi_2 \pm \sqrt{(\tan\psi_2 + \cot\psi_1)(\tan\psi_2 + \tan i)} \\[2mm] \lambda_x = \dfrac{\tan\theta_1}{\tan(\theta_1 + \varphi) + \tan\delta} \\[2mm] a_1 = \dfrac{H_1\tan\theta_1}{\cot i - \tan\theta_1} \\[2mm] \sigma_{H1} = (a_1 + H_1) \times \gamma \times \lambda_x \end{array}\right\} \tag{9-2}$$

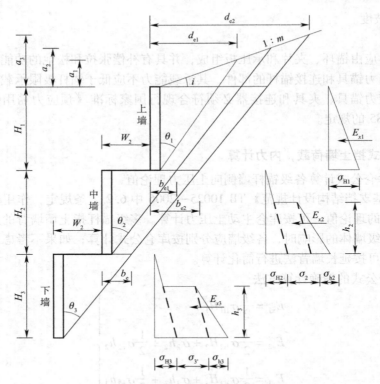

图 9-6　用库仑公式计算三级锚杆墙的图式

式中　φ——墙背岩土综合内摩擦角（°）；

　　　δ——墙背摩擦角（°）；

　　　γ——墙背岩土重度（kN/m³）；

　　　λ_x——水平土压力系数。

②第二级挡土墙土压应力计算

$$\left.\begin{aligned}
\psi_1 &= \varphi - i \\
\psi_2 &= \varphi + \delta - i \\
A_0 &= 0.5\left[H_2 + H_1 - \frac{W_1}{m}\right]^2\cos^2 i \\
B_0 &= W_1\left(H_1 - \frac{W_1}{2m}\right) \\
\tan(\theta_2 + i) &= -\tan\psi_2 \pm \sqrt{(\tan\psi_2 + \cot\psi_1)\left(\tan\psi_2 + \tan i + \frac{B_0}{A_0}\right)}
\end{aligned}\right\} \tag{9-3}$$

$$\left.\begin{aligned}
\lambda_h &= \frac{d_{e1}}{b_{e1}} \\
\lambda'_h &= 0.5 + \lambda_h/2 \\
\lambda_x &= \frac{\tan\theta_2}{\tan(\theta_2 + \varphi) + \tan\delta}
\end{aligned}\right\} \tag{9-4}$$

$$h_2 = H_2 - \frac{W_1}{\tan\theta_2} \tag{9-5}$$

$$\left.\begin{aligned} \sigma_{H2} &= H_2\gamma\lambda_x \\ \sigma_2 &= H_1\lambda'_h\gamma\lambda_x \\ \sigma_{h2} &= a_2\frac{\lambda_h}{b_{e1}}\gamma\lambda_x \end{aligned}\right\} \tag{9-6}$$

③第三级挡土墙土压应力计算

$$\left.\begin{aligned} \psi_1 &= \varphi - i \\ \psi_2 &= \varphi + \delta - i \\ A_0 &= 0.5\left[H_3 + H_2 + H_1 - \frac{W_1 + W_2}{m}\right]^2\cos^2 i \\ B_0 &= (W_2 + W_1)\left(H_1 - \frac{W_1 + W_2}{2m}\right) + H_2 \times W_2 \\ \tan(\theta_3 + i) &= -\tan\psi_2 \pm \sqrt{(\tan\psi_2 + \cot\psi_1)(\tan\psi_2 + \tan i + \frac{B_0}{A_0})} \end{aligned}\right\} \tag{9-7}$$

$$\lambda_x = \frac{\tan\theta_3}{\tan(\theta_3 + \varphi) + \tan\delta} \tag{9-8}$$

$$h_3 = H_3 - \frac{W_2}{\tan\theta_3} \tag{9-9}$$

$$\left.\begin{aligned} \sigma_{H3} &= H_3\gamma\lambda_x \\ \sigma_3 &= \frac{0.5\left[H_2(b_e + b_{e2} + W_1) + H_1(b_{e2} + d_{e2})\right]\gamma\lambda_x}{b_e} \\ \sigma_{h3} &= h_3 \times \frac{d_{e2}}{b_e} \times \gamma\lambda_x \end{aligned}\right\} \tag{9-10}$$

（2）按延长墙背法计算土压力

计算上级各墙时，视下级墙为稳定结构，可不考虑上级墙对下级墙的影响。土压力根据各级墙的位置分别计算，土压力分布图形如图9-7：

$$\left.\begin{aligned} E_{x1} &= \frac{1}{2}\sigma_1 H_1 \\ E_{x2} &= \frac{1}{2}(\sigma_2 + \sigma_3)H_2 \\ E_{x3} &= \frac{1}{2}(\sigma_4 + \sigma_5)H_3 \end{aligned}\right\} \tag{9-11}$$

式中 E_{x1}，E_{x2}，E_{x3}——分别为第一级、第二级和第三级锚杆挡土墙上所受库仑土压力（kN/m^2）；

σ_1，σ_2，σ_3，σ_4，σ_5——分别为各级锚杆挡土墙墙顶和墙底处的库仑土压应力（kN/m^2）；

H_1，H_2，H_3——分别第一级、第二级、第三级墙高（m）。

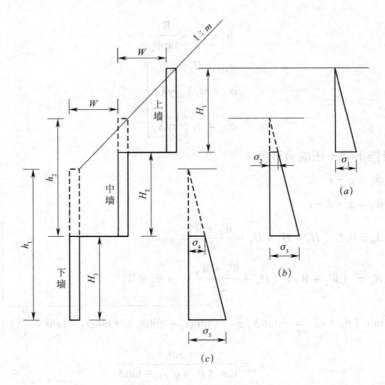

图 9-7　用延长墙背法计算三级锚杆墙的图式

$$\lambda_x = \frac{\tan\theta}{\left[\tan\left(\theta+\varphi\right)+\tan\delta\right]\left(1-\tan\theta\tan i\right)} \tag{9-12}$$

$$\left.\begin{aligned}
\sigma_1 &= H_1 \times \gamma \times \lambda_x \\
\sigma_2 &= \left(h_2-H_2\right) \times \gamma \times \lambda_x \\
\sigma_3 &= h_2 \times \gamma \times \lambda_x \\
\sigma_4 &= \left(h_1-H_3\right) \times \gamma \times \lambda_x \\
\sigma_5 &= h_1 \times \gamma \times \lambda_x
\end{aligned}\right\} \tag{9-13}$$

式中的 θ 可按式（9-2）求得。

（3）土压力的修正

土质边坡锚杆挡土墙的土压力大于主动土压力，采用预应力锚杆挡土墙土压力增加更多，可用土压力增大系数来反映锚杆挡土墙侧向土压力的增大。岩质边坡变形较小，应力释放较快，锚杆对岩体约束后侧向土压力增大不明显，故对岩层较好的非预应力锚杆挡土墙可不考虑侧向土压力增大。

①《铁路路基支挡结构设计规范》TB 10025—2006 中 6.2.3 条规定，当采用逆作法施工柔性结构的多层锚杆挡土墙时，其侧向土压力可按下式计算：

$$E'_x = E_x \xi \tag{9-14}$$

式中　E'_x——水平侧向土压力合力的修正值（标准值）（kN/m）；

$\quad\quad E_x$——侧向主动土压力合力的水平分力（kN/m）；

$\quad\quad \xi$——土压力修正系数，应根据岩土类别和锚杆类型按表 9-1 采用。

锚杆侧向土压应力修正系数 ξ　　　　表 9-1

锚杆类型 岩土类别	非预应力锚杆		预应力锚杆	
	土层锚杆及自由段为土层的岩石锚杆	自由段为岩层的岩石锚杆	自由段为土层时	自由段为岩层时
ξ	$1.1 \sim 1.2$	1.0	$1.2 \sim 1.3$	1.1

注：当锚杆变形计算值较小时取大值，反之取小值。

②《建筑地基基础设计规范》GB 50007—2011 中对边坡支挡结构土压力计算的规定

主动土压力增大系数：当边坡高度小于 5m 时宜取 1.0；高度为 5～8m 时取 1.1；高度大于 8m 时取 1.2。

（4）土压力的分布

影响锚杆挡土墙侧向压力分布图形的因素很复杂，从理论分析和实测结果看，挡土墙结构条件不同时分布图形可能是三角形、梯形或矩形，仅用侧向土压力随深度呈线性增加的三角形应力分布已不符合很多锚杆挡土墙侧向土压力的实际情况。采用逆作法施工锚杆对边坡变形产生的约束作用和支撑作用，而岩石和硬土的竖向拱效应明显，边坡的侧向压力向锚固点传递，应力图形的分布呈矩形，与有支撑时基坑土压力呈矩形、梯形分布图形类似。上述条件之外的边坡宜采用库仑三角形应力分布图形或地区经验图形。综上所述，可按下列情况采用土压力分布图形：

①填方锚杆挡土墙和和单排锚杆的土层锚杆挡土墙，或挡墙高度较小，未采用逆作法施工，可近似按库仑理论取为三角形分布。

②对岩质边坡以及坚硬、硬塑状黏土和密实、中密砂土类边坡，当采用逆作法施工的、柔性结构的多层锚杆挡土墙，土的侧压力分布可按图 9-8、图 9-9 确定，图中的 e_{hk} 按下式计算：

岩质边坡

$$e_{hk} = \frac{E_{hk}}{0.9H} \tag{9-15}$$

土质边坡

$$e_{hk} = \frac{E_{hk}}{0.875H} \tag{9-16}$$

式中　e_{hk}——侧向岩土压力水平分力应力分布的标准值（kPa）；

　　　E_{hk}——侧向岩土压力合力的水平分力标准值（kN）；

　　　H——挡土墙高度（m）。

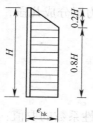

图 9-8　岩质边坡土压力分布图

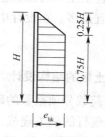

图 9-9　土质边坡土压力分布图

2. 肋柱与锚杆及挡土板的内力计算

每根肋柱承受相邻两跨锚杆挡土墙中线至中线之间墙上的土压力。假定肋柱与锚杆的连接处为一铰支点，把肋柱视为支承在锚杆和地基上的单跨简支梁或多跨连续梁。锚杆则视为轴心受拉构件。

（1）肋柱的内力计算

肋柱受力如图 9-10 所示。肋柱高为 H，肋柱的间距为 l，填土与墙背之间的摩擦角为 δ。当为双排锚杆时，肋柱底端如为自由端，可按简支外伸梁计算；当肋柱底端为铰支或固定端时，锚杆为两排或多排时，肋柱应按连续梁计算。肋柱的支反力、节点力及各截面的弯矩，剪力计算可见本手册附录及建筑结构设计手册（静力计算）。

当挡土墙倾斜时，作用于肋柱上的土压力荷载应取垂直于肋柱方向的土压力分力。

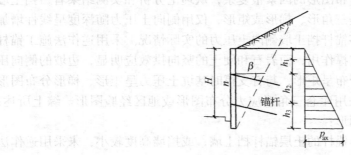

图 9-10　肋柱内力计算简图

（2）锚杆的内力计算

取锚杆与肋柱连接点 n，如图 9-10 所示。由肋柱的支反力计算可得肋柱的支反力为 R_n。当肋柱倾斜时，锚杆的内力为：

$$N_n = \frac{R_n}{\cos(\beta - \alpha)} \tag{9-17}$$

式中　α——肋柱的竖向倾角；

　　　β——锚杆对水平方向的倾角。

（3）挡土板的内力计算

挡土板按两端支承在肋柱上的简支梁。其计算跨度为挡土板两端肋柱中心的距离。如挡土板较长，中间有肋柱时，则应将中间肋柱视为中间支座，挡土板按连续梁计算。荷载应取挡土板所在位置上土压力最大值，按均布荷载计算。

挡土板规格不宜过多。在设计中可沿墙高将土压力图分成几段，然后按每段的最大土压力计算。

四、肋柱和挡土板的结构设计

1. 荷载组合及荷载分项系数的确定

（1）根据国家现行的相关规范，支挡结构的重要性系数的取值：安全等级为一级的边坡取 1.1；二、三级边坡取 1.0。设计中挡土板的安全系数可取 1.0。

（2）根据岩石和土、预应力和非预应力、锚杆挡土墙的高度以及锚杆的层数等条件按表 9-1 选用土压力修正系数。但在设计挡土板时，考虑到"土拱效应"会使土压力减小，故可不考虑土压力修正系数。

（3）肋柱和挡土板的承载能力极限状态计算按荷载效应的基本组合，组合的形式及组合系数按《建筑结构荷载规范》GB 50009—2012 的规定。荷载分项系数的取值按现行《铁路路基支挡结构设计规范》的规定。设计立柱时，荷载分项系数取 1.6；设计挡土板时，荷载分项系数取 1.35。

（4）肋柱和挡土板正常使用极限状态的验算（裂缝宽度和挠度），荷载效应组合应采用正常使用极限状态的准永久组合。永久荷载产生的效应采用标准值，可变荷载产生的效应应乘以准永久系数，系数的取值根据具体情况按现行的国家规范采用。

2. 正截面、斜截面设计

肋柱、挡土板的正截面、斜截面承载力按现行《混凝土结构设计规范》GB 50010—2010 的规定计算。

（1）正截面设计中弯矩的标准值应选择各支点弯矩和每跨的跨中最大弯矩，肋柱为双面配筋，配筋不仅要满足正截面的承载力要求，还应满足最小配筋率的要求，主筋直径一般每一侧应该统一。每侧至少应设置两根通长钢筋。

按受弯构件设计，根据正负弯矩的位置按单筋梁设计。立柱的截面形状通常为矩形，其正截面受弯承载力的计算公式如下，计算示意图如图 9-11。

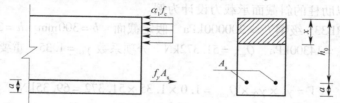

图 9-11　矩形截面受弯构件正截面受弯承载力计算

$$M \leqslant \alpha_1 f_c b x \left(h_0 - \frac{x}{2} \right) \tag{9-18}$$

式中　M——弯矩设计值；

α_1——系数，当混凝土强度等级不超过 C50 时，取 1.0；当混凝土强度等级为 C80 时，取 0.94；其余的线性内插；

f_c——混凝土轴心抗压强度设计值，按《混凝土结构设计规范》GB 50010—2010 表 4.1.4 采用，即本书表 2-47。

b——矩形截面的宽度；

x——混凝土受压区高度；

h_0——截面有效高度。

混凝土受压区高度按下式计算：

$$\alpha_1 f_c b x = f_y A_s \tag{9-19}$$

式中　f_y——普通钢筋抗拉强度设计值，按《混凝土结构设计规范》GB 50010—2010 表 4.2.3-1 采用，即本书表 2-52；

A_s——受拉区纵向普通钢筋的截面面积。

混凝土受压区高度还应符合下列条件：

$$x \leqslant \xi_b h_0 \tag{9-20}$$

纵向受拉钢筋屈服与受压区混凝土破坏同时发生时的相对受压区高度 ξ_b 按下式计算：

$$\xi_b = \frac{\beta_1}{1 + \dfrac{f_y}{E_s \varepsilon_{cu}}} \tag{9-21}$$

$$\varepsilon_{cu} = 0.0033 - (f_{cu,k} - 50) \times 10^{-5} \tag{9-22}$$

式中　β_1——系数，当混凝土强度等级不超过 C50 时，取 0.8；当混凝土强度等级为 C80 时，取 0.74；其余的线性内插；

E_s——钢筋弹性模量，按《混凝土结构设计规范》GB 50010—2010 表 4.2.5 采用，即本书表 2-54；

$f_{cu,k}$——混凝土立方体抗压强度标准值，按《混凝土结构设计规范》GB 50010—2010 第 4.1.1 条确定，即本书表 2-45。

（2）斜截面承载力设计时，应选择各支点处的剪力作为标准值，箍筋的配置除满足斜截面的承载力要求外，还应满足最小配筋率的要求和构造要求。箍筋的布置应按照"支点较密跨中较稀"的原则。支点受力较大时，可按《混凝土结构设计规范》GB 50010—2010 第 6.3 节中的相关条文配置弯起钢筋。箍筋的布置为支点处密、跨中处稀。

【算例】　以肋柱的斜截面承载力设计为例。

解：采用 HRB335 级钢 $f_{yx} = 300000$kPa　假定截面　$b = 300$mm　$h = 300$mm

C30 混凝土 $f_c = 14300$kPa　$Q_{max} = 51.372$kN　分项系数 $\gamma_G = 1.35$　重要性系数 $\gamma_0 = 1.0$

设计剪力：

$$V = \gamma_0 \times \gamma_G \times Q_{max} = 1.0 \times 1.35 \times 51.372 = 69.35 \text{kN}$$

$$h_w = h_0 = 0.254 \text{m}$$

$$h_w / b = 0.254 / 0.3 = 0.847 < 4$$

$$V < 0.25 f_c \times b \times h_0 = 0.25 \times 14300 \times 0.3 \times 0.254 = 272415 \text{kN}$$

$$V < 0.7 f_t \times b \times h_0 = 0.7 \times 1430 \times 0.3 \times 0.254 = 76.2762 \text{kN}$$

按构造配筋采用双支箍$\Phi 8$　$s = 200$mm

3. 裂缝最大宽度和挠度验算

肋柱和板均应按《混凝土结构设计规范》GB 50010—2010 第 7 节进行裂缝最大宽度和挠度验算。

（1）荷载效应的准永久组合形式（组合中设计值仅仅适合于荷载与荷载效应为线性的情况）

$$S = S_{Gk} + \sum_{i=1}^{n} \psi_{qi} S_{Qik} \tag{9-23}$$

式中　S——荷载效应组合的设计值；

S_{Gk}——按永久荷载标准值计算的荷载效应值；

S_{Qik}——按可变荷载标准值计算的荷载效应值；

ψ_{qi}——可变荷载的准永久系数，参照《建筑结构荷载规范》GB 50009—2012 的规定，如果没有活载则采用标准组合。

（2）正常使用极限状态按下式验算：

$$S \leqslant C \tag{9-24}$$

式中 C——结构或结构构件达到正常使用要求的规定限值，在肋柱和板的设计中为变形（挠度）和裂缝宽度。

（3）裂缝最大宽度和挠度验算

①肋柱和挡土板的最大裂缝宽度计算按《混凝土结构设计规范》GB 50010—2010 第 7.1.2 条执行。按《混凝土结构设计规范》GB 50010—2010 公式（7.1.2 - 1）计算裂缝宽度。按荷载效应的标准组合计算的钢筋混凝土构件纵向受拉钢筋的应力的等效应力，公式如下：

$$w_{\max} = \alpha_{\mathrm{cr}} \psi \frac{\sigma_{\mathrm{sk}}}{E_{\mathrm{s}}} \left(1.9c + 0.08 \frac{d_{\mathrm{eq}}}{\rho_{\mathrm{te}}} \right) \tag{9-25}$$

$$\psi = 1.1 - 0.65 \frac{f_{\mathrm{tk}}}{\rho_{\mathrm{te}} \sigma_{\mathrm{sk}}} \tag{9-26}$$

$$\sigma_{\mathrm{sk}} = \frac{M_{\mathrm{k}}}{0.87 h_0 A_{\mathrm{s}}} \tag{9-27}$$

$$d_{\mathrm{eq}} = \frac{\sum n_i d_0^2}{\sum n_i V_i d_i} \tag{9-28}$$

$$\rho_{\mathrm{te}} = \frac{A_{\mathrm{s}}}{A_{\mathrm{te}}} \tag{9-29}$$

式中 α_{cr}——构件受力特征系数，受弯构件为 2.1；

ψ——裂缝间纵向受拉钢筋应变不均匀系数：当 $\psi < 0.2$ 时，取 $\psi = 0.2$；当 $\psi > 0.1$，取 $\psi = 0.1$；直接承受重复荷载时，取 $\psi = 0.1$；

σ_{sk}——纵向受拉钢筋的等效应力；

M_{k}——按荷载效应标准组合计算的弯矩；

E_{s}——钢筋弹性模量，按《混凝土结构设计规范》GB 50010—2010 表 2-54 采用；

c——最外层纵向受拉钢筋净保护层厚度；当 $c < 20\mathrm{mm}$ 时，取 $c = 20\mathrm{mm}$；当 $c > 65\mathrm{mm}$ 时，取 $c = 65\mathrm{mm}$；保护层厚度还应满足《铁路混凝土结构耐久性设计暂行规定》铁建设［2005］157 号中的规定；

ρ_{te}——按有效受拉混凝土截面面积计算的纵向受拉钢筋配筋率；在最大裂缝宽度计算中，当 $\rho_{\mathrm{te}} < 0.01$ 时，取 $\rho_{\mathrm{te}} = 0.01$；

A_{te}——有效受拉混凝土截面面积：对受弯构件取 $A_{\mathrm{te}} = 0.5bh + (b_{\mathrm{f}} - b) h_{\mathrm{f}}$，此处，$b_{\mathrm{f}}$、$h_{\mathrm{f}}$ 为受拉翼缘的宽度、高度；

A_{s}——受拉纵向非预应力钢筋面积；

h_0——截面有效高度；

d_{eq}——受拉区纵向钢筋的等效直径（mm）；

d_i——受拉区第 i 种纵向钢筋的公称直径（mm）；

n_i——受拉区第 i 种纵向钢筋的根数；

V_i——受拉区第 i 种纵向钢筋的黏结特性系数，受弯构件为 2.1。

②最大裂缝宽度应满足：

$$w_{\max} \leqslant w_{\mathrm{lim}} \tag{9-30}$$

式中 ω_{lim}——最大裂缝宽度限值，按《混凝土结构设计规范》GB 50010—2010 第 3.4.5

条采用。一般为 0.2mm。

③当裂缝宽度不满足要求时，应减小钢筋直径或增大钢筋的配筋率。对于槽形板，因为钢筋根数受到限制，一般采用增大用钢量的方法。对于矩形板和肋柱，当主筋直径大于最小直径时，如果选择小直径钢筋能布置下，可优先选择减小直径的方式；反之，增大用钢量。

（4）挠度验算

①肋柱和挡土板的短期刚度 B_s 按《混凝土结构设计规范》 GB 50010—2010 式（7.2.3 – 1）计算

$$B_s = \frac{E_s A_s h_0^2}{1.15\psi + 0.2 + \dfrac{6\alpha_E\rho}{1 + 3.5\gamma'_f}} \tag{9-31}$$

式中　α_E——钢筋弹性模量与混凝土弹性模量的比值，$\alpha_E = E_s/E_c$；

　　　ρ——纵向受拉钢筋配筋率，$\rho = A_s / (bh_0)$；

　　　γ'_f——受压翼缘截面面积与腹板有效截面面积之比，$\gamma'_f = \dfrac{(b_f - b)\, h_f}{bh_0}$。

②肋柱和挡土板的刚度 B 按《混凝土结构设计规范》 GB 50010—2010 第 7.2.2 条计算

$$B = \frac{M_k}{M_q\,(\theta - 1)\, + M_k} B_s \tag{9-32}$$

式中　M_k——按荷载效应的标准组合计算弯矩，取计算区段内的最大弯矩值；

　　　M_q——按荷载效应的准永久组合计算的弯矩，取计算弯矩内的最大弯矩值；

　　　B_s——荷载效应的标准组合作用下受弯构件的短期刚度，按式（9-31）计算；

　　　θ——考虑荷载长期作用对挠度增大的影响系数，由于构件均为单筋设计，受压区钢筋配筋率 $\rho' = 0$，故 $\theta = 2.0$。

③根据肋柱和挡土板的刚度用结构力学的方法计算挠度。

五、锚杆的结构设计

灌浆锚杆设计包括锚杆截面、锚杆长度和锚杆头部连接设计三部分。

1. 锚杆的正截面承载力计算

锚杆按轴心受拉构件考虑，锚杆的截面设计需要决定每层锚杆所用钢筋的根数和直径，并根据钢筋和灌浆管的尺寸决定钻孔的直径。锚杆的根数不大于 3 根。正截面设计按极限状态法计算，计算的方法较多，以下介绍几种常用的方法。

（1）按《铁路路基支挡结构设计规范》 TB 10025—2006 计算

$$A_s = K \times N_t/f_y \tag{9-33}$$

式中　A_s——钢筋的截面面积（mm^2）；

　　　N_t——锚杆轴向承载力设计值；

　　　K——荷载安全系数，可采用 2.0 ~ 2.2；

　　　f_y——钢筋的抗拉设计强度（N/mm^2）。

式（9-33）的形式比较简单。

（2）按《建筑边坡工程技术规范》GB 50330—2013 第 8.2 节的有关公式计算锚杆（索）轴向拉力标准值应按下式计算：

$$N_{ak} = \frac{H_{tk}}{\cos\alpha}$$ (9-34)

式中　N_{ak}——相应于作用的标准组合时锚杆所受轴向拉力（kN）；

H_{tk}——锚杆水平拉力标准值（kN）；

α——锚杆倾角（°）。

锚杆（索）钢筋截面面积应满足下列公式的要求：

普通钢筋锚杆：

$$A_s \geq \frac{K_b N_{ak}}{f_y}$$ (9-35)

预应力锚索锚杆：

$$A_s \geq \frac{K_b N_{ak}}{f_{py}}$$ (9-36)

式中　A_s——锚杆钢筋或预应力锚索截面面积（m^2）；

f_y，f_{py}——普通钢筋或预应力钢绞线抗拉强度设计值（kPa）；

K_b——锚杆杆体抗拉安全系数，应按表 9-2 取值。

锚杆杆体抗拉安全系数　　　　表 9-2

边坡工程安全等级	安全系数	
	临时性锚杆	永久性锚杆
一级	1.8	2.2
二级	1.6	2.0
三级	1.4	1.8

（3）按《锚杆喷射混凝土支护技术规范》GB 50086—2001 预应力钢筋的截面尺寸应按下列公式确定：

$$A = \frac{K N_t}{f_{ptk}}$$ (9-37)

式中　A——预应力筋的截面面积；

N_t——锚杆轴向拉力设计值；

f_{ptk}——预应力筋抗拉强度标准值；

K——预应力筋截面设计安全系数，临时锚杆取 1.6，永久锚杆取 1.8。

式（9-37）反映了锚杆的工作性质。

2. 锚杆的长度

锚杆长度包括非锚固长度和有效锚固长度。设计锚杆长度时，应根据岩石类别、强度、节理、风化程度等多种因素考虑决定。非锚固长度应根据肋柱与主动破裂面或滑动面的实际距离确定。有效锚固段的长度（l_a）的计算，根据锚杆的拉力，可按极限状态法或容许应力法，根据锚杆的拉力、锚固体与锚孔壁之间的抗剪强度、锚杆与砂浆间的黏结力确定。有效锚固长度，在岩层中不宜小于 4.0m，但也不宜大于 10m。下面分别介绍两种计算方法。

（1）按现行《铁路路基支挡结构设计规范》TB 10025—2006 计算

①按锚固体与孔壁的抗剪强度确定锚固段长度

在软质岩或风化岩层中，锚孔壁对砂浆的抗剪强度一般低于砂浆对钢拉杆的黏结力。因此，软质岩及风化岩层中的锚杆极限抗拔力受孔壁抗剪强度所控制。已有的拉拔试验资料表明软质岩和风化岩层的极限抗拔力数值相差很大，主要是抗拔强度受到许多条件和地质因素（如岩层的性质、埋藏深度、地下水、不同灌浆方法等）的影响。因此风化岩层作为锚固层时，要求在施工前应进行现场拉拔试验。若无试验资料，在初步设计时可参照表9-3 采用。

$$L_a = \frac{KN_t}{\pi D f_{rb}} \qquad (9-38)$$

式中　L_a——锚固段长度（mm）；

N_t——锚杆轴向拉力设计值；

K——安全系数，取 2.0 ~ 2.5；

D——锚固体直径（mm）；

f_{rb}——水泥砂浆与岩石孔壁间的黏结强度设计值，按表9-3 取值。

锚孔壁与注浆体之间黏结强度设计值　　　　　　　表9-3

岩土种类	岩土状态	孔壁摩擦阻力（MPa）	岩石单轴饱和抗压强度（MPa）
岩石	硬岩及较硬岩	1.0 ~ 2.5	>15 ~ 30
	较软岩	0.6 ~ 1.0	15 ~ 30
	软岩	0.3 ~ 0.6	5 ~ 15
	极软岩及风化岩	0.15 ~ 0.3	<5
黏性土	软塑	0.03 ~ 0.04	
	硬塑	0.05 ~ 0.06	
	坚硬	0.06 ~ 0.07	
粉土	中密	0.1 ~ 0.15	
砂土	松散	0.09 ~ 0.14	
	稍密	0.16 ~ 0.20	
	中密	0.22 ~ 0.25	
	密实	0.27 ~ 0.40	

注：1. 锚孔壁与水泥砂浆之间的黏结强度设计值应进行现场拉拔试验确定。当无试验资料时，可参照此表选用，但施工时应进行拉拔验证。

2. 有可靠的资料和经验时，可不受本表限制。

②验算锚杆与砂浆之间的黏结力

$$L_a = \frac{KN_t}{n\pi d\xi f_b} \qquad (9-39)$$

式中　f_b——水泥砂浆与钢筋间的黏结强度设计值，按表9-4 取值；

d——单根钢筋直径（mm）；

n——钢筋根数；

ξ——采用两根或两根以上钢筋时，界面黏结强度降低系数，取 $0.60\sim0.85$。

钢筋、钢绞线与水泥砂浆之间的黏结强度设计值（MPa） 表 9-4

锚杆类型	水泥浆或水泥砂浆强度等级	
	M30	M35
水泥砂浆与螺纹钢筋或带肋钢筋间	2.40	2.70
水泥砂浆与钢绞线、高强钢丝间	2.95	3.40

注：1. 当采用两根钢筋点焊成束时，黏结强度应乘折减系数 0.85；
　　2. 当采用三根钢筋点焊成束时，黏结强度应乘折减系数 0.65。

在较完整的硬质岩层中，岩层强度一般大于砂浆的强度，锚杆对砂浆的抗剪强度一般大于砂浆对钢拉杆的黏结力，因此，在完整硬质岩层中的锚杆极限抗拔力主要取决于砂浆对钢拉杆的黏结力。

我国铁路部门所做的锚杆拉拔试验资料表明，当采用热轧螺纹筋作为拉杆时，在完整硬质岩中锚孔应力传递深度不超过 2m。当锚孔深度大于 1m 时，用 1 根 $\phi32$ 的 16Mn 钢筋锚固多被拉断而不会从锚孔中拔出。用 2 根 $\phi32$ 的 16Mn 钢筋被拉到屈服点均未发现岩层有明显变化。这表明钢拉杆在完整硬质岩层中的锚固深度，只要超过 2m 就足够了。但为了保证岩层锚杆的可靠性，根据多年工程实践的经验，规定锚杆的有效锚固长度在岩层中不宜小于 4m。大量的试验资料表明，当采用较长的锚杆时，受荷初期，黏结应力峰值在临近自由段处，而锚固段下端的相当长度上，则不出现黏结应力。从锚杆荷载传递机制出发，国内外普遍认为，当锚杆的锚固长度超过一定值（与岩土介质的弹性模量有关）后，锚杆承载力的提高极为有限，甚至可忽略不计。综合国内外的规范规定，锚杆的锚固段长度最长不大于 10m。

（2）按《建筑边坡工程技术规范》GB 50330—2013 第 8.2.3 条计算锚固段长度计算
①锚固体与孔壁的抗剪强度确定锚固段长度：

$$l_a \geq \frac{KN_{ak}}{\pi \cdot D \cdot f_{rbk}} \tag{9-40}$$

式中　K——锚杆锚固体抗拔安全系数，按表 9-5 取值；

　　l_a——锚杆锚固段长度（m），尚应满足本规范第 8.4.1 条的规定；

　　f_{rbk}——岩土层与锚固体极限粘结强度标准值（kPa），应通过试验确定；当无试验资料时可按表 9-6 和表 9-7 取值；

　　D——锚杆锚固段钻孔直径（mm）。

岩土锚杆锚固体抗拔安全系数 表 9-5

边坡工程安全等级	安全系数	
	临时性锚杆	永久性锚杆
一级	2.0	2.6
二级	1.8	2.4
三级	1.6	2.2

岩石与锚固体极限粘结强度标准值　　　　　表9-6

岩石类别	f_{rbk}值（kPa）
极软岩	270～360
软岩	360～760
较软岩	760～1200
较硬岩	1200～1800
坚硬岩	1800～2600

注：1. 适用于注浆强度等级为 M30；

　　2. 仅适用于初步设计，施工时应通过试验检验；

　　3. 岩体结构面发育时，取表中下限值；

　　4. 岩石类别根据天然单轴抗压强度 f_r 划分：$f_r<5MPa$ 为极软岩，$5MPa\leqslant f_r<15MPa$ 为软岩，$15MPa\leqslant f_r<30MPa$ 为较软岩，$30MPa\leqslant f_r<60MPa$ 为较硬岩，$f_r\geqslant60MPa$ 为坚硬岩。

土体与锚固体极限粘结强度标准值　　　　　表9-7

土层种类	土的状态	f_{rbk}值（kPa）
黏性土	坚硬	65～100
	硬塑	50～65
	可塑	40～50
	软塑	20～40
砂土	稍密	100～140
	中密	140～200
	密实	200～280
碎石土	稍密	120～160
	中密	160～220
	密实	220～300

注：1. 适用于注浆强度等级为 M30；

　　2. 仅适用于初步设计，施工时应通过试验检验。

　　②锚杆（索）杆体与锚固砂浆间的锚固长度应满足下式的要求：

$$l_a\geqslant\frac{KN_{ak}}{n\pi df_b} \tag{9-41}$$

式中　l_a——锚筋与砂浆间的锚固长度（m）；

　　　d——锚筋直径（m）；

　　　n——杆体（钢筋、钢绞线）根数（根）；

　　　f_b——钢筋与锚固砂浆间的粘结强度设计值（kPa），应由试验确定，当缺乏试验资料时可按表9-8取值。

钢筋、钢绞线与砂浆之间的粘结强度设计值f_b　　　　　表9-8

锚杆类型	水泥浆或水泥砂浆强度等级		
	M25	M30	M35
水泥砂浆与螺纹钢筋间的粘结强度设计值f_b	2.10	2.40	2.70
水泥砂浆与钢绞线、高强钢丝间的粘结强度设计值f_b	2.75	2.95	3.40

注：1. 当采用二根钢筋点焊成束的做法时，粘结强度应乘0.85折减系数；

　　2. 当采用三根钢筋点焊成束的做法时，粘结强度应乘0.7折减系数；

　　3. 成束钢筋的根数不应超过三根，钢筋截面总面积不应超过锚孔面积的20%。当锚固段钢筋和注浆材料采用特殊设计，并经试验验证锚固效果良好时，可适当增加锚筋用量。

（3）按《锚杆喷射混凝土支护技术规范》（GB 50086—2001）计算

预应力锚杆采用黏结型锚固体时，锚固段长度可按下列公式计算，并取其中较大值：

$$L_a = \frac{KN_t}{\pi D q_r} \tag{9-42}$$

$$L_a = \frac{KN_t}{n\pi d \xi q_s} \tag{9-43}$$

式中 L_a——锚固段长度；

N_t——锚杆轴向拉力设计值；

K——安全系数，按表 9-9 采用；

D——锚固体直径；

d——单根钢筋或钢绞线直径；

n——钢绞线或钢筋根数；

q_r——水泥结石体与岩石孔壁间的黏结强度设计值，取 0.8 倍标准值（表 9-10）；

q_s——水泥结石体与钢绞线或钢筋间的黏结强度设计值，取 0.8 倍标准值（表 9-11）；

ξ——采用两根或两根以上钢绞线或钢筋时，界面黏结强度降低系数，取 0.60 ~ 0.85。

岩石预应力锚杆锚固体设计的安全系数 表 9-9

锚杆破坏后危害程度	最小安全系数	
	锚杆服务年限 ≤ 2 年	锚杆服务年限 > 2 年
危害轻微，不会构成公共安全问题	1.4	1.8
危害较大，但公共安全无问题	1.6	2.0
危害大，会出现公共安全问题	1.8	2.2

岩石与水泥结石体之间的黏结强度标准值 表 9-10

岩石种类	岩石单轴饱和抗压设计强度（MPa）	岩石与水泥砂浆之间黏结强度标准值（MPa）
硬岩	>60	1.5 ~ 3.0
中硬岩	30 ~ 60	1.0 ~ 1.5
软岩	5 ~ 30	0.3 ~ 1.0

注：黏结长度小于 6.0m。

钢筋、钢绞线与水泥砂浆之间的黏结强度标准值 表 9-11

类 型	黏结强度标准值（MPa）	类 型	黏结强度标准值（MPa）
水泥结石体与螺纹钢筋之间	2.0 ~ 3.0	水泥结石体与钢绞线之间	3.0 ~ 4.0

注：1. 黏结长度小于 6.0m。

2. 水泥结石体抗压强度标准值不小于 M30。

（4）按《建筑基坑支护技术规程》规定：

锚杆的极限抗拔承载力应符合下式要求：

$$\frac{R_k}{N_k} \geq K_t \tag{9-44}$$

式中 K_t——锚杆抗拔安全系数；安全等级为一级、二级、三级的支护结构，K_t 分别不应小于 1.8、1.6、1.4；

N_k——锚杆轴向拉力标准值（kN）；

R_k——锚杆极限抗拔承载力标准值（kN）。

锚杆的轴向拉力标准值按下式计算：

$$N_k = \frac{F_h S}{b_a \cos\alpha} \tag{9-45}$$

式中 N_k——锚杆轴向拉力标准值；

F_h——挡土构件计算宽度内的弹性支点水平反力；

S——锚杆水平间距；

b_a——挡土结构计算宽度；

α——锚杆倾角。

锚杆极限抗拔承载力按下列规定确定：

①锚杆极限抗拔承载力应通过抗拔试验确定，试验方法应符本规程附录 A 的规定。

②锚杆极限抗拔承载力标准也可按下式估算，但应通过本规程附录 A 规定的抗拔试验验证：

$$R_k = \pi d \sum q_{sk,i} l_i \tag{9-46}$$

式中 d——锚杆的锚固体直径；

l_i——锚杆的锚固段在第 i 土层中的长度；

$q_{sk,i}$——锚固体与第 i 土层的极限粘结强度标准值，应根据工程经验并结合表 9-12 取值。

锚杆的极限粘结强度标准值   表 9-12

土的名称	土的状态或密实度	q_{sk}（kPa）	
		一次常压注浆	二次压力注浆
填土		16～30	30～45
淤泥质土		16～20	20～30
黏性土	$I_L > 1$	18～30	25～45
	$0.75 < I_L \leqslant 1$	30～40	45～60
	$0.50 < I_L \leqslant 0.75$	40～53	60～70
	$0.25 < I_L \leqslant 0.50$	53～65	70～85
	$0 < I_L \leqslant 0.25$	65～73	85～100
	$I_L \leqslant 0$	73～90	100～130
粉土	$e > 0.90$	22～44	40～60
	$0.75 \leqslant e \leqslant 0.90$	44～64	60～90
	$e < 0.75$	64～100	80～130

土的名称	土的状态或密实度	q_{sk}（kPa）	
		一次常压注浆	二次压力注浆
粉细砂	稍密	22～42	40～70
	中密	42～63	75～110
	密实	63～85	90～130
中砂	稍密	54～74	70～100
	中密	74～90	100～130
	密实	90～120	130～170
粗砂	稍密	80～130	100～140
	中密	130～170	170～220
	密实	170～220	220～250
砾砂	中密、密实	190～260	240～290
风化岩	全风化	80～100	120～150
	强风化	150～200	200～260

注：1. 采用泥浆护壁成孔工艺时，应按表取低值后再根据具体情况适当折减；

　　2. 采用套管护壁成孔工艺时，可取表中的高值；

　　3. 采用扩孔工艺时，可在表中数值基础上适当提高；

　　4. 采用二次压力分段劈裂注浆工艺时，可在表中二次压力注浆数值基础上适当提高；

　　5. 当砂土中的细粒含量超过总质量的30%时，表中数值应乘以0.75；

　　6. 对有机质含量为5%～10%的有机质土，应按表取值后适当折减；

　　7. 当锚杆锚固段长度大于16m时，应对表中数值适当折减。

③当锚杆锚固段主要位于黏土层、淤泥质土层、填土层时，应考虑土的蠕变对锚杆预应力损失的影响，并应根据蠕变试验确定锚杆的极限抗拔承载力。锚杆的蠕变试验应符合本规程附录A的规定。

锚杆的非锚固段长度应按下式确定，且不应小于5.0m（图9-12）：

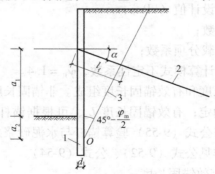

图9-12　理论直线滑动面
1—挡土构件；2—锚杆；3—理论直线滑动面

$$l_f \geq \frac{(a_1 + a_2 - d\tan\alpha)\sin\left(45° - \frac{\varphi_m}{2}\right)}{\sin\left(45° + \frac{\varphi_m}{2} + \alpha\right)} + \frac{d}{\cos\alpha} + 1.5 \qquad (9\text{-}47)$$

式中　l_f——锚杆非锚固段长度（m）；

　　　α——锚杆倾角（°）；

　　　a_1——锚杆的锚头中点至基坑底面的距离（m）；

a_2——基坑底面至基坑外侧主动土压力强度与基坑内侧被动土压力强度等值点 O 的距离（m）；对成层土，当存在多个等值点时应按其中最深的等值点计算；

d——挡土构件的水平尺寸（m）；

φ_m——O 点以上各土层按厚度加权的等效内摩擦角（°）。

锚杆杆体的受拉承载力应符合下式规定：

$$N \leqslant f_{py}A_p \tag{9-48}$$

式中 N——锚杆轴向拉力设计值（kN）；

f_{py}——预应力筋抗拉强度设计值（kPa）；当锚杆杆体采用普通钢筋时，取普通钢筋的抗拉强度设计值；

A_p——预应力筋的截面面积（m²）。

锚杆锁定值宜取锚杆轴向拉力标准值的 （0.75~0.9）倍。

（5）按《公路挡土墙设计与施工技术细则》规定：

锚杆按轴心受拉构件设计，其作用效应计算、锚杆长度计算及截面设计，可采用下列规定：

①锚杆轴向拉力按下式计算：

$$N_k = \frac{R_n}{\cos(\beta - \alpha)} \tag{9-49}$$

式中 N_k——锚杆的轴向拉力（kN）；

R_n——肋柱或墙面板与锚杆连接处的支承反力（kN）。

②锚杆截面面积按下式计算：

$$\gamma_0 \gamma_{Q1} N_k \leqslant f_{sd}A_s / \gamma_R \tag{9-50}$$

式中 A_s——锚杆净截面积（m²）；

f_{sd}——锚杆抗拉强度设计值（kPa）；

γ_0——结构重要性系数；

γ_{Q1}——主动土压力荷载分项系数；

γ_R——结构构件抗力计算模式不定性系数，$\gamma_R = 1.4$。

③锚杆长度由非锚固长度和有效锚固长度组成。非锚固长度 L_f，可根据肋柱与主动破裂面或滑动面的实际距离确定；有效锚固长度 L_a，可根据锚杆的拉力按公式（9-51）、公式（9-53）计算，并按本书公式（9-55）验算锚杆与水泥砂浆之间的黏结力，还应满足最小有效锚固长度的规定，详见公式（9-52）、公式（9-54）。

a. 单层岩层中锚杆的有效锚固长度：

$$L_a \geqslant \frac{\gamma_P N_k}{\pi D \tau_i} \tag{9-51}$$

$$L_a \geqslant 4\text{m} \tag{9-52}$$

式中 L_a——锚杆的有效锚固长度（m）；

N_k——锚杆轴向拉力（kN）；

D——锚孔直径（m）；

τ_i——锚固段水泥砂浆与锚孔岩层间的极限抗剪强度（kPa）；

γ_P——安全系数，$\gamma_P = 2.5$。

b. 两层岩层中锚杆有效锚固长度：

$$L_{a2} \geqslant \frac{\gamma_P N_k}{\pi D \tau_2} - \frac{L_{a1} \tau_1}{\tau_2} \tag{9-53}$$

$$L_a = L_{a1} + L_{a2} \geqslant 4m \tag{9-54}$$

式中　L_{a1}——第一层岩层的厚度（m）；

L_{a2}——第二层岩层中锚杆的有效锚固长度（m）；

τ_1——第一层锚固段，水泥砂浆与锚孔岩层间的极限抗剪强度（kPa）；

τ_2——第二层锚固段，水泥砂浆与锚孔岩层间的极限抗剪强度（kPa）。

c. 水泥砂浆与锚孔壁之间的极限抗剪强度 τ_i，应根据现场拉拔试验资料确定。当无可靠试验资料时，设计计算可参考表 9-13 选用，但施工时应在现场进行拉拔验证。

水泥砂浆与岩层孔壁间的极限抗剪强度 τ_i　　　　表 9-13

锚固岩层的地质条件	τ_i（kPa）	锚固岩层的地质条件	τ_i（kPa）
风化砂页岩互层、碳质页岩、泥质页岩	150～250	薄层灰岩夹页岩	400～600
细砂及粉砂质泥岩	200～400	薄层灰岩夹石灰质页岩、风化灰岩	600～800

d. 锚杆与水泥砂浆之间的黏结力验算：

$$L_a \geqslant \frac{N_k}{n \pi d \beta_m [c]} \tag{9-55}$$

式中　d——单根锚杆的直径（m）；

n——组成锚杆的钢筋根数；

$[c]$——钢筋与水泥砂浆之间的容许黏结应力（kPa），按表 9-14 采用；

β_m——钢筋组合系数，$n=1$ 时，$\beta_m=1.0$；$n=2$ 时，$\beta_m=0.85$；$n=3$ 时，$\beta_m=0.7$。

带肋钢筋与水泥砂浆间的容许黏结应力　　　　表 9-14

水泥砂浆强度等级	M60	M55	M50	M45	M40	M35	M30
$[c]$（kPa）	2190	2055	1920	1800	1665	1530	1380

注：若锚杆采用光圆钢筋为材料时，钢筋与水泥砂浆间的容许黏结应力，可采用表中砂浆等级相应值的 0.67 倍。

六、连接部件设计

1. 螺栓及钢垫板计算

锚杆与装配式肋柱连接处，锚杆钢垫板的面积可按下式计算：

$$\gamma_0 \gamma_{Q1} N_k \leqslant 1.3 \beta_c f_{cd} A_1 \tag{9-56}$$

$$\beta_c = \sqrt{\frac{A_b}{A_1}} \tag{9-57}$$

式中　f_{cd}——肋柱混凝土的轴心抗压设计值（kPa）；

A_1——钢垫板的面积（m²）；

A_b——局部承压时的计算底面积（m²），按图 9-13 确定；

β_c——混凝土局部承压强度的提高系数。

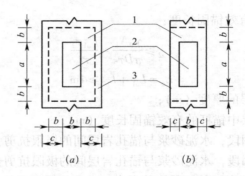

图 9-13　肋柱局部承压时，计算底面积 A_b 示意图

(a) $c \geqslant b$；(b) $c \leqslant b$

1—计算底面积 A_b；2—钢垫板面积 A_1；3—肋柱

2. 肋柱底端地基承载力计算

1）肋柱底端地基承载力计算

肋柱基础底面的地基承载力验算，应符合基础底面合力偏心距的规定（图 9-14）。基础底面最大压应力按下式计算：

$$p_{max} = \frac{N_d}{A} \qquad (9-58)$$

作用于基底上垂直力组合设计值 N_d（kN），按下式计算：

$$N_d = \gamma_{Q1} \sum R_n \tan (\beta - \alpha) + \gamma_G G_1 \qquad (9-59)$$

式中　A——肋柱基础底面面积（m^2）；

$\sum R_n$——肋柱与锚杆连接处支承反力的代数和（kN）；

α——肋柱的竖向后仰角（°）；

β——锚杆与水平线的夹角（°）；

G_1——肋柱及基础重力的轴向分力（kN）；

γ_G、γ_{Q1}——分项系数，取值等于 1。

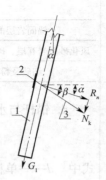

图 9-14　立柱基底上的作用力系，锚杆拉力与支承点反力图

1—肋柱；2—锚杆锚固点；3—锚杆

2）肋柱的基底与地基连接设计为铰支端或固定端时，需验算地基侧向承载力，可按下列近似公式计算：

（1）地基侧向承载力特征值计算：

$$f_N = K_N f_a \qquad (9-60)$$

式中　f_N——地基土侧向承载力设计值（kPa）；

f_a——地基土承载力特征值；

K_N——系数，视地基的软、硬程度取等于 $0.5 \sim 1.0$。

（2）肋柱基底为铰支端时的近似验算公式（图 9-15）：

$$h \geqslant \frac{R_0 \cos\alpha}{a f_N} \qquad (9-61)$$

式中　h——肋柱在地基中的埋置深度（m）；

R_0——基底铰支端的支承反力（kN），作用于埋置深度的中点上；

a——顺墙长方向的肋柱宽度（m）。

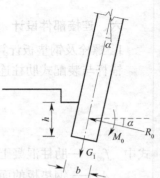

图 9-15　肋柱地基侧向承载力设计值验算

（3）肋柱基底为固定端时的近似验算公式：

$$h \geqslant \frac{R_0\cos\alpha + \sqrt{R_0^2\cos^2\alpha + 24af_\mathrm{N}M_0}}{2af_\mathrm{N}} \tag{9-62}$$

式中　R_0——基底固定端的法向支承反力（kN），作用于埋置深度的中点上；

M_0——基底固定端的反力矩（kN·m）。

3. 肋柱地基为斜坡面时，基底前趾至坡面的水平距离 L'（图9-16），可按以下近似公式进行验算：

$$L' \geqslant \frac{K_\mathrm{P}R_0\cos\alpha}{a\left(\dfrac{1}{2}\gamma h\tan\varphi + c\right)} \tag{9-63}$$

式中　L'——基底前趾至坡面的水平距离（m）；

γ——肋柱埋置深度区，柱前斜坡岩（土）的重度（kN/m^3）；

φ——肋柱埋置深度区，柱前斜坡岩（土）的内摩擦角（°）；

c——肋柱埋置深度区，柱前斜坡岩（土）的黏聚力（kN/m^2）；

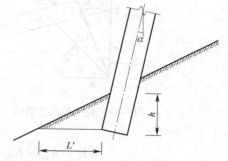

图9-16　斜坡面上肋柱基础的埋置条件

K_P——安全系数，规定为3.0，考虑地震力时为2.0。

七、整体稳定验算

当依靠锚杆保持结构物体系稳定的构筑物，虽然锚杆抗拔力已有安全系数，但构筑物有可能出现整体性破坏。一种是从桩脚向外推移，整个体系沿着一条假定的滑缝下滑，造成土体破坏如图9-17所示；另一种则是肋，墙和锚杆的共同作用超过土的安全范围，故而从肋脚处剪力面开始向墙拉结的方向形成一条深层滑裂，造成倾覆，如图9-18所示。通常认为锚杆所需锚固段的长度是由承载力决定的，而所需的锚杆总长则取决于整体稳定的要求。

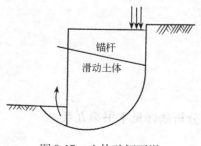

图9-17　土体破坏下滑

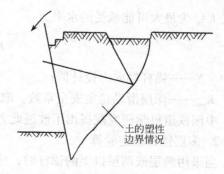

图9-18　深层滑缝破坏

1. 单层锚杆稳定验算

整体稳定如按土力学的滑坡平衡来计算很复杂，通常采用克兰茨（E. Kranz）法。即以代替拉结墙的假定，也就是把整个系统作为土体深层滑缝与一座假想的代替墙之间，将锚杆锚固长度之半位于假想墙之外，从肋柱脚到锚杆锚固段中心拉一直线，这就是克氏假定的深层滑缝，如图9-19所示。图上 CD 为代替墙，CO 为挡土肋柱脚至锚杆锚固段的中心点，E_a 为作用于挡土墙柱的主动土压力（对墙的内摩擦角为 δ），E_1 为作用于代替墙主动土压力（对代替墙的内摩擦角为 δ），CO 与水平线夹角为 θ，如 θ 大于 φ 角，计算时需计算地面荷载，θ 小于 φ 角时可不计算地面荷载。G 为代替墙与墙柱之间的土重。将各力组成力的多边形计算简图如图9-20，并进行计算使安全系数大于1.5。

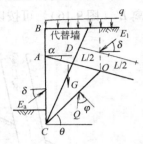

图9-19　克兰茨代替墙法

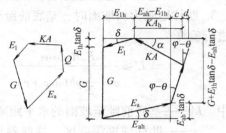

图9-20　力的多边形

$$KA_h = E_{ah} - E_{1h} + C$$

$$(c + d) = \left[G + E_{1h} \cdot \tan\delta - E_{ah} \cdot \tan\delta \right] \times \tan(\varphi - \theta)$$

$$d = KA_h \cdot \tan\alpha \cdot \tan(\varphi - \theta)$$

$$KA_h = E_{ah} - E_{1h} + \left[G - (E_{ah} - E_{1h}) \cdot \tan\delta \right] \cdot \tan(\varphi - \theta)$$
$$- KA_h \cdot \tan\alpha \cdot \tan(\varphi - \theta)$$

$$KA_h + KA_h \cdot \tan\alpha \cdot \tan(\varphi - \theta)$$
$$= E_{ah} - E_{1h} + \left[G - (E_{ah} - E_{1h}) \cdot \tan\delta \right] \tan(\varphi - \theta)$$

$$KA_h \left[1 + \tan\alpha \cdot \tan(\varphi - \theta) \right]$$
$$= E_{ah} - E_{1h} + \left[G - (E_{ah} - E_{1h}) \tan\delta \right] \tan(\varphi - \theta)$$

$$KA_h = \frac{E_{ah} - E_{1h} + \left[G - (E_{ah} - E_{1h}) \tan\delta \right] \tan(\varphi - \theta)}{1 + \tan\alpha \cdot \tan(\varphi - \theta)} \tag{9-64}$$

上式 KA_h 为最大可能承受的水平力。

$$K_{ms} = \frac{KA_h}{N} \tag{9-65}$$

式中　N——锚杆轴向力设计值；

K_{ms}——深层滑动稳定安全系数，取 $1.5 \sim 2.0$。

中国铁道科学研究院提出了改进此方法的稳定分析法详见本书第九章。

2. 多层锚杆稳定验算

当采用两层或两层以上的锚杆时，应作各种组合的稳定性验算。不但要验算各单层锚杆的稳定性，还要验算两层、三层直至多层锚杆组合情况下的稳定性。考虑到锚杆挡土墙在竖向以布置 $2 \sim 3$ 排锚杆为宜，下面以两层锚杆为例加以说明。

蓝克（Ranke）和达斯拖梅耶（Dstermayer）在克兰茨理论的基础上，根据结构特点，提出了两层锚杆四种配置情况的稳定性验算方法。

①上层锚杆短，下层锚杆长，且上层锚固体中心在下层锚固体中心的假想墙背切割体

$ABFV_1$ 内，如图 9-21 所示。

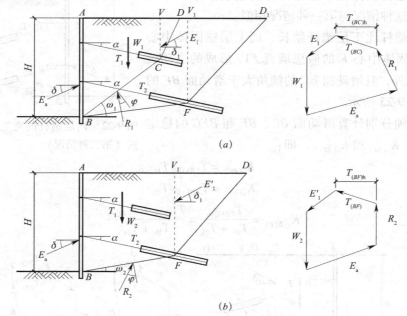

图 9-21　两层锚杆的克兰茨法分析图式（第一种情况）

(a) BC 滑动面稳定性分析图式；(b) BF 滑动面稳定性分析图式

上层锚杆的稳定性，由滑动面 BC 上的锚杆拉力的稳定系数 $K_{s(BC)}$ 来反映。如图 9-21（a）所示，$K_{s(BC)}$ 可根据破裂体 $ABCV$ 上力的平衡求得：

$$K_{s(BC)} = T_{(BC)h}/T_{1h} \tag{9-66}$$

式中，T_{1h} 为上层锚杆设计拉力的水平分力；$T_{(BC)h}$ 土体沿 BC 面滑动时的水平抗力

$$T_{(BC)h} = f\,(E_{ah} - E_{1h} - E_{rh}) \tag{9-67}$$

式中

$$f = \frac{1}{1 + \tan\alpha\tan(\varphi - \omega_1)} \tag{9-68}$$

$$
\begin{aligned}
E_{rh} &= (W_1 + E_{1h}\tan\delta_1 - E_{ah}\tan\delta)\,\tan(\omega_1 - \varphi)\\
&= -(W_1 + E_{1h}\tan\delta_1 - E_{ah}\tan\delta)\,\tan(\varphi - \omega_1)
\end{aligned} \tag{9-69}
$$

对于下层锚杆的滑动面 BF，根据图 9-21（b）中的隔离体 $ABFV_1$ 上力的平衡可得 $T_{(BF)h}$，此时挡土墙作用荷载为锚杆所分担的水平拉力（$T_{1h} + T_{2h}$），则稳定系数 $K_{s(BF)}$ 为：

$$K_{s(BF)} = T_{(BF)h}/(T_{1h} + T_{2h}) \tag{9-70}$$

式中，T_{2h} 为下层锚杆的设计拉力的水平分力（kN）。

②上层锚杆比下层锚杆稍长，而上层锚固体中心 C 在下层锚固体中心 F 的假想墙背 FV_1 形成的主动破裂体 V_1FD_1 范围之内，如图 9-22 所示。

上层锚杆滑动面 BC 的稳定系数为：

$$K_{s(BC)} = T_{(BC)h}/T_{1h} \tag{9-71}$$

下层锚杆滑动面 BF 的稳定系数为：

$$K_{s(BF)} = T_{(BF)h}/(T_{1h} + T_{2h}) \tag{9-72}$$

由于上层锚固体在下层锚固体的破裂体 V_1FD_1 之内，因此，这种情况与第一种情况相似。

③上层锚杆比下层锚杆稍长，而上层锚固体中心 C 在下层锚固体中心 F 的假想墙背 FV_1 形成的主动破裂体 FD_1 之外，且滑动面 BC 的倾角大于滑动面 BF 的倾角，如图9-23所示。

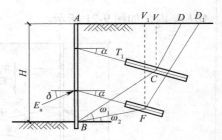

图9-22　两层锚杆的克兰茨法分析图式（第二种情况）

此时，须分别计算滑动面 BC、BF 和 BFC 的稳定系数 $K_{s(BC)}$、$K_{s(BF)}$ 和 $K_{s(BFC)}$，即：

$$K_{s(BC)} = T_{(BS)h} / T_{1h} \tag{9-73}$$

$$K_{s(BF)} = T_{(BF)h} / T_{2h} \tag{9-74}$$

$$K_{s(BFC)} = \frac{T_{(BFC)h}}{T_{1h} + T_{2h}} = \frac{T_{(BF)h} + T_{(FC)h}}{T_{1h} + T_{2h}} \tag{9-75}$$

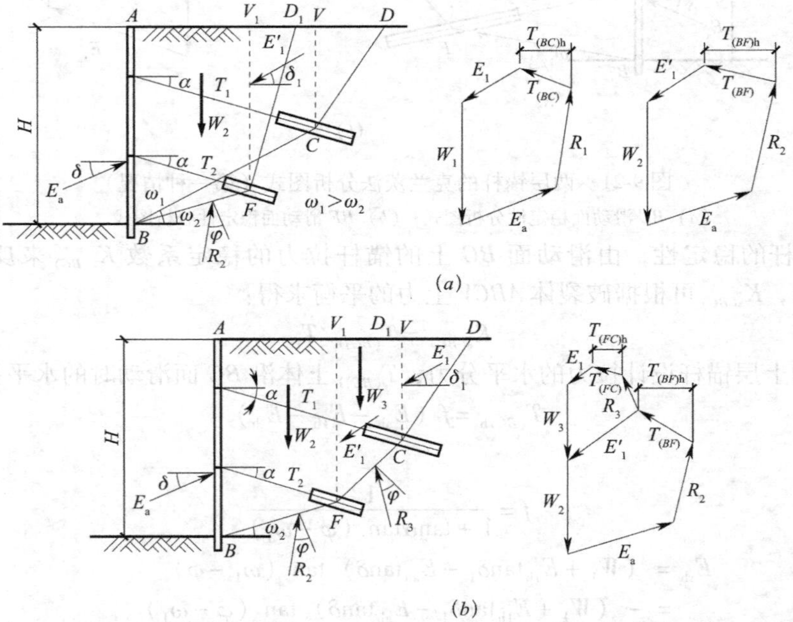

（a）

（b）

图9-23　两层锚杆的克兰茨法分析图示（第三种情况）

（a）BC、BF 滑动面稳定性分析图式；（b）BFC 滑动面稳定性分析图式

式中，$T_{(BFC)h}$ 为 $ABFCV_1$ 范围内土体沿 BF 和 FC 面滑动的抗拔力的水平分力（kN），其值等于 $T_{(BF)h} + T_{(FC)h}$；$T_{(BF)h}$ 为 $ABFV$ 范围内土体沿 BF 面滑动的抗拔力的水平分力（kN）；$T_{(FC)h}$ 为 V_1FCV 范围内土体沿 FC 面滑动的抗拔力的水平分力（kN）。

④上层锚杆很长，下层锚杆短，且 $\omega_1 < \omega_2$，如图9-24所示。

此时，上层锚杆滑动面 BC 和下层锚杆滑动面 BF 的稳定系数为：

$$K_{s(BC)} = \frac{T_{(BC)h}}{T_{1h} + T_{2h}} \tag{9-76}$$

$$K_{s(BF)} = T_{(BF)h}/T_{2h} \tag{9-77}$$

3. 黏土中锚杆的稳定分析

如图9-25（a）所示 E_a、W、C（滑动面与土体之间的摩擦力）、E_1 四个作用力的大小和方向均可计算确定，R 和 T 的数值未知，但其方向是确定的。因此，根据力多边形图可以求出 T_p，即锚固体所能提供的最大拉力。其抗滑稳定系数为：

$$K_s = \frac{T_{ph}}{T} \tag{9-78}$$

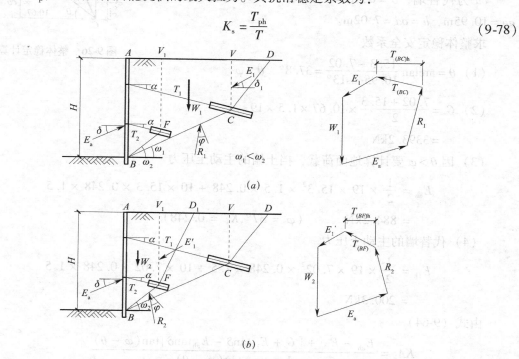

（a）

（b）

图 9-24　两层锚杆的克兰茨法分析图式（第四种情况）

（a）BC 滑动面稳定性分析图式；（b）BF 滑动面稳定性分析图式

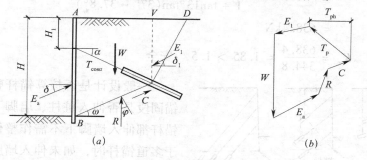

（a）　　　　　　　　　（b）

图 9-25　黏性土中锚杆稳定性分析图示

（a）锚固区土体的受力情况；（b）极限平衡状态时的力多边形

【算例】某大厦基坑深13m，土质较好，一层锚杆，锚杆锚固体长度为 12m，见图 9-26。

1. 设计参数

$\gamma = 19\mathrm{kN/m^3}$，$\varphi = 40°$，$c = 0$，计算锚杆 $\varphi = 37°$。

2. 计算

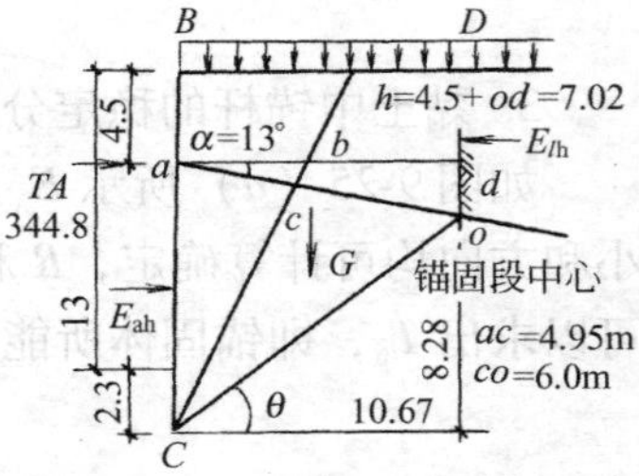

锚杆间距 1.5m，倾角 $\alpha = 13°$，地面超载 $q = 10\text{kN/m}^2$，求得锚杆的水平力

$$T_A = 344.8\text{kN}$$

od 为代替墙，$\delta = 0$，$\alpha = 13°$，$ac = 4.95\text{m}$，$co = 6.0\text{m}$，$ao = 10.95\text{m}$，$h = od = 7.02\text{m}$。

求整体稳定安全系数

（1）$\theta = \arctan\dfrac{15.3 - 7.02}{10.95\cos 13°} = 37.8°$　　$\theta > \varphi$

（2）$G = \dfrac{7.02 + 15.3}{2} \times 10.67 \times 1.5 \times 19$

$\qquad = 3393.2\text{kN}$

（3）因 $\theta > \varphi$ 要计算地面荷载，挡土墙的主动土压力

$$E_{ah} = \frac{1}{2} \times 19 \times 15.3^2 \times 1.5 \times 0.248 + 10 \times 15.3 \times 0.248 \times 1.5$$

$$= 884.2\text{kN} \qquad (\varphi = 37°, K_a = 0.248)$$

（4）代替墙的主动土压力

$$E_{1h} = \frac{1}{2} \times 19 \times 7.02^2 \times 0.248 \times 1.5 + 10 \times 7.02 \times 0.248 \times 1.5$$

$$= 200.3\text{kN}$$

由式（9-64）

$$KA_h = \frac{E_{ah} - E_{1h} + \left[G + E_{1h}\tan\delta - E_{ah}\tan\delta\right]\tan(\varphi - \theta)}{1 + \tan\alpha\tan(\varphi - \theta)}$$

$$= \frac{884.2 - 200.3 + \left[3393.7 + 0 - 0\right]\tan(37° - 37.8°)}{1 + \tan 13°\tan(37° - 37.8°)}$$

$$= 638.4\text{kN}$$

$$K_{ms} = \frac{638.4}{344.8} = 1.85 > 1.5 \quad 安全$$

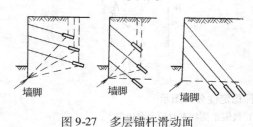

图 9-27　多层锚杆滑动面

一般设计是否核算锚杆整体稳定，需视锚固段是否伸入桩柱、墙脚下而定。如多道锚杆都伸入墙脚下不需作整体稳定验算。对于多道锚杆时，如未伸入墙脚下，应自上而下每一道锚杆滑面的稳定性逐层进行分析验算，各层锚杆滑面如图 9-27。当检算任一滑动面时，所需锚杆拉力为滑动面以上各层锚杆拉力总和。

八、施工

锚杆施工过程见图 9-28。实践表明：锚杆技术的关键是二次注浆。锚杆的关键是锚固体与土体的摩擦力，其值与锚固段和周围土体的挤密、粘结度有关。一次注浆其承拉力较

（图 9-26 右上角）

B　　　D

4.5

$h = 4.5 + od = 7.02$

$\alpha = 13°$　b　　E_{1h}

TA　a　　　d

344.8　　　　　o

G　　锚固段中心

13　　c

E_{ah}　　　　　　$ac = 4.95\text{m}$

8.28　　　$co = 6.0\text{m}$

2.3　　θ

C　　10.67

图 9-26　整体稳定计算

低；如一次注浆初凝状态时再在其底部注入水泥浆，使水泥浆挤入土体，即能增加土体对锚固段的法向应力，从而较大地提高土锚的承拉力。二次注浆其承拉力一般为一次注浆法的 2 倍，且徐变大大减少。

为保证锚固段工作可靠，锚固段应埋置一定深度，即应在土壁稳定坡线以下。

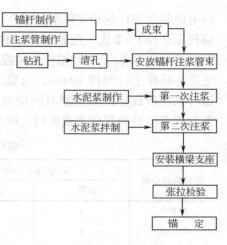

图 9-28　锚杆施工过程

1. 钻孔

钻孔前，根据设计要求和土层条件，定出孔位，作出标记。锚杆垂直方向孔距误差不应大于 100mm，锚杆水平方向孔距误差不应大于 50mm。钻孔底部的偏斜尺寸不应大于锚杆长度的 3%，可用钻孔测斜仪控制钻孔方向。钻孔深不应小于设计长度，也不宜大于设计长度 1%。

2. 锚拉杆制作与安装

当拉杆承载力较小，多采用 Ⅱ、Ⅲ 级钢筋。杆体组装前钢筋应平直，除油和除锈。钢筋接头应采用焊接的搭接接头，焊接的长度为 30d，且不小于 500mm，并排钢筋的连接也应采用焊接。沿杆轴方向每隔 1.0~2.0m 应设置一个对中支架，保证保护层的厚度不小于 10mm。排气管与锚杆绑扎牢固。杆体自由段应由塑料布或塑料管包裹，与锚固段相交处的塑料管管口应密封并用钢丝绑紧。按防腐要求进行防腐处理。

当拉杆承载力较大时，多采用钢绞丝或高强钢丝作锚杆杆件时，首先应除油、除锈，严格按设计尺寸下料，每股长度误差不大于 50mm。钢绞丝或高强钢丝应该按一定规律平直排列，沿杆体轴线方向每隔 1.0~1.5m 设置一隔离架，杆体的保护层不应小于 20mm，预应力筋（包括排气管）应捆扎牢固，捆扎材料不宜用镀锌材料。杆体自由段应用塑料管包裹，与锚固段相交处塑料管口应密封并用钢丝捆紧。按防腐要求做防腐处理。

锚杆安放应注意：杆体放入钻孔之前，应检查杆体的质量，确保杆体组装满足设计要求。安放杆体时，应防止杆体扭压、弯曲，注浆管宜随锚杆一同放入钻孔，注浆管头部距孔底宜为 50~100mm，杆件放入角度应与钻孔角度保持一致。杆体插入孔内深度不应小于锚杆长度的 95%，杆件安放后不得随意敲击，不得悬挂重物。

3. 注浆

注浆材料应根据设计要求确定，一般宜选用灰砂比 1:1~1:2、水灰比 0.33~0.45 的水泥砂浆或水灰比为 0.4~0.45 的纯水泥浆，必要时可以加入一定量的外加剂或掺和料。注浆浆液应搅拌均匀，随搅随用，浆液应在初凝前用完，并严防石块、杂物混入浆液。注浆作业开始和中途停止较长时间，再作业时宜用水或稀水泥浆润滑注浆泵及注浆管路。孔口溢出浆液或排气管停止排气时，可停止注浆。浆体硬化后不能充满锚固体时，应进行补浆。注浆体的设计强度不应低于 20MPa，传递锚固力的台座的承压面应平整，并与锚杆的轴线方向垂直。

4. 锚杆张拉

锚杆张拉前，应对张拉设备进行标定。锚固体与台座混凝土强度均大于 15.0MPa 时并达到设计强度等级的 75% 后方可进行张拉。锚杆张拉应按一定程序进行，锚杆张拉顺序，应考虑邻近锚杆的相互影响。锚杆正式张拉之前，应取 0.1~0.2 设计轴向拉力值 N_t，对锚杆预张拉 1~2 次，使其各部位的接触紧密，杆体完全平直。永久锚杆张拉控制应力 σ_{con} 不应超过 $0.60f_{ptk}$，临时锚杆张拉控制应力 σ_{con} 不应超过 $0.65f_{ptk}$。锚杆张拉至 1.1~1.2N_t，土质为砂质土时保持 10min，为黏土时保持 15min，然后卸荷至锁定荷载进行锁定作业。锚杆张拉荷载分级及观测时间应遵守表 9-15 的规定。锚杆张拉和锁定工作应作好记录。若发现有明显的预应力损失时，应进行补偿张拉。

锚标张拉荷载分级及观测时间　　　　　　　　　　表 9-15

张拉荷载分级	观测时间（min）		张拉荷载分级	观测时间（min）	
	砂质土	黏性土		砂质土	黏性土
0.10N_t	5	5	1.0N_t	5	10
0.25N_t	5	5	1.1~1.2N_t	10	15
0.50N_t	5	5	锁定荷载	10	10
0.75N_t	5	5			

九、设计与施工注意事项

1. 设计注意事项

（1）选型

锚杆的形式应根据锚杆锚固段所处部位的岩土层类型、工程特征、锚杆承载力大小、锚杆材料和长度、施工工艺等条件，按表 9-16 采用。

锚杆选型　　　　　　　　　　表 9-16

	材料	锚杆承载力设计值（kN）	锚杆长度（m）	应力状况	备注
土层锚杆	HRB400	<450	<16	非预应力	锚杆超长时施工安装难度较大
	精轧螺纹钢筋	400~800	>10	预应力	杆体防腐性好，施工安装方便
岩层锚杆	HRB400	<450	<16	非预应力	锚杆超长时，施工安装难度较大
	精轧螺纹钢筋	400~800	>0	预应力或非预应力	杆体防腐性好，施工安装方便

（2）布置

①锚杆上下排间距不宜小于 2.5m，水平间距不宜小于 2m。

②当锚杆间距小于上述规定或锚固段岩土层稳定性较差时，锚杆应采用长短相间的方式布置。

③第一排锚杆锚固体的上覆土层厚度不宜小于 4m，上覆岩层的厚度不宜小于 2m。

④第一锚固点位置可设于坡顶下 1.5~2.0m 处。

⑤锚杆布置尽量与边坡走向垂直。

⑥肋柱位于土层时宜在肋柱底部附近设置锚杆。

（3）《建筑基坑支护技术规程》对锚杆布置有以下规定：

①锚杆的水平间距不宜小于 1.5m；对多层锚杆，其竖向间距不宜小于 2.0m；当锚杆的间距小于 1.5m 时，应根据群锚效应对锚杆抗拔承载力进行折减或改变相邻锚杆的倾角；

②锚杆锚固段的上覆土层厚度不宜小于 4.0m；

③锚杆倾角宜取 15°~25°，不应大于 45°，不应小于 10°；锚杆的锚固段宜设置在强度较高的土层内；

④当锚杆上方存在天然地基的建筑物或地下构筑物时，宜避开易塌孔、变形的土层。

2. 施工注意事项

（1）稳定性一般的高边坡，当采用大爆破、大开挖、开挖后不及时支护或存在外倾结构面时，均有可能发生边坡局部失稳和局部岩体塌方，此时应采用自上而下、分层开挖和分层锚固的逆施工法。

（2）锚杆施工前应作好下列准备：

①应掌握锚杆施工区其他建筑物的地基和地下管线情况。

②应判断锚杆施工对临近建筑物和地下管线的不良影响，并拟订相应预防措施。

③应检验锚杆的制作工艺和张拉锁定方法与设备。

④应确定锚杆注浆工艺并标定注浆设备。

⑤应检查原材料的品种、质量和规格型号，以及相应的检验报告。

（3）下列情况下锚杆应进行基本试验：

①采用新工艺、新材料或新技术的锚杆。

②无锚固工程经验的岩土层内的锚杆。

③一级边坡工程的锚杆。

（4）锚孔施工应符合下列规定：

①锚孔定位偏差、锚孔偏斜度和钻孔深度偏差各规范有不同的规定，设计时按相关的规范执行。例：按《铁路路基支挡结构设计规范》TB 10025—2006 设计的支挡结构，应符合《铁路路基施工规范》TB 10202—2002 的要求。

②锚孔应用清水洗净，严格执行灌浆施工工艺要求，当用水冲洗影响锚杆的抗拔强度时，可用高压风吹净。

（5）锚杆施工机械应考虑钻孔通过的岩土类型、成孔条件、锚固类型、锚杆长度、施工现场环境、地形条件、经济性和施工速度等因素进行选择。

（6）预应力锚杆、锚头承压板及其安装应符合下列要求：

①承压板应安装平整、牢固，承压面应与锚孔轴线垂直。

②承压板底部的混凝土应填充密实，并满足局部抗压要求。

（7）锚杆的灌浆应符合下列要求：

①灌浆前应清孔，排放孔内积水。

②注浆管宜与锚杆同时放入孔内，注浆管端头到孔底的距离宜为100mm。

③根据工程条件和设计要求确定灌浆压力，确保浆体灌注密实。

（8）必须待锚孔砂浆达到70%以上设计强度后，方可安装肋柱或墙面板。

（9）预应力锚杆的张拉与锁定应符合下列规定：

①锚杆张拉宜在锚固体强度大于20MPa并达到设计强度的80%后进行。

②锚杆张拉顺序应避免邻近锚杆相互影响。

③锚杆张拉控制应力不宜超过 0.65 倍钢筋强度标准值。

④锚杆宜进行超过设计预应力值 1.05~1.10 倍的超张拉，预应力保留值应满足设计要求。

（10）锚杆钢筋的防锈。锚杆未锚入地层部分，必须做好防锈处理。锚杆钢筋防止锈蚀的方法，目前国内采用以防锈油漆（或船底漆）为底漆，再包扎两层沥青玻璃丝布的方法。国外采用二次灌浆，并研究使用在钢筋外的波形塑料套管内充填高强度环氧树脂和聚酯树脂以及各种不同形式的双套管和复式锚杆等。

3.《建筑基坑支护技术规程》对施工有如下规定

（1）当锚杆穿过的地层附近存在既有地下管线、地下构筑物时，应在调查或探明其位置、尺寸、走向、类型、使用状况等情况后再进行锚杆施工。

（2）锚杆的成孔应符合下列规定：

①应根据土层性状和地下水条件选择套管护壁、干成孔或泥浆护壁成孔工艺，成孔工艺应满足孔壁稳定性要求；

②对松散和稍密的砂土、粉土，碎石土，填土，有机质土，高液性指数的饱和黏性土宜采用套管护壁成孔工艺；

③在地下水位以下时，不宜采用干成孔工艺；

④在高塑性指数的饱和黏性土层成孔时，不宜采用泥浆护壁成孔工艺；

⑤当成孔过程中遇不明障碍物时，在查明其性质前不得钻进。

（3）钢绞线锚杆和钢筋锚杆杆体的制作安装应符合下列规定：

①钢绞线锚杆杆体绑扎时，钢绞线应平行、间距均匀；杆体插入孔内时，应避免钢绞线在孔内弯曲或扭转；

②当锚杆杆体选用 HRB400、HRB500 钢筋时，其连接宜采用机械连接、双面搭接焊、双面帮条焊；采用双面焊时，焊缝长度不应小于杆体钢筋直径的 5 倍；

③杆体制作和安放时应除锈、除油污、避免杆体弯曲；

④采用套管护壁工艺成孔时，应在拔出套管前将杆体插入孔内；采用非套管护壁成孔时，杆体应匀速推送至孔内；

⑤成孔后应及时插入杆体及注浆。

（4）钢绞线锚杆和钢筋锚杆的注浆应符合下列规定：

①注浆液采用水泥浆时，水灰比宜取 0.5～0.55；采用水泥砂浆时，水灰比宜取 0.4～0.45，灰砂比宜取 0.5～1.0，拌合用砂宜选用中粗砂；

②水泥浆或水泥砂浆内可掺入提高注浆固结体早期强度或微膨胀的外加剂，其掺入量宜按室内试验确定；

③注浆管端部至孔底的距离不宜大于 200mm；注浆及拔管过程中，注浆管口应始终埋入注浆液面内，应在水泥浆液从孔口溢出后停止注浆；注浆后浆液面下降时，应进行孔口补浆；

④采用二次压力注浆工艺时，注浆管应在锚杆末端 $l_a/4 \sim l_a/3$ 范围内设置注浆孔，孔间距宜取 500～800mm，每个注浆截面的注浆孔宜取 2 个；二次压力注浆液宜采用水灰比 0.5～0.55 的水泥浆；二次注浆管应固定在杆体上，注浆管的出浆口应有逆止构造；二次压力注浆应在水泥浆初凝后、终凝前进行，终止注浆的压力不应小于 1.5MPa；

注：l_a 为锚杆的锚固段长度。

⑤采用二次压力分段劈裂注浆工艺时，注浆宜在固结体强度达到 5MPa 后进行，注浆管的出浆孔宜沿锚固段全长设置，注浆应由内向外分段依次进行；

⑥基坑采用截水帷幕时，地下水位以下的锚杆注浆应采取孔口封堵措施；

⑦寒冷地区在冬期施工时，应对注浆液采取保温措施，浆液温度应保持在5℃以上。

（5）锚杆的施工偏差应符合下列要求：

①钻孔孔位的允许偏差应为50mm；

②钻孔倾角的允许偏差应为3°；

③杆体长度不应小于设计长度；

④自由段的套管长度允许偏差应为±50mm。

（6）预应力锚杆的张拉锁定应符合下列要求：

①当锚杆固结体的强度达到15MPa或设计强度的75%后，方可进行锚杆的张拉锁定；

②拉力型钢绞线锚杆宜采用钢绞线束整体张拉锁定的方法；

③锚杆锁定前，应按本规程表4.8.8的检测值进行锚杆预张拉；锚杆张拉应平缓加载，加载速率不宜大于$0.1N_t/min$；在张拉值下的锚杆位移和压力表压力应能保持稳定，当锚头位移不稳定时，应判定此根锚杆不合格；

④锁定时的锚杆拉力应考虑锁定过程的预应力损失量；预应力损失量宜通过对锁定前、后锚杆拉力的测试确定；缺少测试数据时，锁定时的锚杆拉力可取锁定值的1.1倍~1.15倍；

⑤锚杆锁定应考虑相邻锚杆张拉锁定引起的预应力损失，当锚杆预应力损失严重时，应进行再次锁定；锚杆出现锚头松弛、脱落、锚具失效等情况时，应及时进行修复并对其进行再次锁定；

⑥当锚杆需要再次张拉锁定时，锚具外杆体长度和完好程度应满足张拉要求。

十、锚杆抗拔承载力检测

为了保证锚固工程的安全，必须对锚杆抗拔承载力进行检测。

锚杆抗拔承载力的检测应符合下列规定：

（1）检测数量不应少于锚杆总数的5%，且同一土层中的锚杆检测数量不应少于3根；

（2）检测试验应在锚固段注浆固结体强度达到15MPa或达到设计强度的75%后进行；

（3）检测锚杆应采用随机抽样的方法选取；

（4）抗拔承载力检测值应按表9-17规定；

（5）检测试验应按本规程附录A的验收试验方法进行；

（6）当检测的锚杆不合格时，应扩大检测数量。

锚杆的抗拔承载力检测值　　　　　　　　　　　　表9-17

支护结构的安全等级	抗拔承载力检测值与轴向拉力标准值的比值
一级	≥1.4
二级	≥1.3
三级	≥1.2

十一、算例

已知某边坡高$H = 8m$，坡顶表面荷载$q_0 = 0$，墙后土体为粉土，土体参数为：$\gamma = 16.5kN/m^3$，$\varphi = 20°$，$c = 16kPa$，试采用锚杆挡土墙支护该边坡。

1. 土压力计算

由题目可知墙面倾角 $\alpha = 0$，填土表面倾角 $\beta = 0$，因为是挖方边坡，取墙后土体与墙面的摩擦角 $\delta = 10°$。

现依据库仑土压力理论计算该边坡的土压力，计算时可以用等代内摩擦角 φ' 代替 c 和 φ，可由下式确定：

$$\varphi' = \text{arctan}\ (\tan\varphi + c/\sigma_1)$$

即

$$\varphi' = \text{arctan}\ (\tan 20° + \frac{16}{16.5 \times 8}) = 26°$$

库仑主动土压力系数为：

$$K_a = \frac{\cos^2\varphi'}{\cos\delta\left[1 + \sqrt{\frac{\sin\ (\varphi' + \delta)\ \sin\varphi'}{\cos\delta}}\right]^2} = \frac{\cos^2 26°}{\cos 10°\left[1 + \sqrt{\frac{\sin 36° \cdot \sin 26°}{\cos 10°}}\right]^2} = 0.359$$

主动土压力总值为：

$$E_{ak} = q_0 H K_a + \frac{1}{2}\gamma H^2 K_a = \frac{1}{2} \times 16.5 \times 8^2 \times 0.359 \text{kN/m} = 189.552 \text{kN/m}$$

主动土压力合力的水平分量为：

$$E_{hk} = E_k \cos\delta = 189.552 \text{kN/m} \times \cos 10° = 186.67 \text{kN/m}$$

土层锚杆挡土墙侧压力分布图中 e_{hk} 计算如下：

$$e_{hk} = \frac{E_{hk}}{0.875H} = \frac{186.67}{0.875 \times 8}\text{kN/m}^2 = 26.67 \text{kN/m}^2$$

挡土墙土压力分布如图 9-29 所示。

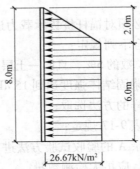

图 9-29　挡土墙土压力分布图

土压力合力与挡土墙底部的距离为：

$$H_h = \frac{0.5 \times 26.67 \times 2 \times\ (2.0/3 + 6.0)\ + 6 \times 26.67 \times 3}{0.5 \times 26.67 \times 2 + 6.0 \times 26.67}\text{m} = 3.524 \text{m}$$

2. 内力计算

（1）锚杆水平支座反力

先假设采用单层锚杆，锚杆设于坡顶下 2.0m 处，锚杆的水平间距为 2.0m，现写出 $\overline{M}_1$ 和 M_p 的函数表达式如下：

$$\overline{M}_1 = x$$

$$M_p = -\frac{1}{2} \times e_{hk} \times 0.25H \times \left(\frac{0.25H}{3} + x\right) \cdot s - \frac{1}{2} \times e_{hk} \times x^2 \times s \text{（不考虑悬臂部分）}$$

式中 x 为锚杆下某截面距锚杆的距离，且满足 $0.0 \leqslant x \leqslant 6.0m$。

由式 $\delta_{11} = \int \frac{\overline{M}_1^2 dx}{EI}$ 和式 $\Delta_{1p} = \int \frac{\overline{M}_1 M_p}{EI} dx$ 计算系数与自由项如下：

$$\delta_{11} = \frac{1}{EI} \times \frac{1}{2} \times 6 \times 6 \times \frac{2}{3} \times 6 = \frac{72}{EI}$$

$$\Delta_{1p} = -\frac{1}{EI}\int_0^6 \left[\frac{1}{2} \times e_{hk} \times 0.25H \times \left(\frac{0.25H}{3} + x\right) \cdot s + \frac{1}{2} \times e_{hk} \times x^2 \times s\right] \times x dx$$

$$= -\frac{13121.64}{EI}$$

由力法基本方程得：

$$T = -\frac{\Delta_{1p}}{\delta_{11}} = \frac{13121.64}{72}kN = 182.245kN$$

设锚杆倾角 $\alpha = 15°$，考虑超载和工作条件的安全分项系数 $K = 2.0$，锚杆钢筋采用 HRB400，其抗拉强度设计值为 $f_y = 360MPa$，由式（9.33）求得锚杆的有效截面面积 A_s 为：

$$A_s = \frac{T \cdot K}{f_y \cos\alpha} = \frac{182.245 \times 2.0 \times 1000}{360 \times \cos15°}mm^2 = 1048mm^2$$

显然，就单根锚杆而言，其无法提供这么大的截面积，这说明采用单层锚杆支护该边坡是不可行的，现改变支护方案，将单层锚杆支护换为双层锚杆支护，第一层锚杆的支护位置不变，仍设在坡顶下 2.0m 处，第二层锚杆设在坡顶下 5.0m 处，如图 9-30 所示。挡土墙土压力分布如图 9-31 所示。现采用与计算单层锚杆类似的方法计算双层锚杆挡土墙的内力，图 9-30 所示结构为两次超静定结构，分别设第一层和第二层锚杆的水平支座反力为 T_1 和 T_2，其力法典型方程为：

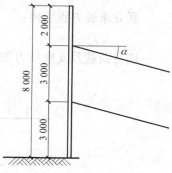

图 9-30 双层锚杆挡土墙锚杆布置图

$$\delta_{11}T_1 + \delta_{12}T_2 + \Delta_{1p} = 0$$
$$\delta_{21}T_1 + \delta_{22}T_2 + \Delta_{2p} = 0$$

绘出各单位弯矩图如图 9-31（a）、图 9-31（b）所示，计算得 $\overline{M}_1$ 和 $\overline{M}_2$ 如下：

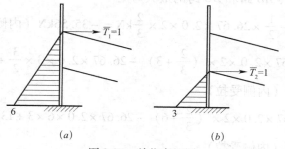

（a）　　　　　　　　　（b）

图 9-31　单位弯矩图
（a）$\overline{M}1$ 图（单位 m）；（b）$\overline{M}2$ 图（单位 m）

当 $0 \leqslant x \leqslant 6.0$ 时，$\overline{M_1} = x$；

当 $0 \leqslant x \leqslant 3.0$ 时，$\overline{M_2} = 0$；

当 $3.0 \leqslant x \leqslant 6.0$ 时，$\overline{M_2} = x - 3$。

$$M_\mathrm{p} = -\frac{1}{2} \times e_\mathrm{hk} \times 0.25H \times \left(\frac{0.25H}{3} + x\right) \cdot s - \frac{1}{2} \times e_\mathrm{hk} \times x^2 \times s \quad (\text{不考虑悬臂部分})$$

利用图乘法求得各系数与自由项如下：

$$\delta_{11} = \frac{1}{EI} \times \frac{1}{2} \times 6 \times 6 \times \frac{2}{3} \times 6 = \frac{72}{EI}$$

$$\delta_{22} = \frac{1}{EI} \times \frac{1}{2} \times 3 \times 3 \times \frac{2}{3} \times 3 = \frac{9}{EI}$$

$$\delta_{12} = \delta_{21} = \frac{1}{EI} \times \frac{1}{2} \times 3 \times 3 \times \frac{2 \times 6 + 3}{3} = \frac{22.5}{EI}$$

$$\Delta_{1\mathrm{p}} = \frac{13121.64}{EI}$$

$$\Delta_{2\mathrm{p}} = -\frac{1}{EI} \int_3^6 \left[\frac{1}{2} \times e_\mathrm{hk} \times 0.25H \times \left(\frac{0.25H}{3} + x\right) \cdot s + \frac{1}{2} \times e_\mathrm{hk} \times x^2 \times s\right](x - 3)\,\mathrm{d}x$$

$$= -\frac{4\,420.55}{EI}$$

将系数与自由项代入力法典型方程，为计算方便，令 $EI = 1$，得：

$$72T_1 + 22.5T_2 - 13121.64 = 0$$
$$22.5T_1 + 9T_2 - 4420.55 = 0$$

联立求解方程组得：

$$T_1 = 131.45\mathrm{kN}, \quad T_2 = 162.56\mathrm{kN}$$

墙身荷载及支座反力如图 9-32 所示。

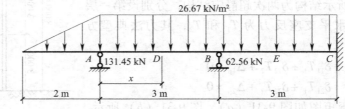

图 9-32　墙身荷载及支座反力示意图

（2）求支座弯矩、AB 跨和 BC 跨的最大弯矩

$$M_A = -\frac{1}{2} \times 26.67 \times 2.0 \times 2 \times \frac{2}{3}\mathrm{kN} = -35.56\mathrm{kN} \quad (\text{内侧受拉})$$

$$M_B = -\frac{1}{2} \times 26.67 \times 2.0 \times 2 \times \left(\frac{2}{3} + 3\right) - 26.67 \times 2.0 \times 3 \times \frac{3}{2} + 131.45 \times 3\mathrm{kN}$$

$$= -41.26\mathrm{kN} \quad (\text{内侧受拉})$$

$$M_C = -\frac{1}{2} \times 26.67 \times 2.0 \times 2 \times \left(\frac{2}{3} + 6\right) - 26.67 \times 2.0 \times 6 \times 3 + 131.45 \times 6 + 162.56 \times 3\mathrm{kN}$$

$$= -39.34\mathrm{kN} \quad (\text{内侧受拉})$$

AB 跨的弯矩为：

$$M_{AB}(x) = -\frac{1}{2} \times 26.67 \times 2.0 \times 2 \times \left(\frac{2}{3} + x\right) - \frac{1}{2} \times 26.67 \times 2.0 \times x^2 + 131.45x \quad (0 < x < 3)$$

截面最大弯矩的位置可根据极值原理 $\dfrac{\mathrm{d}M_{AB}(x)}{\mathrm{d}x} = 0$ 确定，解得

$$x = 1.464\mathrm{m}$$

将 $x = 1.464\mathrm{m}$ 代入 $M_{AB}(x)$，求得 AB 跨最大弯矩截面 D 的弯矩为：

$$\begin{aligned}M_D &= -\frac{1}{2} \times 26.67 \times 2.0 \times 2 \times \left(\frac{2}{3} + 1.464\right) - \frac{1}{2} \times 26.67 \times 2.0 \times 1.464^2 + 131.45 \\ &\quad \times 1.464 \\ &= 21.63\mathrm{kN}（外侧受拉）\end{aligned}$$

BC 跨的弯矩为：

$$\begin{aligned}M_{BC}(x) &= -\frac{1}{2} \times 26.67 \times 2.0 \times 2 \times \left(\frac{2}{3} + x\right) - \frac{1}{2} \times 26.67 \times 2.0 \times x^2 + 131.45 \times x + \\ &\quad 162.56 \times (x - 3) \quad (3 < x < 6)\end{aligned}$$

同理，截面最大弯矩的位置可根据极值原理 $\dfrac{\mathrm{d}M_{BC}(x)}{\mathrm{d}x} = 0$ 确定，解得：

$$x = 4.512\mathrm{m}$$

将 $x = 4.512\mathrm{m}$ 代入 $M_{BC}(x)$，求得 BC 跨的最大弯矩截面 E 的弯矩为：

$$M_E = -\frac{1}{2} \times 26.67 \times 2.0 \times 2 \times \left(\frac{2}{3} + 4.512\right) - \frac{1}{2} \times 26.67 \times 2.0 \times 4.512^2 + 131.45 \times$$

$4.512 + 162.56 \times (4.512 - 3) = 19.71\mathrm{kN}$（外侧受拉）

（3）支座剪力计算

$$V_{A\pm} = \left(-\frac{1}{2} \times 26.67 \times 2.0 \times 2\right)\mathrm{kN} = -53.34\mathrm{kN}$$

$$V_{A\mp} = \left(-\frac{1}{2} \times 26.67 \times 2.0 \times 2 + 131.45\right)\mathrm{kN} = 78.11\mathrm{kN}$$

$$V_{B\pm} = \left(-\frac{1}{2} \times 26.67 \times 2.0 \times 2 - 26.67 \times 2.0 \times 3 + 131.45\right)\mathrm{kN} = -81.91\mathrm{kN}$$

$$V_{B\mp} = \left(-\frac{1}{2} \times 26.67 \times 2.0 \times 2 - 26.67 \times 2.0 \times 3 + 131.45 + 162.56\right)\mathrm{kN} = 80.65\mathrm{kN}$$

$$V_C = \left(-\frac{1}{2} \times 26.67 \times 2.0 \times 2 - 26.67 \times 2.0 \times 6 + 131.45 + 162.56\right)\mathrm{kN} = -79.37\mathrm{kN}$$

3. 锚杆设计

（1）截面设计

考虑超载和工作条件的安全分项系数 $K = 2.0$，则顶排锚杆的截面面积为：

$$A_{s1} = \frac{T_1 \cdot K}{f_y \cos\alpha_1} = \frac{131.45 \times 1000 \times 2.0}{360 \times \cos 15°} = 756\mathrm{mm}^2，取 d_1 = 32\mathrm{mm}$$

$$A_{s2} = \frac{T_2 \cdot K}{f_y \cos\alpha_2} = \frac{162.56 \times 1000 \times 2.0}{360 \times \cos 15°} = 935\mathrm{mm}^2，取 d_2 = 36\mathrm{mm}$$

（2）锚杆长度设计

自由段长度计算如下：

$$L_{f1} = \frac{(H - H_1) \ \tan \ (45° - \varphi/2) \ \sin \ (45° + \varphi/2)}{\sin \ (135° - \varphi/2 - \alpha_1)} = \frac{(8 - 2) \ \tan 35° \sin 55°}{\sin 110°} \text{m} = 3.66 \text{m}$$

$$L_{f2} = \frac{(H - H_2) \ \tan \ (45° - \varphi/2) \ \sin \ (45° + \varphi/2)}{\sin \ (135° - \varphi/2 - \alpha_2)} = \frac{(8 - 2) \ \tan 35° \sin 55°}{\sin 110°} \text{m} = 1.83 \text{m}$$

锚固段长度计算如下：

假设锚杆锚固体直径为 $D = 150$mm，则

$$L_{e1} = \frac{T_1 \cdot K}{\cos\alpha_1 \cdot \pi \cdot D \cdot \tau_1} = \frac{131.45 \times 2}{\cos 15° \times 3.14 \times 0.15 \times 60} \text{m} = 9.63 \text{m}$$

$$L_{e2} = \frac{T_2 \cdot K}{\cos\alpha_2 \cdot \pi \cdot D \cdot \tau_2} = \frac{162.56 \times 2}{\cos 15° \times 3.14 \times 0.15 \times 60} \text{m} = 11.91 \text{m}$$

锚杆总长度为：

$$L_1 = L_{f1} + L_{e1} = \ (3.66 + 9.63) \ \text{m} = 13.29 \text{m}$$

$$L_2 = L_{f2} + L_{e2} = \ (1.83 + 11.91) \ \text{m} = 13.74 \text{m}$$

4. 墙身设计

在垂直方向，取计算宽度为锚杆水平间距 $s = 2.0$m，截面控制内力如下：

在墙身内侧：$M_{内} = \max \ (\ |M_A| \ 、\ |M_B| \ 、\ |M_C| \ ) \ = 41.26$kN

在墙身外侧：$M_{外} = \max \ (M_D、M_E) = 21.63$kN

控制剪力为：$V = \max \ (V_{A上}、V_{A下}、V_{B上}、V_{B下}、V_C) = 81.91$kN

取混凝土强度等级为 C30，其强度设计值为 $f_c = 14.3$MPa，墙身厚度为 $h = 300$mm，按受弯构件计算其正截面承载力如下：

在墙身内侧：$h_0 = h - C - \dfrac{d}{2} = \ (300 - 25 - 10) \ \text{mm} = 265$mm

$$\alpha_s = \frac{M}{\alpha_1 \cdot f_c \cdot b \cdot h_0^2} = \frac{41.26 \times 10^6}{1 \times 14.3 \times 2000 \times 265^2} = 0.021$$

$$\gamma_s = \frac{1 + \sqrt{1 - 2\alpha_s}}{2} = \frac{1 + \sqrt{1 - 2 \times 0.021}}{2} = 0.989$$

$$A_s = \frac{M}{f_y \cdot \gamma_s \cdot h_0} = \frac{41.26 \times 10^6}{300 \times 0.989 \times 265} \text{mm}^2 = 524.8 \text{mm}^2$$

采用钢筋Φ12@200，$A_s = 612$mm^2。

在墙身外侧：$h_0 = h - C - \dfrac{d}{2} = \ (300 - 25 - 10) \ \text{mm} = 265$mm

$$\alpha_s = \frac{M}{\alpha_1 \cdot f_c \cdot b \cdot h_0^2} = \frac{21.63 \times 10^6}{1 \times 14.3 \times 2000 \times 265^2} = 0.011$$

$$\gamma_s = \frac{1 + \sqrt{1 - 2\alpha_s}}{2} = \frac{1 + \sqrt{1 - 2 \times 0.011}}{2} = 0.994$$

$$A_s = \frac{M}{f_y \cdot \gamma_s \cdot h_0} = \frac{21.63 \times 10^6}{300 \times 0.994 \times 265} = 273.7 \text{mm}^2$$

采用钢筋Φ12@300，$A_s = 377$mm^2。

在支挡结构体系中，如果结构构件的抗弯强度能够满足要求，一般情况下，它的抗剪强度亦能满足要求。因此，不必进行抗剪强度的验算。

第三节　壁板式锚杆挡土墙设计

一、壁板式锚杆挡土墙的构造

壁板式锚杆挡土墙，是由钢筋混凝土壁面板和锚杆组成。壁板式锚杆挡土墙根据施工方法不同，可分为就地灌注和预制拼装两种不同类型。对于就地灌注的壁板式锚杆挡土墙，其锚杆端头直插入混凝土面板中，与壁面板一起灌注，再无锚头单独施工问题。而预制混凝土壁面板时，在钢筋混凝土壁面板上，留有锚头锚定，也可将锚杆插入预留孔中灌注混凝土。为增强其连接，可采用钢筋混凝土锚帽。此种挡土墙之锚杆多用楔缝式锚杆。多用于岩性好的岩石边坡防护。对于城市内为美观环境也可采用此类挡土墙。

1. 锚杆

同柱板式锚杆挡土墙之锚杆。锚杆的间距，以墙后填土的土性，壁面板受力合理及经济综合考虑。锚杆的水平间距为 $1 \sim 2m$ 较好；竖向以布置 $2 \sim 3$ 排锚杆为宜。对于此类挡土墙我国常采用楔缝式锚杆，具体构造见图9-33。

2. 壁面板

壁面板多为整块钢筋混凝土板，采用就地灌注或预制拼装。在墙缝之间为整块板。预制壁板必须预留锚杆的锚定孔。一般采用等厚截面，主要是为方便于施工，壁板厚不宜小于 $30cm$。混凝土强度等级，不宜低于C20。

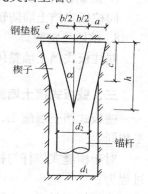

图9-33　楔缝式锚杆构造图

3. 锚杆与壁板的连接

如壁板就地灌注，只要将锚杆插入混凝土中足够长度（$\geqslant 30d$，d 为钢筋直径），一起灌注。对于预制壁板，挡土墙壁面板架设好后，应立即灌注混凝土把壁板与锚杆连接成整体，为加强其连接牢固性，可设钢筋混凝土锚帽。

二、壁板式锚杆挡土墙的设计

1. 土压力计算

同柱板式挡土墙土压力计算。

2. 锚杆和壁板内力计算

锚杆与壁板的内力计算，实际是壁板在土压力作用下，由锚杆和壁板底端地基约束的无梁板。一般情况下计算锚杆内力均采用近似计算法：取宽为相邻两列锚杆的间距，高为壁板高的竖向梁，承受此宽度内的土压力，其约束为锚杆和底端地基，具体约束处理可参见上节。梁（壁板的宽为两列锚杆间距的竖向条带）在三角形或梯形荷载作用下，可按简支梁或多跨连续梁而求得锚杆的内力。与柱板式计算方法相同，不同点仅在于柱板式取肋柱间距，而壁板式是取两列锚杆的间距。

壁板内力计算的简化计算法，可用竖向、水平向两个方向的梁计算。竖向梁取两列锚杆间距为宽；而水平向梁则取单位高为梁宽。根据约束的不同可视为简支梁，外伸梁及多跨连续梁。查静力计算手册即可。精确的计算应视壁板为底端及锚杆支撑的无梁板计算，查有关手册得出壁板的内力及锚杆的内力。

3. 壁板底地基承载力计算

同柱板式挡土墙肋柱底地基承载力验算。

4. 壁板基脚抗剪承载力计算

同柱板式基脚抗剪承载力验算。

5. 壁板设计

壁板为钢筋混凝土板。根据前面计算求得的内力，查有关手册图表，可得相应的配筋面积，按板布置其相应钢筋，与无梁板相近。特别注意与锚杆的连接。

6. 锚杆设计

同柱板式挡土墙锚杆设计。

7. 防锈设计

同柱板式挡土墙防锈设计。

8. 整体稳定验算

同柱板式挡土墙整体稳定验算。

三、壁板式挡土墙施工

壁板式挡土墙施工，除锚杆加工与柱板式稍有区别外，其他各步均与柱板式挡土墙施工相同。

对于楔缝式锚杆与柱板式挡土墙采用的锚杆不同之处在于锚杆头部的楔缝。具体加工过程为：

将锚杆下料后，主要是将锚杆头部割缝，它是控制锚杆质量的关键。楔缝的切割一般用铣床铣缝，刨缝，手工或机动氧气割缝。楔子加工可用铣床加工，气锤模制。

对楔缝加工的要求：

（1）楔缝宽度误差 ±1mm，楔缝表面凹凸不平误差 ±1mm；

（2）楔缝长度误差 ±5mm；

（3）楔缝中心线与杆轴线应吻合，容许偏差为 ±1mm；

（4）上、下缝口差小于 1.5mm。

对楔子加工要求：

（1）楔顶及楔尖厚 ±1mm；

（2）楔长 ±5mm；

（3）楔子两端应平齐。楔子两个倾斜面应有相同的斜度。

第十章　锚定板挡土墙设计

第一节　概　述

锚定板挡土墙，是由墙面板、钢拉杆及锚定板和填料组成。钢拉杆外端与墙面板连接，面内端与锚定板连接，通过钢拉杆，依靠埋置在填料中的锚定板所提供的抗拔力来维持挡土墙的稳定，是一种适用于填土的轻型支挡结构。它与锚杆挡土墙的区别是它不是靠钢杆与填料的摩阻力来提供抗拔力的，而是由锚定板提供。

锚定板挡土墙的主要优点是：结构轻，柔性大，占地少，圬工省，造价低。由于其优点很多，因此，在我国铁路、煤矿、城市交通等工程中得到广泛地应用，也可作挡土墙、桥台、港湾护岸工程。

锚定板挡土墙主要有两种类型：肋柱式和壁板式两种。肋柱式锚定板挡土墙的墙面系由肋柱和挡土板组成。一般为双层拉杆，锚定板的面积较大，拉杆较短，挡土墙变形较小。壁板式锚定板挡土墙系由钢筋混凝土面板做成。外观美观，整齐，施工简便，多用于城市交通支挡结构物工程。

第二节　肋柱式锚定板挡土墙构造

锚定板挡土墙由肋柱、挡土板、锚定板、钢拉杆、连接件及填料组成，一般情况下应设有基础。如图10-1。根据地形可以设计为单级或双级墙。单级墙高不宜大于6m；双级墙高不宜大于10m。双级墙间宜设一平台，平台宽度不宜小于1.5m，平台顶面宜用15cm厚C15混凝土封闭，并设向外2%坡度横向排水。肋柱上、下两级应沿线路方向错开。墙面板，肋柱及锚定板等钢筋混凝土构件的混凝土强度等级，不应小于C20。

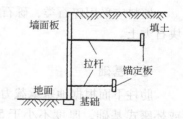

图10-1　锚定板挡土墙示意图

一、肋柱

肋柱的间距视工地的起吊能力和锚定板的抗拔力而定，一般为1.5～2.5m。肋柱截面多为矩形，也可设计成T形、工字形。为安放挡土板及设置钢拉杆孔，截面宽度不小于24cm。高度不宜小于30cm，每级肋柱高采用3～5m左右。上下两级肋柱接头宜用榫接，也可以做成平台并相互错开。每根肋柱按其高度可布置2～3层拉杆，其位置尽量使肋柱受力均匀。

肋柱底端视地基承载力，地基的坚硬情况及埋深，一般可设计为自由端、铰支端，如埋置较深，且岩性坚硬，也可视为固定端。如地基承载力低时，可设基础。

肋柱设置钢拉杆穿过的孔道。孔道可做成椭圆孔或圆孔，直径大于钢拉杆直径，空隙将填塞防锈砂浆。外露的杆端和部件待填土下沉稳定后，用砂浆封填。

二、挡土板

挡土板可采用钢筋混凝土槽形板、矩形板或空心板。矩形板厚度不小于 15cm，挡土板与两肋柱搭接长度不小于 10cm，挡土板高一般用 50cm。挡土板上应留有泄水孔，在板后应设置反滤层。

三、钢拉杆

拉杆宜选用螺纹钢筋，其直径不小于 22cm，亦不大于 32mm。通常，钢拉杆选用单根钢筋，必要时，可用两根钢筋组成一钢拉杆。

拉杆的螺丝端杆选用可焊性和延伸性良好的钢材，便于与钢筋焊接组成拉杆。采用精轧钢筋时，不必焊接螺钉端杆。

四、锚定板

锚定板通常采用方形钢筋混凝土板，也可采用矩形板，其面积不小于 $0.5m^2$，一般选用 $1m \times 1m$。锚定板预制时应预留拉杆孔，其要求同肋柱的预留孔道。

五、拉杆与肋柱、锚定板的连接

拉杆前端与肋柱的连接与锚杆挡土墙相同。拉杆后端用螺帽、钢垫板与锚定板相连。锚定板与钢拉杆组装后，孔道空隙应当填满水泥砂浆。

六、填料

填料应采用碎石类、砾石类土及细粒土填料。不得应用膨胀土、盐渍土、有机质土或块石类土。

七、基础

肋柱下面根据地基承载力确定是否需要设置基础。肋柱式挡土墙的基础可用条形基础或杯座式基础，厚度不小于 50cm，襟边不小于 10cm，基础埋深大于 0.5m 及冻结线以下 0.25m。为了减少肋柱吊起时的支撑工作量，肋柱下的基础设计如图 10-2 的杯座基础。它应符合以下要求：当 $h \leqslant 1.0m$ 时，$H_1 \geqslant h$ 或 $H_1 \geqslant 0.05$ 倍肋柱长（指吊装时肋柱长）；当 $h > 1.0m$ 时，$H_1 \geqslant 0.8h$ 并 $H_1 \geqslant 1.0m$；当 $b/h \geqslant 0.65$ 时，杯口一般不配钢筋。

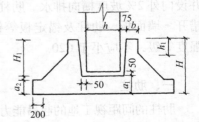

图 10-2　杯座基础

矩形、工字形肋柱、杯座基础尺寸参考表　　　　表 10-1

肋柱截面长边尺寸	a_1	a_2	b	杯口深度 = $H_1 + 50$
300	150	150	200	350
500	150	150	200	550

续表

肋柱截面长边尺寸	a_1	a_2	b	杯口深度 $= H_1 + 50$
600	200	200	200	650
700	200	200	200	750
800	200	200	250	850
900	200	200	250	950
1000	200	200	300	1050
1100	200	200	300	1050
1200	250	200	300	1050
1300	250	250	300	1100
1400	250	250	350	1200
1500	300	300	350	1250
1600	300	300	400	1350
1800	350	350	400	1500
2000	350	350	400	1650

八、反滤层

当有水流入锚定板挡土墙墙背填料时，应在墙背底部至墙顶以下 0.5m 范围内，填筑不小于 0.3m 厚的渗水材料或用无砂混凝土板，土工织物作为反滤层，并采取排水措施。

第三节　肋柱式锚定板挡土墙设计

肋柱式锚定板挡土墙设计的主要内容：墙背土压力计算，肋柱、锚定板、拉杆、挡土板的内力计算及配筋设计以及锚定板挡土墙的整体稳定验算。

一、墙背土压力计算

锚定板挡土墙墙面板所受的土压力系由墙后填料及外荷载引起。由于挡土板、拉杆、锚定板及填料的相互作用，导致影响土压力的因素很多，例如填料性质、压实程度、拉杆位置及长度、锚定板大小等，墙背土压力计算是一个涉及土与结构相互作用的复杂问题，目前一般做一些假定和简化来加以计算。通过大量的现场实测及模型试验表明，土压力大于库仑主动土压力公式的计算值，故《铁路路基支挡结构设计规范》中规定：填料引起的土压力，采用按库仑主动土压力公式计算，然后乘以增大系数 β，增大系数一般采用 1.2～1.4。对于位移要求较严格的结构，土压力增大系数应取大值。试验表明，填料所产生的土压力分布图形为抛物线图形，为了简化，采用由三角形和矩形组合的图形计算，如图 10-3 所示。图中：

$$\sigma_H = 1.33 \frac{E_x}{H} \cdot \beta \tag{10-1}$$

式中　σ_H——水平土压应力（kPa）；

E_x——库仑主动土压力的水平分力（kN/m）；

β——土压力增大系数；

H——墙高（m）。当为双级墙时，H为上下墙之和。

列车荷载对墙面板土压力的影响：根据实测资料列车荷载对土压力的影响不大，而且只对上层拉杆有影响。实测列车荷载产生的土压力值其结果远小于现行路基支挡规范规定计算列车荷载产生的土压力。因此列车荷载产生的土压力，仍按重力式挡土墙有关规定计算，不再乘以增大系数。其他外荷载所产生的土压力，限于目前积累的资料不多，也按重力式挡土墙有关规定计算。将各种荷载所产生的土压力叠加起来就是墙面板所承受的总的土压力。铁路列车和轨道荷载换算土柱高度及分布宽度可按表4-8的规定采用。

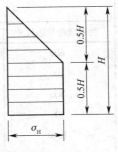

图 10-3　填料产生的土
压力分布图式

二、肋柱、拉杆和锚定板的内力计算

每根肋柱承受相邻两跨锚定板挡土墙中线至中线面积上的土压力。假定肋柱与拉杆的连接处为铰支点，把肋柱视为支承在拉杆和地基上的简支梁或连续梁；拉杆则为轴向受力构件；锚定板为拉杆中心为支点的受弯板。

锚定板挡土墙肋柱、拉杆的计算：当肋柱为两层拉杆时，且底端为自由时，按外伸的简支梁计算；当底端视为铰支端或固定端时或拉杆超过两层，肋柱则应按连续梁计算。肋柱及拉杆的内力均可查静力计算手册，或利用三弯矩方程求解；如果视肋柱置于弹性支承的连续梁，则应考虑拉杆及填料的变形，由结构力学知，求解弹性支座截面弯矩应用五弯矩方程。此时的关键是确定各支点的柔度系数 c_i，即在单位力作用下支点处的变形量。肋柱各支点的变形量包括拉杆的弹性伸长 ΔL 和锚定板前土的压缩变形 Δm 两部分：

$$c_i = c_{gi} + c_{ri} \tag{10-2}$$

式中　c_{gi}——单位力作用下支点处钢拉杆的伸长量；

c_{ri}——单位力作用下锚定板前土体压缩变形量。

钢拉杆单位伸长量：

$$c_{gi} = \frac{L}{A_g E_g} \tag{10-3}$$

式中　A_g——钢拉杆面积；

E_g——钢拉杆的抗拉弹性模量；

L——钢拉杆的长度。

由锚定板前土体压缩变形很复杂，采用两种计算方法：

（1）采用桩计算和弹性抗力系数 m 来确定

弹性抗力系数法

$$c_{ri} = \frac{1}{kBh} \tag{10-4}$$

式中　B——锚定板宽度；

h——锚定板高度；

k——弹性抗力系数，应通过试验确定，k 随深度 y 按幂函数变化

$$k = m(y_0 + y)^n$$

其中　y_0 为与岩石有关常数；

　　　n 为随岩石类别而变化的指数。

按《铁路桥涵设计规范》建议的 m 值取 $y_0 = 0$，$n = 1$，则 $k = my$，m 为弹性抗力系数的比例系数，如无实测资料，可参考表10-2。

弹性抗力系数的比例系数 m　　　　　表10-2

土 的 名 称	建议值（kN/m^4）
黏性细粒土	5000～10000
细砂、中砂	10000～20000
粗砂	20000～30000
砾砂、砾石土、碎石土、卵石土	30000～80000

肋柱基础处的柔度系数：

$$C_e = \frac{1}{2mHB_0h_0} \tag{10-5}$$

式中　H——肋柱的总高度；

　　　B_0——柱座的宽度；

　　　h_0——柱座的高度。

（2）沉降量分层总和法

$$C_{ri} = \Delta m_i = \sum_{i=1}^{n} \delta_i \tag{10-6}$$

式中　δ_i——锚定板前第 i 层在单位力作用下的压缩量，

$$\delta_i = \frac{\Delta h_i}{2EF_A}(K_i + K_{i-1}) \tag{10-7}$$

其中　Δh_i——第 i 层土的厚度；

　　　E——填土的变形模量，可由实验确实，也可选用 5000～10000kN/m^2；

　　　F_A——锚定板的面积；

K_i、K_{i-1}——土中应力分布系数，可选用表10-3值。

土中应力分布系数　　　　　表10-3

$\beta = L/B$	矩形边长比 $\alpha = A/B$						
	1.0	1.5	2	3	6	10	20
0.25	0.898	0.904	0.908	0.912	0.934	0.940	0.960
0.50	0.696	0.716	0.734	0.762	0.789	0.792	0.820
1.0	0.336	0.428	0.470	0.500	0.518	0.522	0.549
1.5	0.194	0.257	0.286	0.348	0.360	0.373	0.397
2.0	0.114	0.157	0.188	0.240	0.268	0.279	0.308
3.0	0.058	0.076	0.108	0.147	0.180	0.188	0.209
5.0	0.008	0.025	0.040	0.076	0.096	0.106	0.129

注：$\beta = L/B$ 锚定板前土层的相对厚度；

　　L 为计算土层到锚定板的距离；

　　B、A 为锚定板的宽、高。

锚定板前土体的压缩量 Δm_i 是各层土压缩量的总和。一般取锚定板前 $5B$ 范围内的土体划分为 n 层。Δm_i 为 $5B$ 范围内各层土的压缩量之和。

肋柱基础处柔度系数 C_e，可用上式计算值 Δm_i 中最小值的十分之一，即

$$C_e = 0.1 \Delta m_e \tag{10-8}$$

拉杆水平时，肋柱的反力为拉杆的计算拉力 N_n。当拉杆向下倾斜时，则 $N_n = R_n / \cos\alpha$。拉杆的设计拉力就是锚定板中心的支反力。

锚定板承受拉杆传递的拉力。其拉力等于肋柱在此支点的反力，此拉力通过板的中心。假定锚定板在竖直面所受到水平土压力是均匀分布的。一般简化计算视锚定板为中心有支点的单向受弯构件。其内力按图 10-4 所示计算。

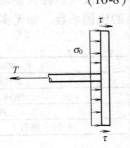

三、挡土板的内力

图 10-4 锚定板内力简化计算图

挡土板按两端支承在肋柱上的简支板计算。其跨度为挡土板两端支座中心的距离。荷载取挡土板位置上最大土压力为均布荷载。挡土板的规格一般取为 $2 \sim 3$ 种，不宜取多。

四、肋柱断面设计

肋柱断面尺寸按计算的肋柱最大弯矩来确定，同时考虑支撑墙面板的需要，肋柱宽度不宜小于 24cm，高度不宜小于 30cm。断面配筋，考虑到肋柱的受力及变形情况比较复杂，支点柔度系数变化较大，以及肋柱在搬运、吊装及施工过程中受力不均匀等各种因素，应按刚性支承和弹性支承连续梁两种情况计算的最大正负弯矩（对于两端悬出的简支梁，则按简支梁最大正负弯矩）进行双面配筋计算，并在肋柱内外面侧配置通长的受力钢筋。

肋柱上安装拉杆处需要预留穿过拉杆的孔道，孔道可作成椭圆或圆形，椭圆形孔道的宽度和圆形孔道的直径应大于拉杆的螺丝端杆直径，以便于在填土前填塞沥青水泥砂浆用来防锈。如采用压浆法封孔，则需预留压浆孔。

另外还应按《混凝土结构设计规范》GB 50010—2010 等有关规范的规定进行肋柱的抗裂性计算。

五、锚定板结构设计

（一）锚定板设计

1. 锚定板容许抗拔力

当锚定板受拉杆牵动向前位移时，锚定板要向前方土体施加压力，而前方土体受压缩所提供的抗力则维持锚定板的稳定。因此，锚定板抗力计算是一个很复杂的问题，与锚定板的埋深、填土的力学特性、填土的密实度、墙面系的变形情况等有关。锚定板单位面积容许抗拔力，应根据现场拉拔试验确定，如无现场试验资料，可根据经验按下列三种方法选用，如缺乏经验，可同时考虑这三种方法，采用偏于安全的计算结果。

（1）铁科院建议的容许抗拔力

铁道部科学研究院提出锚定板单位面积容许抗拔力 $[P]$ 按以下数值选用：

当锚定板埋置深度为 $5 \sim 10\text{m}$ 时，$[P]$ = 130 ~ 150kPa。

当锚定板埋置深度为 $3 \sim 5\text{m}$ 时，$[P]$ = 100 ~ 120kPa。

当锚定板埋置深度小于 3m 时，锚定板的稳定不由抗拔力控制，而是由锚定板前被动抗力阻止板前土体破坏来控制。这时锚定板的"抗拔力"应按下式计算：

$$[P] = \frac{1}{2K}\gamma h_i^2 (\lambda_p - \lambda_a) \cdot B \tag{10-9}$$

式中 h_i——锚定板埋置深度；

B——锚定板边长；

K——安全系数，不小于 2；

γ——填料重度；

λ_p，λ_a——分别是库仑被动和主动土压力系数；

$[P]$——视作单块锚定板的容许抗拔力。

（2）铁三院建议的经验计算式

建议锚定板容许抗拔力可按下式计算：

$$[P] = \frac{P_f}{K} \tag{10-10}$$

$$P_f = \text{arcln} \left[5.7 \left(\frac{H}{h}\right)^{-0.41} \cdot \ln \left(\frac{H}{h}\right) \right] \cdot \beta^{-1} \tag{10-11}$$

式中 $[P]$——锚定板容许抗拔力（kN）；

K——安全系数，可采用 2 ~ 3；

P_f——锚定板极限抗拔力（kN）；

H——锚定板的埋深，为填土顶面至锚定板底面之距离（cm）；

h——锚定板高度（cm）；

β——锚定板尺寸系数。

当 $\frac{H}{h} > \left(\frac{H}{h}\right)_{cr}$ 时，以 $\left(\frac{H}{h}\right)_{cr}$ 值代入经验式中。

其中，锚定板临界埋深比 $\left(\frac{H}{h}\right)_{cr} = 20.2h^{-0.307}$，锚定板尺寸系数 $\beta = 100 \left(\frac{h'}{h}\right)^{2.66}$，$h' = 10\text{cm}$。

各种锚定板尺寸的临界埋深比和锚定板尺寸系数值见表 10-4。

锚定板的临界埋深比与锚定板尺寸系数值　　　　　　　　　　表 10-4

锚定板尺寸（cm）	60×60	70×70	80×80	90×90	100×100	110×110
$(H/h)_{cr}$	5.75	5.48	5.26	5.07	4.91	4.77
β	0.851	0.565	0.396	0.290	0.219	0.170

（3）铁四院根据室内模型试验，推荐的经验计算式：

$$[P'] = 0.01\beta \cdot K_b \cdot K_h \cdot E_s \tag{10-12}$$

$$K_h = \left(\frac{H_2}{h}\right)^{\frac{1}{2}} \tag{10-13}$$

式中 $[P']$——锚定板单位面积容许抗拔力（kPa）；

K_b——无量纲系数，其数值按 $K_b = \sqrt{b}$ 确定，b 为用米表示矩形锚定板的短边长度；

K_h——与锚定板埋深比有关的系数；

H_2——拉杆至柱底的距离（m）；

h——锚定板高度（m）；

E_s——填土试验压缩模量（kPa）；无试验资料时，对一般黏性土填料，根据拉杆至柱底的距离 H_2，参照下列数值采用：

$H_2 \leq 3\text{m}$ 时，$E_s \approx 4000 \sim 6000\text{kPa}$

$H_2 > 3\text{m}$ 时，$E_s \approx 6000 \sim 8000\text{kPa}$

β——与锚定板埋设位置有关的折减系数：

当 $l > H_1 \times \cot\alpha + (a+b)$ 时，$\beta = 1.0$，否则可按下式计算：

$$\beta = \frac{l}{H_1 \times \cot\alpha + (a+b)} \tag{10-14}$$

式中 l——拉杆长度（m）；

H_1——拉杆至填土表面的距离（m）；

a，b——矩形锚定板的长、宽度（m）；

其中

$$\cot\alpha = \frac{l}{H_1 - \dfrac{h}{2}}$$

2. 锚定板面积

锚定板一般采用方形钢筋混凝土板，竖直方向埋在填土中，忽略不计拉杆与填土之间的摩阻力，则锚定板承受的拉力即为拉杆设计拉力。锚定板面积根据拉杆设计拉力及锚定板容许拔力来确定。

$$F_A = R / [p] \tag{10-15}$$

式中 F_A——锚定板面积（m^2）；

R——拉杆设计拉力（kN）；

$[p]$——锚定板单位面积容许抗拔力（kPa）。

除满足计算要求外，锚定板尺寸还需满足下列构造要求：对于锚定板桥台，主墙部分的锚定板边长应不小于80cm，翼墙部分锚定板边长应不小于60cm；对于锚定板挡土墙，柱板拼装式墙的锚定板面积应不小于0.5m^2，无肋柱式墙的锚定板面积应不小于0.2m^2。

3. 锚定板配筋

锚定板的厚度和钢筋配置可分别在竖直方向和水平方向按中心有支承的单向受弯构件计算，并假定锚定板竖直面上所受的水平土压力均匀分布。除验算锚定板竖直和水平方向的抗弯及抗剪强度外，尚应验算锚定板与拉杆钢垫板连接处混凝土的局部承压与冲切强度。考虑到施工、搬运及安装误差等因素，在锚定板前后应双向布置钢筋。

锚定板与拉杆连接处的钢垫板，也按中心有支点的单向受弯构件进行设计。

锚定板中心应预留穿过拉杆的孔洞，孔洞直径须大于螺丝端杆的直径，以便于安装后填塞沥青水泥砂浆防锈。

（二）拉杆设计

锚定板结构是一种柔性结构，其特点是能适应较大的变形。为了保证在较大变形情况下仍有足够的安全度，应选择延伸性能较好的钢材作为锚定板结构的钢拉杆。此外拉杆钢筋因长度关系需要焊接，同时也在拉杆两端往往需要焊接螺丝端杆，因此还必须选用可焊性能较好的钢材才能保证拉杆焊接部位的质量。一般采用热轧螺纹钢筋。

1. 拉杆直径

拉杆直径根据拉杆设计拉力及钢材的容许拉应力按下式计算：

$$d = 2\sqrt{\frac{R \times 10^4}{\pi[\sigma_g]}} + 0.2 \tag{10-16}$$

式中　d——拉杆直径（cm）；

　　　R——拉杆设计拉力（kN）；

　　$[\sigma_g]$——拉杆钢材的容许拉应力（kPa）。

上式中 0.2cm 为考虑钢材锈蚀增加的安全储备。

拉杆应尽量采用单根钢筋，如果单根钢筋不能满足设计拉力的需求，也可采用两根钢筋共同组成一根拉杆。拉杆钢筋除需要满足上述设计拉力的要求外，还应满足以下条件：

（1）对于锚定板桥台，主墙部分的拉杆钢筋直径不宜小于 22mm，亦不宜大于 32mm。

（2）对于锚定板挡土墙，肋柱的上层拉杆钢筋直径不宜小于 22mm。

2. 拉杆的长度计算和整体稳定验算

拉杆的长度必须满足每一块锚定板的整体稳定性验算的要求，同时，拉杆的长度还受到上、下层拉杆相互关系及下层拉杆与基础的相互距离的影响。为了保证每块锚定板的稳定性，必须对每块锚定板及其前方填土进行抗滑验算，由其决定拉杆的长度。

锚定板的极限破坏取决于两种不同的极限状态：第一种极限状态是锚定板前方土体中产生大片连续的塑性区，导致锚定板与其周围的土体发生相对位移，这种极限状态可称为局部破坏如图 10-5（a）。产生破坏的原因是拉杆拉力大而锚定板的面积较小，以致单位面积土压力强度超过极限抗拔力所致，它不影响锚杆的长度，只取决于锚定板的面积及锚定板的极限抗拔力。第二种极限状态是锚定板与其前方的土体沿某个与外部贯通的滑面（如 BCD）发生滑动，这种极限状态称为整体破坏。产生的原因是拉杆的长度 L 过短，以致 BC 段滑裂面的抗滑力小于 VC 面上主动土压力 E_a 所产生的滑动力。防止整体破坏，应加长拉杆，从而使 BC 段滑动面上的抗滑力大于主动土压力 E_a 产生的滑动力。对于每一块锚定板的整体稳定性，其关键是给出保证整体稳定性所需拉杆长度，如图 10-5（b）。

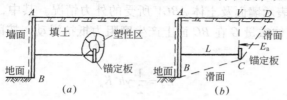

图 10-5　两种不同的极限状态

计算整体破坏的方法很多，有 Kranz 法、折线滑面法、整体土墙法、曲线裂面法。国外大都用 Kranz 法，国内过去也用此法。现在介绍的是国内铁科院提出的折线滑面法。

1）基本假定

（1）假定下层锚定板前方土体的临界滑裂面通过墙面底端；

（2）假定上层锚定板前方土体的临界滑裂面通过被分析的锚定板以下拉杆与墙面的

交点；

（3）假定锚定板边界后方土体应力状态为朗金主动土压力状态。

2）分析图式

根据以上假定可画出如图 10-6 为本方法的基本分析图式。

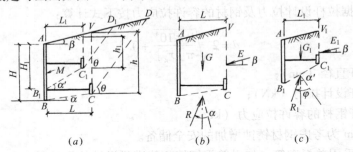

图 10-6　折线滑面法第一种情况分析图式
（a）滑面 BCD 和 $B_1C_1D_1$；（b）下层锚板稳定分析；（c）上层锚板稳定分析

图 10-6 中，BCD 为下层锚定板前方土体的临界滑裂面；$B_1C_1D_1$ 为上层锚定板前方土体的临界滑裂面。B_1 点为所分析的锚定板相邻下层锚杆与墙面的交点，CD、C_1D_1 均为朗金主动土压破裂面，E、E_1 分别为 CV、C_1V_1 竖直面上主动土压力，R、R_1 分别为 BC、B_1C_1 滑裂面上的反作用力，G、G_1 分别为土体 $ABCV$ 和 $A_1B_1C_1V_1$ 的重量，α、α' 分别为 BC 段、B_1C_1 段的倾角，β 为填土坡面的倾角，φ 为填土的内摩擦角，H、H_1、h、h_1、L、L_1 分别为挡土墙的各部分尺寸。

3）计算公式

根据以上假定及分析图式，分三种不同情况进行推导：

（1）上层拉杆长度短于或等于下层拉杆长度，见图 10-6。由朗金理论知，滑动面 CD 段和滑动面 C_1D_1 段与水平面的交角都是 θ。

$$\theta = \left(45° - \frac{\varphi}{2}\right) - \frac{1}{2}\left(\arcsin\frac{\sin\beta}{\sin\varphi} - \beta\right) \tag{10-17}$$

由图 10-6（b）、（c）知，下层锚定板 C 和上层锚定 C_1 的稳定性分析图式，现以下层锚定板 C 的稳定性计算公式，其上层锚定板 C_1 的稳定性公式也可仿此进行。

图 10-6（b）中表示墙面及土体 $ABCV$ 所受的外力情况。其中，土压 E_a 对土体 $ABCV$ 产生的滑动力；而土体重量 G 在 BC 面上产生摩阻力抵抗滑动，按朗金理论的主动土压力 E_a 计算公式

$$E_a = \frac{1}{2}\gamma h^2 K_a \tag{10-18}$$

$$K_a = \cos\beta\frac{\cos\beta - \sqrt{\cos^2\beta - \cos^2\varphi}}{\cos\beta + \sqrt{\cos^2\beta - \cos^2\varphi}} \tag{10-19}$$

式中　γ——填土的重度；

$\quad\quad K_a$——朗金主动土压力系数。

土压力 E_a 的方向可取与填土表面平行，因而 E_a 在 BC 滑动面上的滑动力为

$$E_a\left[\cos(\beta - \alpha) - \tan\varphi\sin(\beta - \alpha)\right]$$

同时，土体重量 G 在 BC 面上的摩阻力分量为

$$G(\tan\varphi\cos\alpha - \sin\alpha)$$

其中 $G = \dfrac{\gamma}{2}(H + h) \cdot L$。

因此，锚定板的抗滑稳定性安全系数为 K_c，

$$
\begin{aligned}
K_c &= \frac{G(\tan\varphi\cos\alpha - \sin\alpha)}{E_a[\cos(\beta - \alpha) - \tan\varphi\sin(\beta - \alpha)]} \\
&= \frac{(\tan\varphi\cos\alpha - \sin\alpha)}{[\cos(\beta - \alpha) - \tan\varphi\sin(\beta - \alpha)]} \times \frac{L(H + h)}{h^2 K_a}
\end{aligned}
\tag{10-20}
$$

当填土表面水平，$\beta = 0$，上式为

$$
K_c = \frac{\tan(\varphi - \alpha)}{\tan^2\left(45° - \dfrac{\varphi}{2}\right)} \times \frac{L(H + h)}{h^2}
\tag{10-21}
$$

此 K_c 必须大于 1.3。

（2）上层拉杆比下层拉杆长，但上层锚定板位于下层滑裂面 CD 之内，见图 10-7。此时，对于上层锚定板 C_1 的分析与前一种情况相同。其临界滑动面为 $B_1 C_1 D_1$，其抗滑安全系数 K_c 为

$$
K_c = \frac{\tan\varphi\cos\alpha' - \sin\alpha'}{[\cos(\beta - \alpha') - \tan\varphi\sin(\beta - \alpha')]} \cdot \frac{L_1(H_1 + h_1)}{h_1^2 K_a}
\tag{10-22}
$$

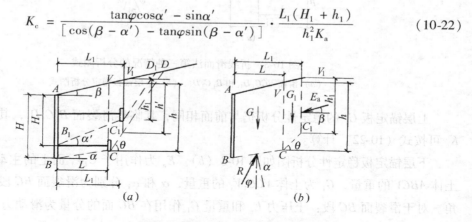

图 10-7　折线滑面法第二种情况分析图式

(a) 滑面 BCD 和 $BC_1 D_1$；(b) 下层锚板分析图式

下层锚定板稳定性分析如图 10-7（b），下层锚定板 C 的滑动面为 BCD，其稳定性分析计算 $ABCC'_1 V_1$。各边界上所受的力；其中 C'_1 点为通过 C_1 竖直面与滑动面 CD 的交点。E_a 为作用在 $C'_1 V_1$ 面上的主动土压力，G 为 $ABCV$ 的重量，C_1 为土体 $VCC'_1 V_1$ 的重量，α 为滑动面的倾角，θ 为滑动面 CD 的倾角（按公式 10-17 计算）。对于滑动面 BC 来说，力 E_a 及 G_1 在 BC 面上的分量为滑动力；G 在 BC 面上产生的分量为抗滑力。则得出下层锚定板抗滑安全系数 K_c

$$K_{\mathrm{c}} = \left\{ \frac{G(\tan\varphi\cos\alpha - \sin\alpha)}{E_{\mathrm{a}}[\cos(\beta - \alpha) - \tan\varphi\sin(\beta - \alpha)] + G_1(\sin\theta - \tan\varphi\cos\theta) \times} \right.$$

$$\left. \frac{}{[\cos(\theta - \alpha) - \tan\varphi\sin(\theta - \alpha)]} \right\} \tag{10-23}$$

式中 $G = \dfrac{1}{2}\gamma L\ (H + h)$

$\quad\quad G_1 = \dfrac{1}{2}\gamma\ (L_1 - L)\ (h + h'_1)$

$\quad\quad E_{\mathrm{a}} = \dfrac{1}{2}\gamma\ (h'_1)^2 K_{\mathrm{a}}$

（3）上层拉杆比下层拉杆长，且上层锚定板位置超出下层锚定板滑面 CD 以外，如图 10-8（a）。

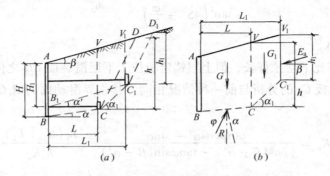

图 10-8 折线滑面法第三种情况的分析图式

（a）滑面 BCC_1D_1 和 $B_1C_1D_1$；（b）下层锚板稳定分析图式

上层锚定板 C_1 的稳定性分析仍与前面相同，其临界滑裂面 $B_1C_1D_1$，其抗滑安全系数 K_{c} 可按式（10-22）计算。

下层锚定板稳定性分析图如图 10-8（b）。E_{a} 为作用于 C_1V_1 面上的主动土压力，G 为土体 $ABCV$ 的重量，G_1 为土体 VCC_1V_1 的重量，α 和 α_1 分别为滑裂面 BC 段和 CC_1 段的倾角。对于滑裂面 BC 段：土压力 E_{a} 和重量 G_1 作用在 BC 面的分量为滑动力；G 作用在 BC 面上的分量为抗滑力。则下层锚定板抗滑安全系数 K_{c}。

$$K_{\mathrm{c}} = \left\{ \frac{G(\tan\varphi\cos\alpha - \sin\alpha)}{E_{\mathrm{a}}[\cos(\beta - \alpha) - \tan\varphi\sin(\beta - \alpha)] + G_1(\sin\alpha_1 - \tan\varphi\cos\alpha_1) \times} \right.$$

$$\left. \frac{}{[\cos(\alpha_1 - \alpha) - \tan\varphi\sin(\alpha_1 - \alpha)]} \right\} \tag{10-24}$$

式中 $G = \dfrac{\gamma L}{2}(H + h)$

$\quad\quad G_1 = \dfrac{\gamma}{2}(L_1 - L)(h + h_1)$

$\quad\quad E_{\mathrm{a}} = \dfrac{1}{2}\gamma h_1^2 K_{\mathrm{a}}$

当填土表面水平时，$\beta = 0$，则有

$$K_c = \left\{ \frac{G(\tan\varphi\cos\alpha - \sin\alpha)}{E_a[\cos\alpha - \tan\varphi\sin\alpha] + G_1(\sin\alpha_1 - \tan\varphi\cos\alpha_1) \times} \right.$$

$$\left. \frac{}{[\cos(\alpha_1 - \alpha) - \tan\varphi\sin(\alpha_1 - \alpha)]} \right\} \tag{10-25}$$

4）当填土表面水平并有活载时稳定性分析

此时，活载作用的最危险位置在下层锚定板的后方如图10-9。

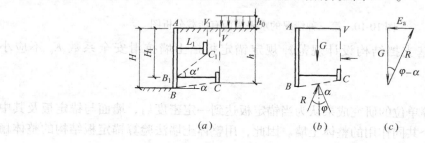

图 10-9　第一种情况的水平表面有活载的分析图

（a）活载最危险位置；（b）下层锚定板分析；（c）极限平衡力三角形

在第1）种情况下，填土表面水平，并有活载 h_0（h_0 为活载换算土层高度）。下层锚定板稳定分析如图10-9（b）。土体 $ABCV$ 受力情况及力三角形如图10-9（c），E_a 为滑动力，$G \cdot \tan(\varphi - \alpha)$ 为抗滑力，其抗滑安全系数 K_c

$$K_c = \frac{G\tan(\varphi - \alpha)}{E_a} \tag{10-26}$$

式中　$G = \dfrac{\gamma L}{2}(H + h)$

$E_a = \dfrac{\gamma h}{2}(h + 2h_0)\tan^2\left(45° - \dfrac{\varphi}{2}\right)$

上式（10-26）可化为

$$K_c = \frac{\tan(\varphi - \alpha)}{\tan^2\left(45° - \dfrac{\varphi}{2}\right)} \frac{L(H + h)}{h(h + 2h_0)} \tag{10-27}$$

图10-10 为第3）种情况下，填土表面水平并有活荷载的锚定板结构。其下层锚定板稳定分析如图10-10（b）。土体 $ABCC_1V_1$ 及其所受外力，对于滑裂面 BC 段，主动土压力 E_a 和力 G_1 产生滑动力；而 G 在 BC 面上产生抗滑力，其抗滑安全系数为：

$$K_c = \left\{ \frac{G(\tan\varphi\cos\alpha - \sin\alpha)}{E_a(\cos\alpha - \tan\varphi\sin\alpha) + G_1(\sin\alpha_1 - \tan\varphi\cos\alpha_1) \times} \right.$$

$$\left. \frac{}{[\cos(\alpha_1 - \alpha) - \tan\varphi\sin(\alpha_1 - \alpha)]} \right\} \tag{10-28}$$

式中　$G_1 = \dfrac{\gamma(L_1 - L)}{2}(h + h_1 + 2h_0)$

$E_a = \dfrac{1}{2}\gamma h_1(H_1 + 2h_0) \cdot K_a$

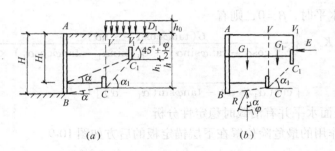

图 10-10 第三种情况的水平表面有活载分析图

我国《铁路路基支挡结构设计规范》规定锚定板挡土墙抗滑安全系数 K_c 不应小于1.8。

整体土墙法

西南交通大学等单位的研究成果认为当锚定板达到一定密度后，墙面与锚定板及其中的填土就会形成一个共同作用的整体土墙。因此，用整体土墙法验算锚定板结构的整体稳定性时，锚定板尺寸及其布置须符合下述形成"群锚"的条件：

（1）肋柱上各层锚定板面积之和应不小于肋柱间墙面板面积的20%。

（2）锚定板应分散布置，两层拉杆的间距应不大于锚定板高度的2倍，肋柱的间距不大于锚定板宽度的3倍。

采用整体土墙法，肋柱后各锚定板中心连线可布置成仰斜、俯斜、竖直或中间长的折线形（图10-11）。当布置成仰斜或俯斜时，其连线的斜度不宜大于1: 0.25。

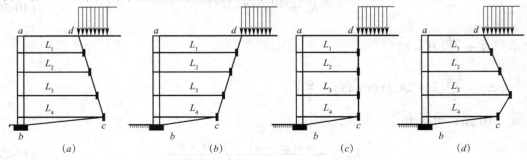

图 10-11 整体土墙法锚定板布置形成

（a）仰斜；（b）俯斜；（c）直墙背；（d）折线形

整体土墙法计算图式如图 10-11，抗滑稳定安全系数为：

$$K_c = \frac{(N - E_x \tan\alpha_0) \tan\varphi}{E_x + N\tan\alpha_0} \geq 1.8 \tag{10-29}$$

$$N = W + E_y$$

式中 W——假想土墙 $abcd$ 的重量（kN/m）；

E_y，E_x——假想墙背 cd 上主动土压力的竖直和水平分力，墙背摩擦角 δ 取 $\varphi/2 \sim \varphi/3$（kN/m）；

$\tan\alpha_0$——假想土墙基底的倾斜度，$\tan\alpha_0 = \dfrac{h_0}{L_0}$；

L_0——下拉杆计算长度（m）；

h_0——肋柱底至下锚定板中心处的高度（m）。

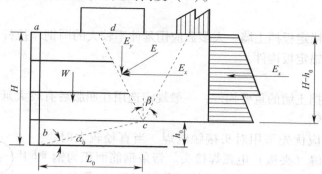

图 10-12　整体土墙法稳定验算图式

稳定验算时尚应考虑墙顶荷载的最不利组合情况。

锚定板挡土墙的整体稳定及其他方面问题

如同重力式挡土墙一样。墙的整体稳定尚应考虑整体抗滑验算，地基承载力验算，陡坡滑动验算及深层滑弧验算等，与重力式挡土墙相同。

如果采用三层或多层拉杆，计算方法与上述推导类似。最下一层拉杆长度除按以上公式计算外，拉杆的有效锚固长度 h_a（挡土板后土体主动滑裂面至锚定板的水平距离），不小于该处锚定板高度的 3.5 倍。在实际工程中应防止上层拉杆变形过大而导致墙顶发生较大侧向位移，一般长度不宜小于 5m。

拉杆长度通过锚定板结构的整体稳定性验算决定，同时需满足以下要求：

（1）对于锚定板桥台及公路、货场挡土墙，其拉杆长度至少要使锚定板埋置于墙面主动破裂面以外 $3.5b$ 处（b 为方形锚定板的边长）。

（2）对于铁路锚定板挡土墙，路肩墙最上边一层拉杆的长度应超出单线铁路远离挡墙侧的枕木端头。最下层拉杆的长度应使锚定板埋置于墙面主动破裂面以外不上于 $3.5b$ 处。

考虑上层锚定板的埋置深度对其抗拔力的影响，要求最上一层拉杆至填土顶面的距离不能小于 1m。

3. 螺丝端杆

拉杆两端可焊接螺丝端杆，穿过肋柱或锚定板的预留孔道，然后加垫板及螺帽固定，和拉杆筋一样，螺丝端杆也应采用延伸性能和可焊性能良好的钢材。螺丝端杆（包括螺纹、螺母、钢垫板及焊接）按照与拉杆钢筋断面等强度的条件进行设计。螺丝端杆的长度应不小于 $L_a + 10\text{cm}$（L_a 为肋柱或锚定板厚度、螺母与钢垫板厚度以及焊接长度之和）。如果采用 45SiMnV 精轧螺纹钢筋作为拉杆，钢筋本身的螺旋即可作为丝扣并可安装螺帽，则不需另焊螺丝端杆。当螺丝端杆与拉杆的连接采用帮焊时，端杆还应增加一段焊接长度，拉杆、拉杆与肋柱及拉杆与锚定板的连接处必须做好防锈处理。

第四节　锚定板挡土墙的施工及监测

锚定板挡土墙的施工方法，由于其结构的特点，则有其施工方法的特点。

一、构件预制

国内已建成的锚定板挡土墙，大多数应用延伸率较大的圆钢作拉杆，用钢筋混凝土制作肋柱、挡土板、锚定板构件。

1. 拉杆制作

拉杆是锚定板挡土墙的重要构件，一般规定选用在屈服后有较大延伸率的钢材。大多用 Q235 钢，Q345 钢。

钢拉杆接头，应优先采用对头接触电焊。当直径较大时，可采用四条贴角焊缝（夹板）电弧焊接头。帮条钢筋面积为钢拉杆面积的 1.2 倍（Ⅰ级钢筋），1.5 倍（Ⅱ级钢筋），帮条长不小于 5d，焊接长不小于帮条长度。焊缝高 h 及焊缝宽 b 如图 10-13。

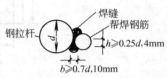

图 10-13 钢拉杆的焊缝要求

拉杆端头连接除专门连接外，一般用螺丝扣连接器。

钢拉杆应特别注意防锈。一般先刷防锈底漆涂料（如沥青船底漆，环氧沥青漆，环氧富锌漆）涂刷两道，保证漆膜厚度均匀无空白、平整。外层采用包裹沥青浸制麻布或沥青玻璃丝布（一般用三油二布）。铺麻布或玻璃丝布，应无皱折。压边均匀，其宽度为 10 ~ 15mm。搭头 50 ~ 80mm，平稳粘牢。

2. 锚定板、挡土板和肋柱的制作

锚定板、挡土板和肋柱可在工厂预制，也可在工地预制。

锚定板常用木模制作，不设底模，用半干硬性混凝土，振捣密实后，随即脱模倒用。

挡土板多采用槽形板，制一套翻转钢模浇筑混凝土。

肋柱多采用矩形、T 形、工字形截面。模板长易变形，多用角钢加固模板，每隔 1m 装上用 ϕ22 钢筋制作的卡具，把模板卡住。锚定板及肋柱的拉杆预留孔可用木料做成圆锥体短木棒，浇筑混凝土 2h 后，进行转动，以后每小时转动一次，待终凝后即可取出。

二、填土程序及夯实要求

锚定板所能提供的抗拔力大小，锚定板挡土墙的整体稳定性，钢拉杆因土体下沉引起的次应力等因素，都直接与锚定板挡土墙的填料性质及夯实质量有密切关系。加强填料的选择和填土工序质量控制，才可确保填土质量，这是锚定板挡土墙成败的关键因素之一。

处理好基底。锚定板挡土墙应设置在横坡不陡于 1：10 的密实的基底上；如横坡在 1：10 ~ 1：5 时，应清除草皮；1：5 ~ 1：2.5 时，坡面挖成台阶，台阶宽不小于 1.0m，当横向坡陡于 1：2.5 时，应按个别设计验算基底的稳定性。其底下淤泥必须清除。基底土壤为耕土或松土应先夯实。如有地下水影响基底稳定时，应拦截，排除地下水。

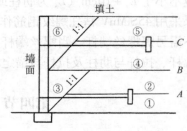

图 10-14 填土程序

填土程序如图 10-14。

1. 由肋柱底以 1：1 的坡度夯填土方，使肋柱不受

推力。当填夯至下层拉杆以上 0.2m 处。挖下层拉杆槽及锚定板坑，装好拉杆及锚定板之后，再填夯第②部分，填高达 1m 以后，可填夯第③部分。

2. 填夯第④部分，直至上层拉杆以上 0.2m，挖上层拉杆槽和锚定板坑，安装上层拉杆及锚定板，即可填夯第⑤⑥部分。

填土的夯实标准，应按填料土质的情况，作最佳含水量及最佳密实度试验。填土的含水量应等于或接近最佳含水量。对密实度的要求：下层填土应达到最佳密实度的 90%，面层 1.2m 范围以内应达到最佳密实度的 95%。当用机器碾压时，每层厚以 0.3m 为宜，碾压次数应根据密实度的要求，由试验确定。靠近墙面 1m 以内，拉杆，锚定板以上 0.5m 厚土体夯实，应采用人工或小型机械夯实。锚定板前土体必须加强夯填质量，以确保锚定板的抗拔力的发挥。如果锚定板坑较大，安装锚定板之后可用三合土或素混凝土回填。

对于填土的夯实质量，应切实加强基底，填料，密实度的质量检查。

三、拉杆、锚定板及挡土板的要求

拉杆安装的关键是保证位置的正确、顺直与肋柱、锚定板连接牢固。拉杆与肋柱连接一般采用垫板上套双螺帽拧紧。拉杆安装完毕，槽用三七灰土回填，轻轻夯平。

锚定板放入坑中，使拉杆与锚定板的角度符合设计要求。锚定板与拉杆可用螺栓连接，锻粗的端头或电焊锚头，连接应牢固。为防止锈蚀，用干硬性水泥砂浆封闭其锚固部分及锚定板上的预留孔。锚定板坑的回填土应保证质量。如夯实有困难，可用素混凝土回填锚定板周围的空隙。

挡土板安装，应使挡土板与肋柱密贴，必要时可在搭接处抹一些水泥砂浆，保证受力均匀。

挡土板后，最好有一层级配较好的砂卵石滤层，以利墙背排水。

四、监测

为确保锚定杆挡土墙在使用期的安全，监控施工质量，有必要对锚定板挡土墙实施监测。监测主要是拉杆拉力监测、肋柱位移观测和填土沉降观测。

1. 拉杆拉力监测

拉杆拉力监测主要可以测知土压力大小及变化，从而可监测拉杆的安全度。

2. 肋柱位移观测

（1）肋柱下沉观测

填土前用水准仪测量柱顶及基顶标高，并做原始记录。每填土一层即测一次直到完工。

（2）肋柱侧向位移观测

吊装前预先设置三个以上位移控制桩，在肋柱顶，底（或上、中、下）预埋位移标记。

未填土时用经纬仪记下读数。填土后定期观测，测得位移值。

（3）填土沉降观测

当填土压实质量不能保证时，填土会产生不均匀沉降，使拉杆弯曲产生次应力。除在施工中保证填土压实质量，还应在填土过程中和使用期进行填土沉降观测。一般采用沉降杯。

第五节　算　例

【例】　设计一三级公路的锚定板挡土墙。墙高 $H = 8.0$m。墙后填土为黏砂土，重度 $\gamma = 17$ kN/m^3，内摩擦角 $\varphi = 33°$，与墙背摩擦角 $\delta = \dfrac{\varphi}{2} = 16.5°$，黏聚力 $c = 0$。地基承载力设计值 $f = 300$kPa。

一、结构设计

采用肋柱式锚定板挡土墙。肋柱采用上、下两级，肋柱间用榫接。每级肋柱各用两层拉杆维持其稳定：上层拉杆与肋柱连接点距地面为 1.0m；最下一层拉杆与肋柱连接点距柱底为 1.0m。肋柱水平间距为 1.6m。

肋柱截面为 0.3m × 0.3m，混凝土强度等级为 C20。

墙面由两肋柱及其间挡土板组成。挡土板长为 1.56m，宽 0.5m。

拉杆选用Ⅱ级热轧钢筋。锚定板为 1m × 1m 的钢筋混凝土方板。

二、土压力计算

对于公路土压力计算，其设计荷载为汽车 – 50；共验算荷载为挂车 – 80。其换算土高最大值为 $h_0 = 0.64$m。其值相对土压较小，对锚定板挡土墙肋柱和拉杆影响较小，一般公路锚定板挡土墙可以略去活载，而采用增大系数 m_e 方法保证其安全。如果同时计算土压与活载作用时，计算土压力时不再乘增大系数 m_e。

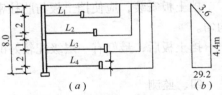

图 10-15　挡土墙示意图

对于墙体的土压力计算，采用每一延长米计算，用库仑土压力公式的主动土压力系数 K_A：

$$K_A = \frac{\cos^2\varphi}{\cos\delta\left[1 + \sqrt{\dfrac{\sin(\varphi + \delta)\sin\varphi}{\cos\delta}}\right]^2}$$

$$= \frac{\cos^2 33°}{\cos 16.5°\left[1 + \sqrt{\dfrac{\sin(33° + 16.5°)\sin 33°}{\cos 16.5°}}\right]^2} = 0.2671$$

K_A 计算公式为库仑公式在填土面水平，墙背竖直时的简化公式。

$$K_{Ax} = K_A \cdot \cos\delta = 0.2671 \cdot \cos 16.5° = 0.2561$$

$$K_{Az} = K_A \cdot \sin\delta = 0.2671 \cdot \sin 16.5° = 0.0759$$

由前节给出土压力分布图形，其土压力强度

$$p_{ax} = 0.645\gamma H K_{Ax} \cdot m_e$$

$$= 0.645 \times 17 \times 8 \times 0.2561 \times 1.3$$

$$= 29.2 \text{kN/m}^2$$

$$p_{az} = 0.645 \times 17 \times 8 \times 0.0759 \times 1.3$$

$$= 8.7 \text{kN/m}^2$$

其土压力分布图形如图 10-15（b）所示。

三、肋柱内力、拉杆拉力计算

1. 按刚性支承梁计算

视肋柱支承在刚性支座上，上、下级肋柱受力及支承如图 10-16（a）所示。

$$q = 29.2 \times 1.6 = 46.72 \text{kN/m}$$

（1）上级肋柱

上级肋柱为一两端外伸梁（上、下肋柱间剪力为零），则

$$T_1 = \frac{46.72 \times 4}{2} - \frac{46.72 \times 3.6}{2} \times \frac{(3-1.2)}{2} = 17.8 \text{kN}$$

$$T_2 = \frac{46.72 \times 4}{2} - \frac{46.72 \times 3.6}{2} \times \frac{(1.2-1)}{2} = 85 \text{kN}$$

支座 1 处弯矩

$$M_1 = \frac{-1}{2} \times \frac{46.72}{3.6} \times 1 \times \frac{1}{3}$$

$$= -2.16 \text{kN} \cdot \text{m}$$

$$M_2 = -46.72 \times 1 \times \frac{1}{2} + \frac{46.72}{3.6} \times 0.6 \times \frac{0.6}{2} \times \frac{0.6}{3}$$

$$= -22.82 \text{kN} \cdot \text{m}$$

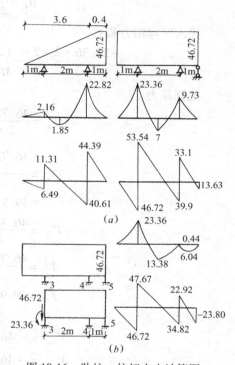

图 10-16 肋柱、拉杆内力计算图

最大正弯矩，由剪力为零确定截面位置：

$$17.8 - \frac{46.72 \times x}{3.6} \times \frac{x}{2} = 0$$

$$x = 1.66 \text{m}（距左端）$$

$$M_{max} = -\frac{1}{2} \times \frac{46.72}{3.6} \times 1.66 \times 1.66 \times \frac{1.66}{3} + 17.8 \times (1.66-1)$$

$$= 1.85 \text{kN} \cdot \text{m}$$

支点处剪力

$$V_{1左} = \frac{-1}{2} \times \frac{46.72}{3.6} \times 1^2 = -6.49 \text{kN}$$

$$V_{1右} = 11.31 \text{kN}$$

$$V_{2右} = 46.72 \times 1 - \frac{1}{2} \times \frac{46.72 \times 0.6}{3.6} \times 0.6$$

$$= 44.39 \text{kN}$$

$$Q_{2左} = -40.61 \text{kN}$$

（2）下级肋柱

$$M_3 = \frac{46.72}{2} \times 1^2 = 23.36 \text{kN} \cdot \text{m}$$

$$M_5 = 0$$

求解 M_4：

$$A_4^\phi = \frac{pl_5^2}{24} = \frac{46.72}{24} \times 1^3 = 1.95$$

$$B_4^\phi = \frac{pl_4^2}{24} = \frac{46.72}{24} \times 2^3 = 15.6$$

代入三弯矩方程：

$$-23.36 \times 2 + 2 \times (2+1) \times M_4 = -6 \times (1.95 + 15.9)$$

$$M_4 = -9.73 \text{kN} \cdot \text{m}$$

拉杆拉力

$$T_3 = \frac{46.72 \times 3}{2 \times 2} - \frac{9.73}{2} = 100.26 \text{kN}$$

$$T_4' = \frac{46.72 \times 3 \times \left(\frac{3}{2} - 1\right)}{2} + \frac{9.73}{2}$$

$$= 39.9 \text{kN}$$

$$T_4'' = \frac{46.72 \times 1}{2} + \frac{9.73}{1} = 33.1 \text{kN}$$

$$T_5 = \frac{46.72 \times 1}{2} - 9.73 = 13.63 \text{kN}$$

$$T_4 = 39.9 + 33.1 = 73 \text{kN}$$

剪力

$$V_{3左} = -46.72 \times 1 = -46.72 \text{kN}$$

$$V_{3右} = -46.72 + 100.26 = 53.54 \text{kN}$$

$$V_{4右} = -13.63 + 46.72 \times 1 = 33.1 \text{kN}$$

$$V_{4左} = -73.0 + 33.1 = -39.9 \text{kN}$$

$$V_5 = -T_5 = -13.63 \text{kN}$$

跨中弯矩：3~4 支点之间，由

$$V_x = 100.26 - 46.72x = 0$$

$$x = 2.15 \text{m}$$

$$M_{max} = \frac{-46.72}{2} \times 2.15^2 + 100.26 \times (2.15 - 1)$$

$$= 7 \text{kN} \cdot \text{m}$$

4~5 支点之间，由

$$V_x = -13.63 - 46.72x = 0$$

$$x = 0.292 \text{m}$$

$$M_{max} = 13.63 \times 0.292 - \frac{46.72}{2} \times 0.292^2$$

$$= 1.99 \text{kN} \cdot \text{m}$$

2. 按弹性支承计算

上级为双层拉杆的双支点的静定结构，按弹性支承及刚性支承计算出拉杆拉力及肋柱内力两者相同。

下级肋柱为三支点的超静定结构，按刚性支承与按弹性支承两者不同。现按弹性支承求解：

$$M_3 = \frac{46.72}{2} \times 1^2 = 23.36 \text{kN} \cdot \text{m}$$

$$M_5 = 0$$

应用五弯矩方程求解 M_4：

$$M_3 \left[\frac{l}{6EI} - \left(\frac{1}{l_4} + \frac{1}{l_3} \right) \frac{C_3}{l_4} - \left(\frac{1}{l_4} + \frac{1}{l_5} \right)^2 \frac{C_4}{l_4} \right]$$

$$+ M_4 \left[\frac{1}{3EI} (l_4 + l_5) + \frac{C_3}{l_4^2} + \left(\frac{1}{l_4} + \frac{1}{l_5} \right)^2 C_4 + \frac{C_5}{l_5^2} \right]$$

$$= -\frac{1}{EI} (B_4^\phi + A_5^\phi) - \frac{C_3}{l_4} R_3^0 + \left(\frac{1}{l_4} + \frac{1}{l_5} \right) R_4^0 C_4 - \frac{C_5}{l_5} R_5^0$$

式中 l_3 不存在，不取此项。其他系数计算如下：

$$EI = 0.8 E_h I$$

$$E_h = 2.55 \times 10^3 \text{kN/cm}^2$$

$$I = \frac{0.3}{12} \times 0.3^3 = 6.75 \times 10^{-4} \text{m}^4$$

$$EI = 0.8 \times 2.55 \times 10^7 \times 6.75 \times 10^{-4}$$

$$= 1.377 \times 10^4 \text{kN/m}^2$$

$$R_3^0 = \frac{46.72}{2} \times 2 + \frac{23.36}{2} + 46.72$$

$$= 105.12 \text{kN}$$

$$R_4^{0'} = \frac{46.72}{2} \times 3 \times 0.5 = 35.04 \text{kN}$$

$$R_4^{0''} = \frac{46.72 \times 1}{2} = 23.36 \text{kN}$$

$$R_4^0 = R_4^{0'} + R_4^{0''} = 58.4 \text{kN}$$

$$R_5^0 = \frac{46.72 \times 1}{2} = 23.26 \text{kN}$$

设下级肋柱拉杆长度分别为6m、4m，直径 $d = 36 \text{mm}$；

$$C_3 = C_{31} + C_{32}$$

$$C_{31} = \frac{6.0}{F_{31} E_{31}} = \frac{6.0}{\frac{\pi \times 0.036^2}{4} \times 2.1 \times 10^8} = 2.81 \times 10^{-5} \text{m/kN}$$

$$C_{32} = \frac{\sum \Delta h_i}{2 E_\pm F_{32}} (K_i + K_{i-1})$$

$$E_{\pm} = 8000 \text{kN/m}^2 \qquad F_{32} = 1 \text{m}^2$$

$$\sum \Delta h_i = 1.32 \times 10^{-4}$$

$$C_3 = 2.81 \times 10^{-5} + 1.32 \times 10^{-4}$$

$$= 16.01 \times 10^{-5} \text{m/kN}$$

z/b	K_i	$\frac{1}{2}(K_i + K_{i-1})$	Δh_i (m)	$C_{32} = \frac{\Delta h_i}{E_{\pm}} \cdot \frac{(K_i + K_{i-1})}{2}$
0	1	0.949	0.25	2.6966×10^{-5}
0.25	0.895	0.797	0.25	2.491×10^{-5}
0.5	0.696	0.516	0.5	3.225×10^{-5}
1.0	0.333			
1.5	0.194	0.265	0.5	1.656×10^{-5}
2.0	0.114	0.154	0.5	0.963×10^{-5}
3.0	0.058	0.086	1.0	1.075×10^{-5}
5.0	0.008	0.033	2.0	0.825×10^{-5}

$$C_4 = C_{41} + C_{42}$$

$$C_{41} = \frac{l_4}{F_{41} \times E_{41}} = \frac{4.0}{\frac{\pi \times 0.036^2}{4} \times 2.1 \times 10^8} = 1.87 \times 10^{-5} \text{m/kN}$$

$$C_4 = 1.87 \times 10^{-5} + 1.32 \times 10^{-4}$$

$$= 15.07 \times 10^{-5} \text{m/kN}$$

$$C_5 = C_{42} \times 0.1 = 1.32 \times 10^{-5} \text{m/kN}$$

$$C_3 + C_4 = 3.108 \times 10^{-4}$$

$$C_4 + C_5 = 1.639 \times 10^{-4}$$

$$B_{34}^{\phi} = \frac{46.72}{24} \times 2^3 = 15.6$$

$$A_{45}^{\phi} = \frac{46.72}{24} \times 1^3 = 1.95$$

代入五弯矩方程

$$M_3 \left[\frac{2}{6 \times 1.377 \times 10^4} - \frac{1.601 \times 10^{-4}}{2^2} - \left(\frac{1}{2} + 1 \right) \times \frac{1}{2} \times 1.507 \times 10^{-4} \right]$$

$$+ M_4 \left[\frac{(2+1)}{3 \times 13770} + \frac{1.601 \times 10^{-4}}{2^2} + \left(\frac{1}{2} + 1 \right)^2 \times 1.507 \times 10^{-4} + \frac{1.32 \times 10^{-5}}{1^2} \right]$$

$$= -\frac{1}{13770} (15.6 + 1.95) - \frac{1.601 \times 10^{-4}}{2} \times 105.12$$

$$+ \left(\frac{1}{2} + 1 \right) \times 1.507 \times 10^{-4} \times 58.4 - 1.32 \times 10^{-5} \times 23.36$$

$$4.65 M_4 = 2.036$$

$$M_4 = 0.44 \text{kN} \cdot \text{m}$$

按弹性支承计算得拉杆拉力

$$T_3 = \frac{M_4}{l_4} + R_0^3 = \frac{0.44}{2} + 105.12$$

$$= 105.34 \text{kN}$$

$$T_4 = -\left(\frac{1}{l_4} + \frac{1}{l_5}\right) M_4 + R_4^0$$

$$= 58.4 - 0.44 \times 1.5 = 57.74 \text{kN}$$

$$T_5 = 23.36 + 0.44 = 23.80 \text{kN}$$

支撑点处剪力

$$V_{3左} = -46.72 \text{kN}$$

$$V_{3右} = 105.34 - 46.72 = 47.62 \text{kN}$$

$$V_{4右} = 46.72 - 23.80 = 22.92 \text{kN}$$

$$V_{4左} = 22.92 - 57.74 = -34.82 \text{kN}$$

3~4 支点之间的最大弯矩，由剪力为零条件确定 M_{max} 平面位置

$$V = 105.34 - 46.72x = 0$$

$$x = 2.255 \text{m}$$

$$M_{max} = 105.34 \times (2.255 - 1) - \frac{46.72}{2} \times 2.255^2$$

$$= 132.17 - 118.79$$

$$= 13.38 \text{kN} \cdot \text{m}$$

4~5 支点之间的最大弯矩

$$23.8 - 46.72x = 0 \quad x = 0.51 \text{m}$$

$$M_{max} = 23.8 \times 0.51 - \frac{46.72}{2} \times 0.51^2$$

$$= 12.12 - 6.08 = 6.04 \text{kN} \cdot \text{m}$$

3. 肋柱配筋

上级肋柱按刚性支承计算得 V、M 图值配筋。下级肋柱按弹性支承和刚性支承所得的弯矩、剪力图中最大值配筋。按正、负最大弯矩配置通长的受力钢筋。配筋设计略去。对于肋柱尚应进行抗裂验算。

对于肋柱除以上计算的荷载外，还应考虑在运输、吊装过程中的受力验算，及回填过程中填土不同高度等因素对肋柱的作用。

四、拉杆钢筋截面选择

按刚性支承连续梁计算拉杆拉力设计拉杆截面尺寸。选用 25 锰硅热轧钢筋，其抗拉强度设计值（$d \leqslant 25$，$f_y = 300 \text{MPa}$；$d = 28 \sim 40$；$f_y = 300 \text{MPa}$）安全系数 $K = 2$，则各拉杆之截面直径

$$d_i = 2\sqrt{\frac{KT_i}{\pi f_y}}$$

$$d_1 = 2\sqrt{\frac{2 \times 17.8 \times 10^3}{\pi \times 300 \times 10^6}} + 0.002$$

$$= 0.0143\text{m} = 14.3\text{mm} \qquad\qquad 选用\ d_1 = 14\text{mm}$$

$$d_2 = 2\sqrt{\frac{2 \times 85 \times 10^3}{\pi \times 300 \times 10^6}} + 0.002$$

$$= 0.0290\text{m} = 29.0\text{mm} \qquad\qquad 取\ d_2 = 30\text{mm}$$

$$d_3 = 2\sqrt{\frac{2 \times 100.26 \times 10^3}{\pi \times 200 \times 10^6}} + 0.002$$

$$= 31.2\text{mm} \qquad\qquad 取\ d_3 = 32\text{mm}$$

$$d_4 = 2\sqrt{\frac{2 \times 73 \times 10^3}{\pi \times 300 \times 10^6}} + 0.002$$

$$= 26.9\text{mm} \qquad\qquad 取\ d_4 = 28\text{mm}$$

五、拉杆长度计算——稳定性验算

本例题选用铁科研方法验算其稳定性，并求出
各层拉杆的临界长度（$K_c = 1$）和稳定长度（$K_c = 1.8$）。计算时，不需计算墙面土压力和拉杆拉力。
按图 10-17 中给出各层锚定板的 H、h、α 值按公式
（10-21）计算 $K_c \leqslant K_c$。因为墙后填土水平（略去均
布活载），各层锚定板及拉杆的稳定均用此式

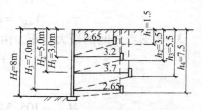

图 10-17　各层拉杆相适应的
α、H、h 值

$$K_c = \frac{\tan(\varphi - \alpha)}{\tan^2(45° - \varphi/2)} \cdot \frac{L(H+h)}{h(h + 2h_0)}$$

式中　　L——为各层拉杆长度；

$\qquad H$——为各层拉杆深度；

$\qquad h$——锚定板底端深度；

$\qquad h_0$——均布活载换算土柱高，本例题取 $h_0 = 0$。

验算时，首先假定拉杆长度 L_i 为某一数值，按公式计算 K_c 值。如果小于要求的安全
系数，将 L_i 增大，重新计算。反之，将 L_i 减少，再重新计算，反复调整拉杆长度并试算，
直至安全系数达到要求为止。

1. 临界拉杆长度及其稳定性分析（$K_c = 1$）

各杆反复试算求得 $L_1 = 2.65\text{m}$，$L_2 = 3.2\text{m}$，$L_3 = 3.7\text{m}$，$L_4 = 2.65\text{m}$。

（1）验算第一层拉杆 $L_1 = 2.65\text{m}$ 的安全系数，要求 $K_c = 1$

$$\varphi = 33°, \quad \tan^2\left(45° - \frac{\varphi}{2}\right) = 0.294$$

由公式

$$\frac{\tan(\varphi - \alpha)}{\tan^2\left(45° - \dfrac{\varphi}{2}\right)} \cdot \frac{L_1(H_1 + h_1)}{h_1(h_1 + 2 \times 0)}$$

式中

$$H_1 = 3.0\text{m}, h_1 = 1.5\text{m}, h_0 = 0$$

$$\alpha_1 = \tan^{-1}\left(\frac{3-1.5}{2.65}\right) = 29.5°$$

$$K_{c1} = \frac{\tan(33°-29.5°)}{\tan^2\left(45°-\dfrac{\varphi}{2}\right)} \times \frac{2.65\times(3.0+1.5)}{1.5\times(1.5+0)}$$

$$= \frac{0.0610}{0.294} \cdot \frac{2.65\times4.5}{1.5^2}$$

$$= 1.10 > 1.0$$

（2）验算第二层拉杆 $L_2 = 3.2\text{m}$，要求 $K_c = 1$

$$H_2 = 5.0\text{m}, h_2 = 3.5\text{m}, h_0 = 0$$

$$\alpha_2 = \tan^{-1}\left(\frac{5-3.5}{3.2}\right) = 25.12°$$

$$\tan(\varphi-\alpha_2) = 0.1385$$

$$K_{c2} = \frac{0.1385}{0.294} \cdot \frac{3.2\times(5+3.5)}{3.5^2}$$

$$= 1.045 > 1$$

（3）验算第三层拉杆 $L_3 = 3.7\text{m}$，$K_s = 1$

$$H_3 = 7.0\text{m}, h_3 = 5.5\text{m}, h_0 = 0$$

$$\alpha_3 = \tan^{-1}\left(\frac{7-5.5}{3.7}\right) = 22.1°$$

$$\tan(33-22.1) = 0.193$$

$$K_{c3} = \frac{0.193}{0.294} \times \frac{3.7\times(7+5.5)}{5.5^2}$$

$$= 1.0$$

（4）验算第四层拉杆 $L_4 = 2.65\text{m}$，$K_s = 1$

$$H_4 = 8.0\text{m}, h_4 = 7.5\text{m}, h_0 = 0$$

$$\alpha_4 = \tan^{-1}\left(\frac{0.5}{2.65}\right) = 10.7°$$

$$\tan(\varphi-\alpha_4) = 0.410$$

$$K_{c4} = \frac{0.410}{0.294} \times \frac{2.65\times(8+7.5)}{7.5^2}$$

$$= 1.02 > 1.0$$

2. 稳定拉杆长度（$K_c = 1.8$）

按上述同样的方法，应用同一公式，仅安全系数 $K_c = 1.8$，经反复计算求得稳定拉杆长度为

$$L_1 = 2.9\text{m}, \quad L_2 = 3.8\text{m}, \quad L_3 = 4.7\text{m}, \quad L_4 = 4.0\text{m}$$

上述拉杆长度墙面板后至锚定板前的距离。实际杆长应增加两端穿过构件和螺帽垫板所需的长度。

六、挡土板设计

1. 挡土板内力计算

最大土压力为 $29.2\mathrm{kN/m^2}$，挡土板长 $l = 1.56\mathrm{m}$，计算长度 $l_\mathrm{p} = 1.46\mathrm{m}$，板宽 $0.5\mathrm{m}$

$$M_{\max} = \frac{1}{8} \times 29.2 \times 0.5 \times 1.46^2 = 3.89\mathrm{kN \cdot m}$$

$$V_{\max} = \frac{1}{2} \times 29.2 \times 0.5 \times 1.46 = 10.46\mathrm{kN}$$

2. 挡土板配筋（略）

七、锚定板设计

根据锚定板容许抗拔力经验值和拉杆拉力大小，选定锚定板面积为 $1\mathrm{m} \times 1\mathrm{m}$。

1. 锚定板内力计算

锚定板面的压力 $p = \dfrac{T_{\max}}{A} = 100.26\mathrm{kN/m^2}$，则锚定板按单向悬臂板计算其内力

$$M_{\max} = \frac{100.26}{2} \times 0.5 \times 0.5 = 12.53\mathrm{kN \cdot m}$$

$$V_{\max} = \frac{100.26}{2} \times 0.5 = 50.125\mathrm{kN}$$

2. 配筋设计（略）

八、锚定板挡土墙的整体稳定及肋柱基础计算（略）

第十一章　加筋土挡土墙设计

第一节　概　述

　　加筋土挡土墙是由墙面板、拉筋和填料三部分组成。其工作原理是依靠填料与拉筋之间的摩擦力，来平衡墙面所承受的水平土压力（即加筋土挡土墙的内部稳定）；并以拉筋、填料的复合结构抵抗拉筋尾部填料所产生的土压力（即加筋土挡土墙的外部稳定），从而保证了挡土墙的稳定。

　　加筋土挡土墙的优点是墙可以做得很高。它对地基承载力要求低，适合于软弱地基上建造。由于施工简便，可保证质量，施工速度快，造价低。有例可证明减少圬工量90%以上，节省投资20%～65%，少占地，外形也美观。

　　加筋土挡土墙，一般应用于支挡填土工程，在公路、铁路、煤矿工程中应用较多。由于加筋土挡土墙所具有的特点，必然会在我国得到广泛应用。对于八度以上地区和具有强烈腐蚀环境中不宜使用。对于浸水条件下应慎重应用。对于高墙或在地震基本烈度8度及以上地区的加筋土挡土墙应作特殊设计。

第二节　加筋土挡土墙构造

　　加筋土挡土墙主要由竖立的墙面板、其后的填料及埋在经碾压密实填料内的具有一定抗拉强度的并与面板相连接的拉筋所组成，见图11-1。

一、面板

　　面板的主要作用是防止拉筋间填土从侧向挤出，并保证拉筋、填料、墙面板构成一个具有一定形状的整体。面板应具有足够的强度，保证拉筋端部土体的稳定。目前采用的面板有金属面板、混凝土面板和钢筋混凝土面板。

　　金属面板可用钢板、镀锌钢板、不锈钢板，通常外形多做成半圆形、半椭圆形，用钢板制作的拉筋焊在其翼缘上。因国内钢材缺少，很少应用金属面板，一般都采用混凝土或钢筋混凝土面板。其形状可用十字形、六角形、矩形、槽形、L形等，具体尺寸可参见表11-1。板边一般应有楔口和小孔，安装时使楔口相互衔接，并用短钢筋插入小孔，将每块墙面板从上、下、左、右串成整体墙面。墙面板应预留泄水孔。当墙面板后填筑细粒土时，应设置反滤层。

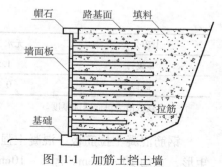

图 11-1　加筋土挡土墙

二、拉筋

拉筋对于加筋土挡土墙至关重要。应有较高抗拉强度，有韧性，变形小，有较好的柔性，与填土间有较大摩阻力，抗腐蚀，便于制作，价格低廉。

国内目前采用扁钢、钢筋混凝土、聚丙烯土工带钢塑土工加筋带及土工格栅。

采用扁钢宜用 3 号钢轧制，宽不小于 30mm，厚不小于 3mm。表面应采用镀锌或其他措施防锈，镀锌量不小于 0.05g/cm^2。应留有足够的锈蚀厚度，见表 11-2。

面板尺寸表（cm）　　　　　　　　　　　　　表 11-1

类　型	简　图	高　度	宽　度	厚　度
十字形		50 ~ 150	50 ~ 150	8 ~ 25
槽形		30 ~ 75	100 ~ 200	14 ~ 20
六角形		80 ~ 120	70 ~ 80	8 ~ 25
L 形		30 ~ 50	100 ~ 200	8 ~ 12
矩形		50 ~ 100	100 ~ 200	8 ~ 25

注：1. L 形面板下缘宽度一般采用 20 ~ 25cm，厚 8 ~ 12cm。
　　2. 槽形面板的底板和翼缘厚度不宜小于 5cm。

扁钢锈蚀厚度（mm）　　　　　　　　　　　　表 11-2

工程分类	无水工程	浸淡水工程	浸咸水工程
非镀锌	1.5	2.0	2.5
镀锌	0.3	0.75	

注：表列数值为单面锈蚀厚度。

钢筋混凝土拉筋板，混凝土强度等级不低于 C20，钢筋直径不宜小于 8mm。断面采用矩形，宽约 10 ~ 25cm，厚 6 ~ 10cm。可在拉筋纵向配置一定构造筋（保证起吊搬移的安全）和箍筋。我国目前有两种型式：整板式拉筋和串联式拉筋。它表面粗糙，与填料间有较大的摩阻力，加之，板带较宽，故拉筋长度可以缩短，而且造价也低。10m 以下挡土墙，每平方米墙面内拉筋使用钢筋混凝土 $0.15 \sim 0.2 \mathrm{m}^3$。一般水平间距为 $0.5 \sim 1.0 \mathrm{m}$，竖向间距为 $0.3 \sim 0.75 \mathrm{m}$。

我国公路修建加筋土工程，多用聚丙烯土工带为拉筋。由于其施工简便，为工程界所选用。但此种材料是一种低模量、高蠕变材料。其抗拉强度受蠕变控制。由于各地产品性质不同，应做抗断裂试验。一般可按容许应力计算。其值可取断裂强度的 $1/5 \sim 1/7$，延伸率应控制在（$4 \sim 5$）‰。断裂强度不宜小于 $220 \mathrm{kPa}$，断裂伸长率不应大于 10%。

聚丙烯土工带厚度不宜小于 $0.8 \mathrm{mm}$，表面应有粗糙花纹。

土工格栅相比其他土工合成材料出现较晚，由于其良好的性能，其发展速度非常快。土工格栅是经过拉伸形成的具有方形或矩形格栅的聚合物板材。常用作加筋土结构或土工复合材料的筋材等。土工格栅是由横肋、纵肋及网孔组成。其不同部分对土工格栅的作用贡献也不尽相同，如图 11-2 所示。

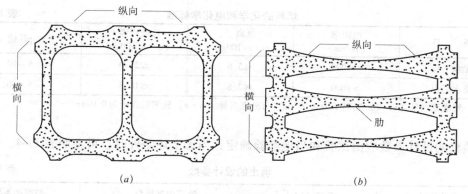

图 11-2　土工格栅材料示意

（a）双向土工格栅；（b）单向土工格栅

土工格栅外形均一，表面平整光泽，明显有碳黑光泽；土工格栅呈网状结构，网孔尺寸大，网节点处厚度要大于网筋厚度，表面粗糙。相比土工织物易被填料刺破而损坏织物结构，降低隔离及加固效果的缺点来说，土工格栅的网筋较粗，强度高，不易发生网眼断裂，抗冲击性强，从而大大提高了抗尖石刺破能力；网孔尺寸稳定性好，对粗粒土有较强的嵌锁作用及拱效应，增大了土工格栅与填料之间的剪切阻力。

三、拉筋与面板的连接

面板与拉筋之间除有必需的坚固可靠连接，还应有与拉筋相同的耐腐蚀性能。钢带与面板上的钢板锚头间的连接，可采用插销连接或螺栓连接；钢筋混凝土筋带与面板之间的连接可采用焊接、扣环连接或螺栓连接；钢塑土工加筋带、聚乙烯土工加筋带，聚丙烯土工加筋带与面板的连接可用拉环，也可以直接穿在面板预留孔中；土工格栅可与面板上的预埋连接栓（或销）相连接。

对于埋于土中的接头拉环都以浸透沥青的玻璃丝布绕裹两层防护。如为钢筋混凝土拉筋，焊接后作上述处理之外，尚应用沥青砂浆作成与拉筋相同的截面。

四、填料

填料为加筋土挡土墙的主体材料，必须易于填注和压实，与拉筋之间有可靠的摩阻力，不应对拉筋有腐蚀性。通常，填料应选择有一定级配渗水的砂类土、砾石类土（卵石土，碎石土，砾石土），随铺设拉筋，逐层压实。条件困难时，也可采用黏性土或其他土作填料，但必须有相应的工程措施（如防水，压实或在拉筋周围换填良好的砂性土材料等），保证结构的安全。

泥炭、淤泥、冻结土、盐渍土、垃圾白垩土及硅藻土禁止作为填料使用。填料中不应含有大量的有机物。对于采用土工格栅、聚乙烯土工加筋带、聚丙烯土工带为拉筋时，填料中不宜含有两价以上铜、镁、铁离子及氧化钙、碳酸钠、硫化物等化学物质。

采用钢带作拉筋，填料应满足表 11-3 中化学和电化学标准。

填料的化学和电化学标准　　　　表 11-3

项　　目	电阻率（Ω/cm）	氯离子（m·e/100g±）	硫酸根离子（m·e/100g±）	pH 值
无水工程	>1000	≤5.6	≤21.0	5~10
淡水工程	>1000	≤2.8	≤10.5	5~10

注：每毫克当量（m·e）氯离子为 0.0355g；每毫克当量（m·e）硫酸根离子为 0.048g。

填料的设计参数应由试验和当地经验确定，当无上述条件时，可参照表 11-4。

填土的设计参数　　　　表 11-4

填料类型	重度（kN/m³）	计算内摩擦角（°）	似摩擦系数
中低液限黏性土	17~20	25~40	0.25~0.40
砂性土	18~20	25	0.35~0.45
砂砾	18~21	35~40	0.4~0.5

注：1. 黏性土计算内摩擦角为换算内摩擦角；
　　2. 似摩擦系数为土与拉筋的摩擦系数；
　　3. 有肋钢带的似摩擦系数可提高 0.1；
　　4. 高挡土墙的计算内摩擦角和似摩擦系数取低值。

五、墙面板下基础

基础采用混凝土灌注或用浆砌片石砌筑。一般为矩形，高为 0.25~0.4m，宽 0.3~0.5m。顶面可作一凹槽，以利于安装底层面板。对于土质地基基础埋深不小于 0.5m，还应考虑冻结深度，冲刷深度等。对软弱地基需作必要处理外，尚应考虑加大基础尺寸。土质斜坡地区，基础不能外露，其趾部到倾斜地面的水平距离应满足要求见表 1-5。墙前应设 4% 的横向排水坡，在无法横向排水地段应设纵向排水沟，基础底面应设置于外侧排水沟底以下。

六、沉降缝与伸缩缝

由于加筋土挡土墙地基的沉陷和面板的收缩膨胀引起的结构变形，如基础下沉、面板开裂，不但破坏其外观，同时，也影响工程使用年限。为此，在地基情况变化处及墙高变化处，通常，每隔 10～20m 设置沉降缝。伸缩缝和沉降缝可统一考虑，面板在设缝处应设通缝，缝宽 2～3cm，缝内宜用沥青麻布或沥青木板，缝的两端常设置对称的半块墙面板。

七、帽石与栏杆

加筋土挡土墙顶面，一般设置混凝土或钢筋混凝土帽石。帽石应突出墙面 3～5cm。作用是约束墙面板。同时，也是为保证人身安全设置栏杆所需。栏杆高为 1.0～1.5m，栏杆柱埋于帽石中，以保证栏杆的坚固稳定。

第三节　加筋土挡土墙设计

一、基本假定

1. 墙面板承受填料产生的主动土压力，每块面板承受其相应范围内的土压力，将由墙面板上拉筋有效摩阻力即抗拔力来平衡。

2. 挡土墙内部加筋体分为滑动区和稳定区，这两区分界面为土体的破裂面。此破裂面与竖直面夹角小于非加筋土的主动破裂角。可按图 11-3 所示的 0.3H 折线法来确定。靠近面板的滑动区内的拉筋的长度 L_f 为无效长度；作用于面板上的土压力由稳定区的拉筋与填料之间的摩阻力平衡，所以在稳定区内拉筋长度 L_a 为有效长度。

3. 拉筋与填料之间摩擦系数在拉筋的全长范围内相同。

4. 压在拉筋有效长度上的填料自重及荷载对拉筋均产生有效的摩阻力。

二、土压力计算

1. 作用于加筋土挡土墙上的水平土压力强度，它是由填料和墙顶面以上活载所产生的土压力之和：

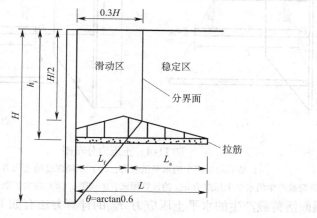

图 11-3　拉筋拉力分布图

$$\sigma_{hi} = \sigma_{h1i} + \sigma_{h2i} \tag{11-1}$$

①由墙后填料产生的水平土压应力 σ_{h1i} 的计算。《铁路路基支挡结构设计规范》TB 10025—2006（以下简称铁路规范）建议用下式计算，

$$\sigma_{h1i} = \lambda_i \gamma h_i \tag{11-2}$$

当 $h_i \leqslant 6\text{m}$ 时，$\lambda_i = \lambda_0 \ (1 - h_i/6) + \lambda_a \ (h_i/6)$

当 $h_i > 6\text{m}$ 时，$\lambda_i = \lambda_a$

式中 λ_0——静止土压力系数，$\lambda_0 = 1 - \sin\varphi_0$；

λ_a——主动土压力系数，$\lambda_a = \tan^2 \ (45° - \varphi/2)$；

σ_{h1i}——填料产生的水平压应力（kPa），其分布形式如图 11-4（a）所示；

h_i——墙顶填土距第 i 层墙面板中心的高度（m）；

λ_i——加筋土挡墙内 h_i 深处的土压力系数，其分布形式如图 11-4（b）所示；

φ——填料综合内摩擦角；

γ——填料重度（kN/m³）。

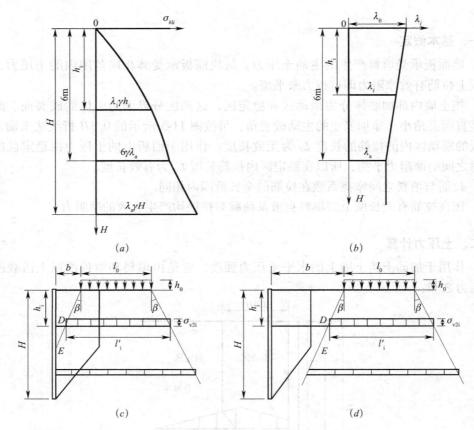

图 11-4   土压力分布图

（a）墙后填料产生的水平压应力；（b）不同深度的土压力系数；
（c）活荷载产生的水平土压应力 σ_{h2i} 的计算图式，$\beta = 30°$；（d）应力扩散线不在主动区 $\beta = 30°$

②由墙顶面活荷载产生的水平土压应力 σ_{h2i} 的计算方法有如下两种。

a. 按应力扩展线计算。假设将墙顶面上的活荷载换算成等效的土柱高度为 h_0，它在产生的水平土压应力为 σ_{h2i}。由实测知，离顶面愈深，荷载的影响愈小。为简化计算，其值可由荷载引起的竖向土压应力 σ_{v2i} 与土压力系数 λ_i 乘积而得。计算图式如图 11-4（c）所示。竖向土压应 σ_{v2i} 可按应力扩散角法计算。

$$\sigma_{v2i} = \gamma h_0 l_0/l'_i \qquad \sigma_{h2i} = \lambda_i \sigma_{v2i} \tag{11-3}$$

式中　l_0——荷载换算土柱宽度；

　　　γ——土体重度；

　　　h_0——荷载换算的土柱高度；

　　　λ_i——荷载产生的在加筋土内深度 h_i 处的侧向土压力系数，与式（11-2）的 λ_i 相同；

　　　l'_i——第 i 层拉筋深度，荷载在土中的扩散宽度。

若应力扩散线与墙面相交时，假设交点为 E 点，E 点以下荷载扩散宽度，只计算墙面与另一侧分布线间的水平距离，其值按图 11-4（c）计算如下：

当 $h_i \leqslant b \cdot \tan 60°$ 时（E 点以上），$l'_i = l_0 + 2h_i \cdot \tan 30°$

当 $h_i > b \cdot \tan 60°$ 时（E 点以下），$l'_i = b + l_0 + h_i \cdot \tan 30°$

式中　b——荷载内边缘至墙背的距离；

　　　h_i——第 i 层到墙顶的深度。

若应力扩散线与拉筋的交点 D 不在破裂区，例如图 11-4（d）所示，此时荷载产生的土压力不对墙面板产生影响，因此可令 $\sigma_{h2i}=0$。

b. 按弹性理论的条形荷载作用下土中压力的公式计算 σ_{h2i}。

荷载在挡墙上产生侧向土压力 σ_{h2i} 为

$$\sigma_{h2i} = \frac{\gamma \cdot h_0}{\pi}\left[\frac{bh_i}{b^2+h_i^2} - \frac{h_i(b+l_0)}{h_i^2+(b+l_0)^2} + \arctan\left(\frac{b+l_0}{h_i}\right) - \arctan\left(\frac{b}{h_i}\right)\right] \tag{11-4}$$

可求出荷载在土体内产生的竖向土压力 σ_{v2i} 即

$$\sigma_{v2i} = \frac{\gamma h_0}{\pi}\left[\arctan X_1 - \arctan X_2 + \frac{X_1}{1+X_1^2} - \frac{X_2}{1+X_2^2}\right] \tag{11-5}$$

式中，$X_1 = \dfrac{2x+l_0}{2h_i}$，$X_2 = \dfrac{2x-l_0}{2h_i}$，$x$ 是计算点 M 到荷载中线的距离。由式（11-5）计算出的竖向土压力 σ_{v2i} 沿拉筋长度的分布是不同的，在实际计算时可取线路中心线下、拉筋末端和墙背三点的应力的平均值作为计算值。

2. 作用于拉筋所在位置的竖向压应力 σ_{vi} 等于填料自重应力 σ_{vi} 与荷载引起的压应力 σ_{v1i} 之和，即

$$\sigma_{vi} = \sigma_{v1i} + \sigma_{v2i} \tag{11-6}$$

①墙后填料的自重应力

$$\sigma_{v1i} = \gamma h_i \tag{11-7}$$

②荷载作用下拉筋上的竖向压应力 σ_{v2i}，可采用式（11-3）第一式或式（11-5）加以计算。

3. 路堤式加筋土挡土墙的破裂面和土压力计算

图 11-5 的加筋土挡土墙称为路堤式挡土墙，路堤式加筋土挡土墙即在路肩式挡土墙实际墙高 H 的上面增加了填土，其设计计算可参照上述方法进行。设计中需对路堤式加筋土挡土墙进行一些简化和假定，就可根据上述方法确定挡土墙墙背土压力分布、土中垂直应力和墙后填土破裂面的位置。

将结构上部，即增加的路堤式部分的填土，换算成均匀分布在路基宽度范围内的土柱，把下部实际挡土墙墙高 H 加上换算土柱高作为虚拟的路肩式挡土墙，其墙高为 H_s。顶部列车荷载的换算土柱按 $30°$ 角扩散至虚拟墙顶面，重新换算成相应的土柱，如图 11-5（a）

所示。然后按上述方法根据虚拟路肩墙对路堤式加筋土挡土墙进行计算。

作用于挡土墙墙背的侧压力按照虚拟路肩式加筋土挡土墙进行计算，确定墙背侧压力，即虚拟挡土墙上半部分按静止土压力计算，下半部分按 1/2 墙高处土压力等值分布计算。实际路堤式加筋土挡土墙的侧压力分布在墙顶假定为零，墙顶与虚拟墙 1/2 墙高处的压力值的连线作为实际墙上部侧压力的分布线，实际墙下部的侧压力分布与虚拟墙在该范围内的侧压力分布一致（图 11-5b）。荷载作用的侧压力，也可按弹性理论方法计算。加筋土中的垂直压力按照填土自重垂直压力随着虚拟墙填土深度的变化按 γh 计算（图 11-5c），荷载作用的垂直压力按 30°角从虚拟墙顶向下扩散。墙后填土破裂面按虚拟墙的 0.3H 方法确定（图 11-5d）。

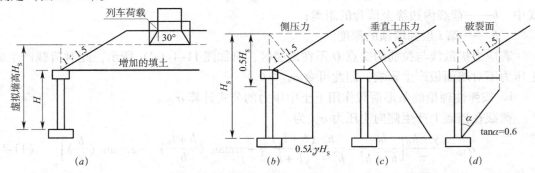

图 11-5　路堤式加筋土挡墙的破裂面和土压力计算的方法

该方法的几种假定图形如（图 11-5）路堤式加筋土挡土墙与相应高度的路肩式挡土墙相比，由于墙顶有一部分填土，使得墙背侧压力增大。从假定的侧压力分布图形看，等值压力分布范围增加了，当然路堤上部填土高度较大时，下部挡土墙墙背侧压力几乎全长等值。这种应力分布图是否与实际相符合还需要进一步实际测量研究。土中垂直压力的计算，在靠近墙背面板附近的值偏大，这是由于靠近墙面的附近墙顶上部的填土为三角形，而假定计算按均布的土柱作用，这样对于墙体下部的拉筋，由于拉筋非锚固区缩小，锚固区紧靠墙面板附近，拉筋的抗拔计算因土中垂直应力增大而使计算的拉筋有效长度偏小。墙体破裂面采用虚拟墙 0.3H 法计算，上部的拉筋无效长度增加，但下部拉筋的无效长度不变。因此该方法计算的下部拉筋在取值时应适当加长，以弥补计算假定的不足。

4. 《公路挡土墙设计与施工技术细则》对土压力计算有如下规定：

（1）加筋体与加筋体上填土的计算分界面，应为通过加筋体墙面顶端的水平面，该面以上的填土自重应作为加筋体上的填土重力。

内部稳定性验算时，加筋体顶面上的填土重力，可按下式换算成等代均布土层厚度计算（图 11-6）：

$$h_1 = \frac{1}{m}\left(\frac{H}{2} - b_b\right) \tag{11-8}$$

式中　h_1——墙顶填土重力换算等代均布土层厚度（m），
　　　　　当 $h_1 > H'$ 时，应取 $h_1 = H'$；
　　　　m——加筋体顶面填土的边坡坡率；
　　　　H——加筋体高度（m）；

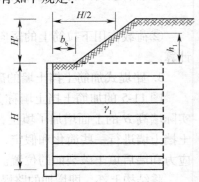

图 11-6　路堤式挡土墙加筋体上填土的等代土层厚度计算图

b_b——边坡坡脚至面板的水平距离（m）；

H'——加筋体以上路堤的高度（m）。

外部稳定性验算时，加筋体顶面上的填土重力可按填土的实际几何尺寸进行计算。

（2）外部稳定性验算时，作用于加筋体墙背（或假想墙背）上的土压力，可采用库仑主动土压力理论。

（3）内部稳定性验算时，加筋体活动区与稳定区的分界面可采用简化破裂面。简化破裂面上部的竖直面部分与墙面板背面的距离 b_H 为 $0.3H$；简化破裂面下部的倾斜面部分与水平面的夹角 β 为 $(45° + \varphi/2)$（图11-7）。

简化破裂面上、下两部分的高度 H_1、H_2，可按下式计算：

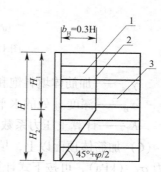

图11-7　简化破裂面图
1—活动区；2—简化破裂面；3—稳定区

$$\left.\begin{array}{l} H_2 = b_H \cdot \tan\left(45° + \dfrac{\varphi}{2}\right) \\ H_1 = H - H_2 \end{array}\right\} \quad (11-9)$$

式中　b_H——简化破裂面前的破棱体顶面宽度；

　　　φ——加筋体填料的内摩擦角（°），当填料为细粒土时，采用综合内摩擦角 φ_0；

　　　H_1——加筋体高度。

（4）加筋体内部稳定验算时，土压力系数可按下式计算（图11-8）：

$$\left.\begin{array}{l} K_i = K'_j\left(1 - \dfrac{z_i}{6}\right) + K_a\dfrac{z_i}{6} \quad (z_i \leqslant 6\text{m}) \\ K_i = K_a \quad\quad\quad\quad\quad\quad\quad\quad (z_i > 6\text{m}) \end{array}\right\} \quad (11-10)$$

$$\left.\begin{array}{l} K'_j = 1 - \sin\varphi \\ K_a = \tan^2\left(45° - \dfrac{\varphi}{2}\right) \end{array}\right\} \quad (11-11)$$

式中　K_i——加筋体内，深度 z_i 处土压力系数；

　　　K'_j——静止土压力系数；

　　　K_a——主动土压力系数；

　　　z_i——第 i 单元筋带结点至加筋体顶面的垂直距离（m）；

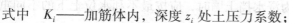

图11-8　土压力系数沿深度分布图

其余符号意义同式（11-9）。

此规定与铁路规范一致。

（5）加筋土填料作用于墙面板上的水平土压应力，可按式（11-10）和式（11-11）计算（图11-9）：

墙后为非浸水加筋体时：

$$\sigma_{zi} = K_i \gamma z_i \quad (11-12)$$

墙后为浸水加筋体时：

$$\sigma_{zi} = K_i \gamma_{sat} z_i \quad (11-13)$$

式中　z_i——第 i 层筋带距墙顶的高度（m）；

　　　γ——加筋体填料重度（kN/m³）；

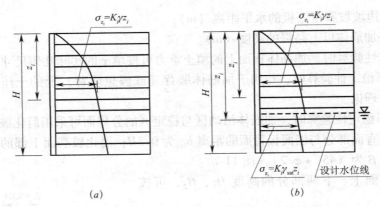

图 11-9　填料作用下的水平土压应力计算图

(a) 非浸水加筋体；(b) 浸水加筋体

γ_{sat}——加筋体填料饱和重度（kN/m^3）；

σ_{zi}——深度 z_i 处的水平土压应力（kPa）；

K_i——计算土压力系数，用式（11-10）计算。

（6）加筋体顶面以上，填土重力换算均布土层厚度 h_1 所引起的墙面板上的水平土压应力 σ_{bi}（kPa），可按下式计算：

$$\sigma_{bi} = K_i \gamma_1 h_1 \qquad (11\text{-}14)$$

式中　h_1——墙顶填土重力换算等代均布土层厚度（m）；

　　　γ_1——墙顶填土的重度（kN/m^3）；

　　　其余符号意义同式（11-12）。

（7）永久荷载重力作用下，拉筋所在位置的竖直压应力可按下式计算：

$$\sigma_i = \gamma z_i + \gamma_1 h_1 \qquad (11\text{-}15)$$

式中　σ_i——在 z_i 层深度处，作用于筋带上的竖直压应力（kPa）；

　　　γ——加筋体的重度（kN/m^3），当为浸水挡土墙时，应按最不利水位上下的不同重度分别计入；

　　　其余符号意义同式（11-15）。

（8）车辆（或人群）附加荷载作用下，墙面板上的附加水平土压应力 σ_{ai}（kPa），可按式（11-16）计算（图 11-11）：

$$\sigma_{ai} = K_i \sigma_{fi} \qquad (11\text{-}16)$$

附加荷载作用下，加筋体深度 z_i 处的附加竖直压应力 σ_{fi}（kPa），可按式（11-17）、式（11-18）计算。

图 11-10 中，附加荷载边缘在填土内的扩散线与加筋体深度 z_i 处的水平线的交点为 D 点。当 D 点进入加筋体活动区时：

$$\sigma_{fi} = \gamma_1 h_0 \frac{L_c}{L_{ci}} \qquad (11\text{-}17)$$

当 D 点未进入加筋体活动区时：

$$\sigma_{fi} = 0 \qquad (11\text{-}18)$$

加筋体深度 z_i 处，附加竖直压应力 σ_{fi} 的扩散宽度 L_{ci}（m），可按下式计算：

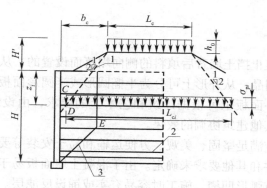

图 11-10　车辆荷载作用下垂直应力计算图

1—扩散线；2—拉筋；3—破裂面

$$L_{ci} = L_c + b_c + \frac{H' + z_i}{2} \qquad (z_i + H' > 2b_c) \atop L_{ci} = L_c + H' + z_i \qquad (z_i + H' \leqslant 2b_c) \right\}$$

$$(11\text{-}19)$$

式中　h_0——车辆（或人群）附加荷载换算等代均布土层厚度（m）；

L_c——加筋体计算时，附加荷载的布置宽度（m），可取路基全宽；

b_c——面板背面至路基边缘的水平距离（m）。

（9）加筋体顶面有水平荷载作用时，深度 z_i 处，面板后的水平向压应力 σ_{di} 及水平荷载影响深度 z_c，可按下式计算（图 11-11）：

$$\sigma_{di} = \frac{2Q_H}{z_c} \left(1 - \frac{z_i}{z_c}\right) \atop z_c = \frac{0.3H}{\tan\left(45° - \frac{\varphi}{2}\right)} \right\}$$

$$(11\text{-}20)$$

式中　σ_{di}——水平荷载作用下，深度 z_i 处的水平向的压应力（kPa），$z_i \geqslant z_c$ 时，$\sigma_{di} = 0$；

Q_H——单位墙长墙顶面的水平荷载（kN/m）；

z_c——水平荷载影响深度（m）；

z_i——第 i 单元结点至加筋体顶面的竖直距离（m）。

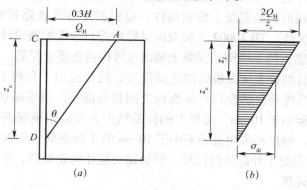

图 11-11　水平荷载作用下的水平应力计算图

三、墙面板设计

加筋土面板是为阻止挡土墙背后填料的侧向塌落而设置的，从材质上可分为金属、素混凝土或钢筋混凝土制品；从外形上可分为半椭圆形或半圆形面板、十字形面板、矩形面板、六角形面板，另外面板也可根据建筑和艺术上的要求，由设计人员构思所需要的形式，以达到美观及与其他建筑协调的效果。

墙面板设计首先应满足坚固、美观、方便运输和易于安装等要求。墙面板的形状、大小，通常根据施工条件和其他要求来确定。由于混凝土墙面板易于维修保养，而且由于一般背面是平整的，没有弧形凹槽，施工时容易夯实或铺设反滤层。混凝土面板具有很大的刚性，在面板间的水平接缝内嵌入软木板，可使墙身具有一定的抗挠性，有利于减少墙面的整体变形；在垂直方向的接缝内嵌入聚氨酯泡沫塑料一类材料，有利于墙体排水。在我国实际工程中，加筋土挡土墙面板一般采用混凝土预制件，混凝土强度等级不低于 C20，面板厚度不小于 8cm。

加筋土挡墙面板的强度可按均布荷载作用下两端悬臂的简支梁进行验算，如果根据作用于面板内侧土的侧压力来计算，只需要素混凝土的强度就足够了，没有必要按钢筋混凝土设计。但是为了防止面板发生裂缝，可按最小配筋率 $U_{min} = 0.2\%$ 配筋。对于同一水平线上拉筋连接点为三个以上的面板，则应按超静定连续梁进行设计。墙高较大的加筋土挡土墙，除进行抗弯强度验算外，还应验算面板的抗剪强度和抗裂性，以满足有关规范的要求。

通常墙面板设计只需确定墙面板的厚度，可以根据墙面板的外力与所受最大弯矩进行估算。假定每块面板单独受力，土压力均匀分布并由拉筋平均承担，如果加筋土挡土墙的高度较大，其面板厚度可按不同墙高分段设计，但是分段不宜过多，以免现场施工不好操作。当墙高小于 6m 时，面板厚度可不分段设计，采用同一个厚度。

《铁路路基支挡结构设计规范》TB 10025—2006 第 8.2.15 条规定：墙面板设计应符合下列规定：

（1）作用于单板上的水平土压力应按均匀分布考虑。

（2）单板可沿垂直向和水平向分别计算内力。

（3）墙面板与拉筋连接部分应加强配筋。

（4）墙面板采用的钢筋混凝土预制构件，应根据现行《铁路桥涵钢筋混凝土和预应力混凝土结构设计规范》TB 10002.3 按双向悬臂梁进行单面配筋设计。

（5）包裹式加筋土挡土墙钢筋混凝土墙面板可按构造要求配筋。

为了防止面板后细粒土从面板缝隙之间流失，同时也为了有利于墙面板的整体稳定，在面板周边设计成凸缘错台的企口，使面板之间相互嵌接。当采用插销钢筋连接装置时，插销钢筋的直径不能小于 10mm。面板上的拉筋结点，可采用预埋钢拉环、钢板锚头、或预留穿筋孔等形式。钢拉环采用直径不小于 10mm 的 Ⅰ 级钢筋，钢板锚头采用厚度不小于 3mm 的钢板，露于混凝土外部的钢拉环、钢板锚头应作防锈处理，聚丙烯土工带与钢拉环的接触面应作隔离处理。

四、拉筋设计

（一）钢筋混凝土拉筋的设计

1. 钢筋混凝土拉筋的构造及尺寸

钢筋混凝土拉筋截面可设计为矩形，长度由挡土墙的稳定性验算确定，较长的应分节预制。拉筋混凝土的强度等级不宜低于 C20，钢筋直径不得小于 8mm。其宽度及厚度可参考表 11-5。

<table>
<tr><td colspan="3" style="text-align:center">拉筋尺寸参考表　　　　　　　　　　　　表 11-5</td></tr>
<tr><th>主筋直径（mm）</th><th>筋条厚度（cm）</th><th>筋条宽度（cm）</th></tr>
<tr><td>>20</td><td>8</td><td>10~25</td></tr>
<tr><td><20</td><td>6</td><td>10~25</td></tr>
</table>

表中筋条宽度范围较大，设计时可根据修建挡土墙地段横向场地尺寸考虑选用，当有足够宽度能满足较长的筋条长度时，可选择较窄的筋条宽度，以减少无效区的拉筋材料用量，反之可选用较宽的拉筋，以适应狭窄地区的修建，通常当墙高在 6~10m 时选择15~18cm 宽拉筋较为合适。

拉筋间距的选择通常与面板的尺寸相互配合，一般根据挡土墙墙背上作用的土压力大小和拉筋的强度、拉筋上承受的有效摩擦阻力来分配平衡时所需的拉筋密度。通常用式（11-21）来确定拉筋的间距。

$$\frac{T_i}{S_x \cdot S_y} = K \cdot \sigma_{hi} \tag{11-21}$$

式中　T_i——第 i 层拉筋的计算拉力；

S_x、S_y——拉筋的水平和垂直间距；

K——拉筋拉力峰值附加系数，取 1.5~2.0；

σ_{hi}——拉筋所在位置处的水平土压应力。

当机械化施工水平不高，或者无法进行机械化施工时，一般采用 0.5m² 左右的小面板，拉筋的间距不可过大；另一方面间距过大，单根拉筋所受外力也相应增加，则拉筋的主筋直径将会加大，进而拉筋厚度也需要增加，造成混凝土用量过多。同时为了控制填土夯实质量，起到控制填土分层厚度的作用，设计时应考虑与分层填土要求的厚度相匹配。

拉筋平面形状大多为矩形，也可将拉筋的平面形状设计为楔形，即等腰梯形，顶短边在前，底长边在后。楔形拉筋在填土中，当面板将土侧向拉力传给拉筋后，使两侧土体受到楔形拉筋侧壁的挤压，产生被动抗力，从而加强筋土间的相互作用，增加筋土间的摩擦效应，提高拉筋的抗拔能力。通常可以提高抗拔力 10%~40%，其提高的大小主要取决于楔形的两个边的斜率。而可用斜率的大小取决于单根拉筋的拉筋节的长度，因为单根拉筋节过短，势必增加拼接的节数，同时加大连接的焊接和防腐工作量，影响施工进度；如果单根拉筋节过长，则不利于搬运，联结而且容易断裂。另一方面，楔形的斜率不可能过大，因为拉筋的长度越长，在相同斜率的情况下，单根拉筋节两端的厚度差值将会增大，较厚的一端需要增加受力钢筋和构造钢筋。钢筋混凝土土楔形体拉筋见图 11-12，一般楔形拉筋参考尺寸如表 11-6 所示。

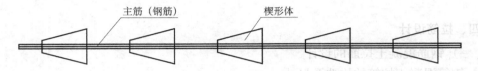

图 11-12　钢筋混凝土土楔形体拉筋

楔形拉筋平面尺寸参考表（单位：m）　　　　　　　　　　表 11-6

单根拉筋长	单根主筋		双根主筋	
	端部	尾部	端部	尾部
2.0	0.1	0.22 ~ 0.25	0.16	0.20
2.5	0.1	0.23 ~ 0.25	0.16	0.21
3.0	0.1	0.25	0.16	0.22

钢筋混凝土拉筋均铺设在填土内。由于在填土过程及对填料的碾压过程中，要受到压路机械行走或夯锤的冲击作用，以及在搬运过程中或由于填土的沉降等原因，均会使钢筋混凝土拉筋受弯变形。为了防止混凝土受弯后开裂，导致水分进入并锈蚀钢筋，所以应在混凝土拉筋内设立防裂钢筋。当拉筋内主筋为单根时，应在主筋两侧平行主筋各埋设两根防裂筋，并在垂直主筋的方向每隔 0.2 ~ 0.3m 设置防裂筋与主筋捆扎在一起。当主筋为双根时，考虑纵向主筋已经分布较均匀，因此，仅在垂直主筋方向上设置防裂筋与主筋捆扎在一起即可。

2. 拉筋主筋的确定

根据实测拉筋的受力状态，拉筋上拉力峰值约等于相应面板上所承受的侧向土压力的 1.36 ~ 1.87 倍，所以在《铁路路基支挡结构设计规范》TB 10025—2006 中规定拉筋的设计荷载为安全考虑，采用面板侧向土压力 1.5 ~ 2.0 倍考虑。即拉筋所受的拉力为拉筋所处的墙面板范围内的加筋土的水平土压力与外荷载引起的侧向土压力之和，再乘以大于 1 的峰值附加系数。拉筋受力可近似地以墙面板中心深度的总侧压应力乘以墙面板的面积来计算。

$$T_i = K \cdot \sigma_{hi} \cdot S_x \cdot S_y = K \cdot (\sigma_{h1i} + \sigma_{h2i}) \cdot S_x \cdot S_y \quad (11\text{-}22)$$

式中　　　　T_i——距墙顶高度第 i 层拉筋的计算拉力（kN）；

σ_{hi}，σ_{h1i} 和 σ_{h2i}——拉筋所在面板的总侧土压力、填料产生的侧压力与外荷载引起的侧土压力（kPa）；

K——拉筋拉力峰值附加系数，可采用 1.5 ~ 2.0；

S_x、S_y——拉筋之间水平及垂直间距（m）。

钢筋混凝土拉筋主筋载面可根据上述计算方法所得的计算拉力进行设计，按下式进行计算：

$$\sigma = \frac{T_{max}}{NA'} < [\sigma] \quad (11\text{-}23)$$

式中　σ——拉筋的拉应力（kPa）；

$[\sigma]$——拉筋的容许拉应力（kPa）；

N——拉筋中主筋的根数；

T_{max}——计算拉筋层的最大拉力（kN）；

A'——扣除预留锈蚀量后拉筋中一根主筋的截面积（m²）。

由式（11-23）求出主筋的截面积后，则可得出其直径或厚度。

3. 拉筋长度的确定

拉筋的长度，一般由无效长和有效长两部分组成，如图 11-3 所示。位于破裂区即主动区的拉筋为无效长度 L_f，破裂区外的稳定区的拉筋为有效长度 L_a。确定 L_f 和 L_a 实际上是确定拉筋锚固区和非锚固区的分界线。目前，国内外大都采用"0.3H 法"来确定此分界面。

拉筋的无效长度根据非锚固区，即图 11-3 中主动区范围即可确定，拉筋的有效长度则需根据锚固区范围内拉筋所产生的摩擦力与该拉筋所承受范围内面板上的侧向土压力相平衡的关系来计算得到。拉筋的摩擦系数 f 不仅与拉筋材料特性和填料性质有关，而且与填土的高度有关，摩擦系数一般应根据现场拉筋的抗拔试验确定。拉筋上下表面与填土产生摩擦抗拔力（考虑筋条侧边的摩擦力），设在埋深 h_i 处作用在筋条上总的竖向土压力为 σ_{vi}，那么该深处的筋条上总摩擦力即拉筋抗拔力 S_{fi} 可按下式计算：

$$S_{fi} = 2\sigma_{vi} \cdot (a + \lambda_i \cdot b) \cdot L_{ai} \cdot f \qquad (11\text{-}24)$$

式中　S_{fi}——拉筋上总的摩擦力（kN）；

　　　σ_{vi}——筋条上总的竖向土压力（kPa）；

　　　λ_i——填土的侧压力系数；

　　　a——拉筋的宽度（m）；

　　　b——拉筋的厚度（m）；

　　　L_{ai}——拉筋的有效锚固长度（m）；

　　　f——拉筋与填料间的摩擦系数，应根据现场抗拔试验确定。如果没有试验数据，可采用 0.3~0.4。

在式（11-24）中若不计筋条厚度 b，则拉筋的有效长度 L_{ai} 为：

$$L_{ai} = \frac{T}{2 \cdot \sigma_{vi} \cdot a \cdot f} \qquad (11\text{-}25)$$

由图（11-2）拉筋的无效长度 L_{fi} 为：

$$L_{fi} = \begin{cases} 0.3H & 0 \leqslant h_i \leqslant 0.5H \\ 0.6(H - h_i) & h_i > 0.5H \end{cases} \qquad (11\text{-}26)$$

h_i 深处拉筋的设计计算长度 L_i 为：

$$L_i = L_{ai} + L_{fi} \qquad (11\text{-}27)$$

由于按拉筋理论设计计算的每层拉筋长度不同，在实际工程中操作不方便，因而需根据方便、安全的原则对计算长度进行一些必要的调整。拉筋长度的实际设计采用值，可以按以下原则并满足挡土墙内部稳定的要求统一、协调考虑采用。

（1）墙高小于 3.0m 时，可设计为等长拉筋，拉筋长度不应小于 4.0m。

（2）墙高大于 3.0m 时，拉筋最小长度应大于 0.8 倍的墙高，且不小于 5m。

（3）墙高大于 3.0m 时，可以考虑变换拉筋长度，但采用不等长的拉筋时，同等长度拉筋的墙段高度应大于 3.0m。

（4）一处挡土墙拉筋不宜多于 3 种长度，相邻不等长拉筋的长度差不宜小于 1.0m。

（5）采用钢筋混凝土板条作为拉筋材料时，每节长度不宜大于 2.0m。

其他材料如扁钢、聚丙烯土工带、土工格栅等，拉筋的无效长度、有效长度和拉筋拉力等的设计计算，与上述方法相同。材料不同，仅有微小差别。例如，当采用聚丙烯土工带为拉筋时，其有效段长度计算公式为：

$$L_{ai} = \frac{T_i}{2naf\sigma_{vi}}$$
(11-28)

上式与式（11–25）相比只增加了拉筋拉带根数 n。

（二）拉筋截面设计

拉筋截面设计，由于拉筋的设计拉力已知，根据拉筋材料及其抗拉强度设计值，就不难确定拉筋面积的大小。

1. 钢板拉筋

钢板作拉筋时，可由下式计算截面积 A。

$$A \geqslant \frac{T_i}{[\sigma]}$$
(11-29)

式中　T_i——第 i 层拉筋的设计拉力；

$[\sigma]$——钢板抗拉强度设计值。

除按以上公式计算外，还应考虑有足够的腐蚀厚度。拉筋如用螺栓连接，其剪切、挤压强度及焊接时强度，均应按有关规定计算确定。

2. 钢筋混凝土拉筋

钢筋混凝土拉筋，应按中心受拉构件计算。按式（11-23）计算求得钢筋直径应增加 $2\,\mathrm{mm}$，作为预留腐蚀量。为防止钢筋混凝土拉筋被压裂，拉筋内应布置 $\phi4$ 的防裂铁丝。

3. 聚丙烯土工带拉筋

聚丙烯土工带按中心受拉构件计算。通常根据试验，测得每根拉筋极限断裂拉力，取其 $1/5 \sim 1/7$ 为每根拉筋的设计拉力。最后，根据设计拉力而求出每米拉筋的实际根数。

4. 土工格栅

如果土工格栅拉筋是沿墙长连续铺设，则拉筋拉力不应大于拉筋的容许抗拉强度 T_a。

$$T_a = T/F_i$$
(11-30)

式中　T——由加筋材料拉伸试验测得的极限抗拉强度（kN）；

F_i——拉筋考虑铺设时机械损伤、材料蠕变、化学及生物破坏等因素时的影响系数，应按实际经验确定，无经验时可采用 $2.5 \sim 5.0$，当施工条件差、材料蠕变性大时，取大值。

（三）《公路挡土墙设计与施工技术细则》规定

1. 计算筋带抗拔力时，不计基本可变荷载的作用效应。一个筋带结点的抗拔稳定性，可按下列公式验算：

$$\left. \begin{array}{l} \gamma_0 T_{i0} \leqslant \dfrac{T_{pi}}{\gamma_{R1}} \\[2mm] T_{i0} = \gamma_{Q1} T_i \\[2mm] T_{pi} = 2f'\sigma_i b_i L_{ai} \\[2mm] T_i = \left(\sum \sigma_{Ei}\right) S_x S_y \end{array} \right\}$$
(11-31)

式中　γ_0——结构重要性系数；

　　　T_{i0}——z_i 层深度处，筋带所承受的水平拉力设计值（kN）；

　　　T_i——z_i 层深度处，筋带所承受的水平拉力（kN）；

　　　$\sum\sigma_{Ei}$——z_i 层深度处，面板上的水平土压应力（kPa）及水平压应力，包括 σ_{zi}（见式 11-12）式（11-13）、σ_{ai}（见式 11-16）和 σ_{bi}（见式 11-14），墙顶有水平荷载作用时，还包括 σ_{di}（见式 11-20）；

　　　γ_{Q1}——加筋体及墙顶填土主动土压力或附加荷载土压力的分项系数；

　　　T_{pi}——永久荷载重力作用下，z_i 层深度处，筋带有效长度所提供的抗拔力（kN）；

　　　γ_{R1}——筋带抗拔力计算调节系数，可按表 11-7 的规定采用；

　　　S_x——筋带结点水平间距（m）；

　　　S_y——筋带结点垂直间距（m）；

　　　f'——填料与筋带间的似摩擦系数，由试验确定，无可靠试验资料时，可按照本细则表 11-4 的数值采用；

　　　b_i——结点上的筋带总宽度（m）；

　　　L_{ai}——筋带在稳定区的有效锚固长度（m）。

筋带抗拔力计算调节系数 γ_{R1} 表　　　　　　　　　　表 11-7

作用（或荷载）组合	Ⅰ、Ⅱ	Ⅲ	施工荷载
γ_{R1}	1.4	1.3	1.2

2. 筋带长度可按下列公式计算：

$$L_i = L_{fi} + L_{ai} \tag{11-32}$$

活动区的筋带长度可按下式计算：

$$\left.\begin{array}{ll} L_{fi} = 0.3H & (0 < z_i \leq H_1) \\ L_{fi} = (H - z_i)\tan\left(45° - \dfrac{\varphi}{2}\right) & (H_1 < z_i \leq H) \end{array}\right\} \tag{11-33}$$

式中　L_i——第 i 层筋带总长度（m）；

　　　L_{fi}——第 i 层筋带在加筋体活动区内的长度（m）；

　　　H_1——简化破裂面的上段高度（m）；

　　　H——加筋体高度（m）；

　　　φ——填料内摩擦角（°）。

3. 筋带截面的抗拉承载力验算宜符合式（11-34）的规定：

$$\gamma_0 T_{i0} \leq \frac{Af_k}{1\,000\gamma_f\gamma_{R2}} \tag{11-34}$$

式中　A——筋带截面的有效净截面积（mm²），应符合相关规定，并通过现场检验后采用；由厂家提供的筋带截面积技术指标，必须通过国家或部门专业质量监督检测机构的鉴定后，方可使用；

　　　f_k——筋带材料抗拉强度标准值（MPa）（钢带、钢筋混凝土筋带中的钢筋等钢材，采用其抗拉强度标准值 f_{sk}），可按表 11-8 的规定采用；

　　　γ_f——各类筋带材料的抗拉性能分项系数，均取等于 1.25；

γ_{R2}——筋带材料抗拉计算调节系数，可采用表 11-7 的规定。

当为钢筋混凝土带时，受拉钢筋的含筋率应小于 2.0%。

筋带材料强度标准值 f_k 及抗拉计算调节系数 γ_{R2} 表　　　　　表 11-8

材料类型	f_k （MPa）	γ_{R2}
Q235 扁钢带	（f_{sk}）235	1.0
Q235 （Ⅰ级）钢筋混凝土板带	（f_{sk}）235	1.05
钢塑复合带	按 JT/T 517—2004 的规定计算	1.55 ~ 2.0
土工格栅	按 JT/T 517—2004 的规定计算	1.8 ~ 2.5
聚丙烯土工带 聚乙烯土工带	按 JT/T 517—2004 的规定计算	2.7 ~ 3.4

注：土工合成材料筋带的抗拉计算调节系数 γ_{R2}，按施工条件差、材料蠕变大时取大值；材料蠕变小或施工荷载验算时可取较小值。

4. 计算各类筋带的有效净截面面积时，应符合以下规定：

（1）扁钢带：计算厚度应扣除预留腐蚀厚度，有效净截面面积应为扣除螺栓孔后的计算净截面积。拉筋的螺栓或焊接连接构造，应按等强度原则设计。

（2）钢筋混凝土带：应按钢筋轴心受拉设计，不计混凝土的抗拉强度，也不计筋带内布置的防裂钢丝面积，钢筋的有效净面积应为扣除钢筋直径预留腐蚀量后的主钢筋截面积的总和。

（3）钢塑土工加筋带：按《公路工程土工合成材料 土工加筋带》JT/T 517—2004 中，钢塑土工加筋带（GSLD）的产品尺寸规格计算设计截面积。

（4）聚乙烯土工加筋带、聚丙烯土工加筋带：按《公路工程土工合成材料 土工加筋带》JT/T 517—2004 中，塑料土工加筋带（SLLD/PE、SLLD/PP）的产品尺寸规格计算设计截面积。

（5）塑料土工格栅：按《交通工程土工合成材料 土工格栅》JT/T 480—2002 中，土工格栅的产品尺寸规格计算设计截面积。

五、加筋土挡土墙稳定性验算

加筋土挡土墙稳定性验算包括内部稳定性验算和外部整体稳定性验算两个方面。

（一）内部稳定性分析

内部稳定性分析是保证加筋土挡土墙在填土自重和外部荷载作用下保持稳定，对加筋配置所作的分析验算。即视上述分析的土压力为作用力，对加筋土挡土墙的拉拔、倾覆等破坏形式在各种荷载条件下的安全系数进行分析。

验算抗拔、抗倾覆稳定时，应考虑有荷载和无荷载两种情况，并分别验算单板和全墙抗拔稳定。

单板抗拔稳定（不计拉筋两侧摩阻力）：

$$K_{pi} = \frac{S_{fi}}{E_{xi}} = \frac{2\sigma_{vi} a L_a f}{\sigma_{hi} S_x S_y} \tag{11-35}$$

式中　K_{pi}——单板抗拔稳定系数；

S_{fi}——单板抗拔力（单根拉筋的摩擦力）（kN）；

E_{xi}——单板承受的水平土压力（kN）。

单板抗拔稳定系数不宜小于2.0，条件困难时可适当减小，但不得小于1.5。

全墙抗拔稳定系数 K_p 不应小于2.0，应按下式进行计算：

$$K_p = \frac{\sum S_{fi}}{\sum E_{xi}}$$
（11-36）

式中　K_p——全墙抗拔稳定系数；

$\sum S_{fi}$——各层拉筋产生摩擦力的总和（kN）；

$\sum E_{xi}$——各层拉筋范围内土压力的总和（kN）。

（二）外部稳定性验算

加筋土挡土墙的外部稳定性即整体稳定性计算，它包括滑动、地基承载力、抗倾覆三项主要内容。其验算方法是将加筋挡土墙（即加筋体）视为一"土墙"，然后按一般重力式挡土墙的稳定验算方法处理。

1. 地基承载力

按《铁路路基支挡结构设计规范》TB 10025—2006 第3.3.6条规定：基底压应力 σ 应按下式计算：

$$\left. \begin{array}{l} |e| \leqslant \dfrac{B}{6} \text{时，} \sigma_{1,2} = \dfrac{\sum N}{B} \left(1 \pm \dfrac{6e}{B} \right) \\[3mm] e > \dfrac{B}{6} \text{时，} \sigma_1 = \dfrac{2 \sum N}{3C}, \ \sigma_2 = 0 \\[3mm] e < -\dfrac{B}{6} \text{时，} \sigma_1 = 0, \ \sigma_2 = \dfrac{2 \sum N}{3(B-C)} \end{array} \right\}$$
（11-37）

式中　σ_1——挡土墙趾部的压应力（kPa）；

σ_2——挡土墙踵部的压应力（kPa）。

基底的平均压应力不应大于基底的容许承载力 $[\sigma]$。

按《铁路路基支挡结构设计规范》TB 10025—2006 第3.3.5条规定：基底合力的偏心距应按下式计算：

$$e = \frac{B}{2} - C = \frac{B}{2} - \frac{\sum M_y - \sum M_0}{\sum N}$$
（11-38）

式中　e——基底合力的偏心距（m），当为倾斜基底时，为倾斜基底合力的偏心距；

B——基底宽度（m），倾斜基底为其斜宽；

C——作用于基底上的垂直分力对墙趾的力臂（m）；

$\sum N$——作用于基底上的总垂直压力（kN）。

当为倾斜基底时，作用于其上的总垂直力：

$$\sum N' = \sum N \cdot \cos\alpha_0 + \sum E_x \cdot \sin\alpha_0$$
（11-39）

基底合力的偏心距 e，土质地基不应大于 $B/6$；岩石地基不应大于 $B/4$。

2. 滑动稳定

加筋土挡土墙的滑动一般有两种可能，一种是水平推力克服了加筋体"基底"与地基土之间的摩擦力而沿着底面滑动（图11-13a），另一种可能是修筑在斜坡上的加筋挡土墙可能自身或与土坡一道产生滑动（图11-13b）。

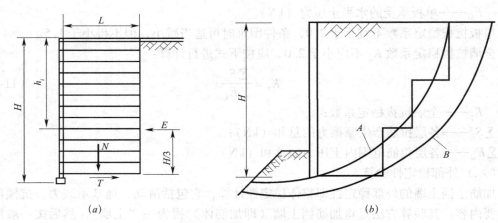

图 11-13 加筋土挡土墙的滑动稳定检算
（a）水平滑动；（b）圆弧滑动

对第一种滑动，《铁路路基支挡结构设计规范》 TB 10025—2006 第 3.3.4 条规定：挡土墙抗滑动稳定系数 K_c 不应小于 1.3。计算附加力时，K_c 不应小于 1.2。《铁路路基支挡结构设计规范》 TB 10025—2006 第 3.3.1 条规定：挡土墙抗滑动稳定系数 K_c 应按下式计算：

$$\left.\begin{aligned}
\text{非浸水}\quad K_c &= \frac{\left[\sum N + \left(\sum E_x - E'_x\right)\cdot\tan\alpha_0\right]\cdot f + E'_x}{\sum E_x - \sum N\cdot\tan\alpha_0} \\
\text{浸}\quad\text{水}\quad K_c &= \frac{\left(\sum N - \sum N_w + \sum E_x\cdot\tan\alpha_0\right)\cdot f}{\sum E_x - \left(\sum N - \sum N_w\right)\cdot\tan\alpha_0}
\end{aligned}\right\} \quad (11\text{-}40)$$

式中　$\sum N$——作用基底上的总垂直力（kN）；

　　　$\sum E_x$——墙后主动土压力的总水平分力（kN）；

　　　E'_x——墙前土压力的水平分力（kN）；

　　　$\sum N_w$——墙身的总浮力（kN）；

　　　α_0——基底倾斜角（°）；

　　　f——基底与地层间的摩擦系数。

倾斜基底应验算沿地基本倾斜面的滑动稳定性。基底下有软弱土层时，还应验算该土层的滑动稳定性。

对于第二种滑动，可采用圆弧滑动面法验算。法国有资料介绍了两种圆弧滑动面法，都是考虑破裂圆弧产生在加筋土结构内部而穿过拉筋的。第一种方法和常用的条分法一样，研究圆弧滑动范围内分条的平衡，但计入了拉筋的抗拔力，称为条块法；第二种方法研究滑动圆弧所围定的整个滑动区的稳定，称为整体法。

3. 抗倾覆稳定

《铁路路基支挡结构设计规范》 TB 10025—2006 第 3.3.4 条规定：抗倾覆稳定系数 K_0 不应小于 1.6。计算附加力时，K_0 不应小于 1.4。第 3.3.3 条规定：挡土墙抗倾覆稳定系数 K_0 应按下式计算：

$$K_0 = \frac{\sum M_y}{\sum M_0} \tag{11-41}$$

式中　$\sum M_y$——稳定力系对墙趾的总力矩（kN·m）；

　　　$\sum M_0$——倾覆力系对墙趾的总力矩（kN·m）。

（三）《公路挡土墙设计与施工技术细则》规定

1. 全墙抗拔稳定性验算宜按以下规定执行：

（1）当墙高小于或等于12m时，应符合式（11-42）的规定：

$$K_b = \frac{\sum T_{pi}}{\sum T_i} \geq 2 \tag{11-42}$$

式中　K_b——全墙抗拔稳定系数；

　　　$\sum T_{pi}$——各层拉筋所产生的摩擦力总和；

　　　$\sum T_i$——各层拉筋承担的水平拉力总和。

本计算公式中的作用（或荷载）分项系数，均取等于1.0。

（2）当墙高大于12m时，除应符合式（11-42）的规定外，还应符合式（11-43）的规定（图11-14）

$$\frac{1}{P_i} \sum_{j=m}^{i} S_j \geq 1.25 \tag{11-43}$$

加筋体破裂楔体及其上荷载作用下的水平滑力 P_i（kN），按下式计算：

$$P_i = \frac{G_i + Q_{vi}}{\tan(\alpha + \varphi)} S_x \tag{11-44}$$

被潜在破裂面所截割的第 j 层筋带的抗拔力容许值 F_j（kN），按下式计算：

$$F_j = b_j f' L_{aj} \sigma_j \tag{11-45}$$

被潜在破裂面所截割的第 j 层筋带容许拉力 T_j（kN），按下式计算：

$$T_j = \frac{A_j f_k}{\gamma_0 \gamma_{Q1} \gamma_f \gamma_{R2}} \times 10^{-3} \tag{11-46}$$

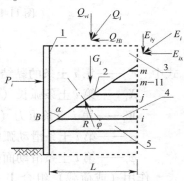

图11-14　总体平衡法计算图

1—面板；2—破裂面；3—活动区；
4—稳定区；5—筋带

式中　S_j——被潜在破裂面所截割的第 j 层筋带的有效拉力，应取 T_j 和 F_j 中的较小者（kN）；

　　　Q_{vi}——加筋体上的附加荷载（kN/m）；

　　　G_i——加筋体破裂楔体重力（kN/m）；

　　　α——破裂面与墙面的夹角（°）；

　　　σ_j——加筋体内深度 z_j 处的竖直压应力（kPa）；

　　　A_j——第 j 单元筋带的有效截面积（mm²）；

　　　b_j——筋带宽度（m）；

　　　L_{aj}——第 j 单元筋带的有效锚固长度（m）。

2. 加筋土挡土墙的抗整体滑动稳定系数 K_s，可按下式计算（图 11-15）：

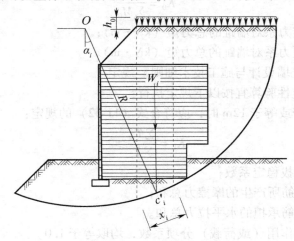

图 11-15　整体抗滑稳定计算示意图

$$K_c = \frac{\sum (c'_i X_i + W_i \cos\alpha_i \cdot \tan\varphi_i)}{\sum W_i \sin\alpha_i} \quad (11\text{-}47)$$

式中　c'_i——第 i 土条的黏结力（kPa）；

　　　X_i——第 i 土条弧长（m）；

　　　W_i——第 i 土条重力（kN）；

　　　α_i——第 i 土条滑动弧的法线与竖直线的夹角（°）；

　　　φ_i——第 i 土条滑动面处的内摩擦角（°）。

作用（或荷载）组合 Ⅰ～Ⅲ 时，加筋土挡土墙的整体滑动稳定系数均应符合下式规定：

$$K_c > 1.25 \quad (11\text{-}48)$$

六、设计步骤

（一）基本数据的确定

（1）工程类型：铁路、公路以及其他建筑的加筋土挡土墙。

（2）荷载：根据类型和等级确定墙顶面的活荷载，并进行荷载组合。

（3）所设计的挡土墙类型：初步判断采用路肩式或路堤式，考虑是否浸水，墙体高度、总长度、分段长度等因素影响。

（4）墙面板：选择墙面板形状及材料，初步确定其外形尺寸及与筋带的连接方式。

（5）填料类型：所选填料的情况，填体高度、填料重度、黏结力、内摩擦角、摩擦系数等，初步确定每层填筑的厚度。

（6）筋带：选择筋带材料及形状，确定其允许应力、强度、蠕变性、抗腐蚀性等物理力学性质，以及与墙面板的连接性。根据面板的尺寸及与筋带的连接方式，可初步确定筋带的间距 S_x 和 S_y。

（7）地基情况：勘测地基是土质地基还是岩石地基，基本岩土性质和地质条件，地基承载力，填料重度、黏结力、内摩擦角、摩擦系数等。

进行上述基本数据的选择和确定时，要符合相关规范，还应兼顾施工方法、施工机具等实际情况。

（二）各层面板所受侧向压力、弯矩、板厚等的计算

根据填体的高度和每层填筑的厚度，计算每层深度处面板所受的 σ_{h1i}、σ_{R2i} 及 σ_{hi}，由此确定该层面板上的荷载，计算其弯矩、剪力及其厚度等。将计算结果按层数和每层深度列成表格，以便查找和取值。

（三）计算各层筋带处所受的垂直压应力

根据每层筋带所在深度和墙顶的活荷载的 l_0 和 h_0，计算每层筋带所受的垂直压应力 σ_{v1i}、σ_{v2i} 及 σ_{vi}，将计算结果按层数和每层深度列成表格，以便查找和取值。

（四）拉筋长度、截面积、宽度、根数等计算

根据"0.3H"法确定的破裂面及每层拉筋的拉力 T_i 和抗拔力 S_{fi}，计算每层拉筋的有效长度 L_{ai}（锚固段）和无效长度 L_{fi}（自由段），以及横截面积、宽度、根数等，将计算结果按层数和每层深度列成表格，以便查找或按规范调整或统一其长度。

（五）内部稳定性验算

计算每层面板所受的水平土压力 E_{xi} 及其抗拔力（单根拉筋的摩擦力）S_{fi}，并进行单板抗拔稳定验算，使其稳定系数满足要求。将计算结果按层数和每层深度列成表格，以便进行全墙抗拔稳定验算，使其稳定性满足要求。

（六）全墙抗倾覆稳定性验算

根据地基承载力及相关资料，计算每层的稳定力和倾覆力，将计算结果按层数和每层深度列成表格，以便进行全墙抗倾覆稳定验算，使其稳定性满足要求。

（七）全墙整体滑动稳定性验算

根据地基承载力、地下水及相关资料，验算基底水平滑动性和沿潜在滑面滑动的可能性，根据实际情况选用合适的稳定性分析方法，例如圆弧滑动法，使其稳定系数满足要求。稳定性分析时，还应根据具体情况，确定是否考虑地震力、水的浮力、渗透力等。

第四节 施工工艺及注意事项

加筋土挡土墙的施工较为简单，主要工序包括基槽开挖、地基处理、基础施工、面板安砌、加筋材料铺设、填料采集、摊铺及压实、反滤层及盲沟等排水设施、压顶帽石施工、基础护脚和一些附属设施的施工等，每一个环节都应按设计要求进行，并严格进行质量监控，否则容易产生质量事故。

一、施工工艺流程

加筋挡土墙施工工艺流程如图 11-16 所示。

二、施工工艺

1. 施工准备

加筋土工程施工前应做好以下各项准备工作：

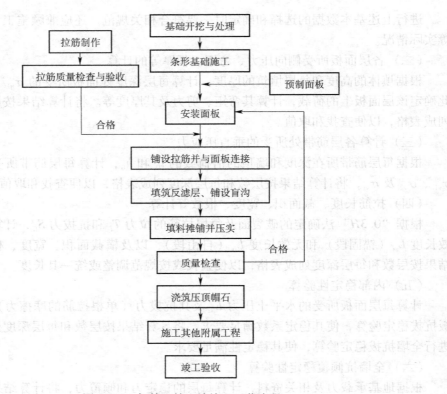

图 11-16 加筋土挡土墙施工工艺流程

（1）熟悉施工图设计文件，熟悉施工现场，核查各类材料数量。

（2）根据现场情况、设计图、工期要求，编制施工组织设计。

（3）施工放线测量，复测纵横断面。

（4）修建临时道路、临时设施、预制场和工地仓库、居住用房，敷设施工用水管路和用电线路。清理挡土墙墙址的场地，铲除有机杂质和树根草丛并碾压平整。

（5）准备材料及机具设备。

（6）人员组织和分工。

（7）准备其他技术质检资料等。

2. 基础开挖及地基处理施工

（1）测量放线

基槽（坑）开挖前，应精确测定墙址处路基中心线，基础主轴及基础开挖线，以便按照设计开挖。

（2）基槽开挖和地基处理

按设计要求开挖至设计高程，槽（坑）底面平面尺寸通常大于基础外缘30cm，并做好防排水工作。挡土墙的地基若为土质时（碎石土、砂性土、黏性土等）应整平夯实。若为风化岩时，应清除风化岩部分，对未风化的岩石面凿成水平台阶，台阶宽度不宜小于0.5m，台阶长度一般不宜小于3m，且其高宽比不大于1：2。若地基承载力较低时，应采取相应的措施进行处理，提高地基承载力，并满足设计要求。当地基为中，强级别膨胀土采取改性措施。

（3）变形缝和沉降缝

加筋土挡土墙必须沿长度方向设置变形缝和沉降缝，两缝合一，统称变形缝，缝宽 2～3cm，从上至下贯通，缝内填充弹性材料。在新旧构筑物衔接处、结构形式变化处、基底高程或承载力变异处均应设置变形缝。设计图中变形缝一般按 10～30m 间距布置，施工中可根据情况予以调整。

（4）基础浇筑

加筋土挡土墙基础一般为现浇混凝土基础，在浇筑混凝土前要经监理、设计等有关部门检查同意后方可浇筑。浇筑混凝土时要控制好基础顶面高程。基础顶面要尽量平整，以便安装面板。

3. 面板的制作与安装

（1）预制场地的平整及布置

根据施工地点、预制板的数量，确定预制场地的位置、大小，平整预制场场地。

（2）模型加工、安装及维护

模型应表面光滑平整，边长误差 ±1mm，对角线误差 ±1.5mm，平整度误差 ±0.5mm，预留孔误差 ±1mm。浇注混凝土前必须涂刷脱模剂，脱模剂应选用使混凝土不变色的材料。模型安装完毕后，应保持位置正确。浇注时，发现模型有超过允许偏差变形值的可能时，应及时纠正。模型与钢筋安装工作应配合进行，将外模安装好后进行钢筋笼的安装，最后安装内蕊模型。模型使用后，应将板面残留的混凝土用平刮刀清除干净，注意不要将板面刮伤。模型使用后，如肋边发生翘曲、弯折，板面发生变形时，应在清理时矫正平直，开焊处要补焊牢固。

（3）钢筋制作与绑扎

钢筋制作前应保证其表面无油渍、漆皮、鳞锈等其他杂质。成盘的钢筋和弯曲的钢筋均应调直。采用冷拉法调直时，Ⅰ级钢筋的冷拉率不大于 0.2%。钢筋下料采用钢筋切断机下料。钢筋的弯制和末端的弯钩制作必须符合设计要求。钢筋制作要求形状正确，平面上无翘曲现象，弯曲点处不得有裂缝。钢筋制作完以后，应挂标示牌。钢筋绑扎前必须熟悉施工图纸，熟悉钢筋的位置。钢筋的接头一般采用绑扎，地梁构件主筋接头采用焊接，施工时注意接头应不在同一平面位置，同一截面接头数应大于同截面的 30%。底模与钢筋骨架之间设置同级混凝土垫块，以确保钢筋保护层符合设计要求。

（4）面板混凝土施工

面板一般采用 C25 混凝土，浇筑时要准确计量拌和，粗骨料选用 1～3cm 碎石，坍落度 3～5cm，用插入式或平板捣固器振捣密实，边角部分配合人工捣固。混凝土浇筑完成后，在规定的时间内洒水并用草帘覆盖养护。预制面板应表面平整、外光内实，外形轮廓清晰，齿口分明。在预制前及预制过程中，随时检查模型尺寸及半成品质量。预留孔是关键受力部位，孔的棱角应圆滑光洁，严禁人为修凿，在预制件达一定的强度，经检查合格后，方可继续生产。一批面板预制成型，并达一定的强度后，搬运至堆放点放置，面板按不同型号分开堆放。

（5）安装面板

在条形基础顶面上准确划出面板的外缘线和墙面板长度分段线，面板采用人工或机械吊装就位，安装时单块面板的倾斜度可内倾 1/100～1/200 用于压实后面板在侧向压力下的变形值，具体可根据施工实际情况进行调整。相邻面板水平误差不大于10mm，轴线偏差每20延米不大于10mm。除排水干缝外，水平缝及竖缝填满砂浆，缝宽1.0cm，安装完整后，统一勾出平凹缝。墙身水平方向每隔3.0m，墙高方向每隔3.0m留一道竖向干砌缝，缝宽1.0cm，代替泄水孔。面板间严禁采用坚硬石子或铁片支垫以免造成应力集中损坏面板。水平及坡面误差应逐层调整，不能等误差累积过大后再作调整。

（6）包裹式加筋土挡土墙整体式护墙施工宜在包裹式加筋土体完工后，现场立模浇筑；墙面也可采用预制，施工时则先将墙面板吊装就位，用临时支架固定，再在墙面板后填筑包裹式加筋土墙体。

4. 加筋体施工

（1）加筋土挡土墙拉筋的品种、规格、尺寸、性能应符合设计要求和现行规范的规定。土工合成材料拉筋进场后应取样检验，并妥善保管，严禁暴晒。施工过程中，应随铺设随填筑，尽量减少拉筋在阳光下直接暴晒的时间。

（2）钢筋混凝土筋带制作

拉筋通常采用C20细石混凝土预制，由于预制的数量较多，最好使用钢模板施工。在浇注拉筋混凝土时应检查钢筋位置是否正确，以保证受力均匀和有足够的保护层厚度，应加强捣固。拉筋表面只需稍加抹平即可，不必光滑，以增加拉筋的摩擦作用。拉筋的搬运，需待混凝土强度达到70%以上时方可进行，搬运时必须注意两个吊点位置应距两端约1/4筋条长度，同时应将拉筋侧面立起，以增大抗弯能力。严禁的拉筋端部单点吊装，以免放平时弯矩较大，导致拉筋断裂。拉筋的堆放，应选择平整的场地，拉筋平放时，上部堆放不宜超过20层，侧面立放时不宜超过15层。拉筋拼装时，混凝土强度必须达到设计要求。凡因本身质量问题或在搬运过程中造成了拉筋破损或开裂，均不得使用。拉筋铺设时，应按设计要求由单根拉筋节组成，底面应与经过夯实达到规定密实度的填土相密贴，不得有悬空现象，否则应铲平或用砂找平，以保证受力均匀，防止断裂并产生足够的抗拉力。拉筋通常设计为垂直面板水平放置，有时也可设计为任意角度，但所有的拉筋不应有直接接触现象，以保证拉筋上下两面与填土接触，均能产生摩擦力。拉筋铺设完毕后，填土应逐步向前推进，任何车辆及机具严禁在没有填土的拉筋上通过。拉筋内主筋的连接，均应按设计要求保证其焊缝长度的质量。防腐处理的沥青麻布和沥青玻璃纤维布宜与钢筋裹紧密贴，外包的沥青砂浆施工时边上应立模，浆体倒入后必须夯实以保证柔性防护层的作用。如设计采用土工带，需严格按设计要求的技术指标购置产品。

（3）筋带铺设

面板安装、填料整平后，压上筋带，从面板处开始铺放，保证与面板连接位置准确，从垂直面板往后铺至设计长度。拉筋的长度、位置、间距、层数、铺设形成以及包裹式挡土墙压载体后拉筋回折宽度应符合设计要求。拉筋的铺设应符合下列规定：

①拉筋在平面上的布置，应垂直于墙面板，土工格栅拉筋筋材强度大的方向垂直于墙面。

②拉筋应水平铺设在有1%~3%仰坡的填层上，底部应与填土密贴。

③连续铺设的拉筋，接头位置于其尾部。

④条带式拉筋尾部宜用拉紧器拉紧，各拉筋的拉力应大体均匀。

⑤对拉式加筋土挡土墙的条带筋材同一层位相互交错时，应尽量错开，避免重叠，不

能用一整根筋材代替。

⑥满铺的拉筋铺设时，应绷紧、铺平，中间每隔 1～2m 梅花形布置 U 型卡或卡钉固定，不应褶皱或损坏，可以在中部重叠但不能连接，应用厚度不小于 0.05m 的填料隔开；上、下层拉筋应错缝铺设。

⑦土工格栅拉筋之间的接缝不能敞开，横向幅间应适当搭接，搭接宽度应符合设计要求。

每层拉筋带铺设后，检查筋带外观质量、长度、根数、筋带与预留孔的连接、松紧度、铺设间距，符合设计及施工规范要求后，方可进行上层填料的填筑。

（4）填土压实

按设计要求选用的填料选定取土点，取样分别做天然含水量、天然密度、液限、塑限及颗粒分析试验，并确定最大干密度和最佳含水量，为碾压提供压实度控制标准。根据填料类型，选用合适的机械，确定最经济的碾压遍数。碾压由筋带中部开始，逐渐向筋带尾部进行，最后碾压靠近面板部位，但离面板 1.5m 范围内须使用 1.5t 压路机碾压，以防止面板被挤出。碾压轮迹重叠 1/3～1/4，顺墙面线方向进行，禁止急剧变向或变速。墙后 1.5m 范围内，不应有大型机械行驶。

该层加筋体施工完毕后，对工程质量进行检查，合格以后才能进行下一层面板的安装和加筋体的施工。

三、施工中应注意的问题

（一）基础处理问题

加筋土工程一般都置于土质地基上，而面板基础一般都进行了处理，这就导致面板和筋床基础不同而发生不均匀沉降。为了减少二者沉降差异，常用的有片（碎）石垫层或用灰土加固处理加筋体基底，效果较好，造价也低。

（二）关于内摩擦角 φ 值的问题

施工时首先应对所使用填料内摩擦角进行土工试验实测，看与设计的值是否相符，若与设计不符合应告知设计单位修改设计，或者改良填料使之达到设计要求值。内摩擦角是加筋土工程设计中一项极为重要的设计参数，它对筋带的长度和数量有直接影响，对挡土墙内、外部稳定验算也有着重要的影响。而在设计阶段，一般都难以对填料的该值进行实测，往往采用设计规范推荐值进行设计。若实际填料值与设计要求相差较大，往往会出现工程质量事故。施工时应对此加以重视。

（三）压实厚度及密度问题

施工应按规范和设计要求，严格分层压实。压实厚度应在现场设明标志，严禁超标。密实度逐层检测，未达到要求必须坚决返工。特别是级配较差的砂卵石，碎石土的压实及检测均较困难，根据实践经验，提出碾压遍数要求是必要的。在工程实践中，分层厚度过大，密实度达不到要求的问题很容易出现，其后果虽然挡土墙不一定会垮，但会出现过大的沉降量，引起面板倒向不均匀，破坏了加筋土外形的美观，发生工程事故。

（四）填料的横坡问题

这是一个被大多数施工单位忽视的重要问题。《公路加筋土工程施工技术规范》JTJ 035—91 规定填料有 3% 的横坡，其作用是利于施工中不积水，更重要的作用是减少面板与填料发生不均匀沉降引起的附加压力。

（五）施工排水问题

加筋土施工主要是土方回填，施工排水尤为重要。其要求一是降雨应采取常规措施予以遮盖或及时排走；二是如有地下水应采取盲沟或滤水管即时排走。施工排水不好会导致土中含水量大而达不到设计要求的密实度，还造成填料饱和（尤其是黏土），其 c、ϕ 值降低，侧向压力成倍增加，承载力降低，引起过大的面板变形。

（六）筋带与面板连接问题

加筋土工程的筋带（土工带）与面板的连接常用以下两种方式连接，这两种方法都有一些须注意的地方，以免留下隐患。一种是面板预埋钢拉环，筋带直接从钢拉环中穿过折回即完成连接。其隐患是钢筋直径太小，一般为 $12 \sim 16$mm，筋带穿过弯曲半径太小，筋带受力集中，易破损断裂。解决的办法是在钢拉环上设专用的高强度塑料套管，其直径为 $25 \sim 40$mm，这样既增大了弯曲半径又解决了钢环腐蚀问题；另一种是面板预留混凝土孔，筋带从其中穿过折回完成连接，其隐患是预留孔不圆滑光洁对筋带损伤很大。解决的办法可采用在筋带与孔接触部位垫砂浆或垫其他塑料、橡胶、土工布等。

（七）质量控制和检测

加筋土工程施工中应对加筋材料、加筋材料铺设、填料压实以及地基处理、防排水、面板安装等各工序的工程质量进行严格控制。加筋材料及其他原材料每当运到工地，应立即进行外观检查和抽样检测。加筋材料铺设质量、填料压实质量的控制关键在现场。为保证加筋土施工质量，防止工程事故，必须严格质量标准，逐条执行。具体检测内容可参照相关技术规范。

第五节 加筋土挡土墙算例

（一）设计资料

拟在某黄土地区的二级公路上修建一座路堤式加筋挡土墙。据调查，挡土墙不受浸水影响，已确定挡土墙全长为 60m，沉降缝间距采用 20m，挡土墙高度 12m，顶部填土 0.6m，其计算断面如图 11-17 所示。

已知各项计算资料汇列如下：

1. 路基宽度：12m，路面宽度：9.0m；

2. 荷载标准：公路－Ⅱ级；

3. 面板规格：1.0m×0.8m 十字型混凝土板，板厚200mm，混凝土强度等级C20；

4. 筋带：采用聚丙烯土工带，带宽为18mm，厚1.0mm，断裂极限强度标准值 $f_k = 220$MPa（算例设定值，非土工加筋带标准 JT/T 517 中的产品规格数值），似摩擦系数 $f' = 0.4$；

5. 筋带结点间距：水平间距 $S_x = 0.42$m，垂直间距 $S_y = 0.40$m；

6. 填料：黄土，重度 $\gamma_1 = 20.00$kN/m³，内摩擦角 $\varphi = 25°$，黏聚力 $c' = 50$kPa，综合内摩擦角 $\varphi_0 = 30°$；

7. 地基：老黄土，重度 $\gamma = 22.00$kN/m³，内摩擦角 $\varphi = 30°$，黏聚力 $c' = 55$kPa，地基承载力特征值 $f_a = 500$kPa；

8. 墙体采用矩形断面，加筋体宽为 10.0m；

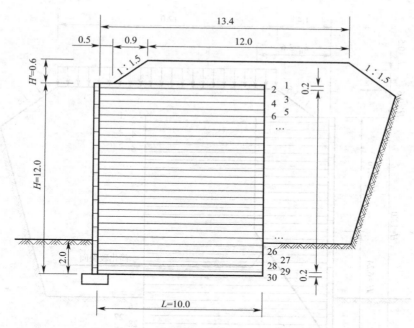

图 11-17 加筋土挡土墙算例断面尺寸图 (尺寸单位: m)

9. 墙顶填料与加筋土填料相同。

试按荷载组合Ⅱ进行结构计算。

(二) 内部稳定性计算

本例加筋土挡土墙墙高不大于 12m, 内部稳定性可采用应力分析法计算, 未采用总体平衡法进行补充验算。

1. 筋带受力计算

(1) 加筋体上填土重力换算为等代均布土层厚度 h_1 的计算

由图 11-17 知: $H = 12.0$m, $b_b = 0.5$m, $m = 1.5$, $H' = 0.6$m, 按公式 (11-8):

$$h_1 = \frac{1}{m}\left(\frac{H}{2} - b_b\right) = \frac{1}{1.5} \times (6.0 - 0.5) = 3.67\text{m}$$

因 $h_1 = 3.67$m $> H' = 0.6$m, 故取 $h_1 = H' = 0.6$m。

(2) 车辆荷载换算为等代均布土层厚度 h_0 的计算

因墙高 $H = 12$m > 10m, 故取 $q = 10$kN/m³, 则 $h_0 = q/\gamma = 10/20 = 0.5$m。

(3) 筋带所受拉力计算

本算例中, 筋带所受拉力包括三部分, 即车辆荷载、墙顶路堤填土和墙后填料引起的筋带拉力 (图 11-18), 计算结果见表 11-9。

其中, 土压力系数 K_i 按式 (11-10)、式 (11-11) 计算; 车辆荷载扩散宽度 L_{ci}、车辆附加荷载引起的水平土压应力 σ_{ai} 按式 (11-16) 计算; 墙顶填土引起的水平土压应力 σ_{bi} 按式 (11-14) 计算; 墙背填土引起的水平土压应力 σ_{zi} 按式 (11-12) 或式 (11-13) 计算; 筋带所承受的水平拉力 T_i 按式 (11-31) 计算。

2. 内部稳定计算

(1) 筋带设计断面计算

已知筋带断裂强度标准值 f_k 为 220MPa, 筋带厚度为 1mm, 查表 11-8, 取筋带抗拉计

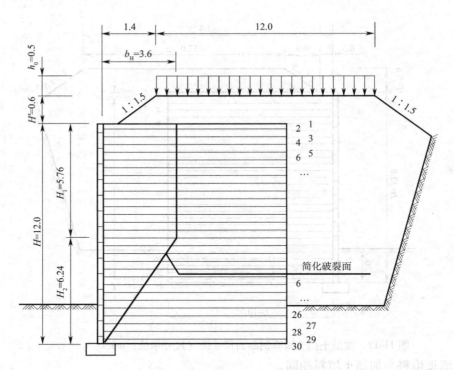

图 11-18 筋带计算图式（尺寸单位：m）

算调节系数 $\gamma_{R2} = 2.8$，筋带抗拉性能分项系数 $\gamma_f = 1.25$，按本细则公式（11-34）计算，计算结果见表 11-10。

（2）筋带长度计算

按式（11-9）、式（11-31）、式（11-32）计算各层筋带在活动区、锚固区的长度及总长。当已初步拟定了筋带总长度时，也可直接验算其抗拔稳定系数。本例设加筋体为矩形断面，各层筋带长度均为 10.0m。

1）计算加筋体简化破裂面的尺寸（图 11-18）

简化破裂面的垂直部分距面板背部的水平距离为：$b_H = 0.3H = 12 \times 0.3 = 3.6m$

简化破裂面下段高度：$H_2 = b_H \tan (45° + \varphi/2) = 3.60 \times \tan (45° + 15°/2) = 6.24m$

简化破裂面上段高度：$H_1 = H - H_2 = 12.0 - 6.24 = 5.76m$

2）筋带抗拔稳定计算

按细则[①]第 12.3.15 条的规定，当荷载组合Ⅱ时，筋带抗力计算调节系数 $\gamma_{R1} = 1.4$。可列表（见表 11-11）计算各层筋带的作用效应组合值和抗力值。

由表 11-11 知，除第一层筋带外，其余各层筋带的作用效应组合值均小于抗力值，满足筋带抗拔稳定的需要。第一层筋带的抗力值小于作用效应组合值，则应相应地增大筋带的总宽度，计算方法是利用公式（11-34），反求 b_i。

即：

$$b_i = \frac{\gamma_0 \gamma_{Q1} \gamma_{R1} \left(\sum \sigma_{Ei}\right) S_x S_y}{2f' \sigma_i L_{ai}}$$

① 《公路挡土墙设计与施工技术细则》

由本算例表 11-9：

$$\gamma_0 \gamma_{Q1} \left(\sum \sigma_{Ei} \right) S_x S_y = 2.95$$

则：

$$b_i = \frac{2.95 \gamma_{R1}}{2 f' \sigma_i L_{ai}} = \frac{2.95 \times 1.4}{2 \times 0.4 \times 16 \times 6.4} = 0.0504\text{m} = 50.4\text{mm}$$

所需的筋带根数为：

$$n = \frac{50.4\text{mm}}{18\text{mm}} = 2.8$$

根据抗拉和抗拔要求得到各层筋带的总宽度后，还需按构造要求调整聚丙烯土工加筋带的根数，重新对各层筋带进行抗拉和抗拔稳定性验算，见表 11-12。

由于墙高等于 12m，故取分项系数均为 1，按下式计算全墙抗拔稳定系数：

$$K_b = \frac{\sum T_{Pi}}{\sum T_i} = \frac{6291.88}{246.44} = 25.53 \geqslant 2$$

满足对全墙抗拔稳定性的规定。

（三）外部稳定性计算

1. 基础底面地基应力验算

按细则第 12 章的规定，路堤式挡土墙上车辆附加荷载的布置范围为路基全宽度，地基应力验算时的作用力系见图 11-19。

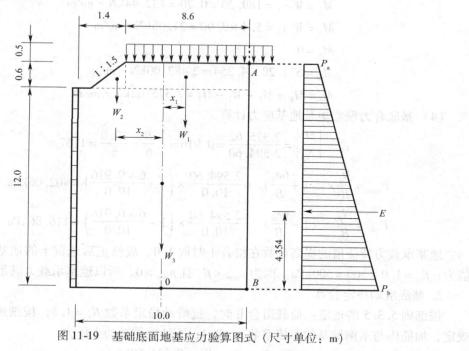

图 11-19 基础底面地基应力验算图式（尺寸单位：m）

按细则第 5 章的规定，地基应力验算时，地基上的作用效应采用正常使用极限状态下的标准组合，地基承载力采用特征值。

作用于地基的力系计算如下：

（1）基底面上垂直力 N

由图 11-16 算出各填土分块的重量

$$W_1 = 8.60 \times (0.50 + 0.60) \times 20.00 = 189.20 \text{kN/m}$$

$$W_2 = 0.90 \times 0.60 \times 0.5 \times 20.00 = 5.40 \text{kN/m}$$

$$W_3 = 10.00 \times 12.00 \times 20.00 = 2\,400.00 \text{kN/m}$$

基底面上垂直力 N_j 为：

$$N_j = W_1 + W_2 + W_3 = 2\,594.60 \text{kN/m}$$

（2）墙背 AB 上水平土压力 E

路基顶面 A 点处水平土压应力：

$$P_a = 20.00 \times 0.5 \times \tan^2\left(45° - \frac{30°}{2}\right) = 3.333 \text{kPa}$$

基底面 B 点处水平土压应力：

$$P_a = 20.00 \times (0.50 + 0.60 + 12.00) \times 0.333 = 87.333 \text{kPa}$$

水平土压力：

$$E = 3.333 \times 12.60 + 84.000 \times 12.60 \times 0.5 = 42.00 + 529.20 = 571.20 \text{kN/m}$$

水平土压力作用点：

$$y = (3.333 \times 12.60 \times 6.30 + 84.000 \times 12.60 \times 0.5 \times 4.20)/571.20 = 4.354 \text{m}$$

（3）求各力对基底重心 O 点的力矩

$$M_1 = W_1 x_1 = 189.20 \times 0.70 = 132.44 \text{kN} \cdot \text{m/m}$$

$$M_2 = W_2 x_2 = 5.4 \times 3.90 = 21.06 \text{kN} \cdot \text{m/m}$$

$$M_3 = 0$$

$$M_E = 571.20 \times 4.354 = 2\,487.00 \text{kN} \cdot \text{m/m}$$

$$M_j = M_E + M_2 - M_1 - M_3 = 2\,375.62 \text{kN} \cdot \text{m/m}$$

（4）基底合力偏心矩及地基应力计算

$$e_0 = \left|\frac{M_j}{N_j}\right| = \frac{2\,375.62}{2\,594.60} = 0.916\text{m} < \frac{B}{6} = \frac{10.0}{6} = 1.67\text{m}$$

$$P_{max} = \frac{N_j}{B} \times \left(1 + \frac{6e_0}{B}\right) = \frac{2\,594.60}{10.0} \times \left(1 + \frac{6 \times 0.916}{10.0}\right) = 402.06 \text{kPa}$$

$$P_{min} = \frac{N_j}{B} \times \left(1 - \frac{6e_0}{B}\right) = \frac{2\,594.60}{10.0} \times \left(1 - \frac{6 \times 0.916}{10.0}\right) = 116.86 \text{kPa}$$

地基承载力特征值的提高系数在组合Ⅰ时取 1.0，故修正后老黄土的地基承载力特征值为：$f'_a = 1.0 \times 500 = 500 \text{kPa}$。因为 $p_{max} < f'_a$ 且 $p_{min} > 0$，所以地基承载力满足要求。

2. 基底滑动稳定验算

按细则 5.3.5 的规定：荷载组合Ⅱ时，抗滑动稳定系数 $K_c = 1.3$；按细则表 5.3.2 的规定，加筋体与本例地基的摩擦系数 $\mu = 0.4$；不计墙前被动土压力。

$$G = W_1 + W_2 + W_3 = 2\,594.60 \text{kN/m}$$

（1）滑动稳定方程

$$1.1 (M_1 + M_2 + M_3) - 1.4 M_E = 1.10 \times 2\,594.60 \times 0.4 - 1.4 \times 571.20$$
$$= 341.94 \text{kN/m} > 0$$

（2）抗滑动稳定系数

$$K_c = \frac{0.4 \times 2\,594.60}{571.20} = 1.82 > 1.3$$

由上（1）、（2）验算结果知：加筋体基底滑动稳定验算符合本细则第 5.3.1 条的规定。

3. 倾覆稳定验算（图 11-20）

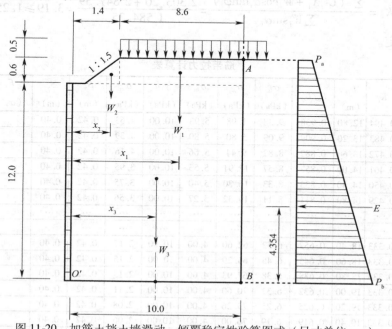

图 11-20 加筋土挡土墙滑动、倾覆稳定性验算图式（尺寸单位：m）

作用于墙体的力系与基底滑动验算时相同。按本细则表 5.3.5 的规定，当为荷载组合 II 时，要求的倾覆稳定系数 $K_0 = 1.5$；不计墙前被动土压力。

（1）求各力对墙趾 O' 点的力矩

$$M_1 = W_1 x_1 = 189.20 - 0.50 \times 8.60 \times 20.0 \times 5.70 = 1\,078.44\,\text{kN} \cdot \text{m/m}$$

$$M_2 = W_2 x_2 = 5.40 \times 1.10 = 5.94\,\text{kN} \cdot \text{m/m}$$

$$M_3 = W_3 x_3 = 2\,400.00 \times 5.0 = 12\,000.00\,\text{kN} \cdot \text{m/m}$$

$$M_E = E_y = 571.20 \times 4.354 = 2\,487.00\,\text{kN} \cdot \text{m/m}$$

（2）倾覆稳定方程

$$0.8\,(M_1 + M_2 + M_3) - 1.4 M_E = 0.8 \times 13\,084.38 - 1.4 \times 2487.00$$

$$= 6958.70\,\text{kN} \cdot \text{m/m} > 0$$

（3）倾覆稳定系数

$$K_0 = \frac{\sum M_y}{\sum M_0} = \frac{M_1 + M_2 + M_3}{M_E} = \frac{13\,084.38}{2\,487.00} = 5.25 > 1.5$$

由上（1）、（2）验算结果显示：加筋体的抗倾覆稳定性符合细则第 5.3.4 条的规定。

4. 整体滑动稳定验算

按细则公式（11-47）计算。由经验得知，设定圆弧滑动面时，最不利圆心位置常位于图 11-18 所示的 XOY 象限内，但较精确的位置需试算确定。一般可采用网格法，逐步逼近最不利圆心位置，求出其整体滑动稳定系数 K_s，$K_s > 1.25$ 时，方符合本节的规定。

本例未列出最不利圆心的求解全过程，仅按图 11-21 中的一种圆心及对应圆弧滑动面计算整体滑动稳定系数，计算过程列于表 11-9 至表 11-13。

整体滑动稳定系数：

$$K_s = \frac{\sum (C'_i X_i + W_i \cos\alpha_i \tan\varphi_i)}{\sum W_i \sin\alpha_i} = \frac{2303.20 + 2847.39}{1584.35} = 3.19 \geqslant 1.25$$

符合规定。

筋带拉力计算表　　　　　　　　　　　　　　　　　　　　　　表 11-9

筋带层数	z_i (m)	K_i	L_{ci} (m)	L_c/L_{ci}	σ_{fi} (kPa)	σ_{zi} (kPa)	σ_{bi} (kPa)	$\gamma_1 h$ (kPa)	σ_{ai} (kPa)	S_x (m)	S_y (m)	$E_i = \gamma_{Q1}\gamma_0 S_x S_y \times (\sigma_{zi}+\sigma_{bi}+\sigma_{ai})$ (kN)
1	0.20	0.494	12.80	0.938	9.38	1.98	5.93	10.00	4.63	0.42	0.40	2.95
2	0.60	0.483	13.20	0.909	9.09	5.80	5.80	10.00	4.39	0.42	0.40	3.76
3	1.00	0.472	13.60	0.882	8.82	9.44	5.66	10.00	4.16	0.42	0.40	4.53
4	1.40	0.461	14.00	0.857	8.57	12.91	5.53	10.00	3.95	0.42	0.40	5.27
5	1.80	0.450	14.40	0.833	8.33	16.20	5.40	10.00	3.75	0.42	0.40	5.96
6	2.20	0.429	14.80	0.811	8.11	19.32	5.27	10.00	3.56	0.42	0.40	6.62
…	…	…	…	…	…	…	…	…	…	…	…	…
…	…	…	…	…	…	…	…	…	…	…	…	…
24	9.40	0.333	18.40	0.652	6.52	62.60	4.00	10.00	2.17	0.42	0.40	16.17
25	9.80	0.333	18.60	0.645	6.45	65.29	4.00	10.00	2.15	0.42	0.40	16.80
26	10.20	0.333	18.80	0.638	6.38	67.93	4.00	10.00	2.13	0.42	0.40	17.42
27	10.60	0.333	19.00	0.632	6.32	70.60	4.00	10.00	2.11	0.42	0.40	18.04
28	11.00	0.333	19.20	0.625	6.25	73.26	4.00	10.00	2.08	0.42	0.40	18.66
29	11.40	0.333	19.40	0.619	6.19	76.00	4.00	10.00	2.06	0.42	0.40	19.30
30	11.80	0.333	19.60	0.612	6.12	78.59	4.00	10.00	2.04	0.42	0.40	19.90

注：$\gamma_{Q1} = 1.40$，墙高 $H > 5.0$m 时，$\gamma_0 = 1.00$。

筋带断面计算表　　　　　　　　　　　　　　　　　　　　　　表 11-10

筋带层数	筋带拉力 $\gamma_0 T_{iD}$ (kN)	筋带断面积 A_i (mm²)	筋带总宽度 b_i (mm)
1	2.95	46.9	46.9
2	3.76	59.8	59.8
3	4.53	72.1	72.1
4	5.27	83.8	83.8
5	5.96	94.8	94.8
6	6.62	105.3	105.3
…	…	…	…
…	…	…	…
24	16.17	257.3	257.3
25	16.80	267.3	267.3
26	17.42	277.1	277.1
27	18.04	287.0	287.0
28	18.66	296.9	296.9
29	19.30	307.0	307.0
30	19.90	316.6	316.6

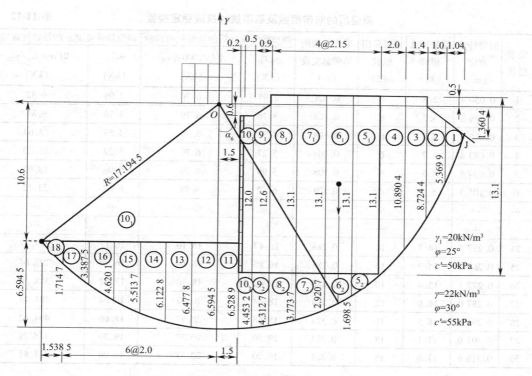

图 11-21　整体滑动稳定验算图式（尺寸单位：mm）

筋带抗拔稳定计算表　　　　　　　　　　表 11-11

筋带层数	z_i (m)	筋带总长度 L_i(m)	活动区筋带长度 L_{fi}(m)	锚固区筋带长度 L_{ai}(m)	按抗拉条件计算的筋带总宽度 b_i(m)	γ_{zi} (kPa)	h_1	γh_1 (kPa)	$\sigma_1 = \gamma_{zi} + \gamma h_1$ (kPa)	$\gamma_0 T_{i0} = \gamma_{Q1}\gamma_0 S_x S_y \times (\sigma_{zi} + \sigma_{bi} + \sigma_{ai})$ (kN)	$T_{Pi}/\gamma_{R1} = 2f'\sigma_i b_i L_{ai}/\gamma_{R1}$ (kN)
1	0.20	10.00	3.60	6.40	0.046 9	4.00	0.6	12.00	16.00	2.95	2.73
2	0.60	10.00	3.60	6.40	0.059 8	12.00	0.6	12.00	24.00	3.76	5.25
3	1.00	10.00	3.60	6.40	0.072 1	20.00	0.6	12.00	32.00	4.53	8.44
4	1.40	10.00	3.60	6.40	0.083 8	28.00	0.6	12.00	40.00	5.27	12.26
5	1.80	10.00	3.60	6.40	0.094 8	36.00	0.6	12.00	48.00	5.96	16.64
6	2.20	10.00	3.60	6.40	0.105 3	44.00	0.6	12.00	56.00	6.62	21.57
…	…	…	…	…	…	…	…	…	…	…	…
…	…	…	…	…	…	…	…	…	…	…	…
24	9.40	10.00	1.50	8.50	0.257 3	188.00	0.6	12.00	200.00	16.17	249.98
25	9.80	10.00	1.27	8.73	0.267 3	196.00	0.6	12.00	208.00	16.80	277.36
26	10.20	10.00	1.04	8.96	0.277 1	204.00	0.6	12.00	216.00	17.42	306.45
27	10.60	10.00	0.81	9.19	0.287 0	212.00	0.6	12.00	224.00	18.04	337.60
28	11.00	10.00	0.58	9.42	0.296 9	220.00	0.6	12.00	232.00	18.66	370.78
29	11.40	10.00	0.35	9.65	0.307 0	228.00	0.6	12.00	240.00	19.30	406.29
30	11.80	10.00	0.12	9.84	0.316 6	236.00	0.6	12.00	248.00	19.90	441.49

调整后的筋带根数及筋带抗拉抗拔稳定检验　　　　　　　　　表 11-12

筋带层数	筋带计算宽度（m）	筋带计算根数（根）	筋带采用根数（根）	采用根数的筋带总宽度（m）	调整筋带宽度后的筋带抗拉检验		调整筋带宽度后的筋带抗拔检验	
					$\gamma_0 T_{i0}$（kN）	$A_i f_k / 1000 \gamma_f \gamma_{R2}$（kN）	$\gamma_0 T_{i0}$（kN）	$2f'\sigma_i b_i L_{ai}/\gamma_{R1}$（kN）
1	0.050 4	2.8	6	0.108	2.95	6.79	2.95	6.32
2	0.059 8	3.3	6	0.108	3.76	6.79	3.76	9.84
3	0.072 1	4.1	6	0.108	4.53	6.79	4.53	12.63
4	0.083 8	4.7	6	0.108	5.27	6.79	5.27	15.60
5	0.094 8	5.3	6	0.108	5.96	6.79	5.96	18.96
6	0.105 3	5.9	6	0.108	6.62	6.79	6.62	22.12
...	...	...	...	...	...	...	...	...
...	...	...	...	...	...	...	...	...
24	0.257 3	14.3	16	0.288	16.17	18.10	16.17	279.77
25	0.267 3	14.9	16	0.288	16.80	18.10	16.80	298.84
26	0.277 1	15.4	16	0.288	17.42	18.10	17.42	318.50
27	0.287 0	16.0	18	0.324	18.04	20.37	18.04	381.13
28	0.296 9	16.5	18	0.324	18.66	20.37	18.66	404.62
29	0.307 0	17.1	18	0.324	19.30	20.37	19.30	428.79
30	0.316 6	17.6	18	0.324	19.90	20.37	19.90	451.81

整体滑动稳定验算表（圆心设为 O 点）　　　　　　　　　表 11-13

土条编号	土条重量 W_i（kN）	土条重心至圆心水平距离（m）	α_i（°）	X_i（m）	φ_i（°）	c'_i（kPa）	$c'_i X_i$（kPa）	$W_i \cos\alpha_i \tan\varphi_i$（kN）	$W_i \sin\alpha_i$（kN）
1	55.85	16.45	73.08	4.81	25	50	240.50	7.58	53.43
2	140.94	15.56	64.81	2.41	25	50	120.50	27.97	127.54
3	274.61	14.37	56.69	2.58	25	50	129.00	70.32	229.49
4	479.81	12.67	47.46	2.98	25	50	149.00	151.27	353.52
5	603.47	10.60	38.06	2.74	30	55	150.70	274.34	372.04
6	672.54	8.46	29.47	2.48	30	55	136.40	338.05	330.87
7	721.62	6.32	21.57	2.31	30	55	127.05	387.46	265.29
8	754.54	4.17	14.04	2.22	30	55	122.10	422.61	183.05
9	308.18	2.65	8.87	0.91	30	55	50.05	175.79	47.52
10	237.16	1.85	6.17	0.71	30	55	39.05	136.13	25.49
11	216.54	0.75	2.50	1.50	30	55	82.50	124.89	9.44
12	287.59	-1.0	-3.33	2.00	30	55	110.00	165.76	-16.71
13	277.21	-2.99	-10.01	2.03	30	55	111.65	157.61	-48.18
14	256.00	-4.98	-16.84	2.09	30	55	114.95	141.46	-74.16
15	222.94	-6.97	-23.91	2.19	30	55	120.45	117.67	-90.36
16	176.16	-8.95	-31.37	2.35	30	55	129.25	86.84	-91.71
17	112.24	-10.89	-39.30	2.61	30	55	143.55	50.15	-71.10
18	29.02	-12.51	-46.68	2.30	30	55	126.50	11.49	-21.11
						Σ	2203.20	2847.39	1584.35

第十二章 抗滑桩设计

第一节 概述

抗滑桩是穿过滑坡体深入并嵌固到稳定的滑床的桩柱。抗滑桩对滑坡的作用是利用稳固地层对桩的抗力来平衡滑坡体对桩的推力。当滑坡体下滑时受抗滑桩的阻抗，使得桩前滑坡体达到稳定状态。

抗滑桩主要是用作稳定滑坡，加固山体及加固其他特殊路基。

抗滑桩的设置应保证提高滑坡体的稳定系数达到规定的安全值，滑坡体不越过桩顶或从桩间滑动，不产生新的深层滑动。

（一）结构类型

根据边坡形态及治理的要求，抗滑桩类型已由简单的单排抗滑桩衍生出许多抗滑桩（组合）结构。常用的抗滑桩结构类型有以下几种，如图 12-1。

（1）单（双）排抗滑桩，它是早期抗滑桩结构的主要形式。双排抗滑桩的间距应根据边坡滑动体大小和滑动面形态而定，如图 12-1（a）。

（2）椅式桩墙——它是由前桩、后桩、承台、上墙和拱板等部分组成，横剖面类似 h 形排架式抗滑桩。其工作原理是利用拱板支撑滑动岩土体，拱板推力通过前（后）桩传递至稳定岩土体中，由刚性承台将前后桩联接成框架，能够承受较大的弯矩，但桩壁应力较小，因而在软弱土层中更显示出其优越性，如图 12-1（b）。

（3）门形刚架桩——内桩受拉、外桩受压，内桩、外桩通过刚性横梁联接，形成协同工作受力状态。能承受较大的推力，如图 12-1（c）。

（4）排架抗滑桩——其受力同门形刚架桩，每排由两根竖向桩和一根横梁组成。如图 12-1（d）。

（5）h 形排架抗滑桩——其受力同门形刚架桩，仅内桩向上延长，起到收坡作用，适合于整治路堤滑坡，如图 12-1（e）。

（6）预应力锚索抗滑桩——由桩与预应力锚索（杆）组成。由于锚索的拉力作用，改变了桩的受力状态和单纯靠桩侧向地基反力抵抗滑坡的推力的抗滑形式，如图 12-1（f）。

（7）微型桩群加锚索——轻型抗滑结构，由预应力锚索、微型抗滑桩（每根桩内放钢筋或钢轨，桩内注水泥砂浆）和桩顶混凝土 L 形压顶梁组成。

（二）单桩的类型

（1）按受力状态分：

水平受荷桩——主要承受水平荷载。

水平及竖向受荷桩——承受水平和竖向荷载。

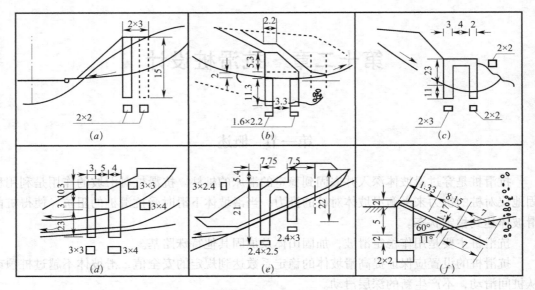

图 12-1　抗滑桩结构类型（尺寸单位：m）

（2）按材料分：

钢筋混凝土桩——灌注混凝土桩和预制混凝土桩。

钢桩——钢管及钢管中加 H 形型钢桩、钢轨及钢板桩。

（3）按施工方法分：挖孔桩、打入桩、钻孔插入桩、沉井桩。

（4）根据对周围土层的影响分：非挤土桩、挤土桩、部分挤土桩。

（5）按断面形式分：圆形桩、矩形桩（等截面和变截面）、方桩。

（6）按埋置情况分：全埋式和悬臂式。

（7）按桩顶固定情况分：桩顶固定式（与钢筋混凝土承台联结）、桩顶自由式。

第二节　抗滑桩构造

一、构造要求和结构构件的基本规定

（一）构造要求

（1）受力主筋混凝土保护层厚度不应小于 60mm（《铁路路基支挡结构设计规范》规定不应小于 70mm），箍筋和构造钢筋的保护层厚度不应小于 15mm。抗滑桩一般设有护壁，当无特殊要求时，可不做裂缝宽度检算，也不采用防裂构造措施。

（2）当计算钢筋的抗拉强度时，普通受拉钢筋的锚固长度 l_a 按《混凝土结构设计规范》GB 50010—2010 第 8.3.1 条的规定确定。锚固段长度进行修正时，如果满足需要修正的多种情况，其修正系数可以连乘，但经修正后的锚固段长度不应小于《混凝土结构设计规范》GB 50010—2010 中公式（8.3.1-1）计算锚固段长度的 0.7 倍，且不应小于 250mm。

（3）钢筋的连接采用焊接。焊接连接接头的种类和质量控制要求按《钢筋焊接规程》JGJ 18 办理。纵向受力钢筋的接头宜设置在受力较小处且相互错开。在同一钢筋上宜少设接头。钢筋焊接接头连接区段的长度为 35d（d 为纵向钢筋的较大直径）且不小于

500mm，凡接头中点位于该连接区段长度内的焊接接头均属于同一连接区段。位于同一连接区段内纵向受力钢筋的焊接接头面积百分率，不应大于 50%。

（4）纵向受力钢筋的最小百分率不应小于 0.2 和 $45f_t/f_y$ 中较大值（f_t 为混凝土抗拉强度设计值，f_y 为钢筋抗拉强度设计值）。

（二）结构构件的基本规定

（1）抗滑桩纵向受力钢筋直径不应小于 16mm。净距不宜小于 12cm，困难情况下可适当减少，但不得小于 80mm。当用束筋时，每束不宜多于 3 根。当配置单排钢筋有困难时，可设置 2 排或 3 排。

（2）主筋截断点应符合以下规定：

①当 $V \leqslant 0.7f_t bh_0$ 时，应延伸至按正截面受弯承载力不需要该钢筋的截面以外不小于 $20d$ 处截断，且从该钢筋强度充分利用截面伸出的长度不应小于 $1.2l_a$。

②锚固点以上，当 $V > 0.7f_t bh_0$ 时，应延伸至按正截面受弯承载力计算不需要该钢筋的截面以外不小于 $1.3h_0$ 且不小于 $20d$ 处截断，且从该钢筋强度充分利用截面伸出的长度不应小于 $1.2l_a + 1.7h_0$。

③锚固点以下，当 $V > 0.7f_t bh_0$ 时，应延伸至按正截面受弯承载力计算不需要该钢筋的截面以外不小于 h_0 且不小于 $20d$ 处截断，且从该钢筋强度充分利用截面伸出的长度不应小于 $1.2l_a + h_0$。

（3）抗滑桩为大截面的地下结构，桩长一般在十几米以上，为方便在坑内上下作业，不宜设置过多的箍筋肢数，故规定箍筋宜采用封闭式，肢数不宜多于 4 肢，其直径不宜小于 14mm。箍筋的间距应满足下列规定：

①当 $V > 0.7f_t bh_0$ 时，箍筋的间距不应大于 300mm，箍筋的配筋率尚不应小于 $0.24f_t/f_{yv}$（f_{yv} 是横向钢筋的抗拉强度设计值）。

②当 $V \leqslant 0.7f_t bh_0$ 时，箍筋间距不应大于 400mm。

（4）抗滑桩的两则和受压边，应适当配置纵向构造钢筋，其间距宜为 30cm，直径不宜小于 12mm。桩的受压边两侧，应配置架立钢筋，其直径不宜小于 16mm。当桩身较长时，纵向构造钢筋和架立钢筋的直径应加大，使钢筋骨架有足够的刚度。

滑面或地面处的箍筋应适当加密。

抗滑桩内不宜设置斜筋，可用调整箍筋直径间距和桩身截面尺寸等措施，满足斜截面的抗剪强度。

二、材料要求

一般情况下，抗滑桩的使用年限为 100 年，《铁路路基支挡结构设计规范》规定为 60 年。混凝土强度等级为 C30。

当地下水有侵蚀性时，水泥应按有关规定选用。锁口和护壁的混凝土强度等级，一般地区采用 C15，严寒和软土地区采用 C20。

主筋一般采用 HRB400，箍筋一般为 HRB335 或 HRB400。

混凝土等级和钢筋等级的搭配按《混凝土结构设计规范》GB 50010—2010 第 4.1.2 条执行。

第三节　抗滑桩设计

一、抗滑桩设置原则

抗滑桩的设置应保证提高滑坡体的稳定系数达到规定的安全值；滑坡体不越过桩顶或从桩间滑动；不产生新的深层滑动。平面布置、桩间距、桩长和截面尺寸等的确定，应综合考虑达到经济合理。

1. 桩的布置

抗滑桩的桩位在断面上应设在滑坡体较薄、锚固段地基强度较高的地段。平面布置一般为一排，排的走向与滑体的滑动方向垂直成直线形或曲线形。桩间距决定于滑坡推力大小、滑体土的密度和强度、桩的截面大小、桩的长度和锚固深度，以及施工条件等因素。两桩之间在能形成土拱的条件下，土拱的支撑力和桩侧摩擦力之和应大于一个根桩所能承受的滑坡推力。桩间距宜为 6~10m。通常在滑坡主轴附近间距较小，两侧间距稍大。对于较潮湿的滑体和较小截面的桩，也可布置为两排，按品字形或梅花形交错布置。一般上下排的间距为桩截面宽度的 2~3 倍。

2. 桩的锚固深度

桩埋入滑面以下稳定地层内的适宜锚固深度，与该地层的强度、桩所承受的滑坡推力、桩的刚度以及如何考虑滑面以上桩前抗力等有关。按弹性地基梁设计的抗滑桩，原则上由桩的锚固段传递到滑面以下地层的侧向压应力不得大于该地层的侧向容许压应力，桩基底的最大压应力不得大于地基容许承载力。根据多年的工程经验，抗滑桩的锚固深度为总桩长的 1/3~1/2，对于完整基岩约为 1/4。

3. 桩的截面形状和强度

钢筋混凝土抗滑桩的截面形状有矩形、圆形。桩的截面形状要求使其上部受力段正面能产生较大的摩擦力，并使其下部锚固段能抵抗较大的反力，其截面具有最好的抗弯和抗剪强度，设计中一般采用矩形，受力面为短边，侧面为长边。桩的截面尺寸应根据滑坡推力的大小、桩间距以及锚固段地基的横向容许抗压强度等因素确定。为了便于施工，挖孔桩最小边宽度不宜小于 1.25m。

4. 作用于抗滑桩上的力系

对于作用于抗滑桩的力系，应计算滑坡推力（包括活载引起的滑坡推力）、桩前滑体抗力（指滑动面以上桩前滑体对桩的反力）和锚固段地层的抗力。桩侧摩阻力和黏聚力以及桩身重力和桩底反力可不计算。对于悬臂长、截面大的悬臂桩，桩身自重不应忽略。抗滑桩在非滑坡的情况中也大量使用。例如：当抗滑桩用于边坡的预加固时，作用在桩后的外力是桩后岩土的主动土压力。这种情况下，滑坡推力应与土压力的计算结果进行比较，取大值。

二、设计方法

1. 早期抗滑桩设计是将抗滑桩视为单纯受剪构件设计。对于滑动面位置确定，固定的岩层滑动而言，此法是一种合理的设计方法。

2. 静力平衡法，其计算简图如图 12-2 所示。该方法认为主（被）动土压力是抗滑桩外荷载，桩最小入土深可根据水平力平衡方程和桩底取矩平衡方程联立求解而得。进而求出各点的弯矩和剪力。实际的入土深度应增加一定的安全储备，不同的规范要求不一样。

3. 布鲁姆（Blum）法：与静力平衡法的假设一样，桩前和桩后同时达到主动或被动土压力状态，土压力的分布图式有所不同，如图 12-3 所示。桩入土的最小深度可根据对桩底取矩的弯矩平衡方程求得，再求出各点的弯矩和剪力。

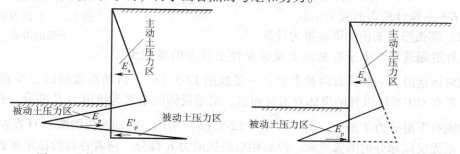

图 12-2　静力平衡法计算图式　　　图 12-3　布鲁姆（Blum）法计算图式

对于以上两种方法，桩后土压力未达到主动状态，桩前土压力也未达到被动状态，因此理论上按极限状态所计算的最大弯矩小于实际弯矩。

4. 弹性地基梁法。其基本假定是桩身任意处的岩土体抗力与该点的位移成正比。计算方法有两种：第一种方法是假定滑动面以上桩身为一悬臂梁，滑动面以下为一受到桩顶弯矩和剪力作用的弹性地基梁；第二种方法是将滑坡推力视为已知设计荷载，根据滑动面以上、以下地层的地基系数，把整根桩当作弹性地基梁，不考虑滑动面存在的影响。具体解法有解析法、有限差分法和有限元法。本章将给出解析解，有限差分法见第 17 章，有限元法见附录。

三、抗滑桩设计荷载

（一）滑坡推力计算

作用在抗滑桩上荷载根据边坡稳定状态可分为边坡预加固时的桩后主动土压力与滑坡形态时的滑坡推力。滑坡推力是指剩余下滑力，即滑坡下滑力减去抗滑力。滑坡推力计算的原理是极限平衡理论。由于滑坡物质及其构造的差异，根据滑动面的形状可分为单一平面滑动面，圆弧形滑动面，折线形滑动面等不同类型，因此滑坡推力的计算方法也不同。对于滑坡推力计算还必须考虑一定的安全度，通常有两种方法：一是将抗滑力折减 K 倍；另一个是将下滑力增大 K 倍。第一种方法的力学概念清晰，但必须进行迭代计算确定安全系数 K，计算工作量较大。第二种方法计算较简单，也是工程中常用的方法。以下所述为按第二种方法计算滑坡推力。

（1）单一平面型滑动面的滑坡推力计算

对于一般散体结构或破碎状结构的坡体，或顺层岩石坡体，开挖后容易出现这种滑面，如图 12-4。此时，计算滑坡推力通常假定用考虑黏聚力的等效内摩擦角 φ_0，因此滑体的稳定系数 K_0 可表达为

$$K_0 = \frac{\tan\varphi_0}{\tan\beta} \qquad (12\text{-}1)$$

式中　φ_0——为滑动面的等效内摩擦角（°）；

$\quad\quad\beta$——为滑动面的倾角（°）。

因此，滑体$\triangle ABC$产生的推力为

$$E_A = W\cos\beta\,(K\tan\beta - \tan\varphi_0) \qquad (12\text{-}2)$$

式中　W——滑体ABC的自重；

$\quad\quad K$——设计所需的安全系数。

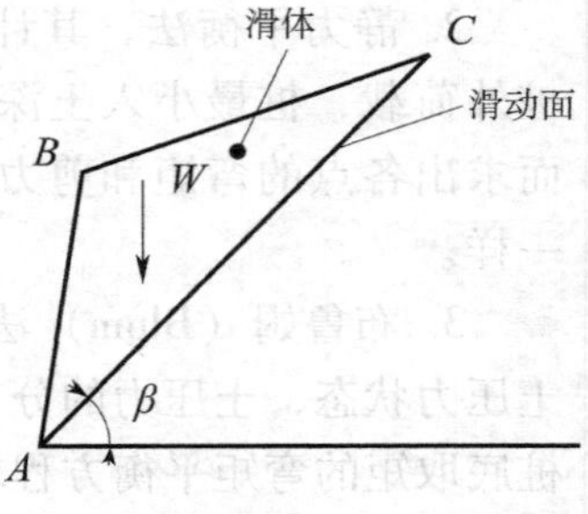

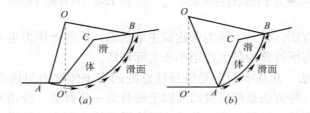

图 12-4　滑面为单一平面的滑坡

（2）圆弧形滑动面的滑坡推力计算

这种滑面通常产生于有黏性土及含黏性土较多的堆积土

组成的坡体地段。一般具有两种类型，一是如图 12-5（a），滑动圆弧的圆心 O 在斜坡$\overline{AC}$之间，则在OO'垂线以外的滑体对滑带而言，滑带反倾的全部为抗滑力 R 部分，在OO'垂线以内则有下滑分力 T 部分。另一种如图 12-5（b）所示，滑动圆弧的圆心 O 在在斜坡$\overline{AC}$之外，系无反倾部分的圆弧滑面，没有相应的抗滑力 R 部分。两者各自的稳定系数为

图 12-5　具圆弧形滑面的滑坡

（a）具反倾部分的圆弧形滑面；（b）无反倾部分的圆弧形滑面

$$K_0 = \frac{\sum N\tan\varphi + \sum cl + \sum R}{\sum T}[\text{图 12-5（}b\text{）中}\sum R = 0] \qquad (12\text{-}3)$$

式中　$\sum N$——作用于滑面（带）上法向力之和；

$\quad\quad\sum T$——作用于滑面（带）上滑动力之和；

$\quad\quad\sum R$——反倾抗滑部分的阻滑力之和；

$\quad\quad\sum cl$——沿滑面（带）各段单位黏结力 c 与滑面长 l 乘积的阻力之和；

$\quad\quad\varphi$——滑面（带）岩土的内摩擦角。

为此滑坡推力 E 的计算式为

$$E = K\sum T - \sum N\tan\varphi - \sum cl - \sum R \qquad (12\text{-}4)$$

式中　K——设计所需的安全系数。

（3）折线形滑动面的滑坡推力计算

如图 12-6，可将滑面（带）划分为许多段，一般每一折线为一段，在滑面为曲线时则按等间距分段，以每段曲线之弦代表该段滑面的倾斜。每段长为 l，与水平之交角为 α，各段的重量为 W，各段滑面（带）岩土的抗剪强度和内摩擦分别为 c、φ，其稳定系数为

$$K_0 = \frac{\sum_1^n W_i \cos\alpha_i \tan\varphi + \sum_1^n c_i l_i}{\sum_1^n W_i \sin\alpha_i} \tag{12-5}$$

为此，该滑坡作用于 A 点的设计计算推力 E 为

$$E = K\sum_1^n W_i \sin\alpha_i - \sum_1^n W_i \cos\alpha_i \tan\varphi - \sum_1^n c_i l_i \tag{12-6}$$

式中　K——设计所需的安全系数。

对于滑带反倾、无下滑力的纯阻滑段，其 $W_i \sin\alpha_i$ 为负值不需乘 K。至于推力的倾角，有按平行于滑坡中较长的主滑带计算的，亦有将各段的剩余下滑力均投影于水平面上计算。

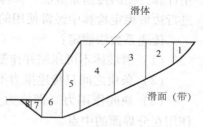

图 12-6　滑面呈折线形滑坡

以上三种针对不同滑面（带）计算滑坡推力的计算公式中，所求推力均为滑体的下滑力增大 K 倍后与抗滑力的差。这种计算方法比较简单，对于滑面为单一平面的情况比较适用，而对于其他滑面形状则不大适用。首先，对于滑面为圆弧形的滑动，这种推力计算方法（如式 12-4 所示）丝毫没有考虑条间力的影响，并且将抗滑力与下滑力进行简单的代数运算，由于滑面不同位置的抗滑力和下滑力的作用方向不同，因此，这种代数运算没有明确的物理意义，如果用力矩平衡的观点来解释所求推力的意义（即按照瑞典圆弧法计算滑坡推力），则这样求得的滑坡推力也只是表明滑体维持稳定需要抗滑结构在滑面处提供的抗滑力，而不是作用于实际抗滑结构上的滑坡推力。其次，对于滑面形状为折线的滑动而言，这种计算方法（如式 12-6 所示）同样没有考虑条间力的作用，而所得推力数值只是各分条下滑力的简单叠加。

原则上滑坡推力计算应与其稳定性分析方法保持一致，这样计算的滑坡推力和相应的稳定系数才能对应。在用极限平衡法分析边坡的稳定性时，根据条间力的不同假定有各种不同的稳定性计算方法，所以也就有计算滑坡推力的各种假定和算法。根据常见的滑移面形式，在此将其分为如下五种并提出相应的滑坡推力计算方法：

（1）滑面为单一平面，这种滑动形式的稳定性计算方法较为简单，其滑坡推力采用与公式（12-2）类似的方法加以计算。

（2）滑面为圆弧面或可近似为圆弧面，在这种类型的滑动中，考虑到其整体的力矩平衡起主要作用和计算的简便性，其滑坡推力可采用简化 Bishop 法的稳定性分析，按照类似于公式（12-4）的方法加以计算。

（3）滑面为连续的曲面或滑面由不规则（较陡）折线段组成时，可采用 Janbu 法的稳定性分析，按照类似于公式（12-6）的方法计算滑坡推力。

（4）而对于滑面由一些倾角较缓、相互间变化不大的折线段组成，滑坡推力的计算则可采用计算方便的传递系数法。

（5）滑面倾角较陡且滑动时滑体有明显的分块，各分块之间发生错动，与相应的稳定性分析方法相适应，可采用分块极限平衡法计算其滑坡推力。每一种滑坡推力的计算方法均与相应的坡体稳定性计算方法相对应，计算原理、假定均与各相应稳定性分析方法相同。下面详细介绍（4）、（5）两种情况下的滑坡推力计算方法。

1. 传递系数法计算滑坡推力

1）滑坡体重力作用

对于由一些倾角较缓、相互间变化不大的折线段组成的滑面，其滑坡推力的计算可采用计算方便的传递系数法，又称不平衡推力传递法，该方法是我国铁路与工民建等部门在进行边坡稳定检算中经常使用的方法。

传递系数法假定：

（1）滑坡体不可压缩并作整体下滑，不考虑条块之间挤压变形。

（2）条块之间只传递推力不传递拉力，不出现条块之间的拉裂。

（3）块间作用力（即推力）以集中力表示，它的作用线平行于前一块的滑面方向，作用在分界面的中点。

（4）垂直滑坡主轴取单位长度（一般为 1.0m）宽的岩土体作计算的基本断面，不考虑条块两侧的摩擦力。

由图 12-7 可知，取第 i 条块为分离体，将各力投影在该条块滑面的方向上，可得下列方程：

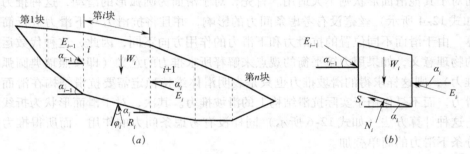

图 12-7　传递系数法图示

（a）坡体分块图；（b）第 i 块单元的受力图

$$E_i - W_i\sin\alpha_i - E_{i-1}\cos\left(\alpha_{i-1} - \alpha_i\right) + \left[W_i\cos\alpha_i + E_{i-1}\sin\left(\alpha_{i-1} - \alpha_i\right)\right]\tan\varphi_i + c_i l_i = 0$$

由上式可得出第 i 条块的剩余下滑力（即该部分的滑坡推力）E_i，即

$$E_i = W_i\sin\alpha_i - W_i\cos\alpha_i\tan\varphi_i - c_i l_i + \psi_i E_{i-1} \tag{12-7}$$

图 12-7 和式（12-7）中

E_i——第 i 块滑体剩余下滑力；

E_{i-1}——第 $i-1$ 块滑体剩余下滑力；

W_i——第 i 块滑体的重量；

R_i——第 i 块滑体滑床反力；

ψ_i——传递系数，$\psi_i = \cos\left(\alpha_{i-1} - \alpha_i\right) - \sin\left(\alpha_{i-1} - \alpha_i\right)\tan\varphi_i$；

c_i——第 i 块滑体滑面上岩土体的黏聚力；

l_i——第 i 块滑体的滑面长度；

φ_i——第 i 块滑体滑面上岩土的内摩擦角；

α_i——第 i 块滑体滑面的倾角；

α_{i-1}——第 $i-1$ 块滑体滑面的倾角。

计算时从上往下逐块进行。按式（12-7）计算得到的推力可以用来判断滑坡体的稳定性。如果最后一块的 E_n 为正值，说明滑坡体是不稳定的；如果计算过程中某一块的 E_i 为负值或为零，则说明本块以上岩土体已能稳定，并且下一条块计算时按无上一条块推力考虑。

实际工程中计算滑坡体的稳定性还要考虑一定的安全储备，选用的安全系数 K_s 应大于 1.0。在推力计算中如何考虑安全系数目前认识还不一致，一般采用加大自重下滑力，即 $K_s W_i \sin\alpha_i$ 来计算推力，从而式（12-7）变成

$$E_i = K_s W_i \sin\alpha_i - W_i \cos\alpha_i \tan\varphi_i - c_i l_i + \psi_i E_{i-1} \tag{12-8}$$

式中，安全系数 K_s 一般取为 1.05～1.25，计算方法同前。如果最后一块的 E_n 为正值，说明滑坡体在要求的安全系数下是不稳定的；如果 E_n 为负值或为零，说明滑块体稳定，满足设计要求。另外，如果计算断面中有逆坡，倾角 α_i 为负值，则 $W_i \sin\alpha_i$ 也是负值，因而 $W_i \sin\alpha_i$ 变成了抗滑力，在计算滑坡推力时，$W_i \sin\alpha_i$ 项就不应再乘以安全系数。

【实例】　图 12-8 为一滑坡体断面，抗剪强度指标如图注，安全系数用 1.15，后缘破裂壁 $\varphi = 22.5°$，拟修建抗滑桩，求桩后滑坡推力，不计 c 值。

解　据式（12-8），$E_i = K_s W_i \sin\alpha_i + \psi E_{i-1} - W_i \cos\alpha_i \tan\varphi_i - c_i l_i$，分为 5 个条块列表 12-1 计算如下：

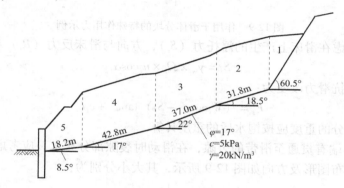

图 12-8　滑坡算例

滑坡推力算表　　表 12-1

条块编号	条块体力 (kN/m)	滑面倾角 α_i（°）	倾角差 $\Delta\alpha$（°）	传递系数 φ	$N_i = W\cos\alpha_i$ (kN/m)	$T_i = W\sin\alpha_i$ (kN/m)	$1.15T_i$ ①	ψE_{i-1} ②	$N_i\tan\varphi_i$ ③	$c_i l_i$ ④	推力 $E_i =$ ①+②-③-④ (kN/m)
1	480	60.5	—	—	236	418	481	/	98	/	383
2	4 910	18.5	42	0.539	4 656	1 558	1 792	206	1 423	159	416
3	6 650	22	−3.5	1.017	6 166	2 491	2 865	423	1 885	185	1 218
4	6 600	17	5	0.970	6 312	1 930	2 220	1 181	1 930	214	1 257
5	3 180	8.5	8.5	0.944	3 145	470	540	1 186	962	91	673

2）作用在滑体上的其他荷载

（1）作用于条块上的外部荷载（P）。

（2）滑体裂隙充水或滑体上有上层滞水但不与滑面水连通时，其中水重按增加滑体自重考虑。

（3）滑体全部饱水或其下部部分饱水且与滑带水相连通时，需考虑有动水压力（D_i）

作用于饱水面积的重心，方向与滑动方向相同并平行本段滑面。

$$D_i = \gamma_w \times \Omega_i \times n_i \times \sin\alpha'_i \qquad (12\text{-}9)$$

式中　γ_w——水的重度（kN/m^3）；

$\quad\quad\Omega_i$——滑体条块的饱水面积（m^2）；

$\quad\quad n_i$——滑体土的空隙度；

$\quad\quad\alpha'_i$——滑体水的水力坡度角（°）。

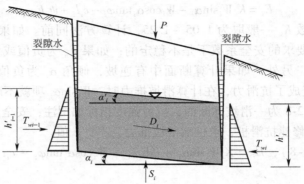

图 12-9　作用于滑体分块的特殊作用力示例

同时还要考虑在滑床上产生的浮托力（S_i），方向与滑床反力（R_i）相同，其大小为：

$$S_i = \gamma_w \times \Omega_i \times n_i\cos\alpha_i \qquad (12\text{-}10)$$

则滑面上的抗滑力改变为：

$$F_i = \left(W_i\cos\alpha_i - S_i \right)\,\tan\varphi_i + c_iL_i \qquad (12\text{-}11)$$

滑体饱水部分的重度应按饱水后的重度计算。

（4）滑体两端有贯通至滑带的裂隙，在滑动时裂隙部分充水，应考虑裂隙水对滑体的静水压力。其分布图形及方向如图 12-9 所示，其大小分别为：

$$T_{wi-1} = \frac{1}{2}\gamma_w h'^2_{i-1} \qquad (12\text{-}12)$$

$$T_{wi} = \frac{1}{2}\gamma_w h'^2_i \qquad (12\text{-}13)$$

（5）当滑带水系有压头 H_0 的承压水时，应考虑浮托力（S_i）的作用，其方向与滑床反力相同。

$$S'_i = \gamma_w \times H_0 \qquad (12\text{-}14)$$

$$F_i = \left(W_i\cos\alpha_i - S'_i \right)\,\tan\varphi_i + c_iL_i \qquad (12\text{-}15)$$

（6）在高烈度地震区，应考虑地震力的作用。可按照现行《铁路工程抗震设计规范》GB 50111 办理，将作用于滑体条块重心处的水平地震力引入计算，其方向指向下滑方向。

2. 分块极限平衡法计算滑坡推力

滑面倾角较陡且滑动时滑体有明显的分块，各分块之间发生错动，此时采用分块极限平衡法计算滑坡推力较为合适。分块极限平衡法分析滑坡稳定性时，假定在失稳时各分块之间发生错动，从而在分界面也达到极限剪切状态，这实际上已挖掘了该面上的潜力，求出的安全系数将为上限。为保证安全可以在这些界面上取较高的安全系数，下面的分析中将剪切状态的安全系数与滑面上的安全系数视为相同，具体分析过程如下。

1）各分条间的分界面竖直（即各分条为竖向分条）

各条块的受力见图 12-10，其中的各个 U_{ij} 和 U_{ji} 均指孔隙水压力，分析第一块的受力，可知

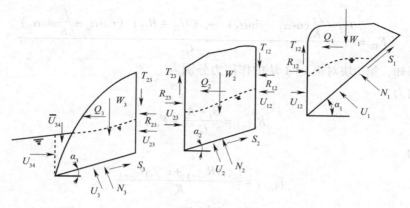

图 12-10　条块间分界面竖直时分块极限平衡法计算滑坡推力示意图

$$R_{12} = \frac{B_1 - A_1}{C_1} \tag{12-16}$$

$$T_{12} = \frac{f_{12}R_{12} + c_{12}l_{12}}{K} \tag{12-17}$$

其中　$B_1 = \left(-Q_1 + U_{12} - U_1\sin\alpha_1 + \dfrac{c_1 l_1}{K}\cos\alpha_1 \right)\left(\cos\alpha_1 + \dfrac{f_1}{K}\sin\alpha_1 \right)$

$A_1 = \left(-W_1 + U_1\cos\alpha_1 + \dfrac{c_1 l_1}{K}\sin\alpha_1 + \dfrac{c_{12}l_{12}}{K} \right)\left(\dfrac{f_1}{K}\cos\alpha_1 - \sin\alpha_1 \right)$

$C_1 = \dfrac{f_{12}}{K}\left(\dfrac{f_1}{K}\cos\alpha_1 - \sin\alpha_1 \right) - \left(\cos\alpha_1 + \dfrac{f_1}{K}\sin\alpha_1 \right)$

从第二块受力可知

$$R_{23} = \frac{B'_2 - A'_2}{C'_2} \tag{12-18}$$

$$T_{23} = \frac{f_{23}R_{23} + c_{23}l_{23}}{K} \tag{12-19}$$

式中　$B'_2 = \left(-Q_2 + U_{23} - U_2\sin\alpha_2 + \dfrac{c_2 l_2}{K}\cos\alpha_2 - U_{12} - R_{12} \right)\left(\cos\alpha_2 + \dfrac{f_2}{K}\sin\alpha_2 \right)$

$A'_2 = \left(-W_2 + U_2\cos\alpha_2 + \dfrac{c_2 l_2}{K}\sin\alpha_2 + \dfrac{c_{23}l_{23}}{K} - \dfrac{f_{12}R_{12} + c_{12}l_{12}}{K} \right)\left(\dfrac{f_2}{K}\cos\alpha_2 - \sin\alpha_2 \right)$

$C'_2 = \dfrac{f_{23}}{K}\left(\dfrac{f_2}{K}\cos\alpha_2 - \sin\alpha_2 \right) - \left(\cos\alpha_2 + \dfrac{f_2}{K}\sin\alpha_2 \right)$

对比 B_1、A_1、C_1 与 B'_2、A'_2、C'_2，可知

$B'_2 = B_2 - \left(U_{12} + R_{12} \right)\left(\cos\alpha_2 + \dfrac{f_2}{K}sin\alpha_2 \right)$

$A'_2 = A_2 - \dfrac{f_{12}R_{12} + c_{12}l_{12}}{K}\left(\dfrac{f_2}{K}\cos\alpha_2 - \sin\alpha_2 \right) = A_2 - T_{12}\left(\dfrac{f_2}{K}\cos\alpha_2 - \sin\alpha_2 \right)$

$C'_2 = C_2$

所以，有

$$R_{23} = \frac{B_2 - A_2}{C_2} + F_{12} \tag{12-20}$$

其中

$$F_{12} = \frac{T_{12}\ (\frac{f_2}{K}\cos\alpha_2 - \sin\alpha_2)\ -\ (U_{12} + R_{12})\ (\cos\alpha_2 + \frac{f_2}{K}\sin\alpha_2)}{C_2}$$

由此可知，第 i 块对第 $i+1$ 块的作用力分别为
水平向力

$$R_{i,i+1} = \frac{B_i - A_i}{C_i} + F_{i-1,i} \tag{12-21}$$

切向力

$$T_{i,i+1} = \frac{f_{i,i+1}R_{i,i+1} + c_{i,i+1}l_{i,i+1}}{K} \tag{12-22}$$

其中　$B_i = (-Q_i + U_{i,i+1} - U_i\sin\alpha_i + \frac{c_il_i}{K}\cos\alpha_i)\ (\cos\alpha_i + \frac{f_i}{K}\sin\alpha_i)$

$A_i = (-W_i + U_i\cos\alpha_i + \frac{c_il_i}{K}\sin\alpha_i + \frac{c_{i,i+1}l_{i,i+1}}{K})\ (\frac{f_i}{K}\cos\alpha_i - \sin\alpha_i)$

$C_i = \frac{f_{i,i+1}}{K}\ (\frac{f_i}{K}\cos\alpha_i - \sin\alpha_i)\ -\ (\cos\alpha_i + \frac{f_i}{K}\sin\alpha_i)$

$$F_{i-1,i} = \frac{T_{i-1,i}\ (\frac{f_i}{K}\cos\alpha_i - \sin\alpha_i)\ -\ (U_{i-1,i} + R_{i-1,i})\ (\cos\alpha_i + \frac{f_i}{K}\sin\alpha_i)}{C_i}$$

显然对于第 1 个条块，当边界没有外力作用时，$F_{i-1,i} = 0$。
条间作用力合力为

$$P_{i,i+1} = \sqrt{R_{i,i+1}^2 + T_{i,i+1}^2} \tag{12-23}$$

合力的方向为

$$\theta = \arctan\frac{T_{i,i+1}}{R_{i,i+1}} \tag{12-24}$$

2）各条块间的分界面不竖直时

如图 12-11 所示，X_i、Y_i 分别为作用于 i 块滑体上的各种外荷载在水平和竖直方向的合力，方向如图示；$\beta_{i,i+1}$ 可以是本块滑体分界面与下一块滑体的分界面与水平轴正向的夹角；$R_{i,i+1}$、$T_{i,i+1}$ 分别为第 i 与 $i+1$ 块体交界面的内力，方向如图 12-11 所示。

分析第一块的受力，可知

$$R_{12} = \frac{B_1 - A_1}{C_1} \tag{12-25}$$

$$T_{12} = \frac{f_{12}R_{12} + c_{12}l_{12}}{K} \tag{12-26}$$

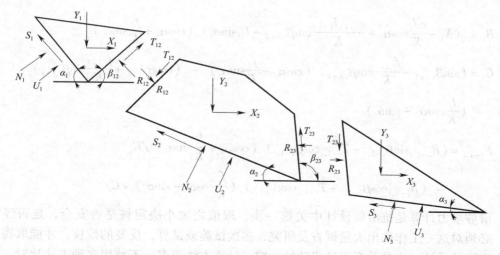

图 12-11　条块间分界面不竖直时分块极限平衡法计算滑坡推力示意图

其中

$$C_1 = \left(\sin\beta_{12} - \frac{f_{12}}{K}\cos\beta_{12}\right)\left(\cos\alpha_1 + \frac{f_1}{K}\sin\alpha_1\right)\left(\cos\beta_{12} + \frac{f_{12}}{K}\sin\beta_{12}\right)\left(\frac{f_1}{K}\cos\alpha_1 - \sin\alpha_1\right)$$

$$B_1 = \left(X_1 - \frac{c_1 l_1}{K}\cos\alpha_1 + \frac{c_{12} l_{12}}{K}\cos\beta_{12} + U_1\sin\alpha_1\right)\left(\cos\alpha_1 + \frac{f_1}{K}\sin\alpha_1\right)$$

$$A_1 = \left(Y_1 - \frac{c_1 l_1}{K}\sin\alpha_1 - \frac{c_{12} l_{12}}{K}\sin\beta_{12} - U_1\cos\alpha_1\right)\left(\frac{f_1}{K}\cos\alpha_1 - \sin\alpha_1\right)$$

分析第二块的受力可知

$$R_{23} = \frac{B_2 - A_2}{C_2} + F_{12} \tag{12-27}$$

$$T_{23} = \frac{R_{23} f_{23} + c_{23} l_{23}}{K} \tag{12-28}$$

其中

$$F_{12} = \frac{\left(R_{12}\sin\beta_{12} - T_{12}\cos\beta_{12}\right)\left(\cos\alpha_2 + \frac{f_2}{K}\sin\alpha_2\right) - \left(R_{12}\cos\beta_{12} + T_{12}\sin\beta_{12}\right)\left(\frac{f_2}{K}\cos\alpha_2 - \sin\alpha_2\right)}{C_2}$$

C_2、B_2、A_2 的表达式同 C_1、B_1、A_1 的表达式，只是将相应的下标 1 换为 2、12 换为 23 即可。以此类推可知，第 i 块传给第 $i+1$ 块的力为

垂直分界面的力

$$R_{i,i+1} = \frac{B_i - A_i}{C_i} + F_{i-1,i} \tag{12-29}$$

平行分界面的力

$$T_{i,i+1} = \frac{f_{i,i+1} R_{i,i+1} + c_{i,i+1} l_{i,i+1}}{K} \tag{12-30}$$

其中

$$A_i = \left(Y_i - \frac{c_i l_i}{K}\sin\alpha_i - \frac{c_{i,i+1} l_{i,i+1}}{K}\sin\beta_{i,i+1} - U_i\cos\alpha_i\right)\left(\frac{f_i}{K}\cos\alpha_i - \sin\alpha_i\right)$$

$$B_i = \left(X_i - \frac{c_i l_i}{K}\cos\alpha_i + \frac{c_{i,i+1} l_{i,i+1}}{K}\cos\beta_{i,i+1} + U_i\sin\alpha_i\right)\left(\cos\alpha_i + \frac{f_i}{K}\sin\alpha_i\right)$$

$$C_i = \left(\sin\beta_{i,i+1} - \frac{f_{i,i+1}}{K}\cos\beta_{i,i+1}\right)\left(\cos\alpha_i + \frac{f_i}{K}\sin\alpha_i\right) - \left(\cos\beta_{i,i+1} + \frac{f_{i,i+1}}{K}\sin\beta_{i,i+1}\right)$$

$$\left(\frac{f_i}{K}\cos\alpha_i - \sin\alpha_i\right)$$

$$F_{i-1,i} = \left(R_{i-1,i}\sin\beta_{i-1,i} - T_{i-1,i}\cos\beta_{i-1,i}\right)\left(\cos\alpha_i + \frac{f_i}{K}\sin\alpha_i\right) \Big/ C_i$$

$$- \left(R_{i-1,i}\cos\beta_{i-1,i} + T_{i-1,i}\sin\beta_{i-1,i}\right)\left(\frac{f_i}{K}\cos\alpha_i - \sin\alpha_i\right) \Big/ C_i$$

滑坡堆力计算是抗滑桩设计中关键一步，取值之大小决定桩是否安全，是否经济合理。必须对这一工作作出大量调查及研究，多次试验或试算，反复的校核，才能取得较为符合实际的设计，也是关系设计成败的关键。计算方法很多，不妨用多种方法比对，取得满意结果。

3. 滑坡推力的实际计算方法

1) 滑坡计算简图

（1）绘制滑坡平面示意图，滑坡主轴断面示意图分别见图 12-12 和图 12-13。

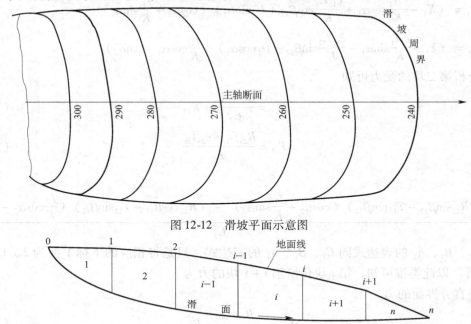

图 12-12　滑坡平面示意图

图 12-13　滑坡主轴断面示意图

（2）将滑动方向和速度大体一致的滑体视为一个计算单元。在顺滑动主轴方向的地质纵断面上按滑面的产状和岩土性质将滑体划分为若干竖向条块，由后向前计算各条块分界面上的剩余下滑力即是该部分的滑坡推力。当相邻两滑段的倾角相差较大时，应在两坡段之间增加分块密度，才能得到比较准确的计算结果。

（3）各滑面的位置应有可靠依据，还应检查每段滑床和滑体在最不利条件下能否形成新的滑面而需另做计算。

（4）选取各段滑面（带）岩土的强度指标，应以切合实际的试验资料与反算结果互相核对后的数值为准，并应考虑到日后可能出现的含水条件与岩土性质的变化。滑坡的主滑段、抗滑段和被牵引段的滑带岩土强度指标，一般是有区别的。注意起决定作用的是主滑段，其次为抗滑段。

（5）按滑坡性质和防治目的的不同，计算上宜有不同的考虑。例如对牵引式的多级滑坡，若系临时应急工程，可只按前级滑坡的推力进行力学平衡计算，而不计后级滑坡对它的作用，即只考虑恢复初次滑动时失去支撑的力；若是永久治理工程，则应充分估计到在工程使用年限内推动式的多级滑坡，应查明滑床形态和产状以及后级滑坡的前缘与前级滑坡的后缘连接地段的滑体岩土性质，以确定后级滑坡作用于前级滑坡的推力。

2）滑带岩土强度指标选取

（1）用模拟滑动特点的试验方法取得，经分析后采用最小者

①对于连续滑动的滑坡的滑带土，可采用重塑土做超压密多次快剪试验，以求得其抗剪强度随剪切变形的增加而变化的曲线，见图12-14。

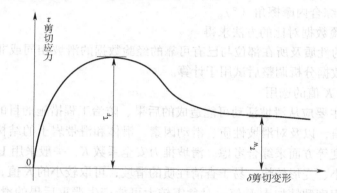

图12-14　连续剪切的应力与变形的关系曲线

τ_F—峰值抗剪强度；τ_W—剩余抗剪强度

土样在试验过程中，起初随着剪切变形的增加，剪切应力逐步增加；当剪切破裂面完全形成时，剪切应力达到峰值，然后开始逐渐下降，最终趋于稳定值，称为"剩余抗剪强度"，作为滑带土的强度指标。

②对于断续滑动的滑坡，可按滑坡当前所处的状态，采用沿滑带原状土样中已有滑面在固结下剪切（或浸水剪）的试验方法；亦可将滑带土重塑后按滑坡可能再滑动的性质，采用多次不浸水固结快剪试验，求出各次剪切的强度指标。

③对于尚未滑动的崩塌性滑坡，可用滑带原状土做固结快剪试验；对于已开始滑动的崩塌性滑坡，未脱离滑床的滑面已经形成，滑带上强度的试验方法同"②"。

（2）用反算法求得

对于整个滑带刚刚形成的滑坡，利用滑体在极限平衡状态下的断面，令剩余下滑力为0，安全系数为1，则式（12-7）中只有 φ_i 和 c_i 是未知数。寻找与断面有关的边界条件，列出辅助方程式，求出 φ_i 和 c_i 值。

①一般对抗滑地段和被牵引地段的滑带岩土强度指标，可根据试验资料或经验数据经

分析对比后选用，并通过反算以求出主滑地段滑带岩土的强度指标。有时需反复计算多次才能求得较合理的数据。

②若有充分可靠的资料证明，滑坡曾经两次或多次滑动均通过某一固定的滑面，或同一滑坡有两个不同外形的断面，或者此滑坡与另一滑坡的性质极为类似并有断面资料时，则可建立联立方程式以求解强度指标值。

③当可用被动土压法求出已知断面处的滑坡推力时，则可按此推力来反求滑带土的强度指标值。

用被动土压法求算滑坡推力：根据施工详细记录，当开挖边坡至某一高度时，坡体产生裂缝并开始出现沿滑面滑动现象，可认为此时山坡处于极限平衡状态。按照开挖高程与滑动面的高差计算被动土压力，即为滑坡推力。

$$E_{\mathrm{p}} = \frac{1}{2}\gamma H^2 \tan^2\left(45° + \frac{\varphi}{2}\right) \tag{12-31}$$

式中　E_{p}——抗滑段未被开挖土体所产生的被动土压力，即滑坡推力（kN/m）；

　　　γ——滑体重度（kN/m³）；

　　　φ——滑体综合内摩擦角（°）。

（3）用与经验数据对比的方法求得

当滑带岩土的性质及所在部位与已有可靠的经验数据的滑坡相同或非常近似时，可经过对比，将经验数据分析调整后试用于计算。

3）安全系数 K 值的选用

选用 K 值，主要应从滑坡活动可能造成的后果、防治工程措施的目的、建筑物的重要性及其容许变形值，以及对滑坡性质、滑动因素、滑体和滑带岩土的结构与强度指标的调查了解的可靠程度等方面来综合考虑。滑坡推力安全系数 K，一般采用 $1.05 \sim 1.25$。

对于规模较小、变形较快、易于查清性质的滑坡，可取较小的 K 值，反之则宜根据已掌握资料的确切程度酌情加大 K 值；对危害较大可能产生严重后果的滑坡，K 值宜较大，反之可较小；对活动频繁的浅层滑坡，宜用较大的 K 值，而对活动周期较长的深层滑坡，宜用较小的 K 值。在同一复杂滑坡中，对其前缘和上层经常易滑动的局部滑体的滑动，采用较大的 K 值，而对整个滑坡的深层滑动则取较小的 K 值。

（二）桩前反力的计算和桩身受力的大小

设置抗滑桩以后，当抗滑桩受到滑坡推力的作用产生变形时，一部分滑坡推力通过桩体传给锚固段地层，另一部分传递给桩前滑体。而桩前滑体的抗力与滑坡的性质和桩前滑体的大小等因素有关。试验表明，桩前滑体的体积越大，抗剪强度越高，滑动面越平缓、粗糙，桩前滑体抗力越大；反之，越小。另外，还与是否存在多层滑面有关。

滑动面以上桩前的滑体抗力，可由极限平衡时滑坡推力曲线、桩前被动土压力或桩前滑体的弹性抗力确定，设计时选用其中小值。桩前滑坡体可能滑走时，不应计及其抗力，按悬臂桩计算。

（1）根据滑坡推力曲线确定桩前抗力。

①当假定滑坡处于极限平衡状态，滑面上的 c、φ 值根据反算确定时，桩前反力和桩后滑坡推力的关系如图 12-15 所示。

②当 c、φ 值采用试验值或经验数据时，桩前反力和桩后滑坡推力的关系如图 12-16 所示。

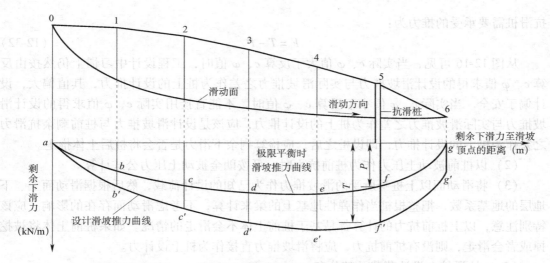

图 12-15 c、φ 值根据极限平衡状态反算确定时滑坡推力曲线

T—桩上滑坡推力；P—桩前滑体抗力

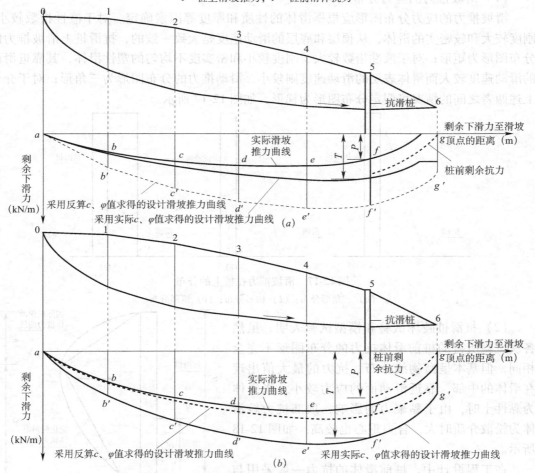

图 12-16 c、φ 值采用试验值或经验数据时滑坡推力曲线

（a）实际 c、φ 大于反算 c、φ 值的情况；（b）实际 c、φ 小于反算 c、φ 值的情况

T—桩上滑坡推力；P—桩前滑体抗力

抗滑桩需要承受的推力为：

$$F = T - P \qquad (12\text{-}32)$$

从图 12-16 可见，当实际 c、φ 值大于反算 c、φ 值时，工程设计中习惯上仍然按由反算 c、φ 值求得的设计滑坡推力与实际滑坡推力之差作为桩上的设计推力，其值偏大，设计偏于安全。当实际 c、φ 值小于反算 c、φ 值时，不能直接用实际 c、φ 值求得的设计滑坡推力与实际滑坡推力之差作为桩上的设计推力，应该是设计滑坡推力与桩前剩余抗滑力之差作为桩上的设计推力，即设桩之后，应检算剩余下滑力是否会将桩后土体推走。

（2）以桩前被动土压力作为桩前抗力时，可按朗金被动土压力公式计算。

（3）将滑动面以上桩身所受的滑坡推力作为已知的设计荷载，然后根据滑动面上、下地层的地基系数，把整根桩当作弹性地基上的梁来计算，不考虑滑动面存在的影响。应该特别注意，以上桩前抗力的计算都是基于桩前土体不会滑走的情况。如果桩前土体将被挖掉或者会滑走，则没有桩前抗力，应将滑坡推力直接作为桩上设计力。

（三）抗滑桩上设计荷载及其分布

（1）滑坡推力的应力分布

滑坡推力的应力分布图形应根据滑体的性质和厚度等因素确定。对于液性指数较小、刚度较大和较密实的滑体，从顶层和底层的滑动速度是大致一致的，抗滑桩上滑坡推力的分布图形为矩形；对于液性指数较大、刚度较小和密实度不均匀的塑性滑体，其靠近滑面的滑动速度较大而滑体表层的滑动速度则较小，滑动推力的分布图形为三角形；对于介于上述两者之间的情况可假定分布图形为梯形，如图 12-17 所示。

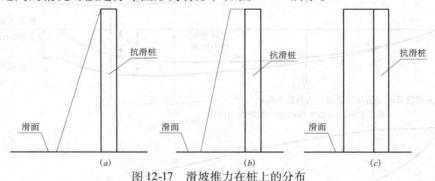

图 12-17　滑坡推力在桩上的分布
（a）三角形分布；（b）梯形分布；（c）矩形分布

（2）抗滑桩破坏试验和模型试验表明，虽然各次试验所得的桩前滑体抗力的分布图形不完全相同，但基本呈抛物线分布，抗力的最大值出现在滑体的中部，靠近滑动面的应力较小。当滑体为黏性土时，由于黏聚力的影响，顶部抗力较滑体为松散介质时大，合力重心也较高，如图 12-18 所示。

在工程设计中，桩前滑体的抗力一般采用与下滑力相同的应力分布形式，也可采用抛物线的分布形式。当采用抛物线的分布形式时，可将抗

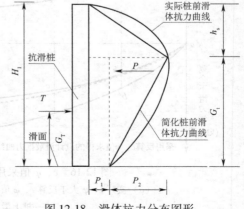

图 12-18　滑体抗力分布图形

力图形简化为一个三角形和一个倒梯形，如图 12-18 所示。

桩前被动土压力

当桩的变位比较大时，桩前滑体的抗力将是被动土压力，可按朗金土压力理论计算。土压力按三角形分布。

桩前滑体抗力应取以上两者小者。

四、抗滑桩力学计算模型

（一）抗滑桩的计算宽度

由于抗滑桩桩前岩土体抗剪强度作用，使抗滑桩所承受的桩前岩土体反力大于实际桩的宽度或直径范围内的岩土抗力，因此，在考虑桩前岩土体抗力作用时采用桩的计算宽度代替实际桩的宽度或直径。桩计算宽度的确定方法如下。

1. 矩形截面桩

当实际宽度 $b > 1\text{m}$ 时，

$$B_{\text{p}} = b + 1 \tag{12-33}$$

当 $b < 1\text{m}$ 时，

$$B_{\text{p}} = 1.5b + 0.5 \tag{12-34}$$

2. 圆形截面桩

当桩径 $d > 1\text{m}$ 时，

$$B_{\text{p}} = 0.9\,(d + 1) \tag{12-35}$$

当 $d \leqslant 1\text{m}$ 时，

$$B_{\text{p}} = 0.9\,(1.5d + 0.5) \tag{12-36}$$

式中　B_{p}——桩的计算宽度（m）；

　　　　b——矩形桩的宽度（m）；

　　　　d——圆形桩的直径（m）。

（二）岩土层水平地基系数

岩土层水平地基系数应根据地层的性质和深度按下列条件确定：

1. 较完整岩层和硬黏土的地基系数应为常数，水平方向的地基系数以 K 表示。相应的弹性地基梁的计算方法为"K"法。

2. 硬塑～半干硬砂黏土及碎石类土、风化破碎的岩块，当桩前滑动面以上有滑坡体和超载时，地基系数应为梯形分布，水平方向的地基系数

$$c_{\text{H}} = A_{\text{H}} + m_{\text{H}} \times y^n \tag{12-37}$$

式中　A_{H}——滑面处地层水平弹性抗力系数（kN/m^3）；

　　　　m_{H}——水平方向地基系数随深度变化的比例系数（kN/m^4）；

　　　　y——自滑面沿桩轴向下的距离（m）；

　　　　n——线性指数，设计中一般取 1。

由于地基系数随深度变化的比例系数以 m 表示，相应的计算方法称为"m"法。

（1）《铁路路基支挡结构设计规范》附录 B 推荐：

地基系数宜采用试验资料值，若无实测资料，可参考表 12-2、表 12-3、表 12-4、表 12-5 及表 12-6。

较完整岩层的单轴极限抗压强度、侧向容许应力和地基系数对应值　表 12-2

顺号	抗压强度（kPa）		地基系数（kN/m³）	
	单轴极限值	侧向容许值〔σ〕	竖直方向 K_0	水平方向 K
1	10 000	1 500~2 000	100 000~200 000	60 000~160 000
2	15 000	2 000~3 000	250 000	150 000~200 000
3	20 000	3 000~4 000	300 000	180 000~240 000
4	30 000	4 000~6 000	400 000	240 000~320 000
5	40 000	6 000~8 000	600 000	360 000~480 000
6	50 000	7 500~10 000	800 000	480 000~640 000
7	60 000	9 000~12 000	1 200 000	720 000~960 000
8	80 000	12 000~16 000	150 000~2 500 000	90 000~2 000 000

注：$K=(0.6~0.8)K_0$。

抗滑桩地基系数及地层物理力学指标应符合表 12-3 的规定。

抗滑桩地基系数及地层物理力学指标　表 12-3

地层种类	内摩擦角	弹性模量 E_0（kPa）	泊松比 μ	地基系数 K（kPa/m）	剪切应力（kPa）
细粒花岗岩、正长岩	80°以上	5 430~6 900	0.25~0.30	$2.0\times10^6 ~ 2.5\times10^6$	1 500 以上
辉绿岩、玢岩		6 700~7 870	0.28	2.5×10^6	
中粒花岗岩		5 430~6 500	0.25	$1.8\times10^6 ~ 2.0\times10^6$	1 500 以上
粗粒正长岩、坚硬白云岩		6 560~7 000			
坚硬石灰岩	80°	4 400~10 000	0.25~0.30	$1.2\times10^6 ~ 2.0\times10^6$	1 500
坚硬砂岩、大理岩		4 660~5 430			
粗粒花岗岩、花岗片麻岩		5 430~6 000			
较坚硬石灰岩	75°~80°	4 400~9 000	0.25~0.30	$0.8\times10^6 ~ 1.2\times10^6$	1 200~1 400
较坚硬砂岩		4 460~5 000			
不坚硬花岗岩		5 430~6 000			
坚硬页岩	75°~75°	2 000~5 500	0.15~0.30	$0.4\times10^6 ~ 0.8\times10^6$	700~1 200
普通石灰岩		4 400~8 000	0.25~0.30		
普通砂岩		4 600~5 000	0.25~0.30		
坚硬泥灰岩	70°	800~1 200	0.29~0.38	$0.3\times10^6 ~ 0.4\times10^6$	500~700
较坚硬页岩		1 980~3 600	0.25~0.30		
不坚硬石灰岩		4 400~6 000	0.25~0.30		
不坚硬砂岩		1 000~2 780	0.25~0.30		
较坚硬泥灰岩	65°	700~900	0.29~0.38	$0.2\times10^6 ~ 0.3\times10^6$	300~500
普通页岩		1 900~3 000	0.15~0.20		
软石灰岩		4 400~5 000	0.25		
不坚硬泥灰岩	45°	30~500	0.29~0.38	$0.06\times10^6 ~ 0.12\times10^6$	150~300
硬化黏土		10~300	0.30~0.37		
软片岩		500~700	0.15~0.18		
硬煤		50~300	0.30~0.40		
密实黏土	30°~45°	10~300	0.30~0.37	$0.03\times10^6 ~ 0.06\times10^6$	100~150
普通煤		50~300	0.30~0.40		
胶结卵石		50~100	—		
掺石土		50~100	—		

抗滑桩随深度增加的土质地基系数应符合表 12-4 的规定。

抗滑桩随深度增加的土质地基系数   表 12-4

序号	土的名称	竖直方向 m_0 （kPa/m²）	水平方向 m （kPa/m²）
1	$0.75 < I_L < 1.0$ 的软塑黏土及粉质黏土；淤泥	1 000 ~ 2 000	500 ~ 1 400
2	$0.5 < I_L < 0.75$ 的软塑粉质黏土及黏土	2 000 ~ 4 000	1 000 ~ 2 800
3	硬塑粉质黏土及黏土；细砂和中砂	4 000 ~ 6 000	2 000 ~ 4 200
4	坚硬的粉质黏土及黏土；粗砂	6 000 ~ 10 000	3 000 ~ 7 000
5	砾砂；碎石土、卵石土	10 000 ~ 20 000	5 000 ~ 14 000
6	密实的大漂石	80 000 ~ 120 000	40 000 ~ 84 000

注：1. I_L 为土的液性指数，其土质地基系数 m_0 和 m 值，相应于桩顶位移 0.6 ~ 1.0cm；

　　2. 有可靠资料和经验时，可不受本表限制。

（2）《铁路桥涵地基和基础设计规范》TB 10002.5—2005 表 D.0.2 – 1，见表 12-5。

非岩石地基的 m_H 和 m_0 值表   表 12-5

序号	土的名称	m_H 和 m_0 值 （kN/m⁴）
1	流塑黏性土，淤泥	3 000 ~ 5 000
2	软塑黏性土、粉砂、粉土	5 000 ~ 10 000
3	硬塑黏性土，细砂、中砂	10 000 ~ 20 000
4	坚硬的黏性土、粗砂	20 000 ~ 30 000
5	角砾土、圆砾土、碎石土、卵石土	30 000 ~ 80 000
6	块石土、漂石土	80 000 ~ 120 000

注：1. 本表可用于结构在地面处水平位移最大不超过 6mm 的情况，当位移较大时应适当降低。

　　2. 当基础侧面设有斜坡或台阶，且其坡度或台阶总宽度与地面以下或局部冲刷线以下深度之比大于 1：20 时，

　　　 m 值应减小一半。

（3）《建筑桩基技术规范》JGJ 94—2008 表 5.7.5，见表 12-6。

地基土水平抗力系数的比例系数 m 值   表 12-6

序号	地基土类别	预制桩、钢桩		灌注桩	
		m （MN/m⁴）	相应单桩在地面处水平位移 （mm）	m （MN/m⁴）	相应单桩在地面处水平位移 （mm）
1	淤泥；淤泥质土；饱和湿陷性黄土	2 ~ 4.5	10	2.5 ~ 6	6 ~ 12
2	流塑（$I_L > 1$）、软塑（$0.75 < I_L \leq 1$）状黏性土；$e > 0.9$ 粉土；松散粉细砂；松散、稍密填土	4.5 ~ 6.0	10	6 ~ 14	4 ~ 8
3	可塑（$0.25 < I_L \leq 0.75$）状黏性土、湿陷性黄土；$e = 0.75 ~ 0.9$ 粉土；中密填土；稍密细砂	6.0 ~ 10	10	14 ~ 35	3 ~ 6
4	硬塑（$0 < I_L \leq 0.25$）、坚硬（$I_L \leq 0$）状黏性土、湿陷性黄土；$e < 0.75$ 粉土；中密的中粗砂；密实老填土	10 ~ 22	10	35 ~ 100	2 ~ 5
5	中密、密实的砾砂、碎石类土	—	—	100 ~ 300	1.5 ~ 3

注：1. 当桩顶水平位移大于表列数值或灌注桩配筋率较高（≥0.65%）时，m 值应适当降低；当预制桩的水平向

　　　 位移小于 10mm 时，m 值可适当提高；

　　2. 当水平荷载为长期或经常出现的荷载时，应将表列数值乘以 0.4 降低采用；

　　3. 当地基为可液化土层时，应将表列数值乘以本规范表 5.3.12 中相应的系数 ψ_1。

3. $R = 10\ 00 ~ 20\ 000$kPa 的半岩质岩层或位于构造破碎影响的岩质岩层，根据实际情况可采用 $K_H = A_H + m_H \times y$，相当于"m"法。

4. 断层破碎带、岩层风化带、残积层及密实土层沿桩轴的 K_H 值，视压密状态与上部松弛现象而异：曾受过历史荷载有压密作用的一段，在桩前、桩后围岩的 K_H 值可假定相等；松弛的一段如果上部堆积厚度有差别，在统一高程处其 K_H 不等。

5. 一般堆积层的 K_H 值因上部土的厚度而异：在地面处为零，可假定随埋深按直线增大，即 $K_H = m_H \times y$，y 自地面向下量取。

6. 如滑面系沿断层带发育，自滑面以下为断层影响带时，在滑面处 $K_H \neq 0$，可假定沿桩轴 $K_H = A_H + m_H \times y$，y 自地面向下量取。若桩前、后地面有高差，在同一高程的桩周围岩的 K_H 值将因 A_H 与 $m_H \times y$ 之间相对的比值而异，当 A_H 特大时可认为 K_H 相等。

7. 通常裂隙密闭、较完整的块状或中厚层的岩质和半岩质岩层，少节理的半岩质和岩质岩层，及无裂隙较完整的半成岩岩层或岩性裂隙均匀的岩层等，除表层受风化影响的厚度外，可假定其桩周围岩的 K_H 值为常数。

（三）桩底的约束条件

抗滑桩桩底支承可采用自由端、固定端或铰支端。

（1）当围岩为同种岩层或虽然是不同的岩层但岩层刚度相关不大时，桩底可视作自由端，即桩底弯矩 $M = 0$，剪力 $Q = 0$，有水平变位 x 及角变位 φ。

（2）同种围岩当沿桩轴的 K_H 值急剧增大为 y 的多次方时，可相对的按固定端计算，即桩底的水平变位、角变位为零，弯矩和剪力不为零；不同种岩层刚度比大于 10 倍以上者，可按固定端计算，此时下层岩层必须坚硬、完整，而桩底嵌入该层之内需有一定深度，侧应力一定要小于侧向容许压应力，且较上层的相对位移量及角变位量为小。

（3）只有在桩底附近围岩的侧向 K_H 值巨大，而桩底基岩的 K_V 值相对为小等条件下，才有出现铰支端的可能。此时桩底水平变位为零、剪力不为零，角变位不为零、弯矩为零。

（4）在同一高程，桩前、后的 K_H 值不等时，如采用桩前的 K_H 值计算，对固定端而言结果无出入；对自由端则偏于安全。但在计算桩的内力时应充分估计到最大弯矩和最大剪力点的位置有变化，在桩身的配筋方面应注意此变化。

第四节　桩身内力和变位计算

滑动面以上的桩身内力，应根据滑坡推力和桩前滑坡体抗力计算。滑动面以下的桩身变位和内力，应根据滑动面处的弯矩和剪力和地基的弹性抗力进行计算。

一、滑动面以上桩身内力和变位计算

（一）滑坡推力的桩前滑坡抗力按梯形分布

1. 弯矩和剪力

滑动面以上桩所承受的外力为滑坡推力和桩前反力之差 E_x，其分布形式一般为三角形、梯形和矩形。内力计算时按一端固定的悬臂梁考虑。现以梯形分布为例，给出弯矩和剪力的计算公式。

锚固段顶点桩身的弯矩 M_0、剪力 Q_0 为

$$M_0 = E_x Z_x \tag{12-38}$$

$$Q_0 = E_x \qquad (12\text{-}39)$$

式中　Z_x——桩上外力的作用点至锚固点的距离（m）。

如图 12-19，土压力的分布图形中：

$$\left.\begin{array}{c} T_1 = \dfrac{6M_0 - 2E_x \times H_1}{H_1^2} \\[3mm] T_2 = \dfrac{6E_x \times H_1 - 12M_0}{H_1^2} \end{array}\right\} \qquad (12\text{-}40)$$

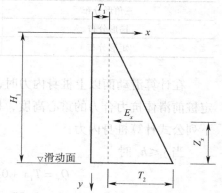

图 12-19　土压力分布图形

当 $T_1 = 0$ 时，土压力分布为三角形；当 $T_2 = 0$ 时，土压力分布为矩形。

滑面以上桩身各点的弯矩 M_y 和剪力 Q_y 按下式计算：

$$M_y = \frac{T_1 y^2}{2} + \frac{T_2 y^3}{6H_1} \qquad (12\text{-}41)$$

$$Q_y = T_1 y + \frac{T_2 y^2}{2H_1} \qquad (12\text{-}42)$$

式中　H_1——滑动面以上桩长（m）；

　　　y——锚固点以上桩身某点距桩顶的距离。

2. 水平位移和转角

水平位移：

$$\left.\begin{array}{l} x_y = x_0 - \varphi_0 \times (H_1 - y) + \dfrac{T_1}{EI}\left(\dfrac{H_1^4}{8} - \dfrac{H_1^3 y}{6} + \dfrac{y^4}{24}\right) \\[3mm] \quad + \dfrac{T_2}{EIH_1}\left(\dfrac{H_1^5}{30} - \dfrac{H_1^4 y}{24} + \dfrac{y^5}{120}\right) \end{array}\right\} \qquad (12\text{-}43)$$

转角：

$$\varphi_y = \varphi_0 - \frac{T_1}{6EI}(H_1^3 - y^3) - \frac{T_2}{24EIH_1}(H_1^4 - y^4) \qquad (12\text{-}44)$$

（二）滑坡推力按梯形分布，桩前滑坡体抗力按抛物线分布

当桩前滑体的抗力采用抛物线分布时，可将抗力图形简化为一个三角形和一个倒梯形。如图 12-18。

图中 h_s 为最大应力处距桩顶的高度，它随滑体的黏聚力的增大而减小。根据试验，h_s 一般等于滑动面以上桩长的 $1/4 \sim 1/3$。该值对计算影响不大，计算时可采用表 12-7 给出的数值。p_1 和 p_2 根据简化后滑动面处弯矩和剪力相等原理确定，即

$$p_1 = \frac{2p\,(2 - h_s/H_1 - 3\eta_p)}{H_1 - h_s} \qquad (12\text{-}45)$$

$$p_2 = \frac{2p\,[3h_s/H_1 - (h_s/H_1)^2 - 3 + 3\eta_p\,(2 - h_s/H_1)]}{H_1 - h_s} \qquad (12\text{-}46)$$

式中　p——桩前滑体抗力（kN/m）；

　　　η_p——桩前滑体抗力的合力重心至滑动面上桩长之比，该值可较滑坡推力的重心高 $10\% \sim 15\%$；

H_1——滑动面以上的桩长（m）。

最大应力处距桩顶高度 h_s 参考值
表 12-7

滑坡推力图形	G_T/H_1	h_s
三角形分布	$1/3$	$H_1/2$
梯形分布	$1/3 \sim 1/2$	$H_1/2 \sim H_1/5$
矩形分布	$1/2$	$H_1/5$

在计算滑动面以上桩身内力时，当采用桩前抗力为抛物线的分布图形时，应当首先确定桩前滑体抗力合力的重心高度，按式（12-45）及式（12-46）计算出 p_1 和 p_2，然后按下列公式计算桩身内力：

当 $y \leq h_s$ 时

$$Q_y = T_1 y + 0.5 T_2 y^2 / H_1 - 0.5 (p_1 + p_2) y^2 / h_s \tag{12-47}$$

$$M_y = 0.5 T_1 y^2 + T_2 y^3 / 6H_1 - (p_1 + p_2) y^3 / 6h_s \tag{12-48}$$

当 $y > h_s$ 时

$$Q_y = T_1 y + 0.5 T_2 y^2 / H_1 - 0.5 (p_1 + p_2) h_s - p_1 (y - h_s)$$
$$- p_2 (y - h_s) + 0.5 p_2 (y - h_s)^2 / (H_1 - h_s) \tag{12-49}$$

$$M_y = 0.5 T_1 y^2 + T_2 y^3 / 6H_1 - 0.5 (p_1 + p_2) h_s (y - 2h_s/3)$$
$$- 0.5 p_1 (y - h_s)^2 - 0.5 p_2 (y - h_s)^2 + p_2 (y - h_s)^3 / 6 (H_1 - h_s) \tag{12-50}$$

式中　Q_y——滑动面以上桩身任意计算点的剪力（kN）；

M_y——滑动面以上桩身任意计算点的弯矩（kN·m）；

y——滑动面以上桩顶至任意计算点的距离（m）；

其余符号意义同前。

二、滑动面以下桩身内力和变形

弹性桩的内力和变位如图 12-20 所示。在计算滑动面以下桩身内力、位移和侧向压应力时，首先引入桩的变形系数：

按"K"法计算时：$\beta = \left(\dfrac{K_H B_P}{4EI} \right)^{\frac{1}{4}}$，其锚固段换算长度为 βh。

按"m"法计算时：$\alpha = \left(\dfrac{m_H B_P}{EI} \right)^{\frac{1}{5}}$，其锚固段换算长度为 αh。

上述式中 β，α——桩的变形系数（m^{-1}）；

K_H——地基系数（kPa/m）；

m_H——地基系数随深度增加的比例系数（kPa/m^2）；

E——桩的钢筋混凝土弹性模量（kPa），$E = 0.8 E_c$；

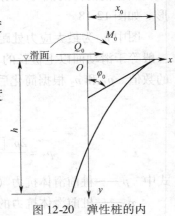

图 12-20　弹性桩的内力和变位

E_c——混凝土弹性模量（kPa）；

B_P——桩的计算宽度（m）；

I——桩的截面惯性矩（m^4）。

下面介绍两种计算方法：

（一）弹性地基梁"m"解法

采用弹性地基梁挠曲线微分方程幂级数解：

梁的挠曲线微分方程

$$EI\frac{\mathrm{d}^4x}{\mathrm{d}y^4} = -P \tag{12-51}$$

式中 P——土作用于桩上的水平反力（kN/m^3）。

假定桩作用在土上的水平压应力等于桩上各点的水平位移 x 与该点处土的地基系数 C_H 的乘积，即 $P = xC_HB_P$，由于 C_H 随深度 y 成正比变化，故

$$P = xC_HB_P = m_HyxB_P \tag{12-52}$$

$$EI\frac{\mathrm{d}^4x}{\mathrm{d}y^4} = -m_HyxB_P \tag{12-53}$$

引入桩的变形系数 α 上式可写为

$$\frac{\mathrm{d}^4x}{\mathrm{d}y^4} + \alpha^5 yx = 0 \tag{12-54}$$

式（12-54）为四阶线性变系数齐次常微分方程，用幂级数法求解可得一组幂级数的表达式，换算整理后得：

$$\left.\begin{array}{l}
\text{变位：} x_y = x_0 A_1 + \dfrac{\varphi_0}{\alpha}B_1 + \dfrac{M_0}{\alpha^2 EI}C_1 + \dfrac{Q_0}{\alpha^3 EI}D_1 \\[2mm]
\text{转角：} \varphi_y = \alpha\left(x_0 A_2 + \dfrac{\varphi_0}{\alpha}B_2 + \dfrac{M_0}{\alpha^2 EI}C_2 + \dfrac{Q_0}{\alpha^3 EI}D_2\right) \\[2mm]
\text{弯矩：} M_y = \alpha^2 EI\left(x_0 A_3 + \dfrac{\varphi_0}{\alpha}B_3 + \dfrac{M_0}{\alpha^2 EI}C_3 + \dfrac{Q_0}{\alpha^3 EI}D_3\right) \\[2mm]
\text{剪力：} Q_y = \alpha^3 EI\left(x_0 A_4 + \dfrac{\varphi_0}{\alpha}B_4 + \dfrac{M_0}{\alpha^2 EI}C_4 + \dfrac{Q_0}{\alpha^3 EI}D_4\right) \\[2mm]
\text{侧向应力 } \sigma_y = m_Hyx_y
\end{array}\right\} \tag{12-55}$$

式中 x_0、φ_0、M_0、Q_0——分别为滑动面处的初始水平位移。初始转角、初始弯矩、初始剪力；

A_i，B_i，C_i，D_i——随桩的换算深度（αy）而异的系数：

$$\begin{aligned}
A_1 &= 1 + \sum_{k=1}^{\infty}(-1)^k\frac{(5k-4)!!}{(5k)!}(\alpha y)^{5k} \quad (k=1,2,3,4\cdots) \\
&= 1 - \frac{(\alpha y)^5}{5!} + \frac{1\times6}{10!}(\alpha y)^{10} - \frac{1\times6\times11}{15!}(\alpha y)^{15} \\
&\quad + \frac{1\times6\times11\times16}{20!}(\alpha y)^{20}\cdots
\end{aligned}$$

$$B_1 = \alpha y + \sum_{k=1}^{\infty} (-1)^k \frac{(5k-3)!!}{(5k+1)!} (\alpha y)^{5k+1}$$

$$= \alpha y - \frac{2}{6!} (\alpha y)^6 + \frac{2 \times 7}{11!} (\alpha y)^{11} - \frac{2 \times 7 \times 12}{16!} (\alpha y)^{16} \cdots$$

$$- \frac{4}{8!} (\alpha y)^3 + \frac{4 \times 9}{13!} (\alpha y)^{13} - \frac{4 \times 9 \times 14}{18!} (\alpha y)^{18} + \cdots$$

$$C_1 = \frac{(\alpha y)^2}{2!} + \sum_{k=1}^{\infty} (-1)^k \frac{(5k-2)!!}{(5k+2)!} (\alpha y)^{5k+2}$$

$$= \frac{1}{2!} (\alpha y)^2 - \frac{3}{7!} (\alpha y) + \frac{3 \times 8}{12!} (\alpha y)^{12} - \frac{3 \times 8 \times 13}{17!} (\alpha y)^{17} + \cdots$$

$$D_1 = \frac{(\alpha y)^3}{3!} + \sum_{k=1}^{\infty} (-1)^k \frac{(5k-1)!!}{(5k+3)!} (\alpha y)^{5k+3}$$

$$= \frac{1}{3!} (\alpha y)^3 - \frac{4}{8!} (\alpha y)^3 + \frac{4 \times 9}{13!} (\alpha y)^{13} - \frac{4 \times 9 \times 14}{18!} (\alpha y)^{18} + \cdots$$

(12-56)

A_2、$B_2 \cdots A_4$、B_4、C_4、D_4 各系数由 A_1、B_1、C_1、D_1 逐次计算。

$$A_2 = -\frac{(\alpha y)^4}{4!} + \frac{6 (\alpha y)^9}{9!} - \frac{6 \times 11}{14!} (\alpha y)^{14} + \frac{6 \times 11 \times 16}{19!} (\alpha y)^{19} - \cdots$$

$$A_3 = -\frac{(\alpha y)^3}{3!} + \frac{6 (\alpha y)^8}{8!} - \frac{6 \times 11}{13!} (\alpha y)^{13} + \frac{6 \times 11 \times 16}{18!} (\alpha y)^{18} - \cdots$$

$$A_4 = -\frac{(\alpha y)^2}{2!} + \frac{6 (\alpha y)^7}{7!} - \frac{6 \times 11}{12!} (\alpha y)^{12} + \frac{6 \times 11 \times 16}{17!} (\alpha y)^{17} - \cdots$$

$$B_2 = 1 - \frac{2}{5!} (\alpha y)^5 + \frac{2 \times 7}{10!} (\alpha y)^{10} - \frac{2 \times 7 \times 12}{15!} (\alpha y)^{15} + \cdots$$

$$B_3 = -\frac{2}{4!} (\alpha y)^4 + \frac{2 \times 7}{9!} (\alpha y)^9 - \frac{2 \times 7 \times 12}{14!} (\alpha y)^{14} + \cdots$$

$$B_4 = -\frac{2}{3!} (\alpha y)^3 + \frac{2 \times 7}{8!} (\alpha y)^8 - \frac{2 \times 7 \times 12}{13} (\alpha y)^{13} + \cdots$$

$$C_2 = (\alpha y) - \frac{3}{6!} (\alpha y)^6 + \frac{3 \times 8}{11!} (\alpha y)^{11} - \frac{3 \times 8 \times 13}{16} (\alpha y)^{16} + \cdots$$

$$C_3 = 1 - \frac{3}{5!} (\alpha y)^5 + \frac{3 \times 8}{10!} (\alpha y)^{10} - \frac{3 \times 8 \times 13}{15} (\alpha y)^{15} + \cdots$$

$$C_4 = -\frac{3}{4!} (\alpha y)^4 + \frac{3 \times 8}{9!} (\alpha y)^9 - \frac{3 \times 8 \times 13}{14} (\alpha y)^{14} + \cdots$$

$$D_2 = \frac{(\alpha y)^2}{2!} - \frac{4}{7!} (\alpha y)^7 + \frac{4 \times 9}{12!} (\alpha y)^{12} - \frac{4 \times 9 \times 14}{17!} (\alpha y)^{17} + \cdots$$

$$D_3 = (\alpha y) - \frac{4}{6!} (\alpha y)^6 + \frac{4 \times 9}{11!} (\alpha y)^{11} - \frac{4 \times 9 \times 14}{16!} (\alpha y)^{16} + \cdots$$

$$D_4 = 1 - \frac{4}{5!} (\alpha y)^5 + \frac{4 \times 9}{10!} (\alpha y)^{10} - \frac{4 \times 9 \times 14}{15!} (\alpha y)^{15} + \cdots$$

(12-57)

式 (12-55) 即为弹性桩用普通法求解的一般表达式。为求得桩身任一点的变位、转角、弯矩、剪力和岩土对该点的侧向应力，必须求出滑面处的 x_0 和 φ_0 此时需根据桩底的三种不同边界条件来确定：

（1）当桩底为固定端时，$x_h = \varphi_h = 0$，但 $M_h \neq 0$，$Q_h \neq 0$。将 $x_h = \varphi_h = 0$ 代入式（12-54）的前两式，联立求解得：

$$x_0 = \frac{M_0}{\alpha^2 EI} \times \frac{B_1 C_2 - C_1 B_2}{A_1 B_2 - B_1 A_2} + \frac{Q_0}{\alpha^3 EI} \times \frac{B_1 D_2 - D_1 B_2}{A_1 B_2 - B_1 A_2} \left.\vphantom{\frac{M_0}{\alpha^2 EI}}\right\}$$
$$\varphi_0 = \frac{M_0}{\alpha EI} \times \frac{C_1 A_2 - A_1 C_2}{A_1 B_2 - B_1 A_2} + \frac{Q_0}{\alpha^2 EI} \times \frac{D_1 A_2 - A_1 D_2}{A_1 B_2 - B_1 A_2}$$

（12-58）

将 x_0 和 φ_0 代入式（12-55），可求得桩身任一深度处的内力和变位。

（2）当桩底为铰支端时，$x_h = 0$ 而 $\varphi_h \neq 0$，$M_h = 0$，$Q_h \neq 0$，不考虑桩底弯矩影响。将 $x_h = 0$ 和 $M_h = 0$ 分别代入式（12-55）中第1、3式，联立求解得：

$$x_0 = \frac{M_0}{\alpha^2 EI} \times \frac{C_1 B_3 - C_3 B_1}{A_3 B_1 - B_3 A_1} + \frac{Q_0}{\alpha^3 EI} \times \frac{B_3 D_1 - D_3 B_1}{A_1 B_3 - B_1 A_3} \left.\vphantom{\frac{M_0}{\alpha^2 EI}}\right\}$$
$$\varphi_0 = \frac{M_0}{\alpha EI} \times \frac{C_3 A_1 - A_3 C_1}{A_3 B_1 - B_3 A_1} + \frac{Q_0}{\alpha^2 EI} \times \frac{D_3 A_1 - A_3 D_1}{A_3 B_1 - B_3 A_1}$$

（12-59）

将 x_0 和 φ_0 代入式（12-55），可求得桩身任一深度处的内力和变位。

（3）当桩底为自由端时，$M_h = 0$，$Q_h = 0$，$x_h \neq 0$，$\varphi_h \neq 0$。将 $Q_h = 0$ 和 $M_h = 0$ 分别代入式（12-55）中第3、4式，联立求解得：

$$x_0 = \frac{M_0}{\alpha^2 EI} \times \frac{C_4 B_3 - C_3 B_4}{A_3 B_4 - B_3 A_4} + \frac{Q_0}{\alpha^3 EI} \times \frac{B_3 D_4 - D_3 B_4}{A_3 B_4 - B_3 A_4} \left.\vphantom{\frac{M_0}{\alpha^2 EI}}\right\}$$
$$\varphi_0 = \frac{M_0}{\alpha EI} \times \frac{C_3 A_4 - A_3 C_4}{A_3 B_4 - B_3 A_4} + \frac{Q_0}{\alpha^2 EI} \times \frac{D_3 A_4 - A_3 D_4}{A_3 B_4 - B_3 A_4}$$

（12-60）

将 x_0 和 φ_0 代入式（12-55），可求得桩身任一深度处的内力和变位。

（二）弹性地基梁"K"解法

桩承受水平荷载的挠曲线微分方程为：

$$EI \frac{\mathrm{d}^4 x}{\mathrm{d} y^4} + x K_H B_P = 0$$

（12-61）

式中　$x K_H B_P$——地基作用于桩上的水平抗力为一常数。

引入变形系数 $\beta = \left(\dfrac{K_H B_P}{4EI} \right)^{\frac{1}{4}}$，即 $K_H B_P = 4EI\beta^4$

$$\frac{\mathrm{d}^4 x}{\mathrm{d} y^4} + 4\beta^4 x = 0$$

（12-62）

解方程式（12-62）得到滑动面以下任一截面的变位、侧应力和内力的计算公式：

$$\begin{aligned}
\text{变位：} & x_y = x_0 \varphi_1 + \frac{\varphi_0}{\beta} \varphi_2 + \frac{M_0}{\beta^2 EI} \varphi_3 + \frac{Q_0}{\beta^3 EI} \varphi_4 \\[4pt]
\text{转角：} & \varphi_y = \beta \left(-4 x_0 \varphi_4 + \frac{\varphi_0}{\beta} \varphi_1 + \frac{M_0}{\beta^2 EI} \varphi_2 + \frac{Q_0}{\beta^3 EI} \varphi_3 \right) \\[4pt]
\text{弯矩：} & M_y = -4 x_0 \beta^2 EI \varphi_3 - 4\varphi_0 \beta EI \varphi_4 + M_0 \varphi_1 + \frac{Q_0}{\beta} \varphi_2 \\[4pt]
\text{剪力：} & Q_y = -4 x_0 \beta^3 EI \varphi_2 - 4\varphi_0 \beta^2 EI \varphi_3 - 4 M_0 \beta \varphi_4 + Q_0 \varphi_1 \\[4pt]
\text{侧向应力：} & \sigma_y = K_H x_y
\end{aligned} \left.\vphantom{\begin{aligned}x\\x\\x\\x\\x\end{aligned}}\right\}$$

（12-63）

式中　φ_1，φ_2，φ_3，φ_4—— "K" 法的影响函数值，按下式计算：

$$\left. \begin{aligned} \varphi_1 &= \cos(\beta y)\,\mathrm{ch}(\beta y) \\ \varphi_2 &= \frac{1}{2}\left(\sin(\beta y)\,\mathrm{ch}(\beta y) + \cos(\beta y)\,\mathrm{sh}(\beta y)\right) \\ \varphi_3 &= \frac{1}{2}\sin(\beta y)\,\mathrm{sh}(\beta y) \\ \varphi_4 &= \frac{1}{4}\left(\sin(\beta y)\,\mathrm{ch}(\beta y) - \cos(\beta y)\,\mathrm{sh}(\beta y)\right) \end{aligned} \right\}$$ (12-64)

式（12-63）为 "K" 法求解的表达式，计算时先求滑动面处的 x_0 和 φ_0，即可求桩身任一截面的变位、内力和侧应力。为此，需要根据桩底三种边界确定。

（1）当桩底为固定端时，$x_h = 0$，$\varphi_h = 0$，将式（12-63）中第 1、2 式联立解得：

$$\left. \begin{aligned} x_0 &= \frac{M_0}{\beta^2 EI} \times \frac{\varphi_2^2 - \varphi_1\varphi_3}{4\varphi_4\varphi_2 + \varphi_1^2} + \frac{Q_0}{\beta^3 EI} \times \frac{\varphi_2\varphi_3 - \varphi_1\varphi_4}{4\varphi_4\varphi_2 + \varphi_1^2} \\ \varphi_0 &= -\frac{M_0}{\beta EI} \times \frac{\varphi_1\varphi_2 + 4\varphi_3\varphi_4}{4\varphi_4\varphi_2 + \varphi_1^2} - \frac{Q_0}{\beta^2 EI} \times \frac{\varphi_1\varphi_3 + 4\varphi_4^2}{4\varphi_4\varphi_2 + \varphi_1^2} \end{aligned} \right\}$$ (12-65)

（2）当桩底为铰支端时，$x_h = 0$，$M_h = 0$，$\varphi_h \neq 0$，$Q_h \neq 0$，不考虑桩底弯矩的影响，将 $x_h = 0$，$M_h = 0$ 代入式（12-63）中第 1、3 式，联立解得：

$$\left. \begin{aligned} x_0 &= \frac{M_0}{\beta^2 EI} \times \frac{4\varphi_3\varphi_4 + \varphi_1\varphi_2}{4\varphi_2\varphi_3 - 4\varphi_1\varphi_4} + \frac{Q_0}{\beta^3 EI} \times \frac{4\varphi_4^2 + \varphi_2^2}{4\varphi_2\varphi_3 - 4\varphi_1\varphi_4} \\ \varphi_0 &= -\frac{M_0}{\beta EI} \times \frac{\varphi_1^2 + 4\varphi_3^2}{4\varphi_2\varphi_3 - 4\varphi_1\varphi_4} - \frac{Q_0}{\beta^2 EI} \times \frac{4\varphi_3\varphi_4 + \varphi_1\varphi_2}{4\varphi_2\varphi_3 - 4\varphi_1\varphi_4} \end{aligned} \right\}$$ (12-66)

（3）当桩底为自由端时，$M_h = 0$，$Q_h = 0$，$\varphi_h \neq 0$，$x_h \neq 0$。将 $M_h = 0$，$Q_h = 0$ 代入式（12-63）中第 3、4 式，联立解得：

$$\left. \begin{aligned} x_0 &= \frac{M_0}{\beta^2 EI} \times \frac{4\varphi_4^2 + \varphi_1\varphi_3}{4\varphi_3^2 - 4\varphi_2\varphi_4} + \frac{Q_0}{\beta^3 EI} \times \frac{\varphi_2\varphi_3 - \varphi_1\varphi_4}{4\varphi_3^2 - 4\varphi_2\varphi_4} \\ \varphi_0 &= -\frac{M_0}{\beta EI} \times \frac{4\varphi_3\varphi_4 + \varphi_1\varphi_2}{4\varphi_3^2 - 4\varphi_2\varphi_4} - \frac{Q_0}{\beta^2 EI} \times \frac{\varphi_2^2 - \varphi_1\varphi_3}{4\varphi_3^2 - 4\varphi_2\varphi_4} \end{aligned} \right\}$$ (12-67)

将上述各种边界条件相应的 x_0 和 φ_0 代入式（12-63），可求得滑动面以下桩身任一截面的变位和内力。

（三）当滑面处抗力不为零时的处理方法

"m" 法的公式是按滑面处抗力为零的情况导出的。结合抗滑桩的实际情况，滑动面以上往往有滑体存在，在滑面处岩土的抗力不为零，而是某一数值 A，则滑面以下某一深度处岩土抗力的表达式为 $P_y = A + m_H \times y$，即滑面以下的地基系数为梯形变化。此时已有的公式均不能直接使用，可通过下述方法处理见图 12-21。

（1）将地基系数变化图形向上延伸至虚点 a，延伸的高度

$$h_1 = \frac{Ah}{K_h - A}$$ (12-67)

（2）自虚点 a 向下计算便可以直接使用已有的公式，但必须重新确定 a 点处的初参数 M_a、Q_a、x_a、φ_a。

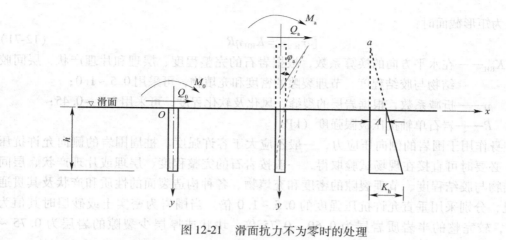

图 12-21　滑面抗力不为零时的处理

（3）在 M_a 和 Q_a 的作用下，必须满足下述条件：

当 $y=0$ 时（滑面处）$M=M_0$，$Q=Q_0$；

$$\left. \begin{array}{l} \alpha^2 EI \left(x_a\alpha_3^0 + \dfrac{\varphi_a}{\alpha}B_3^0 + \dfrac{M_a}{\alpha^2 EI}C_3^0 + \dfrac{Q_a}{\alpha^3 EI}D_3^0 \right) = M_0 \\[3mm] \alpha^3 EI \left(x_a\alpha_4^0 + \dfrac{\varphi_a}{\alpha}B_4^0 + \dfrac{M_a}{\alpha^2 EI}C_4^0 + \dfrac{Q_a}{\alpha^3 EI}D_4^0 \right) = Q_0 \end{array} \right\} \qquad (12\text{-}68)$$

当 $y=h$ 时（桩底处）$M_h=0$，$Q_h=0$（桩底为自由端时）

$$\left. \begin{array}{l} x_a\alpha_3^h + \dfrac{\varphi_a}{\alpha}B_3^h + \dfrac{M_a}{\alpha^2 EI}C_3^h + \dfrac{Q_a}{\alpha^3 EI}D_3^h = 0 \\[3mm] x_a\alpha_4^h + \dfrac{\varphi_a}{\alpha}B_4^h + \dfrac{M_a}{\alpha^2 EI}C_4^h + \dfrac{Q_a}{\alpha^3 EI}D_4^h = 0 \end{array} \right\} \qquad (12\text{-}69)$$

当 $y=h$ 时（桩底处）$x_h=0$，$\varphi_h=0$（桩底为固定端时）

$$\left. \begin{array}{l} x_a\alpha_1^h + \dfrac{\varphi_a}{\alpha}B_1^h + \dfrac{M_a}{\alpha^2 EI}C_1^h + \dfrac{Q_a}{\alpha^3 EI}D_1^h = 0 \\[3mm] x_a\alpha_2^h + \dfrac{\varphi_a}{\alpha}B_2^h + \dfrac{M_a}{\alpha^2 EI}C_2^h + \dfrac{Q_a}{\alpha^3 EI}D_2^h = 0 \end{array} \right\} \qquad (12\text{-}70)$$

上述式中　　A_3^0——在滑面处的系数 A_3 值；

A_3^h——在桩底处的系数 A_3 值，余类推。

通过对式（12-68）及式（12-69）或式（12-70）联立，求得 M_a、Q_a、x_a、φ_a 之值。此时便可用已有的公式计算出滑面以下任一点的内力和变位。

在计算机编程中，"K"法和"m"法可互相转换。把锚固段分成足够小的微段，近似地认为在每一小微段中，地基系数为一定值，可按"K"法计算；在完整的岩质地层中，可认为地基系数随深度增长的比例系数为零，也可按"m"法计算。

三、地基强度校核和桩身变位控制

（1）对于较完整的岩质岩层及半岩质岩层的地基，桩的最大横向压应力 σ_{max} 应小于或等于地基的横向容许承载力。地基的横向容许载力可按下式计算：

桩为矩形截面时：

$$[\sigma_{\mathrm{H}}] = K_{\mathrm{RH}}\eta R \tag{12-71}$$

式中 K_{RH}——在水平方向的换算系数，根据岩石的完整程度、层理和片理产状，层间胶结物与胶结程度，节理裂隙的密度和充填物，可采用 0.5~1.0；

η——折减系数，根据岩层的裂缝、风化及软化程度，可采用 0.3~0.45；

R——岩石单轴抗压极限强度（kPa）。

桩身作用于围岩的侧向压应力，一般不应大于容许强度。桩周围岩的侧向允许抗压强度，必要时可直接在现场试验取得，一般按岩石的完整程度、层理或片理产状、层间的胶结物与胶结程度、节理裂隙的密度和充填物、各种构造裂面的性质和产状及其贯通等情况，分别采用垂直允许抗压强度的 0.5~1.0 倍。当围岩为密实土或砂层时其值为 0.5 倍，较完整的半岩质岩层为 0.60~0.75 倍，块状或厚层少裂隙的岩层为 0.75~1.0 倍。

（2）对于一般土层或风化成土、砂砾状的岩层地基，抗滑桩在侧向荷载作用下发生转动变位时，桩前的土体产生被动土压力，而在桩后的土体产生主动土压力。桩身对地基土体的侧向压应力一般不应大于被动土压力与主动土压力之差。

① 埋式抗滑桩。

a. 当地面无横坡或横坡较小时，如图 12-22（a）所示，地基 y 点的横向容许承载力可按下式计算：

$$
\begin{aligned}
[\sigma_{\mathrm{H}}] &= \sigma_{\mathrm{b}} - \sigma_{\mathrm{a}} \\
&= \left[\gamma h \tan^2\left(45° + \frac{\varphi}{2}\right) + 2c\tan\left(45° + \frac{\varphi}{2}\right)\right] - \left[\gamma h \tan^2\left(45° - \frac{\varphi}{2}\right) - 2c\tan\left(45° - \frac{\varphi}{2}\right)\right]
\end{aligned}
$$

$$[\sigma_{\mathrm{H}}] = \frac{4}{\cos\varphi}\left[(\gamma_1 h_1 + \gamma_2 y)\tan\varphi + c\right] \tag{12-72}$$

式中 σ_{b}——被动土压应力（kPa）；

σ_{a}——主动土压应力（kPa）；

$[\sigma_{\mathrm{H}}]$——地基的横向容许承载力（kPa）；

γ_1——滑动面以上土体的重度（kN/m³）；

γ_2——滑动面以下土体的重度（kN/m³）；

φ——滑动面以下土体的内摩擦角（°）；

c——滑动面以下土体的黏聚力（kPa）；

h_1——设桩处滑动面至地面的距离（m）；

y——滑动面至计算点的距离（m）。

b. 当地面横坡 i 较大且 $i \leqslant \varphi_0$ 时，如图 12-22（b）所示，地基 y 点的横向容许承载力可按式（12-73）计算。为简化公式推导，采用综合内摩擦角。

$$[\sigma_{\mathrm{H}}] = 4(\gamma_1 h_1 + \gamma_2 y)\frac{\cos^2 i \sqrt{\cos^2 i - \cos^2 \varphi'_0}}{\cos^2 \varphi'_0} \tag{12-73}$$

式中 φ'_0——滑动面以下土体的综合内摩擦角（°）。

② 悬臂抗滑桩。

a. 当地面无横坡或横坡较小时，如图 12-23（a）所示，地基 y 点的横向容许承载力

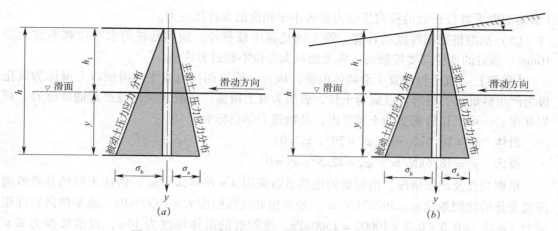

图 12-22　埋式抗滑桩土质地基横向容许承载力计算图式

（*a*）地面无横坡或横坡较小；（*b*）地面横坡较大

可按下式计算：

$$[\sigma_{\mathrm{H}}] = 4\gamma_2 y \frac{\tan\varphi_0}{\cos\varphi_0} - \gamma_1 H_1 \frac{1-\sin\varphi_0}{1+\sin\varphi_0} \tag{12-74}$$

b. 当地面横坡 i 较大且 $i \leqslant \varphi_0$ 时，如图 12-23（*b*）所示，地基 y 点的横向容许承载力可按下式计算：

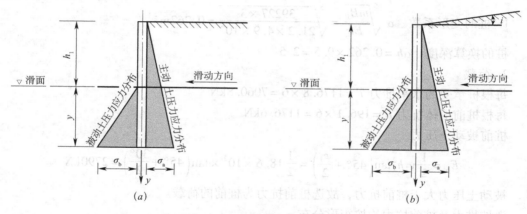

图 12-23　悬臂式抗滑桩土质地基横向容许承载力计算图式

（*a*）地面无横坡或横坡较小；（*b*）地面横坡较大

$$[\sigma_{\mathrm{H}}] = 4\gamma_2 y \frac{\cos^2 i \sqrt{\cos^2 i - \cos^2\varphi}}{\cos^2\varphi} - \gamma_1 H_1 \cos i \frac{\cos i - \sqrt{\cos^2 i - \cos^2\varphi}}{\cos i + \sqrt{\cos^2 i - \cos^2\varphi}} \tag{12-75}$$

（3）围岩在不同部位的极限抗压强度，一般都尽可能取代表样品做试验，其垂直允许值常用极限值的 $\frac{1}{4} \sim \frac{1}{10}$，对软弱或破碎岩层一般采用较大的系数，对坚硬岩层则取小些。

（4）如桩身作用于地基地层的侧向压应力大于围岩的允许强度，则需调整桩的埋深或截面尺寸和间距，重新设计；但对围岩有随深度而逐渐增大强度的情况时，可允许在滑面以下 1.5m 以内产生塑性变形现象，而在塑性变形深度内围岩抗力采用其侧向允许值，故对于一般土层或风化成土、砂砾状的岩层地基，也可只检算滑动面以下深度为 $h_2/3$ 和 h_2

（滑动面以下桩长）处的横向压应力是否小于相应的容许压应力。

（5）抗滑桩锚固深度的计算，除了满足强度校核外，地面处桩的水平位移不宜大于10mm。当桩的变位需要控制时，应考虑最大变位不超过容许值。

【算例】 抗滑桩设置于滑坡体前缘，该处一段滑面接近水平。滑面以上滑体为风化极为严重砂砾岩、泥岩，已成为土状，表层为黄土覆盖。滑床为风化较严重的砂砾岩、页岩和泥岩，可当作较密实的土层考虑，其物理力学指标为：

滑体 $\gamma_1 = 18.6\text{kN/m}^3$，$\varphi_1 = 30°$，$c_1 = 0$；

滑床 $\gamma_2 = 18.6\text{kN/m}^3$，$\varphi_2 = 42.5°$，$c_2 = 0$。

根据岩性及地层情况，滑面处的地基系数采用 $A = 78542\text{kN/m}^3$，滑床土的地基系数随深度变化的比例系数 $m = 39227\text{kN/m}^4$。地基饱和抗压强度 $R = 10000\text{kPa}$，地基侧向容许压应力 $[\sigma_H] = 0.5 \times 0.3 \times 10000 = 1500\text{kPa}$。桩附近的滑体厚度为10m，设滑坡推力 $E = 1176.8\text{kN/m}$，桩前滑体抗力 $E' = 196.1\text{kN/m}$，用"m"法计算桩的内力与变形。

抗滑桩采用C20钢筋混凝土，其弹性模量 $E_c = 26.5 \times 10^6\text{kPa}$，桩的断面为 $b \times a = 2\text{m} \times 3\text{m}$ 的矩形，其截面积 $F = 6\text{m}^2$，截面模量 $W = \dfrac{ba^2}{6} = 3\text{m}^3$，截面惯性矩 $I = \dfrac{ba^3}{12} = 4.5\text{m}^4$。桩的钢筋混凝土弹性模量 $E = 0.8E_c = 0.8 \times 26.5 \times 10^6 = 21.2 \times 10^6\text{kPa}$，桩间距 $l = 6\text{m}$，桩的埋深 $h = 9.5\text{m}$，桩的计算宽度 $B_P = b + 1 = 3\text{m}$。

1. 桩的变形系数 $\alpha \sqrt[5]{\dfrac{mB_P}{EI}} = \sqrt[5]{\dfrac{39227 \times 3}{21.2 \times 4.9 \times 10^6}} = 0.262\text{m}^{-1}$

桩的换算深度 $\alpha h = 0.262 \times 9.5 = 2.5$

2. 荷载

每根桩承受的水平推力 $T = 1176.8 \times 6 = 7060.8\text{kN}$

每根桩前滑体抗力 $P = 196.1 \times 6 = 1176.6\text{kN}$

桩前被动土压力

$$E_p = \frac{1}{2}\gamma_1 h_1^2 \tan\left(45° + \frac{\varphi_1}{2}\right) = \frac{1}{2}18.6 \times 10^2 \times \tan\left(45° + \frac{30°}{2}\right) = 2790\text{kN}$$

被动土压力大于桩前抗力，故选桩前抗力为桩前的荷载。

滑坡推力及桩前抗力均按矩形分布

滑面处剪力

$$Q_0 = T - P = 7060.8 - 1176.6 = 5884.2\text{kN}$$

滑面处弯矩

$$M_0 = (T - P)\frac{h'}{2} = (7060.8 - 1177) \times \frac{10}{2} = 29420\text{kN/m}$$

3. 求虚点高度

$$h_1 = \frac{Ah}{K_h - A} = \frac{78543 \times 9.5}{(78543 + 9.5 \times 39227) - 78543} = 2.0$$

4. 求虚点处 x_a、φ_a、M_a、Q_a 值

当桩顶 $y = 0$ $y' = h_1 = 2$ $\alpha y' = 0.524$

查得：$A_3 = -0.0245$ $B_3 = -0.0066$ $C_3 = 0.9989$ $D_3 = 0.5239$

$$A_4 = -0.1382 \quad B_4 = -0.0489 \quad C_4 = 0.0098 \quad D_4 = 0.9986$$

$$\alpha^2 EI\left[x_a(-0.0245) + \frac{\varphi_a}{0.262}(-0.0066) + \frac{M_a}{\alpha^2 EI}(0.9989) + \frac{Q_a}{\alpha^3 EI}(0.5239)\right] = 29420$$

$$\alpha^3 EI\left[x_a(-0.1382) + \frac{\varphi_a}{0.262}(-0.0489) + \frac{M_a}{\alpha^2 EI}(0.0098) + \frac{Q_a}{\alpha^3 EI}(0.9986)\right] = 5884.2$$

当桩底 $y' = 2 + 9.5 = 11.5$ $\alpha y' = 0.262 \times 11.5 = 3.013$

$$A_3 = -3.550 \quad B_3 = -6.096 \quad C_3 = -4.835 \quad D_3 = -1.0203$$

$$A_4 = -1.890 \quad B_4 = -6.675 \quad C_4 = -8.966 \quad D_4 = -6.710$$

$$\alpha^2 EI\left[x_a(-3.550) + \frac{\varphi_a}{0.262}(-6.096) + \frac{M_a}{\alpha^2 EI}(-4.835) + \frac{Q_a}{\alpha^3 EI}(-1.0203)\right] = 0$$

$$\alpha^3 EI\left[x_a(-1.890) + \frac{\varphi_a}{0.262}(-6.675) + \frac{M_a}{\alpha^2 EI}(-8.966) + \frac{Q_a}{\alpha^3 EI}(-6.710)\right] = 0$$

联立求解得:

$x_a = 0.018083$(m) $\varphi_a = -0.003425$ $M_a = 13534.5$(kN·m) $Q_a = 9120.4$(kN)

5. 桩身变位、内力及侧向应力

变位 $X_y = x_a \cdot A_1 + \frac{\varphi_a}{\alpha}B_1 + \frac{M_a}{\alpha^2 EI}C_1 + \frac{Q_a}{\alpha^3 EI}D_1$

$$= 0.01808A_1 - \frac{0.0034245}{0.262}B_1 + \frac{135345}{0.262^2 \times 95.32 \times 10^6}C_1 + \frac{9120.38}{0.262^3 \times 95.32 \times 10^6}D_1$$

弯矩 $M_y = \alpha^2 EI\left[x_a \cdot A_3 + \frac{\varphi_a}{\alpha}B_3 + \frac{M_a}{\alpha^2 EI}C_3 + \frac{Q_a}{\alpha^3 EI}D_3\right]$

$$= 0.262^2 \times 95.32 \times 10^6 \left[0.01808A_3 + 0.262 \times 95.32 \times 10^6 \times (-0.0034245)B_3 \right.$$
$$\left. + 13534.5C_3 + \frac{9120.38}{0.262}D_3\right]$$

剪力 $Q_y = \alpha^3 EI\left(x_a A_4 + \frac{\varphi_a}{\alpha}B_4 + \frac{M_a}{\alpha^2 EI}C_4 + \frac{Q_a}{\alpha^3 EI}D_4\right)$

$$= 0.262^3 \times 95.32 \times 10^6 \times 0.01808A_4 + 0.262^2 \times 95.32 \times 10^6 (-0.003424)B_4$$
$$+ 0.262 \times 13535.5C_4 + 9120.38D_4$$

侧应力 $\sigma_y = my'x_{y'}$

式中 y'——点到虚点的距离。

计算结果见表12-8。

由表可知:锚固段地基侧壁应力最大值为1075.16, -1433.7 均小于地基横向容许压力1500kPa。桩的锚固深度满足要求。

锚固段侧应力、内力计算结果 表12-8

桩身 y（m）	换算深度 α（$y+2$）	侧应力 σ_y（kPa）	剪力 Q_y（kN）	弯矩 M_y（kN·m）
0	0.524	913.6	5884.4	39422.5
0.95	0.7729	1075.16	2935.58	33635.5
1.90	1.028	1025.52	-90.60	34975.48
2.85	1.2707	861.26	-2801.14	35564.69
3.80	1.5196	624.54	-4931.25	29838.27

续表

桩身 y（m）	换算深度 α（$y+2$）	侧应力 σ_y（kPa）	剪力 Q_y（kN）	弯矩 M_y（kN·m）
4.75	1.7685	347.88	−6323.47	24429.78
5.70	2.0174	51.40	−6895.75	18086.73
6.65	2.2663	−257.93	−6604.6	11601.29
7.60	2.5152	−584.77	−5409.17	5821.06
8.55	2.764	−941.6	−3242.19	1630.83
9.50	3.013	−1433.7	0	0

第五节　结构的承载力设计

抗滑桩按现行国家标准《混凝土结构设计规范》GB 20010—2010 进行"承载能力极限状态计算"。抗滑桩一般允许有较大的变形，桩身裂缝超过允许值后，钢筋的局部锈蚀对桩的强度不会有很大的影响，因此，当无特殊要求时，可不做"正常使用极限状态验算"（变形和抗裂验算）。

一、荷载效应组合及荷载分项系数的确定

（1）荷载的分类

《建筑结构荷载规范》GB 50009—2012 第 3.1.1 条中将土压力作为永久荷载考虑，因为它是随时间单调变化而能趋于限值的荷载，其标准值是依其可能出现的最大值为确定的。《工程结构可靠度设计统一标准》GB 50153—2008 中规定，水位不变的水压力按永久荷载考虑，而水位变化的水压力按可变荷载考虑。抗滑桩桩 身所受荷载大部分为土压力，滑坡在浸水时，桩身所受荷载中有静水压力、动水压力和浮力。土压力可按永久荷载考虑，水所产生的诸力视其情况按永久荷载或可变荷载考虑。

（2）抗滑桩的承载能力极限状态设计按下式计算：

$$\gamma_0 S = R \tag{12-76}$$

$$R = R \ (f_c, f_s, a_k \cdots) \tag{12-77}$$

式中　γ_0——结构的重要性系数，破坏后果严重时取 1.0，破坏后果很严重时取 1.1；在抗震设计中，不考虑结构构件的重要性系数；

S——承载能力极限状态的荷载效应组合的设计值，按现行国家标准《建筑结构荷载规范》GB 50009 和《建筑抗震设计规范》GB 50011 的规定进行计算；

R——结构构件的承载力设计值；

R（$\cdots$）——结构构件的承载力函数；

f_c，f_s——混凝土、钢筋的强度设计值；

a_k——几何参数的标准值；当几何参数的变异性对结构性能有明显的不利影响时，可另增减一个附加值。

公式中的 $\gamma_0 S$ 在本章中用内力设计值（M、V）表示。

（3）抗滑桩结构的承载能力设计时，按荷载效应的基本组合进行。荷载效应组合的设计值一般按下式计算：

$$S = \gamma_G S_{GK} + \sum_{i=1}^{n} \gamma_{Qi} \psi_{ci} S_{Qik} \tag{12-78}$$

式中　γ_G——永久荷载分项系数，一般取 1.35；

　　　γ_{Qi}——第 i 个可变荷载的分项系数，一般取 1.4；

　　　ψ_{ci}——可变荷载的组合系数，一般取 0.7，列车荷载为 1.0；

　　　S_{Gk}——按永久荷载标准值 G_k 计算的荷载效应值；

　　　S_{Qik}——按可变荷载标准值 Q_{ik} 计算的荷载效应值。

（4）地震地区荷载效应的设计组合

$$S = \gamma_G S_{GE} + \gamma_{Eh} S_{Ehk} + \gamma_{Ev} S_{Evk} \tag{12-79}$$

式中　S——结构构件内力组合的设计值，包括组合的弯矩、轴向力和剪力设计值；

　　　γ_G——重力荷载分项系数，一般取 1.2；当重力荷载效应对构件承载力有利时，不应大于 1.0；

　γ_{Eh}，γ_{Ev}——分别为水平、竖向地震作用分项系数，按《建筑抗震设计规范》GB 50011—2010 表 5.4.1 采用，仅计算水平作用时为 1.3；

　　　S_{GE}——重力荷载代表值的效应；

　　　S_{Ehk}——水平地震作用标准值的效应，尚以乘以相应的增大系数或调整系数；

　　　S_{Evk}——竖向地震作用标准值的效应，尚应乘以相应的增大系数或调整系数。

调整系数的选取参照《建筑抗震设计规范》GB 50011 中 6.2 节。

重力荷载代表值的效应为桩上土压力的标准值所产生的效应。要计算水平地震作用标准值的效应，首先应当计算作用在桩上水平地震力。在计算中应把该力从滑坡推力中分离出来，因为其效应的荷载分项系数与土压力的标准值所产生的效应的荷载分项系数不同。

二、正截面设计

一般情况下，抗滑桩按受弯构件设计，配筋时按单筋矩形梁考虑。抗滑桩截面形状通常为矩形（图 12-24），其正截面受弯承载力的计算公式如下：

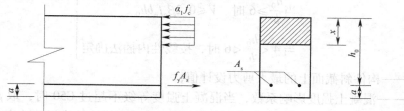

图 12-24　矩形截面正截面受弯承载力计算

$$M \leqslant \alpha_1 f_c bx \left(h_0 - \frac{x}{2} \right) \tag{12-80}$$

式中　M——弯矩设计值；

　　　α_1——系数，当混凝土强度等级不超过 C50 时，取 1.0；当混凝土强度等级为 C80 时取 0.94；其余的线性内插；

　　　f_c——混凝土轴心抗压强度设计值，按《混凝土结构设计规范》GB 50010—2010 表 4.1.4-1 采用，查本书表 2-47；

　　　b——矩形截面的宽度；

　　　x——混凝土受压区高度；

h_0——截面有效高度。

混凝土受压区高度按下式计算：

$$\alpha_1 f_c bx = f_y A_s \tag{12-81}$$

式中　f_y——普通钢筋抗拉强度度设计值，按《混凝土结构设计规范》GB 50010—2010 表 4.2.3-1 采用，查本书表 2-52；

A_s——受拉区纵向普通钢筋的截面面积。

混凝土受压区高度还应符合下列条件：

$$x \leqslant \xi_b h_0 \tag{12-82}$$

纵向受拉钢筋屈服与受压区混凝土破坏同时发生时的相对受压区高度 ξ_b 按下式计算：

$$\xi_b = \frac{\beta_1}{1 + \dfrac{f_y}{E_s \varepsilon_{cu}}} \tag{12-83}$$

$$\varepsilon_{cu} = 0.0033 - (f_{cu,k} - 50) \times 10^{-5} \tag{12-84}$$

式中　β_1——系数，当混凝土强度等级不超过 C50 时，取 0.8；当混凝土强度等级为 C80 时，取 0.74；其余的线性内插；

E_s——钢筋弹性模量，按《混凝土结构设计规范》GB 50010—2010 表 4.2.5 采用，查本书表 2-54；

$f_{cu,k}$——混凝土立方体抗压强度标准值，按《混凝土结构设计规范》GB 50010—2010 第 4.1.1 条确定，查本书表 2-45。

三、斜截面设计

（1）矩形截面的受弯构件，其受剪截面应符合下列条件：

$$\left. \begin{array}{l} 当 \dfrac{h_0}{b} \leqslant 4 \ 时 \quad V \leqslant 0.25\beta_c f_c bh_0 \\[3mm] 当 \dfrac{h_0}{b} \geqslant 6 \ 时 \quad V \leqslant 0.2\beta_c f_c bh_0 \\[3mm] 当 \ 4 < \dfrac{h_0}{b} < 6 \ 时，按线性内插法确定 \end{array} \right\} \tag{12-85}$$

式中　V——构件斜截面上的最大剪力设计值；

β_c——混凝土强度影响系数，当混凝土强度等级不超过 C50 时，取 $\beta_c = 1.0$；当混凝土强度等级为 C80 时，取 $\beta_c = 0.8$；其间按线性内插法确定。

（2）在计算斜截面的受剪承载力时，剪力设计值的计算面按《混凝土结构设计规范》GB 50010—2010 第 6.3.2 条的规定采用。

（3）普通混凝土矩形 T 形和 I 形截面的一般受弯构件，当符合式（12-86）的要求时，均可不进行斜截面的受剪承载力计算，而仅需根据《混凝土结构设计规范》GB 50010—2010 第 9.2.9 条、第 9.2.10 条和第 9.2.11 条的有关规定，按构造要求配置箍筋。

$$V \leqslant 0.7 f_t bh_0 \tag{12-86}$$

抗滑桩内不宜设置斜筋，可采用调整箍筋的直径、间距和桩身截面尺寸等措施，满足斜截面的抗剪强度。普通混凝土矩形、T 形和 I 形截面的一般受弯构件，当仅配置箍筋时，其截面的受剪承载力应符合下列规定：

$$V \leqslant 0.7f_t bh_0 + 1.25f_{yv}\frac{A_{sv}}{s}h_0 \tag{12-87}$$

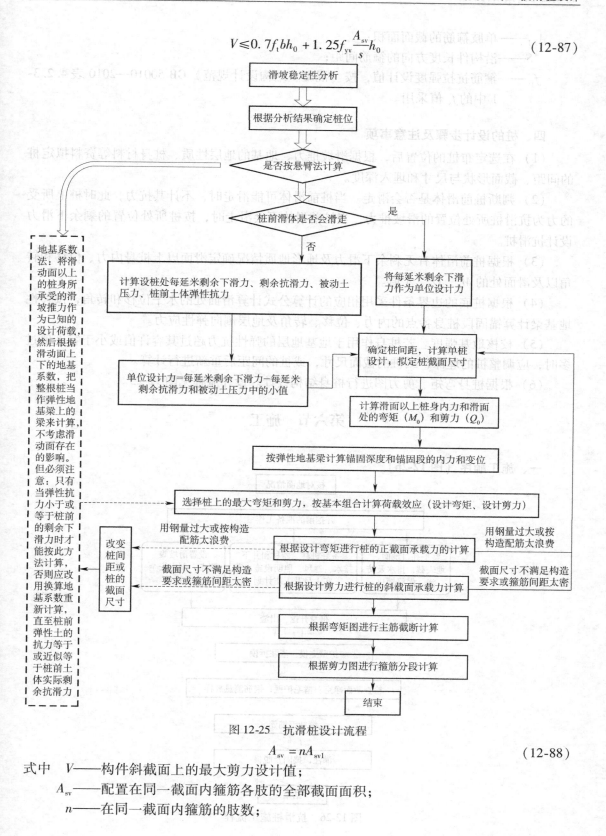

图 12-25 抗滑桩设计流程

$$A_{sv} = nA_{sv1} \tag{12-88}$$

式中　V——构件斜截面上的最大剪力设计值；

A_{sv}——配置在同一截面内箍筋各肢的全部截面面积；

n——在同一截面内箍筋的肢数；

A_{sv1}——单肢箍筋的截面面积；

S——沿构件长度方向的箍筋间距；

f_{yv}——箍筋抗拉强度设计值，按《混凝土结构设计规范》GB 50010—2010 表 4.2.3-1 中的 f_y 值采用。

四、桩的设计步骤及注意事项

（1）在选定布桩的位置后，根据滑坡推力、地基的地层性质、桩身材料等资料拟定桩的间距、截面形状与尺寸和埋入深度。

（2）判断桩前滑体是否会滑走。当桩前滑体可能滑走时，不计其抗力，此时桩上所受的力为抗滑桩所处位置的滑坡推力；当桩前滑体不会滑走时，按桩所处位置的剩余下滑力设计抗滑桩。

（3）根据桩前滑体有无剩余下滑力及地形地质情况确定滑面以上桩身内力、位移和转角以及滑面处的 M_0、Q_0、A 值。

（4）根据桩底的边界条件采用相应的计算公式计算滑面处的水平位移和转角，按弹性地基梁计算锚固段桩身各点的内力、位移、转角及地层侧向弹性应力。

（5）校核地基强度。若桩身作用于地基地层的弹性抗力超过其容许值或小于容许值过多时，应调整桩的埋深，或桩的截面尺寸，或桩的间距后重新进行计算。

（6）根据桩身弯矩、剪力图进行桩身结构设计。设计流程见图 12-25。

第六节　施工

一、施工顺序（图 12-26）

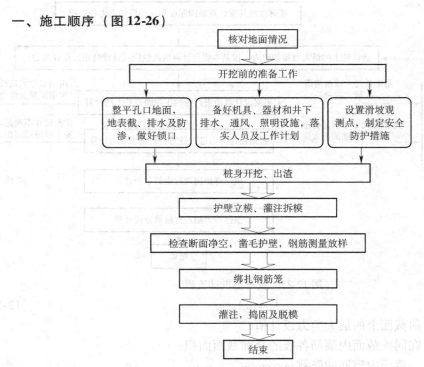

图 12-26　抗滑桩施工流程

二、施工注意事项

1. 滑坡地段宜在旱季施工，应及时采取防止滑坡继续恶化的措施。

2. 对于滑坡的观测应进行到完工后一个雨季；观测资料附入竣工文件。

3. 桩井开挖应从滑坡两侧向主轴方向进行，并隔桩开挖。

4. 桩孔开挖前，应做好场地平整，地面截排水和通风设施等工作。

5. 桩孔的第一节应高出地面20cm。

6. 孔口开挖后应做好锁口，孔口以下分节开挖，每节开挖宜为0.5~2.0m，挖一节立即支护一节。围岩较松软，破碎或有水时，分节不宜过长，不得在土石变化处和滑动面分节。

7. 施工中桩的横截面误差只能为正，不能为负，以保证混凝土保护层不小于设计值。

8. 挖孔时应按设计灌注混凝土的护壁。护壁混凝土应紧贴围岩灌注，灌注前应清除孔壁上的松动石块、浮土。滑动面处的护壁应预加强。承受推力较大的锁口和护壁应增加钢筋。

9. 开挖应在上一节护壁混凝土终凝后进行。护壁混凝土模板的支撑可于灌注后24h拆除。

10. 在围岩松软，破碎和有滑动面的节段，应在护壁内顺滑动方向用临时横撑加强支护，并观察其受力情况，及时加固。当发现横撑受力变形，破损失效时，孔下施工人员应立即撤离。

11. 桩井爆破采用浅眼爆破法，采多炮眼，严格控制用药量，每次剥离的厚度宜大于30cm。桩井较深时，禁止用导火索和导爆索起爆，孔深超过10m时，应经常检查井内有毒气体的含量，当二氧化碳深度超过0.3%或发现有害气体时，应增加通风设备。

12. 桩井开挖的弃渣不得随意堆放在滑坡体内，特别是在路堑上方的桩井开挖弃渣必须弃出滑坡体外，以免引起新的滑坡。

13. 钢筋的接头不得设在土石分界和滑动面处。

14. 灌注桩身混凝土必须连续进行。当滑坡有滑动迹象或需加快施工进度时，宜采用速凝、早强混凝土。

15. 开挖施工中应及时记录地质剖面。滑动面位置。如发现实际位置与设计出入较大时，应变更设计。必须填好地质柱状图。

第七节 算例

已知作用于桩上的外力 $E_x = 6\,000$kN，滑动面锚固点以上桩长为 $h_1 = 16$m，外力作用点至锚固点的距离与锚固点以上桩长之比 $\alpha = 0.408$。滑动面以下锚固段岩石为弱风化页岩，其饱和抗压强度 $R = 15$MPa。拟设计抗滑桩的截面尺寸为 $b = 2.0$m，$l = 3.75$m，桩身混凝土采用为C30，$E_c = 3 \times 10^7$kPa。根据《建筑结构荷载规范》GB 50009—2012，抗滑桩结构设计的安全等级采用二级，结构重要性系数 $\gamma_0 = 1.0$，永久荷载分项系数 $\gamma_G = 1.35$。设计该抗滑桩。

解：（1）锚固端桩身截面的弯矩 M_0、剪力 Q_0

$$z_x = \alpha h_1 = 0.408 \times 16m = 6.528m$$

$$M_0 = E_x z_x = 6\,000 \times 6.528kN \cdot m = 39\,168kN \cdot m$$

$$Q_0 = E_x = 6\,000kN$$

（2）滑动面以上的桩身内力、位移

假定滑动面以上桩所受的外力为梯形分布，由式（12-40）可得：

$$T_1 = (6M_0 - 2E_x h_1)/h_1^2 = (6 \times 39\,168 - 2 \times 6\,000 \times 16)/16^2 kN/m = 168kN/m$$

$$T_2 = (6E_x h_1 - 12M_0)/h_1^2 = (6 \times 6\,000 \times 16 - 12 \times 39\,168)/16^2 kN/m = 414kN/m$$

将滑动面锚固点以上桩身按 1.60m 间距计算截面，由式（12-41）～（12-44）计算内力、位移等，计算结果如表 12-9 所示。

滑动面以上桩身内力、位移   表 12-9

桩截面深度 z（m）	水平位移 x（m）	截面转角 φ（°）	计算弯矩 M（kN·m）	计算剪力 Q（kN）
0.00	0.053	−0.166	0.034	0
1.60	0.048	−0.166	233	302
3.20	0.044	−0.166	1\,001	670
4.80	0.039	−0.166	2\,412	1\,104
6.40	0.034	−0.164	4\,571	1\,605
8.00	0.030	−0.162	7\,584	2\,172
9.60	0.025	−0.159	11\,557	2\,805
11.20	0.021	−0.154	16\,597	3\,504
12.80	0.017	−0.147	22\,807	4\,270
14.40	0.013	−0.138	30\,295	5\,102
16.00	0.009	−0.126	39\,168	6\,000

（3）滑动面以下锚固段的桩身内力、位移

因滑动面以下为弱风化页岩，故采用常数法计算抗滑桩桩身内力及桩前弹性抗力。根据弱风化页岩的饱和抗压强度，可由表 12.2 确定水平向地基弹性系数 $C_H = 200MPa/m^3$，桩前页岩的容许地基弹性抗力 $[\sigma_2] = 2MPa$。

由初步拟定的桩截面尺寸及其桩身混凝土等级，得桩身抗弯刚度为：

$$EI = 0.8E_c I = 0.8 \times 3 \times 10^7 \times 2 \times 3.75^3/12kPa \cdot m^4 = 210.94GPa \cdot m^4$$

由式（12-33）确定桩的计算宽度

$B_p = b + 1m = 3m$，故由常数法计算的桩的变形系数为：

$$\alpha = \sqrt[4]{\frac{C_H b_p}{4EI}} = \sqrt[4]{\frac{250 \times 10^3 \times 3}{4 \times 210.94 \times 10^6}} m^{-1} = 0.172\,7m^{-1}$$

因锚固段岩层为弱风化页岩且编于安全的考虑，假定桩端约束条件为自由端，并初选抗滑桩锚固深度取 $h = 9.5m$，则由式（12-59）计算滑动面处的桩身截面位移（初参数）为：

$$x_0 = 0.009m, \quad \phi_0 = -0.126°$$

将滑动面锚固点以下桩身按 0.95m 间距计算截面，由式（12-54）计算各截面的内力、位移及桩前岩土体的弹性抗力，计算结果如表 12-10 所示。

锚固段桩身内力、位移与桩前岩土体的弹性抗力计算结果表 表 12-10

桩截面深度	横向位移	截面转角	计算弯矩	计算剪力	桩前岩土体的弹性抗力
z （m）	x （m）	ϕ （°）	M （kN·m）	Q （kN）	σ_x （kPa）
0.00	0.009	−0.126	39 168	6 000	1 882.9
0.95	0.007	−0.117	42 504	1 216	1 479.2
1.90	0.006	−0.109	41 829	−2 459	1 104.3
2.85	0.004	−0.100	38 158	−5 106	757.9
3.80	0.002	−0.093	32 429	−6 803	437.5
4.75	0.001	−0.087	25 511	−7 620	139.2
5.70	−0.001	−0.083	18 211	−7 613	−141.6
6.65	−0.002	−0.080	11 292	−6 825	−410.0
7.60	−0.003	−0.078	5 482	−5 284	−670.5
8.55	−0.005	−0.077	1 486	−3 037	−927.2
9.50	−0.006	−0.077	0	0	−1 182.3

（4）抗滑桩的结构设计

上述计算结果表明，在滑动面以下 0.95m 处的桩身截面弯矩最大，$M_{max} = 42\ 504$ kN·m。则桩身设计弯矩为：

$$M = \gamma_0 \gamma_G M_{max} = 1.0 \times 1.35 \times 42\ 504 \text{kN·m} = 57\ 380 \text{kN·m}$$

取 $a = 300$mm，则桩身截面的有效高度 $h_0 = (3.75 - 0.3)$ m $= 3.45$m

$$\xi = 1 - \sqrt{1 - \frac{2M}{\alpha_1 f_c b h_0^2}} = 1 - \sqrt{1 - \frac{2 \times 57\ 380}{1.0 \times 14\ 300 \times 2.0 \times 3.45^2}} = 0.185\ 8$$

所需钢筋的截面面积为：

$$A_s = \frac{\xi f_c b h_0}{f_y} = \frac{0.185\ 8 \times 2.0 \times 3.45 \times 14\ 300}{360\ 000} \text{m}^2 = 0.050\ 92 \text{m}^2$$

选用 HRB335 级的 $\Phi 25$ 钢筋作为纵向受力主筋，则

$$N = \frac{4A_s}{\pi d^2} = \frac{4 \times 0.050\ 92}{\pi \times 0.025^2} \text{根} = 103.7 \text{根}，取 104 根$$

纵向钢筋的束间距和排间距采用 80mm，混凝土保护层厚度为 60mm，按 3 排束筋排列，每排 15 束，每束钢筋 3 根。重新计算截面的有效高度 h'_0，与假设的有效高度 h_0 比较，若误差大于 1% 时，令 $h_0 = h'_0$，重新计算钢筋用量，直到满足要求。最后计算结果为：

$$\xi = 0.171\ 0326$$
$$h_0 = 3.589 \text{m}，\quad A_s = 0.048\ 76 \text{m}^2。$$

实际选用钢筋根数为 100 根，$A_s = 0.049\ 09 \text{m}^2$。

纵向受力钢筋分为 4 种：N_1、N_2、N_3、N_4。这四种钢筋的根数依次为：30、22、22 和 26。

对于 N_1 钢筋，因为

$$45 f_t / f_y = 45 \times 1\ 430 / 360\ 000 = 0.178\ 8\% < 0.2\%$$

取 $\rho_{min} = 0.2\%$。

$$\rho_1 = \frac{n \pi d^2}{b h_0} = \frac{30 \times (\pi \times 0.025^2)\ /4}{2.0 \times 3.588\ 6} = 0.205\% > 0.2\%$$

所以，满足要求。

上述计算结果表明，在滑动面以下 4.75m 处的桩身截面剪力最大，$Q_{max} = 7\,620kN$，则桩身剪力设计值为：

$$V = \gamma_0 \gamma_G V_{max} = 1.0 \times 1.35 \times 7\,620kN = 10\,287kN$$

因为

$$h_0/b = 3.589/2.0 = 1.79 < 4.0$$

所以，抗剪力强度为：

$$0.25\beta_c f_c b h_0 = 0.25 \times 1.0 \times 14\,300 \times 2.0 \times 3.589kN = 25\,659kN > 10\,287kN$$

满足要求。

剪力最大截面的配筋计算如下。

因为

$$V > 0.7 f_t b h_0 = 0.7 \times 1\,430 \times 2.0 \times 3.589kN = 7\,185kN$$

故需配置箍筋。设双肢箍筋，选用$\Phi 25$ 的 HRB335 级钢筋，箍筋面积

$$A_{sv} = n A_{sv1} = 2 \times 3.14 \times 0.018^2/4 m^2 = 5.089 \times 10^{-4} m^2$$

箍筋间距为：

$$s = \frac{1.25 f_{yv} A_{sv} h_0}{V - 0.7 f_t b h_0} = \frac{1.25 \times 300\,000 \times 5.089 \times 10^{-4} \times 3.589}{10\,287 - 7\,185}m = 0.22m$$

取 $s = 0.2m$。

箍筋的最小配筋率为：

$$\rho_{vmin} = 0.24 f_t/f_{yv} = 0.24 \times 1\,430/300\,000 = 0.114\,4\%；$$

箍筋的配筋率为：

$$\rho_v = \frac{A_{sv}}{bs} = \frac{5.089 \times 10^{-4}}{2.0 \times 0.2} = 0.127\% > \rho_{vmin}$$

箍筋设计满足要求。

根据以上计算可以绘制抗滑桩的结构设计图。由弯矩图确定主筋布置图及钢筋断点。

第十三章 预应力锚索设计

第一节 概述

预应力锚索是通过对锚索施加张拉力以加固岩土体使其达到稳定状态或改善内部应力状况的支挡结构。锚索是一种主要承受拉力的杆状构件，它是通过钻孔及注浆体将钢绞线固定于深部稳定地层中，在被加固体表面对钢绞线张拉力产生预应力，从而达到使被加固体稳定和限制其变形的目的。

锚索技术源于国外，它是锚杆技术发展的产物。据资料记载，1933年阿尔及利亚的A. Coyne工程师首次将锚索加固技术用于水电工程的堰体加固并获得成功。从20世纪40年代末至70年代初，锚索加固技术得到了迅速发展，加固理论、设计方法和有关规范也逐步出现和完善。我国预应力锚索加固技术始于60年代。自1964年梅山水库在右岸坝基加固中首次成功地使用了锚索加固技术以来，该项技术已在我国铁路、公路、水电、矿山、建筑、国防等工程中的加固支挡及抗浮、抗倾覆稳定性加固中得到广泛应用。

预应力锚固技术最大的特点是能够充分利用岩土体自身强度，大大减轻结构自重，节省工程材料，是高效和经济的加固技术。预应力锚索与其他结构物组合的新型支挡结构，如锚索桩、锚索墙、锚索板桩墙、锚索地梁、锚索格构梁也得到了大力发展。常用的预应力锚索工程应用有以下几个方面：

1. 滑坡整治

预应力锚索可直接用于滑坡整治（图13-1a），也可与其他支挡结构组合在一起使用，如锚索桩、锚索墙（图13-1b）。

2. 边坡加固

可用于顺层边坡、不稳定边坡加固（图13-1c），斜坡挡土及侧向挡土结构中（图13-1d）。

3. 深基础工程

用于深基坑支护（图13-1e）、地下室抗浮（图13-1f）。

4. 结构抗倾覆

竖向预应力锚索用于挡土墙上，可增强挡土墙的抗滑动及抗倾覆能力（图13-1g），还可用于高塔、高架桥、坝体等以防建筑物倾倒（图13-1h）。

5. 地下工程

用于隧道、巷道、地下洞室等地下工程围岩加固，防止围岩坍塌，控制围岩变形（图13-1i）。

6. 桥基加固

可用于悬臂桥锚固、吊桥桥墩锚固（图13-1j），防止桥墩基础滑动。

7. 既有结构物补强与加固

对已产生裂缝、变形和滑移的既有结构物进行加固治理。

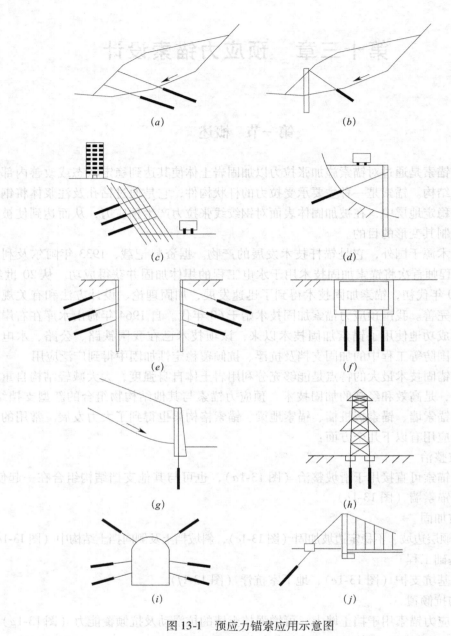

图 13-1　预应力锚索应用示意图

第二节　结构特征

一、锚索类型

目前在加固工程中使用的锚索类型种类繁多，按不同分类方法可将锚索划分为不同的类型：按锚索体种类分为钢绞线束锚索、高强度钢丝束锚索；按锚固施工方法分为注浆型锚固，胀壳式锚固，扩孔型锚固及综合性锚固等；按锚固段的受力状态分为拉力型、压力型、荷载分散型。

目前从国内的技术发展现状来看，外锚头部件和锚索体材料的技术参数都不难满足锚固技术的需要。而锚固段却因地质条件复杂，较难保证其可靠性。因此，按锚固段的受力状态分类更具有实际意义。

1. 拉力型锚索

拉力型锚索，主要依靠内锚固段提供足够的抗拔力，以保证预应力的施加。

内锚固段有两种：一种是采用水泥浆或水泥砂浆将锚固段部分的锚索体固结在岩体的稳定部分；另一种采用机械式内锚固段，如胀壳式内锚头。由于机械式内锚头适应性差，加工量大，现已很少使用。采用水泥浆或水泥砂浆固结的拉力型锚索，按其张拉段是否粘结又可分为全长粘结式和自由式，即二次注浆锚索和自由锚索。二次注浆锚索的特点是，一旦锚头失效也能保持预应力。自由锚索的特点是，局部岩体变型引起的局部应力，能分布在整个张拉段上。

拉力型锚索结构简单，施工方便，造价较低，其结构如图 13-2 所示。但这种锚索内锚固段受力机制不尽合理，在内锚固段底部岩体产生拉应力，且应力较集中，使内锚固段上部产生较大的拉力，易把浆体拉裂，影响抗拔力和锚索的永久性。

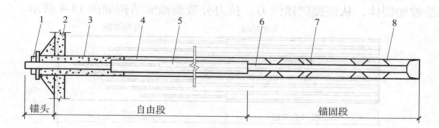

图 13-2　拉力型锚索结构示意图

1—锚具；2—坡面结构物；3—油脂；4—注浆体；5—套管；6—锚索体；
7—裂纹；8—对中支架

2. 压力型锚索

压力型锚索与拉力型锚索的受力机理不同，如图 13-3 所示。压力型锚索荷载分布的特点如下：

①在锚索的根部荷载大，靠近孔口方向荷载明显变小，这样有利于将不稳定体锚定在地层的深部，充分利用有效锚固段，从而可缩短锚索长度。

②浆体受压，被锚固体受压范围更大，可提供更大的锚固力。

③压力型锚索的锚索体采用无粘结钢绞线，因而多一层防护措施。如果采用镀锌或环氧喷涂钢绞线外再包裹一层或二层高密度聚乙烯（即 PE）套管，就具有更高防护性能。

④安装锚索后可一次性全孔注浆，这样不仅减少注浆工序，而且即使没施加预应力，也可靠浆体和土体的粘结力起到一定的作用，这对于正在滑动的滑坡体加固是很有必要的。

3. 荷载分散型锚索

上述拉力型和压力型锚索，都将预应力过于集中地传递给锚固段的局部部位。拉力型锚索易把浆体拉裂；压力型锚索，在承载板上部 0.25 ~ 0.3m 范围内的浆体也时有受压破

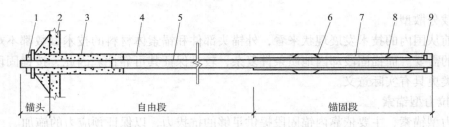

图 13-3 压力型锚索结构示意图

1—锚具；2—坡面结构物；3—油脂；4—注浆体；5—套管；
6—对中支架；7—波纹管；8—锚索体；9—端部压板

坏的情况发生。荷载分散型锚索则是将施加的预应力分散在整个锚固段上，使应力应变分散、减小、从而确保锚固体不受破坏。这类锚索大致可分为拉力分散型锚索、压力分散型锚索、拉压分散型锚索和剪力型锚索。

（1）拉力分散型锚索

拉力分散型锚索的锚索体均采用无粘结钢绞线。较简单的拉力型锚索是，将处于锚固段中不同长度的无粘结钢绞线末端按一定长度（视土体承载力而定，一般剥除 2～3m）剥除高密度聚乙烯套管，即变为粘结段，当注浆固结后，锚索预应力通过钢绞线与浆体的粘结力传递给被加固体，从而提供锚固力。拉力分散型锚索结构如图 13-4 所示。

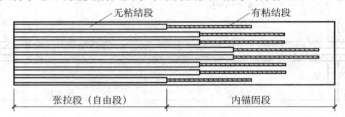

图 13-4 拉力分散型锚索结构示意图

（2）压力分散型锚索

压力分散型锚索的锚索体也是采用无粘结钢绞线。较简单的压力分散型锚索结构是，在不同长度的无粘结钢绞线末端套承载板和挤压套。当锚索体被浆体固结后，以一定荷载张拉对应于承载体的钢绞线时，设置在不同深度部位的数个承载体将压应力通过浆体传递给被加固体，这样对在锚固段范围内的被加固体提供被分散了的锚固力。压力分散型锚索结构如图 13-5 所示。

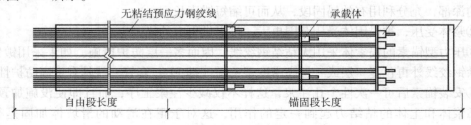

图 13-5 压力分散型锚索结构示意图

（3）剪力分散型锚索

剪力型锚索也是荷载分散型的一种。它的结构是，在不同长度的无粘结钢绞线末端用环氧砂浆粘结，靠剪力和压力将预应力分散作用于锚固段，其结构如图 13-6 所示。

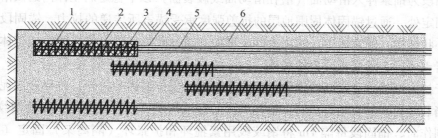

图 13-6　剪力分散型锚索结构示意图

1—钢绞线；2—粘结材料；3—剪切块；4—塑料套管；5—锚索钢筋；6—注浆体

（4）拉压分散型锚索

拉压分散型锚索是在两根无粘结钢绞线下部剥除 1 ~ 3m PE 套管，变成拉力型锚固段，在无粘结段上部安装可移动挤压套和承载板，变成压力型锚固段，在另外两根或四根或六根无粘结钢绞线上也按上两根那样处置，然后将它们编在一起，使无粘结段呈台阶状布置（图 13-7）形成拉压分散型锚索。它可以提供比拉力分散型锚索、压力分散型锚索更为均匀的锚固力拉压分散型锚索结构，如图 13-7 所示。

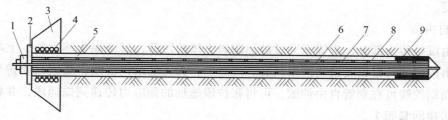

图 13-7　拉压分散型锚索结构示意图

1—火片单孔锚；2—锚垫板；3—钢筋混凝土；4—螺旋筋；
5—钢管；6—钢绞线；7—挤压套；8—注浆管；9—导向帽

二、锚索构造

预应力锚索主要由锚固段、自由段和紧固头三部分构成，紧固头由外锚结构物（垫墩等）、钢垫板和锚具组成。图 13-8 为锚索结构示意图。

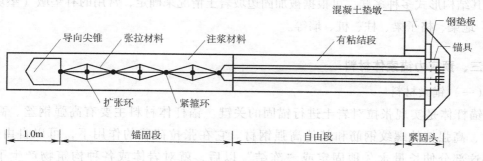

图 13-8　锚索结构示意图

1. 锚固段

锚固段为锚索伸入滑动面（潜在滑动面或破裂面）以下稳定岩土体内的段落，是锚索结构的固定处，通过锚固体周围地层的抗剪强度承受锚索所传递的拉力。锚固段通过灌浆形成同心状结构：锚索居中，四周为砂浆裹护。通过砂浆，锚索与孔壁结成整体，而使孔周稳固岩土体成为承受预应力的载体。

对于拉力型锚索，锚固段锚体主要承受拉力，受拉锚体的拉伸，将导致水泥浆体受拉开裂，当裂缝扩展并贯通裂缝时，锚孔周围的侵蚀物质可通过裂缝侵入腐蚀钢绞线。通常在锚索制作时，锚固段每隔1m将钢绞线用紧箍环和扩张环（隔离架）固定（图13-8），灌注水泥砂浆后形成枣核状（糖葫芦状），呈现拉伸与压缩作用，从而改善了锚固体内砂浆的受力性状和开裂状态。

对永久性锚索，通常在锚索外水泥砂浆体中设置隔离波纹套管，使水泥砂浆体中裂缝不致贯通，而形成防护效果。隔离波纹套管可使管内外水泥砂浆体紧密结合，受力时不至于沿管滑动或破坏，同时波纹管具有一定的拉伸变形。

一般情况下，为防止钢绞线锈蚀，要求水泥浆或水泥砂浆保护层厚度不小于20mm。为使锚索居中定位，应在锚固段中每隔1～2m设置一圈弹性定位片，以确保水泥砂浆体保护层厚度。

2. 自由段

自由段是传力部分，为锚索穿过被加固岩土体的段落，其下端为锚固段，上端为紧固头。自由段中的每根钢绞线均被塑料套管所套护，为无黏结钢绞线，灌浆只使护套与孔壁联结，而钢绞线可在套管自由伸缩，可将张拉段施加的预应力传递到锚固段，并将锚固段的反力传递回紧固头。

3. 紧固头

紧固头是将锚索固定于外锚结构物上的锁定部分，也是施加预应力的张拉部件。紧固头由部分钢绞线、承压钢垫板、锚具及夹片组成（图13-8）。其中钢绞线是自由段的延伸部分，为承力、传力、张拉的部件。待锚索最终锁定后，采用混凝土封闭防护（即混凝土封头），混凝土覆盖层厚度不小于25cm。

锚索的紧固头一般固定在承力结构物即外锚结构上。外锚结构一般为钢筋混凝土结构，其结构形式多种多样，可根据被加固边坡岩土情况来确定，常用的有垫墩（垫块、垫板）、地梁、格子梁、柱、桩、墙等。

三、预应力锚索体材料

（一）锚索材料

锚杆体是实现张拉对岩土进行锚固的关键。锚杆体材料主要有高强钢丝、高强钢绞线、高强精轧螺纹钢筋和其他高强钢材。它在张拉荷载的作用下，可以自由伸长。当将这部分伸长量永久地固定或"冻结"以后，就对岩体或各种构筑物产生了一定的预压应力。目前，我国预应力锚索中使用的主要材料是高强钢丝和高强钢绞线，也有少量的工程采用精轧螺纹钢筋。随着预应力锚固技术的发展，最近几年又出现了双层保护的无粘结预应力锚索和自钻式预应力锚索。下面主要介绍几种常见材料组成的锚索性能。

（1）高强预应力钢绞线

高强钢丝的尺寸及力学性能，如表13-1、表13-2；钢丝的尺寸及其允许偏差如表13-3所示。

（2）高强预应力钢绞线

预应力钢绞线按捻制结构分为两根钢丝捻制的钢绞线（1×2）、三根钢丝捻制的钢绞线（1×3）和七根钢丝捻制的钢绞线（1×7）；按应力松弛性能分为Ⅰ级松弛（代号Ⅰ）钢绞线和Ⅱ级松弛（代号Ⅱ）钢绞线。钢绞线结构如图13-9所示，钢绞线的尺寸及允许偏差如表13-4所示，钢绞线的尺寸及力学性能如表13-5所示。

高强钢丝的尺寸及力学性能 表13-1

公称直径（mm）	抗拉强度 σ_b（MPa）不小于	规定非比例伸长应力 σ_p（MPa）不小于	伸长率 $L_0=100mm$（%）不小于	弯曲次数		初始应力相当公称抗拉强度的百分数（%）	松　弛	
				次数（180°）不小于	弯曲半径（mm）		1 000 h 应力损失（%）不大于	
							Ⅰ级松弛	Ⅱ级松弛
4.00	1 470 1 570	1 250 1 330		3	10	60	4.5	1.0
5.00	1 670 1 770	1 410 1 500			15			
6.00	1 570 1 670	1 330 1 420	4	4		70	8	2.5
7.00					20			
8.00	1 470 1 570	1 250 1 330				80	12	4.5
9.00					25			

注：1. Ⅰ级松弛即普通松弛，它们分别适用于所有钢丝。
　　2. 规定非比例伸长应力 σ_p 值不小于公称抗拉强度的85%。

冷拉钢丝的尺寸及力学性能 表13-2

公称直径（mm）	抗拉强度 σ_b（MPa）不小于	规定非比例伸长应力 σ_p（MPa）不小于	伸长率 $L_0=100mm$（%）不小于	弯 曲 次 数	
				次数（180°）不小于	弯曲半径（mm）
2.00	1 470 1 570	1 100 1 800	2	4	7.5
4.00	1 570	1 250			10
5.00	1 470 1570 1 670	1 000 1 080 1250	3	5	15

注：规定非比例伸长应力 σ_p 值不小于公称抗拉强度的75%。

钢丝的尺寸及允许偏差　　　　　　　　表 13-3

钢丝公称直径（mm）	直径允许偏差（mm）	横截面积（mm²）	每延米理论重量（kg/m）
3.00	±0.04	7.07	0.055
4.00		12.57	0.099
5.00	±0.05	19.63	0.154
6.00		28.27	0.222
7.00	±0.06	38.48	0.302
8.00		50.26	0.394
9.00		63.62	0.499

注：计算钢丝理论重量时钢的密度为 $7.85\text{g}/\text{cm}^3$。

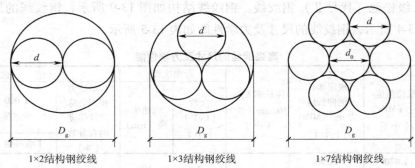

图 13-9　钢绞线结构图

D_g — 钢绞线直径；d_0 — 中心钢丝直径；d — 外层钢丝直径

钢绞线的尺寸及允许偏差　　　　　　　　表 13-4

钢绞线结构	钢绞线公称直径（mm）		钢绞线直径允许偏差（mm）	钢绞线公称截面积（mm²）	每 1 000m 钢绞线的理论重量（kg）	中心钢丝直径加大范围不小于（%）
	钢绞线	钢丝				
1×2	10.00	5.00	+0.30 −0.15	39.5	310	
	12.00	6.00		56.9	447	
1×3	10.80	5.00	+0.30 −0.15	59.3	465	
	12.90	6.00		85.4	671	
1×7 标准型	9.50		+0.30 −0.15	54.8	432	2.0
	11.10			74.2	580	
	12.70			98.7	773	
	15.20		+0.40 −0.20	139	1 101	
1×7 模拔型	12.70			112	890	
	15.20			165	1 295	

（二）自由段套管和波纹套管

自由段套管有以下两个功能。

①用于锚索体的防腐，阻止地层中有害气体和地下水通过注浆体向锚索体渗透。

②具有隔离效果，即将锚索体与周围注浆体隔离，使锚索体能自由伸缩，达到应力和应变全长均匀分布的目的。

自由段套管的材料常用聚乙烯、聚丙乙烯或聚丙烯。在施工时可选用与钢绞线尺寸相符的优质的塑料管在现场套制。无论是在现场自制或使用工厂生产的套管，均要保证其壁厚不小于1mm，以防在锚索施工中破损。

钢绞线的尺寸及力学性能　　　　　　　　　　表 13-5

钢绞线结构	钢绞线公称直径（mm）	强度级别（MPa）	整根钢绞线的最大荷载（kN）	屈服荷载（kN）	伸长率（%）	1 000h 应力损失/% 不大于			
						Ⅰ级松弛		Ⅱ级松弛	
						初始荷载			
			不大于			70%公称最大荷载	80%公称最大荷载	70%公称最大荷载	80%公称最大荷载
1×2	10.00	1720	67.9	57.7	3.5	8.0	12	2.5	4.5
	12.00		97.9	83.2					
1×3	10.80		102	86.7					
	12.90		147	125					
1×7 标准型	9.50	1 860	102	86.6					
	11.10	1 860	138	117					
	12.70	1 860	184	156					
	15.20	1 720	239	203					
	15.20	1 860	259	220					
1×7 模拔型	12.70	1 860	209	178					
	15.20	1 860	300	255					

注：1. Ⅰ级松弛即普通松弛，Ⅱ级松弛即低松弛级，它们分别适用于所有钢绞线。
　　2. 屈服荷载不小于整根钢绞线最大荷载的 85%。

波纹套管应使用具有一定韧性和硬度的塑料制成，其功能有以下两点：

①用于锚索体的防腐，阻止地层中有害气体和地下水通过注浆体向锚索体渗透。

②保证锚固段应力向地层传递的有效性。波纹管可使管内注浆体与管外注浆体形成相互咬合的沟槽，以使锚索拉力通过注浆体有效地传入地层。

自由段套管符合下列要求：

①自由段套管宜选用聚氯乙烯或聚丙烯塑料管。

②选用的套管应具有足够的厚度、柔性和抗老化性能，并应能在锚索有效服务时间内抵抗化学物、有害气体及地下水对锚索体的腐蚀。

③宜使用工厂制作好防腐层的钢绞线，也可使用在现场制作防腐层的钢绞线。

④对于现场制作的防腐层应进行现场试验以检验具隔离效果，套管与钢绞线的摩擦不应影响锚索体在工作状态下应力的传递和分布。

波纹套管应符合下列要求：

①波纹套管宜采用聚氯乙烯塑料管。

②套管材料应具有较好的化学稳定性与耐久性。

③波纹套管壁厚应不小于 0.8mm，波纹间距一般为壁厚的 6～12 倍，齿高一般应不小于壁厚的 3 倍。

④波纹套管应具有一定的刚性和韧性，并应能承受施工的外力冲撞和摩擦损伤。

（三）锚具

锚具是锚索的重要部件。锚索锚固性能是否能满足设计要求，所选锚具的质量是关键。

目前，用于钢绞线锚固的锚具有 JM 系列、XYM 系列、QM 系列和 OVM 系列等。锚具应选用符合《预应力筋用锚具、夹具和连接器应用技术规程》JGJ 85—2010 的规定，锚具的型式和规格应根据锚索体材料的类型、锚固力大小、锚索受力条件和锚固使用要求选取。承受动载和承受静载的重要工程，应使用 I 类锚具；受力条件一般的非重要工程，可使用 II 类锚具。所选用的锚具都要进行性能试验。

（1）锚具的静载锚固能力

锚具的静载锚固性能，由预应力锚具组装件通过静载试验测定的锚具效率系数 η_a 确定：

$$\eta_a = \frac{F_{apu}}{\eta_p F_{apu}^c} \tag{13-1}$$

式中 F_{apu}——预应力筋锚具组装件的实测极限拉力（kN）；

     F_{apu}^c——预应力筋锚具组装件中各根筋计算极限拉力之和（kN）；

     η_p——预应力筋的效率系数。

预应力筋的效率系数 η_p 按下列规定采用。

①对于重要的锚固工程，按《预应力筋用锚具、夹具和连接器应用技术规程》JGJ 85—2010 规定的计算方法进行进场验收。

②对于一般的锚固工程，当预应力筋为钢丝、钢绞线或热处理钢筋时，η_p 取 0.97。

为保证被锚固的预应力筋在破坏时有足够的延伸性，达到实测极限拉力时的总应变 ε_{apu} 和锚具的效率系数 η_a 要同时满足下列要求：

① I 类锚具

$$\eta_a \geqslant 0.95 \quad \varepsilon_{apu} \geqslant 2.0\% \tag{13-2}$$

② II 类锚具

$$\eta_a \geqslant 0.90 \quad \varepsilon_{apu} \geqslant 1.7\% \tag{13-3}$$

（2）锚具的动载锚固能力

I 类锚具的预应力筋锚具组装件，除必须满足静载锚固性能外，必须能经受 200 万次循环的疲劳试验。在抗震结构中，还必满足循环 50 次的周期荷载试验。II 类锚具只需满足静载锚固性能的要求。

此外，锚具尚应符合下列要求。

①当预应力筋锚具组装件达到实测极限拉力时，全部零件均不应出现肉眼可见的裂缝或破坏。

②锚具应满足分级张拉、补偿张拉等张拉工艺要求，并具有能放松预应力筋的性能。

表 13-6、表 13-7 分别列出了 OVM 系列、QM15 系列锚具规格参数。表 13-8 列出了常用的钢垫板尺寸。

OVM 系列锚具规格参数   表 13-6

锚具规格	钢绞线根数	锚固力（kN）			配套千斤顶
		理论破断力	张拉时	超张拉时	
15-1	1	259	181.3	207.2	YDC240Q
15-3	3	777	543.9	621.6	YCW100B
15-4	4	1 036	725.2	828.8	YCW100B
15-5	5	1 295	906.5	1036	YCW100B
15-6	6	1 554	1 087.2	1 243.2	YCW150B
15-8	8	2 072	1 657.6	1 657.6	YCW250B
15-10	10	2590	1 813	2 072	YCW250B
15-12	12	3 108	2 175.6	2 468.4	YCW250B
15-16	16	4 144	2 900.8	3 315.2	YCW350A
15-19	19	4 921	3 444.7	3 936.8	YCW400B
15-27	27	6 993	4 895.1	5 594.4	YCW650A
15-31	31	8 029	5 620.3	6 423.2	YCW650A
15-37	37	9 583	6 708.1	7 666.4	YCW650A
15-43	43	11 137	7 795.9	8 909.6	YCW900A

QM15 系列锚具规格参数   表 13-7

锚具规格	钢绞线根数	锚固力（kN）			配套千斤顶
		理论破断力	张拉时	超张拉时	
15-3	3	658.5	493.9	526.8	YC20Q
15-4	4	878.0	658.5	702.4	YCW100
15-5	5	1 097.5	823.1	878.0	YCW100
15-6/7	6/7	1 536.5	1 152.4	1 229.2	YCW150
15-8	8	1 756.0	1 317.0	1 404.8	YCW150
15-9	9	1 975.5	1 481.6	1 580.4	YCW250
15-12	12	2 634.0	1 975.5	2 107.2	YCW250
15-14	16	3 073.0	2 304.8	2 458.4	YCW250
15-19	19	4 170.5	3 127.9	3 336.4	YCW400

锚具规格与钢垫板尺寸   表 13-8

锚具规格	钢垫板尺寸（mm）		
	边长≥	厚度≥	中孔直径
15-4	200	25	65
15-6	220	30	80
15-8	250	35	92
15-10	280	40	105

续表

锚具规格	钢垫板尺寸（mm）		
	边长≥	厚度≥	中孔直径
15-12	300	45	118
15-16	330	50	150

（四）注浆体

注浆体的作用是用于锚索的锚固和防腐。目前工程中常用水泥质注浆体，由于树脂类注浆体的造价较高，工程应用较少。

水泥质注浆体材料主要为纯水泥浆或水泥砂浆，水泥采用硅酸盐水泥或普通硅酸盐水泥，水灰比一般为 0.4～0.45，根据需要掺入部分外加剂，注浆体抗压强度一般不低于30MPa。外加剂主要有早强剂、缓凝剂、膨胀剂、抗泌剂、减水剂等。对于永久性锚索，外加剂中不得含硝酸盐、亚硝酸盐、硫氯酸盐等，氯离子含量不得超过水泥重量的0.02%。常用注浆体外加剂类型及最佳掺入量见表13-9。

注浆体外加剂的类型及最佳掺量　　　　表 13-9

类型	名称	最佳掺入量（%）	说明
早强剂	三乙醇胺	005	加速凝结、硬化、提高早期强度
缓凝剂	木质磺酸钙	0.2～0.5	延缓凝固、增大流动性
膨胀剂	明矾石	10～15	膨胀量达15%
抗泌剂	纤维素醚	0.2～0.3	防止泌水、相当于拌和用水的0.5%
减水剂	UNF-5	0.6	增加强度、减小收缩

（五）对中支架

对中支架保证张拉段的锚索体在孔中居中，从而使锚索体可被一定厚度的注浆体覆盖。在设置对中支架时要符合下述要求。

①所有锚索均应沿锚索张拉段全长设置对中支架。

②对中支架应保证其所在位置处锚索体的注浆体覆盖层厚度不小于10mm。

③波纹管内对中支架应保证其所在位置处锚索体的注浆体覆盖层厚度不小于5mm。

④对中支架的间距一般根据锚索组装后的刚度确定，应确保两相邻对中支架中点外锚索体或波纹管的注浆体覆盖层厚度不小于5mm。

⑤在软弱地层中的对中支架应避免陷入孔壁地层中，应将支架与孔壁的接触面积相应扩大。

（六）隔离支架

隔离支架的作用是使锚固段的各根钢绞线相互分离，并使锚索体居中，隔离支架的设置要符合下述要求。

①所有钢绞线组成的锚索体，在锚固段均应使用隔离支架。

②隔离支架应在保证其有效工作的同时，确保注浆体能顺利通过。

③隔离支架应具有足够的刚度，当锚索受力时不允许产生过大变形。

④隔离支架应能使钢绞线可靠分离，使每股钢绞线之间的净距大于5mm，且使隔离支

架处锚索体的注浆体厚度大于 10mm。

⑤每根锚索的锚固段最少应安装 3 个隔离支架，其间距一般由现场组装情况确定。

四、预应力锚索防腐

（一）预应力锚索防腐

防腐设计的目的是确保在工程有效服务年限内锚索不被腐蚀和破坏。锚索要在高应力状态下长时间工作，这些锚索所处的工作环境可能十分恶劣，在这种条件下锚索的腐蚀速率是十分惊人的。目前关于对锚索的腐蚀与防腐的研究还没达到量化的程度，而只能针对地层对锚索的腐蚀程度采取相应的保护措施。地层对锚索的腐蚀是从锚索体表面开始，首先腐蚀金属表面的纯化层，继而腐蚀锚索体本身。腐蚀锚索体材料的速度决定于注浆体的质量、渗透性、注浆体是否开裂、裂缝宽度、锚索的工作环境和锚索和应力状态。锚索体产生腐蚀的条件如下：

①两种性质不同的金属材料在接触时形成电位差，活性差的金属起阴极作用，另一种金属起阳极作用，在适当条件下，阴极金属就会出现腐蚀。

②金属表面存在不均匀性，在化学成分变化的局部区域产生电位差而开始腐蚀。

③分子金属表面常存在一层防护氧化膜，当某处氧化膜破坏时产生电位差而开始腐蚀。

④金属处于离子浓度有变化的环境中形成电位差而腐蚀。

⑤金属所处的环境条件（如细菌、氧气、有害元素、湿度等）加速了腐蚀速度。

在研究锚索防腐设计时，对以上腐蚀因素的了解和制定防腐对策是很有必要的。一方面，虽然锚索周围被注浆体覆盖，水泥质注浆体为锚索创造了有益的碱性（pH = 11 ~ 12.5）工作环境，但在某些条件下，由于周围环境的影响其 pH 可能会降低，这是因为注浆体在某种程度上都是可渗透的；另一方面，由于锚索在张拉锚固段长度，在这一范围内，注浆体由于受拉而出现不同程度的裂缝，在腐蚀性环境中，开裂的注浆体几乎不起保护作用。所以，含有有害物质的地下水的渗透和锚固段注浆体的开裂都形成了锚索腐蚀的条件。对于锚索体的腐蚀速率，目前国内外尚无定量计算或定量评估的方法。防腐的对策是采用不同级别的防护措施。

工作在下列地层环境中的锚索，应特别注意防腐问题：

①出露于海水、含有氯化物和硫酸盐环境中的锚索。

②氧含量低而硫含量高的饱和黏土中的锚索。

③含有氯化物蒸发盐的环境中的锚索。

④在有腐蚀性废水或受腐蚀性气体污染的化工厂附近。

⑤穿过地下水位起伏变化较大区域内的锚索。

⑥穿过部分饱和土的锚索。

⑦穿过化学组成特征不同、水或气体含量差异较大地层中的锚索。

⑧锚索应力受到循环波动的环境。

（二）预应力锚索防腐蚀的原则

在确定预应力锚索防腐蚀系统时，应重点考虑以下因素：

①锚索的服务年限。

②地层的腐蚀级别。

③工程的重要性。

④腐蚀破坏所产生的后果与施加防腐蚀措施所增加费用的对比。

因此锚索防腐蚀的基本原则是，对于锚固力较低的锚索，当处于非侵蚀性和低渗透性（$K<10\text{m/s}$）的地层中时，可仅使用水泥质注浆体进行防护；对于锚固力较高的永久性锚索，即使当锚索工作在低渗水性的地层中时，原则上也要进行物理防护。针对不同的腐蚀性地层，表13-10给出了所可采用的锚索防护系统的建议。

锚索防护系统

表13-10

锚索分类	腐蚀级别		建议的防腐系统
	地层对注浆体	注浆体对锚索体	
临时锚索	弱	1~2级	二次注浆锚索和普通自由锚索
	中等~强	3~4级	二次注浆锚索和普通自由锚索，重要工程使用全长波纹套管防护锚索
	很强	4~5级	使用全长波纹套管防护锚索
永久锚索	弱	1~2级	二次注浆锚索和普通自由锚索，重要工程使用全长波纹套管防护锚索
	中等~很强	3~5级	使用全长波纹套管防护锚索和压力型锚索

锚索的防腐方法主要有碱性环境防护、物理防护和电力防护等。碱性环境防护是依靠水泥质注浆体对锚索提供的碱性环境，达到对锚索保护的目的；物理防护是在锚索体材料上直接覆盖塑料等材料，从而阻止外部腐蚀性物质与锚索体的接触；电力防护是使锚索体形成一个电路，并使锚索体表面极化成阴极的保护方法，所以又称为阴极保护。由于造价等方面的原因，目前的防腐蚀主要是以前两种方法为主。

（三）预应力锚索防腐蚀的措施

（1）自由段防腐

对于自由段钢绞线一般采用三层防护体系防腐，即防腐剂涂层、塑料套管及水泥砂浆体。为防止浆体压碎后防护失效，必要时还可将锚固段的波纹套管延长至自由段，并于套管内外灌浆。

①自由段塑料套管宜选用聚氯乙烯或聚丙烯塑料管，套管内用油脂充填。钢绞线防腐剂涂层应具备以下特性：对钢绞线有牢固的黏结性，且无有害反应；能与钢绞线同步变形，在高应力状态下不脱壳、不裂；具有较好的化学稳定性，在强碱条件下不降低其耐久性。

②临时锚索可用塑料带或油脂浸渍的高分子纤维织物取代塑料套管，在缠裹时，塑料带的搭接长度应大于带宽的50%，且塑料带应与锚索体紧密接触。

③在现场制作防腐涂层时，锚索体应用防锈剂涂刷防锈层。

④套管与锚索体之间的空隙应用油脂充填。

⑤自由段长度部分可用光面塑料管取代波纹管，但光面管应具有足够的抗变形性、韧

性和抗渗透性。光面管与锚固段波纹管之间要有可靠的连接。

⑥自由段宜选用无接头的套管。当有接头存在时，接头处搭接长度应大于 50mm，并用胶带密封，若使用有溶解能力的粘结胶密封时，其搭接长度一般不小于 20mm。

（2）锚固段防腐

①水泥质注浆体防护：水泥质注浆体防护是利用钢材在 pH 值为 9～13 的碱性环境中可以防止锈蚀，而水泥质注浆体能够对锚索提供碱性环境的特点，从而达到对锚索的保护目的。

②物理隔离防护：为防止水泥质注浆体开裂后，水汽进入裂缝接触锚索钢材，在锚索体材料上直接覆盖波纹管等隔离材料，从而阻止外部腐蚀性物质与锚索体接触。

③改善锚固体结构形式：为了改善锚固体的纯拉性状，将拉力型锚索的形状设计成棱形，使锚固段注浆体处于既受拉又受压的复杂受力状态，避免纯拉伸开裂，也可选用压力型或压力分散型锚索，使注浆体处于受压状态，改善注浆体的裹护效果。

（3）锚头防腐

锚头防腐分垫板下部和垫板上部两个部分，上部是对外露部分进行防腐处理，下部是对由于注浆体收缩而形成的空洞进行处理。

垫板下部的防腐处理不应影响锚索的性能。对于自由锚索，防腐处理后的锚索体应能自由伸缩。所以，垫板下部要注入油脂，且要求油脂充满整个空间。当锚索需要补偿张拉时，垫板上部的锚头部分必须使用可拆除式的防护帽进行防护，防护帽可使用金属或塑料制作，防护帽与垫板应有可靠的联结和密封，内部用油脂充填，锚头防腐结构如图 13-10 所示。当锚索不需补偿张拉时，可使用混凝土进行防护处理，混凝土覆盖层厚度应不小于 25mm，当锚头被混凝土结构覆盖且覆盖层厚度满足表 13-11 所示的要求时，可不再进行防腐处理。

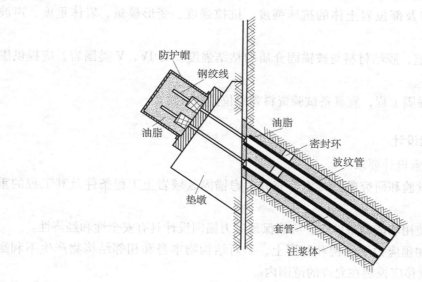

图 13-10 锚头防腐结构示意图

锚头混凝土覆盖层厚度（mm）　　　　　　　　　表 13-11

锚索工作环境	混凝土标准立方体强度（MPa）				
	C20	C25	C30	C40	C50
轻微：例如，处于大气或一般侵蚀条件下锚索的全面防护	25	20	15	15	15
中等：例如，处于大雨、充满饱和水的冻土或水下埋置的混凝土中	—	40	30	25	20
差：例如，暴露于暴雨中、干湿交替且潮湿，有时冷冻或处于侵蚀性雾中	—		50	40	30	25
很差：例如，暴露于海水、沼泽中并可能受到冲蚀	—	—	—	60	50

第三节　预应力锚索设计

一、预应力锚索设计应具备的资料

1. 建筑物级别及工程布置图。
2. 锚固地区地形、地质资料。
3. 施工条件。
4. 建筑材料的物理力学性能。

二、预应力锚索设计应具备的地质资料

1. 锚固工程部位的地质平面图，剖面图。
2. 不稳定岩土体的范围和边界条件。
3. 围岩质量，主要构造的产状，各种结构面的组合关系及地下水资料。
4. 锚固工程所涉及部位岩土体的抗压强度。抗拉强度、变形模量、岩体重度、声波速度。

滑动面的 c，φ 值，胶结材料与被锚固介质的粘结强度。对 IV、V 类围岩，应提供围岩流变特性。

5. 重要部位的锚固工程，宜具备试验资料和原位监测资料。

三、预应力锚索设计

（一）预应力锚索设计要求

1. 应在调查、试验和研究的基础上，充分考虑锚固区域岩土工程条件及其工程的重要性。
2. 在满足工程使用功能的条件下，应确保预应力锚固设计具有安全性和经济性。
3. 确保锚索施加预应力于结构和地层上，不对结构物本身和相邻结构物产生不利影响。锚固体产生的位移应控制在允许的范围内。
4. 永久锚索的寿命应不小于被加固结构物的服务年限。
5. 设计采用预应力锚索应在进行锚固性能试验后才能用于工程设计。

6. 锚固设计结果与试验结果有较大差别时，应调整锚固设计参数后重新进行设计和试验。

（二）锚固设计的主要内容

1. 选择预应力锚索的锚固范围和锚固深度。

2. 选择锚索的锚固方式。

3. 确定锚固力。

4. 确定预应力锚索数量，选择布置方式。

5. 确定锚索结构形式及各项参数。

6. 编制施工技术要求和特殊情况下的技术处理措施。

7. 锚固效果观测及锚固后工程安全评价。

预应力锚索的锚固范围和施加的锚固力应根据工程地质勘测资料、软弱结构面的位置、产状和力学性质、或结构物的力学要求等，按照稳定分析或应力分析结果确定。

单根锚索的设计张拉力应根据下列因素确定：

1. 保证被加固的结构物安全运行需要的总锚固力大小。

2. 锚固介质及胶结材料的力学指标。

3. 预应力锚索材料力学指标。

4. 锚夹具的类型，张拉设备出力和施工场地条件。

预应力锚索数量，应根据总锚固力和单根预应力锚索设计张拉力确定。参考数据见表13-12。

对边坡锚固所采用的预应力锚索，其长度应按不稳定结构面的位置和在稳定的介质中有安全的胶结长度等条件确定。

重要工程进行锚固设计时，除按刚体平衡法进行稳定分析外，还应采用物理模型、数学模型对锚固效果进行论证。同时，应根据原位监测结果对锚固设计进行修正。

单束锚杆锚固力，钢绞线根数和钻孔直径关系 表 13-12

单根锚杆锚固力（kN）	1 000	2 000	3 000	6 000
单根锚杆钢绞线股数	6	12	19	40
钻孔最小直径（mm）	110	140	160	220

（三）预应力锚索设计流程

预应力锚索设计流程见图13-11，仅供参考。

（四）锚索体的选择

1. 锚索体的型式，应根据锚固工程使用年限，单根预应力锚索的设计张拉力大小，锚索的布置及施工条件，经综合比较进行选择。优先选择胶结式。

2. 单根预应力锚索设计张拉力小于1 000kN，锚固区岩石抗压强度大于60MPa，需要迅速实现张拉的锚固工程难以使用胶结式内锚固段时，宜选择机械锚固方式。

3. 单根预应力锚索设计张拉力大于1 000kN，内锚固段岩体较为破碎，宜选用胶结式内锚固段。

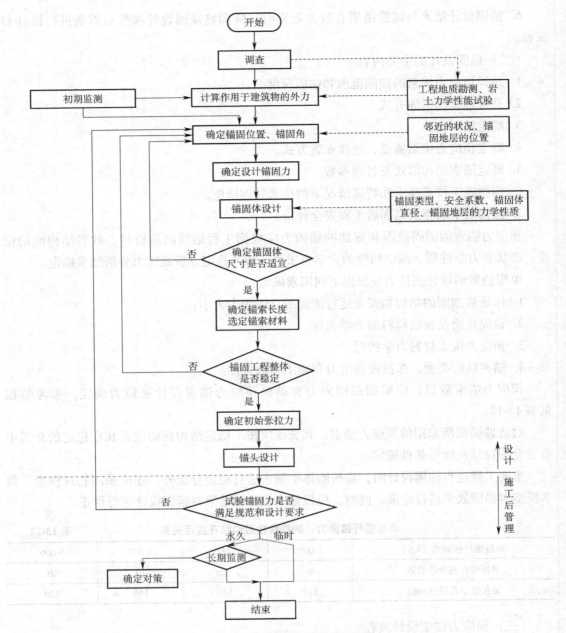

图 13-11 预应力锚索设计流程图

4. 计算需要的锚固段大于 10m，宜选用拉力分散型、压力分散型或拉压分散型锚固方式。

（五）锚索材料的选择

1. 永久性预应力锚索，宜选用高强度、低松弛钢绞线或钢丝；

2. 当要求预应力锚索具有一定刚度，或对于预应力锚索安装有特殊需要时，可采用精轧螺纹钢筋；

3. 当锚固区域岩体较为破碎，造孔易于塌孔时，可选用自钻式预应力锚杆；

4. 承担观测任务和有补偿张拉要求的预应力锚索，应采用无黏结钢绞线作为索体材料；

5. 设计张拉力较小的临时锚固工程，可采用普通预应力筋作为索体材料。

在施工条件允许时，应优先选择对穿式预应力锚索。

四、设计锚固力计算

作用在锚索结构物上的荷载主要为滑坡或边坡失稳的下滑力、侧向土压力以及加固作用力。荷载种类有：土压、水压、上覆荷载、滑坡荷载、地震荷载、其他荷载等。进行预应力锚索设计时，一般情况下可只计算主力；在浸水和地震等特殊情况下，尚应计算附加力和特殊力。

预应力锚索用于整治滑坡时，滑坡推力可采用传递系数法计算。由于滑坡推力计算时已考虑 1.05 ~ 1.25 的安全系数，因此预应力锚索用于整治滑坡时，下滑力可作为设计荷载。

预应力锚索作为承受侧向土压力的支挡结构或用于边坡加固时，其设计荷载应按重力式挡墙有关规定计算。大量测试结果表明，锚索作为承受侧向土压力的支挡结构或用于边坡加固时，锚索结构承受侧向压力一般介于主动土压力与静止土压力之间，故结构物承受的侧向土压力按主动土压力的 1.05 ~ 1.4 倍计算。

根据设计荷载在锚索结构上的分配，通过计算确定锚索设计锚固力，针对不同的外锚结构形式采用不同的计算方法，如连续梁法、简支梁法、弹性地基梁法等。

预应力锚索用于滑坡加固时（图 13-12），一般通过边坡稳定性分析，采用求锚索附加力（抗滑力）的方法来确定锚固力，计算公式如下：

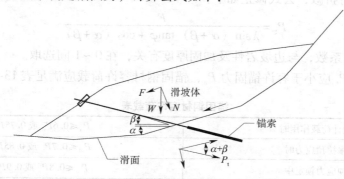

图 13-12　预应力锚索加固滑坡示意图

$$P_t = \frac{F}{\sin\ (\alpha \pm \beta)\ \tan\varphi + \cos\ (\alpha \pm \beta)} \tag{13-4}$$

式中　F——滑坡下滑力（kN），可采用极限平衡法或传递系数法计算，安全系数采用 1.05 ~ 1.25；

P_t——设计锚固力（kN）；

φ——滑动面内摩擦角（°）；

α——锚索与滑动面相交处滑动面倾角（°）；

β——锚索与水平面的夹角（锚固角）（°），以下倾为宜，不宜大于 45°，一般为 15° ~ 30°，也可参照下式计算：

$$\beta = \frac{45°}{A+1} + \frac{2A+1}{2\ (A+1)}\varphi - \alpha \qquad (13\text{-}5)$$

A——锚索的锚固段长度与自由段长度之比；

φ，α——设锚索段滑动面的内摩擦角和滑动面倾角。

公式（13-4）中锚索下倾时取"＋"，上仰时取"－"。图 13-13 为锚索仰斜布置示意图。

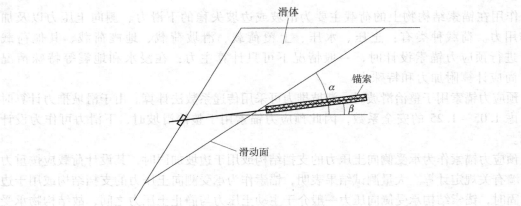

图 13-13　锚索仰斜边坡加固示意图

式（13-4）不仅考虑了锚索沿滑动面产生的抗滑力，还考虑了锚索在滑动面产生的法向阻力。对土质边坡及加固厚度（锚索自由段）较大松散破碎的岩质边坡，在外力长期作用下存在一定的压缩变形，锚索在滑动面产生的法向，正应力将产生一定的损耗，因此，法向正应力应进行折减，公式修正如下：

$$P_t = \frac{F}{\lambda \sin\ (\alpha + \beta)\ \tan\varphi + \cos\ (\alpha + \beta)} \qquad (13\text{-}6)$$

式中　λ——折减系数，与边坡岩性及加固厚度有关，在 0 ~ 1 间选取。

设计锚固力 P_t 应小于容许锚固力 P_a，锚固钢材容许荷载应满足表 13-13 的要求。

锚固钢材容许荷载表　　　　　　　　　　　　表 13-13

设计荷载作用时	$P_a \leqslant 0.6P_u$ 或 $0.75P_y$
张拉预应力时	$P_{at} \leqslant 0.7P_u$ 或 $0.85P_y$
预应力锁定中	$P_{ai} \leqslant 0.8P_u$ 或 $0.9P_y$

注：P_u 为极限张拉荷载（kN），P_y 为屈服荷载（kN）。

根据每孔锚索设计锚固力 P_t 和所选用钢绞线的强度，可按式（13-7）计算每孔锚索钢绞线的根数 n。

$$n = \frac{k \cdot P_t}{P_u} \qquad (13\text{-}7)$$

式中　k——安全系数，取 1.7 ~ 2.2，腐蚀性地层中取大值；

P_u——锚固钢材极限张拉荷载。

对于永久性锚固结构，设计中应考虑预应力钢材的松弛损失及锚固岩（土）体蠕变的影响，决定锚索的补充张拉力。

五、锚固体设计计算

锚固体设计主要是确定锚索锚固段长度、孔径、锚固类型。锚固体的承载能力应通过锚固体与锚孔壁的抗剪强度，钢绞线束与水泥砂浆的粘结强度以及钢绞线强度三部分控制，设计时应取其最小值。

（一）容许应力法

1. 安全系数

对于锚固设计，由于存在许多不确定因素，如地质条件、锚固材料、施工方法等均会对锚固的承载能力产生较大的影响，因此在设计时必须考虑一定的安全储备。确定安全系数时，一般将锚索根据其性质划分为永久性锚固与临时性锚固两类，并分别考虑其重要性。表 13-14 给出了锚固设计时不同情况下的安全系数。

锚固设计安全系数　　　　　　　　　　　　　　　　表 13-14

类型	钢绞线 K_1		注浆体与锚孔壁界面 K_2		注浆体与钢绞线 K_2	
	普通地层	高腐蚀地层	普通地层	高腐蚀地层	普通地层	高腐蚀地层
临时性锚固	1.5	1.7	1.5	2.0	1.5	2.0
永久性锚固	1.7	2.0	2.5	3.0	2.5	3.0

注：K_2 锚固体抗拔安全系数。

当锚索孔为仰孔时，因注浆难度较大不易灌注饱满密实，安全系数 K_2 应适当提高。

2. 锚固段长度计算

1）拉力型锚索的锚固段长度计算

（1）按锚固体与孔壁的抗剪强度设计锚固段长度。

锚固体与地层界面的锚固力受诸多因素的制约，如岩土材料的强度、锚索类型、锚固段形式及施工工艺等，其中锚固段形式是决定锚固力的主要因素，工程中常用锚索锚固段形式可归为四类，如图 13-14 所示。由于锚固力计算依据某些假设得到的，然而这些假设条件很难和现场条件一致，因此计算得到的锚固力一般用于预应力锚索结构的初步设计。确定锚索锚固力最可靠的方法是在特定的地层条件下进行严格的锚索试验。

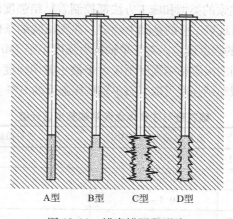

A型　　　B型　　　C型　　　D型

图 13-14　锚索锚固段形式

①A 型锚固段锚索锚固力计算

A 型锚固段主要用于岩体或硬质黏性土地层。其锚固段钻孔为直筒状，采用较小的注浆压力（$P_g < 1MPa$）或无压注浆。注浆后锚固段钻孔无扩孔现象发生，其锚固力主要受锚索体与注浆体界面控制。其锚固力的计算方法是基于以下假设而得到的。

A. 锚固段传递给岩土体的应力沿锚固段全长均匀分布。然而研究表明，锚固段的结合应力分布取决于锚索弹性模量（E_a）与地层弹性模量（E_g）的比值。除短锚索（长径比≤6）外，E_a/E_g 愈小（硬地层），锚索锚固段近端应力愈集中；E_a/E_g 愈大（软地层）应力分布愈均匀。

B. 钻孔直径和锚固段注浆体直径相同，即在注浆时地层无被压缩现象。

C. 岩石与注浆体界面产生滑移（硬岩、孔壁光滑）或剪切（软岩、孔壁粗糙）破坏。

在以上假设条件下，锚索在岩体和黏性土层中的极限锚固力 P_u 为：

$$P_u = \pi DL\tau_s \qquad (13-8a)$$

或

$$P_u = \alpha\pi DLc_u \qquad (13-8b)$$

其中锚固段长度可按以下方法计算：

$$L_1 = \frac{P_t K_2}{\pi D\tau_s} \qquad (13-9a)$$

或

$$L_1 = \frac{P_t K_2}{\alpha\pi Dc_u} \qquad (13-9b)$$

式中　D——为钻孔直径（m）；

h——为锚固段长度（m）；

τ_s——为孔壁与锚固体之间的极限粘结强度（kPa）；

c_u——为锚固段范围内黏性土不排水抗剪强度的平均值（kPa）；

α——为与黏性土不排水抗剪强度有关的系数，当 $c_u = 50kPa$ 时，$\alpha = 0.75$，当 $c_u = 100kPa$ 时，$\alpha = 0.40$，当 $C_u = 150kPa$ 时，$\alpha = 0.3$；

P_t——设计锚固力。

由于岩体强度、所用锚索的类型和施工方法都控制着粘结强度的发挥，而岩体类型千差万别，因此粘结强度应在进行现场试验的基础上确定。在无试验的条件下，极限粘结强度可按表13-15 选取，也可根据岩石的强度确定。对于单轴抗力强度小于7MPa 的软岩，应对有代表的岩石进行剪切试验，设计采用的极限粘结强度不应大于最小剪切强度；对于缺乏剪切强度试验和拉拔试验资料的硬岩，极限粘结强度可取岩石单轴抗压强度的10%且不大于4MPa。

锚孔壁与注浆体之间粘结强度设计值　　　　　　　　　　表 13-15

岩土种类	岩土状态	孔壁摩擦阻力（MPa）	岩石单轴饱和抗压强度（MPa）
岩　石	硬岩及较硬岩	1.0~2.5	>15~30
	较软岩	0.6~1.0	15~30
	软岩	0.3~0.6	5~15
	极软岩及风化岩	0.15~0.3	<5

续表

岩土种类	岩土状态	孔壁摩擦阻力（MPa）	岩石单轴饱和抗压强度（MPa）
黏性土	软 塑	0.03 ~ 0.04	
	硬 塑	0.05 ~ 0.06	
	坚 硬	0.06 ~ 0.07	
粉 土	中 密	0.1 ~ 0.15	
砂 土	松 散	0.09 ~ 0.14	
	稍 密	0.16 ~ 0.20	
	中 密	0.22 ~ 0.25	
	密 实	0.27 ~ 0.40	

注：1. 锚孔壁与水泥砂浆之间的粘结强度设计值应通过现场拉拔试验确定。当无试验资料时，可参照此表选用，但施工时应进行拉拔验证。
　　2. 有可靠的资料和经验时，可不受本表限制。

② B 型锚固段锚索锚固力计算

B 型锚固段适用于软弱裂隙岩体和无黏性土。通常采用压力注浆形成锚固段，注浆压力一般大于 1MPa。在软弱裂隙岩体和粗粒状无黏性土层中，由于注浆液渗入岩土体的孔隙或裂隙中，使锚固段有效直径增加，可提高锚固力。在细粒状无黏性土中，注浆体虽然不易渗入土体细小的孔隙，但由于注浆压力作用可以局部挤压土体使锚固段有效直径增加，也可提高锚固力。锚固力取决于锚固段的侧向抗剪力：

$$P_u = \xi L_1 \tan\varphi' \tag{13-10}$$

式中　L_1——为锚固段长度（m）。

$$L_1 = \frac{K_2 P_t}{\xi \tan\varphi'} \tag{13-11}$$

式中　P_t——为锚索设计锚固力（kN）；

　　　K——安全系数；

　　　φ'——有效内摩擦角（°）；

　　　ξ——与钻孔工艺、注浆压力、锚固段埋深，锚固段直径有关的系数（kN/m）。

当钻孔直径为 0.1m，注浆压力小于 1MPa 时，粗砂，卵石和中细砂的系数 ξ 可采用表 13-16 值。当钻孔直径有明显增大或缩小时，ξ 值也应按比例增大或缩小。

系数 ξ 的取值　　　　　　　　　　表 13-16

岩土体类型	渗透系数（m/s）	ξ 值（kN/m）
粗砂、卵石	$>10^{-4}$	400 ~ 600
中细砂	1.40 ~ 2.10	130 ~ 165

当考虑锚固段尺寸效应时，锚索的极限锚固力可表示为锚固段侧向抗剪力与锚固段端部的局部承载力之和：

$$P_u = A\sigma_v \pi D L \tan\varphi' + B\gamma h \frac{\pi(D^2 - d^2)}{4} \tag{13-12a}$$

$$L_1 = \frac{P_t K_2 - B\gamma h \pi(D^2 - d^2)/4}{A\sigma_v \pi D \tan\varphi'} \tag{13-12b}$$

式中　D——锚固段有效直径（m）

　　　d——直杆段孔径（m）

　　　B——修正系数，$B = N_g/1.4$，其中 N_g 为承载力系数，取值可采用表 13-17 值。

承载力系数 N_g 的取值　　　　　　　　　　表 13-17

N_g h/D	内摩擦角				
	26°	30°	34°	37°	40°
15	11	20	43	75	143
20	9	19	41	74	140
25	8	18	40	73	139

注：$h/D > 25$ 时，按 $h/D = 25$ 取值。

锚固段有效直径 D 的精确确定也很困难，通常的做法是依据与岩土体孔隙率有关的注浆量进行现场破坏试验后反算做近似评估。表 13-18 给出了一些有代表性地层中的 D 值。一般来说，土粒愈粗、注浆压力愈大，D 值就愈大。

无黏性土中的锚固段有效直径　　　　　　　　　表 13-18

土体类型	有效直径 D（m）	注浆压力（MPa）	注浆机理
粗砂、砾石	≤4d	低　压	渗透注浆
中等密实砂	$(1.5 \sim 2.0)\ d$	<1.0	局部压密、渗透注浆
密　砂	$(1.1 \sim 1.5)\ d$	<1.0	局部压密注浆

如忽略锚固段端部的局部承载力时，锚索的极限承载力可表示为：

$$P_u = k\pi DL\sigma_v \tan\varphi' \tag{13-13}$$

式中　k——与锚固段有效上覆压力有关系数，可采用表 13-19 值；

　　　L——锚固长度，$L = \dfrac{T_w \cdot K}{K_1 \pi \sigma_N \tan\varphi'}$

系数 k 的取值　　　　　　　　　　表 13-19

岩土体类型	k 值	注浆压力
致密的砂砾石	1.0 ~ 2.3	低压注浆
细砂、砂质粉土	0.5 ~ 1.0	低压注浆
致密的砂	1.4	低压注浆

③ C 型锚固段锚索锚固力的计算

C 型锚固段采用高压注浆，注浆压力一般大于 2MPa，锚固段地层由于受注浆体的水压力劈裂作用而形成了大于原钻孔直径的树根状注浆体，从而可增加锚固力。其通常的施工方法是：先像 B 型锚固段那样进行第一次注浆；待注浆体初凝之后通过设置在锚固段的袖阀管进行第二次高压注浆；当发生注浆压力突然降低时，表明劈裂现象已经形成，以后在一定的时间内只能维持相对小的注浆压力。理论上，C 型锚固段适用于软岩等各类土层，但对于较硬的地层，要使用较高的注浆压力才可实现。对于土层中的锚索，无控制的注浆压力可能导致地层的隆起和相邻构筑物损坏。为确保这类现象不致发生，国际预应力学会（FIP）建议，注浆压力在锚固段埋深内的平均值不应大于 0.02MPa。

目前，对 C 型锚固的作用机理的研究尚不完善，锚固力的确定尚没有成熟可靠的理论公式或经验公式。一般的方法是采用在现场试验得到的一组设计曲线来初步确定其极限锚固力。无黏性土中的锚固长度与极限锚固力关系如图 13-15 所示。

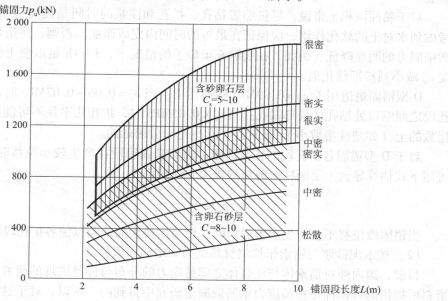

图 13-15　无黏性土中的锚固长度与极限锚固力关系图

（钻孔直径 $d = 0.1 \sim 0.15\text{m}$）

④ D 型锚固段锚索锚固力的计算

D 型锚固段适用于黏性土地层。施工时，首先在黏性土中钻一圆柱形的锚索孔，然后把锚固段部分的钻孔用一种带有铰刀的钻具钻成一系列哑铃状的扩大孔，扩孔后的直径一般为原直径的 2 ~ 4 倍。D 型锚固段的锚固力主要取决于锚固段的周边抗剪力 T_f、端承载力 T_N 和直杆段承载力 T_s，锚固力计算公式如下：

$$P_u = T_f + T_N + T_s = \pi DLc_u + \frac{\pi}{4}(D^2 - d^2)N_c c_{ub} + \pi dl\tau_s \tag{13-14a}$$

$$L_1 = \frac{PtK_2 - (D^2 - d^2)N_c C_{ub}/4 + \pi dl\tau_s}{DLc_u} \tag{13-14b}$$

式中　D——钻孔直径（m）；

　　　c_u——锚固段全长不排水抗剪强度平均值（kPa）；

　　　d——直杆段直径（m）；

　　　L——直杆段长度（m）；

　　　N_c——承载力系数，一般取 $N_c = 9$；

　　　c_{ub}——锚固段近端不排水抗剪强度（kPa）

　　　τ_s——锚固体与孔壁间粘结强度（kPa），可按表 13-15 取值。

在缺乏现场试验资料的情况下，应考虑施工技术和扩孔的几何尺寸等的影响。设计中采用 0.75 ~ 0.95 的折减系数来估算式（13-14a）中的周边抗剪力 T_f 和端承载力 T_N。当锚固段地层含有砂子充填的裂隙时，计算周边抗剪力和端承载力建议取 0.5 的折减系数。显然，锚索的锚固力随扩孔锥数的增加而线性增大，但黏性土软化和锚固段产生不同程度的位移时，锚索锚固力会大大降低。试验结果表明，当锚固段产生的位移达到扩孔直径的 0.16% 时，扩孔锥数超过 6 个后，增加扩孔锥数对锚索锚固力的提高不太明显。

对于黏性沉积土来说，尽量缩短钻孔、扩孔和注浆的时间是提高锚固力的有效方法。考虑到水对土的软化作用，应保证在最短的时间内完成作业。否则，将造成预应力的减小和锚固力的明显降低。例如，在裂隙充填砂子的情况下，3 ~ 4h 足以使土的不排水抗剪强度 c_u 减小到接近软化值。

D 型锚固最适用于 $c_u > 0.09MPa$ 的黏性土，当 $c_u = 0.06 ~ 0.07MPa$ 时，应估计到各扩孔段之间缩口处钻孔的局部塌孔；当 $c_u < 0.05MPa$ 时，扩孔几乎是不可能的。对于低塑性指数的土（如塑性指数小于 20 时）扩孔也是十分困难的。

对于 D 型锚固各扩孔段的扩孔间距，当要求锚固段在产生较小位移时即产生锚固力，可用下式估算导致土层圆柱形剪坏的最大允许间距 δ_u，

$$\delta_u \leqslant \frac{(D^2 - d^2) N_c}{4D} \tag{13-15}$$

当锚固段位移不会产生严重后果时，可采用较大的间距以使各扩孔段独立发挥作用。

（2）按水泥砂浆与锚索张拉钢材黏结力确定锚固段长度

目前，国内外对锚索体与注浆体之间剪应力的分布与传递机理的研究尚不成熟，很多资料所提供的数据都是在预应力钢筋混凝土研究中得到的。所以，对于这个问题，仍需要进行大量的试验研究工作。

在岩体中的锚索，锚固力主要受注浆体与锚索体界面的剪应力的控制和影响，在该界面上剪应力包括以下三个因素。

①粘结力　锚索体表面与注浆体之间存在物理粘结力，当该界面上由于剪力作用而产生应力时，粘结力就成为发生作用的基本抗力；当锚索锚固段产生位移时，这种抗力就会消失。

②机械嵌固力　由于锚索体材料表面的肋节、螺纹和沟槽等的存在，注浆体与锚索之间形成机械联锁，这种力与粘结力一起发生作用。

③表面摩擦力　枣核状锚固段在受力时，注浆体有一部分被锚索夹紧。表面摩擦力的产生与夹紧力及材料表面粗糙度是函数关系。

对于锚索体与注浆体界面的剪应力值，通常是指以上这三个力的合力。

对于拉力型锚索，其表面剪应力沿锚固段长度上的分布呈指数关系：

$$\tau_x = \tau_0 \exp \left(\frac{A}{d} \right) \tag{13-16}$$

式中　τ_x——距锚固段近端 x 处的剪应力；

τ_0——锚固段近端的剪应力；

d——锚索直径；

A——锚索中粘结力与主应力相关常数。

沿锚固段长度 L 积分，可得到极限锚固力的理论表达式：

$$P_u = \frac{\pi d \tau_0}{A} \tag{13-17}$$

但该公式在实际使用中有所不便，一般来说，随着预应力的增加，剪应力的最大值 τ_{max} 将以渐近方式向锚固段远端转移并改变剪应力的分布，如图 13-16 所示。在设计中，确定锚索体在注浆体中锚固长度的计算公式是根据剪应力均匀分布的假定而得到的，其极限锚固力为：

$$P_u = n\pi dL\,\tau_u \qquad (13\text{-}18a)$$

式中　n——钢绞线根数；

　　　τ_u——极限剪应力（kPa）；

　　　L_2——锚固段长度。

$$L_2 = \frac{P_t K_1}{n\pi d\tau_u} \qquad (13\text{-}18b)$$

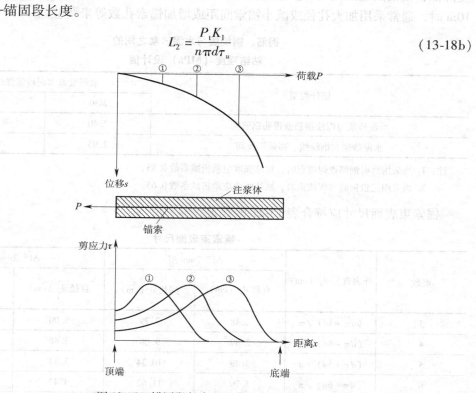

图 13-16　锚固段长度上的剪应力分布

极限剪应力的大小与锚索体材料表面粗糙度和注浆体强度有关，建议注浆体抗压强度不小于30MPa，但过高的强度对剪应力的增加并无明显作用。对于任何情况，剪应力不应大于注浆抗压强度的1/10，且不大于4MPa。对于不同的界面，剪应力的取值可从表13-20选取。

当锚索锚固段为枣核状时

$$l_2 = \frac{K_2 \cdot P_t}{n \cdot \pi \cdot d \cdot \tau_u} \qquad (13\text{-}19)$$

式中　d——单根张拉钢材直径（m）；

　　　n——每孔锚索钢绞线根数；

　　　τ_u——锚索张拉钢材与水泥砂浆的粘结强度设计值（MPa）。

（3）锚索的锚固段长度

锚索的锚固段长度采用以上两种方法计算长度最大者。

对通常采用的注浆拉力型锚索，锚固有效长度，在坚硬岩为 3m；在中硬岩层中为 5～6m；在松软岩层中为 10m，锚索的锚固段长度一般在 4～10m 间选取，且要求锚固段必须位于良好的地基之中，这是通过大量的数值分析及试验研究后所确定的。此类锚索锚固段破坏通常是从靠近自由段处开始，灌浆材料与地基间的黏结力逐渐被剪切破坏，当锚固段长度超过 8～10m 后，即使增加锚固段长度，其锚固力的增量很小，几乎不可能提高锚固效果，因此锚固段并非越长越好。但锚固段太短时，由于实际施工期间锚固地基的局部强度降低，使锚固危险性增大。因此在设计中一般按 4～10m 选取。当锚固段计算长度超过 10m 时，通常采用加大孔径或减小锚索间距或增加锚索孔数等来调整。

钢筋、钢绞线与水泥砂浆之间的
粘结强度（MPa）设计值

表 13-20

锚杆类型	水泥浆或水泥砂浆强度等级	
	M30	M35
水泥砂浆与螺纹钢筋或带肋钢筋间	2.40	2.70
水泥砂浆与钢绞线、高强钢丝间	2.95	3.40

注：1. 当采用两根钢筋点焊成束时，粘结强度应乘折减系数 0.85；

　　2. 当采用三根钢筋点焊成束时，粘结强度应乘折减系数 0.65。

锚索束表面尺寸应符合表 13-21 的规定。

锚索束表面尺寸

表 13-21

束数	外表直径 d_s（cm）	$\phi 12.7mm$ 型		$\phi 15.2mm$ 型	
		直径 d_s（cm）	周长 v（cm）	直径 d_s（cm）	周长 v（cm）
3	$(d\pi + 3d)/\pi$	2.48	7.79	3.00	9.42
4	$(d\pi + 4d)/\pi$	2.89	9.08	3.46	10.86
5	$(d\pi + 5d)/\pi$	3.29	10.34	3.94	12.38
6	$(d\pi + 6d)/\pi$	3.70	11.62	4.42	13.89
7	$(d\pi + 7d)/\pi$	3.70	11.62	4.42	13.89
9	$(d\pi + 8d)/\pi$	4.50	14.14	5.39	16.93
12	$(d\pi + 9d)/\pi$	4.91	15.43	5.87	18.44

2）压力分散型锚索锚固段长度计算

压力分散型锚索借助按一定间距分布的承载体，由若干个单元锚索组成锚固系统，每个单元锚索都有自己的锚固长度，承受的荷载也是通过各自的张拉千斤顶施加的。由于组合成这类锚索的单元锚索长度较小，所承受的荷载也小，锚固长度上的轴力和黏结力分布较均匀，使较大的总拉力值转化为几个作用于承载体上的较小的压缩力，避免了严重的黏结摩阻应力集中现象，在整个锚固体长度上黏结摩阻应力分布均匀，从而最大限度地利用孔壁地层强度。

从理论上讲，压力分散型锚索整个锚固段长度并无限制，锚索承载力可随整个锚固段长度增加而提高。因此，该类锚索可用于孔壁摩阻力较低软弱岩土中。

其锚固段长度计算方法如下：

①按式（13-9）计算确定总的锚固段长度 l；

②由式（13-5）计算确定锚索钢绞线根数 n；

③初拟承载体个数 m，则每个承载体分担的设计锚固力 $P_{t1} = \dfrac{P_t}{m}$；

④浆体强度验算：

$$\sigma = \frac{4k_1 \cdot P_{t1}}{\pi D^2} \leqslant f_c \tag{13-20}$$

式中　σ——注浆体计算抗压强度（kPa）；

　　　f_c——注浆体的极限抗压强度，不宜低于40MPa，一般由试验确定；

　　　D——注浆体直径（m）。

通过强度验算，满足浆体抗压要求时，计算长度 l_1 可作为锚索的锚固段长度；如不满足浆体抗压要求，一般采用增加承载体个数、提高浆体抗压强度、加大孔径或减小锚索间距或增加锚索孔数等来调整。

压力分散型锚索承载体分布间距（单元锚索锚固长度）不宜小于15倍锚索钻孔孔径，通常在3~7m中选取。总的设计原则是使每个承载体受力均等，而每个承载体上所受的力应与该承载段注浆体表面上的黏结摩阻抗力相平衡。由于注浆体与土体界面黏结摩阻抗力较与岩体界面黏结摩阻抗力小，因此，承载体间距在土体中比岩体要大些。在设计中，在硬质岩中取小值，软质岩中取中值，土体中取大值。

图13-17（a）表明岩土强度未充分发挥，过于安全，设计中可进一步缩短承载体间距和锚固段长度；图13-17（b）表明前一个承载体的压力值没被该承载段黏结摩阻力相平衡，剩余压力值传给下一个承载体，使后面的承载区段黏结摩阻应力及分布范围增大，此种设计偏于不安全，设计中可加大承载体间距和锚固段长度；图13-17（c）显示合理的设计应当使各承载区段都分布有黏结摩阻应力，在整个锚固体长度上，黏结摩阻应力峰值也较均匀。

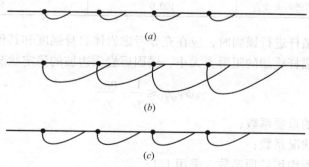

图13-17　几种黏结摩阻应力分布状态

（二）极限状态法

《水利水电预应力锚固设计规范》DL/T 5176—2003 规定：锚固设计应以充分利用围岩和岩体的承载能力为基本原则。

胶结式内锚固段提供的锚固力，必须大于预应力锚杆的超张拉力。内锚固段长度可按下式确定。

$$L_1 = \frac{\gamma_0 \psi \gamma_d \gamma_c \gamma_p P_m}{\pi D c} \tag{13-21}$$

式中　γ_0——结构的重要系数，Ⅰ级锚固工程采用 1.1，Ⅱ级锚固工程采用 1.0，Ⅲ级锚固工程采用 0.9；

ψ——设计状况系数，持久状况采用 1.0，短暂状态采用 0.95，偶然状况采用 0.85；

γ_d——结构系数，仰孔采用 1.3，俯孔采用 1.0；

γ_c——黏结强度分项系数，采用 1.2；

γ_p——单根预应力锚杆张拉力分项系数，采用 1.15；

L_1——内锚固段长度（m）；

P_m——单根预应力锚杆超张拉力（kN）；

D——锚杆孔直径（mm）；

c——胶结材料与孔壁黏结强度（MPa），当缺乏试验资料可按表 13-22 选取。

内锚固段长度还应通过现场拉拔试验进行验证。

水泥浆胶结材料与围岩的黏结强度　　表 13-22

围岩类别	Ⅰ	Ⅱ	Ⅲ	Ⅳ	Ⅴ
黏结强度 c（MPa）	1.5	1.5~1.2	1.2~0.8	0.8~0.3	≤0.3

树脂材料与围岩的黏结强度　　表 13-23

围岩类型	围岩抗压强度（MPa）	黏结强度 c（MPa）
黏土岩　粉砂岩	5.0	1.2~1.6
煤　页岩　泥灰岩　砂岩	14.0	1.6~3.0
砂岩　石灰岩	50.0	3.0~5.0
花岗岩及各种类似花岗岩的火成岩	100.0	5.0~7.0

当采用预应力锚杆进行锚固时，应在充分考虑岩体自身强度和其他措施阻滑作用基础上，确定由预应力锚杆施加的阻滑力大小，锚固后岩质边坡的稳定状况应满足下式

$$\gamma_0 \psi \gamma_Q q_k \leqslant \frac{1}{\gamma_d} \cdot \frac{n p_k}{\gamma_k} \tag{13-22}$$

式中　γ_0——结构的重要系数；

ψ——设计状况系数；

γ_Q——下滑力作用后项系数，采用 1.1；

γ_d——结构系数，采用 1.15~1.0；

γ_k——抗滑力作用分项系数，采用 1.1；

n——预应力锚杆根数；

P_k——单根预应力锚杆提供的阻滑力（kN）；

q_k——预应力锚杆承担的不稳定的块体下滑力（kN）。

大型边坡的锚固设计，宜对边坡稳定性进行专门研究，并对影响边坡稳定性因素进行

敏感性分析。

预应力锚杆与水平面的夹角可按下式计算

$$\beta = \theta \pm \left(45° + \frac{\varphi}{2}\right)$$ （13-23）

式中　β——锚固角，即预应力锚杆轴线与水平面的夹角；

　　　θ——滑动面（软弱结构面）倾角；

　　　φ——内摩擦角。

当确定的锚固角为 $-5° < \beta < +5°$ 时，锚杆与水平面夹角应调整至 $\beta \leqslant -5°$ 或 $\beta \geqslant 5°$。
当受到施工现场或施工设备限制时，可进行适当调整，但必须提供较好的锚固效果。

（三）锚固段在稳定地层中的锚固深度

锚固深度是指稳定地层表面至锚固段中点的地层厚度。锚索能否成功地锚固于地层之中，能否达到预计的锚固力，除取决于锚索体材料强度、注浆体与地层界面的粘结力和注浆体与锚索体界面的握裹力外，也取决于地层抵抗锚索被拉出的抗力，特别是承受锚索锚固段压力的部分地层和不受锚固段锚固压力的部分地层之间的抗剪强度。这种抗力只有在大于或等于锚索的锚固力时才能保证结构的稳定，否则将出现图 13-18 所示的地层破坏。在均质材料中，地层倒锥形破坏的角度为 90°，然而在其他情况下该角度可能会降至 60°。所以设计时应对地层的稳定性进行验算。

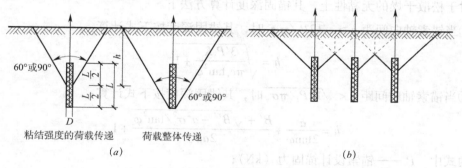

图 13-18　锚固体的锥体破坏

（a）锥体的几何形状；（b）锥体的相互作用

（1）锚固段在岩体中的锚固深度

①对于良好的均质岩体，单根锚索的锚固深度可按下式计算：

$$h = \sqrt{\frac{P_t K}{4.44\tau}}$$ （13-24）

锚索群的锚固深度可按下式计算：

$$h = \sqrt{\frac{P_t K}{2.83\tau a}}$$ （13-25）

②对于不规则的断裂岩体，单根锚索的锚固深度可按下式计算：

$$h = \sqrt{\frac{3P_t K}{\gamma \pi \tan^2 \varphi}}$$ （13-26）

锚索群的锚固深度可按下式计算：

$$h = \sqrt{\frac{P_t K}{\gamma a \tan \varphi}} \tag{13-27}$$

③对于侵入性的不规则断裂岩体，单根锚索的锚固深度可按下式计算：

$$h = \sqrt{\frac{P_t K}{(\gamma - \gamma_w)\ \pi \tan^2 \varphi}} \tag{13-28}$$

锚索群的锚固深度可按下式计算：

$$h = \sqrt{\frac{P_t K}{(\gamma - \gamma_w)\ a \tan \varphi}} \tag{13-29}$$

以上式中　τ——岩体的剪切强度（kPa）；

$\quad\quad\quad K$——安全系数，取值如表 13-14 所示；

$\quad\quad\quad a$——锚索间距（m）；

$\quad\quad\quad \varphi'$——岩体有效内摩擦角（°）；

$\quad\quad\quad P_t$——锚索锚固力（kN）；

$\quad\quad\quad \gamma$——岩体重度（kN/m³）。

$\quad\quad\quad \gamma_w$——水的重度（kN/m³）。

（2）锚固段在黏性土中的锚固深度

对于松散干燥的无黏性土，其锚固深度计算方法下。

①当锚索轴向间距 $a \geqslant \sqrt{12 P_t / \pi \sigma_v}$ 时，其锚固深度按下式计算：

$$h = \sqrt{\frac{3' P_t K}{\pi c_v \tan^2 \varphi} + 1} \tag{13-30}$$

②当锚索轴向间距 $a < \sqrt{12 P_t / \pi \sigma_v}$ 时，其锚固深度按下式计算：

$$h = \frac{a}{2 \tan \varphi} + \frac{B' + \sqrt{B'^2 - a^2 \sigma_v^2 / \tan^2 \varphi}}{2 a \sigma_v} + 1 \tag{13-31}$$

两式中　P_t——锚索设计锚固力（kN）；

$\quad\quad\quad \sigma_v$——土体作用在锚固段上径向压力（kPa）；

$$B' = \frac{\alpha^2 \sigma_v}{2 \tan \varphi} + 2 \cos \varphi\ (P_t K - \frac{a^2 \pi \sigma_v}{12})$$

对于饱和无黏性土，其锚固深度计算方法如下。

①对于垂直锚索，其锚固深度按下式计算：

$$h_v = \sqrt{\frac{P_t K}{\pi d\ (\gamma - 1)\ k_0 \tan \varphi}} \tag{13-32}$$

式中，k_0 为侧压力系数。

②对于水平锚索，其锚固深度按下计算：

$$h_z = \frac{P_t K}{\pi d\ (\gamma - 1)\ h_v \tan \varphi} \tag{13-33}$$

③对于倾斜锚索，其锚固深度按下计算：

$$h_s = \frac{P_t K}{\pi d\ (\gamma - 1)\ h_v \cos \phi\ (\tan \varphi + \tan \phi)} \tag{13-34}$$

式（13-32）~式（13-34）中　　d——锚固段钻孔直径（m）；

ϕ——锚索倾角（°）；

φ——土体内摩擦角（°）。

（3）锚固段在黏性土中的锚固深度

①对于单根或 $a > L\tan\varphi$ 的锚索，其锚固深度按下式计算：

$$h = \sqrt{\frac{3P_t K\cos\varphi}{\pi\tan\varphi\,(3c + \sigma_v\sin\varphi)}}$$ （13-35）

式中　L——锚索锚固段长度（m）。

②对于 $a \leqslant L\tan\varphi$ 的锚索群，其锚固深度按下式计算

$$h = \frac{P_t K\cos\varphi}{a\,(2c + \sigma_v\tan\varphi)}$$ （13-36）

式中　c——土体的黏聚力（kPa）；

σ_v——锚固段上土体侧面的应力（kPa）；

φ——土体内摩擦角（°）。

（四）锚索的布置

1. 锚索间距的确定

锚索的平面、立面布置以工程需要来确定，锚索间距应以所设计的锚固力能对地基提供最大的张拉力为标准。预应力锚索是群锚机制，锚索的间距不宜过大。但锚索间距太小时，受群锚效应的影响，单根锚索承载力降低，故间距又不能太小。根据通常设计和张拉试验观察，间距小于 1.2m 时，应考虑锚孔孔周岩土松弛区的影响，因此锚索间距宜大于1.5m 或 5 倍孔径。设计时还应考虑施工偏差而造成锚索的相互影响。因此规定锚索间距宜采用 3 ~ 6m，最小不应小于 1.5m。群锚中不同位置锚索受力不同，其中以角锚受力最大，边锚次之，中心锚最小，最下面一排锚索受力最大。

2. 锚固角

预应力锚索同水平面的夹角称为锚固角。式（13-5）从施工工艺考虑，认为锚索设置方向以水平线向下倾为宜，通过技术经济综合分析，按单位长度锚索提供抗滑增量最大时的锚索下倾角为最优锚固角。

另一种方法是从锚索受力最佳来考虑，按以下经验 公式计算最优锚固角 β。

$$\beta = \alpha \pm \left(45° + \frac{\varphi}{2}\right)$$

因为近水平方向布置的锚索，注浆后注浆体的沉淀和泌水现象，会影响锚索的承载能力，故设计锚固角应避开 $-10° ~ +10°$。从施工工艺考虑，一般多采用下倾 $15° ~ 30°$。

3. 锚索长度

锚索总长度由锚索段长度、自由段长度及张拉断长度组成。锚索自由段长度受稳定地层界面控制，在设计中应考虑自由段伸入滑动面或潜在滑动面的长度不小于 1m。一般规定自由断长度不小于 3 ~ 5m，主要是由于自由段短的锚索，在相同的锚固荷载下的伸长也短，随着锚固段的地基蠕变变形，其锚固力减少的比例也大，应力松弛更加明显，另外也不至于在锚索使用过程中因锚头松动而引起预拉力的显著衰减。

张拉段长度应根据张拉机具决定，锚索外露部分长度一般为 1.5m 左右。

（五）锚索的预应力与超张拉

1. 锚索初始预应力

对于永久性锚索施加的拉力锁定值应不小于设计锚固力。所施加的张拉力应满足表 13-13 的规定，即施加设计张拉力时，锚索中的各股钢丝或钢绞线的平均应力，不应大于钢材极限抗拉强度的 60%；当施加超张拉力时，各股钢丝或钢绞线的平均应力，不宜大于钢材极限抗拉强度的 70%。

对锚索施加的预应力的大小还应根据锚索的使用目的、被加固岩土体及地基性质与状态综合考虑而定。

（1）对以施加主动预应力来阻止下滑力为目的的锚索设计，可按设计锚固力施加预应力，如锚索加固滑坡、加固松动岩体。

（2）对于允许变形的锚索复合支挡结构，设计时应考虑锚索与结构物的变形协调，使两者能充分发挥作用，一般对锚索施加的初始预应力为设计锚固力的 30%～80%。如预应力锚索桩，通常施加的初始预应力为设计锚固力的 50%～80%。

（3）当锚索结构用于加固松散岩土体时，由于张拉作用会引起被加固岩土体产生较大的蠕变和塑性变形，通常应进行张拉试验来决定初始预应力值，一般对锚索施加的初始预应力为设计锚固力的 50%～80%。为减少被加固岩土体的蠕变量，可对地基施加 $0.9 P_y$ 以内，且为设计锚固力的 1.2～1.3 倍的张拉力，通过一定周期的几次反复张拉，可减少蠕变量。

2. 预应力损失与超张拉

预应力损失主要由钢绞线松弛、地层压缩蠕变及锚具的楔滑三部分组成。研究表明，预应力损失主要发生在张拉至锁定的瞬间，锁定后预应力损失为所施加预应力的 10%～20%，其中钢绞线松弛约占 4.5%，锚具的楔滑约占 1%，地层压缩蠕变约占 4%～10%。为减少预应力损失，设计中应选用高强度低松弛的钢绞线和高质量的锚具，另外还应对锚索进行补偿张拉或超张拉。一般情况下，锚索自由段为土层时超张拉值宜为 15%～25%，为岩层时宜为 10%～15%。

（六）算例

已知：图 13-12 为某滑坡代表性断面，滑坡下滑力 $F = 700\text{kN/m}$，拟采用预应力锚索进行整治，试进行设计。滑体重度 $\gamma = 20\text{kN/m}^3$，滑面综合摩擦角 $\varphi = 15°$。

解：（1）确定锚索钢绞线规格

采用 $\phi15.2\text{mm}$、公称抗拉强度 1 860MPa、截面积 139mm^2 钢绞线，每根钢绞线极限张拉荷载 P_u 为 259kN。

（2）锚索设置位置及设计倾角的确定

在设计中应考虑自由段伸入滑动面长度不小于 1m，锚索布置在滑坡前缘，锚索与滑动面相交处滑动面倾角为 22°。锚索自由段长度为 20m，锚固段长度暂按 10m 设计，锚固段长度与自由段长度之比 $A = 0.5$。则锚索设计下倾角

$$\beta = \frac{45°}{A+1} + \frac{2A+1}{2(A+1)}\varphi - \alpha = \frac{45°}{0.5+1} + \frac{2\times0.5+1}{2\times(0.5+1)}\times15° - 22° = 18°$$

（3）设计锚固力及锚索间距的确定

采用预应力锚索整治滑坡时，锚索提供的作用力主要有沿滑动面产生的抗滑力，及锚索在滑动面产生的法向阻力。本算例滑坡为土质滑坡，锚索在滑动面产生的法向阻力进行折减，折减系统 λ 按 0.5 考虑。

$$P_t = \frac{F}{\lambda \sin (\alpha + \beta) \tan\varphi + \cos (\alpha + \beta)}$$

$$= \frac{700}{0.5 \times \sin (22° + 18°) \times \tan 15° + \cos (22° + 18°)} = 821.7 \ (\text{kN/m})$$

根据锚索设计锚固力 P_t 和所选用的钢绞线强度，计算整治每延米滑坡所需锚索钢绞线的根数 n，取安全系数 $K_1 = 1.8$，则

$$n = \frac{K_1 \cdot P_t}{P_u} = \frac{1.8 \times 821.7}{259} = 5.7 \ (\text{取 6 根})$$

设计锚索间距 4m，则需要设计 4 排每孔 6 束或 6 排每孔 4 束预应力锚索。如按 6 排每孔 4 束锚索进行设计，则每孔锚索设计锚固力为

$$P_t = \frac{4 \times 821.7}{6} = 547.8 \ (\text{kN})$$

如按 4 排每孔 6 束锚索进行设计，则每孔锚索设计锚固力为

$$P_t = \frac{4 \times 821.7}{4} = 821.7 \ (\text{kN})$$

以下按 4 排每孔 6 束锚索进行设计。

（4）锚固体设计计算

设计采用锚索钻孔直径 $d_h = 0.11m$，单根钢绞线直径 $d = 0.0152m$；注浆材料采用 M35 水泥砂浆，锚索张拉钢材与水泥砂浆的极限黏结应力 $\tau_u = 2340\text{kPa}$；锚索锚固段置于中等风化的软岩中，锚孔壁对砂浆的极限剪应力 $\tau = 800\text{kPa}$。锚索锚固段设计为枣核状，锚固体设计安全系数 $K_2 = 2.5$。

①按水泥砂浆与锚索张拉钢材黏结强度确定锚固段长度 l_{sa}：

$$l_{sa} = \frac{K_2 \cdot P_t}{n \cdot n \cdot d \cdot \tau_u} = \frac{2.5 \times 821.7}{6 \times 3.14 \times 0.0152 \times 2340} = 3.07 \ (\text{m})$$

②按锚固体与孔壁的抗剪强度确定锚固段长度 l_a：

$$l_a = \frac{K_2 \cdot P_t}{n \cdot d_h \cdot \tau} = \frac{2.5 \times 821.7}{3.14 \times 0.11 \times 800} = 7.43 \ (\text{m})$$

锚索的锚固段长度采用 l_{sa}、l_a 中的大值 7.43m，取整为 8m。

锚索总长度 = 锚固段长度 + 自由段长度 + 张拉段长度 = 8 + 20 + 1.5 = 29.5 （m）。

（5）外锚结构设计

根据被加固滑体边坡岩土情况，采用地梁作为外锚结构，锚头固定在地梁上。每根地梁设置 2 孔锚索，锚索间距 3m，按简支梁进行内力计算。地梁与边坡岩土接触面积由地基容许承载力确定，计算中可近似地将梁底地基反力按均布考虑。假定地梁长度为 5m，地基容许承载力为 300kPa，则梁的宽度为：

$$2 \times 821.7 \div (300 \times 5) = 1.1 \ (\text{m})$$

梁的厚度由最大弯矩及剪力计算确定，结构设计略。

六、外锚结构设计

外锚结构由锚墩、孔口承压板、工作锚、工具锚及封孔保护等部分组成。观测锚索还包括监测锚固力的测力装置。

外锚固段的长度由垫块和承压板的厚度、工作锚、工具锚和张拉设备的高度和另加0.5m余量来确定。对于观测锚还应加上测力传感器的高度。

锚具的选择应满足：

（1）锚索张拉时，保证各股钢绞线受力均匀；

（2）夹片的硬度适中，施加超张拉力时，不应损伤钢丝和钢绞线；

（3）锚索锚固时，钢丝或钢绞线的回缩量不应大于5mm。

（一）预应力锚索板（磴）设计

锚索的锁定头设置在钢筋混凝土板（磴）上与锚索结合加固边坡，此种结构形式称为锚索磴或锚索板（图13-19）。该结构可用于滑坡、边坡及既有建筑物加固。

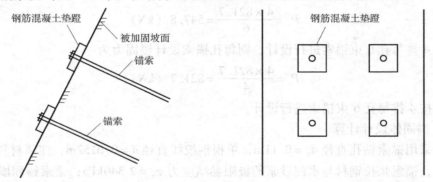

图13-19 锚索板加固边坡示意图

孔口垫板型式和结构尺寸，应根据锚索设计张拉力和孔口地质条件确定。

具体钢筋混凝土垫磴的大小根据被加固边坡地基承载力确定。

$$A = \frac{K \cdot P_{\mathrm{t}}}{[\sigma]} \tag{13-37}$$

式中 A——垫磴的面积（m）；

P_{t}——设计锚固力（kN）；

K——锚索超张拉系数；

$[\sigma]$——地基容许承载力。

垫磴的内力可按中心有支点单向受弯构件计算，但垫磴应双向布筋。垫板强度与厚度，应根据垫磴与钢垫板连接处混凝土局部承压与冲切强度验算确定。

垫磴的承压面应与锚索张拉力方向垂直，其偏差不宜大于2°，垫磴混凝土强度不宜低于C30。

混凝土垫磴顶面应铺设钢垫板，钢垫板与混凝土面呈整合接触，与工作锚接触面应平整光洁，钢垫板厚不宜小于20mm。垫磴中还应预留灌浆孔和排气孔。

（二）锚索地梁设计

锚索的锁定头设置在钢筋混凝土条形梁上与锚索结合加固边坡，此种结构形式称为锚索地梁（图 13-20）。该结构是利用施加于锚索上的预应力，通过锚索地梁传入稳定地层内，起到加固边坡的作用，具有受力均匀、整体受力效果较好等特点，适合于加固地基承载力较低或较松散的边坡。地梁之间的防护可根据边坡具体情况，采用浆砌片石、喷锚网或植被防护。

预应力锚索地梁的受力分析，应考虑张拉阶段和工作阶段。张拉阶段预应力锚索的张拉力是主动作用于地梁上的力，它迫使岩土体变形，使岩土体产生被动抗力并作用于地梁上。张拉阶段完成后，锚索张力、土体抗力保持相对平衡，但在工作阶段土体的变形将破坏这种平衡，此时地基反压力则主要是来自地梁下岩体变形压地梁而形成的主动岩体压力。由于这两个阶段受力模式不同，在设计预应力锚索地梁时，应分别验算张拉阶段和工作阶段的内力，以确保地梁的安全使用。

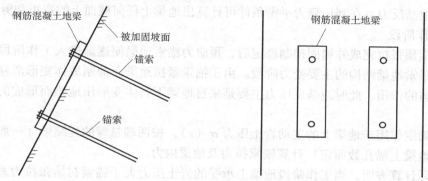

图 13-20　锚索地梁加固边坡示意图

在张拉阶段，作用于地梁上的两个主要外力中，锚索张拉力 P 是已知的，地基反压力 $q(x)$ 是未知待求的；在工作阶段，地基压力即主动岩土体压力 $\sigma(x)$ 则是已知的，而锚索张拉抑制力 F 却是未知待求的。地梁可按照倒扣在坡面上的受分布荷载作用的连续梁来计算，受力模式如图 13-21 所示。

1. 张拉阶段

张拉阶段是指张拉刚刚完成的阶段，其受力模型可简化为受多个集中荷载的地基基础梁，作用于地梁上的外力主要有锚索张拉力 P、梁下岩土体地基反压力 $q(x)$。由于地梁重力及梁底摩擦力相对较小，计算时可略去不计。

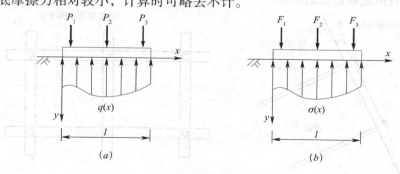

图 13-21　地梁受力模式
（a）张拉阶段；（b）工作阶段

当地梁上设置两孔锚索时可简化为简支梁进行内力计算；当地梁上设置三孔或三孔以上

锚索时可简化为连续梁进行内力计算。即将锚拉点锚索预应力简化为集中荷载，按弹性地基梁进行计算。一般情况下，可将地梁视为刚性梁，近似地将梁底地基反力按直线均布考虑。

将设为矩形梁，底宽为 b，长度为 l，按静力平衡条件 $\sum P_y = 0$ 和 $\sum M_c = 0$，可求出梁两端地基反力 σ_1 和 σ_2。

$$\sigma_1 = \frac{\sum P_i}{A} - \frac{\sum P_i e_i}{W} \tag{13-38}$$

$$\sigma_2 = \frac{\sum P_i}{A} + \frac{\sum P_i e_i}{W} \tag{13-39}$$

式中 A 为地梁底面积，即 bl；$\sum P_i = P_1 + P_2 + P_3$；$\sum P_i e_i = P_1 e_1 + P_2 e_2 + P_3 e_3$，$e_i$ 为各集中力 P_i 对梁中心的偏心距，W 为地梁底面积的截面模量，即 $bl^2/6$。由此可求出地梁下任意点的地基反力，在利用静力平衡条件可计算出地梁上任何截面上的弯矩和剪力。

2. 工作阶段

当锚索预张拉完成并锚固抑制稳定后，预应力锚索地梁便逐渐进入工作阶段，此阶段是预应力锚索地梁结构的主要受力阶段。由于锚索紧拉地梁而抑制坡体变形滑移，因而起到加固坡体的作用，此时地基反压力主要是来自地梁下岩体变形压地梁而形成的主动岩土压力。

首先确定作用于地梁上的主动岩土压力 $\sigma(x)$，按两端悬臂的连续梁（一般为两跨及以上，视地梁上锚孔数而定）计算锚索拉力及地梁内力。

经实际计算表明，当工作阶段地梁上承受的岩土压力大于锚索初始张拉力总和时，简支地梁上的锚索受力变大，梁体弯矩和剪力随之增大。对于等距离布置锚索的三支点静不定梁，位于中部的锚索受力远大于两端，设计时应考虑在不同部位根据计算受力，采用不同束数的锚索。

因此在预应力锚索地梁设计时，应进行张拉阶段和工作阶段受力分析。

（三）锚索格子梁设计

锚索的锁定头设置在钢筋混凝土格子梁上与锚索体系结合加固边坡，此种结构形式称为锚索格子梁（图 13-22）。该结构是利用施加于锚索上的预应力，通过锚索格子梁传入稳定地层内，起到加固边坡的作用，具有受力均匀、整体受力效果较好特点，特别适合于加固地基承载力较低或较松散的边坡。

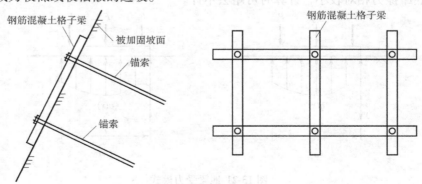

图 13-22　锚索格子梁加固边坡示意图

对于格子梁，可将锚拉点锚索预应力简化为在纵横梁节点处施加一个集中荷载，按节点处挠度相等的条件，将锚索预应力分配到各自梁上，将格子梁可拆成若干根纵梁、横梁，然后按一般的条形弹性地基梁即锚索地梁进行计算。该方法由于考虑了节点处变形协调及重叠地梁面积的应力修正，计算较为烦琐。

在实际应用中，一般采用纵横梁使用相同的截面尺寸，节点荷载可近似按纵横梁间距来分配到两个方向的梁上，按反梁法进行锚索框架梁内力计算。基本假定如下：

（1）将坡面反力视为作用在框架上的荷载，把锚索作用点看作支座，将框架梁作为倒置的交叉梁格体系来进行计算。

（2）认为整个框架梁为刚性，假定坡面反力呈均匀直线分布，将横梁和纵梁看成相互独立的连续梁。

（3）将锚索力简化成在框架梁节点处施加一个集中荷载，按照同一节点处挠度相等的原理，可以通过叠加原理将锚索力分别分配到各自梁上，然后按照一般的条形弹性地基梁进行计算。

（4）由于纵、横梁使用相同的截面尺寸，节点荷载可近似按纵横梁间距来分配到两个方向的梁上，不必考虑计算较为烦琐的节点处变形协调及重叠框架梁面积的应力修正。

（5）设计中可忽略梁自重对其内力的影响。

【算例】边坡坡率 1∶1，坡高 $H = 10$m，框架梁布置横向间距 4.0m，纵向间距 4.25m，悬臂段 2.0m，纵梁长为 12.5m。设计锚索为 6 束 ϕ15.2mm 钢绞线，按照每孔锚索可承受 900kN 的设计拉力，超张拉 10% ～ 15% 锁定，水平夹角 15°。横梁与纵梁横截面尺寸均为 60cm × 60cm。

（1）针对纵横单元，计算简图见图 13-23。

内力计算如下：

$$T_{设} = 900 \times 1.15 = 1\ 035 \ (\text{kN})$$

$$T_{垂} = \cos 30° \cdot T_{设} = 896.34 \ (\text{kN})$$

$$q = \frac{3 \times T_{垂}}{(12.5 + 12)} = 109.76 \ (\text{kN/m})$$

$$T = \frac{1}{2} \cdot q \cdot \frac{l_{AA'}{}^2}{(l_{AB} + l_{AC} + l_{AB'})} = 457.33 \ (\text{kN/m})$$

$$M_B = M_B{}' = \frac{1}{2} \cdot q \cdot l_{AB}{}^2 = 219.52 \ (\text{kN/m})$$

$$M_C = \frac{1}{2} \cdot q \cdot l_{AC'}{}^2 - T \cdot l_{BC} = 200.1 \ (\text{kN/m})$$

$$M_D = M_D{}' \frac{1}{2} \cdot q \cdot l_{AD}{}^2 - T \cdot l_{BD} = -38.01 \ (\text{kN} \cdot \text{m}) \ (\text{"}-\text{" 代表离地侧受拉})$$

根据内力情况，作出纵梁的弯矩图，如图 13-24 所示。

（2）针对横梁单元，每 2～3 跨设置一道伸缩缝，故计算简图如图 13-25 所示。

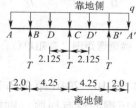

图 13-23　纵梁计算简图（尺寸单位：m）

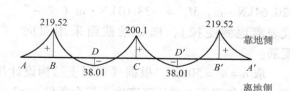

图 13-24　纵梁弯矩图（弯矩单位：kN · m）

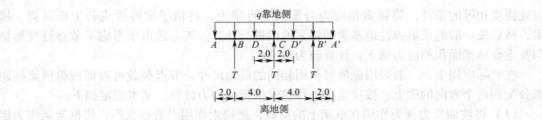

图 13-25 横梁计算简图（尺寸单位：m）

内力计算如下：

$$T_设 = 900 \times 1.5 = 1\,035 \ (\text{kN})$$

$$T_垂 = \cos30° \cdot T_设 = 896.34 \ (\text{kN})$$

$$q = \frac{3 \times T_垂}{(12 + 12.75)} = 108.65 \ (\text{kN/m}) \ (\text{中梁})$$

$$T = \frac{1}{2} \cdot q \cdot \frac{l_{AA'}^2}{(l_{AB} + l_{AC} + l_{AB'})} = 434.6 \ (\text{kN} \cdot \text{m}) \ (\text{中梁})$$

$$M_B = M_{B'} = \frac{1}{2} \cdot q \cdot l_{AB}^2 = 217.3 \ (\text{kN} \cdot \text{m}) \ (\text{中梁})$$

$$M_C = \frac{1}{2} \cdot q \cdot l_{AC}^2 - T \cdot l_{BC} = 217.3 \ (\text{kN} \cdot \text{m}) \ (\text{中梁})$$

$$M_D = M_{D'} = \frac{1}{2} \cdot q \cdot l_{AD}^2 - T \cdot l_{BD} = 0 \ (\text{kN} \cdot \text{m}) \ (\text{中梁})$$

$$q = \frac{3 \times T_锤}{(12 + 12.375)} = 110.32 \ (\text{kN} \cdot \text{m}) \ (\text{边梁})$$

$$T = \frac{1}{2} \cdot q \cdot \frac{l_{AA'}^2}{l_{AB} + l_{AC} + l_{AB'}} = 441.28 \ (\text{kN} \cdot \text{m}) \ (\text{边梁})$$

$$M_B = M_{B'} = \frac{1}{2} \cdot q \cdot l_{AB}^2 = 220.64 \ (\text{kN} \cdot \text{m}) \ (\text{边梁})$$

$$M_C = \frac{1}{2} \cdot q \cdot l_{AC}^2 - T \cdot l_{BC} = 220.64 \ (\text{kN} \cdot \text{m}) \ (\text{边梁})$$

$$M_D = M_{D'} = \frac{1}{2} \cdot q \cdot l_{AD}^2 - T \cdot l_{BD} = 0 \ (\text{kN} \cdot \text{m}) \ (\text{边梁})$$

根据内力情况，作出横梁的弯矩图，如图 13-26 所示。

（3）配筋设计。

根据对应横梁与纵梁的受力弯矩图可知，梁内最大正负弯矩，分别为 $M_u = 220.64\text{kN} \cdot \text{m}$，$M_u' = -38.01\text{kN} \cdot \text{m}$（"−"代表离地侧受拉），框架梁截面采用双向配筋。

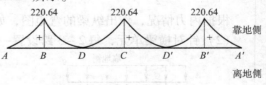

图 13-26 横梁弯矩图（弯矩单位：kN·m）

取 $a = a' = 50\text{mm}$，根据《混凝土结构设计规范》GB 50010—2010 第 7.2.1 条相关规定，可得知混凝土受压区高度不符合条件 $x \geqslant 2a'$，此时受压钢筋没有屈服，则按下列式子分别进行配筋计算：

$$A_\text{s} = \frac{M_\text{U}}{f_\text{y}\,(h-a-a')} = \frac{220.64 \times 10^6}{360 \times (600-50-50)} = 1\,226\ （\text{mm}^2）$$

$$A_\text{s} = \frac{M'_\text{U}}{f_\text{y}\,(h-a-a')} = \frac{-38.01 \times 10^6}{360 \times (600-50-50)} = -211\ （\text{mm}^2）（\text{“}-\text{”代表离地侧钢筋}）$$

所以，离地侧可选用 HRB400 钢筋 $4\phi20\text{mm}$，$A=1\,256\text{mm}^2$；靠地侧选用 HRB400 钢筋 $4\phi22\text{m}$，$A=1\,520\text{mm}^2$。

（四）预应力锚索桩设计

锚索桩由锚索和锚固桩组成，由于在桩的上部设置预应力锚索，使桩的变形受到约束，大大改善了悬臂桩的受力状态，从而减少了桩的截面及埋置深度。

预应力锚索桩首先应用于滑坡整治及基坑支护中，随后用于高填方支挡（即锚拉式桩板墙、锚索桩板墙）及路堑高边坡预加固中。锚索桩可按横向变形约束弹性地基梁法进行设计计算。

1）计算假定条件

（1）假定每根锚索桩承受相邻两桩"中~中"滑坡推力或岩土侧向压力，作用于桩上的力主要有滑坡推力或岩土侧向压力、锚索拉力及锚固段桩周岩土作用力，不计桩体自重、桩底反力及桩与岩土间的摩阻力。

（2）将桩、锚固段桩周岩土及锚索系统视为一整体，桩简化为受横向变形约束的弹性地基梁，锚拉点桩的位移与锚索伸长相等。

2）锚索受力计算

图 13-27 为锚索桩结构计算图示。

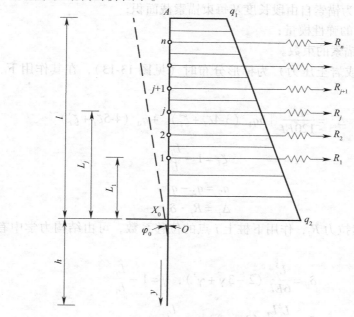

图 13-27 锚索桩结构计算图示

假定桩上设置 n 排锚索，则桩为 n 次超静定结构。桩锚固段固段顶端 O 点处桩的弯矩 M_0 及剪力 Q_0 计算如下：

$$M_0 = M - \sum_{j=1}^{n} R_j L_j \tag{13-40}$$

$$Q_0 = Q - \sum_{j=1}^{n} R_j \tag{13-41}$$

式中　　M，Q——分别为滑坡推力或岩土压力作用于桩 O 点的弯矩、剪力；

R_j——第 j 排锚索拉力；

L_j——第 j 排锚索锚拉点距 O 点的距离。

由位移变形协调原理，每根锚索伸长量 Δ_i 与该锚索所在点桩的位移 f_i 相等，建立位移协调方程。

$$\Delta i = f_i \tag{13-42}$$

$$f_i = X_0 + \varphi_0 L_i + \Delta_{iq} - \sum_{j=1}^{n} \Delta_{ij} \tag{13-43}$$

$$\Delta_i = \delta_i (R_i - R_{i0}) \tag{13-44}$$

式中　　X_0，φ_0——分别为桩锚固段顶端 O 点处桩的位移、转角；

Δ_{iq}，Δ_{ij}——分别为滑坡推力（或岩土压力）、其他层锚索拉力 R_j 作用下 i 点桩的位移；

R_{i0}——第 i 根锚索的初始预应力；

δ_i——第 i 根锚索的柔度系数，即单位力作用下锚索的弹性伸长量；

$$\delta_i = \frac{l_i}{N \cdot E_g A_s}$$

l_i，A_s——分别为锚索自由段长度及每束锚索截面积；

E_g——锚索的弹性模量；

N——每孔锚索的束数。

当滑坡推力（或岩土压力）为梯形分布时（见图 13-13），在其作用下，i 点桩的位移为：

$$\Delta_{iq} = \frac{L^4}{120EI} \left[5q_1 (3\text{-}4\zeta_i + \zeta_i^4) + q_0 (4\text{-}5\zeta_i + \zeta_i^5) \right] \tag{13-45}$$

$$\zeta_i = 1 - \frac{L_i}{L}$$

$$q_0 = q_2 - q_1$$

$$\Delta_{ij} = R_j \cdot \delta_{ij} \tag{13-46}$$

δ_{ij} 为第 j 根锚索拉力 R_j，作用下桩上 i 点的位移系数，可由结构力学中有关计算公式确定。

当 $j \geqslant i$ 时，则　　　　$\delta_{ij} = \dfrac{L_j^3}{6EI} (2 - 3\gamma + \gamma^3)$，$\gamma = 1 - \dfrac{L_j}{L_i}$

当 $j < i$ 时，则　　　　$\delta_{ij} = \dfrac{L_j^2 L_i}{6EI} (3 - \gamma)$，$\gamma = \dfrac{L_j}{L_i}$

由地基系数法（简化为多层"K"法），可计算确定：X_0、δ_0。

$$X_0 = \frac{Q_0}{\beta^8 EI} \varphi_1 + \frac{M_0}{\beta^2 EI} \varphi_2 \tag{13-47}$$

$$\varphi_0 = \frac{Q_0}{\beta^2 EI}\Phi_2 + \frac{M_0}{\beta EI}\Phi_3 \tag{13-48}$$

式中 φ_1，φ_2，φ_3——桩的无量纲系数，可参考第十二章式（12-65）~ 式（12-67）；

E，I——分别为桩的弹性模量、截面惯性矩；

β——桩的变形系数。

$$X_0 + \varphi_0 L = \left(\frac{\Phi_1}{\beta^8 EI} + \frac{\Phi_2}{\beta^2 EI}L_i\right)Q_0 + \left(\frac{\Phi_2}{\beta^2 EI} + \frac{\Phi_3}{\beta EI}L_i\right)M_0 \tag{13-49}$$

令

$$A_i = \frac{\Phi_1}{\beta^8 EI} + \frac{\Phi_2}{\beta^2 EI}L_i \tag{13-50}$$

$$B_i = \frac{\Phi_2}{\beta^2 EI} + \frac{\Phi_3}{\beta EI}L_i \tag{13-51}$$

则

$$X_0 + \varphi_0 L = A_i Q_0 + B_i M_0 \tag{13-52}$$

将上述相关公式代入式（13-41）：

$$A_i\left(Q - \sum_{j=1}^n R_j\right) + B_i\left(M - \sum_{j=1}^n R_j L_j\right) + \Delta_{iq} - \sum_{j=1}^n R_j \delta_{ij} = \delta_i(R_i - R_{i0})$$

整理得 $\sum_{j=1}^n (A_i + B_j L_j + \delta_{ij})R_j + \delta_i R_i = A_i Q + B_i M + \Delta_{iq} + \delta_i R_{i0}$

令

$$\xi_{ij} = A_i + b_i L_j + \delta_{ij} \tag{13-53}$$

$$C_i = A_i Q + B_i M + \Delta_{iq} + \delta_i R_{i0} \tag{13-54}$$

则

$$\sum_{j=1}^n \xi_{ij} R_j + \delta_i R_i = C_1 \tag{13-55}$$

解线性方程组（13-55），可确定各排锚索拉力 R_j。

$$R_j = \frac{D_K}{D} \tag{13-56}$$

其中：

$$D = \begin{vmatrix} \xi_{11} + \delta_1 & \xi_{12} & \cdots & \xi_{1j} & \cdots & \xi_{1n} \\ \xi_{21} & \xi_{22} + \delta_2 & \cdots & \xi_{2j} & \cdots & \xi_{2n} \\ \vdots & \vdots & & \vdots & & \vdots \\ \xi_{n1} & \xi_{n2} & \cdots & \xi_{nj} & \cdots & \xi_n + \delta_n \end{vmatrix}$$

$$D_K = \begin{vmatrix} \xi_{11} + \delta_1 & \xi_{12} & \cdots & \xi_{1(j-1)} & C_1 & \xi_{1(j+1)} & \cdots & \xi_{1n} \\ \xi_{21} & \xi_{22} + \delta_2 & \cdots & \xi_{2(j-1)} & C_2 & \xi_{2(j+1)} & \cdots & \xi_{2n} \\ \vdots & \vdots & & \vdots & \vdots & \vdots & & \vdots \\ \xi_{n1} & \xi_{n2} & \cdots & \xi_{n(j-1)} & C_n & \xi_{n(j+1)} & \cdots & \xi_n + \delta_n \end{vmatrix}$$

3）桩身内力计算

（1）非锚固段 OA 桩身内力

令 $L_0 = 0$，$L_{n+1} = L$，$R_{n+1} = 0$

当 $y = L - L_i$ 时，取 $K = n + 1 - i$（$i = 1$，2，$\cdots$，n）

$$Q\bar{y} = Q(y) - \sum_{j=1}^K R_{n+2-j}$$

$$Q_y = Q(y) - \sum_{j=1}^{K} R_{n+1-j}$$

$$M_y = M(y) - \sum_{j=1}^{K} R_{n+1-j} [y - (L - L_{n+1-j})]$$

当 $L - L_{i-1} > y > = L - L_i$ 时,取 $K = n + 2 - i (i = 1, 2, \cdots, n+1)$

$$Q_y = Q(y) - \sum_{j=1}^{K} R_{n+2-j}$$

$$M_y = M(y) - \sum_{j=1}^{K} R_{n+2-j} [y - (L - L_{n+2-j})]$$

式中 Q_y, M_y——桩身剪力、弯矩。

$Q(y)$, $M(y)$——仅岩土压力作用于桩上的剪力、弯矩;

K——从桩顶往下数锚索支承点个数。

(2) 锚固段桩身内力

锚固段桩身内力计算详见第十二章有关抗滑桩的内力计算。

【算例】图 13-28 为锚索桩结构计算图,各符号意义同前。已知:桩背土压力呈三角形分布,$q_1 = 0$、$q_2 = 400\text{kPa}$;桩几何尺寸:桩截面 $1.5\text{m} \times 2\text{m}$,$L_1 = 13\text{m}$,$L = 16\text{m}$,$h = 5\text{m}$;锚索采用 8 束 $7\phi5\text{mm}$ 钢绞线制作,单束截面积 $A_g = 0.0014\text{m}^2$;钢绞线弹性模量 $E_g = 1.9 \times 10^8 \text{kN/m}^2$;桩的弹性模量 $E = E_g = 2.6 \times 10^7 \text{kN/m}^2$,惯性矩 $I = 1\text{m}^4$。试计算锚索的锚拉力。

解:本算例只有 1 排锚索,故 $i = j = 1$,$\delta_{11} = 0.00002817$。

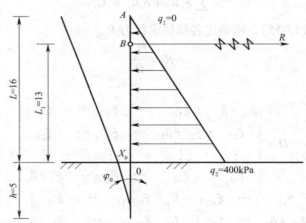

图 13-28 锚索桩结构计算图示(尺寸单位: m)

(1) 计算土压力作用于锚拉式点 B 处桩的位移 Δ_{iq}。

根据式 (13-45):$\Delta_{iq} = \dfrac{L^4}{120EI} [5q_1 (3 - 4\zeta_i + \zeta_i^4) + q_0 (4 - 5\zeta_i + \zeta_i^5)]$

$$q_0 = q_2 - q_1 = 400 - 0 = 400 \quad (\text{kPa})$$

$$\zeta_1 = 1 - \frac{L_i}{L} = 1 - \frac{13}{16} = 0.1875$$

$$\Delta_{iq} = \frac{16^4}{120 \times 2.6 \times 10^7 \times 1} \times [0 + 400 \times (4 - 5 \times 0.1875 + 0.1875^5)] = 0.02573$$

（2）计算土压力作用于桩锚固段顶端 O 点的弯矩 M、剪力 Q。

$$M = \frac{1}{6}q_2l^2 = \frac{1}{6} \times 400 \times 16^2 = 17\,066\ (\text{kN}\cdot\text{m})$$

$$Q = \frac{1}{2}q_2l = \frac{1}{2} \times 400 \times 16 = 3\,200\ (\text{kN}\cdot\text{m})$$

（3）计算锚索的柔度系数 δ。

$$\delta_1 = \frac{l}{N\cdot E_g A_s} = \frac{18}{8 \times 1.9 \times 10^8 \times 0.000\,14} = 8.459 \times 10^{-5}$$

（4）计算系数 A、B。

桩的计算宽度　$B_p = 1.5 + 1 = 2.5\ (\text{m})$

桩的变形系数　$\beta = \sqrt[4]{\dfrac{kB_P}{4EI}} = \sqrt[4]{\dfrac{300\,000 \times 2.5}{4 \times 2.6 \times 10^7 \times 1}} = 0.291\,4$

由 β、h 可确定桩的无量纲系数，根据参考文献［59］查附表九，得

$\Phi_1 = 0.713\,7$，$\Phi_2 = 0.812\,5$，$\Phi_3 = 1.496\,9$

根据式（13-50）和式（13-51）

$$\begin{aligned}
A_1 &= \frac{\Phi_1}{\beta^3 EI} + \frac{\Phi_2}{\beta^2 EI}L_1 \\
&= \frac{0.713\,7}{0.291\,4^3 \times 2.6 \times 10^7 \times 1} + \frac{0.8125 \times 13}{0.291\,4^2 \times 2.6 \times 10^7 \times 1} \\
&= 5.893\,5 \times 10^{-6}
\end{aligned}$$

$$\begin{aligned}
B_1 &= \frac{\Phi_2}{\beta^2 EI} + \frac{\Phi_3}{\beta EI}L_1 \\
&= \frac{0.812\,5}{0.291\,4^2 \times 2.6 \times 10^7 \times 1} + \frac{1.496\,9 \times 13}{0.291\,4 \times 2.6 \times 10^7 \times 1} \\
&= 2.936\,5 \times 10^{-6}
\end{aligned}$$

（5）根据式（13-55）解方程确定锚索拉力 R。

由式（13-53）得

$$\begin{aligned}
\xi_{11} &= A_1 + B_1 L_1 + \delta_{11} \\
&= 5.893\,5 \times 10^{-6} + 2.936\,5 \times 10^{-6} \times 13 + 0.000\,028\,17 = 7.223\,8 \times 10^{-5}
\end{aligned}$$

由式（13-54 得）

$$\begin{aligned}
C_1 &= A_1 Q + B_1 M + \Delta_{1q} + \delta_1 R_{10} \\
&= 5.893\,5 \times 10^{-6} \times 3\,200 + 2.936\,5 \times 10^{-6} \times 17\,066 + 0.025\,73 + 8.459 \times 10^{-5} \times 800 \\
&= 0.162\,375
\end{aligned}$$

由式（13-55）得

$$R_1 = \frac{C_1}{\xi_{11} + \delta_1} = \frac{0.162\,375}{7.223\,8 \times 10^{-5} + 8.459 \times 10^{-5}} = 1\,035\ (\text{kN})$$

（五）设计注意事项

1. 对拟采用的预应力锚固工程项目，应首先作技术经济分析，充分研究预应力锚索工程加固的安全性、经济性和施工的可行性。

2. 锚固工程设计前，应认真调查与工程有关的地形地貌，场地的工程水文地质条件、

周围已有建筑物、地下埋设物、道路交通和气象等情况，并进行必要的工程地质钻探及有关岩土物理力学性能试验，提供锚固工程范围内岩石性状、抗剪强度，水的侵蚀性等物理力学及化学性能参数。

3. 预应力锚索锚固段宜置于稳定的岩层内，若置于土层中，则需进行拉拔试验并进行个别设计，必要时还应进行蠕变试验。

1）国际预应力协会（FIT）规定不得在下列地层中设置锚固段：

（1）地下水 pH 小于 6.5 的地层；

（2）地下水中 CaO 的含量大于 30mg/L 的地层；

（3）CO_2 含量大于 30mg/L 的地层；

（4）NH_4^+ 含量大于 30mg/L 的地层；

（5）M_g^{2+} 含量大于 100mg/L 的地层；

（6）SO_4^{2-} 含量大于 200mg/L 的地层。

2）德国工业标准（DIN 4125）规定，对于土层锚索不得在下列地层中设置锚固段：

（1）有机土质地层；

（2）稠度指数为 0.9 以下的黏土土层；

3）液限为 50% 以上的黏土土层；

4）相对密度为 0.3 以下的松软砂层。

4. 对于采用新材料、新工艺、新型锚束及锚固段的预应力锚固工程，重大锚固工程及地质条件复杂缺少经验的锚固工程，设计文件中应要求锚固工程施工前做破坏性拉拔试验，根据试验结果修正完善设计。

5. 对永久性锚索，设计文件中要求做张拉试验和验收试验。

6. 对锚索工程应做监测设计，按一定比例设置锚索测力计。

7. 设计文件中应交代施工步骤，必要的施工工艺和施工注意事项。

第四节　试验与监测设计

一、试验

（一）试验类型及数量

为验证预应力锚索设计，检验其施工工艺，指导安全施工，在锚固工程施工初期，应进行预应力锚索锚固试验。锚固试验的数量可按工作锚索的 3% 控制，有特殊要求时，可适当增加。锚固试验的平均拉拔力，不应低于预应力锚索的超张拉力。当平均拉拔力低于此值时，应再按 3% 的比例补充锚固试验的数量。

预应力锚索锚固试验可分为破坏试验（拉拔试验）和非破坏性试验（张拉试验）两类。破坏性试验可选择与加固工程地质条件相似的现场进行，不得在实际锚固工程部位进行，其主要目的是确定锚索可能承受的最大张力、锚固工程的安全及所采用参数是否正确。非破坏性试验一般都在有代表性的工作锚索中进行，其目的是验证设计的合理性和安全性，同时检查控制施工质量的技术要求是否合适。

根据试验目的，锚索锚固试验又可分为验证试验、验收试验和特殊试验等。

1. 验证试验

拉拔试验和张拉试验属验证试验，用于研究和证实拟采用的工作锚索的性质和性能、设计质量、设计合理性以及所提供的安全度。验证试验尤其要研究锚索的承载能力、荷载－变形、松弛和蠕变等问题。在锚索实施前期均应进行此项试验。

（1）拉拔试验

拉拔试验是为了判断相应地基的极限锚固力而进行的试验。拉拔试验所采用的锚固施工工艺及锚固各种条件，应尽可能接近于实际使用状态。拉拔试验应在锚固工程实施前进行，根据试验成果修改设计。拉拔试验锚索应不少于3根，为安全起见，其张拉荷载不应超过张拉钢材的屈服荷载。因此，拉拔试验锚索锚固段不宜太长，试验主要是确定锚索的极限锚固力，而非张拉钢材的极限张拉荷载。

（2）张拉试验

张拉试验原则上与实际使用的锚固施工一致，通过荷载—变形特性关系来论证锚固设计的可靠性。张拉试验锚索数量为锚索总数的5%，同时不少于3根，其张拉试验荷载为设计锚固力的1.2~1.3倍。

2. 验收试验

验收试验也称为质量控制试验，它是针对所有工作锚索进行的，其目的是验证实际使用的锚索承载力是否达到设计锚固力，是否满足设计条件时锚索的安全系数，同时对锚索工程质量也进行了检查。验收试验锚索数量一般为锚索总数的5%~10%，同时不少于3根，其张拉试验荷载为设计锚固力的1.0~1.1倍。

3. 特殊试验

对于使用目的特殊或在特殊条件下采用的锚索，设计时，为了掌握锚索使用时的状态而进行的试验属特殊试验，如蠕变试验。黏结强度试验、群桩锚固相互影响现场试验等。

（二）试验设备及方法

锚固试验所需设备主要有张拉千斤顶、油泵、压力表、千分表、测力传感器（锚索测力计）、承压板等。

拉拔试验及张拉试验量测项目主要包括荷载施加、锚头变形量、反力装置变形量及时间四项。荷载施加以设计最大试验荷载的0.2倍为起始点，采用逐级循环张拉（逐级加荷、卸荷）。一般可按5级加载，荷载每增加一级，都应稳定5~10min后记录测试读数。加荷速度为每分钟不超过设计最大试验荷载的0.05~0.1倍，卸荷速度为每分钟不超过设计最大试验荷载的0.1~0.2倍。

验收试验可与竣工抽样检查合并进行，其张拉与实际施工的工作锚索相同，采用逐级张拉，张拉荷载为设计锚固力的1.0~1.1倍。

二、原位监测设计

预应力锚索工程应根据工程的重要性和实际条件，对预应力锚索工作状况和锚固效果进行施工期和使用期的原位监测。通过监测可对工程安全作出定量评价，可进行施工期间的安全预报，可验证设计的合理性，促进设计水平的提高。由于预应力锚索工程属隐蔽性工程，影响锚固效果的因素较多，设计时很难做到情况完全清楚，因此必须开展现场原位监测，在设计文件中应对监测内容及监测程序作明确规定。

预应力锚索工程原位监测内容包括锚索的工作状况和被锚固对象的加固效果，详见表13-24。

预应力锚索工程原位监测内容　　　　　表 13-24

预应力锚索工作阶段	监 测 内 容		监 测 项 目
施工阶段	锚索	锚索的工作状态 锚索的施工质量	锚索张拉力、伸长直、 预应力损失
	锚固对象	加固对象	被锚固体的位移和变形
使用阶段	锚索	锚索的工作状态	预应力值变化
	锚固对象	锚固工程安全状态	被锚固体的位移和变形

对锚索预应力值的监测，可采用按机械、液压、振动、电气和光弹原理制作的各种不同类型的测力计，测力计通常布置在承压板与锚具之间。目前常采用的钢弦式锚索测力计是由中孔的承载环和钢弦式压力传杆器组成，能测定 250～3 000kN 的锚索应力变化。

对被锚固体的位移和变形监测，一般可采用常规的收敛仪或水准测量仪器。对重大的锚固工程，可在代表性部位布置一定数量的多点位移计和测斜仪。

预应力锚索工程的长期原位监测应以锚固区域的整体稳定和锚索预应力变化为主在有代表性地段和部位，至少布设一个观测断面，每个观测断面不少于 3 个观测点。监测应从锚索施工初期开始，以获得连续、完整的观测资料。

对一般的锚固工程，设计文件中应明确要求开展施工阶段原位监测，布设不少于锚索总数 5%～10%（每个工点不少于 2 个）的锚索测力计，在代表性位置布设位移观测点，并提出观测要求。

对需要开展使用阶段长期原位监测的锚固工程，应进行详细的监测设计。

第五节　施工

一、施工工艺

1. 锚孔测放

根据工程立面图，将锚孔位置准确测放到坡面上，孔位误差不得超过 ±50mm。如遇困难场地，需经设计、监理单位认可，在确保坡体稳定和结构安全前提下，适当放宽定位精度或调整锚孔定位。

2. 钻孔设备

钻孔机具的选择应根据锚固地层的类别、孔径大小、锚孔深度及施工条件等来选择钻孔机具。在岩层中采用潜孔冲击成孔；在岩层破碎或拾软、饱水等易于塌缩孔和卡钻、埋钻的地层中采用跟管钻进技术。

3. 钻机就位

确保钻机就位纵横误差不超过 ±50mm，高程误差不得超过 ±100mm，倾角允许误差±1.0°，方位偏差不得大于2.5°。

为保证钻孔质量及钻孔操作时的安全，钻机机台应稳定牢固。在钻孔反推力作用下仍保证钻机稳定和钻孔方向的准确。

4. 钻进方式

钻孔要求干钻，不采用水钻，以确保锚索施工不至于恶化边坡岩体的工程地质条件，和保证孔壁的粘结性能。钻孔速度要控制，防止钻孔扭曲和变径，造成下锚困难或其他意外事故。慎用水钻，必须保证不恶化滑坡的状态。

5. 钻进过程

钻进过程中对孔的地层变化，钻进状态（钻压、钻速），地下水及一些特殊情况做好现场施工记录。如遇塌孔、缩孔等不良钻进现象，立即停钻及时固壁灌浆处理（灌浆压力0.1~0.2MPa）待水泥砂浆初凝后，重新钻进。

孔径孔深不得小于设计值。要求使用钻头直径不得小于设计孔径。为保证钻孔深度要求实际钻孔深度大于设计深度0.2m以上。

6. 钻孔清理

钻孔钻进结束后，立即清孔，最好用高压风吹净。当钻孔检验合格后，才能进行下一步工作。

7. 锚索制作与安装

锚索应采用高强度低松弛钢绞线制作。所用钢绞线必须保证质量达到设计强度要求。

安装前，要确保每根钢绞线顺直，不扭不叉排列均匀，除锈，除油污。对死弯，机械损伤及锈坑及处应剔出。钢绞线沿锚索体轴线每隔1.0~1.5m设一架线环，保证锚索体保护层的厚度不小于20mm

安装锚索前认真核对锚孔编号，确认无误后，人工缓缓将锚索放入孔中，应防止锚索挤压、弯曲或扭转，严禁抖动、扭转和串动，防止中途散卡和卡阻。测量孔外露出钢绞线的长度，计算孔内锚索长度（控制误差50mm范围内）确保锚固长度。

8. 锚固注浆

要保证水泥砂浆质量符合规范要求。采用孔底注浆法，注浆压力一般为0.6~0.8MPa。实际注浆量要大于理论的注浆量，或以锚具排气孔不再排气且孔口溢出浓浆结束注浆。注浆一定要注满为止。水泥宜采用硅酸盐水泥和普通硅酸盐水泥。

9. 锚索张拉、锁定及封锚

通过现场张拉试验，确定张拉锁定工艺。张拉及锁定分级进行。在达到设计张拉后6~10天，再进行补偿张拉，然后加以锁定。

补偿张拉后，从锚具量起，留出5~10cm钢绞线，其余部分截去，严禁电弧烧割，最后用水泥砂浆注满锚垫板及锚头各部分空隙，对锚头采用不低于20MPa的混凝土进行封锚，防止锈蚀及兼顾美观。

二、施工注意事项

1. 必须保证锚孔的位置准确。

①锚索孔应按设计图纸布置的孔位精确定位，水平方向的距离误差不应大于0.05m，垂直方向的距离误差不应大于0.10m。

②钻孔入口点孔轴线与设计孔轴线夹角允许误差不得大于 2.5°。如果误差较大时，会形成锚固段交叉而影响锚固效果，当锚索很长时，允许误差宜控制在 ±1° 内。

③孔斜误差不应大于 3%，有特殊要求时不大于 1%。

2. 必须保证钻孔质量及尺寸

（1）钻孔用水宜使用清水，当采用水钻可能影响地层稳定性时，应采用干钻。在有滑动面的地层钻进，不得采用水钻。锚孔应用清水洗净，如用水冲洗影响锚索的抗拔能力时，可用高压风吹净。

（2）在钻孔过程中，应注意钻孔速度、返回介质成分和数量、地下水等资料的收集与记录，尤其应注意锚固段地层情况，如发现异常或与设计出入较大，应及时与设计人员联系，共同商定修正措施。

3. 锚索制作与安装

（1）锚索去油除锈后，自由段刚绞线还应涂防腐剂，外套乙烯套管隔离防护。

（2）锚索安装前应检查锚索长度与孔深是否相符、钢绞线、塑料套管、隔离架、注浆管等材料是否合格。制作好的锚索不得直接放在泥土上，不得黏着泥土、油污等杂物。安装前应对钻孔进行检查，对塌孔，掉块应进行清理或处理。

4. 注浆

（1）注浆前应进行浆液配比试验，根据不同龄期试样力学试验，确定锚索可张拉的起始时间。

（2）注浆时应缓慢搅拌，保证浆液稠度一致。注浆材料固化前不得移动锚索。

（3）注浆完毕，待浆液凝固收缩后，孔口进行二次补浆。

5. 张拉与锁定

（1）锚索张拉前应对锚头、夹片等设备进行检查，确认合格后清污除锈。

（2）张拉前必须对张拉千斤顶和油泵进行标定，按标定的数据进行张拉。

（3）张拉必须等孔内浆体达到设计强度的 70% 后才开始进行，最好达到设计强度再张拉。

（4）锚索张拉应采用分次逐级张拉，每次张拉间隔时间不宜少于 3～5d。张拉中应对锚索伸长及受力做好记录，核实伸长与受力值是否相符。当实际伸长值与理论计算值出入较大时，应暂停张拉，待查明原因并采取相应措施后方可进行张拉。

（5）锚具底座顶面与钻孔轴线应垂直，须确保锚索张拉时千斤顶张拉力与锚索在同一轴线上。

（6）张拉时，加载速率要平缓，速率每分钟不宜超过设计应力的 1/10；卸荷速率每分钟不超过设计应力的 1/5。每级张拉稳定时间为 5min，最后一级张拉稳定时间不少于10min，压力表稳定后方能锁定锚索。锚索张拉荷载的分级和位移观测时间应符合表 13-25的规定。

锚索张拉时，滑（断）丝总数不得超过总股数 5‰，一束内不得超过 1 根。

（7）张拉锁定后，锚头部分应涂防腐剂，再用 C15 混凝土封闭。

锚索张拉荷载的分级和位移观测时间

表 13-25

荷载分级	位移观测时间（min）		加荷速率
	岩层、砂土层	黏土层	（kN/min）
$(0.10 \sim 0.20)\ N_t$	2	2	
$0.50 N_t$	5	5	不大于 100
$0.75 N_t$	5	5	
$1.00 N_t$	5	10	
$(1.05 \sim 1.10)\ N_t$	10	15	不大于 100

注：N_t 为锚索轴向拉力设计值。

6. 记录

从锚索工程准备阶段到竣工结束，均应进行完整的详细记录。记录的项目主要有钻孔，锚索制作与安装、注浆、张拉与锁定、试验、锚索测力计受力及施工日志等。

对于设计应编制施工要求和特殊情况下技术处理措施。

第十四章 桩板式挡土墙设计

第一节 概　述

桩板式挡土墙是钢筋混凝桩和桩间的挡土板组成的支挡结构。利用挡土板将侧向土压力传递给桩，桩则用下部深埋部分的锚固作用来维持挡土墙的稳定。它是由锚固桩发展而来，当边坡采用悬臂式锚固桩支承时，为保证桩间土体的稳定，在桩间采用了挂板或搭板就形成了桩板式挡土墙。

桩板式挡土墙适宜于土压力大，墙高超过一般挡土墙的限制的情况。地基强度的不足可由桩的埋深得到补偿。又可用于治理小型滑坡，多用于表土及强风化层较薄的均匀岩石基础上。桩板式挡土墙兼具挡土与抗滑作用，可以有效解决地形陡峭，地质不良地段的路基挡护问题，并且可以稳定山体。

当桩的自由悬臂达到或超过 15m 时，以往在施工过程中发生过桩的位移过大甚至折断的事故。为了解决陡坡路堤高挡土墙的设计施工问题，工程实践中开始使用预应力锚拉式桩板墙和锚索（杆）桩板墙。

挡土板与一般桩间挡土墙相比，其优点在于不考虑基底承载力；采用装配式挡土板施工方便快捷。滑坡和顺坡地段，桩上设锚杆或锚索可减少桩的埋深和桩的截面尺寸。在悬臂较大或桩上外力较大时，是一种很好的支挡结构。桩板墙在减少工程数量、缩短工期、降低成本等方面与桥梁方案和挡土墙方案相比，在高陡边坡路段及车站地段有明显的优越性，且施工简便，外形美观，运营后养护、维修费用低。由此桩板墙得到广泛应用。

桩板式挡土墙的类型如图 14-1 所示：

1. **按结构形式**

（1）悬臂式桩板墙；

（2）锚杆（索）桩板墙；

（3）锚拉式桩板墙。

2. **按挡土板类型**

（1）板式：平板形，弧线形，折线形；

（2）截面：矩形，槽形，变截面；

（3）位置：外挂式，内置式。

3. **按桩的截面类型**

矩形截面，T 形截面，等截面、变截面。

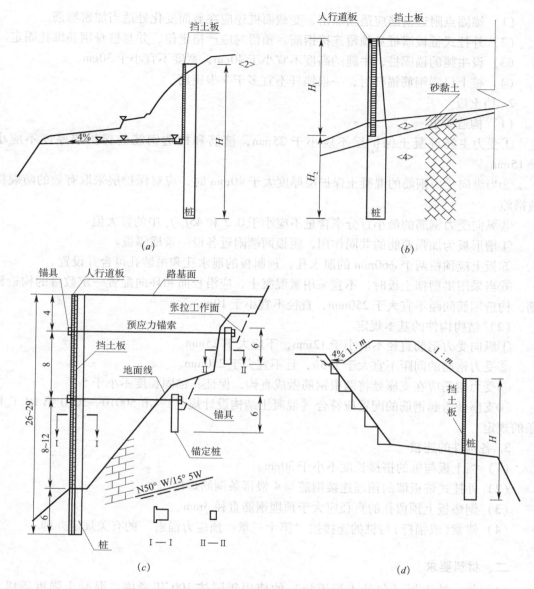

图 14-1　桩板墙结构类型断面示意图（尺寸单位：m）
(a) 路堑外挂式桩板墙；(b) 变截面路肩桩板墙；
(c) 预应力锚拉式桩板墙；(d) 桩板式路堤挡土墙

第二节　桩板式挡土墙构造

一、构造要求和结构构件的基本规定

1. 桩身

桩身的构造要求和结构构件的基本规定除应符合"第十二章抗滑桩"的相关规定外，还应满足以下要求：

（1）锚固点附近箍筋应适当加密，变截面桩还应在截面变化处适当加密箍筋。

（2）外挂式桩板墙桩身预留连接钢筋。预留时应严格定位，并与桩身钢筋绑扎固定。

（3）设牛腿的锚固桩，牛腿的高度不宜小于 40cm，宽度不宜小于 30cm。

（4）桩上设置钢筋锚杆时，一根锚杆不宜多于 3 根钢筋。

2. 挡土板

（1）构造要求

①受力主筋混凝土保护层不应小于 25mm，箍筋和构造钢筋的保护层厚度不应小于 15mm。

②当纵向受力钢筋的混凝土保护层厚度大于 40mm 时，应对保护层采取有效的防裂构造措施。

③纵向受力钢筋的最小百分率含量不应小于 0.2 和 $45f_t/f_y$ 中的较大值。

④槽形板为加强两肋的共同作用，距板两端附近各设一条横隔板。

⑤板上应预留两个 $\phi60mm$ 的泄水孔，预制板的泄水孔和吊装孔可合并设置。

⑥当采用拱型挡土板时，不宜采用素混凝土，应沿径向和环向配置一定数量的构造钢筋，构造钢筋间距不宜大于 250mm，直径不宜小于 10mm。

（2）结构构件的基本规定

①纵向受力钢筋直径不应小于 12mm，不应大于 25mm。

②受力钢筋的间距不宜大于 1.5h，且不宜大于 250mm。

③受力钢筋应在支座处将两根钢筋做成直钩，保证其锚固长度不小于 5d。

④支座处弯起钢筋的配置应符合《混凝土结构设计规范》GB 50010—2010 第 10.1.10 条的规定。

3. 各构件的连接

（1）挡土板与桩的搭接长度不小于 30cm。

（2）外挂式桩板墙的预埋连接钢筋与 4 根帮条钢筋焊接。

（3）钢垫板上预留孔的直径应大于预埋钢筋直径 3mm。

（4）锚索（或锚杆）与桩的连接按"第十三章　预应力锚索"的有关规定办理。

二、材料要求

（1）桩、挡土板（包括人行道板）的使用年限按 100 年考虑，混凝土强度等级为 C30，不再考虑专门的措施。当地下水有侵蚀性时，水泥应按有关规定选用。锁口和护壁的混凝土强度等级，一般地区采用 C15，严寒和软土地区采用 C20。

主筋一般采用 HRB400。箍筋一般为 HRB335 或 HRB400。灌注锚索（杆）孔的水泥（砂）浆强度等级不宜低于 M30。

（2）锚杆可采用 HRB400 钢筋，锚索采用高强度低松弛预应力钢绞线。

（3）预埋钢筋可采用 HRB400 钢筋，钢垫板可采用 Q235 钢。

（4）锚索中的其他材料详见"第十三章 预应力锚索"的有关规定。

（5）当墙背填料为细粒土时，墙背反滤层的材料可采用砂砾石、砂卵石或土工合成材料。

第三节 桩板式挡土墙设计

一、布置原则

（1）桩板式挡土墙的桩间距、桩长和截面尺寸的确定，应综合考虑达到安全可靠、经济合理。确保桩后土体不越过桩顶或从桩间滑走，不产生新的深层滑动。

（2）桩的自由悬壁长度不宜大于 15m；矩形截面时，桩截面的短边尺寸不宜小于 1.25m；桩间距宜为 5~8m。

（3）锚固段必须置于稳定的地层中。

（4）挂板的一侧应在一个平面内。路堑边坡坡脚设桩板墙时，靠线路一侧应预留出锁口和护壁的位置。如果是外挂式板，还应预留出挂板的位置。

二、设计荷载及其分布

1. 设计荷载的种类

（1）作用于桩板式挡土墙墙背的荷载有列车活载、汽车荷载、土压力、滑坡推力、顶层下滑力、水的浮力、地下水的渗透压力、地震力、施工临时荷载等。

（2）滑坡路基上的桩板式挡土墙按滑坡推力和土压力的最不利者作为计算荷载；顺层地段的桩板墙按顺层下滑力和土压力的最不利者作为计算荷载；路肩和路堤桩板墙应选择列车荷载的最不利组合形式进行计算。

最不利的含义：

①在计算锚固段长度时，引起锚固段长度最大的荷载为最不利荷载。

②锚固段长度一旦确定，应将可能的荷载形式重新作用于桩上。引起最大弯矩的荷载为正截面极限承载力设计的最不利荷载。引起最大剪力的荷载为斜截面极限承载力设计的最不利荷载。

③挡土板上的设计荷载应结合土压应力的分布确定最不利荷载。

（3）桩的外荷载的附加安全系数为 1.1~1.2。当桩上设有锚索时，结构承受的侧向土压力应按库仑主动土压力的 1.2~1.4 倍计算。

（4）无论是按弹性地基梁法计算还是用极限状态法（土压力同时达到被动和主动状态），实际的土压力均比库仑主动土压力大。极限状态法设计中，是采用增加桩的插入深度来提高安全度的，资料显示，有的是将被动土压力系数进行了折减，有的是将主动土压力乘以一定的扩大系数，这些系数的取值有待进一步研究。埋式抗滑桩因其全部都在岩土中，可不考虑桩自重的影响，而桩板墙均为悬臂桩，应视自重对桩身的不利和有利影响分别考虑。

2. 外荷载在桩上的分布

作用在桩上的荷载宽度可按其左右两相邻桩桩中心之间距离的一半计算。外力的分布形式：采用滑坡下滑力作为设计外力时，其分布形式一般为三角形、梯形和矩形；顺层为矩形；当土压力作为外力设计时，可按库仑土压力的分布形式，也可简化为三角形或梯形，当设有锚索（杆）时，可参考第九章锚杆支挡结构的方法进行土压力分布形式的修正。

【算例】已知设计参数：铁路双线Ⅰ级特重型，荷载分布宽度 $L_0 = 3.6\text{m}$，换算土桩高 $h_0 = 3.4\text{m}$，路基面宽度 11.6m，$D = 0.4\text{m}$，$K = 11.6/2 - 0.4/2 - 3.6 - 0.8 = 1.2\text{m}$；综合内摩擦角 $\varphi = 35°$，墙背摩擦角 $\delta = \varphi/2 = 17.5°$，墙背倾角 $\alpha = 0°$，重度 $\gamma = 18\text{KN/m}^3$。计算土压力及其在桩上的分布（见图 14-2）。

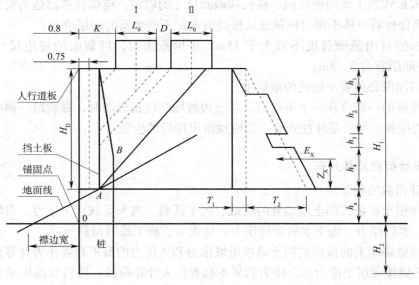

图 14-2　桩板墙列车荷载及土压应力（尺寸单位：m）

【解】　1. 计算破裂角和土压力

按库仑公式经计算破裂角交于Ⅱ线荷载内：

$$A_0 = \frac{1}{2}(H_D + 2h_0) = \frac{12}{2}(12 + 2 \times 3.4) = 112.8\text{m}^2$$

$$B_0 = (K + D)h_0 = (1.2 + 0.4) \times 3.4 = 5.44\text{m}^2$$

$$\psi = \varphi + \delta - \alpha = 35 - 17.5 - 0 = 52.5°$$

$$\tan\theta = -\tan\psi \pm \sqrt{(\tan\psi + \cot\varphi)\left(\tan\psi + \frac{B_0}{A_0}\right)}$$

$$= -\tan 52.5° \pm \sqrt{(\tan 52.5° + \cot 35°)\left(\tan 52.5° + \frac{5.44}{112.8}\right)}$$

$$= 0.618\,055\,7$$

$$\theta = \text{artctan}\,0.618\,055\,7 = 31.718°$$

验算：

$$H_D\tan\theta = 12 \times 0.618\,055\,7$$

$$= 7.41\text{m} < 1.2 + 3.6 + 0.4 + 3.6 = 8.8\text{m}$$

并且 $> 1.2 + 3.6 + 0.4 = 5.2\text{m}$，所以破裂面交与Ⅱ线荷载内。

$$E_a = \gamma(A_0\tan\theta - B_0)\frac{\cos(\theta + \varphi)}{\sin\theta + \psi}$$

$$= 18 \times (112.8 \times \tan 31.718° - 5.44)\frac{\cos(31.718° + 35°)}{\sin(31.718° + 52.5°)} = 459.636\text{kN}$$

$$E_x = E_a\cos(\delta - a) = 459.636 \times \cos(17.5° - 0°) = 438.362kN$$

土压力中活载和恒载所占比例：

$$A_0\tan\theta - B_0 = \frac{H_D^2}{2}\tan\theta + (H_D\tan\theta - K - D)h_0$$

$$= 44.5 + 19.77667 = 64.27667m^2$$

2. 计算应力图形

$$h_1 = \frac{K}{\tan\theta - \tan\alpha} = \frac{1.2}{0.6180557} = 1.9416m$$

$$h_2 = \frac{L_0}{\tan\theta - \tan\alpha} = \frac{3.6}{0.6180557} = 5.8247m$$

$$h_3 = \frac{D}{\tan\theta - \tan\alpha} = \frac{0.4}{0.6180557} = 0.6427m$$

$$h_4 = H_1 - h_1 - h_2 - h_3 = 12 - 1.9416 - 5.8247 - 0.6472 = 3.5865m$$

应力图形的理论计算分布形式如图14-2中实线所示，简化图形如虚线所示为梯形。

3.（挡土板上荷载及其分布）

（1）板的计算模式

根据板所放置的位置和板的刚度，一般有两种情况：

①板有较大的刚度，能直接承受挡墙后的土压力，或挡土板置于锚固桩之后，挡土板按库仑主动土压力计算，应力图形直接按库仑土压力分布。当桩上设锚索（杆）时，桩的变位受到限制，对库仑土压力的应力分布进行修正。

②板有一定的柔性、桩前挂板或板搭接在桩的翼缘板上，挡土板承受桩间卸荷拱内的土压力。卸荷拱内土压力作为洞室顶部荷载的计算方法已是一个古老的方法，但用于挡土墙水平土压力的计算还不多见。因为该方法计算的土压力较之于库仑土压力明显偏小，在没有经验的情况下，应按①进行计算。

（2）作用在挡土板的荷载宽度可按板的计算板长计算，桩间挡土结构的土压力可根据桩间岩（土）体的稳定情况按全部岩（土）压力或按部分岩（土）压力计算，或按卸荷拱内的土压力计算。挡土板的分类不宜太多，从上到下按一定的高度分级，板上作用的荷载取各级中最底层挡土板所对应的土压应力，按均布荷载分布。

三、内力和变位计算

1. 普通桩板墙

内力、变位、转角及地基的侧向压应力按"第十二章抗滑桩设计"第二节中的规定计算。

2. 锚索（杆）、锚拉式桩板墙

（1）基本假定：将桩、锚固段桩周岩土及锚索系统视为统一的整体，锚索与桩联结处的位移与锚索的伸长变形相等，解超静定结构，详见"第十三章预应力锚索设计"。

（2）计算桩的反力时将桩简化为受横向约束的弹性地基梁，根据位移变形协调原理，按地基系数法计算锚索拉力及锚固段桩身内力、位移、转角和侧向压应力。

（3）悬臂段的内力、位移、转角的计算：首先按一般的抗滑桩的计算方法计算由土压力引起的荷载效应，再叠加由锚索拉力引起的荷载效应。计算锚索的伸长量时，与伸长量对应的拉力应为最终的拉力扣除初始预应力。

3. 挡土板

内力按均布荷载下的简支梁计算。

4. 地基强度校核与桩身变位的控制

地基强度的校核与"第十二章抗滑桩设计"中的方法一样。桩顶位移按悬臂梁计算，应小于悬臂长度的1/100，在普速铁路上还不宜大于10cm；在高速铁路上，桩顶位移引起的路基表层顶面的沉降，应满足路基完工后沉降不超过允许值这一条件。由于地基系数是根据地面处桩位移值为6~10mm时测出的，试验资料证明，桩的变形和地基抗力是非线性的，变形愈大，地基系数愈小，所以当地面处桩的水平位移超过10mm时，常规地基系数已不满足适用范围，不能采用，故桩身在地面处的水平位移不宜大于10mm，当地基强度或位移不能满足要求时，地层上部应采取适当的加固措施，或增加桩的埋深和加大桩的截面积。

四、结构的承载力设计和正常使用极限状态的验算

1. 荷载组合及荷载分项系数的确定

（1）承载能力极限状态设计按式（14-1）计算。结构的重要性系数：破坏后果严重时取1.0，破坏后果很严重时取1.1。在抗震设计中，不考虑结构构件的重要性系数。

①非地震地区由永久荷载控制的组合为：

$$S = \gamma_G S_{GK} + \sum_{i=i}^{n} \gamma_{Qi} \psi_{ci} S_{Qik} \tag{14-1}$$

式中 γ_G——永久荷载分项系数，一般取1.35~1.50；

γ_{Qi}——第i个可变荷载的分项系数，一般取1.4；

ψ_{ci}——可变荷载的组合系数，一般取0.7，列车荷载取1.0；

S_{Gk}——按永久荷载标准值G_k计算的荷载效应值；

S_{Qik}——可变荷载标准值Q_{ik}计算的荷载效应值。

桩身的荷载分项系数按现行《铁路路基支挡结构设计规范》TB 10025的规定取值，是根据桩板墙结构在铁路上多年的实践经验确定的，比《建筑结构荷载规范》GB 50009—2012中的规定值稍大。板的荷载分项系数一般为1.35。

②地震地区按"第十二章抗滑桩设计"第三节中地震地区设计的有关规定计算。

（2）挡土板在正常使用极限状态下的荷载组合一般为标准组合和准永久组合，按下式进行设计：

$$S \leqslant C \tag{14-2}$$

式中 S——正常使用极限状态的荷载效应组合值（挡土板设计中为挠度、裂缝宽度）；

C——结构构件达到正常使用要求所规定的变形、裂缝宽度和应力等的限值。

2. 桩结构设计

和抗滑桩结构设计一样，桩身一般只进行结构的承载力设计。在腐蚀性环境作用下，应进行最大裂缝宽度的验算，最大裂缝的宽度值可适当放宽，并采用适当的防腐附加措施。

（1）桩板墙桩身（变截面桩包括翼缘）的正截面承载力设计、斜截面承载力设计按"第十二章抗滑桩设计"第三节的有关规定计算。变截面桩的斜截面设计应注意锚固点和变截面附近的箍筋应适当加密。有牛腿的桩，除检算强度以外，尚应作牛腿的裂缝宽度验算。

（2）预应力锚索桩。

锚索桩的正截面承载力设计：根据"第十二章抗滑桩设计"有关规定，在正、负最大弯矩处配筋。斜截面设计应注意在锚固点、锚拉点附近箍筋适当加密。

3. 预应力锚索及其桩的连接设计

详见"第十三章预应力锚索"。

4. 挡土板设计

（1）承载能力的极限状态计算

挡土板分矩形板和槽形板。矩形板承载能力的极限状态计算按"第十二章抗滑桩设计"的有关规定，槽形板按T形梁设计如下：

1）正截面承载力设计按单筋梁考虑。

当满足下列条件时应按宽度为 b'_f 的矩形截面设计。

$$f_y A_s \leqslant \alpha_1 f_c b'_f h'_f \tag{14-3}$$

式中： b'_f——受压区的翼缘板宽度，按《混凝土结构设计规范》GB 50010—2010 第 7.2.3 条的规定确定，挡土板的设计中取实际宽度；

h'_f——受压区的翼缘板高度。

当不满足公式（14-3）时，正截面承载力设计如下：

$$M \leqslant \alpha_1 f_c bx \left(h_0 - \frac{x}{2}\right) + \alpha_1 f_c \left(b'_f - b\right) h'_f \left(h_0 - \frac{h'_f}{2}\right) \tag{14-4}$$

混凝土受压区高度 x 按以下公式确定：

$$\alpha_1 f_c \left[bx + \left(b'_f - b\right) h'_f\right] = f_y A_s \tag{14-5}$$

按上述公式计算T形截面受弯构件时，混凝土受压区高度仍应符合《混凝土结构设计规范》GB 50010—2010 公式（7.2.1-3）要求。

$$x \leqslant \xi_b h_o \tag{14-6}$$

以下公式中各符号的含义详见"第十二章抗滑桩设计"中的解释。

2）斜截面承载力设计。

按"第十二章抗滑桩设计"的有关规定计算，应注意截面承载力设计各公式中的 b 为T形截面的腹板宽度。

（2）正常使用极限状态验算

1）裂缝控制验算

①挡土板的最大裂缝宽度计算按《混凝土结构设计规范》GB 50010—2010 第 8.1.2 条执行。按荷载效应的标准组合计算的钢筋混凝土构件纵向受拉钢筋的应力的等效应力，按《混凝土结构设计规范》GB 50010—2010 公式（8.1.3-3）计算，即按下列公式计算。

$$\omega_{max} = \alpha_{cr} \psi \frac{\sigma_{sk}}{E_s} \left(1.9c + 0.08 \frac{d_{eq}}{\rho_{te}}\right) \tag{14-7}$$

$$\psi = 1.1 - 0.65 \frac{f_{tk}}{\rho_{te} \sigma_{sk}} \tag{14-8}$$

$$\sigma_{sk} = \frac{M_k}{0.87 h_0 A_s} \tag{14-9}$$

$$d_{eq} = \frac{\sum n_i d_i^2}{\sum n_i \nu_i d_i} \tag{14-10}$$

$$\rho_{te} = \frac{A_s}{A_{te}} \tag{14-11}$$

式中 α_{cr}——构件受力特征系数,受弯构件为 2.1;

   ψ——裂缝间纵向受拉钢筋应变不均匀系数:当 $\psi < 0.2$ 时,取 $\psi = 0.2$;当 $\psi > 0.1$ 时,取 $\psi = 0.1$;直接承受重复荷载时,取 $\psi = 0.1$;

   σ_{sk}——纵向受拉钢筋的等效应力;

   M_k——按荷载效应标准组合计算的弯矩;

   E_s——钢筋弹性模量,按《混凝土结构设计规范》GB 50010—2010 表 4.2.4 采用;

   c——最外层纵向受拉钢筋净保护层厚度(mm);当 $c < 20mm$ 时,取 $c = 20mm$;当 $c > 65mm$ 时,取 $c = 65mm$;

   ρ_{te}——按有效受拉混凝土截面面积计算的纵向受拉钢筋配筋率;在最大裂缝宽度计算中,当 $\rho_{te} < 0.01$ 时,取 $\rho_{te} = 0.01$;

   A_{te}——有效受拉混凝土截面面积:对受弯构件取 $A_{te} = 0.5bh + (b_f - b)h_f$;

   b_f,h_f——为受拉翼缘的宽度、高度;

   A_s——受拉纵向非预应力钢筋面积;

   h_0——截面有效高度;

   d_{eq}——受拉区纵向钢筋的等效直径(mm);

   d_i——受拉区第 i 种纵向钢筋的公称直径(mm);

   n_i——受拉区第 i 种纵向钢筋的根数;

   ν_i——受拉区第 i 种纵向钢筋的黏结构特性系数,受弯构件为 2.1。

②最大裂缝宽度应满足:

$$\omega_{max} \leqslant \omega_{lim} \tag{14-12}$$

式中 ω_{lim}——最大裂缝宽度限值,按《混凝土结构设计规范》GB 50010—2010 第 3.3.4 条采用,一般为 0.2mm。

③当裂缝宽度不满足要求时,应减小钢筋直径或增大钢筋的配筋率。对于槽形板,因为钢筋根数受到限制,一般采用增大用钢量的方法。对于矩形板,当主筋直径大于最小直径时,如果选择小直径钢筋能布置下,可优先选择减小直径的方式;反之,增大用钢量。

2)挠度验算

①挡土板的短期刚度 B_s 按《混凝土结构设计规范》GB 500010—2010 公式(8.2.3-1)计算,即式(14-13)计算

$$B_s = \frac{E_s A_s h_0^2}{1.15\psi + 0.2 + \dfrac{6\alpha_E \rho}{1 + 3.5\gamma'_f}} \tag{14-13}$$

式中 α_E——钢筋弹性模量与混凝土弹性模量的比值,$\alpha_E = \dfrac{E_s}{E_c}$;

   ρ——纵向受拉钢筋配筋率,$\rho = \dfrac{A_s}{bh_0}$;

γ'_{f}——受压翼缘截面面积与腹板有效截面面积之比，$\gamma'_{\mathrm{f}} = \dfrac{(b_{\mathrm{f}} - b)\, h_{\mathrm{f}}}{bh_0}$。

②挡土板的刚度 B 按《混凝土结构设计规范》GB 50010—2010 第 8.2.2 条计算如下：

$$B = \frac{M_{\mathrm{k}}}{M_{\mathrm{q}}\,(\theta - 1)\, + M_{\mathrm{k}}}B_{\mathrm{s}} \tag{14-14}$$

式中 M_{k}——按荷载效应的标准组合计算弯矩，取计算区段内的最大弯矩值；

M_{q}——按荷载效应的准永久组合计算的弯矩，取计算弯矩内的最大弯矩值；

B_{s}——荷载效应的标准组合作用下受弯构件的短期刚度，按式（14-13）计算；

θ——考虑荷载长期作用对挠度增大的影响系数，由于构件均为单筋设计，受压区钢筋配筋率 $\rho' = 0$，故 $\theta = 2.0$。

5. 连接部分的结构承载力设计

1）T 形截面抗滑桩翼缘板的结构承载力设计

荷载的组合及各系数的取值与桩身一样，正截面、斜截面的结构承载力设计按"第十二章抗滑桩设计"的有规定计算。

2）外挂式桩板墙联结件的设计（图 14-6）

（1）预埋连接钢筋正截面设计按轴心受拉构件考虑，可选择容许应力法或极限状态法计算。

①容许应力法：

$$\frac{F}{A_{\mathrm{s}}} \leqslant [\sigma_{\mathrm{s}}] \tag{14-15}$$

式中 F——拉力；

A_{s}——钢筋截面面积；

$[\sigma_{\mathrm{s}}]$——钢筋的容许拉应力；按《铁路桥涵钢筋混凝土和预应力混凝土结构设计规范》TB10002.3—2005 第 5.2.2 条采用。

②极限状态法：

$$N = K \times F \tag{14-16}$$

$$N \leqslant A_{\mathrm{s}} \times f_y \tag{14-17}$$

式中 N——设计拉力；

K——荷载安全系数，可采用 1.8～2.0；

f_y——钢筋强度设计值；按《混凝土结构设计规范》GB 50010—2010 表 4.2.3-1 采用。

（2）钢筋的抗拔

①容许应力法应满足《铁路桥涵钢筋混凝土和预应力混凝土结构设计范》TB 10002.3—2005 第 5.3.3 条的规定：预埋连接钢筋为Ⅱ级，混凝土等级为 C30 时，钢筋最小锚固长度应大于或等于 $25d$ + 直钩。

②极限状态法应满足《混凝土结构设计规范》GB 50010—2010 第 9.3.1 条的规定。

（3）钢筋的抗剪按容许应力法设计。

当挡土板的施工为分级开挖、分级挂板时，在下一级开挖以后还未挂板的情况下，上一级挡土板的最下面一块板的连接钢筋应进行抗剪计算。计算荷载为挡土板自重的一半。

$$\frac{Q_{max}}{A_s} \leqslant [\tau_s] \tag{14-18}$$

式中 Q_{max}——计算剪力；

$[\tau_s]$——钢筋的容许剪应力；根据《铁路桥梁钢结构设计规范》TB 10002.2—2005 的规定，容许剪应力为基本容许应力的 0.6。

（4）外露钢筋与四根短钢筋帮焊如图 14-3 所示。

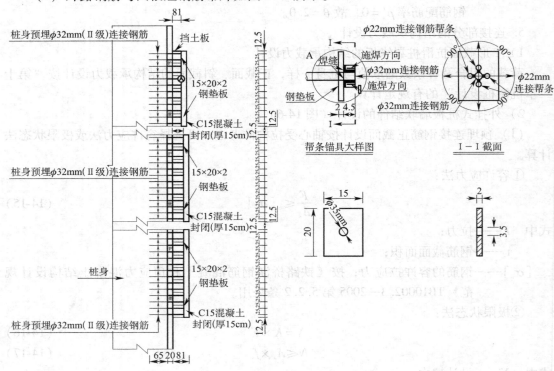

图 14-3 外挂式桩板墙与桩的连接（尺寸单位：cm）

第四节 嵌岩桩板式挡土墙

一、概述

《公路挡土墙设计与施工技术细则》推荐了嵌岩桩板式挡土墙。嵌岩桩板式挡土墙为桩板式挡土墙一种特殊形式。它是将钢筋混凝桩嵌入比较完整的基岩中。要求地基基岩的饱和单轴抗压强度标准值应大于 20MPa，且岩体的完整性指数应大于 0.6。同时要求桩身应嵌入完整的均质基岩地基中。如图 14-4 所示。

嵌岩桩板式挡土墙适用于表土及强风化层较薄的均质岩石地基，高度较高的挡土墙。

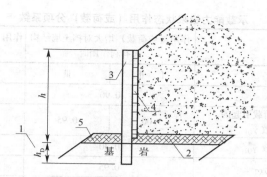

图 14-4　嵌岩桩板式挡土墙

1—桩的有效嵌入深度；2—表土层或强风化层；3—桩；
4—挡土板；5—基岩顶层

二、构造

桩的间距可根据挡土板的重量与吊装能力确定，常用值为墙高的 $\frac{1}{4} \sim \frac{1}{2}$，但不应大于 15m。嵌岩桩宜采用圆形截面或矩形截面，矩形截面垂直于墙长方向的边长与顺墙长方向的边长之比不应大于 1.5:1，桩的直径或矩形截面短边宽度不应小于 1.25m。嵌入基岩顶面以下的有效深度不应小于桩径或矩形截面顺墙长方向的边长的 1.5 倍。

桩的受力钢筋应沿桩长方向通长布置，直径不应小于 16mm，钢筋间的净距不小于 80mm，也不应大于 350mm，桩受力主筋的混凝土保护层厚度不应小于 50mm。箍筋直径不应小于主筋直径的 1/4，且不应小于 8mm，间距不应大于竖向受力钢筋直径的 15 倍或桩身截面短边尺寸，并应大于 400mm。钢筋笼骨架上每间隔 2.0 ~ 2.5m 宜设置直径为 16 ~ 22mm 的加强箍筋。

挡土板的厚度不应小于 0.20m，板宽可根据吊装能力确定，但不应小于 0.30m。其截面宜为矩形，槽形或空心板。板两端 1/4 板长处，宜预留吊装孔。

挡土板与桩的搭接长度，每端不得小于 1 倍板厚。如为圆形桩，则应在桩后设置搭接用的凸形平台，平台宽度应比搭接长度宽 20 ~ 30mm。挡土板与桩连接处，相邻板端的间隙宽度不应小于 30mm，间隙缝应用沥青麻筋填塞。

挡土板外侧墙面钢筋的混凝土保护层厚度应大于 35mm，板内侧墙面钢筋的混凝土保护层厚度应大于 50mm，位于侵蚀性气体区或海洋大气环境下，钢筋的混凝土保护层厚度应适当加大。

三、设计计算

1. 荷载

作用于桩板式挡土墙墙背的荷载有列车荷载、汽车荷载、土压力、滑坡推力、顶层下滑力、水的浮力、地下水渗透压力、地震力、施工临时荷载等。

设计时，应相应于各种设计状态，对可能同时出现的作用（荷载），取其最不利组合。

按承载能力极限状态设计时，常用作用（或荷载）分项系数，见表 14-1。

承载能力极限状态作用（或荷载）分项系数			表 14-1	
情况	作用（或荷载）增大对挡土墙结构起有利作用时		作用（或荷载）增大对挡土墙结构起不利作用时	
组合	Ⅰ，Ⅱ	Ⅲ	Ⅰ，Ⅱ	Ⅲ
垂直恒载 γ_G	0.90		1.20	
恒载或车辆荷载、人群荷载引起的主动土压力分项系数 γ_{Q1}	1.00	0.95	1.40	1.30
被动土压力分项系数 γ_{Q2}	0.30		—	
水浮力分项系数 γ_{Q3}	0.95		1.10	
静水压力分项系数 γ_{Q4}	0.95		1.05	
动水压力分项系数 γ_{Q5}	0.09		1.20	
流水压力分项系数 γ_{Q6}	0.95		1.10	

注：1. 作用于挡土墙结构顶面的车辆荷载、人群荷载，作为垂直力计算时，可采用垂直恒载的分项系数 γ_G；
　　2. 加筋体内部稳定验算时，静止土压力的作用分项系数可取与主动土压力的作用分项系数 γ_{Q1} 相等；
　　3. 本表未列的其他非常用的作用（或荷载）的分项系数，可根据已建工程经验，按该作用（或荷载）增大对挡土墙结构受力有利或受其他作用所削弱时，取值应小于 1.0；反之取值应大于 1.0。
　　4. 作用于挡土墙顶面护栏上的车辆碰撞力按偶然作用计算时，其分项系数取 1.0。

具体组合如前节。

计算主动土压力时，以挡土板后的竖直墙面为计算墙背。桩及挡土板的计算仅计入墙后主动土压力的水平分量，主动土压力的竖直分量及墙前被动土压力可不计入。

2. 设计

桩按固结在基岩内的悬臂梁计算，最大弯矩及最大剪力均作用于基岩强风化层底部截面。可不计表土及强风化层对桩的作用。桩身按偏心受压构件计算和配置钢筋时，应采用最不利作用效应组合设计值，其作用（或荷载）分项系数见表 14-1。

桩后不设锚杆（索）时，墙后主动土压力的水平分量在桩上所产生的最大弯矩及剪力可按下式计算：

$$M_{max} = (2\sigma_s + \sigma_D) h^2 l/6 \tag{14-19}$$

$$Q_{max} = (\sigma_s + \sigma_D) hl/2 \tag{14-20}$$

式中　h——挡土墙的墙高（m），为桩顶至基岩强风化层底面的高度；

　　　l——挡土板跨中至相邻挡土板跨中的间距（m）；

　　　σ_s——墙顶的主动水平土压应力（kPa）；

　　　σ_D——墙底端的主动水平土压应力（kPa）。

3. 有效嵌入深度

当桩所嵌入的基岩层顶面为水平或坡度小于 $10°$ 时，嵌岩桩的有效深度 h_D 可按下式计算：

（1）圆形桩

$$h_D \geq \frac{4Q_{max} + \sqrt{16Q_{max}^2 + 9.45\eta f_{rk} M_{max} d}}{0.787\eta f_{rk} d} \tag{14-21}$$

（2）矩形桩

$$h_D \geq \frac{4Q_{max} + \sqrt{16Q_{max}^2 + 12\eta f_{rk} M_{max} b}}{\eta f_{rk} b} \tag{14-22}$$

式中 f_{rk}——采用直径为 50mm，高度为 100mm 的圆柱形岩芯作试件测试，统计饱和湿度下岩石的单轴抗压强度标准值（kPa）；

  η——系数，$\eta = 0.3 \sim 1.0$，当基岩节理发育、岩层产状的外倾角大时，取小值；节理不发育，岩层产状的外倾角小时，取大值；

  d——圆柱桩的直径（m）；

  b——矩形桩顺墙长方向的宽度（m）。

桩所嵌入的基岩层顶面坡度大于 10°以上时（图 14-8），应对桩基作斜坡面上稳定验算及桩基前岩石地基水平方向承载力验算。

桩基稳定可按下列式验算：

$$M_R/M_1 \geqslant F_s \tag{14-23}$$

$$M_R = 0.33 y_d P_q + 0.5 \ (h_0 - y_0) \ P_q \ [\ (h_D - y_D) \ /y_D]^2 \tag{14-24}$$

$$M_1 = M_{max} + y_D \cdot Q_{max} \tag{14-25}$$

$$y_D = \frac{h_D \ (3M_{max} + 2Q_{max} h_D)}{3 \ (2M_{max} + Q_{max} h_D)} \tag{14-26}$$

式中 F_s——倾覆稳定系数，规定为 2.5；

  M_R——抗倾覆力矩（kN·m）；

  M_1——倾覆力矩（kN·m）；

  P_q——桩基前岩石地基的水平承载力标准值（kN），按式（14-28）计算；

  y_D——桩的旋转中心至岩层顶面的深度（m）（图 14-5）；

  h_D——拟定的桩的有效嵌入深度（m）。

桩基前岩石地基水平承载力标准值 P_q，可按下列公式验算：

$$P_q \geqslant = np_s \tag{14-27}$$

$$P_q = \frac{w \ (\cos\alpha + \sin\alpha\tan\varphi) \ + cA}{\sin\alpha - \cos\alpha\tan\varphi} \tag{14-28}$$

$$\alpha = 45° + \varphi/2 + \theta/2 \tag{14-29}$$

$$w = \frac{l \cdot y_D \gamma \sin\alpha \ (3B + 2l \cdot \tan\beta)}{6} \tag{14-30}$$

$$A = (B + l \cdot \tan\beta) \ l \tag{14-31}$$

$$p_s = \frac{(3M_{max} + 2Q_{max} h_D)^2}{3h_0 (2M_{max} + Q_{max} \cdot h_D)} \tag{14-32}$$

式中 p_s——桩基前岩石地基水平应力的合力（kN）；

  A——滑动面的面积（m²）；

  l——滑动面的长度（m）；

  θ——基岩顶面与水平面间的倾角（°）；

  α——滑动面与竖直面的夹角（°）；

  β——桩前岩石滑动面扩散角，$\beta = 30°$；

  B——桩的计算宽度（m），对于圆形截面桩，B 为桩的直径；对于矩形截面桩，B 为顺墙长方向的宽度；

  γ——岩石的重度（kN/m³）；

n——安全系数，规定为 2.5，考虑地震力时规定为 1.5；

w——桩前滑动面以上地基的重力（kN）；

c——岩石地基的黏聚力（kN/m²）；

φ——岩石地基的内摩擦角（°）。

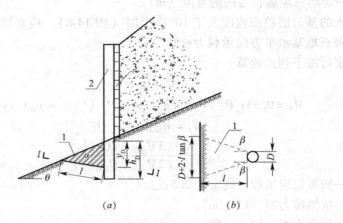

图 14-5　嵌入斜坡岩石地基的桩

（a）立面；（b）Ⅰ-Ⅰ截面

1—滑动面；2—桩；3—挡土板

桩基前地基岩层结构面的产状，倾角为向坡外倾斜时，还应按顺层滑坡验算地基的稳定性及整体稳定性。

预制钢筋混凝土挡土板为支承在桩上的简支板，它的计算跨径 l 为：

圆形截面桩

$$l = l_c - 1.5t \tag{14-33}$$

矩形截面桩

$$l = l_0 + 1.5t \tag{14-34}$$

式中　l——挡土板的计算跨度（m）；

l_c——相邻圆形截面桩的桩中心距离（m）；

l_0——相邻矩形截面桩间的净距（m）；

t——挡土板厚度。

挡土板按受弯构件设计。计算挡土板上的作用（或荷载）时，应采用板所在高度的墙后主动土压力水平分量的最大值，沿板长按均布荷载分布。对挡土板进行抗弯，抗剪承载力验算及配置钢筋时，应采用最不利作用（荷载）效应组合设计值，其主动土压力分项系数应符合表 14-1 规定。

设计装配式挡土板时，还应对运输、吊装、施工过程中板的承载力进行验算。

第五节　设计和施工注意事项

一、设计步骤

1. 桩

（1）在选定布桩的位置后，根据外力、地基的地层性质、桩身材料等资料初步拟定桩的间距、截面形状与尺寸、埋入深度。

（2）外力计算。路肩式桩板墙路基面以上的荷载所产生的土压力采用弹性理论计算。路堑式桩板墙和预加固桩的设计荷载一般为库仑土压力、滑坡推力、顺层下滑力、地下水的渗透压力、地震力等。设计时应选择各种可能产生的土压力中的大值。

当按库仑主动土压力计算桩身推力时，计算结果应乘以 $1.1 \sim 1.2$ 土压力增大系数。如果桩上有锚索，宜采用 $1.3 \sim 1.4$ 的土压力增大系数。

（3）路堤式桩板墙墙顶以上填土高度不宜超过 8m。填土高度超过 8m 时，土压力增大系数应大于路肩式桩板墙的土压力增大系数，或降低填料的抗剪强度指标进行个别设计，也可采用墙后平铺土工格栅的方式来提高填方土体的抗剪强度。在设计说明中应强调保证路基本体的填筑质量。桩板墙顶部最好留平台且不能在平台上随便堆放杂物或弃土，边坡坡率不能改陡。

（4）计算锚固点以上桩身内力、位移和转角、地面点的 M_A 和 Q_A、锚固点的 M_0 和 Q_0 值。

（5）根据桩底的边界条件采用相应的计算公式计算滑面处的水平位移和转角，按弹性地基梁计算锚固段桩身各点的内力、位移、转角及地层侧向弹性应力。

（6）校核地基强度。若桩身作用于地基地层的弹性抗力超过其容许值或小于容许值过多时，应调整桩的埋深、桩的截面尺寸或桩的间距后重新进行计算。

（7）根据桩身弯矩、剪力图按现行《混凝土结构设计规范》GB 50010 进行桩身结构设计。

（8）锚固点的位置对锚固段、最大剪力和最大弯矩的影响：

①锚固点的位置下移，使锚固段增加、最大弯矩增大、最大剪力减小。

②锚固点位置下移对桩的锚固是有利的，但同时在一定范围内会增大桩身正截面承载力设计主筋的用钢量。

③如果实际的锚固点是靠上的，锚固点到地面点附近的斜截面承载力设计是偏于安全的。

④根据计算，剪力最大值在锚固点之下，但实际工程中，桩身最容易受到剪切破坏的是地面附近，故在设计时应当将锚固点到地面点附近的箍筋适当加密。由于变截面桩的变截面点也在地面点附近且截面处于转折点，故也应适当加密箍筋间距。

2. 挡土板及人行道板

（1）根据悬臂段长度确定挡土板的分类。以每种挡土板所在范围的最大土压力按简支梁计算弯矩和剪力。人行道板以人行活载和板的自重作为计算荷载，按简支梁计算弯矩和剪力。

（2）按现行《混凝土结构设计规范》GB 50010 进行板的结构设计。

二、施工注意事项

（1）桩井开挖、支护、灌注等施工注意事项可参见第十二章抗滑桩的有关内容。

（2）注意主筋的布置位置应符合设计图纸的要求。

（3）桩、板设计未考虑大型碾压机的荷载，桩板后 2m 内，不得使用大型碾压机械填筑。必须使用大型机械碾压的，应进行特殊设计。

（4）墙后填料为非渗水土时，应在墙后地面处设置砂砾石反滤层，反滤层的设置方式与重力式挡土墙相同。

（5）当挡土板的基底不平整时，采用浆砌片石垫块填补。

（6）槽形挡土板的安放应注意槽口向外，矩形挡土板主筋在外侧（如果是预制矩形板，应有标注记号）。

（7）挡土板与桩的搭接处应保证接触面平整。

（8）人行道板的主筋布置面在下侧，槽形板的槽口向下。

（9）桩上设锚索或锚杆时，其施工注意事项详见"第十三章预应力锚索"的有关规定。

（10）外挂式桩板墙靠线路一侧锁口与护壁应对齐。必须保证糊口与护壁的施工质量，以便挂板。

（11）外挂式桩板墙桩身预埋连接钢筋应按照设计的挡土板位置严格定位。帮条钢筋与连接钢筋固定时，帮条锚具的施工需严格按照有关规范、规定要求保证焊缝质量。

（12）4 根帮条与钢垫板相接触的截面应在一个垂直平面上，以免受力时产生扭曲。

（13）挡土板的模板应具有足够的强度和刚度。钢筋位置应安放准确，保证预制挡土板表面平整、外形轮廓清晰、线条顺直，不得有露筋翘曲、掉角啃边等缺陷，各部尺寸及强度等级符合设计要求。如构件较大时，应设置 Q235（Ⅰ级）钢筋吊环，用于搬运起吊。

（14）预制挡土板时，宜将其平面堆放，其堆积高度不宜超过 5 块，板块间宜用木材支垫，并应置于设计支点位置附近，防止挡土板因非正常受弯而断裂。运输过程中，应轻搬轻放，防止碰坏翼缘或角隅。

（15）挡土板安装时，应竖直起吊，两头挂有绳索，以手牵引，对准桩柱两边划好的放样线，将挡土板正确就位，在板的中间和两端设斜撑支承，确保挡土板的稳定。

（16）上下挡土板之间的安装缝宽度，宜小于 10mm，当安装缝较大时，可用砂浆堵塞或沥青软木板衬垫。同层面两相邻挡土板的接缝，应基本顺直一致，高差不应大于 5mm。

（17）挡土板安装时应防止与桩柱相撞。安装缝应均匀、平顺、美观。

（18）挡土板顶面不整齐时，可用砂浆或现浇小石子混凝土作顶面调整层。

（19）挡土板内侧 1.5m 范围内的填料，应采用人工摊铺，人工和小型压实机械分层压实，压实度应满足设计要求。挡土板每安装 1~2 层后，在板后一定范围内即可分层填料碾压，固定挡土板。桩柱之间的最下层挡土板应埋入地面下 0.05~0.10m。

第十五章 土钉墙设计

第一节 概述

土钉墙（土钉支护、喷锚支护）是由密集的土钉群、被加固的原位土体、喷射混凝土面层及必要的防水系统组成的。土钉则是采用土中钻孔，置入变形钢筋（即带肋钢筋）并沿孔全长注浆的方法做成。土钉依靠与土体之间的界面粘结力或摩擦力，使土钉沿全长与周围土体紧密连结成为一个整体，形成一个类似于重力挡土墙结构，抵抗墙后传来的土压力和其他荷载，从而保证开挖面的安全。

土钉主要作用是约束和加固土体，从而使土体保持稳定和整体性。土钉也可用钢管、角钢等采用直接击入的方法置入土中。如图 15-1 所示。

土钉墙是用于基坑开挖和边坡稳定的一种新的挡土技术。由于其经济可靠且施工简便快捷，已在我国得到广泛应用。

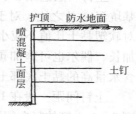

图 15-1 土钉墙示意图

土钉与锚杆从表面上有相似之处，但二者有着不同的工作机理（图 15-2）。锚杆全长分为自由段和锚固段，锚杆受到桩板墙传来的轴力，通过自由段传递到锚固段。在自由段长度上锚杆承受同样大的轴力；而土钉所受拉力沿其全长是变化的，中间大而两端小。土钉墙是以土钉和它周围被加固的土体一起作为挡土结构。锚杆在设置时可以施加预应力，给土体以主动约束；而土钉一般是不施加预应力，只有土体发生变形后才能使土钉被动受力，它不具备主动约束机制。

土钉墙属于土体加筋技术，与加筋挡土墙相似。但土钉是原位土体的加筋技术；而加筋挡土墙则是填土过程中加筋技术。两者筋体受拉力沿高度变化不一样：加筋土挡墙中受拉力最大筋体位于底部；而土钉墙受力最大的土钉位于中部，底部的土钉受力最小。此外，土体变形曲线也不同，如图 15-3 所示。

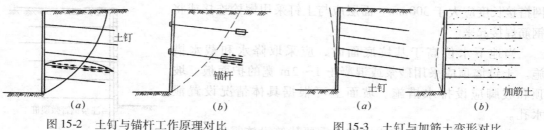

图 15-2 土钉与锚杆工作原理对比   图 15-3 土钉与加筋土变形对比

土钉墙是一个复合体，土钉弥补土体强度不足，不仅有效提高土体的整体刚度，又弥补了土体抗拉、抗剪的不足，通过相互作用，提高土体自身结构强度，改变了边坡变形及破坏状态，显著提高了边坡的稳定性和承受超载的能力。变形减小，对临近建筑影响不大。

由于随基坑开挖逐次分段实施作业,能与土方开挖较好配合,不占或少占单独作业时间,可缩短工期,施工效率高。施工设备简单,施工时不需单独占用场地,噪声小,振动小。

土钉墙适合于地下水位以上或经排水措施后的杂填土、N 值在 3 以上的黏土、粉土、黄土及 N 值在 5 以上弱胶结的砂性土。宜用在一般地区土质及碎软弱岩质路堑地段。有腐蚀性地层,膨胀土地段及地下水较发育或边坡土质松散时不宜采用土钉墙。

土质边坡土钉墙总高度不应大于 10m,岩质边坡土钉墙总高度不应大于 18m,单级土钉墙高宜在 10m 以内。土钉墙支护基坑深度不宜超过 18m。

第二节 土钉墙构造

土钉墙墙面坡宜为 1:0.1~1:0.4。根据地质地形条件,边坡较高时宜设多级。多级墙上、下两级之间应设置平台,平台宽度不应小于 2m,每级墙高不宜超过 10m。

土钉一般选用 Ⅱ、Ⅲ 级热轧变形钢筋,其直径在 16~32mm 的范围内。土钉长度 L 与基坑深度 H 之比:对于非饱和土宜在 0.5~1.2 之间;密实砂土和坚硬黏土可取低值,而对软塑黏土比值不应小于 1.0。为了减小土钉墙变形,控制地面开裂,顶部的土钉可适当加长,偶尔也可施加预应力。非饱和土中底部土钉长度可适当减短,但不宜小于 0.5H。含水量高的黏土底部土钉长度不应减短。

土钉间距一般在 1.2~2.0m 范围之内。在饱和黏土中可小到 1m,在干硬黏土中可用到 2m。土钉的竖向间距应与开挖深度相适应,沿面层布置的土钉密度不宜低于 6m² 一根。

土钉孔直径在 70~120mm 之间。土钉孔向下倾角一般在 0~20° 的范围内,当利用重力向孔中注浆时,倾角不宜小于 15°;当用压力注浆且有可靠排气措施时倾角宜接近 0° 即钻孔水平。当上层土软弱时,可适当加大向下倾角,使土钉插入强度较高的下层土中。当遇有局部障碍物时,允许调整钻孔位置和方向。

注浆材料宜采用水泥浆或水泥砂浆,其强度不低于 M20(TB 10025—2006)。

喷射混凝土面层厚度不宜小于 80mm。混凝土强度不低于 C20,3d 强度不低于 10MPa。喷射混凝土面层内应设置钢筋网,钢筋直径宜为 6~10mm,钢筋间距宜为 150~300mm。面层厚超过 120mm 时应设两层钢筋网。面层应插入基坑底面以下 0.2m。坡面上下段钢筋网搭接长度应大于 300mm。面层应与土钉采用螺栓连接或将钢筋焊接起来。

当地下水位高于基坑底面时,应采取降水和截水措施。土钉墙顶应采用砂浆或混凝土 1~2m 宽的护面板。坡顶和坡脚应设排水措施。坡面上可根据具体情况设置泄水孔。

当土质较差,且基坑边坡靠近重要建筑设施需严格控制土钉墙变形时,宜在开挖前先沿基坑边缘设置密排的竖向微型桩见图 15-4。其间距不宜大于 1m,深入基坑底面以下 1~

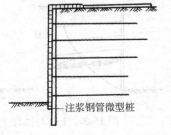

注浆钢管微型桩

图 15-4 超前设置微型桩的土钉墙

3m。微型桩可用无缝钢管或焊管,直径 48~150mm,管壁上应设置出浆孔。小直径的钢管可分段在不同挖深处用击打方法置入并注浆；较大直径（大于100mm）的钢管宜采用钻孔置入并注浆，在距孔底1/3孔深范围内的管壁上设置注浆孔，注浆孔直径10～15mm，间距400～500mm。

面层应设泄水孔，泄水孔后应设土工合成材料、无砂混凝土板反滤层。边坡渗水严重时应设置仰斜5°～10°的排水孔，排水孔长度较土钉略长。孔内应设置透水管或凿孔的聚乙烯管并充填粗砂。

第三节　土钉墙设计

土钉墙设计内容包括：

（1）确定土钉的平面和剖面尺寸及分段施工高度；

（2）确定土钉布置方式和间距；

（3）确定土钉直径、长度、倾角及在空间的方向；

（4）确定钢筋类型、直径及构造；

（5）注浆配方设计，注浆方式、浆体强度指标；

（6）喷射混凝土面层设计及坡顶防护措施；

（7）土钉抗拔力验算；

（8）进行内部与外部整体稳定性分析；

（9）变形预测及可靠性分析；

（10）施工图设计及说明书；

（11）现场监测和质量控制设计。

土钉墙设计步骤如下：

一、确定土钉参数

1. 土钉的长度、间距，可参照表15-1选取作为初步选择，也可计算初步确定，再根据基坑整体稳定性验算结果最终确定。

土钉长度与间距经验值　　　　　　　　　　　　　　　　表15-1

土的名称	土的状态	水平间距（m）	竖向间距（m）	土钉长度与基坑深度比
素填土	—	1.0～1.2	1.0～1.2	1.2～2.0
淤泥质土	—	0.8～1.2	0.8～1.2	1.5～3.0
黏性土	软塑	1.0～1.2	1.0～1.2	1.5～2.5
	可塑	1.2～1.5	1.2～1.5	1.0～1.5
	硬塑	1.4～1.8	1.4～1.8	0.8～1.2
	坚硬	1.8～2.0	1.8～2.0	0.5～1.0
粉土	稍密、中密	1.0～1.5	1.0～1.4	1.2～2.0
	密实	1.2～1.8	1.2～1.5	0.6～1.2
砂土	稍密、中密	1.2～1.6	1.0～1.5	1.0～2.0
	密实	1.4～1.8	1.4～1.8	0.6～1.0

2. 土钉的水平间距（S_h）和竖向间距（S_v）。一般取：

$$S_h = S_v = (6 \sim 8)D \tag{15-1}$$

式中　D——钻孔直径(m)；常用 $S_h = S_v = (1.0 \sim 2.5)$m，并需满足：

$$\frac{D \cdot L}{S_h S_v} = \begin{cases} 0.3 \sim 0.6 & （粉土、注浆钉） \\ 0.6 \sim 1.1 & （粉土、打入土钉） \\ 0.15 \sim 0.20 & （硬黏土、注浆钉） \end{cases} \tag{15-2}$$

式中　L——土钉长度（m）。

3. 钉体直径（d），一般取：

$$d = (20 \sim 50) \times 10^{-3} \sqrt{S_v \cdot S_h} \tag{15-3}$$

常用 $d = 20 \sim 28$mm，并满足：

$$\frac{d}{S_v \cdot S_h} = \begin{cases} (0.4 \sim 0.8) \times 10^{-3} & （粉土、注浆钉） \\ (0.13 \sim 0.19) \times 10^{-3} & （粉土、打入土钉） \\ (0.1 \sim 0.25) \times 10^{-3} & （硬黏土、注浆钉） \end{cases} \tag{15-4}$$

4. 土钉与水平面夹角 α，通常取 $\alpha = 0 \sim 20°$。

二、土钉墙的设计计算

（一）《铁路路基支挡结构设计规范》法

1. 潜在破裂面的确定

土钉墙内部加筋体分为锚固区和非锚固区，其分界面为潜在破裂面。

土钉内部潜在破裂面简化形式如图 15-5 所示，采用以下简化计算方法确定潜在破裂面。

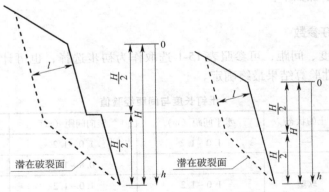

图 15-5　土钉锚固区与非锚固区分界面

$$h_i \leqslant \frac{1}{2}H \text{ 时}, l = (0.3 \sim 0.35)H \tag{15-5}$$

$$h_i > \frac{1}{2}H \text{ 时}, l = (0.6 \sim 0.7)(H - h_i) \tag{15-6}$$

式中　l——潜在破裂面距墙面的距离（m）；

　　　H——土钉墙墙高（m）；

　　　h_i——墙顶距第 i 层土钉的高度（m）。

当坡体渗水较严重或岩体风化破碎严重、节理发育时，l 取大值。

土钉长度包括非锚固长度和有效锚固长度：非锚固长度应根据墙面与土钉潜在破裂面的实际距离确定。有效锚固长度由土钉内部稳定验算确定。

2. 土压力的确定

作用于土钉墙墙面板土压应力呈梯形分布（图 15-6），墙高 1/3 以上按式（15-7）计算，墙高 1/3 以下按式（15-8）计算。

$$h_i \leq \frac{1}{3}H \quad \sigma_i = 2\lambda_a \gamma h_i \cos(\delta - \alpha) \qquad (15\text{-}7)$$

$$h_i > \frac{1}{3}H \quad \sigma_i = \frac{2}{3}\lambda_a \gamma H \cos(\delta - \alpha) \qquad (15\text{-}8)$$

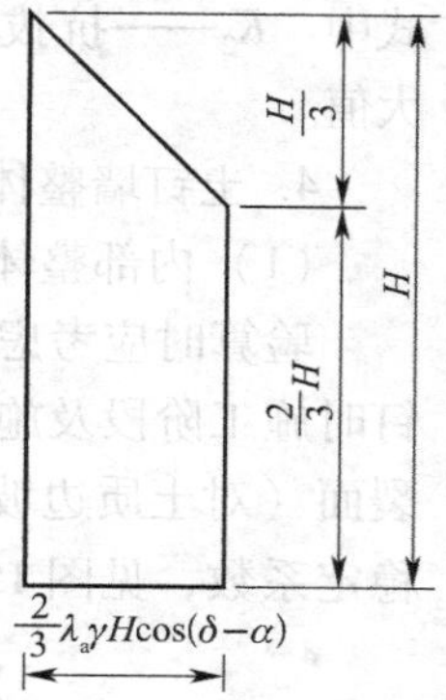

式中 σ_i ——水平土压应力（kPa）；

γ ——边坡岩土体重度（kN/m³）；

λ_a ——库仑主动土压力系数；

α ——墙背与竖直面间的夹角（°）；

δ ——墙背摩擦角（°）。

土钉的拉力按公式（15-9）计算。

$$E_i = \sigma_i S_x S_y / \cos\beta \qquad (15\text{-}9)$$

图 15-6 土钉墙墙背土压应力分布

式中 E_i ——距墙顶高度第 i 层土钉的计算拉力（kN）；

S_x、S_y ——土钉之间水平的垂直间距（m）；

β ——土钉与水平面的夹角（°）

3. 土钉墙内部稳定验算

（1）土钉抗拉断验算

土钉钉材抗拉力按下式计算：

$$T_i = \frac{1}{4}\pi \cdot d_b^2 \cdot f_y \qquad (15\text{-}10)$$

式中 T_i —— 钉材抗拉力（kN）；

d_b —— 钉材直径（m）；

f_y —— 钉材抗拉强度设计值（kPa）。

土钉抗拉断验算按下式计算：

$$\frac{T_i}{E_i} \geq K_1 \qquad (15\text{-}11)$$

式中 K_1 ——土钉抗拉断安全系数，取 1.5~1.8，永久工程取大值。

（2）土钉抗拔稳定验算

根据土钉与孔壁界面岩土抗剪强度 τ 确定有效锚固力 F_{i1}，按下式计算：

$$F_{i1} = \pi \cdot d_h \cdot l_{ei} \cdot \tau \qquad (15\text{-}12)$$

式中 d_h ——钻孔直径（m）；

l_{ei} ——第 i 根土钉有效锚固长度（m）

τ ——锚孔壁对砂浆的极限剪应力（kPa），可按表 9-3 选用。

根据钉材与砂浆界面的黏结强度 τ_g 确定有效锚固力 F_{i2}，按下式计算：

$$F_{i2} = \pi \cdot d_b \cdot L_{ei} \cdot \tau_g \qquad (15\text{-}13)$$

式中 τ_g —— 钉材与砂浆间的黏结力（kPa），按砂浆标准抗压强度 f_{ck} 的 10% 取值；

d_b —— 钉材直径（m）

土钉抗拔力 F_i 取 F_{i1} 和 F_{i2} 中的小值。土钉抗拔稳定验算按下式计算：

$$\frac{F_i}{E_i} > K_2 \tag{15-14}$$

式中 K_2 —— 抗拔安全系数，取 1.5 ~ 1.8，永久工程取大值。

4. 土钉墙整体稳定性验算

（1）内部整体稳定验算

验算时应考虑施工过程中每一分层开挖完毕未设置土钉时施工阶段及施工完毕使用阶段两种情况，根据潜在破裂面（对土质边坡按最危险滑弧面）进行分条分块，计算稳定系数，见图 15-7。

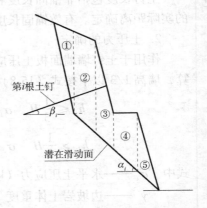

图 15-7 分块稳定检算简图

$$K = \frac{\sum c_i L_i S_x + \sum W_i \cos\alpha_i \tan\varphi_i S_x + \sum_{i=1}^{n} P_i \cdot \cos\beta_i + \sum_{i=1}^{n} P_i \cdot \sin\beta_i \cdot \tan\varphi_i}{\sum W_i \sin\alpha_i S_x} \tag{15-15}$$

式中 c_i —— 岩土的黏聚力（kPa）；

φ_i —— 岩土的内摩擦角（°）

L_i —— 分条（块）的潜在破裂面长度（m）；

W_i —— 分条（块）重量（kN/m）；

α_i —— 破裂面与水平面夹角（°）

β_i —— 土钉轴线与破裂面的夹角（°）

P_i —— 土钉的抗拔能力，取 F_i 和 T_i 中的小值（kN）；

n —— 实设土钉排数；

S_x —— 土钉水平间距（m）；

K —— 施工阶段及使用阶段整体稳定系数，施工阶段 $K \geq 1.3$；使用阶段 $K \geq 1.5$。

（2）土钉墙外部稳定性验算

①按重力式挡土墙方法进行稳定性验算

将土钉及其加固体视为重力式挡土墙，按重力式挡土墙的稳定性验算方法，进行抗倾覆稳定性、抗滑稳定性及基底承载力验算。

a. 土压力计算

土钉墙简化成挡土墙其厚度不能简单地按土钉的长度来计算，只能考虑被土钉加固成整体的那一段，如图 15-8 所示。挡土墙的计算厚度一般按照土钉水平长度的 2/3 ~ 11/12 选取。

$$B_0 = \left(\frac{2}{3} \sim \frac{11}{12}\right) L\cos\beta \tag{15-16}$$

$$H_0 = H + \frac{B_0 \tan i}{1 - \tan\alpha \cdot \tan i} \tag{15-17}$$

$$E_x = \frac{1}{2}\gamma H_0^2 \lambda_x \tag{15-18}$$

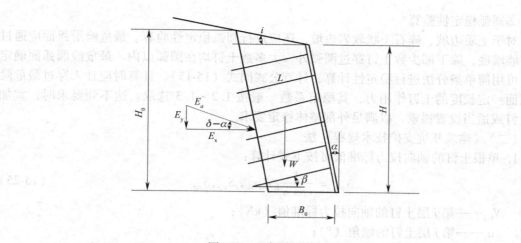

图 15-8 土钉墙计算图示

$$E_y = E_x \cdot \tan (\delta - \alpha) \tag{15-19}$$

式中 L——土钉长度，当多排土钉不等长时取其平均值（m）；

β——土钉与水平面的夹角（°）；

i——坡顶地面线与水平面的夹角（°）；

H——土钉墙的设计高度（m）；

H_0——土压力计算高度（m）；

γ——边坡岩土体重度（kN/m³）；

λ_x——库仑主动水平土压力系数。

b. 抗滑动稳定验算

抗滑安全系数 K_c
$$K_c = \frac{\sum N \cdot \tan\varphi}{E_x} \geqslant 1.3 \tag{15-20}$$

c. 抗倾覆稳定验算

抗倾覆安全系数 K_0
$$K_0 = \frac{\sum M_y}{\sum M_0} \geqslant 1.5 \tag{15-21}$$

d. 地基承载力验算

基底合力偏心距 e
$$e = \frac{B_0}{2} - \frac{\sum M_y - \sum M_0}{\sum N} \tag{15-22}$$

地基承载力 σ 当 $e \leqslant \dfrac{B_0}{6}$
$$\sigma = \frac{\sum N}{B_0} \left(1 + \frac{6e}{B_0}\right) \leqslant [\sigma] \tag{15-23}$$

当 $e > \dfrac{B_0}{6}$ 时
$$\sigma = \frac{2\sum N}{3\left(\dfrac{B_0}{2} - e\right)} \leqslant [\sigma] \tag{15-24}$$

式中 $\sum N$——作用于土钉墙基底上的总垂直力（kN）；

$\sum M_y$——稳定力系对墙趾的总力矩（kN·m）；

$\sum M_0$——倾覆力系对墙趾的总力矩（kN·m）；

φ——土钉墙边坡岩土综合内摩擦角（°）；

e——基底合力的偏心距（m）。

②圆弧稳定性验算

对于土质边坡、碎石土状软岩边坡，还应进行圆弧稳定性验算。最危险滑弧面应通过土钉墙墙底，除下部少数土钉穿过圆弧外，大多数土钉均在圆弧以内。最危险圆弧面确定后，可用简单条分法进行稳定性计算，计算公式同式（15-15）。计算时应计入穿过最危险圆弧面一定长度的土钉作用力，其稳定系数一般按 1.2～1.3 选取。达不到要求时，宜加长土钉或适当设置锚索，以满足外部整体稳定要求。

（二）《建筑基坑支护技术规程》法

1. 单根土钉的轴向拉力标准值可按下式计算：

$$N_{k,j} = \frac{1}{\cos a_j} \zeta \eta_j p_{ak,j} S_{x,j} S_{z,j} \tag{15-25}$$

式中　$N_{k,j}$——第 j 层土钉的轴向拉力标准值（kN）；

$\qquad a_j$——第 j 层土钉的倾角（°）；

$\qquad \zeta$——墙面倾斜时的主动土压力折减系数，可按公式（15-26）确定；

$\qquad \eta_j$——第 j 层土钉轴向拉力调整系数，可按公式（15-27）计算；

$\qquad p_{ak,j}$——第 j 层土钉处的主动土压力强度标准值（kPa）；

$\qquad S_{x,j}$——土钉的水平间距（m）；

$\qquad S_{z,j}$——土钉的垂直间距（m）。

坡面倾斜时的主动土压力折减系数可按下式计算：

$$\zeta = \tan \frac{\beta - \varphi_m}{2} \left[\frac{1}{\tan \frac{\beta + \varphi_m}{2}} - \frac{1}{\tan \beta} \right] / \tan^2 \left(45° - \frac{\varphi_m}{2} \right) \tag{15-26}$$

式中　β——土钉墙坡面与水平面的夹角（°）；

$\qquad \varphi_m$——基坑底面以上各土层按厚度加权的等效内摩擦角平均值（°）。

土钉轴向拉力调整系数可按下列公式计算：

$$\eta_j = \eta_a - (\eta_a - \eta_b) \frac{z_j}{h} \tag{15-27}$$

$$\eta_a = \frac{\sum_{j=1}^{n} (h - \eta_b z_j) \Delta E_{aj}}{\sum_{j=1}^{n} (h - z_j) \Delta E_{aj}} \tag{15-28}$$

式中　z_j——第 j 层土钉至基坑顶面的垂直距离（m）；

$\qquad h$——基坑深度（m）；

$\qquad \Delta E_{aj}$——作用在以 $S_{x,j}$、$S_{z,j}$ 为边长的面积内的主动土压力标准值（kN）；

$\qquad \eta_a$——计算系数；

$\qquad \eta_b$——经验系数，可取 0.6～1.0；

$\qquad n$——土钉层数。

2. 单根土钉的极限抗拔承载力应符合下式规定：

$$\frac{R_{k,j}}{N_{k,j}} \geqslant K_t \tag{15-29}$$

式中　K_t——土钉抗拔安全系数；安全等级为二级、三级的土钉墙，K_t 分别不应小于1.6、1.4；

$\qquad N_{k,j}$——第 j 层土钉的轴向拉力标准值（kN）；

$R_{k,j}$——第 j 层土钉的极限抗拔承载力标准值（kN）。

单根土钉的极限抗拔承载力应按下列规定确定：

（1）单根土钉的极限抗拔承载力应通过抗拔试验确定，试验方法应符合本规程附录 D 的规定；

（2）单根土钉的极限抗拔承载力标准值也可按下式估算，但应通过本规程附录 D 规定的土钉抗拔试验进行验证：

$$R_{k,j} = \pi d_j \sum q_{sk,i} l_i \tag{15-30}$$

式中　d_j——第 j 层土钉的锚固体直径（m）；对成孔注浆土钉，按成孔直径计算，对打入钢管土钉，按钢管直径计算；

$q_{sk,i}$——第 j 层土钉与第 i 土层的极限粘结强度标准值（kPa）；

l_i——第 j 层土钉滑动面以外的部分在第 i 土层中的长度（m），直线滑动面与水平面的夹角取 $\dfrac{\beta + \varphi_m}{2}$。

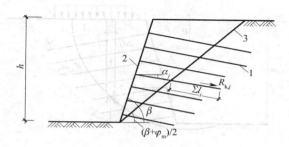

图 15-9　土钉抗拔承载力计算
1—土钉；2—喷射混凝土面层；3—滑动面

（3）对安全等级为三级的土钉墙，可按公式（15-30）确定单根土钉的极限抗拔承载力。

（4）当按本条第（1）～（3）款确定的土钉极限抗拔承载力标准值大于 $f_{yk}A_s$ 时，应取 $R_{k,j} = f_{yk}A_s$。

土钉的极限粘结强度标准值　　　　表 15-2

土的名称	土的状态	q_{sk}（kPa）	
		成孔注浆土钉	打入钢管土钉
素填土		15～30	20～35
淤泥质土		10～20	15～25
黏性土	$0.75 < I_L \leqslant 1$	20～30	20～40
	$0.25 < I_L \leqslant 0.75$	30～45	40～55
	$0 < I_L \leqslant 0.25$	45～60	55～70
	$I_L \leqslant 0$	60～70	70～80
粉土		40～80	50～90
砂土	松散	35～50	50～65
	稍密	50～65	65～80
	中密	65～80	80～100
	密实	80～100	100～120

3. 土钉杆体的受拉承载力应符合下列规定：

$$N_j \leqslant f_y A_s \tag{15-31}$$

式中　N_j——第 j 层土钉的轴向拉力设计值（kN），按本规程第 3.1.7 条的规定计算；

f_y——土钉杆体的抗拉强度设计值（kPa）；

A_s——土钉杆体的截面面积（m²）。

4. 整体稳定性验算

土钉墙应按下列规定对基坑开挖的各工况进行整体滑动稳定性验算：

（1）整体滑动稳定性可采用圆弧滑动条分法进行验算。

（2）采用圆弧滑动条分法时，其整体滑动稳定性应符合下列规定（图 15-10）：

$$\min \{K_{s,1},\ K_{s,2}\cdots K_{s,i},\ \cdots\} \geqslant K_s \tag{15-32}$$

$$K_{s,i} = \frac{\sum \left[c_j l_j + (q_j b_j + \Delta G_j)\cos\theta_j \tan\varphi_j\right] + \sum R'_{k,k}\left[\cos(\theta_k + \alpha_k) + \psi_v\right]/S_{x,k}}{\sum (q_j b_j + \Delta G_j)\sin\theta_j} \tag{15-33}$$

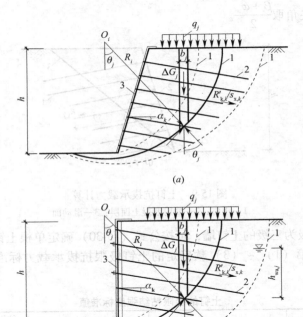

图 15-10　土钉墙整体滑动稳定性验算

（a）土钉墙在地下水位以上；（b）水泥土桩或微型桩复合土钉墙

1—滑动画；2—土钉或锚杆；3—喷射混凝土面层；4—水泥土桩或微型桩

式中　K_s——圆弧滑动稳定安全系数；安全等级为二级、三级的土钉墙，K_s 分别不应小于 1.3、1.25；

$K_{s,i}$——第 i 个圆弧滑动体的抗滑力矩与滑动力矩的比值；抗滑力矩与滑动力矩之比的最小值宜通过搜索不同圆心及半径的所有潜在滑动圆弧确定；

c_j、φ_j——分别为第 j 土条滑弧面处土的黏聚力（kPa）、内摩擦角（°）；

b_j——第 j 土条的宽度（m）；

θ_j——第 j 土条滑弧面中点处的法线与垂直面的夹角（°）；

l_j ——第 j 土条的滑弧长度（m），取 $l_j = b_j/\cos\theta_j$

q_j ——第 j 土条上的附加分布荷载标准值（kPa）；

ΔG_j ——第 j 土条的自重（kN），按天然重度计算；

$R'_{k,k}$ ——第 k 层土钉或锚杆在滑动面以外的锚固段的极限抗拔承载力标准值与杆体受拉承载力标准值（$f_{yk}A_s$ 或 $f_{ptk}A_p$）的较小值（kN）；锚固段的极限抗拔承载力应按规程第 5.2.5 条和第 4.7.4 条的规定计算，但锚固段应取圆弧滑动面以外的长度；

α_k ——第 k 层土钉或锚杆的倾角（°）；

θ_k ——滑弧面在第 k 层土钉或锚杆处的法线与垂直面的夹角（°）；

$S_{x,k}$ ——第 k 层土钉或锚杆的水平间距（m）；

ψ_v ——计算系数；可取 $\psi_v = 0.5\sin(\theta_k + a_k)\tan\varphi$；

φ ——第 k 层土钉或锚杆与滑弧交点处土的内摩擦角（°）。

（3）水泥土桩复合土钉墙，在需要考虑地下水压力的作用时，其整体稳定性应按公式（15-32）、公式（15-33）验算，但 $R'_{k,k}$ 应按本条的规定取值。

（4）当基坑面以下存在软弱下卧土层时，整体稳定性验算滑动面中应包括由圆弧与软弱土层层面组成的复合滑动面。

（5）微型桩、水泥土桩复合土钉墙，滑弧穿过其嵌固段的土条可适当考虑桩的抗滑作用。

5. 基坑底面下有软土层的土钉墙结构应进行坑底隆起稳定性验算，验算可采用下列公式（图 15-11）。

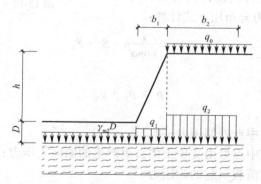

图 15-11　基坑底面下有软土层的土钉墙隆起稳定性验算

$$\frac{\gamma_{m2}DN_q + cN_c}{(q_1b_1 + q_2b_2)/(b_1 + b_2)} \geqslant K_b \quad (15\text{-}34)$$

$$N_q = \tan^2\left(45° + \frac{\varphi}{2}\right)e^{\pi\tan\varphi} \quad (15\text{-}35)$$

$$N_c = (N_q - 1)/\tan\varphi \quad (15\text{-}36)$$

$$q_1 = 0.5\gamma_{m1}h + \gamma_{m2}D \quad (15\text{-}37)$$

$$q_2 = \gamma_{m1}h + \gamma_{m2}D + q_0 \quad (15\text{-}38)$$

式中　K_b ——抗隆起安全系数；安全等级为二级、三级的土钉墙，K_b 分别不应小于 1.6、1.4；

q_0 ——地面均布荷载（kPa）；

γ_{m1}——基坑底面以上土的天然重度（kN/m^3）；对多层土取各层土按厚度加权的平均重度；

h　——基坑深度（m）；

γ_{m2}——基坑底面至抗隆起计算平面之间土层的天然重度（kN/m^3）；对多层土取各层土按厚度加权的平均重度；

D　——基坑底面至抗隆起计算平面之间土层的厚度（m）；当抗隆起计算平面为基坑底平面时，取 $D=0$；

N_c、N_q——承载力系数；

c、φ——分别为抗隆起计算平面以下土的黏聚力（kPa）、内摩擦角（°）；

b_1　——土钉墙坡面的宽度（m）；当土钉墙坡面垂直时取 $b_1=0$；

b_2　——地面均布荷载的计算宽度（m）；可取 $b_2=h$。

6. 土钉墙与截水帷幕结合时，应按本规程附录 C 的规定进行地下水渗透稳定性验算。

（三）《基坑土钉支护技术规程》法

土钉设计计算时，只考虑土钉受拉。土钉的尺寸应满足设计内力的要求，同时还应满足支护内部整体稳定性的要求。

1. 土钉内力计算

在土体自重和地表均布荷载作用下，每一土钉所受到的最大拉力或设计内力 N，可按图 15-12 所示的侧压力分布用下式计算：

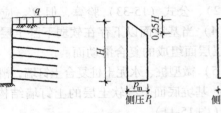

图 15-12　侧压力的分布

$$N = \frac{1}{\cos\alpha} p \cdot S_v \cdot S_h \qquad (15\text{-}39)$$

$$p = p_1 + p_q \qquad (15\text{-}40)$$

式中　α　——土钉倾角；

p　——土钉长度中点处侧压力；

p_1　——土钉长度中点处由支护土体自重产生的侧向土压力；

p_q　——地表均布荷载引起的侧压力。

自重引起的侧压力按下列公式计算：

对于 $\dfrac{C}{\gamma H} \leqslant 0.05$　砂土和粉土

$$p_1 = p_m = 0.55 K_a \gamma H \qquad (15\text{-}41)$$

对于 $\dfrac{C}{\gamma H} > 0.05$　一般黏性土

$$p_1 = p_m = K_a \left(1 - \frac{2C}{\gamma H} \cdot \frac{1}{\sqrt{K_a}} \right) \gamma H \leqslant 0.55 K_a \gamma H \qquad (15\text{-}42)$$

黏土中 p_m 值应不小于 $0.2\gamma H$。

地表均布荷载引起的侧压力

$$p_q = K_a \cdot q \qquad (15\text{-}43)$$

以上各式中

γ ——土的重度；

H ——基坑深度；

K_a ——主动土压力系数，$K_a = \tan^2\left(45° - \dfrac{\varphi}{2}\right)$，其中 φ 为土的内摩擦角。

当有地下水时，应在 p 中加入水压力作用

2. 土钉强度计算

土钉抗拉强度

$$F_{s \cdot d} N \leqslant 1.1 \frac{\pi d^2}{4} f_{yk} \, 。 \qquad (15\text{-}44)$$

式中 $F_{s \cdot d}$ ——土钉的局部稳定性安全系数，一般取 1.2 ~ 1.4，基坑深度较深时取高值；

N ——土钉的设计内力；

d ——土钉钢筋直径；

f_{yk} ——钢筋抗拉标准值。

3. 土钉抗拔承载力

$$F_{s \cdot d} \cdot N \leqslant \pi d_0 \tau l_a \qquad (15\text{-}45)$$

式中 d_0 ——土钉孔直径；

l_a ——土钉在破坏面一侧伸入稳定土体中长度；

τ ——土钉与土体之间的界面粘结强度《规程》以下公式给出抗拔计算：

各层土钉长度尚应满足下列条件：

$$l \geqslant l_f + \frac{F_{s \cdot d} \cdot N}{\pi d_0 \tau} \qquad (15\text{-}46)$$

式中 l_f ——土钉轴线与倾角等于（45° + φ/2）斜线的交点至土钉外端点的距离图 15-14 所示；对于分层土体，φ 值应根据各土层的 $\tan\varphi_j$ 值按其层厚加权的平均值算出。

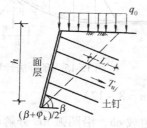

图 15-13 土钉抗拔承载力计算简图

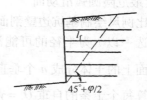

图 15-14 土钉长度的确定

土钉锚固体与土体极限摩阻力标准值　　　　表 15-3

土的名称	土的状态	q_{sik}（kPa）	土的名称	土的状态	q_{sik}（kPa）
填土		16 ~ 20	粉细砂	稍 密	20 ~ 40
淤泥		10 ~ 16		中 密	40 ~ 60
淤泥质土		16 ~ 20		密 实	60 ~ 80

续表

土的名称	土的状态	q_{sik}（kPa）	土的名称	土的状态	q_{sik}（kPa）
黏性土	$I_L > 1$	$18 \sim 30$	中砂	稍　密	$40 \sim 60$
	$0.75 < I_L \leq 1$	$30 \sim 40$		中　密	$60 \sim 70$
	$0.5 < I_L \leq 0.75$	$40 \sim 53$		密　实	$70 \sim 90$
	$0.25 < I_L \leq 0.5$	$53 \sim 65$	粗砂	稍　密	$60 \sim 90$
	$0.0 < I_L \leq 0.25$	$65 \sim 73$		中　密	$90 \sim 120$
	$I_L \leq 0.0$	$73 \sim 80$		密　实	$120 \sim 150$
粉土	$e > 0.9$	$20 \sim 40$	砾砂	中密、密实	$130 \sim 160$
	$0.75 < e \leq 0.9$	$40 \sim 60$			
	$e \leq 0.75$	$60 \sim 90$			

注：表中值为低压或无压注浆值。

对于靠近墙底部的土钉，尚应考虑破坏面外侧土体和喷混凝土面层脱离土钉滑出的可能，其最大抗力尚应满足下列条件：

$$R \leq \pi d_0 (l - l_a)\tau + R_1 \tag{15-47}$$

式中　d_0——土钉孔直径；

$\quad l$——土钉长度；

$\quad l_a$——土钉在破坏面一侧伸入稳定土体中长度；

$\quad \tau$——土钉与土体之间的界面粘结强度；

$\quad R_1$——土钉端部与面层连接处的极限抗拔力。

4. 土钉墙内部稳定性分析

土钉墙整体稳定性分析是指边坡土体中可能出现的破裂面发生在土钉墙内部并穿过全部或部分土钉。假定破裂面上的土钉只承受拉力且达到最大抗力 R。按圆弧破裂面采用普通条分法对土钉墙作整体稳定性分析，取单位长度土钉墙进行计算。

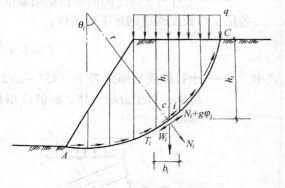

图 15-15　条分法计算图

1）确定最危险圆弧滑动面

（1）按比例尺绘制基坑边壁剖面图。

（2）任选一以 r 为半径的可能滑动面 $\overset{\frown}{AC}$，将滑动面上的土体分成 n 个垂直土条（一般 $n = 8 \sim 12$）。

（3）计算每个土条的自重 $Q_i = \gamma_i h_i b_i$ 和地面超载 qb，沿圆弧 $\overset{\frown}{AC}$ 分解成法向力 N_i 和切向力 T_i。

其中

$$N_i = W_i \cos\theta_i$$

$$T_i = W_i \sin\theta_i$$

$$W_i = \gamma_i b_i h_i + q b_i$$

式中　θ——为法向分力 N_i 与铅垂线之夹角。

（4）滑动力矩

$$M_T = r \sum_{i=1}^{n} W_i \cdot \sin\theta_i$$

（5）抗滑动力矩

$$M_{\text{n}} = r \sum_{i=1}^{n} (N_i \tan\varphi_i + c_i L_i)$$

式中　L_i——第 i 个土条滑弧长。

（6）稳定安全系数

$$K = \frac{M_{\text{n}}}{M_{\text{T}}} = \frac{\sum\limits_{i=1}^{n} (N_i \tan\varphi_i + c_i L_i)}{\sum\limits_{i=1}^{n} (W_i \cdot \sin\theta_i)} \tag{15-48}$$

（7）求最小安全系数 $K_{\min}$，即找出最危险的破裂面。重复（2）～（6），选不同的圆弧，得到相应的安全系数 K_1、K_2、$\cdots K_n$，其中最小值 $K_{\min}$ 即为所求。

为节省计算工作量，可用计算机进行计算。本书附录 7 第四个程序——圆弧形破坏面验算挡土墙稳定性程序，其计算结果给出圆弧破裂面的圆心坐标、半径以及抗滑的安全系数。

2）土钉墙应根据施工期间不同开挖深度及基坑底面以下可能滑动面采用圆弧滑动简单条分法（此时圆弧滑动面就是 1）部分求得的最危险圆弧滑动面），按下式进行整体稳定性验算：

$$\sum_{i=1}^{n} c_{ik} l_{is} + S \sum_{i=1}^{n} (W_i + q_0 b_i) \cos\theta_i \cdot \tan\varphi_{ik} + \sum_{j=1}^{m} T_{\text{n}j} [\cos(\alpha_j + \theta_i) +$$

$$\frac{1}{2} \sin(\alpha_j + \theta_j) \tan\varphi_{ik}] - S\gamma_{\text{k}} \gamma_0 \sum_{i=1}^{n} (W_i + q_0 b_i) \sin\theta_i \geqslant 0 \tag{15-49}$$

式中　n——滑动体分条数；

m——滑动体内土钉数；

γ_{k}——整体滑动分项系数，可取 1.3；

γ_0——基坑侧壁重要性系数；

W_i——第 i 分条土重，滑裂面位于黏性土或粉土中时，按上覆土层的饱和土重度计算；滑裂面位于砂土或碎石类土中时，按上覆土层的浮重度计算；

b_i——第 i 分条宽度；

c_{ik}——第 i 分条滑裂面处土体固结不排水（快）剪黏聚力标准值；

φ_{ik}——第 i 分条滑裂面处土体固结不排水（快）剪内摩擦角标准值；

θ_i——第 i 分条滑裂面处中点切线与水平面夹角；

α_j——土钉与水平面之间的夹角；

l_{is}——第 i 分条滑裂面处弧长；

S——计算滑动体单元厚度；

$T_{\text{n}j}$——第 j 根土钉在圆弧滑裂面外锚固体与土体的极限抗拉力，可按下式计算：

$$T_{\text{n}j} = \pi d_{\text{n}j} \sum q_{sik} l_{ni}$$

其中　l_{ni}——第 j 根土钉在圆弧滑裂面外穿越第 i 层稳定土体内的长度；

$d_{\text{n}j}$——土钉锚固体直径。

5. 土钉墙外部整体稳定性分析

土钉墙的外部整体稳定性验算包括了抗隆起验算，土钉加固后土体作为一墙体的抗滑移、抗倾覆验算等。

(1) 整体性稳定验算

前述的内部稳定性验算保证了土钉墙面层与土钉紧密结合，而在土钉墙的工作中还要保证加固后的土体不会产生如图 15-17 所示的整体滑动面，这个滑动面可能是沿墙脚部，也可能是沿基坑开挖面以下某一软弱土层而形成，因此，在计算中应注意，当进行土钉墙整体稳定性分析时，滑动面不仅要验算墙脚，还要验算墙脚下的任意可能滑动面。由前分析可知，当上述要求验算的整体稳定性满足要求时，抗隆起也就自然满足要求了。整体稳定性分析仍采用上述条分法计算。考虑整体滑动面以外的土钉抗拔力对滑动面土体产生的抵抗滑动作用而求得安全系数。

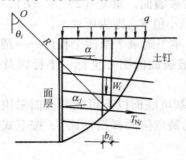

图 15-16 整体稳定性验算简图

图 15-17 土钉墙外部稳定分析

(2) 抗滑移与抗倾覆验算

把土钉加固后的土体作为土钉墙的整体，可视为一重力式挡土墙。应进行抗滑移与抗倾覆验算，如图 15-18 所示的土钉墙，当为重力式墙计算时，墙宽为 b，亦即取最下层土钉长度的水平投影为墙宽，根据内部及外部整体稳定性的分析要求，土钉长度在一般情况下是下层长、上层短，工程实践表明图 15-18 所示的土钉墙厚满足

$$b \geqslant 1.2 h \tan\left(45° - \frac{\varphi}{2}\right) \qquad (15-50)$$

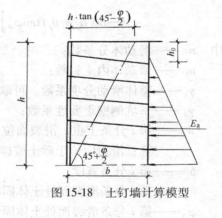

图 15-18 土钉墙计算模型

作用于墙背主动土压力

$$E_a = \frac{1}{2}\gamma(h - h_0)^2 K_a = \frac{1}{2}\gamma h^2\left(1 - \frac{2c}{\gamma H}\frac{1}{\sqrt{K_a}}\right) \cdot K_a$$

令 $\delta = \dfrac{c}{\gamma H}$，则

$$E_a = \frac{1}{2}\gamma h^2\left(1 - \frac{2\delta}{\sqrt{K_a}}\right)K_a$$

墙体重力作用下墙底的抗滑力 F_u 为

$$F_u = \gamma h b \mu$$

抗滑安全系数 K_H 为

$$K_{\mathrm{H}} = \frac{F_{\mathrm{u}}}{E_{\mathrm{a}}} = \frac{\gamma bhu}{\frac{1}{2}\gamma h^2\left(1 - \frac{2\delta}{\sqrt{K_{\mathrm{a}}}}\right)K_{\mathrm{a}}} \tag{15-51}$$

如取　$b = 1.2h\tan\left(45° - \dfrac{\varphi}{2}\right)$，则 K_{H} 经简化为：

$$K_{\mathrm{H}} = \frac{2.4\mu}{\sqrt{K_{\mathrm{a}}} - 2\delta} \leqslant 1.2 \tag{15-52}$$

《基坑土钉支护技术规程》CECS 96: 97 规定抗滑安全系数为 1.2。

抗倾覆安全系数 K_{M} 为：

$$K_M = \frac{\frac{1}{2}b^2 h \cdot \gamma}{\frac{\gamma}{b}(h - h_0)^3 K_{\mathrm{a}}} \tag{15-53}$$

如取 $b = 1.2h\tan\left(45° - \dfrac{\varphi}{2}\right)$，经简化有：

$$K_M = \frac{4.32}{\left(1 - \dfrac{2\delta}{\sqrt{K_{\mathrm{a}}}}\right)^3} \tag{15-54}$$

《基坑土钉支护技术规程》规定抗倾覆安全系数为 1.3。从上式可见，K_{M} 总是满足。对于抗滑移，大部分土钉墙工程都会满足抗滑稳定性要求。

（3）当土体中有较薄弱的土层或薄弱层面时，还应考虑上部土体在背面土压作用下沿薄弱土层或薄弱层面滑动失稳的可能性，方法同前抗滑移稳定计算。

对土钉墙的地基承载力验算，即墙体底面竖向压应力小于墙底土体作为地基持力层的地基承载力设计值的 1.2 倍。

三、喷混凝土面层设计

喷射混凝土面层的作用除保证土钉之间局部土体的稳定以外，还要使土钉周围的土压力有效地传给土钉，这就要求土钉钉头与面层连接牢靠。

1. 内力计算

在土体自重及地表超载作用下，喷混凝土面层所受侧压力 p_0。

$$p_0 = p_{01} + p_{0q} \tag{15-55}$$

$$p_{01} = 0.7 \times \left(0.5 + \frac{S - 0.5}{5}\right)p_1 \leqslant 0.7p_1 \tag{15-56}$$

式中　S——土钉水平间距和竖向间距中的较大值，单位为 m；

p_1 和 p_{0q} 计算规定同土钉拉力，即式（15-9）～式（15-11）。

当有地下水时，应计入水压力对面层产生的侧压力。

上面计算的压力应乘以分项系数 1.2。如工程重要，尚应考虑结构重要系数为1.1～1.2。

2. 强度计算

（1）喷混凝土面层

喷混凝土面层可按以土钉为支点的连续板进行强度计算。作用于面层的侧向压力在同一间距内可按均布考虑，其反力作为土钉的端部拉力。验算的内容包括板在跨中和支座截面的受弯、板在支座截面的冲切等。

（2）土钉与喷混凝土面层的连接

土钉与喷混凝土面层的连接，应能承受土钉端部的拉力的作用。当用螺纹、螺母和垫板与面层连接时，垫板边长及厚度应通过计算确定。当用焊接方法通过不同形式的部件与面层相连时，应对焊接强度作出验算。此外，面层连接处尚应验算混凝土局部承压作用。

面层的工作机理是土钉墙设计中不很清楚的问题之一，有一些面层土压力实测资料，测得土压力与面层刚度有关。目前对面层设计方法很多，而且差别极为悬殊。本书推荐方法是较为合理的。

第四节　土钉墙施工与监测

一、施工

1. 土钉墙施工可按下列顺序进行：

（1）应按设计要求开挖工作面，整修边坡，埋设喷射混凝土厚度控制标志；

（2）喷射第一层混凝土；

（3）钻孔安设土钉、注浆、安设连接件；

（4）绑扎钢筋网，喷射第二层混凝土；

（5）设置坡顶、坡面和坡脚的排水系统。

2. 开挖

土钉墙应按设计规定的分层开挖深度按作业顺序施工，在完成上层作业面的土钉与喷混凝土以前，不得进行下一层深度的开挖。只有当上层土钉注浆体及喷射混凝土面层达到设计强度的70%后方可开挖下层土方及下层土钉施工。在机械开挖后，应辅以人工修整坡面，坡面平整度的允许偏差宜为±20mm，在坡面喷射混凝土支护前，应清除坡面虚土。

支护分层开挖深度和施工作业的顺序应保证修整后的裸露边坡能在规定的时间内保持自立并在限定的时间内完成支护，即及时设置土钉或喷射混凝土。基坑在水平方向的开挖也应分段进行，一般可取10~20m。同时应尽量缩短边壁土体的裸露时间。对于自稳能力差的土体如高含水量的黏性土和无天然粘结力的砂土必须立即进行支护。

为防止基坑边坡的裸露土体发生坍陷，对于易坍的土体可考虑采用如下措施：

（1）对修整后的边壁立即喷上一层薄的砂浆或混凝土，待凝结后再进行钻孔；

（2）在作业面上先构筑钢筋网喷混凝土面层，而后进行钻孔并设置土钉；

（3）在水平方向上分小段间隔开挖；

（4）先将作业深度上的边壁做成斜坡，待钻孔并设置土钉后再清坡；

（5）在开挖前，沿开挖面垂直击入钢筋或钢管，或注浆加固土体。

土钉墙宜在排除地下水的条件下进行施工，应采取恰当的排水措施包括地表排水、墙体内部排水以及基坑排水，以避免土体处于饱和状态并减轻作用于面层上静水压力。

3. 土钉设置

土钉成孔前，应按设计要求定出孔位并作出标记和编号。孔距允许偏差 ±100mm，孔深允许偏差 ±50mm，孔径允许偏差 ±5mm，成孔倾角偏差不大于 ±5%。成孔过程中应做好成孔记录，按土钉编号逐一记载取出的土体特征、成孔质量、事故处理等。钻孔后要进行清孔检查，对于孔中出现的局部渗水塌孔或掉落松土应立即处理。成孔后应及时安设土钉钢筋并注浆。

土钉钢筋置入孔中前，应先设置定位支架，保证钢筋处于钻孔的中心部位，支架沿钉长的间距约为 2~3m 左右。土钉置入孔中后，可采用重力、低压（0.4~0.6MPa）或高压（1~2MPa）方法注浆填孔。水平孔必须采用低压或高压方法注浆。压力注浆时应在钻孔口部设置止浆塞，注满后保持压力 3~5min。重力注浆以满孔为止，但在初凝前补浆 1~2 次。

为提高土钉抗拔能力可采用二次挤压注浆法，即在首次注浆（砂浆）终凝后 2~4h 内，用高压（2~3MPa）向钻孔中的二次注浆管注入水泥净浆，注满后保持压力 5~8min。二次注浆管的边壁带孔且与钻孔等长，在首次注浆前与土钉钢筋同时送入孔中。向孔内注入浆体的充盈系数必须大于 1。保证实际注浆量超过孔的体积。注浆用水泥砂浆的水灰比不宜超过 0.38~0.45，配合比为 1：1~1：2（重量比），用水泥净浆时水灰比宜为 0.5 并宜加入适量的速凝剂等外加剂用以促进早凝和控制泌水。

当土钉钢筋端部通过锁定筋与面层内的加强筋及钢筋网连接时，其相互之间应可靠焊牢。当土钉端部通过螺纹、螺母、垫板与面层连接时，宜在土钉端部约 600~800mm 的长度段内，用塑料包裹土钉钢筋表面使之形成自由段，以便于喷射混凝土凝固后拧紧螺母；垫板与喷射混凝土面层之间的空隙用高强水泥砂浆抹平。

4. 喷混凝土面层

在喷射混凝土前，面层内钢筋网应牢固固定在边壁上并符合规定的保护层厚度要求。钢筋网可用插入土中的钢筋固定，在混凝土喷射下应不出现位移。

钢筋网片可用焊接或绑扎而成，网格允许误差 ±10mm。钢筋网铺设时每边的搭接长度应不小于一个网格边长或 200mm，如为搭焊则焊长不小于网筋直径的 10 倍。

喷射混凝土配合比应通过试验确定，粗骨料最大粒径不宜大于 12mm，水灰比不宜大于 0.45，并应通过外加剂来调节所需坍落度和早强时间。

喷射混凝土的喷射顺序应自下而上，喷头与受喷面距离宜控制在 0.8~1.5m 范围内，射流方向垂直指向喷射面，但在钢筋部位应先喷填钢筋后方，然后再喷填钢筋前方，防止在钢筋背面出现空隙。为保证喷射混凝土厚度达到规定值，可在边壁面上垂直打入短的钢筋段作为标志。当面层厚度超过 100mm 时，应分二次喷射，每次喷射厚度宜为 50~70mm。

5. 土钉现场测试

土钉墙施工必须进行土钉的现场抗拔试验。一般应在专门设置的非工作土钉上进行抗拔试验直至破坏，用来确定极限荷载，并据此估计土钉的界面极限粘结强度。

每一典型土层中至少应有 3 个专门用于测试的非工作钉。测试钉除其总长度和粘结长度可与工作钉有区别外，应与工作钉采用相同的施工工艺同时制作，其孔径、注浆材料等参数以及施工方法等应与工作钉完全相同。测试钉的注浆粘结长度一般不小于工作钉的 1/2 且不短于 5m，在满足钢筋不发生屈服并最终发生拔出破坏的前提下宜取较长的粘结段，必要时适当加大土钉钢筋直径。

测试钉进行抗拔试验时的注浆体抗压强度一般不应低于 6MPa。试验采用分级连续加载，首先施加少量的初始荷载（不大于土钉设计荷载的 1/10）使加载装置保持稳定，以后的每级荷载增量不超过荷载的 20%。在每级荷载施加完毕后记下位移读数并保持荷载稳定不变，继续记录以后 1min，6min，10min 的位移读数。若同级荷载下 10min 与 1min 的位移增量小于 1mm，即可立即施加下级荷载，否则应保持荷载不变继续测读 15、30、60min 时的位移，此时若 60min 与 6min 的位移增量小于 2mm，可立即进行下级加载，否则即认为达到极限荷载。根据试验得出的极限荷载，可算出界面粘结强度的实测值。这一试验的平均值应大于设计计算所用标准值的 1.25 倍，否则应进行反馈修改设计。

极限荷载下的总位移必须大于测试钉非粘结长度段土钉弹性伸长理论计算值的 80%，否则这一测试数据无效。

上述试验也可以不进行到破坏，但此时所加的最大试验荷载值应使土钉界面粘结应力的计算值（按粘结应力沿粘结长度均匀分布算出）超出设计计算所用标准值的 1.25 倍。

二、施工监测与检查

土钉墙的施工监测应包括下列内容：

（1）墙的位移量测；

（2）地表开裂状态的观察；

（3）附近建筑物和重要管线等设施的变形量测和裂缝观察；

（4）基坑渗、漏水和基坑内外的地下水位变化。

在施工开挖过程中，基坑顶部的侧向位移与当时的开挖深度之比如超过 3‰（砂土中）和 3‰~5‰（一般黏土中）时，应密切加强观察，分析原因并及时对土钉墙采取加固措施。

土钉墙按下列规定进行质量检测

（1）土钉采用抗拔试验检测承载力；

（2）墙面喷射混凝土厚度应采用钻孔检查。

第五节　算　例

某大厦基坑工程采用土钉墙支护，资料如下：

一、地质情况

1. 杂填土① 4.5~8.5m 厚，$\varphi = 18°$，$c = 17\text{kPa}$；

2. 重粉质黏土②$_1$ $\varphi = 14°$，$c = 30\text{kPa}$；

   细粉砂②$_2$ $\varphi = 30°$；

3. 卵石圆砾③$_1$ $\varphi = 42°$；

   粉质黏土重粉质黏土③$_2$ $\varphi = 15°$，$c = 30\text{kPa}$；

4. 细粉砂④$_1$ $\varphi = 34°$；

   粉质黏土重粉质黏土④$_2$ $\varphi = 27°$，$c = 39\text{kPa}$；

黏质粉土④₃，　$\varphi = 27°$，　$c = 39\text{kPa}$。

二、地质剖面

平均土层厚度　①5.2m，②2.2m，③3.7m，④2.3m，⑤0.3m。
该剖面厚度共计13.7m。基坑开挖13.7m。

三、采用参数

1. ①号土　$\varphi = 15°$，$c = 15\text{kPa}$；
   ②号土　$\varphi = 30°$，$c = 15\text{kPa}$；
   ③号土　$\varphi = 42°$，$c = 0$；
   ④号土　$\varphi = 34°$，$c = 0$。
2. $\gamma = 20\text{kN/m}^3$。
3. 地面超载　$q = 20\text{kN/m}^2$。

四、土钉所受土压力计算

由于分层土体性能相差不大，φ 及 c 值取各层土的 φ、c 值按其厚度加权平均。

1. 现分两层土计算上层及下层土：

上层土号土层为原①、②号土厚7.4m，$\varphi = 22.5°$，$c = 15\text{kPa}$；

下层土号土层为原③和④号土厚为6.3m，$\varphi = 38°$。

2. 土压力计算

上层土压力

$$\frac{c}{\gamma H} = \frac{15}{20 \times 7.4} = 0.101$$

$$0.05 \leqslant \frac{c}{\gamma H} \leqslant 0.2 \quad 应按黏土计算$$

$$\varphi = 22.5° \quad K_a = 0.446 \quad \sqrt{K_a} = 0.67 \quad \gamma = 20\text{kN/m}^3$$

$$p_1 = K_a \Big[1 - \frac{2c}{\gamma H} \cdot \frac{1}{\sqrt{K_a}} \Big] \gamma H$$

$$= 0.446 \Big(1 - \frac{2 \times 15}{20 \times 7.4} \cdot \frac{1}{0.67} \Big) \times 20 \times 7.4$$

$$= 46\text{kN/m}^2$$

$$p_2 = K_a q = 0.446 \times 20 = 8.92\text{kN/m}^2$$

$$p = 46 + 8.92 = 54.9\text{kN/m}^2$$

下层土压力

$$c = 0 \quad \frac{c}{\gamma H} \leqslant 0.05 \quad 砂土$$

$$p_1 = 0.5 K_a \gamma H$$

$$= 0.5 \times 0.238 \times 20 \times 13.7 = 32.6\text{kN/m}^2$$

$$p_2 = 0.238 \times 20 = 4.76\text{kN/m}^2$$

$$p = 32.6 + 4.76 = 37.4 \text{kN/m}^2$$

$$\bar{p} = \frac{37.4 + 54.9}{2} = 46 \text{kN/m}^2$$

按公式　$N = \bar{p} \cdot S_h \cdot S_v$

$N = 46 \times 1.5 \times 1.5 = 103.5 \text{kN}$（土钉间距1.5m）

梯形底部及中部　$N = 103.5 \text{kN}$

上部 $\dfrac{H}{4}$ 即 $\dfrac{13.7}{4} = 3.42$m 的部位有 2 道土钉，其受力应为 30.3kN（距顶1m），第二道土钉距顶面 2.5m，土压力为 75.7kN。

五、计算土钉直径

用公式（15-44）：

$$F_{s \cdot d} N \leqslant 1.35 \frac{\pi d^2}{4} f_y$$

式中　$F_{s \cdot d}$ 取 1.5，钢筋抗拉强度设计值 $f_y = 300 \text{N/mm}^2$

$$d = \sqrt{\frac{4 \times 1.5 \times N}{\pi \times 1.35 f_y}}$$

$$= \sqrt{\frac{4 \times 1.5 \times 103.5 \times 10^3}{3.14 \times 1.35 \times 300}} = 22.1 \text{mm}$$

按下部土压力为矩形分布，设计轴力 $N = 103.5 \text{kN}$，则各道土钉直径均选 $\Phi 22$。

六、计算各层土钉长度，有效长度、安全系数

1. 资料

北京地区资料

夹有 2m 左右淤泥质及粉质黏土　$\tau_1 = 53.8 \text{kPa}$

粉质黏土夹有细粉砂　$\tau_2 = 62 \text{kPa}$

密实砂　$\tau_3 = 100 \text{kPa}$

夹有卵石细粉砂　$\tau_4 = 180 \text{kPa}$

2. 土钉抗拉能力

破坏面上每一土钉的抗拉能力按下列公式计算并取其中较小值。

按土钉受拉拔条件　$T = \pi D L_a \tau$

按土钉受拉强度条件　$T = 1.35 \dfrac{\pi d^2}{4} f_y$

3. 土钉拉力计算

土压力分布

分两层计算：

1) 上层厚为 7.4m，上层土

$$c = 15 \text{kPa}, \quad \varphi = 22.5°$$

$$\frac{c}{\gamma H} = \frac{15}{20 \times 7.4} = 0.101$$

$$0.05 \leqslant \frac{c}{\gamma H} \leqslant 0.2 \quad \text{应按黏土计算}$$

$$\varphi = 22.5° \quad K_a = 0.446 \quad \sqrt{K_a} = 0.67 \quad \gamma = 20\text{kN/m}^3$$

$$p_1 = K_a \left[1 - \frac{2c}{\gamma H} \cdot \frac{1}{\sqrt{K_a}} \right] \gamma H$$

$$= 0.446 \left(1 - \frac{2 \times 15}{20 \times 7.4} \cdot \frac{1}{0.67} \right) \times 20 \times 7.4$$

$$= 46\text{kN/m}^2$$

$$p_2 = K_a q = 0.446 \times 20 = 8.92\text{kN/m}^2$$

$$p = 46 + 8.92 = 54.9\text{kN/m}^2$$

2）下层土

$c = 0$，$\varphi = 34°$ 及 $42°$ 平均为 $\varphi = 38°$，按砂土

$$\frac{c}{\gamma H} \leqslant 0.05$$

砂土
$$p_1 = 0.5 K_a \gamma H$$
$$= 0.5 \times 0.238 \times 20 \times 13.7 = 32.6\text{kN/m}^2$$
$$p_2 = 0.238 \times 20 = 4.76\text{kN/m}^2$$
$$p = 32.6 + 4.76 = 37.4\text{kN/m}^2$$
$$\bar{p} = \frac{37.4 + 54.9}{2} = 46\text{kN/m}^2$$

按公式
$$N = \bar{p} \cdot S_v \cdot S_h$$
$$= 46 \times 1.5 \times 1.5 = 103.5\text{kN} \quad （土钉间距1.5m）$$

梯形底部及中部　$N = 103.5\text{kN}$

上部 $\frac{H}{4}$ 即 $\frac{13.7}{4} = 3.42$m 的部位有 2 个土钉，其受力应为

$$N_1 = \frac{103.5 \times 1}{3.42} = 30.3\text{kN}$$

$$N_2 = \frac{103.5 \times 2.5}{3.42} = 75.7\text{kN}$$

土钉抗拉力

$$T = 1.35 \times \frac{\pi d^2}{4} \times 300 = 153.9\text{kN}$$

土钉抗拔力　取土钉锚固体直径 $D = 0.1$m

$$T_{u1} = \pi D L_b \tau$$
$$= 3.142 \times 0.1 \times 3 \times 53.8 = 50.7\text{kN}$$
$$T_{u2} = 3.142 \times 0.1 \times 6.8 \times 62 = 132.5\text{kN}$$
$$T_{u4} = 3.142 \times 0.1 \times 5.6 \times 100 = 175.7\text{kN}$$

其他各土钉极限抗拔力均可仿此算出如表所示。各土钉的安全系数均大于1.625。

土钉序号	高程（m）	土钉内力 N（kN）	有效长度 L_b（m）	极限抗拔力 T_u（kN）	土钉全长	安全系数
T_1	1.0	30.3	3	50.7	10	1.67
T_2	2.5	76.6	6.8	132.5	12	1.73
T_3	4.0	103.5	8.8	171.4	13	1.66
T_4	5.5	103.5	5.6	175.7	9	1.70
T_5	7.0	103.5	6.2	194.8	9	1.88
T_6	8.5	103.5	5.8	182.2	8	1.76
T_7	10.0	103.5	6.4	213.6	8	2.06
T_8	11.5	103.5	6.0	339.0	7	3.27
T_9	13.0	103.5	6.7	378.0	7	3.60

$$\sum N = 831.4\text{kN} \qquad \sum T_u = 1837.9\text{kN}$$

$$K_{\text{总}} = \frac{1837.9}{831.4} = 2.21$$

4. 整体稳定

（1）抗滑稳定验算

墙宽取为6m，墙底部土 $\varphi = 42°$

抗滑力

$$F_t = (13.7 \times 6 \times 20 + 6 \times 20) \times \tan42° \times 1.5$$
$$= 2382.5\text{kN}$$

土压力引起水平推力为各道土钉拉力之和

$$\sum N = 831.4\text{kN}$$

抗滑稳定安全系数

$$K_H = \frac{F_t}{\sum N} = \frac{2382.5}{831.4} = 2.87 > 1.2 \quad 安全$$

（2）抗倾覆稳定验算

抗倾覆力矩即土的自重平衡力矩

$$M_W = (13.7 \times 6 \times 20 + 6 \times 20) \times \frac{6}{2} \times 1.5$$
$$= 7938\text{kN} \cdot \text{m}$$

倾覆力矩

$$M_0 = 30.3 \times (13.7 - 1) + 76.6 \times (13.7 - 2.5) + 103.5 \times$$
$$(13.7 \times 7 - 4 - 5.5 - 7 - 8.5 - 10 - 11.5 - 13)$$
$$= 5010.1\text{kN} \cdot \text{m}$$

抗倾覆稳定安全系数

$$K = \frac{7938}{5010.1} = 1.58$$

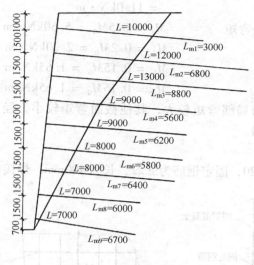

图 15-19 土钉墙剖面图

5. 面层设计

（1）面层承载力

面层实为支承于土钉上的无梁连续板。面层厚 100mm，土钉间距即为面层跨距 $l = 1.5\text{m}$。

作用于上部面层上的荷载，按式（15-26）和式（15-27）则有

$$p_0 = p_{01} + p_q$$

$$p_{01} = 0.7 \times \left(0.5 + \frac{S - 0.5}{5}\right) \times p_1$$

$$= 0.7 \times \left(0.5 + \frac{1}{5}\right) \times 46$$

$$= 22.54\text{kN/m}^2$$

$$p_q = 0.446 \times 20 = 8.92\text{kN/m}^2$$

$$p_0^{\text{上}} = 31.46\text{kN/m}^2$$

作用于下部面层上荷载

$$p_{01} = 0.7 \times \left(0.5 + \frac{1.5 - 0.5}{5}\right) \times 32.6$$

$$= 16\text{kN/m}^2$$

$$p_q = 0.238 \times 20 = 4.76\text{kN/m}^2$$

$$p_0^{\text{下}} = 20.7\text{kN/m}^2$$

取上、下两部分平均值

$$p_0 = \frac{1}{2}(31.46 + 20.7)$$

$$= 26.1\text{kN/m}^2$$

$$M_0 = \frac{1}{8}p_0 l^3 = \frac{1}{8} \times 26.1 \times 1.5^3$$

$$= 11.0 \text{kN} \cdot \text{m}$$

钉上带土钉作用处弯矩 $\qquad M_1 = 0.5M_0 = 5.50 \text{kN} \cdot \text{m}$

跨中弯矩 $\qquad M_2 = 0.2M_0 = 2.20 \text{kN} \cdot \text{m}$

跨中带支座处 $\qquad M_3 = 0.15M_0 = 1.65 \text{kN/m}$

跨中带跨中处 $\qquad M_4 = 0.15M_0 = 1.65 \text{kN/m}$

只有土钉连接处的局部弯矩较大，其他截面弯矩较小。经计算选配 $\phi6@200 \times 200$。土钉连接处应适当加强。

（2）连接计算

钢筋网片如图 15-20，固定钢筋为 $\Phi22$，长为 400mm，焊接在土钉上。

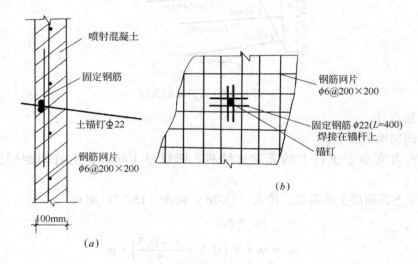

图 15-20 钢筋网片平面图

其连接的安全系数为

$$K_p = \frac{P_k}{E_p}$$

$$P_k = (a + b) \cdot F \cdot T / \cos45°$$

式中 $\quad a$、b——锚固件的长宽取 $a = 400 \text{mm}$，$b = 400 \text{m}$；

$\qquad F$——喷射混凝土抗剪强度 $F = 1500 \text{kPa}$；

$\qquad T$——喷射混凝土厚度 $T = 100 \text{mm}$；

$\qquad E_p$——作用于锚头上的主动土压力。

$$E_p = 103.5 \text{kN}$$

$$P_k = \frac{(400 + 400) \times 1500 \times 100}{\cos45°} \times 10^{-6}$$

$$= 169.1 \text{kN}$$

$$K_p = \frac{169.1}{103.5} = 1.64$$

由于《建筑基坑支护技术规范》与《基坑土钉支护技术规程》之间的计算方法的差异，本节内容中部分采用《建筑基坑支护技术规范》规定的极限状态法；也有部分内容采用《基坑土钉支护技术规程》的总安全系数法，但两者计算的结果相差不大。

第十六章 排桩支护结构设计

第一节 概　述

排桩支护结构，主要用钻孔灌注桩、人工挖孔桩、钢板桩及预制钢筋混凝土板桩为主要受力构件。可以是桩与桩连接起来，也可以在钻孔灌注桩间加一根素混凝土树根桩把钻孔灌注桩连接起来；或用挡土板置于钢板桩及钢筋混凝土板桩之间形成的围护结构。为保证结构的稳定和具有一定的刚度，可设置内支撑或锚杆。

一、排桩式支护结构可分为：

1. 柱列式排桩支护

当边坡土质较好，地下水位较低，可利用土拱作用，以稀疏钻孔灌注桩或挖孔桩支挡土体。

2. 连续排桩支护

在软土中不能形成土拱，支挡桩应该连续密排。密排的钻孔桩可以互相搭接，或在桩身强度尚未形成时，在相邻桩之间做一根素混凝土树根桩把钻孔桩连起来。钢板桩，钢筋混凝土板桩可以直接连接，也可在桩中置入挡土板。

3. 组合式排桩支护

在地下水位较高的软土地区，可采用钻孔灌注桩排桩与水泥土桩防渗墙组合的形式。

二、按基坑开挖深度及支挡结构支撑情况，排桩支护可分为：

1. 悬臂（无支撑）支护结构

当基坑开挖深度不大，可利用悬臂作用挡住墙后土体。

2. 单支撑支护结构

当基坑开挖深度较大时，为支护结构安全和减小变形，在支护结构顶部附近设置一道支撑（或拉锚）。

3. 多支撑支护结构

当基坑开挖深度较深时，可设置多道支撑（或拉锚）。

桩板式支挡结构是比较传统式的支挡结构。它靠桩体插入土中和支撑体系（或拉锚）抵抗墙后的水、土压力，保证支护结构安全。

利用并列的钻孔灌注桩组成的围护墙体由于施工简单，墙体刚度较大，造价比较低，因此在工程中应用较多。根据上海地区的经验：对于开挖深度 <6m 的基坑可选用 $\phi600mm$ 密排悬臂钻孔桩，桩与桩之间可用树根桩密封，也可在灌注桩后注浆或用水泥搅拌桩作防水帷幕；对于开挖深度在 4~6m 的基坑，根据场地条件和周围环境可选用预制钢筋混凝土板桩或钢板桩，其后注浆或加搅拌桩防渗，设一道围檩和支撑，也可采用 $\phi600mm$ 钻孔桩，后面用

搅拌桩防渗，顶部设一道圈梁和支撑；对于开挖深度 6 ~ 10m 的基坑，常采用 ϕ800 ~ 1000mm 的钻孔桩，后面加深层搅拌桩或注浆防水，并设 2 ~ 3 道支撑，支撑道数视土质情况、周围环境及对围护结构变形要求而定；对于开挖深度大于 10m 的基坑，上海地区采用 ϕ800 ~ 1000mm 钻孔桩，采用深层搅拌桩防水，多道支撑或中心岛施工方法。

同样，板桩式挡土墙也在公路、铁路工程中得到广泛应用。一般悬臂式板桩挡土墙，应用于墙高较低的情况，而拉锚式板桩应用比较广泛。

第二节　排桩支护结构构造

一、柱列式钻孔灌注桩构造

1. 采用混凝土灌注桩时，对悬臂式排桩，支护桩的桩径宜大于或等于 600mm；对锚拉式排桩或支撑式排桩，支护桩的桩径宜大于或等于 400mm；排桩的中心距不宜大于桩直径的 2.0 倍。

2. 采用混凝土灌注桩时，支护桩的桩身混凝土强度等级、钢筋配置和混凝土保护层厚度应符合下列规定：

（1）桩身混凝土强度等级不宜低于 C25；

（2）纵向受力钢筋宜选用 HRB400、HRB500 钢筋，单桩的纵向受力钢筋不宜少于 8 根，其净间距不应小于 60 mm；支护桩顶部设置钢筋混凝土构造冠梁时，纵向钢筋伸入冠梁的长度宜取冠梁厚度；冠梁按结构受力构件设置时，桩身纵向受力钢筋伸入冠梁的锚固长度应符合现行国家标准《混凝土结构设计规范》GB 50010 对钢筋锚固的有关规定；当不能满足锚固长度的要求时，其钢筋末端可采取机械锚固措施；

（3）箍筋可采用螺旋式箍筋；箍筋直径不应小于纵向受力钢筋最大直径的 1/4，且不应小于 6mm；箍筋间距宜取 100 ~ 200mm，且不应大于 400mm 及桩的直径；

（4）沿桩身配置的加强箍筋应满足钢筋笼起吊安装要求，宜选用 HPB300、HRB400 钢筋，其间距宜取 1000 ~ 2000mm；

（5）纵向受力钢筋的保护层厚度不应小于 35mm；采用水下灌注混凝土工艺时，不应小于 50mm；

（6）当采用沿截面周边非均匀配置纵向钢筋时，受压区的纵向钢筋根数不应少于 5 根；当施工方法不能保证钢筋的方向时，不应采用沿截面周边非均匀配置纵向钢筋的形式；

（7）当沿桩身分段配置纵向受力主筋时，纵向受力钢筋的搭接应符合现行国家标准《混凝土结构设计规范》GB 50010 的相关规定。

3. 支护桩顶部应设置混凝土冠梁。冠梁的宽度不宜小于桩径，高度不宜小于桩径的 0.6 倍。冠梁钢筋应符合现行国家标准《混凝土结构设计规范》GB 50010 对梁的构造配筋要求。冠梁用作支撑或锚杆的传力构件或按空间结构设计时，尚应按受力构件进行截面设计。

在有主体建筑地下管线的部位，冠梁宜低于地下管线。

4. 排桩桩间土应采取防护措施。桩间土防护措施宜采用内置钢筋网或钢丝网的喷射混凝土面层。喷射混凝土面层的厚度不宜小于 50mm，混凝土强度等级不宜低于 C20，混凝土面层内配置的钢筋网的纵横向间距不宜大于 200mm。钢筋网或钢丝网宜采用横向拉筋与两侧桩体连接，拉筋直径不宜小于12mm，拉筋锚固在桩内的长度不宜小于100mm。钢筋网宜采用桩间土内打入直径不小于12mm的钢筋钉固定，钢筋钉打入桩间土中的长度不宜小于排桩净间距的1.5倍且不应小于500mm。

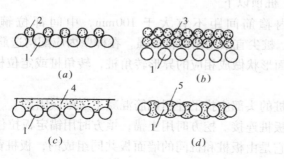

图 16-1　隔水帷幕

1—灌注桩；2—注浆或树根桩；3—搅拌桩；

4—高压喷射（180°喷射）；5—旋喷桩

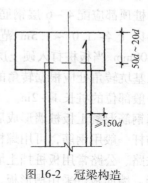

图 16-2　冠梁构造

5. 排桩采用素混凝土桩与钢筋混凝土桩间隔布置的钻孔咬合桩形式时，支护桩的桩径可取800~1500mm，相邻桩咬合长度不宜小于200mm。素混凝土桩应采用塑性混凝土或强度等级不低于C15的超缓凝混凝土，其初凝时间宜控制在40~70h之间，坍落度宜取12~14mm。

二、钢板桩构造

钢板桩围护墙一般采用U形或Z形截面形状，当基坑较浅时也可采用正反扣的槽钢；当基坑较深时也可采用钢管、H钢及其他组合截面钢桩。

钢板桩的边缘一般应设置通长锁口，使相邻板桩能相互咬合成既能截水又能共同承力的连续护壁；当采用钢管或其他型钢作围护墙时，在其两侧也应加焊通长锁口。带锁口的钢板桩一般能起到隔水作用，但考虑到施工中的不利因素，在地下水位较高的地区，环境保护要求较高时，应与柱列式围护墙一样，钢板桩背面另加设水泥土之类的隔水帷幕。

钢板桩围护墙可用于圆形、矩形、多边形等各种平面形状的基坑。对于矩形、多边形基坑在转角处应根据转角平面形状做相应的异形转角桩。无成品角桩时，可将普通钢板桩裁开后，加焊型钢或钢板后拼制成角桩。角桩长度应适当加长。

三、钢筋混凝土板桩构造

钢筋混凝土板桩截面尺寸应根据受力要求按强度和抗裂计算结果确定，并满足打桩设备的能力。

墙体一般由预制钢筋混凝土板桩组成。当考虑重复使用时，宜采用预制的预应力混凝土板桩。桩身截面通常为矩形，也可以用T形或工字形截面。

板桩两侧一般做成凹凸榫，如图16-3。也有做成Z形缝或其他形式的企口缝。阳榫各面尺寸应比阴榫小5mm。板桩的桩尖沿厚度方向做成楔形。为使邻桩靠接紧密，减小接缝和倾斜，在阴榫一侧的桩尖削成45°~60°的斜角，阳榫一侧不削。角桩及定位桩的桩尖做成对称形。矩形截面板桩宽度通常为500~800mm，厚度250~500mm。T形截面板桩的肋厚一般为 200～300mm，肋高 500～750mm，混凝土强度等级不宜小于 C25，预应力板桩不宜低于 C40。考虑沉桩时锤击的冲击应力作用，桩顶都应配 4～6 层钢筋网，桩顶以下

图 16-3　钢筋混凝土板桩截面图

和桩尖以上各 1.0～1.5m 范围内箍筋间距不宜大于 100mm，中间部位箍筋间距 250～300mm。当板桩打入硬土层时，桩尖宜采用钢桩靴加强，在榫壁内应配构造筋。

在基坑转角处应根据转角的平面形状做成相应的异形转角桩，转角桩或定位桩的长度应比一般部位的桩长 1～2m。

当钢筋混凝土板桩墙形成后，桩的头部应找平并用钢筋混凝土冠梁嵌固。

锚杆一般用钢筋，可用螺栓与板桩连接。挖方时用土锚；填方时用锚定板拉住锚杆。

铁路、公路常用板桩挡土墙，它是由板桩和桩间的墙面板共同组成的，板桩截面一般为矩形。墙面板可采用槽形板，也可用空心板。

第三节　排桩支护结构设计

一、设计内容

排桩支护结构应根据其自身和周围影响范围内建筑物的安全等级，按承载力极限状态与正常使用极限状态的要求，分别进行下列计算：

1. 按承载力极限状态设计

（1）水平承载力计算；

（2）地基竖向承载力计算；

（3）板桩及其承力的圈梁、支撑、土锚及基坑底板等均应进行强度承载力计算，对预制钢筋混凝土板桩还应进行吊运阶段的强度、刚度验算；

（4）整体稳定性及基底稳定计算；

（5）如有软弱下卧层，其承载力应进行验算。

2. 按正常使用极限状态设计

（1）桩墙及其构筑物在施工各阶段的横向与竖向变形不得超过规定的允许值；

（2）抗裂度与裂缝宽度验算。

二、结构内力计算

排桩可根据受力条件分段按平面问题计算。排桩水平荷载计算宽度可取排桩的中心距。结构的内力与变形的计算值、支点力的计算值应根据基坑开挖、地下结构施工过程的不同工况计算。

（一）对于排桩挡土墙应按各种工况按下列规定计算：

1. 一般情况下应按弹性支点法计算，支点刚度系数 K_T 及地基土水平抗力系数 m 应取地区经验取值，当缺乏地区经验时可按式（16-9）～式（16-15）确定；

2. 对于悬臂及单层支点结构的支点力 T_{c1}、截面弯矩计算值 M_c、剪力计算值 V_c 也可按静力平衡条件确定。

（二）结构内力及支点力的设计值应按下列规定计算：

1. 截面弯矩设计值 M

$$M = 1.25\gamma_0 M_c \qquad (16\text{-}1)$$

2. 截面剪力设计值 V

$$V = 1.25\gamma_0 V_c \qquad (16\text{-}2)$$

3. 支点结构第 j 层支点力设计值

$$T_{dj} = 1.25\gamma_0 T_{cj} \qquad (16\text{-}3)$$

（三）计算方法

1. 弹性支点法

弹性支点法是将把排桩墙分段按平面问题计算，如图 16-4 所示，此时排桩墙竖向计算条视为弹性地基梁。

其荷载计算宽度可取排桩的中心距，大小为基坑外侧水平荷载标准值。

排桩插入土中的坑内侧视为弹性地基，则排桩的基本挠曲方程为

$$EI\frac{\mathrm{d}^4 y}{\mathrm{d}x^4} - p_{aik} b_s = 0 \qquad (0 \leqslant z \leqslant h_n) \qquad (16\text{-}4)$$

$$EI\frac{\mathrm{d}^4 y}{\mathrm{d}x^4} + mb_0 (z - h_n) y - p_{aik} b_s = 0 \qquad (z = h_n) \qquad (16\text{-}5)$$

式中　EI——排桩墙计算宽度抗弯刚度；

　　　m——地基土水平抗力系数的比例系数；

　　　b_0——抗力计算宽度；

　　　z——排桩顶点至计算点的距离；

　　　h_n——第 n 工况基坑开挖深度；

　　　y——计算点水平变形；

　　　b_s——荷载计算宽度，排桩可取桩中心距。

（1）采用平面杆系结构弹性支点法时，宜采用图 16-4 所示的结构分析模型，且应符合下列规定：

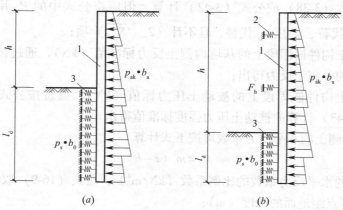

图 16-4　弹性支点法计算

（a）悬臂式支挡结构；（b）锚拉式法挡结构或支撑式支挡结构；

1—挡土结构；2—由锚杆或支撑简化而成的弹性支座；

3—计算土反力的弹性支座

①主动土压力强度标准值可按式（3-38）计算；

②土反力可按本规程式（16-6）确定；

③挡土结构采用排桩时，作用在单根支护桩上的主动土压力计算宽度应取排桩间距，土反力计算宽度（b_0）应按式（16-10.1）～式（16-10.4）计算（图16-5）；

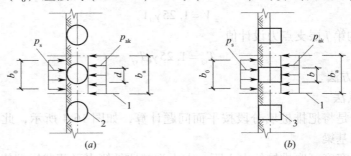

图16-5　排桩计算宽度

（a）圆形截面排桩计算宽度；（b）矩形或工字形截面排桩计算宽度；

1—排桩对称中心线；2—圆形桩；3—矩形桩或工字形桩

（2）作用在挡土构件上的分布土反力应符合下列规定：

①分布土反力可按下式计算：

$$p_s = k_s v + p_{s0}$$

（16-6）

②挡土构件嵌固段上的基坑内侧土反力应符合下列条件，当不符合时，应增加挡土构件的嵌固长度或取 $p_{sk} = E_{pk}$ 时的分布土反力。

$$p_{sk} \leqslant E_{pk}$$

（16-7）

式中　p_s——分布土反力（kPa）；

k_s——土的水平反力系数（kN/m³），按式（16-8）计算；

v——挡土构件在分布土反力计算点使土体压缩的水平位移值（m）；

p_{s0}——初始分布土反力（kPa）；挡土构件嵌固段上的基坑内侧初始分布土反力可按公式（3-38）或公式（3-42）计算，但应将公式中的 P_{ak} 用 P_{s0} 代替、σ_{ak} 用 σ_{pk} 代替、u_a 用 u_p 代替，且不计 $(2_{ci}\sqrt{K_{a,i}})$ 项；

p_{sk}——挡土构件嵌固段上的基坑内侧土反力标准值（kN），通过按公式（16-6）计算的分布土反力得出；

E_{pk}——挡土构件嵌固段上的被动土压力标值（kN），通过按公式（3-40）或公式（3-43）计算的被动土压力强度标准值得出。

（3）基坑内侧土的水平反力系数可按下式计算

$$k_s = m(z - h)$$

（16-8）

式中　m——土的水平反力系数的比例系数（kN/m⁴），按式（16-9）取值；

z——计算点距地面的深度（m）；

h——计算工况下的基坑开挖深度（m）。

土的水平反力系数的比例系数宜按桩的水平荷载试验及地区经验取值，缺少试验和经验时，可按下列经验公式计算：

$$m = \frac{0.2\varphi^2 - \varphi + c}{v_b} \tag{16-9}$$

式中　m——土的水平反力系数的比例系数（MN/m^4）；

　　c、φ——分别为土的黏聚力（kPa）、内摩擦角（°），按本规程第 3.1.14 条的规定确定；对多层，按不同土层分别取值；

　　v_b——挡土构件在坑底处的水平位移量（mm），当此处的水平位移不大于 10mm 时，可取 $v_b = 10mm$。

排桩的土反力计算宽度应按下列公式计算（图 16-5）：

对圆形桩

$$b_0 = 0.9(1.5d + 0.5) \quad (d \leqslant 1m) \tag{16-10a}$$

$$b_0 = 0.9(d + 1) \quad (d > 1m) \tag{16-10b}$$

对矩形桩或工字形桩

$$b_0 = 1.5b + 0.5 \quad (b \leqslant 1m) \tag{16-10c}$$

$$b_0 = b + 1 \quad (b > 1m) \tag{16-10d}$$

式中　b_0——单根支护桩上的土反力计算宽度（m）；当按公式（16-10a）～公式（16-10d）计算的 b_0 大于排桩间距时，b_0 取排桩间距；

　　d——桩的直径（m）；

　　b——矩形桩或工字形桩的宽度（m）。

（4）锚杆的内支撑对挡土结构的作用力应按下式确定：

$$F_h = k_R(v_R - v_{R0}) + p_h \tag{16-11}$$

式中　F_h——挡土结构计算宽度内的弹性支点水平反力（kN）；

　　k_R——挡土结构计算宽度内弹性支点刚度系数（kN/m）；采用锚杆时可按式（16-12）、式（16-13）确定，采用内支撑时可按式（16-15）确定；

　　v_R——挡土构件在支点处的水平位移值（m）；

　　v_{R0}——设置锚杆或支撑时，支点的初始水平位移值（m）；

　　p_h——挡土结构计算宽度内的法向预加力（kN）；采用锚杆或竖向斜撑时，取 $p_h = p \cdot \cos\alpha \cdot b_a/S$；采用水平对撑时，取 $p_h = p \cdot b_a/S$；对不预加轴向压力的支撑，取 $p_h = 0$；采用锚杆时，宜取 $p = 0.75N_k \sim 0.9N_k$，采用支撑时，宜取 $p = 0.5N_k \sim 0.8N_k$；

　　p——锚杆的预加轴向拉力值或支撑的预加轴向压力值（kN）

　　α——锚杆倾角或支撑仰角（°）；

　　b_a——挡土结构计算宽度（m），对单根支护桩，取排桩间距，对单幅地下连续墙，取包括接头的单幅墙宽度；

　　S——锚杆或支撑的水平间距（m）；

　　N_k——锚杆轴向拉力标准值或支撑轴向压力标准值（kN）。

（5）锚拉式支挡结构的弹性支点刚度系数应按下列规定确定：

① 锚拉式支挡结构的弹性支点刚度系数宜通过本规程附录 A 规定的基本试验按下式计算：

$$k_R = \frac{(Q_2 - Q_1) b_a}{(s_2 - s_1) s} \tag{16-12}$$

式中 Q_1、Q_2——锚杆循环加荷或逐级加荷试验中（$Q-s$）曲线上对应锚杆锁定值与轴
向拉力标准值的荷载值（kN）；对锁定前进行预张拉的锚杆，应取循环
加荷试验中在相当于预张拉荷载的加载量下卸载后的再加载曲线上的荷
载值；

s_1、s_2——$Q-s$ 曲线上对应于荷载为 Q_1、Q_2 的锚头位移值（m）；

s——锚杆水平间距（m）。

② 缺少实验时，弹性支点刚度系数也可按下式计算：

$$k_R = \frac{3E_s E_c A_p A b_a}{\left[3E_c A l_f + E_s A_p \left(l - l_f\right)\right] s} \tag{16-13}$$

$$E_c = \frac{E_s A_p + E_m \left(A - A_p\right)}{A} \tag{16-14}$$

式中 E_s——锚杆杆体的弹性模量（kPa）；

E_c——锚杆的复合弹性模量（kPa）；

A_p——锚杆杆体的截面面积（m²）；

A——注浆固结体的截面面积（m²）；

l_f——锚杆的自由段长度（m）；

l——锚杆长度（m）；

E_m——注浆固结体的弹性模量（kPa）。

③当锚杆腰梁或冠梁的挠度不可忽略不计时，应考虑梁的挠度对弹性指点刚度系数的影响。

（6）支撑式支挡结构的弹性支点刚度系数宜通过对内支撑结构整体进行线弹性结构分析得出的支点力与水平位移的关系确定。对水平对撑，当支撑腰梁或者说冠梁的挠度可忽略不计时，计算宽度内弹性指点刚度系数可按下式计算：

$$k_R = \frac{\alpha_R E A b_a}{\lambda l_0 S} \tag{16-15}$$

式中 λ——支撑不动点调整系数：支撑两对边基坑的土性、深度、周边荷载等条件相近，
且分层对称开挖时，取 $\lambda = 0.5$；支撑两对边基坑的土性、深度、周边荷载等
条件或开挖时间有差异时，对土压力较大或先开挖的一侧，取 $\lambda = 0.5 \sim 1.0$，
且差异大时取大值，反之取小值；对土压力较小或后开挖的一侧，取 $(1-\lambda)$；
当基坑一侧取 $\lambda = 1$ 时，基坑另一侧应按固定支座考虑，对竖向斜撑构件，取
$\lambda = 1$；

α_R——支撑松弛系数，对混凝土支撑和预加轴向压力的钢支撑，取 $\alpha_R = 1.0$，对不
预加轴向压力的钢支撑，取 $\alpha_R = 0.8 \sim 1.0$；

E——支撑材料的弹性模量（kPa）；

A——支撑截面面积（m²）；

l_0——受压支撑构件的长度（m）；

S——支撑水平间距（m）。

（7）弹性支点法的解法有：

1）有限单元法；

2）有限差分法；

3）解析法。

（8）求解后，可按下列规定计算支护结构的内力计算值：

①悬臂式支护弯矩和剪力计算值分别按下列公式计算

弯矩

$$M_c = h_{mz} \sum E_{mz} - h_{az} \sum E_{az} \tag{16-16}$$

剪力

$$V_c = \sum E_{mz} - \sum E_{az} \tag{16-17}$$

式中 $\sum E_{mz}$——计算截面以上按弹性支点法计算得出的基坑内侧各土层弹性抗力值 $mb_0 \ (z - h_n) \ y$ 的合力之和；

h_{mz}——合力 $\sum E_{mz}$ 作用点到计算截面的距离；

$\sum E_{az}$——计算截面以上按弹性支点法计算得出的基坑外侧土层水平荷载标准值 $p_{aik} b_s$ 的合力；

h_{az}——合力 $\sum E_{az}$ 作用点到计算截面的距离。

②支点支护结构弯矩，剪力计算值可按下列公式计算

$$M_c = \sum T_j \ (h_j + h_c) \ + h_{mz} \sum E_{mz} - h_{az} \sum E_{az} \tag{16-18}$$

$$V_c = \sum T_j + \sum E_{mz} - \sum E_{az} \tag{16-19}$$

式中 h_j——支点力 T_j 至基坑底的距离；

h_c——基坑底面至计算截面的距离，当计算截面在基坑底面以上时取负值。

2. 极限平衡法

极限平衡法在支挡结构设计中是广大技术人员熟悉的一种设计计算方法。对于支挡结构，由于静力平衡法假定比较简单，但难以表达支挡结构体系各参数变化的要求，因此在多支点支挡结构设计中逐渐被弹性支点法所代替。不过由于计算方法简单，可以手算，至今在相当范围内仍得到应用。所以在《建筑地基基础设计规范》GB 50007—2011 及《规程》JGJ 120—2012 中明确指出：对于悬臂式及单支点支挡结构嵌固深度应按极限平衡法确定，同时，也可以应用于悬臂及单支点支挡结构的内力计算，因此在今后一段时期内极限平衡法还会得到一定范围的应用。所以本节专门介绍此种算法。

（1）悬臂式排桩计算法

朗金土压力分布

无黏性均质土在经典的悬臂板桩设计中，作了如图 16-6 所示的简化假定。

用传统方法解这个问题时假定在填土侧开挖面以上受主动土压力。在主动土压力作用下，墙趋于旋转，从而在墙的前面发生被动土压力。在支点 b 处，墙后土从主动转到被动压力，而在剩下的到桩底的距离墙前是主动土压力。

①土压力系数及土压力 p、p'、p''

为分析方便，设被动土压力系数 K_p 与主动土压力系数 K_a 之比，即

$$\xi = K_p/K_a \tag{16-20}$$

由图 16-7 可知，计算所需各点土压力值：

$$p = \gamma (K_p - K_a) y \tag{16-21}$$

$$p' = \gamma (h - a) K_p - \gamma a K_a \tag{16-22}$$

$$p'' = \gamma(h+D)K_p - \gamma DK_a \qquad (16\text{-}23)$$

②开挖面以下板桩受压力为零点到开挖面的距离为 a，即为主动土压力与被动土压力相等的位置：

$$p' = 0$$

将式（16-22）代入上式，得：

$$a = n_1 h \qquad (16\text{-}24)$$

式中

$$n_1 = \frac{1}{\xi - 1} \qquad (16\text{-}25)$$

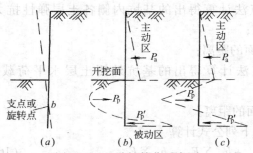

图 16-6　悬臂桩简化示意图
（a）假设弹性线；（b）可能具有的土压力定量分布；
（c）计算用简化压力图

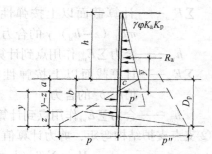

图 16-7　粒状土中悬臂板桩压力图

③开挖面下最大弯矩作用点 b，亦即结构断面剪力为零的点，依此可推得：

$$\frac{b}{2}\gamma b K_p - \frac{(h+b)}{2}\gamma(h+b)K_a = 0$$

整理得

$$\frac{K_p}{K_a} = \left(\frac{h}{b}+1\right)^2$$

如

$$b = n_2 h \qquad (16\text{-}26)$$

则

$$n_2 = \frac{1}{\sqrt{\xi}-1} \qquad (16\text{-}27)$$

④最大弯矩值 M_{max} 为：

$$M_{max} = \frac{h+b}{3} \cdot \frac{(h+b)^2}{2}\gamma K_a - \frac{b}{3} \cdot \frac{\gamma b^2}{2}K_p$$

$$= \frac{\gamma}{6}[(h+b)^3 K_a - b^3 K_p] \qquad (16\text{-}28)$$

将式（16-16）及式（16-17）代入上式整理得：

$$M_{max} = \frac{\gamma h^3 K_a}{6} n_2^2 \xi$$

令

$$\alpha = n_2^2 \xi \qquad (16\text{-}29)$$

代入上式则有

$$M_{max} = \alpha \frac{\gamma h^3 K_a}{6} \qquad (16\text{-}30)$$

⑤嵌入深度 D

悬臂式支挡结构的嵌固深度（l_d）应符合下式嵌固稳定性的要求（图 16-8）：

$$\frac{E_{pk}a_{pl}}{E_{ak}a_{al}} \geq K_e \qquad (16\text{-}31)$$

式中　　K_e——嵌固稳定安全系数；安全等级为一级、二级、三级的悬臂式支挡结构，K_e 分别不应小于 1.25、1.2、1.15；

E_{ak}、E_{pk}——分别为基坑外侧主动土压力、基坑内侧被动土压力标准值（kN）；

a_{al}、a_{pl}——分别为基坑外侧主动土压力、基坑内侧被动土压力合力作用点至挡土构件底端的距离（m）。

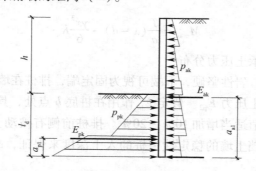

图 16-8　悬臂式结构嵌固稳定性验算

（2）单层支点排桩结构计算

朗金土压力分布

当填方或挖方高度较大时，不能采用悬臂式排桩挡土墙。此时，可在排桩顶部附近设置锚定拉杆或锚杆，或加内支撑，成为锚定式排桩挡土墙。

锚定式排桩挡土墙，一般可视为有支撑点的竖直梁。一个支点是顶端的锚定拉杆或锚杆；另一支点是排桩下端埋入基坑以下的土。下端支承情况又与板桩入土深度、岩性有关。一般可分为：铰支承，此桩埋入土中较浅，排桩下端可转动；另一种则为固定端支承，此时排桩下端埋入土中较深，基岩岩性较好，可认为下端在土中嵌固。

①下端铰支承时土压力分布

排桩在土压力作用下产生弯曲变形，两端为铰支，墙后产生的主动土压力为 E_a。由于排桩下端可以转动，故墙后下端不产生被动土压力；墙前由于排桩挤压而产生被动土压力 E_p。由于排桩下端入土较浅，排桩挡土墙的稳定安全度，可以用墙前的被动土压力 E_p 除以安全系数 K 确定，通常安全系数取 2，现取值见式（16-31）之规定。

按朗金理论计算求得主动土压力

$$E_a = \frac{1}{2}\gamma(h+t)^2 K_a$$

$$\frac{E_p}{K} = \frac{\gamma}{2}t^2 K_p / K$$

对锚定点 O 取矩：

$$E_a\left[\frac{2}{3}(h+t)-d\right] = \frac{E_p}{K}\left(h-d+\frac{2}{3}t\right) \qquad (16\text{-}32)$$

求解式（16-32），可求得入土深度 t。

由 $\sum x = 0$，得锚杆的拉力

$$T = \left(E_a - \frac{E_p}{K} \right) \times a \qquad (16\text{-}33)$$

式中 a——为锚杆的水平间距；

由剪力等于零而求得最大弯矩截面，

$$x = \sqrt{\frac{2T}{K_a \gamma a}} \qquad (16\text{-}34)$$

而最大弯矩值

$$M_{max} = \frac{T}{a}(x - d) - \frac{\gamma x^3}{6} K_a \qquad (16\text{-}35)$$

②排桩下端固定支承土压力分布

排桩下端入土较深，岩性坚硬，下端可视为固定端，排桩在墙后除主动土压力 E_A 外，还有嵌固点以下的被动土压力 E_{p2}。假定 E_{p2} 作用在桩底 b 点处，具体处理同悬臂排桩。排桩的入土深度可按计算值适当增加 $10\% \sim 20\%$。排桩前侧有被动土压力 E_{p1} 作用。由于排桩入土深度较深，排桩挡土墙的稳定性由桩的入土深度来保证，故被动土压力 E_{p1} 不再考虑安全系数。

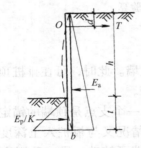
图 16-9 下端铰支承锚定板桩计算图

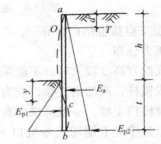
图 16-10 下端为固定端锚定板桩计算图

由于排桩下端嵌固点位置不知道，因此不能用静力平衡条件直接求得排桩的入土深度 t。在图 16-10 中给出了排桩的挠曲形状，在排桩下部有一反弯点 c。在 c 点以上排桩有最大正弯矩；c 点以下将产生最大的负弯矩。挠曲线反弯点相对于弯矩为零的截面。太沙基给出了均匀砂土中，当表面无超载、墙后无较高地下水位时，反弯点 c 的深度 y 值与土的内摩擦角 φ 间存在着近似关系，如表 16-1。

反弯点 c 深度 y 值与 φ 之间关系式 表 16-1

土内摩擦角 φ	20°	30°	40°
y	0.25h	0.08h	−0.007h

反弯点 c 确定后，则将板桩分成 ac、bc 两段，根据平衡条件可求得板桩入土深度及最大正、负弯矩，在 c 截面处 $M_c = 0$，剪力 $V_c \neq 0$，取排桩 ac 段来研究，对锚杆 O 点取矩，$\sum M_o = 0$ 得：

$$V_c(h + y - d) = \frac{1}{2} p_{ac}(h + y) \left[\frac{2}{3}(h + y) - d \right] - \frac{1}{2} p_{pc} y \times \left(h + \frac{2}{3} y - d \right)$$

$$V_c = \frac{1}{2(h+y-d)} \left\{ p_{ac}(h+y) \left[\frac{2}{3}(h+y) - d \right] - p_{pc}y \left(h + \frac{2}{3}y - d \right) \right\} \tag{16-36}$$

由式（16-37）求得 V_c。

由排桩 cb 段上作用力，对 b 点取矩 $\sum M_b = 0$ 得：

$$V_e(t-y) = \frac{\gamma}{6}(K_p - K_a)(t-y)^3 + \frac{1}{2}p_n(t-y)^2$$

式中

$$p_n = p_{pc} - p_{ac} = \gamma y K_p - \gamma(y+h)K_a$$

解得：

$$t - y = \frac{-3p_n + \left[9p_n^2 + 24(K_p - K_a)\gamma V_c \right]^{\frac{1}{2}}}{2\gamma(K_p - K_a)} \tag{16-37}$$

则可求得入土深度 t，排桩实际入土深度用 $1.2t$。

锚杆拉力 T 则由 ac 段水平力平衡方程求得：

$$T = \left[\frac{1}{2}p_{ac}(h+y) - \frac{1}{2}p_{pc}y - V_c \right] \times a \tag{16-38}$$

由排桩所受到的外力可知，见图 16-10。

$$M_0 = \frac{1}{6}\gamma d^3 K_a \tag{16-39}$$

最大正弯矩应发生在剪力为零截面 d，其位置

$$V = T/a - \frac{\gamma}{2}x^2 K_a = 0$$

则

$$x = \sqrt{\frac{2T}{\gamma K_a a}} \tag{16-40}$$

最大弯矩

$$M_d = \frac{\gamma x^3}{6}K_a - T(x-d)/a \tag{16-41}$$

排桩在反弯点以下的最大负弯矩所在截面 e，距反弯点，由剪力为零方程求得：

$$V_e - p_n x_1 - \frac{p_{ne} - p_n}{t-y}x_1\frac{x_1}{2} = 0 \tag{16-42}$$

可求得 x_1 值。最大负弯矩

$$M_e = V_e x_1 - p_n\frac{x_1^2}{2} - \frac{x_1^3}{6}\frac{p_{ne} - p_n}{t-y} \tag{16-43}$$

③锚定板排桩挡土墙电算程序使用

以上给出了简化的计算方法，但仍很繁杂。为方便读者计算，特给出根据以上公式编制的入土深度及排桩弯矩计算程序。程序见附录。

如图 16-9 所示为基坑开挖的护壁用的锚定板桩挡土墙。墙后有主动土压力作用；而在墙前开挖线以下有被动土压力作用；在 O 点有一锚杆拉力。

由排桩对 O 点的力矩平衡条件，即式（16-32），它是一个含有排桩入土深度 t 的三次幂的非线性方程，本方程采用"牛顿-拉斐逊"法计算 t 值。

本程序验算了单层支撑支挡式结构确定嵌固深度应满足的嵌固稳定性的要求（图16-11）：

$$\frac{E_{pk}a_{p2}}{E_{ak}a_{a2}} \geq K_e \tag{16-44}$$

式中　K_e——嵌固稳定安全系数；安全等级为一级、二级、三级的锚拉式支挡结构和支撑式支挡结构，K_e 分别不应小于1.25、1.2、1.15；

　　a_{a2}、a_{p2}——基坑外侧主动土压力、基坑内侧被动土压力合力作用点至支点的距离（m）。

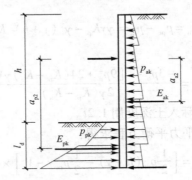

图16-11　单支点锚拉式支挡结构和支撑式
支挡结构的嵌固稳定性验算

在程序中，入土深度 t 值的计算，自开挖线高程算起逐次以0.5m厚土层为步长向下进行计算。当达到某一深度 t 时，按公式（16-44）计算，其安全系数恰好等于或大于 K_e 值时，即停止运算，打印出 t 值。此值就是在给定的条件下满足给定安全系数所需的排桩入土深度。

由于排桩是柔性的，排桩前后土压力分布图形也将改变，因而在程序输出入土深度后，还应根据地基土壤情况、排桩材料及断面尺寸等，对土进行适当的修正。一般可增大10%~20%。锚杆拉力可由式（16-33）求得。

最后，程序给出排桩入土深度、安全系数、锚杆张力及安全系数 K_e 随排桩入土深度的变化情况。还输出排桩承受的最大弯矩。

3. 多支点排桩计算

对于多撑排桩墙，因施加撑的方式不同，其土压力分布和墙体变形及内力不同。一般情况下，应根据地基及邻近地基是否允许变形，或由施工时是否对撑施加预加荷载来决定土压力的大小。通过调整对横撑施加预加荷载大小，使土压力在主动土压力与被动土压力之间变化。如不施加预加轴力，墙体上所承受的土压力在未开挖侧是在静土压力和主动土压力之间；而在开挖一侧土压力在静止土压力和被动土压力之间。

由于考虑因素及假定不同，有不同的计算方法。考虑到实用及合理，仅介绍以下几种方法：

1）山肩帮男近似法

（1）假定

①视墙体为下端自由的弹性体；

②主动土压力在开挖面以上为三角形，在开挖面以下为矩形；

③被动土压力为开挖线以下的被动土压力，其中 $Ax + B$ 为被动土压力减去静止土压力（η_x）之值；

④横撑设置后，即作为不动支点；

⑤下道横撑设置后，认为上道撑轴力不变，而且下道撑以上墙体保持原来的位置；

⑥把开挖面以下墙体弯矩为零处视为铰，并忽略下部墙体对上部墙体的剪力传递。

（2）计算公式

根据以上假定，只需静力平衡条件 $\sum N = 0$，$\sum M_k = 0$，即可求得入土深度和横撑的轴力：

由 $\sum N = 0$ 得：

$$N_k = \frac{1}{2}\eta \cdot h_{ok}^2 + \eta \cdot h_{ok}x_m - \sum_1^{k-1} N_i - Bx_m - \frac{1}{2}Ax_m^2 \tag{16-45}$$

由 $\sum M_k = 0$，化简后得：

$$\frac{1}{3}Ax_m^3 - \frac{1}{2}(\eta \cdot h_{ok} - B - A \cdot h_{kk})x_m^2 - (\eta \cdot h_{ok} - B)h_{kk}x_m$$
$$- \left[\sum_{i=1}^{k-1} N_i h_{ik} - h_{kk}\sum_1^{k-1} N_i + \frac{1}{2}\eta \cdot h_{kk} \cdot h_{ok}^2 - \frac{1}{6}\eta h_{ok}^3\right] \tag{16-46}$$

（3）计算步骤：

①在第一次开挖中，$k = 2$，而且 N_i 只有一个 N_1 是已知值，N_k 为 N_2，由公式（16-46）求出 x_m；

②求得 x_m 之后，将 x_m 代入公式（16-45），求得横撑轴力 N_3；

③仿此，求出各次开挖时横撑的轴力；

④求得横撑轴力之后，即可计算出每次开挖时的墙体内力。

2）弹性支点法

对于多层支点的排桩墙的内力和变形求解，采用弹性支点法更加合理。弹性支点法较好的反映基坑开挖和回筑过程中各种基本因素和复杂情况对排桩墙受力的影响，如施工过程中基坑开挖，支撑设置，失效和拆除，荷载变化，预加压力，墙体刚度改变，与主体结构板、墙的结合方式，内支撑式挡土结构和基坑两侧非对称荷载等的影响；结构与地层的相互作用及开挖过程中土体刚度变化的影响；围护结构的空间效应及围护结构与支撑体系的共同作用；反映施工过程及施工完成后的使用阶段墙体受力变化的连续性。

弹性支点法的计算精度主要取决于一些基本计算参数的取值是否符合实际，如基床系数、墙背和墙前土压力分布、支撑的松弛系数等，可通过地区经验加以完善。

排桩墙可根据受力条件分段按平面问题计算，排桩水平荷载计算宽度可取排桩中心距。此时排桩可视为侧向地基上梁或采用侧向地基上的空间板壳有限单元模型。

对于排桩墙杆系有限元解，本书后有附录电算程序可以应用。有关计算可见下一章地下连续墙内力计算部分。

三、排桩墙稳定性计算

排桩墙稳定性计算应包括抗倾覆，抗滑移，整体稳定，抗隆起及防渗漏等。

1. 整体滑动稳定性可采用圆弧滑动条分法进行验算；

采用圆弧滑动条分法时，其整体滑动稳定性应符合下列规定（图16-12）：

$$\min\{K_{s,1}, K_{s,2}, \cdots, K_{s,i}, \cdots\} \geqslant K_s \tag{16-47}$$
$$\sum\{c_j l_j + [(q_j b_j + \Delta G_j)\cos\theta_j - u_j l_j]\tan\varphi_j\}$$

$$K_{s,i} = \frac{+ \sum R'_{k,k} \left[\cos\left(\theta_k + \alpha_k\right) + \psi_v \right] / s_{x,k}}{\sum \left(q_j b_j + \Delta G_j\right) \sin\theta_j} \tag{16-48}$$

式中 K_s——圆弧滑动稳定安全系数；安全等级为一级、二级、三级的支挡式结构，K_s 分别不应小于 1.35、1.3、1.25；

$K_{s,i}$——第 i 个圆弧滑动体的抗滑力矩与滑动力矩的比值；抗滑力矩与滑动力矩之比的最小值宜通过搜索不同圆心及半径的所有潜在滑动圆弧确定；

c_j、φ_j——分别为第 j 土条滑弧面处土黏聚力（kPa）、内摩擦角（°）；

b_j——第 j 土条的宽度（m）；

θ_j——第 j 土条滑弧面中点处的法线与垂直面的夹角（°）；

l_j——第 j 土条的滑弧长度（m），取 $l_j = b_j / \cos\theta_j$；

q_j——第 j 土条上的附加分布荷载标准值（kPa）；

ΔG_j——第 j 土条的自重（kN），按天然重度计算；

u_j——第 j 土条滑弧面上的水压力（kPa）；采用落底式截水帷幕时，对地下水位以下的砂土、碎石土、砂质粉土，在基坑外侧，可取 $u_j = \gamma_w h_{wa,j}$，在基坑内侧，可取 $u_j = \gamma_w h_{wp,j}$；滑弧面在地下水位以上或对地下水位以下的黏性土，取 $u_j = 0$；

γ_w——地下水重度（kN/m³）；

$h_{wa,j}$——基坑外侧第 j 土条滑弧面中点的压力水头（m）；

$h_{wp,j}$——基坑内侧第 j 土条滑弧面中点的压力水头（m）；

$R'_{k,k}$——第 k 层锚杆在滑动面以外的锚固段的极限抗拔承载力标准值与锚杆杆体受拉承载力标准值（$f_{ptk}A_p$）的较小值（kN）；锚固段的极限抗拔承载力应按本规程第 4.7.4 条的规定计算，但锚固段应取滑动面以外的长度；对悬臂式、双排桩支挡结构，不考虑 $\sum R'_{k,k} \left[\cos\left(\theta_k + \alpha_k\right) + \psi_v\right] / s_{x,k}$ 项；

α_k——第 k 层锚杆的倾角（°）；

θ_k——滑弧面在第 k 层锚杆处的法线与垂直面的夹角（°）；

$s_{x,k}$——第 k 层锚杆的水平间距（m）；

ψ_v——计算系数；可按 $\psi_v = 0.5\sin\left(\theta_k + \alpha_k\right)\tan\varphi$ 取值；

φ——第 k 层锚杆与滑弧交点处土的内摩擦角（°）

2. 当挡土构件底端以下存在软弱下卧土层时，整体稳定性验算滑动面中应包括由圆弧与软弱土层层面组成的复合滑动面。

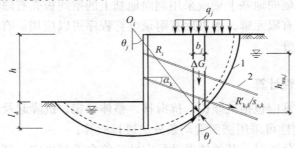

图 16-12 圆弧滑动条分法整体稳定性验算

1—任意圆弧滑动面；2—锚杆

3. 支挡式结构的嵌固深度应符合下列坑底隆起稳定性要求：

（1）锚拉式支挡结构和支撑式支挡结构的嵌固深度应符合下列规定（图 16-13）：

$$\frac{\gamma_{m2} l_d N_q + c N_c}{\gamma_{m1}(h + l_d) + q_0} \geqslant K_b \tag{16-49}$$

$$N_q = \tan^2\left(45° + \frac{\varphi}{2}\right) e^{\pi \tan\varphi} \tag{16-50}$$

$$N_c = (N_q - 1) / \tan\varphi \tag{16-51}$$

式中　　K_b——抗隆起安全系数；安全等级为一级、二级、三级的支护结构，K_b 分别不应小于 1.8、1.6、1.4；

γ_{m1}、γ_{m2}——分别为基坑外、基坑内挡土构件底面以上土的天然重度（kN/m^3）；对多层土，取各层土按厚度加权的平均重度；

l_d——挡土构件的嵌固深度（m）；

h——基坑深度（m）；

q_0——地面均布荷载（kPa）；

N_c、N_q——承载力系数；

c、φ——分别为挡土构件底面以下土的黏聚力（kPa）、内摩擦角（°）。

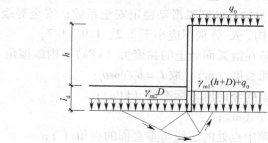

图 16-13　挡土构件底端平面下土的隆起稳定性验算

（2）当挡土构件底面以下有软弱下卧层时，坑底隆起稳定性的验算部位尚应包括软弱下卧层。软弱下卧层的隆起稳定性可按公式（16-49）验算，但式中的 γ_{m1}、γ_{m2} 应取软弱下卧层顶面以上土的重度（图 16-14），l_d 应以 D 代替。

注：D 为基坑底面至软弱下卧层顶面的土层厚度（m）。

（3）悬臂式支挡结构可不进行隆起稳定性验算。

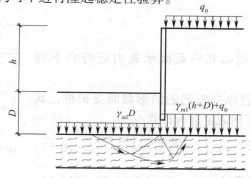

图 16-14　软弱下卧层的隆起稳定性验算

4. 锚拉式支挡结构和支撑式支挡结构，当坑底以下为软土时，其嵌固深度应符合下列以最下层支点为轴心的圆弧滑动稳定性要求（图 16-15）：

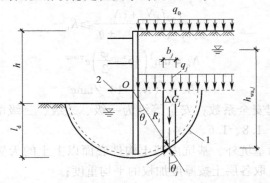

图 16-15　以最下层支点为轴心的圆弧滑动稳定性验算

1—任意圆弧滑动面；2—最下层支点

$$\frac{\sum\left[c_j l_j + (q_j b_j + \Delta G_j)\cos\theta_j \tan\varphi_j\right]}{\sum(q_j b_j + \Delta G_j)\sin\theta_j} \geqslant K_r \quad (16\text{-}52)$$

式中　K_r——以最下层支点为轴心的圆弧滑动稳定安全系数；安全等级为一级、二级、三级的支挡式结构，K_r 分别不应小于 2.2、1.9、1.7；

c_j、φ_j——分别为第 j 土条在滑弧面处土的黏聚力（kPa）、内摩擦角（°）；

l_j——第 j 土条的滑弧长度（m），取 $l_j = b_j/\cos\theta_j$；

q_j——第 j 土条顶面上的竖向压力标准值（kPa）；

b_j——第 j 土条的宽度（m）；

θ_j——第 j 土条滑弧面中点处的法线与垂直面的夹角（°）；

ΔG_j——第 j 土条的自重（kN），按天然重度计算。

5. 采用悬挂式截水帷幕或坑底以下存在水头高于坑底的承压水含水层时，应按本规程附录 C 的规定进行地下水渗透稳定性验算。

挡土构件的嵌固深度除应满足各项稳定要求以外，对悬臂式结构，尚不宜小于 $0.8h$；对单支点支挡式结构，尚不宜小于 $0.3h$；对多支点支挡式结构，尚不宜小于 $0.2h$。

注：h 为基坑深度。

四、排桩结构设计

1. 混凝土排桩

混凝土支护桩的正截面和斜截面承载力应符合下列规定：

（1）沿周边均匀配置纵向钢筋的圆形截面支护桩，其正截面受弯承载力宜按下列规定进行计算：

$$M \leqslant \frac{2}{3}f_c A r \frac{\sin^3 \pi\alpha}{\pi} + f_y A_s r_s \frac{\sin \pi\alpha + \sin \pi\alpha_t}{\pi} \quad (16\text{-}53)$$

$$\alpha f_c A \left(1 - \frac{\sin 2\pi\alpha}{2\pi\alpha}\right) + (\alpha - \alpha_t) f_y A_s = 0 \quad (16\text{-}54)$$

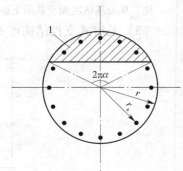

图 16-16　沿周边均匀配置纵向钢筋的圆形截面

1—混凝土受压区

$$\alpha_t = 1.25 - 2\alpha \qquad (16\text{-}55)$$

式中　M——桩的弯矩设计值（kN·m），按本规程第 3.1.7 的规定计算；

　　　f_c——混凝土轴心抗压强度设计值（kN/m²）；当混凝土强度等级超过 C50 时，f_c 应以 $\alpha_1 f_c$ 代替，当混凝土强度等级为 C50 时，取 $\alpha_1 = 1.0$，当混凝土强度等级为 C80，取 $\alpha_1 = 0.94$，其间按线性内插法确定；

　　　A——支护桩截面面积（m²）；

　　　r——支护桩的半径（m）；

　　　α——对应于受压区混凝土截面面积的圆心角（rad）与 2π 的比值；

　　　f_y——纵向钢筋的抗拉强度设计值（kN/m²）；

　　　A_s——全部纵向钢筋的截面面积（m²）；

　　　r_s——纵向钢筋重心所在圆周的半径（m）；

　　　α_t——纵向受拉钢筋截面面积与全部纵向钢筋截面面积的比值，当 $\alpha > 0.625$ 时，取 $\alpha_t = 0$。

注：本条适用于截面内纵向钢筋数量不少于 6 根的情况。

（2）沿受拉区和受压区周边局部均匀配置纵向钢筋的圆形截面支护桩，其正截面受弯承载力宜按下列规定计算：

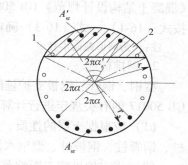

$$M \leqslant \frac{2}{3} f_c A r \frac{\sin^3 \pi\alpha}{\pi} + f_y A_{sr} r_s \frac{\sin \pi\alpha_s}{\pi\alpha_s} + f_y A'_{sr} r_s \frac{\sin \pi\alpha'_s}{\pi\alpha'_s}$$
$$(16\text{-}56)$$

$$\alpha f_c A \left(1 - \frac{\sin 2\pi\alpha}{2\pi\alpha} \right) + f_y \left(A'_{sr} - A_{sr} \right) = 0 \qquad (16\text{-}57)$$

$$\cos \pi\alpha \geqslant 1 - \left(1 + \frac{r_s}{r} \cos \pi\alpha_s \right) \xi_b \qquad (16\text{-}58)$$

$$\alpha \geqslant \frac{1}{3.5} \qquad (16\text{-}59)$$

图 16-17　沿受拉区和受压区周边局部均匀配置纵向钢筋的圆形截面
1—构造钢筋；2—混凝土受压区

式中　α——对应于混凝土受压区截面面积的圆心角（rad）与 2π 的比值；

　　　α_s——对应于受拉钢筋的圆心角（rad）与 2π 的比值；α_s 宜取 1/6 ~ 1/3，通常可取 0.25；

　　　α'_s——对应于受压钢筋的圆心角（rad）与 2π 的比值，宜取 $\alpha'_s \leqslant 0.5\alpha$；

　A_{sr}、A'_{sr}——分别为沿周边均匀配置在圆心角 $2\pi\alpha_s$、$2\pi\alpha'_s$ 内的纵向受拉、受压钢筋的截面面积（m²）；

　　　ξ_b——矩形截面的相对界限受压区高度，应按现行国家标准《混凝土结构设计规范》GB 50010 的规定取值。

注：本条适用于截面受拉区内纵向钢筋数量不少于 3 根的情况。

沿受拉区和受压区周边局部均匀配置的纵向钢筋数量，宜使按公式（16-57）计算的 α 大于 1/3.5，当 $\alpha < 1/3.5$ 时，其正截面受弯承载了应符合下列规定：

$$M \leqslant f_y A_{sr} \left(0.78r + r_s \frac{\sin \pi\alpha_s}{\pi\alpha_s} \right) \qquad (16\text{-}60)$$

沿圆形截面受拉区和受压区周边实际配置的均匀纵向钢筋的圆心角应分别取为 $2\dfrac{n-1}{n}$

$\pi\alpha_s$ 和 $2\dfrac{m-1}{m}\pi\alpha'_s$。配置在圆形截面受拉区的纵向钢筋，其按全截面面积计算的配筋率不宜小于 0.2% 和 $0.45f_t/f_y$ 的较大值。在不配置纵向受力钢筋的圆周范围内应设置周边纵向构造钢筋，纵向构造钢筋直径不应小于纵向受力钢筋直径的 1/2，且不应小于 10mm；纵向构造钢筋的环向间距不应大于圆截面的半径和 250mm 的较小值。

注：1. n、m 为受拉区、受压区配置均匀纵向钢筋的根数；
　　2. f_t 为混凝土抗拉强度设计值

（3）圆形截面支护桩的斜截面承载力，可用截面宽度为 1.76r 和截面有效高度为 1.6r 的矩形截面代替圆形截面后，按现行国家标准《混凝土结构设计规范》GB 50010 对矩形截面斜截面承载力的规定进行计算，但其剪力设计值应按式（16-1）～式（16-3）确定，计算所得的箍筋截面面积应作为支护桩圆形箍筋的截面面积；

（4）矩形截面支护桩的正截面受弯承载力和斜面受剪承载力，应按现行国家标准《混凝土结构设计规范》GB 50010 的有关规定进行计算，但其弯矩设计值和剪力设计值应按式（16-1）～式（16-3）确定。

注：r 为圆形截面半径。

2. 钢排桩

型钢、钢管、钢板支护桩的受弯、受剪承载力应按现行国家标准《钢结构设计规范》GB 50017 的有关规定进行计算，排桩的桩型与成桩工艺应符合下列要求：

（1）应根据土层的性质、地下水条件及基坑周边环境要求等选择混凝土灌注桩、型钢桩、钢管桩、钢板桩、型钢水泥土搅拌桩等桩型；

（2）当支护桩施工影响范围内存在对地基变形敏感、结构性能差的建筑物或地下管线时，不应采用挤土效应严重、易塌孔、易缩径或有较大振动的桩型和施工工艺；

（3）采用挖孔桩且成孔需要降水时，降水引起的地层变形应满足周边建筑物和地下管线的要求，否则应采取截水措施。

（4）采用降水的基坑，在有可能出现渗水的部位应设置泄水管，泄水管应采取防止土颗粒流失的反滤措施。

第四节　排桩结构施工与检测

一、钻孔灌注桩施工与检测

1. 排桩的施工应符合现行行业标准《建筑桩基技术规范》JGJ 94 对相应桩型的有关规定。

2. 当排桩桩位邻近的既有建筑物、地下管线、地下构筑物对地基变形敏感时，应根据其位置、类型、材料特性、使用状况等相应采取下列控制地基变形的防护措施：

（1）宜采取间隔成桩的施工顺序；对混凝土灌注桩，应在混凝土终凝后，再进行相邻桩的成孔施工；

（2）对松散或稍密的砂土、稍密的粉土、软土等易坍塌或流动的软弱土层，对钻孔灌注桩宜采取改善泥浆性能等措施，对人工挖孔桩宜采取减小每节挖孔和护壁的长度、加固孔壁等措施；

（3）支护桩成孔过程出现流砂、涌泥、塌孔、缩径等异常情况，应暂停成孔并及时采取有针对性的措施进行处理，防止继续塌孔；

（4）当成孔过程中遇到不明障碍物时，应查明其性质，且在不会危害既有建筑物、地下管线、地下构筑物的情况下可方继续施工。

3. 对混凝土灌注桩，其纵向受力钢筋的接头不宜设置在内力较大处。同一连接区段内，纵向受力钢筋的连接方式和连接接头面积百分率应符合现行国家标准《混凝土结构设计范围》GB 50010 对梁类构件的规定。

4. 混凝土灌注桩采用分段配置不同数量的纵向钢筋时，钢筋笼制作和安放时采取控制非通长钢筋竖向定位的措施。

5. 混凝土灌注桩采用沿桩截面周边非均匀配置纵向受力钢筋时，应按设计的钢筋配置方向进行安放，其偏转角度不得大于 10°。

6. 混凝土灌注桩设有预埋件时，应根据预埋件用途和受力特点的要求，控制其安装位置及方向。

7. 钻孔咬合桩的施工可采用液压钢套管全长护壁、机械冲抓成孔工艺，其施工应符合下列要求：

（1）桩顶应设置导墙宽度，导墙宽度宜取 3～4m，导墙厚度宜取 0.3～0.5m；

（2）相邻咬合桩应按先施工素混凝土桩、后施工钢筋混凝土桩的顺序进行；钢筋混凝土桩应在素混凝土桩初凝前，通过成孔时切割部分素混凝土桩身形成与素混凝土桩互相咬合，但应避免过早切割；

（3）钻孔就位及吊设第一节钢套管时，应采用两个测斜仪贴附在套管外壁并用经纬仪复核套管垂直度，其垂直度允许偏差应为 0.3%；液压套管应正反扭动加压下切；抓斗在套管内取土时，套管底部应始终位于抓土面下方，且抓土面与套管底的距离应大于 1.0m；

（4）孔内虚土和沉渣应清除干净，并用抓斗夯实孔底；灌注混凝土时，套管应随混凝土浇筑逐段提拔；套管应垂直提拔，阻力过大时应转动套管同时缓慢提拔。

8. 除有特殊要求外，排桩的施工偏差应符合下列规定：

（1）桩位的允许偏差应为 50mm；

（2）桩垂直度的允许偏差应为 0.5%；

（3）预埋件位置的允许偏差应为 20mm；

（4）桩的其他施工允许偏差应符合现行行业标准《建筑桩基技术规范》JGJ 94 的规定。

9. 冠梁施工时，应将桩顶浮浆、低强度混凝土及破碎部分清除。冠梁混凝土浇筑采用土模时，土面应修理整平。

10. 采用混凝土灌注桩时，其质量检测应符合下列规定：

（1）应采用低应变动测法检测桩身完整性，检测桩数不宜少于总桩数的 20%，且不得少于 5 根；

（2）当根据低应变动测法判定的桩身完整性为 Ⅲ 类或 Ⅳ 类时，应采用钻芯法进行验证，并应扩大低应变动测法检测的数量。

二、钢板桩施工

钢板桩通常采用锤击、静压或振动等方法沉入土中，这些可以单独或相互配合使用。沉桩前，现场钢板桩应逐块检查并分类编号，钢板桩尺寸的允许偏差应按下列标准控制：

截面高度 ±3mm；桩端平面平整 ≤3mm；

截面宽度 $^{+10}_{-5}$mm；长度挠曲 1%。

板桩边缘锁口应以一块长约 1.5～2.0m 同型标准锁口做通长检查，不合格时应予修正。经检验合格的锁口应涂上黄油或其他厚质油脂后待用。

打钢板桩应分段进行，不宜单块打入。封闭或半封闭围护墙应根据板桩规格和封闭段的长度事先计划好块数，第一块沉入的钢板桩应比其他的桩长 2～3m，并应确保它的垂直度。有条件时最好在打桩前在地面以上沿围护墙位置先设置导架，将一组钢板桩沿导架正确就位后逐根沉入土中。

钢板桩一般作为临时性的基坑支护，在地下主体工程完成后即可将钢板桩拔出。

拔桩起点和顺序，可根据沉桩时的情况确定拔桩起点，必要时也可以用间隔拔的方法，拔桩的顺序最好与打桩时相反。

当钢板桩拔不出时，可用振动锤或柴油锤再复打一次，可克服土的黏着力或将板桩上铁锈消除，以便顺利拔出。

拔桩时会带出土粒形成孔隙，并使土层受到扰动，特别是在软土地层中，会使基坑内已施工的结构或管道发生沉降，并引起地面沉降而严重影响附近建筑和设施的安全，对此必须采取有效措施，对拔桩造成的土的孔隙要及时用中粗砂填实，或用膨润土浆液填充；当控制土层位移有较高要求时，必须采取在拔桩时跟踪注浆等填充方法。

三、钢筋混凝土板桩施工

施工方法与钢板桩相同。由于钢筋混凝土板桩施工简易，造价相对较低，往往在工程结束后不再拔出，不致因拔桩造成对附近建筑物的影响和危害。

第五节 算例

悬臂式排桩

【例1】 设计一悬臂板桩挡土墙。桩周围土为砂砾土，重度 $\gamma = 19\text{kN/m}^3$，内摩擦角 $\varphi = 30°$，黏聚力 $c = 0$。基坑开挖深度 $h = 1.8\text{m}$。安全系数 $K = 2$。

一、入土深度计算

略去板桩与周围土的摩擦，而且板桩竖直，本工程周围土地面水平，计算侧向土压力采用朗金理论。令板桩入土深度为 t，板桩按一延长米计算，其受力如图 16-18 所示。

将各力对底端 b 点取矩，得：

$$\frac{1}{6}\gamma(h+t)^3 K_a = \frac{1}{6}\gamma t^3 \frac{K_P}{K}$$

化简为 $(1.8 + t)^3 \cdot \tan^2\left(45° - \dfrac{30°}{2}\right) = t^3 \dfrac{\tan^2\left(45° + \dfrac{30°}{2}\right)}{2.0}$

求解此方程：得：

$$t = 2.76\text{m}$$

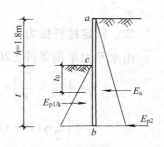

图 16-18 悬臂板桩计算图

由于板桩下端被动土压力的合力作用点不易准确确定，计算时假定作用于底端，因而与实际有一定差异。因此，板桩实际入土深度较计算值增加 20%，求得板桩总长 L

$$L = h + 1.2t = 1.8 + 1.2 \times 2.76 = 5.12\text{m}$$

二、板桩最大弯矩

板桩最大弯矩截面深度 t_0，可由剪力为零确定

$$t_0 = \dfrac{h}{\sqrt{\dfrac{K_p}{K_a \cdot K} - 1}} = \dfrac{1.8}{\sqrt{\dfrac{3}{0.333 \times 2} - 1}} = 1.605\text{m}$$

每延长米板桩墙的最大弯矩值

$$M_{\max} = \dfrac{1}{6} \times 19 \times 0.333 \times (1.8 + 1.605)^3 - \dfrac{1}{6} \times 19 \times 3 \times \dfrac{1}{2} \times 1.605^3$$

$$= 22.03\text{kN} \cdot \text{m/m}$$

根据板桩的材料及其相应的结构设计规范设计截面。

【例 2】 设计一下端自由支承，上部有一锚定拉杆的板桩挡土墙设计。如图 16-19 所示之挡土墙，周围土重度 $\gamma = 19\text{kN/m}^3$，内摩擦角 $\varphi = 30°$，黏聚力 $c = 0$。锚定拉杆距地面 1.0m，其水平间距为 $a = 2.5\text{m}$，基坑开挖深度为 $h = 8.0\text{m}$。

一、入土深度计算

因为下端为自由支承，计算入土深度可由对锚定点 O 的力矩平衡条件 $\sum M_o = 0$ 求得：

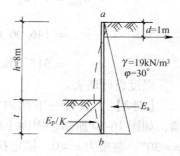

$$E_a\left[\dfrac{2}{3}(h + t) - d\right] = E_p\left(h - d + \dfrac{2}{3}t\right)$$

主动土压力

$$E_a = \dfrac{1}{2}\gamma(h + t)^2 K_a$$

图 16-19 上端锚定、下端
自由支承板桩计算图

被动土压力计算值

$$\dfrac{E_p}{K} = \dfrac{1}{K} \times \dfrac{1}{2}\gamma t^2 K_p$$

则平衡方程式化简后可写为

$$\left[\dfrac{2}{3}(8 + t) - 1\right] \times (8 + t)^2 = 4.5\left(7 + \dfrac{2}{3}t\right)t^2$$

解得 $t = 5.5\text{m}$。

二、锚定拉杆拉力

由水平力平衡条件 $\sum H = 0$，知锚定拉杆的拉力 T

$$
\begin{aligned}
T &= \left(E_a - \frac{E_p}{K} \right) \times a \\
&= \left[\frac{1}{2}\gamma(h+t)^2 K_a - \frac{1}{K} \cdot \frac{1}{2}\gamma t^2 K_p \right] \times a \\
&= \left[\frac{1}{2} \times 19 \times (8+5.5)^2 \times 0.333 - \frac{1}{2} \times \frac{1}{2} \times 19 \times 5.5^2 \times 3 \right] \times 2.5 \\
&= 365.15\text{kN}
\end{aligned}
$$

三、板桩的最大弯矩

由剪力为零的条件确定最大弯矩平面位置

$$
V = T' - \frac{1}{2}\gamma h_0^2 K_a = 0
$$

式中　h_0——最大弯矩平面距板桩顶的距离；

T'——每延长米板桩所受锚定拉杆的拉力。

$$
T' = T/a = 365.15/2.5 = 146.06\text{kN}
$$

求得

$$
h_0 = \sqrt{\frac{2T'}{\gamma K_a}} = \sqrt{\frac{2 \times 146.06}{19 \times 0.333}} = 6.79\text{m}
$$

最大弯矩值

$$
\begin{aligned}
M_{max} &= T'(h_0 - d) - \frac{1}{2}\gamma h_0^2 K_a \times \frac{h_0}{3} \\
&= 146.06 \times (6.79 - 1) - \frac{1}{2} \times 19 \times 0.333 \times \frac{1}{3} \times 6.79^3 \\
&= 515.25\text{kN} \cdot \text{m}
\end{aligned}
$$

强度设计略去。

【例3】　设计一下端固定的，上部有锚定拉杆的挡土墙，如图16-20所示。周围土的重度 $\gamma = 19\text{kN/m}^3$，内摩擦角 $\varphi = 30°$，黏聚力 $c = 0$。锚定拉杆距地面 $d = 1.0\text{m}$，水平间距为2.5m，基坑开挖深度 $h = 8.0\text{m}$。

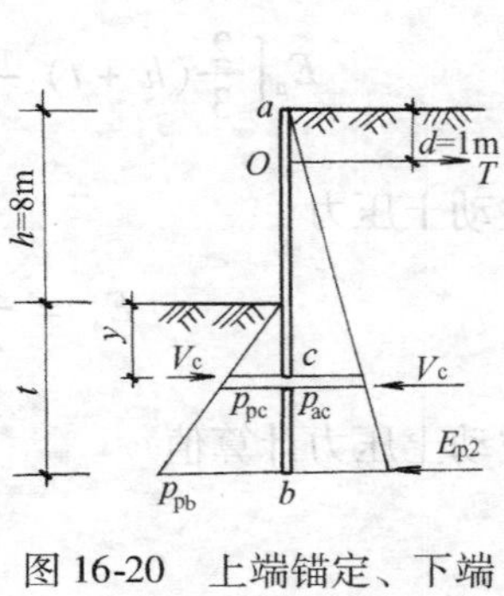

一、入土深度计算

由周围土内摩擦角 $\varphi = 30°$，由表11-3可查得反弯点 C 的位置为

$$
y = 0.08h = 0.08 \times 8 = 0.64\text{m}
$$

C 截面弯矩为零，剪力为 V_c。作用于此截面土压力强度分别为

$$
p_{ac} = \gamma(h+y)K_a = 19 \times (8 + 0.64) \times \frac{1}{3} = 54.72\text{kPa}
$$

图16-20　上端锚定、下端
固定板桩计算图

$$p_{pc} = \gamma y K_p = 19 \times 0.64 \times 3 = 36.48\text{kPa}$$

底端 b 截面的土压力强度

$$p_{ab} = \gamma(h+t)K_a = \frac{19}{3}(8+t)$$

$$p_{pb} = \gamma t K_p = 57t$$

在 ac 段内，板桩上作用力对锚定拉杆截面 O 取矩，$\sum M_0 = 0$ 有：

$$V_c(h+y-d) + \frac{1}{2}p_{pc} \cdot y\left(h + \frac{2}{3}y - d\right) - \frac{1}{2}p_{ac}(h+y)\left[\frac{2}{3}(y+h) - d\right] = 0$$

$$V_c \cdot (8+0.64-1) + \frac{1}{2} \times 36.48 \times 0.64\left(8 + \frac{2}{3} \times 0.64 - 1\right)$$

$$- \frac{1}{2} \times 54.72 \times (8+0.64)\left[\frac{2}{3} \times (8+0.64) - 1\right] = 0$$

求得

$$V_c = 135.9\text{kN/m}$$

再研究板桩下部 cb 段的平衡条件，以确定入土深度，对底端截面 b 取矩 $\sum M_b = 0$ 化简为式 (16-37)

$$(t-y) = \frac{-3p_n + [9p_n^2 + 24(K_p - K_a)\gamma V_c]^{\frac{1}{2}}}{2\gamma(K_p - K_a)}$$

式中

$$p_n = p_{pc} - p_{ac} = 36.48 - 54.72 = -18.24\text{kPa}$$

$$t-y = \frac{3 \times 18.24 + \left[9 \times 18.24^2 + 24\left(3 - \frac{1}{3}\right) \times 19 \times 135.9\right]^{\frac{1}{2}}}{2 \times 19 \times \left[3 - \frac{1}{3}\right]} = 4.59\text{m}$$

$$t = 4.59 + 0.64 = 5.23\text{m}$$

板桩实际入土深度用 $1.2t = 1.2 \times 5.23 = 6.3\text{m}$

二、锚定拉杆拉力计算

由式 (16-38) 知

$$T = \left[\frac{1}{2}p_{ac}(h+y) - \frac{1}{2}p_{pc}y - V_c\right] \times a$$

$$= \left[\frac{1}{2} \times 54.72 \times (8+0.64) - \frac{1}{2} \times 36.48 \times 0.64 - 135.9\right] \times 2.5$$

$$= 223.9\text{kN}$$

三、最大弯矩计算

锚定拉杆处截面弯矩

$$M_0 = \frac{1}{6}\gamma d^3 K_a = \frac{1}{6} \times 19 \times 1^3 \times \frac{1}{3} = 1.06\text{kN} \cdot \text{m}$$

ac 段的最大弯矩发生的截面位置

459

$$h_0 = \sqrt{\frac{2T}{\gamma K_a a}} = \sqrt{\frac{2 \times 223.9}{19 \times \frac{1}{3} \times 2.5}} = 5.32\text{m}$$

$$M_d = \frac{1}{6}\gamma h_0^2 K_a - \frac{T}{a}(h_0 - d)$$

$$= \frac{1}{6} \times 19 \times 5.32^2 \times \frac{1}{3} - \frac{223.9}{2.5} \times (5.32 - 1)$$

$$= -357.02\text{kN} \cdot \text{m/m}$$

bc 段的最大弯矩发生的截面位置

$$V = V_c - p_n t_0 - \frac{(p_{n1} - p_n)}{4.59} \times \frac{t_0^2}{2} = 0$$

式中

$$p_{n1} = p_{pb} - p_{ab} = 57t - 6.333(8 + t)$$

$$= 57 \times 5.23 - 6.333(8 + 5.23)$$

$$= 214.32$$

则上式为

$$135.9 - (-18.24)t_0 - \frac{(214.32 + 18.24)t_0^2}{4.59 \times 2} = 0$$

$$23.35t_0^2 - 18.24t_0 - 135.9 = 0$$

得

$$t_0 = 2.83\text{m}$$

$$M = V_c \cdot t_0 - p_n \frac{t_0^2}{2} - \frac{p_{n1} - p_n}{t - y} \cdot \frac{t_0^2}{6}$$

$$= 135.9 \times 2.83 - (-18.24) \times \frac{2.83^2}{2} - \frac{(214.32 + 18.24)}{4.59} \times \frac{2.83^3}{6}$$

$$= 281.26\text{kN} \cdot \text{m/m}$$

强度设计略。

【例 4】已知：地基为黏性土其重度 $\gamma = 20\text{kN/m}^3$，内摩擦角 $\varphi = 25°$，黏聚力 $c = 20\text{kPa}$。地面荷载 $q = 10\text{kPa}$。

解

（1）土压力计算

主动土压力不考虑黏聚力：主动土压力系数：

$$K_a = \tan^2\left(45° - \frac{\varphi}{2}\right) = \tan^2\left(45° - \frac{25°}{2}\right) = 0.406$$

主动土压力及地面荷载引起侧压力合力的斜率

$$\eta = \frac{(\gamma \cdot h + q)K_a}{h} = \frac{(20 \times 10.5 + 10) \times 0.406}{10.5}$$

$$= 8.51$$

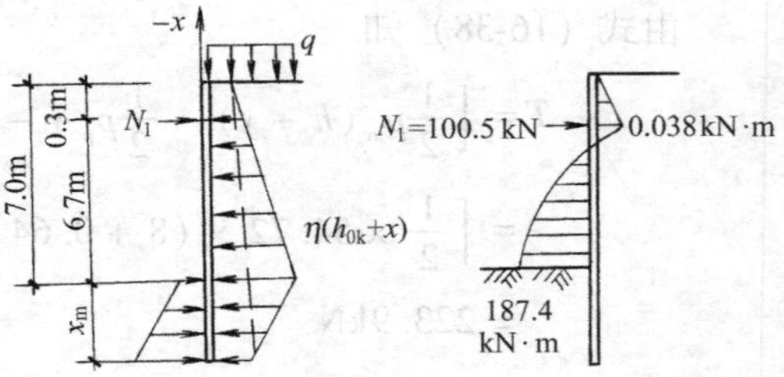

被动土压力按朗金土压力公式之被动土压力系数

图 16-21 开挖 7.0m 时计算简图及结果

$$K_{p} = \frac{1}{\tan^2\left(45° - \dfrac{\varphi}{2}\right)} = \frac{1}{\tan^2\left(45° - \dfrac{25°}{2}\right)} = 2.46$$

被动土压力

$$e_{p} = \gamma \cdot x \cdot K_{p} + 2c\sqrt{K_{p}}$$
$$= 20 \cdot x \cdot 2.46 + 2 \times 20 \times 1.57$$
$$= 49.2x + 62.8$$

（2）. 假定设有顶横撑，开挖到 7.0m。此时，$k=1$，$h_{0k}=7.0m$，$h_{kM}=h_{1k}=6.7m$，$N_{k}=N_{1}$

由公式（16-46）求入土深度 x_{m}：

$$\frac{1}{3} \times 49.2x_{m}^3 - \frac{1}{2}(8.5 \times 7.0 - 62.8 - 49.2 \times 6.7)x_{m}^2 - (8.5 \times 7.0 - 62.8)$$

$$\times 6.7 \cdot x_{m} - \left[\frac{1}{2} \times 8.5 \times 7.0^2 \times 6.7 - \frac{1}{6} \times 8.5 \times 7.0^3\right] = 0$$

解得 $x_{m} = 2.1m$。

应用公式（16-45）求 N_{1}

$$N_{1} = \frac{1}{2} \times 8.5 \times 7.0^2 + 8.5 \times 7.0 \times 2.1 - 62.8 \times 2.1 - \frac{1}{2} \times 49.2 \times 2.1^2$$
$$= 100.5kN$$

$$M_{1} = 8.5 \times \frac{0.3^2}{2} \times \frac{0.3}{3} = 0.038kN \cdot m$$

$$M_{2} = \frac{8.5 \times 7.0^2}{2} \times \frac{7.0}{3} - 100.5 \times 6.7 = -187.43kN \cdot m$$

此时墙体的弯矩及横撑轴力见图16-21。

（3）设第二道横撑后继续开挖到 10.5m，见图 16-22，已知：$k=2$，$N_{i}=N_{1}=100.5kN$，$h_{0k}=10.5m$，$h_{1k}=10.2m$，$h_{kk}=h_{2k}=4m$，$N_{k}=N_{2}$。利用公式（16-46）求 x_{m}：

$$\frac{1}{3} \times 49.2x_{m}^3 - \frac{1}{2}(8.5 \times 10.5 - 62.8 - 49.2 \times 4)x_{m}^2$$

$$- (8.5 \times 10.5 - 62.8) \times 4x_{m} - [100.5 \times 10.2 - 4 \times 100.5$$

$$+ \frac{1}{2} \times 8.5 \times 10.5^2 \times 4 - \frac{1}{6} \times 8.5 \times 10.5^3] = 0$$

$$16.4x_{m}^3 + 85.175x_{m}^2 - 105.8x_{m} - 857.4 = 0$$

$$x_{m} = 2.96m \approx 3.0m$$

由公式（16-45）求 N_{2}

$$N_{2} = \frac{1}{2} \times 8.5 \times 10.5^2 + 8.5 \times 10.5 \times 3 - 100.5 - 62.8 \times 3$$

$$- \frac{1}{2} \times 49.2 \times 3^2 = 226.0kN$$

已知 $M_{1} = 0.038kN \cdot m$

$M_{2} = -187.43kN \cdot m$

$$M_3 = 8.52 \times 10.5^2 \times \frac{10.5}{3} - 100.5 \times 10.2 - 226 \times 4$$

$$= -289.13 \text{kN} \cdot \text{m}$$

开挖到 10.5m 深的横撑轴力及墙体弯矩如图 16-22 所示。

强度设计略。

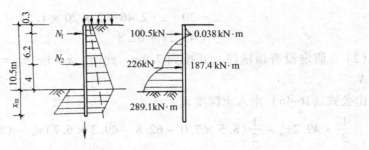

图 16-22　开挖 10.5m 深计算简图及结果图

第十七章 地下连续墙设计

第一节 概述

地下连续墙（简称地连墙）是在地下挖一段狭长的深槽内充满泥浆以保护槽壁的稳定，在槽内吊入钢筋笼，水下浇灌混凝土，筑成一段钢筋混凝土墙段，最后这些墙段连接起来形成一道连续的地下墙壁。

过去大型地下工程多采用明挖。后来由挡土板发展到钢板桩作支撑，有时也采用I字型钢桩加横木板来挡土。由于在市区，打桩的噪声和振动是一大害，而地连墙的施工则无此害，加之地连墙的防渗性能的优越性，地连墙在欧洲和日本等国得到广泛应用。近年来我国东部地区如上海和天津等地也将地连墙应用于大型的地下工程，如地铁、大厦的基础等，仅上海市基础工程公司已修建地连墙40多座。

地下连续墙按其成墙方式可分为：排桩式、壁板式和组合式，按挖槽方式可分为：抓斗式、冲击式和回转式。按墙的用途可分为：挡土墙、用作主体结构的一部分兼作临时挡土墙的连续墙、用作多边形基础兼作墙体的地下连续墙。

地连墙用途非常广，主要用作建筑物地下室，地下街道，地下停车场，市政沟道及涵洞，盾构工程的竖井，污水处理厂，水厂，泵站，防渗墙，挡土墙，干船坞，地下油库，各种结构物基础等。

地连墙的主要优点：

1. 施工时振动小，噪声低，工期短，经济效果好，可昼夜施工。适合于环境要求严格地区施工。

2. 墙体刚度大，地连墙可构筑厚度 $40 \sim 120\text{cm}$ 的钢筋混凝土墙，墙体刚度大于一般挡土墙，能承受较大的土压力，在开挖基坑时，不会产生地基的沉降或塌方。适合于相邻建筑物较近工程。

3. 防渗性能好。

4. 对周边地基无扰动。

5. 适用于多种地基，从软弱的冲积层到中硬的地层，密实的砂卵石、软质岩石、硬质岩石等所有的地基施工。

缺点：

1. 对地质条件及施工的适应性要求较高。

2. 槽壁塌落问题，加之在地下修复极困难。

3. 在我国地连墙造价一般比较高些。

4. 到目前为止，设计理论不成熟。

5. 弃土和废泥浆的处理问题。

用作挡土墙的地连墙，可分为：自立式和横撑式。自立式地连墙不设支撑，仅依靠插入部分的地基水平抗力和墙体的抗弯刚度来承受土压力和水压等荷载。由于自立式挡土地连墙易产生较大的弯矩，而且往往需要增大地连墙插入土中的深度，所以不宜用较深的地连挡土墙。由于不设支撑，它有利于基坑可挖的内部作业，并有利于开挖空间的长期使用。这种地连墙的刚度大于钢板桩挡土墙刚度。所以其顶端在荷载作用下的水平位移一般比较小。

横撑式挡土地连墙由水平导梁（支承挡土墙）、横撑（支承导梁）等组成。因其刚度大，可以减少墙体外侧土体的位移。

横撑的内力通常取决于非开挖侧土压力，但当开挖深度较小而开挖平面较大时，可采用设置斜撑支承在开挖底面或主体结构上。

另外，在开挖平面较大或需要较大的作业空间时，可采用在土中设置锚杆方法，由周围土体支承地连墙，而不使用内支撑。

地连墙的发展与施工机械、泥浆及施工管理有密切的关系。目前国内多应用壁板式地连墙。

第二节　地下连续墙的构造

地下连续墙的形式与施工方法及施工机械密切相关。一般用作挡土的地连墙都是采用壁板式地下连续墙。此种地连墙可以通过支撑或横梁等支撑构件来调整地连墙的内力。如果支撑没有什么限制，地连墙的厚度将根据挖槽机械的能力和经济效益而定，无需特意采用厚而强大的地连墙。

地下连续墙的墙体厚度宜根据成槽机的规格，选取 600mm、800mm、1000mm 或 1200mm。

一字形槽段长度宜取 4～6m。当成槽施工可能对周边环境产生不利影响或槽壁稳定性较差时，应取较小的槽段长度。必要时，宜采用搅拌桩对槽壁进行加固。

地下连续墙的转角处或有特殊要求时，单元槽段的平面形状可采用 L 形、T 形等。

地下连续墙的混凝土设计强度等级宜取 C30～C40。地下连续墙用于截水时，墙体混凝土抗渗等级不宜小于 P6。当地下连续墙同时作为主体地下结构构件时，墙体混凝土抗渗等级应满足现行国家标准《地下工程防水技术规范》GB 50108 等相关标准的要求。

地下连续墙的纵向受力钢筋应沿墙身两侧均匀配置，可按内力大小沿墙体纵向分段配置，但通长配置的纵向钢筋不应小于总数的 50%；纵向受力钢筋宜选用 HRB400、HRB500 钢筋，直径不宜小于 16mm，净间距不宜小于 75mm。水平钢筋及构造钢筋宜选用 HPB300 或 HRB400 钢筋，直径不宜小于 12 mm，水平钢筋间距宜取 200～400mm。冠梁按构造设置时，纵向钢筋伸入冠梁的长度宜取冠梁厚度。冠梁按结构受力构件设置时，墙身纵向受力钢筋伸入冠梁的锚固长度应符合现行国家标准《混凝土结构设计规范》GB 50010 对钢筋锚固的有关规定。当不能满足锚固长度的要求时，其钢筋末端可采取机械锚固措施。

地下连续墙纵向受力钢筋的保护层厚度，在基坑内侧不宜小于 50mm，在基坑外侧不宜小于 70mm。

钢筋笼端部与槽段接头之间、钢筋笼端部与相邻墙段混凝土面之间的间隙不应大于 150mm，纵向钢筋下端 500mm 长度范围内宜按 1:10 的斜度向内收口。

地下连续墙的槽段接头应按下列原则选用：

（1）地下连续墙宜采用圆形锁口管接头、波纹管接头、楔形接头、工字形钢接头或混凝土预制接头等柔性接头；

（2）当地下连续墙作为主体地下结构外墙，且需要形成整体墙体时，宜采用刚性接头；刚性接头可采用一字形或十字形穿孔钢板接头、钢筋承插式接头等；当采取地下连续墙顶设置通长冠梁、墙壁内测槽段接缝位置设置结构壁柱、基础底板与地下连续墙刚性连接等措施时，也可采用柔性接头。

地下连续墙墙顶应设置混凝土冠梁。冠梁宽度不宜小于墙厚，高度不宜小于墙厚的 0.6 倍。冠梁钢筋应符合现行国家标准《混凝土结构设计规范》GB 50010 对梁的构造配筋要求。

第三节 地下连续墙设计

一、设计内容

地下连续墙及其构筑物应根据自身和影响范围内建筑物的安全等级，按承载力极限状态与正常使用极限状态的要求，分别进行下列计算：

（一）按承载力极限状态设计

1. 水平承载力计算；

2. 地基竖向承载力；

3. 地下连续墙及其承力圈梁、支撑、土锚、基坑底板等均应进行强度计算；对于预制拼装的地下连续墙墙板还应进行吊运阶段的强度、刚度和抗裂度验算；

4. 整体稳定性及基底稳定计算；

5. 有软弱下卧层的承载力进行验算。

（二）按正常使用极限状态设计

1. 地下连续墙及其构筑物施工各阶段的横向与竖向变形不得超过规定的容许值；

2. 抗裂度与裂缝宽度验算。

二、荷载

1. 土压力

现行公式

主动土压力计算可采用朗金理论。静止土压力，对于一般情况下，取 $K_0 = 0.5$；对于软黏土取 $K_0 = 0.6 \sim 0.7$；良好地基选 $K_0 = 0.4$。

《规程》JGJ 120—2012 第 4.2.1 条规定计算嵌固深度时，主动土压力及被动土压力计算仍采用本书式（3-38）及式（3-40）。

2. 水压力

作用在墙体上的水压力与土压力不同，它不受横撑轴向力及墙体的刚度影响。土中孔隙水压力是直接作用在墙体上，其值

$$p_w = \gamma_w h$$

当对地下水抽水时，水压力的变化不但与水位有关，而且还与隔水层及承压水等情况有关。在降低墙外侧地下水位时，设计时应考虑内、外侧水位的关系。

开挖基坑时，如对地连墙内侧进行排水，就会在墙体内外两侧出现水位差，使墙体受到水压力作用。

对于深基坑的开挖，地下水位较高，则水压力对设计影响很大。不仅应考虑基坑开挖问题，而且还要考虑墙体内侧地下水位降低情况，研究施工时应力和横撑设置及墙体的应力。

三、结构计算

地下连续墙的内力与变形计算，其合理模型是考虑结构—土—支点三者共同作用的空间分析，因此采用单位宽度的平面问题计算。

结构分析应考虑到各种工况。我国常用弹性支点法与极限平衡法。当嵌固深度合理，具有试验数据或当地经验确定弹性支点刚度时，用弹性支点法确定地连墙的内力及变形较为合理。

1. 地下连续墙的计算

（1）荷载为外侧水平荷载的标准值

（2）地连墙的挠曲方程为

$$EI\frac{\mathrm{d}^2y}{\mathrm{d}x^4} + mb_0(Z - h_\mathrm{n})y - p_\mathrm{aik}b_\mathrm{s} = 0 \tag{17-1}$$

式中　EI——地连墙单位宽的抗弯刚度；

　　　m——地基土水平抗力系数的比例系数；

　　　b_0——抗力计算宽度，地连墙取单位宽；

　　　Z——地连墙顶部到计算点的距离；

　　　h_n——第 n 工况基坑开挖深度；

　　　b_s——荷载计算宽度，地连墙取单位宽。

（3）第 j 层支点边界条件

$$T_j = K_{\mathrm{T}j}(y_j - y_{0j}) + T_{0j} \tag{17-2}$$

式中　$K_{\mathrm{T}j}$——第 j 层支点水平刚度系数；

　　　y_j——第 j 层支点水平位移值；

　　　y_{0j}——在支点设置前的水平位移值；

　　　T_{0j}——第 j 层支点预加力。

当支点有预加力 T_{0j}，当按上式确定的支点力 $T_j \leqslant T_{0j}$ 时，第 j 层支点力 T_j 应按该层支点位移为 y_{0j} 的边界条件确定。

（4）支点的水平刚度系数

1）锚杆水平刚度系数

见第十六章第二节。

2）支撑体系水平刚度系数

见第十六章第二节。

3）土的水平抗力系数的比例系数

见第十六章第二节。

2. 地下连续墙内力计算

地下连续墙内力计算可按下列规定计算：

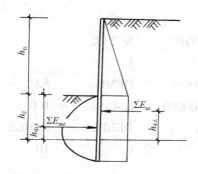

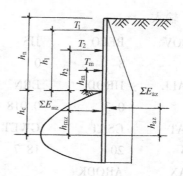

<table>
<tr><td>图 17-1　无撑地连墙内力计算</td><td>图 17-2　有撑地连墙内力计算</td></tr>
</table>

（1）无撑（锚）地连墙内力计算（图 17-1）

剪力

$$V_c = \sum E_{mz} - \sum E_{az} \qquad (17\text{-}3)$$

弯矩

$$M_c = h_{mz} \sum E_{mz} - h_{az} \sum E_{az} \qquad (17\text{-}4)$$

式中　$\sum E_{mz}$——计算截面以上基坑内侧各土层弹性抗力值的合力之和；

　　　h_{mz}——合力 $\sum E_{mz}$ 作用点到计算截面的距离；

　　　$\sum E_{az}$——计算截面以上基坑外侧各土层水平荷载标准值的合力；

　　　h_{az}——合力 $\sum E_{az}$ 作用点到计算截面的距离。

（2）有撑（锚）地连墙内力计算（图 17-2）

有撑（锚）地连墙剪力、弯矩计算值按下列公式计算：

剪力

$$V_c = \sum T_j + \sum E_{mz} - \sum E_{az} \qquad (17\text{-}5)$$

弯矩

$$M_c = \sum T_j (h_j + h_c) + h_{mz} \sum E_{mz} - h_{az} \sum E_{az} \qquad (17\text{-}6)$$

式中　h_j——支点力 T_j 至坑底的距离；

　　　h_c——基底至计算截面的距离，当计算截面在基底面以上时取负值。

以上内力计算中 $\sum E_{mz}$ 及 T_j 均应按弹性支点法求解而得。弹性支点法可选用有限单元法或有限差分法。

（3）地连墙有限单元法求解

应用有限单元法求解地连墙是非常方便的。本书附录的板桩有限单元法中，讲述了原理、方法，并给出了原程序。理论不再细述，详见附录。

【算例】已知：地基土的重度 $\gamma = 20\text{kN/m}^3$，内摩擦角 $\varphi = 25°$，黏聚力 $c = 20\text{kPa}$。地面均布荷载 $q = 10\text{kPa}$。地连墙厚 60cm，弹性模量 $E = 2.38 \times 10^7\text{kPa}$。地基水平反力系数 K，采用按直线变化的 m 法，即 $K = Amy$。比例常数 $m = 1000\text{kN/m}^4$。计算墙体顶端有撑其弹簧刚度 $C_1 = 250000\text{kN/m}$，墙体高 15.5m，第一次开挖到 7.1m 深。如图 17-3 所示。

（1）单元划分及单元编号如图 17-3（b）。

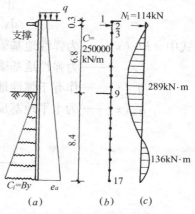

图 17-3　有限单元法算例图

467

（2）输入

NABOV	BELO	JJS	KSTOP	NCYCL
8	8	0	0	1

HWALL	HROD	ERN	ELAS	DEMB	FAC
7.1	0.3	0.018	23800000	8.4	1.0

HWAT	GSAT	GWET	PHi	DELTA	SCHGE
15.5	20	18.7	25	0	10

XMAX	ARODK
3	250000

A	B	n
0	10000	1

H（1）

0.3, 1.0, 1.0, 1.0, 1.0, 1.0, 1.0, 0.8, 0.4, 1.0, 1.0, 1.0

1.0, 1.0, 1.0, 1.0, 1.0

water	node	anchor-rod	node
17	2		

（3）计算结果

如图 17-3（c）所示。

（4）地连墙有限差分法求解

有限差分法是求解弹性地基梁的有效计算方法之一。对于地连墙的计算更具优越性，方法本身物理概念明确，差分系数矩阵的列出及差分方程的求解方便。同样精度下其工作量远小于有限单元法。

1）地连墙有限差分方程

地连墙在一侧开挖后，未开挖侧的土压力作为主动荷载；而在开挖侧开挖线以下部分为地连墙的弹性地基，上部支撑也为弹性支承，这样，地连墙实为一弹性地基梁。

弹性地基梁的挠曲线微分方程式为：

$$\frac{d^2}{dx^2}\left[EI(x)\frac{d^2y}{dx^2}\right] = q(x) - K(x)y \qquad (17\text{-}7)$$

式中　$EI(x)$——为弹性地基梁的抗弯刚度；

y——为弹性地基梁的挠度；

$q(x)$——作有于弹性地基梁上荷载；

$K(x)$——为水平地基反力系数。

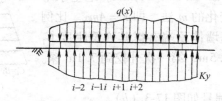

图 17-4　弹性地基梁图

有限差分法则是将以上弹性地基梁的微分方程近似地用相应的差分方程代替，化为一组线性代数方程。差分方程是将微分方程中未知函数的各阶导数用有限个点上的函数值来表示。上式的微分方程可以近似写为一组如下形式的差分方程

$$\frac{E}{\lambda^4}\left[I_{i-1} \ \vdots\ -2(I_{i-1} + I_i) \ \vdots\ (I_{i-1} + 4I_i + I_{i+1}) \ \vdots\ -2(I_i + I_{i+1}) \ \vdots\ I_{i+1} \right]$$

$$\times \left\{ \begin{matrix} y_{i-2} \\ y_{i-1} \\ y_i \\ y_{i+1} \\ y_{i+2} \end{matrix} \right\} = q_i - K_i y_i \tag{17-8}$$

式中
E——为地连墙的弹性模量；
λ——节点间距；
I_{i-1}，I_i，I_{i+1}——为 $i-1$，i，$i+1$ 节点处的地连墙截面惯性矩；
y_{i-2}，y_{i-1}，y_i，y_{i+1}，y_{i+2}——为 $i-2$，$i-1$，i，$i+1$，$i+2$ 各节点处地连墙的挠度；
q_i——节点 i 处的分布荷载集度；
K_i——节点 i 处水平地基反力系数。

用等效集中荷载 $p_i = q_i\lambda$ 代替方程右侧 q_i，并将 $k_i y_i$ 移至方程左侧，则上式可写为：

$$\frac{E}{\lambda^3}\left[I_{i-1} \ \vdots\ -2(I_{i-1} + I_i) \ \vdots\ \left(I_{i-1} + 4I_i + I_{i+1} + \frac{K_i\lambda^4}{E}\right) \ \vdots\ -2(I_i + I_{i+1}) \ \vdots\ I_{i+1} \right]$$

$$\times \left\{ \begin{matrix} y_{i-2} \\ y_{i-1} \\ y_i \\ y_{i+1} \\ y_{i+2} \end{matrix} \right\} = p_i \tag{17-9}$$

如果采用等截面地连墙，上式可以化简为

$$\frac{EI}{\lambda^3}\left[1 \ \vdots\ -4 \ \vdots\ \left(6 + \frac{K_i\lambda^4}{EI}\right) \ \vdots\ -4 \ \vdots\ 1 \right] \times \left\{ \begin{matrix} y_{i-2} \\ y_{i-1} \\ y_i \\ y_{i+1} \\ y_{i+2} \end{matrix} \right\} = p_i \tag{17-10}$$

2）边界条件

地连墙上、下端可能为自由端、铰支端或固定端，此时应根据其边界条件，推导出相应的差分方程，其差分方程系数见表 17-1。

3）荷载处理

差分方程中右侧的等效集中荷载，一般可按下列各式计算：

（1）均布载荷

$$p_i = q_i\lambda = q \cdot \lambda \tag{17-11}$$

（2）直线变化载荷

$$p_i = q_i \cdot \lambda$$

（3）曲线分布载荷

$$p_i = \frac{1}{\lambda_l}\int_0^{\lambda_l} x_1 q(x_1)\,\mathrm{d}x_1 + \frac{1}{\lambda_r}\int_0^{\lambda_r} x_2 q(x_2)\,\mathrm{d}x_2 \qquad (17\text{-}12)$$

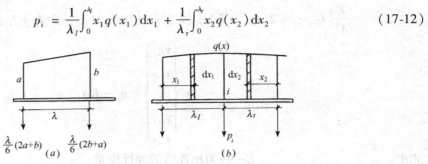

图 17-5　载荷计算图

4）内力计算

列出差分方程，并求得各节点等效节点荷载，求解差分方程而得地连墙之节点处的挠度，则可由下式确定弯矩：

$$M_i = \frac{-EI_i}{\lambda^2}[y_{i-1} - 2y_i + y_{i+1}] \qquad (17\text{-}13)$$

$$M_{i-1} = \frac{-EI_{i-1}}{\lambda^2}[y_{i-2} - 2y_{i-1} + y_i] \qquad (17\text{-}14)$$

$$M_{i+1} = \frac{-EI_{i+1}}{\lambda^2}[y_i - 2y_{i+1} + y_{i+2}] \qquad (17\text{-}15)$$

如为等截面地连墙，则内力计算公式为：

$$M_i = \frac{-EI}{\lambda^2}[y_{i-1} - 2y_i + y_{i+1}] \qquad (17\text{-}16)$$

5）地基反力

地基反力可根据地连墙的节点挠度及相应的水平地基反力系数相乘而得：

$$R(i) = K_i y_i \qquad (17\text{-}17)$$

6）地连墙有限差分计算步骤

（1）节点划分

变截面地连墙差分系数表　　　　　　　　　　　表 17-1

节点 i 位置	差分系数的乘子 EI/λ^3					公式右侧
	y_{i-2}	y_{i-1}	y_i	y_{i+1}	y_{i+2}	
$i-2$ $i-1$ i $i+1$ $i+2$	I_{i-1}	$-2(I_{i-1}+I_i)$	$\left(I_{i-1}+4I_i+I_{i+1}+\dfrac{K_i\lambda^4}{EI}\right)$	$-2(I_i+I_{i+1})$	I_{i+1}	p_i
铰支端 i $i+1$ $i+2$	—	—	$\left(4I_i+I_{i+1}+\dfrac{K_i\lambda^4}{EI}\right)$	$-2(I_i+I_{i+1})$	I_{i+1}	p_i

节点 i 位置	差分系数的乘子 EI/λ^3					公式右侧
	y_{i-2}	y_{i-1}	y_i	y_{i+1}	y_{i+2}	
固定端	—	—	$\left(2I_{i-1}+4I_i+I_{i+1}+\dfrac{K_i\lambda^4}{EI}\right)$	$-2(I_i+I_{i+1})$	I_{i+1}	p_i
自由端	—	—	$I_{i+1}+\dfrac{K_i\lambda^4}{EI}$	$-2I_{i+1}$	I_{i+1}	p_i
自由端	—	$-2I_i$	$\left(4I_i+I_{i+1}+\dfrac{K_i\lambda^4}{EI}\right)$	$-2(I_i+I_{i+1})$	I_{i+1}	p_i

等截面地连墙差分系数表　　　　　　表 17-2

节点 i 位置	差分系数的乘子 EI/λ^3					公式右侧
	y_{i-2}	y_{i-1}	y_i	y_{i+1}	y_{i+2}	
	1	-4	$\left(6+\dfrac{K_i\lambda^4}{EI}\right)$	-4	1	p_i
铰支端	—	—	$\left(5+\dfrac{K_i\lambda^4}{EI}\right)$	-4	1	p_i
固定端	—	—	$\left(7+\dfrac{K_i\lambda^4}{EI}\right)$	-4	1	p_i
自由端	—	—	$\left(1+\dfrac{K_i\lambda^4}{EI}\right)$	-2	1	p_i
自由端	—	—	$\left(5+\dfrac{K_i\lambda^4}{EI}\right)$	-4	1	p_i

一般计算划分节点都取等间距，即 λ 相等。节距 λ 的大小取决于计算的精度，节距 λ 愈小，计算精度愈高。在地连墙计算时可视墙高选用节距为 1m、0.5m 来计算。

（2）列出差分方程系数矩阵

由表 17-1、表 17-2 中所列出的差分系数格式，按相应 i 点的位置及边界条件，列出相应的差分方程系数矩阵。

（3）荷载处理

对于地连墙取未开挖侧之土压力计算时，一般取主动土压力为荷载比较合理。此时荷载按三角形分布，等效节点荷载可近似取为

$$p_i = pA(i)\cdot\lambda \tag{17-18}$$

式中　$pA(i)$——为节点 i 处主动土压力集度。

但在最上端、下端之两端节点之荷载应取半个节距的主动土压力合力。

（4）地基处理

对于地连墙，在支撑力较小，墙体向开挖侧弯曲时，则开挖侧未开挖部分土体视为地连墙的弹性地基；当支撑力较大，墙体向未开挖侧弯曲变形，则未开挖侧土体视为地连墙的弹性地基。但地基反力值必须小于被动土压力值，否则说明土体已破坏，不能作为弹性地基。

对于地连墙的计算其地基作用，关键在于水平地基反力系数 K，具体选用可见地基反力系数一节。但应注意此系数最好由现场试验测得。同时，还应注意如选用参考数据时应考虑墙的长度对水平地基反力系数加以修正。

（5）支撑处理

当地连墙有撑或土锚时，视撑（锚）为弹性支承，其水平刚度为产生单位位移时所需的支承力。前面式（16-13）或式（16-12）的系数加在相应节点主系数之上。

（6）支撑预加轴力的处理

当采用调整支撑预加轴力大小，使墙体内力及变形最小或保证相邻地基无沉陷。都会是已知支撑的轴力的情况下进行计算。此时只应在相应节点处加上预加轴力，方向与荷载 p_i 反向。但同时应将相应节点主系数中去掉支撑的弹簧系数一项。

通过计算表明：改变支撑力是可以获得较好的效果。

要想设计出一个经济合理的地连墙必须综合考虑：墙体的材料及刚度，水平地基反力系数、支撑轴力的匹配。这必须通过应用电算方可实现，有限差分法完全可以实现。作者已编制出此项程序。

【算例】已知：地基土的重度 $\gamma = 20\text{kN/m}^3$，内摩擦角 $\varphi = 25°$，黏聚力 $c = 20\text{kPa}$。地面均布荷载 $q = 10\text{kPa}$。地连墙厚60cm，弹性模量 $E = 2.38 \times 10^7\text{kPa}$。地基水平反力系数 K，采用按直线变化的 m 法，即 $K = Amy$。比例常数 $m = 1000\text{kN/m}^4$。计算分两步：墙体顶端有撑其弹簧刚度 $C_1 = 250000\text{kN/m}$，墙体高15.5m，第一次开挖到7.0m深。第二次开挖到10.5m，在6.5m深处加第二道支撑其弹簧刚度 $C_2 = 15900\text{kN/m}$。

计算墙体的变形，墙体的内力弯矩及地基反力的分布。

（1）计算简图及节点划分

计算简图及节点划分如图17-6所示，考虑到计算精度，节间距 $\lambda = 0.5\text{m}$，同时也可使支撑力位于节点上。

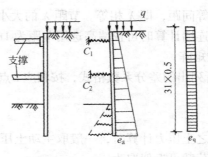

图 17-6　计算简图及节点划分

（2）差分方程的建立

墙体上、下两端无理想支座（铰、固定端）约束，可视为自由端。但在上端有第一道支撑，则可按表 17-2 中相应形式列出差分方程系数矩阵，如下。

差分方程系数矩阵是一等带宽矩阵，带宽仅为 5，其余系数均为 0。这一系数矩阵很容易写出，并有一定规律性，便于列出和检查。

$$
\begin{array}{c}
1\\2\\3\\4\\ \\ \\14\\ \\23\\ \\30\\31\\32
\end{array}
\left[
\begin{array}{ccccccccccc}
1+C1\times KK & -2 & 1 & & & & & & & & \\
-2 & 5 & 4 & 1 & & & & & & & \\
1 & -4 & 6 & -4 & 1 & & & & & & \\
0 & 1 & -4 & 6 & -4 & 1 & & & & & \\
 & & & \cdots & & & & & & & \\
 & & & & 1 & -4 & 6+C2\times KK & -4 & 1 & & \\
 & & & & & & \cdots & & & & \\
 & & & & & & 1 & -4 & 6+K(23)\times KK & -4 & 1 \\
 & & & & & & & & \cdots & & \\
 & & & & & & & 1 & -4 & 6+K(30)\times KK & -4 & 1 \\
 & & & & & & & & 1 & -4 & 5+K(31)\times KK & -2 \\
 & & & & & & & & & 1 & -2 & \frac{KK\times K(32)}{2}+1
\end{array}
\right]
$$

注：1. $KK=\dfrac{\lambda^4}{EI}$；2. 空白处均为 0。

（3）荷载列阵

等效节点荷载按前节给出的公式即可算出。但应注意第一节点，主动土压力强度在此点为零，但按反力法，其值为

$$P(1)=\frac{\lambda}{6}pA(2)$$

$$P(I)=pA(I)\cdot\lambda$$

$$P(32)=pA(31)\cdot\lambda+\frac{\lambda}{3}\big[pA(32)-pA(31)\big]$$

（4）方程求解

应用电子计算机求解方程是十分简便的，而方程维数较少，立即可得位移的计算结果如图 17-7 所示。

（5）各节点截面弯矩

应用 $M_i=\dfrac{-EI}{\lambda^2}[y_{i-1}-2y_i+y_{i+1}]$ 立即求得计算结果，如图 17-8 所示。

（6）地基反力分布

根据 $R(2)=K(1)\cdot y(2)$ 可得地基反力，其分布如图 17-8 所示。

3. 结构计算

《规程》JGJ 120—2012 规定结构内力及支点力的设计值应按下列规定计算：

（1）截面弯矩设计值 M：

$$M=1.25\gamma_0 M_c \tag{17-19}$$

式中 M_c——截面弯矩计算值，即由弹性支点法求得的弯矩值。

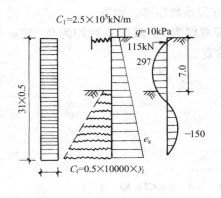

图 17-7 第一次开挖计算结果图　　　图 17-8 第二次开挖计算结果图

（2）截面剪力设计值 V：

$$V = 1.25\gamma_0 V_c \tag{17-20}$$

式中　V_c——截面剪力计算值。

（3）支点结构第 j 层支点力设计值 T_{dj}：

$$T_{dj} = 1.25\gamma_0 T_{cj} \tag{17-21}$$

式中　T_{dj}——第 j 层支点力计算值。

对于悬臂及单层支点结构的支点力计算值 T_{c1}、截面弯矩计算值 M_c、剪力计算值 V_c 也可按静力平衡条件确定。具体计算可参考第十六章。

4. 结构设计

地下连续墙的正截面受弯承载力、斜截面受剪承载力应按现行国家标准《混凝土结构设计规范》GB 50010 的有关规定进行计算。

四、地连墙稳定计算

地连墙除了保证结构本身的整体稳定，还要保证基坑开挖后，不会出现隆起和管涌现象。

结构的稳定计算详见第十六章。

第四节　地下连续墙的施工与检测

一、施工

施工程序应包括：地质勘察、调查研究与其施工有关的资料；选定合适需用的机具；弃土计划；导墙设计与施工；挖槽方法及护壁泥浆的确定；灌注水下钢筋混凝土。

在地连墙的施工中，挖槽是关键作业之一。

1. 单元槽段的划分

地连槽的施工沿墙长划分为许多某种长度的施工单元，称此为单元槽段。划分单元槽段就是把单元槽段的长度分配在墙体平面图上。单元槽段愈长，接头愈少。可提高墙体的连续性及截水防渗能力。但因各种因素单元槽段的长度受到一定限制。决定单元槽段长度因素有：

设计条件：使用目的、形状、墙厚与墙高；

施工条件：槽壁的稳定性，对相邻构筑物的影响，挖槽机最小挖槽长度，钢筋笼的重量及尺寸，混凝土的供应，泥浆贮浆池容量，作业占地面积，连续作业时间限制。

关键因素是槽壁的稳定，除此尚应考虑以下几个重要因素；限制挖槽长度；挖槽机最小挖槽长度；极软弱的地层；易液化的砂土层；相邻处荷载大；拐角等处。一般槽段长度最大不宜超过 4～8m。

地下连续墙的施工应根据地质条件的适应性等因素选择成槽设备。成槽施工前应进行成槽试验，并应通过试验确定施工工艺及施工参数。

当地下连续墙邻近的既有建筑物、地下管线、地下构筑物对地基变形敏感时，地下连续墙的施工应采取有效措施控制槽壁变形。

2. 导墙

导墙是地下墙挖槽前构筑的临时构筑物，对挖槽起重要作用。接近地表的土体一般是不稳定的，为防止地表的坍塌，保证泥浆的作用而修建导墙。

导墙一般采用钢筋混凝土结构，有时也用钢制或钢筋混凝土预制移动式导墙，要求有一定的强度、刚度和精度，同时应满足施工机械的要求，现浇钢筋混凝土导墙的断面见图 17-9。混凝土强度等级不宜低于 C20。导墙底面不宜设置在新近填土之上，且埋深不宜小于 1.5m。导墙的强度和稳定性应满足成槽设备和顶板接头管施工的要求。

图 17-9 中各断面形状是根据施工条件确定：

（a）适用地表层地基良好，导墙上荷载较小；

（b）适用表层地基强度不够，特别是坍塌性大的砂土和回填土地基；

（c）适用于导墙上荷载较大的情况；

（d）适于保护相邻结构物情况；

（e）适于地下水位高又难以采用井点排水等方法降低水位的情况；

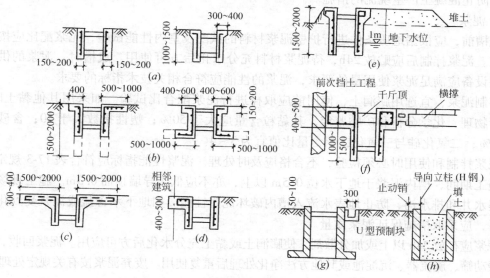

图 17-9　钢筋混凝土导墙断面图

（*f*）适用于工作面在地下的情况；

（*g*）适于防止泥浆溢流或溢流时有流路的情况；

（*h*）适用于挖斗式挖槽机用的导墙。

导墙施工精度直接关系到地连墙的精度，应特别注意：导墙内侧的净空尺寸；垂直与水平的位置与精度。导墙的内侧净空，一般大于墙体厚度 40~60mm 范围内。为保证间距，在适当距离（2~3m）设置横撑。导墙内墙面平行地连墙轴线，对轴线距离偏差一般在 ±10mm 以内。内外导墙间距允许偏差为 ±5mm。

导墙深度一般为 1~2m，顶面高出施工地面 0.1~0.2m。

3. 挖槽

挖槽时尽量采用对各种土质条件适用范围广的挖槽机。挖槽深度与挖槽机有关。挖槽宽度根据墙厚决定。

地连墙挖槽的槽壁及接头均应保持垂直。垂直度偏差即倾斜度 ≤1/150。槽段长度（沿轴线方向）允许偏差 ±50mm。槽段厚度允许偏差 ±10mm。

接头处相邻两槽段的挖槽中心线，在任一深度的偏差值，不得大于墙厚的 1/3。

槽段开挖结束后，应检查槽位、槽深、槽宽及槽壁垂直度等，合格后方可进行清槽换浆。

清理槽底和置换泥浆结束 1h 后，应符合下列规定。

（1）槽底（设计标高）以上 200mm 处泥浆密度应不大于 1.20；

（2）沉淀物淤积厚度应不大于 200mm。

单元槽段宜采用间隔一个或多个槽段的跳幅施工顺序。每个单元槽段，挖槽分段不宜超过 3 个。成槽时，护壁泥浆液面应高于导墙底面 500mm。

槽段接头应满足混凝土浇筑压力对其强度和刚度的要求。安放槽段接头时，应紧贴槽段垂直缓慢沉放至槽底。遇到阻碍时，槽段接头应在清除障碍后入槽。混凝土浇灌过程中应采取防止混凝土产生绕流的措施。

4. 泥浆

成槽前，应根据地质条件进行护壁泥浆材料的试配及室内性能试验，泥浆配比应按试验确定。泥浆拌制后应贮放 24h，待泥浆材料充分水化后方可使用。成槽时，泥浆的供应及处理设备应满足泥浆使用量的要求，泥浆的性能应符合相关技术指标的要求。

拌制泥浆，宜选用膨润土，使用前应取样进行泥浆配合比试验。如采用其他黏土时，应进行物理、化学分析和矿物鉴定，其黏粒含量应大于 50%；塑性指数大于 20；含砂量小于 5%；二氧化硅与三氧化二铝含量比值宜为 3~4。

泥浆拌制和使用时必须检验，不合格应及时处理。泥浆性能指标应符合表 17-3 规定。

施工期间，槽内泥浆于地下水位 0.5m 以上，亦不应低于导墙顶面 0.3m。施工现场应设置集水井和排水沟，防止地表水流入槽内破坏泥浆性能。如地下水含盐或泥浆受到化学污染时，应采取措施保证泥浆质量。

泥浆应存放 24h 以上或加分散剂，使膨润土或黏土充分水化后方可应用。泥浆回收，可采用振动筛、旋流器、沉淀池或其他方法净化处理后重复使用。废弃泥浆按有关规定处理。

5. 钢筋笼制作及安装

钢筋笼的尺寸应根据单元槽段、接头形式及现场起重能力等确定，并应在制作台上成型和预留插放混凝土导管的位置。

制备泥浆的性能指标

表 17-3

项次	项目		性能指标	检验方法
1	相对密度		1.05 ~ 1.25	泥浆比重称
2	黏度		18 ~ 25s	500cc/700cc 漏斗
3	含砂量		<4%	
4	胶体率		>98%	量杯法
5	失水量		<30mL/30min	失水量仪
6	泥皮厚度		1 ~ 3mm/30min	失水量仪
7	静切力	1min	20 ~ 30 mm/cm^2	静切力计
		10min	50 ~ 100	
8	稳定性		≤0.02g/cm³	
9	pH 值		7 ~ 9	pH 试纸

分节制作的钢筋笼，应在制作台上预先进行试装配。接头处纵向钢筋的预留搭接长度应符合设计要求。

钢筋笼制作时，纵向受力钢筋的接头不宜设置在受力较大处。同一连接区段内，纵向受力钢筋的连接方式和连接接头面积百分率应符合现行国家标准《混凝土结构设计规范》GB 50010 对板类构件的规定。

地下连续墙有防渗要求时，应在吊放钢筋笼前，对槽段接头和相邻墙段混凝土面用刷槽器等方法进行清刷，清刷后的槽段接头和混凝土面不得夹泥。

为保证钢筋的保护层厚度和钢筋笼在吊运过程中具有足够刚度，可采用保护层垫件、纵向钢筋桁架及主筋平面的斜向拉条等措施。

钢筋笼应设置定位垫块，垫块在垂直方向上的间距宜取 3 ~ 5m，在水平方向上宜每层设置 2 ~ 3 块。

单元槽段的钢筋笼宜整体装配和沉放。需要分段装配时，宜采用焊接或机械连接，钢筋接头的位置宜选在受力较小处，并应符合现行国家标准《混凝土结构设计规范》GB 50010 对钢筋连接的有关规定。

钢筋笼应根据吊装的要求，设置纵横向起吊桁架；桁架主筋宜采用 HRB400 级钢筋，钢筋直径不宜小于 20mm，且应满足吊装和沉放过程中钢筋笼的整体性及钢筋笼骨架不产生塑性变形的要求。钢筋连接点出现位移、松动或开焊时，钢筋笼不得入槽，应重新制作或修整完好。

钢筋笼应在清槽换浆合格后立即安装，在运输及入槽过程中，不应产生不可恢复的变形，不得强行入槽。浇筑混凝土时，钢筋笼不得上浮。钢筋笼的吊点设置，起吊及固定的方式应符合设计和施工要求。

6. 混凝土浇筑和接缝处理

混凝土的配合比应按要求，通过试验确定，水灰比不应大于 0.6；水泥用量不少于 370kg/m³；坍落度宜为 18 ~ 20cm；扩散度宜为 34 ~ 38cm。

配制混凝土的骨料宜选用中、粗砂及粒径不大于 40mm 的卵石和碎石。水泥宜采用普通硅酸盐水泥或矿渣硅酸盐水泥。并可根据需要掺外加剂。

接头管（箱）和钢筋笼就位后，应检查沉淀物厚度并在 4h 内浇筑混凝土，超过时应重新清底。

地下连续墙应采用导管法浇筑混凝土。导管拼接时，其接缝应密闭。混凝土浇筑时，导管内应预先设置隔水栓。

槽段长度不大于 6m 时，混凝土宜采用两根导管同时浇筑；槽段长度大于 6m 时，混凝土宜采用三根导管同时浇筑。每根导管分担的浇筑面积应基本均等。钢筋笼就位后应及时浇筑混凝土。混凝土浇筑过程中，导管埋入混凝土面的深度宜在 2.0~4.0m 之间，浇筑液面的上升速度不宜小于 3m/h。混凝土浇筑面宜高于地下连续墙设计顶面 500mm。

各单元槽段之间所选用的接头方式，应符合设计要求。接头管（箱）应能承受混凝土的压力。并应避免混凝土绕过接头管（箱）进入另一槽段。

清刷接头面，应在换浆前进行。浇筑混凝土时，应经常转动及提动接头管。拔管时，不得损坏接头处的混凝土。

除有特殊要求外，地下连续墙的施工偏差应符合现行国家标准《建筑地基基础工程施工质量验收规范》GB 50202 的规定。

二、质量检测

地下连续墙的质量检测应符合下列规定：

1. 应进行槽壁垂直度检测，检测数量不得小于同条件下总槽段数的 20%，且不应少于 10 幅；当地下连续墙作为主体地下结构构件时，应对每个槽段进行槽壁垂直度检测；

2. 应进行槽底沉渣厚度检测；当地下连续墙作为主体地下结构构件时，应对每个槽段进行槽底沉渣厚度检测；

3. 应采用声波透射法对墙体混凝土质量进行检测，检测墙段数量不宜少于同条件下总墙段数的 20%，且不得少于 3 幅，每个检测墙段的预埋超声波管数不应少于 4 个，且宜布置在墙身截面的四边中点处；

4. 当根据声波透射法判定的墙身质量不合格时，应采用钻芯法进行验证；

5. 地下连续墙作为主体地下结构构件时，其质量检测尚应符合相关标准的要求。

第十八章 撑锚结构设计

第一节 概述

深基坑支护体系一般情况下由两部分组成：一是围护墙；另一是内支撑或土层锚杆。内支撑或土层锚杆（简称撑锚结构）与挡土桩墙一起，以增强支护结构的整体稳定性。它不仅直接关系到土方开挖和基坑的安全，而且对基坑的工程造价和施工进度影响很大。因此，内支撑或土层锚杆也是基坑支护设计中的重要部分。

作用在围护墙上的水、土压力，可由内支撑有效地传递和平衡，也可由坑外设置的土锚维持平衡，它们还可减少围护墙的变形。

内支撑应当构造简单、体系稳定、连接可靠、受力明确、具有足够的刚度、施工方便。土锚设置在围护墙的背后，为挖土、结构施工创造空间；有利于提高施工效率。在软土地区，特别在建筑物密集地区，多用内支撑。

撑锚结构设计包括以下内容：材料的选择和结构体系的布置；结构的内力和变形的计算；构件的强度和稳定验算；构件的节点设计；结构的安装和拆除设计。

撑锚结构一般只适用于由钢和混凝土材料组成的墙式和桩式围护结构，如钢板桩、混凝土板桩、柱列式钻孔灌注桩和地下连续墙。对于水泥土墙，其墙身材料强度较低，不宜加设撑锚结构；如工程要求必须加撑锚结构，则必须对水泥土墙体加以特殊的装置。

第二节 内支撑结构设计

一、材料选择

目前在深基坑的内支撑中都是采用钢结构和钢筋混凝土结构体系。有时也有两者混用的情况。钢结构支撑与钢筋混凝土结构支撑的优缺点如表 18-1 所示。

钢结构和混凝土结构支撑优缺点 表 18-1

材　料	优　点	缺　点
钢结构	自重小，安装和拆除方便，可重复使用，可随挖随撑，能很好地控制基坑变形，一般情况下可优先采用	安装节点多，当构造不合理或施工不当时，容易造成节点变形而导致基坑过大的水平位移，施工技术水平要求高
混凝土结构	具有较大的平面刚度；适用于各种复杂平面形状的基坑；节点不会产生松动而增加基坑变形；施工技术水平要求较低	自重大；材料不能重复利用；安装和拆除需要较长工期不能做到随挖随撑，对控制基坑变形不利；当采用爆破拆除时，会有噪声、振动及碎石飞出的危险

二、内支撑体系的选型和布置

内支撑体系的选型和布置应根据下列因素综合考虑确定：

（1）基坑平面的形状、尺寸和开挖深度；

（2）基坑周围环境保护和临近地下工程的施工情况；

（3）场地的工程地质和水文地质条件；

（4）主体工程地下结构的布置，土方工程和地下结构工程的施工顺序和施工方法；

（5）地区工程经验和材料供应情况。

（一）内支撑结构形式

1. 内支撑结构选型应符合下列原则：

（1）宜采用受力明确、连接可靠、施工方便的结构形式；

（2）宜采用对称平衡性、整体性强的结构形式；

（3）应与主体地下结构的结构形式、施工顺序协调，应便于主体结构施工；

（4）应利于基坑土方开挖和运输；

（5）需要时，可考虑内支撑结构作为施工平台。

2. 内支撑结构应综合考虑基坑平面形状及尺寸、开挖深度、周边环境条件、主体结构形式等因素，选用有立柱或无立柱的下列内支撑形式：

（1）水平对撑或斜撑，可采用单杠、桁架、八字形支撑；

（2）正交或斜交的平面杆系支撑；

（3）环形杆系或环形板系支撑；

（4）竖向斜撑。

3. 内支撑结构宜采用超静定结构。对个别次要构件失效会引起结构整体破坏的部位宜设置冗余约束。内支撑结构的设计应考虑地质和环境条件的复杂性、基坑开挖步序的偶然变化的影响。

4. 支撑结构的基本形式有平面支撑体系和竖向斜撑体系。

（1）平面支撑体系由腰梁（或围檩）、水平支撑和立柱组成，如图18-1所示。水平支撑可分为：贯通基坑全长或全宽的对撑或对撑桁架；位于基坑角部两邻边之间的斜角撑或斜撑桁架；位于对撑或对撑桁架端部的八字撑；由腰梁和靠近基坑边的对撑为弦杆的边桁架；支撑之间的连系杆。

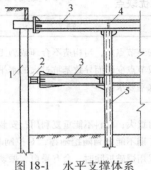 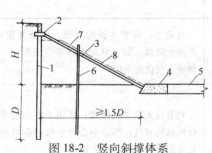

图18-1 水平支撑体系

1—围护墙；2—围檩；3—对撑；
4—连系杆；5—立杆

图18-2 竖向斜撑体系

1—围护墙；2—围檩；3—斜撑；4—斜撑基础；
5—基础压杆；6—立柱；7—连系杆；8—土坡

平面支撑体系可以直接平衡两端围护墙上所受到的部分侧压力。当构件长度较长时，应考虑弹性压缩，温度伸缩对基坑位移的影响。平面支撑体系整体性好，水平力传递可靠，平面刚度大，适合于大小深浅不同的各种基坑。

（2）竖向斜撑体系由腰梁、竖向斜撑、斜撑基础、水平连系杆以及立柱等组成。如图18-2所示。

竖向斜撑体系要求土方采取"盆形"开挖，即先开挖基坑中部土方，沿四周围护墙边预留土坡（即放坡开挖），待斜撑安装后再挖除四周土坡。基坑变形受到土坡和斜撑基础变形的影响，一般适用于环境保护要求不高，开挖深度不大的基坑。对于平面尺寸较大，形状复杂的基坑，采用竖向斜撑方案可以获得较好的经济效益。

（二）内支撑结构布置

1. 平面支撑体系

1）平面布置

支撑的平面布置应不妨碍主体工程施工，支撑轴线平面位置应避开地下主体工程的柱网轴线。相邻支撑之间的水平距离不宜小于4m，当采用机械挖土时，不宜小于8m。各层支撑端部与围护墙之间一般都应设置腰梁。当为地下连续墙时，如果在每个槽段的墙体上有不少于两个支撑点，可用设置在墙体内的暗梁代替腰梁。

当采用环形支撑时，环梁宜采用圆形、椭圆形等封闭曲线形式，并应按使环梁弯矩、剪力最小的原则布置辐射支撑；环形支撑宜采用与腰梁或冠梁相切的布置形式；

水平支撑与挡土构件之间应设置连接腰梁；当支撑设置在挡土构件顶部时，水平支撑应与冠梁连接；在腰梁或冠梁上支撑点的间距，对钢腰梁不宜大于4m，对混凝土梁不宜大于9m；

基坑形状有阳角时，阳角处的支撑应在两边同时设置；

当设置支撑立柱时，临时立柱应避开主体结构的梁、柱及承重墙；对纵横双向交叉的支撑结构，立柱宜设置在支撑的交汇点处；对用作主体结构柱的立柱，立柱在基坑支护阶段的负荷不得超过主体结构的设计要求；立柱与支撑端部及立柱之间的间距应根据支撑构件的稳定要求和竖向荷载的大小确定，且对混凝土支撑不宜大于15m，对钢支撑不宜大于20m；

当采用竖向斜撑时，应设置斜撑基础，且应考虑与主体结构底板施工的关系。

（1）钢结构支撑平面布置

因为钢腰梁和围护墙之间的水平力传递性能差，不宜采用斜角撑或斜撑桁架为主体的体系，一般情况下应优先选用相互正交、均匀布置的对撑或对撑桁架体系。它可以为土方开挖留出较大的作业空间。对于宽度不大的长条形基坑，可以采用单向布置的对支撑体系。水平支撑体系可见图18-3。

当相邻支撑之间水平距离较大时，为减少腰梁的计算跨度，可在支撑端部设置八字撑，八字撑应左右对称，长度不宜大于9m，与腰梁的夹角以60°为宜。沿腰

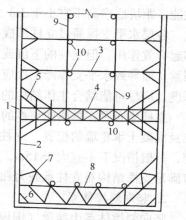

图18-3 水平支撑布置图

1—围护墙；2—围檩；3—对撑；4—对撑桁架；5—八字撑；6—斜角撑；7—斜撑桁架；8—边桁架；9—连系杆；10—立柱

梁长度方向上的支撑点（包括八字撑）间距不宜大于4m，以减小腰梁的截面尺寸。

（2）混凝土支撑平面布置

混凝土支撑除可以采用钢支撑的布置方式外，根据具体情况还可以采用以下布置方式：

①基坑平面形状比较复杂，可采用边桁架和对撑或斜角撑组成的平面支撑体系。边桁架可以加强支撑体系的整体刚度，提高腰梁的水平抗弯能力，布置在基坑形状复杂的区段，可方便支撑布置。边桁架的矢高不宜大于12m，在其两端应设置对撑或斜角撑加强。

②在基坑平面中要留较大作业空间时，可采用边桁架和对称桁架或斜撑桁架组成的平面支撑体系；对于规则的方形基坑可采用布置在基坑四周的斜撑桁架所组成的平面支撑体系。在布置对称桁架或斜撑桁架时，要注意避免使支撑两端受到相差悬殊的侧压力。因为在此情况下支护结构容易产生不对称的变形，导致部分构件或局部节点受到事前没有考虑到的内力和变形而提前破坏了。

2）竖向布置

在基坑竖向平面内，根据需要可以设置1道或多道竖向支撑。数量可根据开挖深度、地质条件和环境保护要求等因素计算确定。在地下水位较高的软土地区，基坑深度小于8m时，可设1道支撑；基坑深度为10~16m时，可设置2~4道竖向支撑。

当有多道支撑时，上、下各层水平支撑轴线应布置在同一竖向平面内，竖向相邻支撑的净距离不能小于3m，采用机械挖土时不能小于4m。

为不妨碍主体工程结构施工，支撑顶面与地下室的楼盖梁底面或楼板底面之间的净距离不宜小于300mm。当支撑和腰梁位于地下室竖向承重构件（如桩或混凝土墙）的垂直平面内时，支撑底面与地下室底板顶面的净距离不小于700mm。

通常利用围护墙的顶圈梁作为第一道支撑的腰梁。当第一道支撑标高低于墙顶圈梁时，应另设腰梁，但在软土地区不宜低于自然地面以下3m，在其他地区也不宜低于地面4m。此时应考虑支撑设置前围护墙所产生的初始位移对支撑结构各个计算工况的影响。在不影响地下室底板施工的情况下，最下一道支撑应尽可能降低，以改善支护结构的受力性能。距坑底净高不宜小于3m。

各层水平支撑通过立柱形成空间结构，加强了水平支撑的刚度，对控制支护结构的位移起有效作用。但立柱的下沉或由于基坑土回弹而向上抬以及相邻立柱之间的沉降差异等因素，而导致水平支撑产生次应力，同时削弱支护结构的刚度，因此立柱应有足够的埋入深度。应尽可能结合主体结构的工程桩设置，并与工程桩整体连接，一次沉桩。

立柱应布置在纵横向支撑的交点处或桁架式支撑的节点位置上，并要避开主体工程梁柱及混凝土承重墙的位置。立柱的间距应根据支撑构件的稳定要求和竖向荷载的大小确定，一般情况下不宜大于15m，立柱下端应支撑在较好的土层上，开挖面以下埋入的长度应满足支撑结构对立柱承载力和变形的要求。多层水平支撑时，层间净高不宜小于3m。

2. 竖向斜撑体系

竖向斜撑体系由腰梁（围檩），斜撑和斜撑基础等组成，如图18-2所示。斜撑宜采用型钢或组合型钢截面。

斜撑坡度应与土坡的稳定边坡一致，斜撑与基坑底面之间的夹角一般不宜大于35°，在地下水位较高的软土地区不宜大于26°。为防止开挖面以下墙前土体被动抗力受到斜撑基础上水平作用力的影响而降低，斜撑基础边缘与围护墙内侧之间距离不应小于墙体在开挖面以下埋入深度的 1.5 倍。

在不影响主体结构施工的前提下，斜撑应尽可能沿腰梁长度方向均匀对称布置，水平方向的间距不大于 6m。在基坑的角部可辅以布置水平支撑。当斜撑长度超过 15m 时，应在斜撑中部设置立柱。并在立柱与斜撑的节点上设置纵向连系杆。

斜撑与腰梁、斜撑与基础以及腰梁与围护墙之间的连接应满足斜撑水平分力和垂直分力的传递要求。

实际基坑的支撑体系，还可以演变成其他支撑形式。

三、支撑结构的设计

1. 荷载

内支撑结构分析时，应同时考虑下列作用：

（1）由挡土构件传至内支撑结构的水平荷载；

（2）支撑结构自重；当支撑作为施工平台时，尚应考虑施工荷载；

（3）当温度改变引起的支撑结构内力不可忽略不计时，应考虑温度应力；

（4）当支撑立柱下沉或隆起量较大时，应考虑支撑立柱与挡土构件之间差异沉降产生的作用。

2. 内力结构计算

支撑通过腰梁或冠梁作用于围护墙施加支点力。支点力大小与围护墙及土体刚度、支撑体系布置形式、结构尺寸有关。因此，在一般情况下应考虑支撑体系在平面上各点的不同变形与围护墙的变形协调作用而采用空间作用协同分析方法进行分析，求得支撑体系及围护墙的内力和变形。

应用有限元法考虑支撑体系与围护墙共同作用可求出支撑体系的轴向力，按多跨连续梁计算支撑体系构件自重及施工荷载产生的弯曲内力。

1）内支撑结构分析应符合下列原则：

（1）水平对撑与水平斜撑，应按偏心受压构件进行计算；支撑的轴向压力应取支撑间距内挡土构件的支点力之和；腰梁或冠梁应按以支撑为支座的多跨连续梁计算，计算跨度可取相邻支撑点的中心距；

（2）矩形基坑的正交平面杆系支撑，可分解为纵横两方向的结构单元，并分别按偏心受压构件进行计算；

（3）平面杆系支撑、环形杆系支撑，可按平面杆系结构采用平面有限元法进行计算；计算时应考虑基坑不同方向上的荷载不均匀性；建立的计算模型中，约束支座的设置应与支护结构实际位移状态相符，内支撑结构边界向基坑外位移处应设置弹性约束支座，向基坑内位移处不应设置支座，与边界平行方向应根据支护结构实际位移状态设置支座；

（4）内支撑结构应进行竖向荷载作用下的结构分析；设有立柱时，在竖向荷载作用下内支撑结构宜按空间框架计算，当作用在内支撑结构上的竖向荷载较小时，内支撑结构的水平构件可按连续梁计算，计算跨度可取相邻立柱的中心距；

（5）竖向斜撑应按偏心受压杆件进行计算；

（6）当有可靠经验时，宜采用三维结构分析方法，对支撑、腰梁与冠梁、挡土构件进行整体分析。

当基坑形状接近矩形且周边条件相同时，支撑体系结构可采用简化计算方法。支点水平荷载可沿腰梁、冠梁长度方向分段简化为均布荷载，水平荷载的设计值可按规程支点力设计值确定，对撑构件轴向力可近似取水平荷载设计值乘以支撑点中心距；腰梁可按多跨连续梁计算，计算跨度取相邻支撑点中心距。

斜撑在挖除墙前土坡后，墙背的部分水土压力通过墙体传到腰梁上，再由腰梁传给斜撑，并通过斜撑传给基础。作用在基础的斜撑轴力可分解为竖向和水平方向两个分力，竖向分力由基础底面的地基反力平衡；水平分力通常由基础压杆与基坑对面斜撑基础上的水平分力相平衡。

采用斜撑体系时，支护结构的内力和变形可以用平面支撑体系的简化平面计算模型进行分析。当需要考虑支撑与墙体的变形协调时，应考虑斜撑基础位移的影响。

2）受压支撑构件的受压计算长度可按下列方法确定：

（1）水平支撑在竖向平面内的受压计算长度，不设置立柱时，应取支撑的实际长度；设置立柱时，应取相邻立柱的中心间距；

（2）水平支撑在水平平面内的受压计算长度，对无水平支撑杆件交汇的支撑，应取支撑的实际长度；对有水平支撑杆件交汇的支撑，应取与支撑相交的相邻水平支撑杆件的中心间距；当水平支撑杆件的交汇点不在同一水平面内时，水平平面内的受压计算长度宜取与支撑相交的相邻水平支撑杆件中心间距的 1.5 倍；

（3）对竖向斜撑，应按本条第（1）、（2）款的规定确定受压计算长度。

预加轴向压力的支撑，预加力值宜取支撑轴向压力标准值的（0.5～0.8）倍，且应与式（16-11）计算的支撑预加轴向压力一致。

3）立柱的受压承载力可按下列规定计算：

在竖向荷载作用下，内支撑结构按框架计算时，立柱应按偏心受压构件计算；内支撑结构的水平构件按连续梁计算时，立柱可按轴心受压构件计算；

4）立柱的受压计算长度应按下列规定确定：

（1）单层支撑的立柱、多层支撑底层立柱的受压计算长度应取底层支撑至基坑底面的净高度与立柱直径或边长的 5 倍之和；

（2）相邻两层水平支撑间的立柱受压计算长度应取此两层水平支撑的中心间距；

5）立柱的基础应满足抗压和抗拔的要求。

3. 钢结构支撑设计

1）构造

钢支撑和钢腰梁的常用截面有钢管，H 型钢、工字钢和槽钢，以及它们的组合截面，如图 18-4 所示。

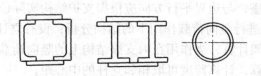

图 18-4　钢支撑截面形式

钢结构支撑的整体刚度更依赖构件之间的合理连接构造。所以，节点构造是钢结构支撑设计中一个重要内容，不合适的连接构造容易使基坑产生过大变形。

钢结构支撑构件的连接应满足截面等强度的要求。常用的连接方式有焊接和螺栓连接。焊接可以达到截面等强度要求，传力性能较好，但现场工作量大。螺栓连接可靠性不如焊接，但现场拼装方便。为减小节点变形，宜采用高强度螺栓。支撑端头与腰梁的连接，在支撑端头应设置厚度不小于 10mm 的钢板作封头端板，端板与支撑杆件满焊。必要时增设加劲肋板。

腰梁的现场拼装，由于受到拼装操作的限制，使腰梁在拼接节点处很难发挥其全截面的强度。所以在设计时把安装节点设置在支撑点附近，且不超过支撑间距的 1/3。在腰梁内力计算时，应把安装节点作为铰接处理。

由于围护墙表面通常不十分平整，为使腰梁与围护墙接合紧密，防止腰梁截面产生扭曲，在腰梁与围护墙之间采用不低于 C20 细石混凝土填实。用 H 型钢作腰梁时，其抗剪和抗扭性能较差，需采取合适的构造措施加以补强。在腰梁和支撑的腹板上焊接加劲板可以增强腹板的稳定性和提高截面的抗扭刚度，防止局部压屈破坏。当水平支撑与腰梁斜交时，应加设受剪力连接措施。

纵横向水平支撑交叉点的连接有平接和迭接两种。一般情况下，平接节点比较可靠，可以使支撑体系形成较大的平面刚度；迭接连接施工方便，但是这种连接能否有效限制支撑在水平面内的屈曲变形应慎重考虑。

立柱的长细比应不大于 150，立柱截面可以采用型钢或组合型钢。通常，在基坑开挖面以上宜采用格构式钢柱，以方便主体工程基础底板钢筋施工，同时也便于和支撑构件连接。立柱在开挖面以下部分可以用与开挖面以上相同截面的钢柱，当主体工程采用灌注桩时，宜把上部钢柱插入桩内，插入长度不小于钢柱边长的 4 倍，并一次成桩。有条件时应尽可能利用工程桩支承上部钢立柱。为了防止立柱沉降或坑底土回弹对支撑结构的不利影响，立柱的下端应支承在较好的土层上。在软土地区，立柱在开挖面以下的埋置深度不宜小于基坑开挖深度的 2 倍。当主体工程桩不是钻孔灌注桩时，为方便施工，也可采用截面不小于 350mm × 350mm 的 H 型钢或钢管。立柱周围的空隙应用碎石回填密实，并辅以注浆措施。

立柱与水平支撑连接可采取铰接构造。但连接件在竖向和水平方向的连接强度应大于支撑轴力的 1/50，以保证支撑构件的稳定。当采用钢牛腿时，钢牛腿的强度和稳定应通过计算确定。

2）钢支撑构件的截面承载力验算

支撑构件的截面承载力应根据围护结构在各个施工阶段荷载作用效应的包络图进行验算。其承载力表达式为：

$$\gamma_0 F \leq R \tag{18-1}$$

式中　γ_0——围护结构的重要系数，对于安全等级为一级，二级和三级的基坑支撑构件，应分别取 1.10，1.00，0.90；

　　F——支撑构件内力的组合设计值，各项荷载作用下的内力组合系数均取 1.0；

　　R——按现行国家的有关结构设计规范确定的截面承载力设计值。

（1）腰梁截面验算

腰梁的截面承载力一般情况下按受弯构件验算。当支撑与腰梁斜交时，还应验算偏心受压时的截面强度，此时构件的受压计算长度取内力分析时的计算跨度。

（2）水平支撑截面验算

水平支撑的截面承载力通常应按偏心受压构件验算。压杆的承载能力极限状态包括两种形式：

①杆件受压丧失稳定；

②杆件截面应力达到材料屈服点 f_y。

a. 压杆稳定的极限承载力——临界荷载

水平支撑如为单跨，或各跨刚度与跨度相同的多跨连续压杆，其临界荷载即为欧拉力：

$$\rho_{cr} = \frac{\pi^2 EI}{l^2} \tag{18-2}$$

式中 E——压杆材料的弹性模量；

I——压杆截面惯性矩；

l——计算跨度。

当压杆为两跨不等跨连接压杆临界力为：

$$\rho_{cr} = \frac{V_1^2 EI}{l^2} \tag{18-3}$$

式中 V_1——与两跨之比 l_1/l_2 有关的系数，它反映了第二跨对第一跨稳定的影响，其值如表 18-2 所示。

不等跨两跨连续压杆 V_1 值　　　　　　　　　表 18-2

l_1/l_2	0.1	0.2	0.3	0.4	0.5	0.6	0.7	0.8	0.9
V_1	0.4352	0.8445	1.2299	1.5915	1.9280	2.2372	2.5154	2.7596	2.9681

对于三跨连续压杆（图 18-5）的临界荷载为：

$$\rho_{cr} = \frac{V_1^2 EI}{l_1^2} \tag{18-4}$$

对称三跨连续压杆 V_1 值　　　　　　　　　表 18-3

l_1/l_2	0.2	0.3	0.4	0.5	0.6	0.7	0.8
V_1	1.1038	1.5491	1.9294	2.2463	2.5060	2.7168	2.8875

多于三跨的多跨连续压杆临界荷载计算与此类似。

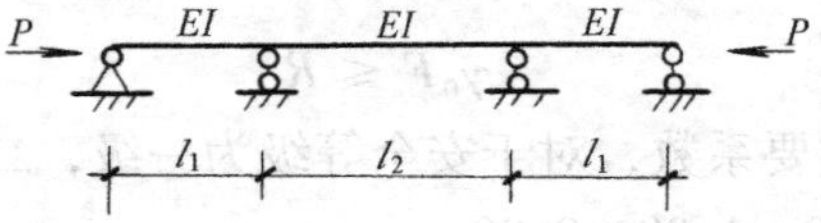

图 18-5 三跨连续压杆

b. 压杆的强度极限承载力

压杆只承受轴压力作用，其强度极限承载力为：

$$\rho = f_y A \tag{18-5}$$

式中 ρ——杆件的强度极限承载力；

f_y——材料的抗压强度设计值；

A——杆件横截面积。

压杆的极限承载力应是临界荷载和强度极限承载力中最小者。

支撑截面上弯矩计算，应按压弯杆的计算方法。支撑截面上的偏心弯矩除由竖向荷载所产生的弯矩之外，还应考虑轴向力对构件初始偏心距所引起的附加弯矩。构件的初始偏心距可取支撑计算长度的 2‰ ~ 3‰，钢支撑不宜小于 40mm。

（3）立柱截面验算

立柱截面承载力应按偏心受压计算。开挖面以下的立柱还应按单桩承载力的计算方法验算立柱的竖向和水平承载力。立柱长细比不宜大于 25。

4. 钢筋混凝土支撑设计

1）构造

钢筋混凝土支撑构件的混凝土强度等级不应低于 C25。钢筋混凝土支撑及腰梁一般采用矩形截面。支撑的截面高度除应满足受压构件的长细比要求外（不大于 150），不应小于其竖向平面内计算跨度（一般取相邻立柱中心距）的 1/20。腰梁的截面高度（水平向尺寸）不应小于其水平方向计算跨度的 1/10，腰梁的截面宽度（竖向尺寸）不应小于支撑的截面高度。整个混凝土支撑体系应在同一平面内整浇。平面转角处腰梁采用刚节点连接设计。

支撑和腰梁内的纵向钢筋直径不应小于 16mm，沿截面四周纵向钢筋的最大间距不应大于 200mm。箍筋直径不小于 8mm，间距不大于 250mm。支撑的纵向钢筋在腰梁内锚固长度不宜小于 30 倍的钢筋直径。

混凝土腰梁与围护墙之间不留水平间隙。对于地下连续墙与混凝土腰梁的结合面通常不考虑传递水平剪力。当基坑形状复杂，支撑与腰梁斜交时，应在墙体上沿腰梁的长度方向预留经过验算的剪力钢筋或剪力槽，墙体剪力槽的高度一般与腰梁截面相同，间距 150 ~ 200mm，槽深 50 ~ 70mm。

2）混凝土支撑构件的截面验算

支撑构件的截面承载力应根据各个施工阶段中最不利的荷载组合作用效应进行验算。

（1）腰梁截面验算

腰梁的截面承载力一般情况下按受弯构件验算。如与支撑斜交，应按偏心受压构件验算。

钢筋混凝土腰梁按多跨连续梁计算时，支座负弯矩可以考虑塑性变形内力重分布，乘以调幅系数 0.8 ~ 0.9，但此时梁的跨中正弯矩应相应增加。

（2）水平支撑的截面承载力按偏心受压构件验算。应同时考虑构件稳定性承载力和构件强度承载力两种情况，取其最小者。

现浇混凝土支撑在竖向平面内的支座弯矩，可以乘以 0.8 ~ 0.9 的调幅系数折减，但跨中弯矩应相应增加。

（3）立柱截面验算

立柱截面承载力应按偏心受压构件验算。

5. 竖向斜撑体系设计

1）构造

与钢结构支撑或与混凝土结构支撑的构造相同。

2）设计

竖向斜撑体系应验算以下项目：

（1）预留土坡的边坡稳定验算，稳定安全系数应大于1.5，采用圆弧法计算。

（2）斜撑截面承载力，可近似按轴心受压杆件验算，计算长度（当不设立柱时）取斜撑全长。

（3）腰梁计算同前。

（4）斜撑基础验算，按天然地基上浅基础的设计方法验算其竖向承载力。

（5）基础压杆可近似按轴心受压构件验算截面承载力。

第三节　支撑结构的施工

一、概述

实现支撑结构的功能，保证基坑施工的安全，确保施工质量也是非常重要的。

支撑结构的安装与拆除顺序，应同基坑支护结构的设计计算工况相一致。必须严格遵守先支撑后开挖的原则。所有支撑应在地基上开槽安装，在分层开挖原则下做到先安装支撑，后开挖下部土方。在同层开挖过程中做到边开挖边安装支撑。在主体结构底板或楼板完成后，并达到一定的设计强度，可借助底板或楼板构件的强度和单面刚度，拆除相应部位的支撑，但在此之前必须先在围护墙与主体结构之间设置可靠的传力结构，如图18-6所示。传力构件的截面应按楔撑工况的内力确定。当不能利用主体结构楔掌时，应按楔撑工况下的内力先安装好新的支撑系统后，才能拆下原来的支撑系统。一般情况下，在区段的土方挖

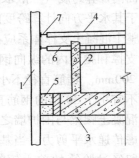

图18-6　利用主体结构楼盖楔撑
1—围护墙；2—地下室外墙；3—垫层；4—水平支撑；5—现浇混凝土带；6—短撑；7—围檩

好后，对于钢结构支撑应在24～36h内发挥作用，对于混凝土结构支撑应在48～72h内开始起作用。当立柱穿过主体结构底板以及支撑结构穿越主体结构地下室外墙的部分，应采用止水构造措施。

二、钢结构支撑施工

钢支撑的施工，必须制订严格的质量检验措施，保证构件和连接节点的施工质量。

根据场地条件，起重设备能力和具体的支撑布置，尽可能在地面把构件拼装成较长的安装段，以减少在基坑内的拼装节点。钢腰梁的坑内安装段长度不宜小于相邻4个支撑点的距离。拼装点宜设置在主支撑点位置附近。钢腰梁与排桩、地下连续墙间隙宜小于10cm，用不低于C30细石混凝土填充。

钢支撑在安装就位后，应按设计要求施加预压力，应符合下列要求：

1. 支撑安装完毕后，应及时检查各节点的连接情况，经确认符合要求后方可施加预压力，施加压力千斤顶应有可靠，准确的计量装置。

2. 千斤顶压力的合力点应与支撑轴线重合，千斤顶应在支撑轴线两侧对称、等距放

置，且应同步施加压力；

3. 千斤顶的压力应分级施加，施加每级压力后应保持压力稳定 10min 后方可施加下一级压力；预压力加至设计规定值后，应在压力稳定 10min 后，方可按设计预压力值进行锁定，其值不宜小于轴向力的 30%，不宜大于 80%。

4. 支撑施加压力过程中，当出现焊点开裂、局部压曲等异常情况时应卸除压力，在对支撑的薄弱处进行加固后，方可继续施加压力；

5. 当监测的支撑压力出现损失时，应再次施加预压力。

对钢支撑，当夏期施工产生较大温度应力时，应及时对支撑采取降温措施。当冬期施工降温产生的收缩使支撑端头出现空隙时，应及时用铁楔将空隙楔紧或采用其他可靠连接措施。

支撑拆除应在替换支撑的结构构件达到换撑要求的承载力后进行。当主体结构底板和楼板分块浇筑或设置后浇带时，应在分块部位或后浇带处设置可靠的传力构件。支撑的拆除应根据支撑材料、形式、尺寸等具体情况采用人工、机械和爆破等方法。

三、混凝土支撑施工

混凝土支撑的施工应遵循现行的钢筋混凝土施工规程。一般应在混凝土强度达到设计强度的 80% 后，方可开挖支撑面以下的土方。混凝土支撑拆除一般采用爆破方法或其他破碎方法。爆破作业应由专业单位操作，事先应做好施工组织计划，严格控制药量和引爆时间，并做好安全防护措施，以免支撑坍落时受到损伤。位于城市道路旁的基坑，爆破时应临时封闭交通。当采用分区拆除支撑时，应注意未拆区段的整体性和稳定性。

内支撑的施工偏差应符合下列要求：

（1）支撑标高的允许偏差应为 30mm；

（2）支撑水平位置的允许偏差应为 30mm；

（3）临时立柱平面位置的允许偏差应为 50mm，垂直度的允许偏差应为 1/150。

第四节　土层锚杆设计

一、概述

土层锚杆（简称土锚）是一种将支挡结构所承受的荷载通过拉杆传递到处于稳定地层的锚固体上，再由锚固体将荷载分散到地层的一种结构体系。

在天然土层中，锚固的方法以钻孔注浆为主，一般称灌浆锚杆。受拉锚杆的材料是精轧螺纹钢筋、钢绞线和高强度钢丝束。

土锚具有足够抗拔力而保证围护墙的安全。它设置在围护墙背后，代替内支撑。对于在建筑物密集地方，邻近地区有交通干线或有地下管线地区开挖基坑，采用土锚可以减小支护结构的位移和附近地面的沉陷。同时简化了支撑体系，为施工创造了较大的工作空间。

二、土锚构造、设计与施工同第九章

第五节 支护结构与主体结构的结合

1. 支护结构与主体结构可采用下列结合方式：

（1）支护结构的地下连续墙与主体结构外墙相结合；

（2）支护结构的水平支撑与主体结构水平构件相结合；

（3）支护结构的竖向支承立柱与主体结构竖向构件相结合；

（4）支护结构与主体结构相结合时，应分别按基坑支护各设计状况与主体结构各设计状况进行设计。与主体结构相关的构件之间的结点连接、变形协调与防水构造应满足主体结构的设计要求。按支护结构设计时，作用在支护结构上的荷载除应符号《建筑基坑支护技术规程》第3.4节、第4.9节的规定外，尚应同时考虑施工时的主体结构自重及施工荷载；按主体结构设计时，作用在主体结构外墙上的土压力宜采用静止土压力。

2. 地下连续墙与主体结构外墙相结合时，可采用单一墙、复合墙或叠合墙结构形式，其结合应符合下列要求（图18-7）

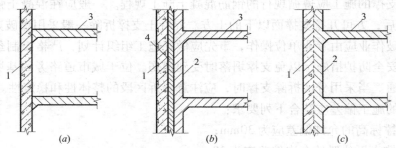

图18-7 地下连续墙与主体结构外墙结合的形式

（a）单一墙；（b）复合墙；（c）叠合墙

1—地下连续墙；2—衬墙；3—楼盖；4—衬垫材料

（1）对于单一墙，永久使用阶段应按地下连续墙承担全部外墙荷载进行设计；

（2）对于复合墙，地下连续墙内侧应设置混凝土衬墙；地下连续墙与衬墙之间的结合面应按不承受剪力进行构造设计，永久使用阶段水平荷载作用下的墙体内力宜按地下连续墙与衬墙的刚度比例进行分配；

（3）对于叠合墙，地下连续墙内侧应设置混凝土衬墙；地下连续墙与衬墙之间的结合面应按承受剪力进行连接构造设计，永久使用阶段地下连续墙与衬墙应按整体考虑，外墙厚度应取地下连续墙与衬墙厚度之和。

3. 地下连续墙与主体结构外墙相结合时，主体结构各设计状况下地下连续墙的计算分析应符合下列规定：

（1）水平荷载作用下，地下连续墙应按以楼盖结构为支承的连续板或连续梁进行计算，结构分析尚应考虑与支护阶段地下连续墙内力、变形叠加的工况；

（2）地下连续墙应进行裂缝宽度验算；除特殊要求外，应按现行国家标准《混凝土结构设计规范》GB 50010 的规定，按环境类别选用不同的裂缝控制等级及最大裂缝宽度限值；

（3）地下连续墙作为主要竖向承重构件时，应分别按承载能力极限状态和正常使用极限状态验算地下连续墙的竖向承载力和沉降量；地下连续墙的竖向承载力宜通过现场静载荷试验确定；无试验条件时，可按钻孔灌注桩的竖向承载力计算公式进行估算，墙身截面有效周长应取与周边土体接触部分的长度，计算侧阻力时的墙体长度应取坑底以下的嵌固深度；地下连续墙采用刚性接头时，应对刚性接头进行抗剪验算；

（4）地下连续墙承受竖向荷载时，应按偏心受压构件计算正截面承载力；

（5）墙顶冠梁与地下连续墙及上部结构的连接处应验算截面受剪承载力。

4. 当地下连续墙作为主体结构的主要竖向承重构件时，可采取下列协调地下连续墙与内部结构之间差异沉降的措施：

（1）宜选择压缩性较低的土层作为地下连续墙的持力层；

（2）宜采取对地下连续墙墙底注浆加固的措施；

（3）宜在地下连续墙附近的基础底板下设置基础桩。

5. 用作主体结构的地下连续墙与内部结构的连接及防水构造应符合下列规定：

（1）地下连续墙与主体结构的连接可采用墙内预埋弯起钢筋、钢筋接驳器、钢板等，预埋钢筋直径不宜大于 20mm，并应采用 HPB300 钢筋；连接钢筋直径大于 20mm 时，宜采用钢筋接驳器连接；无法预埋钢筋或埋设精度无法满足设计要求时，可采用预埋钢板的方式；

（2）地下连续墙墙段间的竖向接缝宜设置防渗和止水构造；有条件时，可在墙体内侧接缝处设扶壁式构造柱或框架柱；当地下连续墙内侧设有构造衬墙时，应在地下连续墙与衬墙间设置排水通道；

（3）地下连续墙与结构顶板、底板的连接接缝处，应按地下结构的防水等级要求，设置刚性止水片、遇水膨胀橡胶止水条或预埋注浆管注浆止水等构造措施。

6. 水平支撑与主体结构水平构件相结合时，支护阶段用作支撑的楼盖的计算分析应符合下列规定：

（1）应符合《建筑基坑支护技术规程》第 4.9 节的有关规定；

（2）当楼盖结构兼作为施工平台时，应按水平和竖向荷载同时作用进行计算；

（3）同层楼板面存在高差的部位，应验算该部位构件的受弯、受剪、受扭承载能力；必要时，应设置可靠的水平向转换结构或临时支撑等措施；

（4）结构楼板的洞口及车道开口部位，当洞口两侧的梁板不能满足传力要求时，应采用设置临时支撑等措施；

（5）各层楼盖设结构分缝或后浇带处，应设置水平传力构件，其承载力应通过计算确定。

（6）水平支撑与主体结构水平构件相结合时，主体结构各设计状况下主体结构楼盖的计算分析应考虑与支护阶段楼盖内力、变形叠加的工况。

7. 当楼盖采用梁板结构体系时，框架梁截面的宽度，应根据梁柱节点位置框架梁主筋穿过的要求，适当大于竖向支承立柱的截面宽度。当框架梁宽度在梁柱节点位置不能满足主筋穿过的要求时，在梁柱节点位置应采取梁的宽度方向加腋、环梁节点、连接环板等措施。

8. 竖向支承立柱与主体结构竖向构件相结合时，支护阶段立柱和立柱桩的计算分析除应符合本规程第4.9.10条的规定外，尚应符合下列规定：

（1）立柱及立柱桩的承载力与沉降计算时，立柱及立柱桩的荷载应包括支护阶段施工的主体结构自重及其所承受的施工荷载，并应按其安装的垂直度允许偏差考虑竖向荷载偏心的影响；

（2）在主体结构底板施工前，立柱基础之间及立柱与地下连续墙之间的差异沉降不宜大于20mm，且不宜大于柱距的1/400。

（3）在主体结构的短暂与持久设计状况下，宜考虑立柱基础之间的差异沉降及立柱与地下连续墙之间的差异沉降引起的结构次应力，并应采取防止裂缝产生的措施。立柱桩采用钻孔灌注桩时，可采用后注浆措施减小立柱桩的沉降。

（4）竖向支承立柱与主体结构竖向构件相结合时，一根结构柱位置宜布置一根立柱及立柱桩。当一根立柱无法满足逆作施工阶段的承载力与沉降要求时，也可采用一根结构柱位置布置多根立柱和立柱桩的形式。

9. 与主体结构竖向构件结合的立柱的构造应符合下列规定：

（1）立柱应根据支护阶段承受的荷载要求及主体结构设计要求，采用格构式钢立柱、H型钢立柱或钢管混凝土立柱等形式；立柱桩宜采用灌注桩，并应尽量利用主体结构的基础桩；

（2）立柱采用角钢格构柱时，其边长不宜小于420mm；采用钢管混凝土柱时，钢管直径不宜小于500mm；

（3）外包混凝土形成主体结构框架柱的立柱，其形式与截面应与地下结构梁板和柱的截面与钢筋配置相协调，其节点构造应保证结构整体受力与节点连接的可靠性；立柱应在地下结构底板混凝土浇筑完后，逐屋在立柱外侧浇筑混凝土形成地下结构框架柱；

（4）立柱与水平构件连接节点的抗剪钢筋、栓钉或钢牛腿等抗剪构造应根据计算确定；

（5）采用钢管混凝土立柱时，插入立柱桩的钢管的混凝土保护层厚度不应小于100mm。

10. 地下连续墙与主体结构外墙相结合时，地下连续墙的施工应符合下列规定：

（1）地下连续墙成槽施工应采用具有自动纠偏功能的设备；

（2）地下连续墙采用墙底后注浆时，可将墙段折算成截面面积相等的桩后，按现行行业标准《建筑桩基技术规范》JGJ 94的有关规定确定后注浆参数，后注浆的施工应符合该规范的有关规定。

11. 竖向支承立柱与主体结构竖向构件相结合时，立柱及立柱桩的施工除应符合《建筑基坑支护技术规程》第4.10.9条规定外，尚应符合下列要求：

（1）立柱采用钢管混凝土柱时，宜通过现场试充填试验确定钢管混凝土柱的施工工艺与施工参数；

（2）立柱桩采用后注浆时，后注浆的施工应符合现行行业标准《建筑桩基技术规范》JGJ 94有关灌注桩后注浆施工的规定。

12. 与主体结构结合的地下连续墙、立柱及立柱桩，其施工偏差应符合下列规定：

（1）除有特殊要求外，地下连续墙的施工偏差应符合现行国家标准《建筑地基基础工程施工质量验收规范》GB 50202 的规定；

（2）立柱及立柱桩的平面位置允许偏差应为 10mm；

（3）立柱的垂直度允许偏差应为 1/300；

（4）立柱桩的垂直度允许偏差应为 1/200。

13. 竖向支承立柱与主体结构竖向构件相结合时，立柱及立柱桩的检测应符合下列规定：

（1）应对全部立柱进行垂直度与柱位进行检测；

（2）应采用敲击法对钢管混凝土立柱进行检测，检测数量应大于立柱总数的 20%；当发现立柱缺陷时，应采用声波透射法或钻芯法进行验证，并扩大敲击法检测数量。

第十九章 水泥土墙设计

第一节 概述

水泥土墙是利用水泥材料为固化剂，采用特殊的拌合机械（如深层搅拌和高压旋喷机）在地基土中就地将原状土和固化剂强制拌合，经过一系列的物理化学反应，而形成具有一定强度、整体性和水稳定性的加固土圆柱体，将其相互搭接，连续成桩形成具有一定强度和整体结构的水泥土墙，用以保证基坑边坡的稳定。

水泥土墙，由于其材料强度比较低，主要是靠墙体的自重平衡墙后的土压力。因此，常视其为重力式挡土支护。

水泥土墙的特点是施工时振动小，无侧向挤压，对周围影响小。最大限度利用原状土，节省材料。由于水泥土墙采用自立式，不需加支撑，所以开挖较方便。水泥土加固体渗透系数比较小，墙体有良好的隔水性能。水泥土墙工程造价较低，当基坑开挖深度不大时，其经济效益更为显著。

水泥土墙的缺点是：水泥土墙体的材料强度比较低，不适于支撑作用，所以其位移量比较大。而墙体材料强度受施工因素影响导致墙体质量离散性比较大。

水泥土墙较适用于软土地区，如淤泥质土、含水量较高的黏土、粉质黏土、粉质土等。对以上各类土基坑深度不宜超过6m；对于非软土基坑挖深可达10m，最深可达18m。

水泥土墙的强度取决于水泥土的强度，它与水泥掺入比、水泥强度、龄期、土中有机质及外加剂和加粉煤灰等均有密切关系。

水泥土的强度随水泥掺入比的增加呈增强的趋势，当掺入比小于5%，水泥土固化程度低，强度离散性大。在实际工程中掺入比应大于7%，对于深层搅拌法掺入比为7%～15%，粉喷深层搅拌的水泥掺入比宜为13%～16%。

水泥土的强度随龄期的增长而增大，超过28d后仍有明显增加。当龄期超过3个月后，水泥土的强度增长才减缓。

水泥土强度随水泥强度等级的提高而增加，水泥强度等级每提高10，水泥土无侧限抗压强度f_{cu}约增加20%～30%。

水泥土中的有机质可使土具有较大水容量、塑性、膨胀性和低渗透性，并使酸性增加，使水泥的水化反应受到抑制。有机质含量少的水泥土强度比有机质含量高的水泥土的强度高。如地基土有机质含量大于1%时加固效果较差，对这类土不宜采用水泥作为固化剂进行加固。

外加剂对水泥土强度有着不同影响，如木质素磺酸钙主要起减水作用。石膏、三乙醇胺对水泥土强度有一定的增强作用。加入适量的粉煤灰使水泥土的强度有一定增长。

第二节　水泥土墙构造

根据土质情况，基坑开挖深度及已往的经验，墙高 $L = (1.8 \sim 2.2)H$，墙宽 $B = (0.6 \sim 0.95)H$，H 为基坑开挖深度。

为了充分利用水泥土桩组成宽厚的重力式挡墙，常将水泥土墙布置成格栅式。为保证墙体的整体性，特规定了各种土类的置换率，即水泥土面积与水泥土墙挡土结构面积的比值。淤泥呈软流塑状，土的指标比较差，不宜小于 0.8；淤泥质土次之，置换率不宜小于 0.7；其他土质如黏土、砂土置换率不宜小于 0.6。计算面积时以桩中心计算面积。同时，为了保证格栅的空腔不至于过于稀疏，规定格栅的格子长宽比不宜大于 2。

格栅内的土体面积应符合下式要求：

$$A \leqslant \delta \frac{cu}{\gamma_m} \tag{19-1}$$

式中　A——格栅内的土体面积（m^2）；

　　　δ——计算系数；对黏性土，取 $\delta = 0.5$；对砂土、粉土，取 $\delta = 0.7$；

　　　c——格栅内土的黏聚力（kPa）；

　　　u——计算周长（m），按图 19-1 计算；

　　　γ_m——格栅内土的天然重度（kN/m^3）；对多层土，取水泥土墙深度范围内各层土按厚度加权的平均天然重度。

重力式水泥土墙的嵌固深度，对淤泥质土，不宜小于 $1.2h$，对淤泥，不宜小于 $1.3h$；重力式水泥土墙的宽度，对淤泥质土，不宜小于 $0.7h$，对淤泥，不宜小于 $0.8h$。

水泥土墙，根据大多数国产设备规格，双钻头的搅拌桩机一次成型直径 700mm 的 8 字形柱状体。喷粉桩钻机一般每次成型直径为 500mm 圆柱体。组成墙体时，邻桩的搭接长度应根据挡土及截水要求而定：当考虑防渗时有效搭接长度不宜小于 150mm；当不考虑截水时有效搭接长度不宜小于 100mm。宜采用喷浆搅拌法。

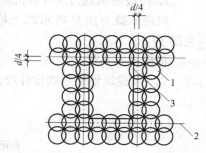

图 19-1　格栅式水泥墙
1—水泥土桩；2—水泥土桩中心线；
3—计算周长

为增强墙体的整体性，在墙顶浇筑厚度不小于 150mm 的混凝土面板，混凝土强度等级不宜小于 C15。一般在面板内配 $\phi 8 @ 150 \times 150\text{mm}$ 的钢筋网。同时，在每根桩的桩顶预留一根直径为 10mm 的插筋插入面板。墙体的厚度及嵌入深度应根据工程地质条件由计算确定。当基坑开挖深度小于 5m 时，一般可按经验选取墙厚等于 $(0.6 \sim 0.8)H$，在开挖面以下嵌入深度为 $(0.8 \sim 1.2)H$，H 为基坑开挖深度。水泥土墙体 28d 无侧限抗压强度不宜小于 0.8MPa。

当墙体变形不能满足要求时，宜采用基坑土体加固或水泥土墙顶插筋加混凝土面板等措施。插筋插入深度宜大于基坑深度，上面应锚于面板。

根据使用要求和受力特性，搅拌桩的水泥土墙挡土结构的断面形式见图 19-2。

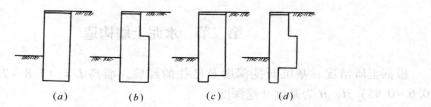

图 19-2　水泥土墙结构几种断面形式

第三节　水泥土墙设计

水泥土墙的设计步骤如下：

（1）根据管涌或土体整体稳定性安全系数条件确定水泥土墙的嵌固深度，据分析表明，根据整体稳定求得的嵌固深度已满足了抗隆起条件；

（2）根据抗倾覆条件确定水泥土墙的宽度，此宽度在一般情况也将满足抗滑稳定条件；

（3）特殊条件下（如各土层性质变化较大）进一步验算抗隆起及抗滑移安全条件；

（4）验算水泥土墙强度（可按弹性支点法计算弯矩）；

（5）计算墙顶位移。

一、重力式水泥土墙的嵌固深度

重力式水泥土墙嵌固深度的确定，主要是通过稳定性验算取最不利情况下所需的嵌固深度。

1. 按极限承载力法计算抗隆起稳定确定嵌固深度

极限承载力法是将水泥土墙开挖的底平面作为求极限承载力的基准面，其滑动线见图 19-3。

极限平衡条件：

（1）《建筑地基基础设计规范》公式：

$$K_D = \frac{N_c \tau_0 + \gamma t}{\gamma\,(h + t)\, + q} \tag{19-2}$$

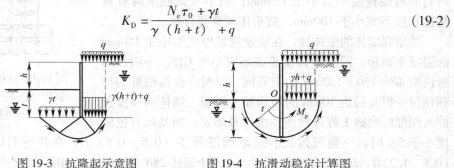

图 19-3　抗隆起示意图　　　图 19-4　抗滑动稳定计算图

式中　N_c——承载力系数，$N_c = 5.14$；

　　　τ_0——由十字板试验确定的总强度；

　　　γ——土的重度；

　　　K_D——入土深度底部土抗隆起稳定安全系数，取 $K_D \geqslant 1.6$；

　　　t——水泥土墙入土深度；

h——基坑开挖深度；

q——地面荷载。

（2）《建筑基坑支护技术规程》公式：

$$\frac{\gamma t N_q + c N_c}{\gamma (h+t) + q_0} \geq K_b$$

即

$$\frac{\gamma t \tan^2\left(45° + \frac{\varphi}{2}\right) e^{\pi\tan\varphi} + c\left[\tan^2\left(45° + \frac{\varphi}{2}\right) e^{\pi\tan\varphi} - 1\right]\frac{1}{\tan\varphi}}{\gamma(h+t) + q_0}$$

和式

$$\tan^2\left(45° + \frac{\varphi}{2}\right) = K_p$$

整理上两式得

$$t \geq \frac{\left(1 + \frac{q_0}{\gamma h}\right) + \frac{c}{\gamma h}\left(K_p e^{\pi\tan\varphi} - 1\right)\frac{1}{\tan\varphi}}{K_p e^{\pi\tan\varphi} - 1} \tag{19-3}$$

式中 t——按极限平衡状态下计算的水泥土墙嵌固深度；

q_0——地面超载；

γ——土层平均重度；

h——基坑开挖深度；

c——嵌固端下部土层土的黏聚力；

φ——嵌固端下部土层土的内摩擦角。

2. 按水泥土墙体极限抗滑动稳定确定的嵌固深度

在计算时认为开挖底面以下墙体能起到帮助抵抗基底土体隆起的作用，假定土体沿墙底面滑动，并认为滑动面为一圆弧面，如图19-4。

《建筑地基基础设计规范》公式：

$$K_D = \frac{M_p + \int_0^\pi \tau_0 t d\theta}{(g + \gamma h) t^2/2} \tag{19-4}$$

式中 M_p——水泥土墙横截面抗弯强度标准值；

K_D——基坑底部处土抗隆起稳定安全系数，取 $K_D \geq 1.40$。

《建筑基坑支护技术规程》指出：对于悬臂支挡结构可不进行隆起稳定性验算。

3. 按整体稳定计算嵌固深度

根据圆弧滑动条分法有（图19-5）：

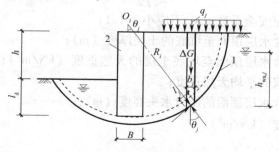

图 19-5 整体滑动稳定性验算

$$\min \ \{K_{s,1},\ K_{s,2},\ \cdots K_{s,i}\cdots\} \ \geqslant K_s \tag{19-5}$$

$$K_{s,i} = \frac{\sum \ \{c_j l_j + \ [\ (q_j b_j + \Delta G_j)\ \cos\theta_j - u_j l_j\ ]\ \tan\varphi_j\}}{\sum \ (q_j b_j + \Delta G_j)\ \sin\theta_j} \tag{19-6}$$

式中　K_s——圆弧滑动稳定安全系数，其值不应小于1.3；

$K_{s,i}$——第 i 个圆弧滑动体的抗滑力矩与滑动力矩的比值；抗滑力矩与滑动力矩之比的最小值宜通过搜索不同圆心及半径的所有潜在滑动圆弧确定；

c_j、φ_j——分别为第 j 土条滑弧面处土的黏聚力（kPa）、内摩擦角（°）；

b_j——第 j 土条的宽度（m）；

θ_j——第 j 土条滑弧面中点处的法线与垂直面的夹角（°）

l_j——第 j 土条的滑弧长度（m）；取 $l_j = b_j/\cos\theta_j$；

q_j——第 j 土条上的附加分布荷载标准值（kPa）；

ΔG_j——第 j 土条的自重（kN），按天然重度计算；分条时，水泥土墙可按土体考虑；

u_j——第 j 土条滑弧面上的孔隙水压力（kPa）；对地下水位以下的砂土、碎石土、砂质粉土，当地下水是静止的或掺流水力梯度可忽略不计时，在基坑外侧，可取 $u_j = \gamma_w h_{wa,j}$，在基坑内侧，可取 $u_j = \gamma_w h_{wp,j}$；滑弧面在地下水位以上或对地下水位以下的黏性土，取 $u_j = 0$；

γ_w——地下水重度（kN/m³）

$h_{wa,j}$——基坑外侧第 j 土条滑弧面中点的压力水头（m）；

$h_{wp,j}$——基坑内侧第 j 土条滑弧面中点的压力水头（m）。

当墙底以下存在软弱下卧土层时，稳定性验算的滑动面中应包括由圆弧与软弱土层层面结合的复合滑动面。

4. 渗透稳定性验算

当地下水位较高且基坑底面以下为砂土、粉土（$I_p \leqslant 10$）时，水泥土墙作为帷幕墙的插入深度还应满足防止发生流砂（土）现象的要求。当地下水从基坑底面以下向基坑底面以上流动时，砂土地基中的砂土颗粒就会受到渗透压力引起的浮托力，一旦出现过大的渗透压力，砂土颗粒就会在流动的水中呈悬浮状态，从而发生突涌现象。

（1）突涌稳定性验算

坑底以下有水头高于坑底的承压水含水层，且未用截水帷幕隔断其基坑内外的水力联系时，承压水作用下的坑底突涌稳定性应符合下式规定（图19-6）：

$$\frac{D\gamma}{h_w \gamma_w} \geqslant K_h \tag{19-7}$$

式中　K_h——突涌稳定安全系数；K_h 不应小于1.1；

D——承压水含水层顶面至坑底的土层厚度（m）；

γ——承压水含水层顶面至坑底土层的天然重度（kN/m³）；对多层土，取按土层厚度加权的平均天然重度；

h_w——承压水含水层顶面的压力水头高度（m）；

γ_w——水的重度（kN/m³）。

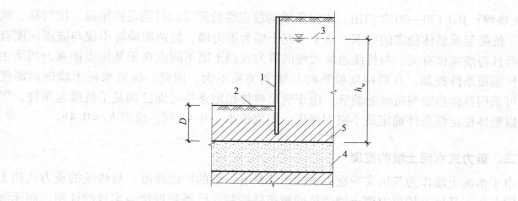

图 19-6 坑底土体的突涌稳定性验算
1—截水帷幕；2—基底；3—承压水测管水位；
4—承压水含水层；5—隔水层

（2）流土稳定性验算

悬挂式截水帷幕底端位于碎石土、砂土或粉土含水层时，对均质含水层，地下水渗流的流土稳定性应符合下式规定（图 19-7），对渗透系数不同的非均质含水层，宜采用数值方法进行渗流稳定性分析。

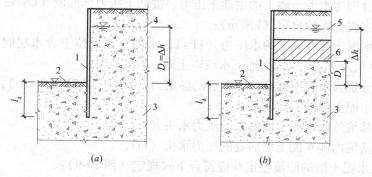

图 19-7 采用悬挂式帷幕截水时的流土稳定性验算
（a）潜水；（b）承压水
1—截水帷幕；2—基坑底面；3—含水层；
4—潜水水位；5—承压水测管水位；6—承压水含水层顶面

$$\frac{(2l_d + 0.8D_1)\ \gamma'}{\Delta h \gamma_w} \geq K_f \qquad (19-8)$$

式中 K_f——流土稳定性安全系数；安全等级为一、二、三级的支护结构，K_f 分别不应小于 1.6、1.5、1.4；

l_d——截水帷幕在坑底以下的插入深度（m）；

D_1——潜水面或承压水含水层顶面至基坑底面的土层厚度（m）；

γ'——土的浮重度（kN/m³）；

Δh——基坑内外的水头差（m）；

γ_w——水的重度（kN/m³）。

坑底以下为级配不连续的砂土、碎石土含水层时，应进行土的管涌可能性判别。

《规程》JGJ 120—2012 指出：水泥土墙的稳定性验算应同时满足抗倾覆、抗滑移、抗管涌、抗隆起及整体稳定的要求。由于水泥土墙为重力墙，前两项验算不仅与嵌固深度有关，而且与墙宽也有关，与传统边坡治理的重力式挡土墙不同点在于基坑支护重力挡墙主要受抗倾覆条件控制，在后两项验算时与墙宽关系不大，因此，确定水泥土墙嵌固深度时，可采用整体稳定与抗隆起验算。由于满足整体稳定条件时即已满足了抗隆起条件，因此仅以整体稳定性条件确定最小嵌固深度。但取值小于 $0.4h$ 时，应取 $h_d = 0.4h$。

二、重力式水泥土墙的宽度

由于水泥土墙作为基坑支护重力式挡土墙具有一定的嵌固深度，与传统的重力式挡土墙不同点在于基坑支护重力挡墙受抗倾覆条件控制这已得到理论与实践的证明。而无嵌固深度的传统重力式挡土墙主要受抗滑条件控制，同时也受抗倾覆条件控制。

水泥土墙体宽度根据抗倾覆极限平衡条件来确定最小的结构宽度。

1. 重力式水泥土墙的滑移稳定性应符合下式规定（图 19-8）：

$$\frac{E_{pk} + (G - u_m B)\tan\varphi + cB}{E_{ak}} \geq K_{sl} \tag{19-9}$$

式中　K_{sl}——抗滑移安全系数，其值不应小于 1.2；

E_{ak}、E_{pk}——分别为水泥土墙上的主动土压力、被动土压力标准值（kN/m）；

G——水泥土墙的自重（kN/m）；

u_m——水泥土墙底面上的水压力（kPa）；水泥土墙底位于含水层时，可取 $u_m = \gamma_w (h_{wa} + h_{wp})/2$，在地下水位以上时，取 $u_m = 0$；

c、φ——分别为水泥土墙底面下土层的黏聚力（kPa）、内摩擦角（°）；

B——水泥土墙的底面宽度（m）；

h_{wa}——基坑外侧水泥土墙底处的压力水头（m）；

h_{wp}——基坑内侧水泥土墙底处的压力水头（m）。

2. 重力式水泥土墙的倾覆稳定性应符合下式规定（图 19-9）：

$$\frac{E_{pk} a_p + (G - u_m B) a_G}{E_{ak} a_a} \geq K_{ov} \tag{19-10}$$

式中　K_{ov}——抗倾覆安全系数，其值不应小于 1.3；

a_a——水泥土墙外侧主动土压力合力作用点至墙趾的竖向距离（m）；

a_p——水泥土墙内侧被动土压力合力作用点至墙趾的竖向距离（m）；

a_G——水泥土墙自重与墙底水压力合力作用点至墙趾的水平距离（m）。

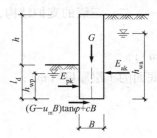
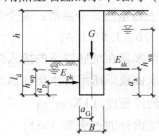

图 19-8　滑移稳定性验算　　　　　图 19-9　倾覆稳定性验算

三、重力式水泥土墙墙体的正截面应力应符合下列规定：

1. 拉应力

$$\frac{6M_i}{B^2} - \gamma_{cs}^z z \leq 0.15 f_{cs} \tag{19-11}$$

2. 压应力

$$\gamma_0 \gamma_F \gamma_{cs}^z z + \frac{6M_i}{B^2} \leq f_{cs} \tag{19-12}$$

3. 剪应力

$$\frac{E_{aki} - \mu G_i - E_{pki}}{B} \leq \frac{1}{6} f_{cs} \tag{19-13}$$

式中　M_i——水泥土墙验算截面的弯矩设计值（kN·m/m）；

　　　B——验算截面处水泥土墙的宽度（m）；

　　　γ_{cs}——水泥土墙的重度（kM/m³）；

　　　z——验算截面至水泥土墙顶的垂直距离（m）；

　　　f_{cs}——水泥土开挖龄期时的轴心抗压强度设计值（kPa），应根据现场试验或工程经验确定；

　　　γ_F——荷载综合分项系数，

E_{aki}、E_{pki}——分别为验算截面以上的主动土压力标准值、被动土压力标准值（kN/m），验算截面在坑底以上时，取 $E_{pki}=0$；

　　　G_i——验算截面以上的墙体自重（kN/m）；

　　　μ——墙体材料的抗剪断系数，取 0.4~0.5。

重力式水泥土墙的正截面应力验算应包括下列部位：

（1）基坑面以下主动、被动土压力强度相等处；

（2）基坑底面处；

（3）水泥土墙的截面突变处。

四、地基承载力验算

水泥土墙底承载力验算，取太沙基地基承载力公式进行计算分析。从偏于安全的分析方法，取深度为 h_a，则太沙基极限承载力公式为

$$p_u = \gamma h_d N_q + c N_c + \frac{1}{2} \gamma b N_r \tag{19-14}$$

式中　N_q、N_c——地基承载力系数，其中

$$N_q = \frac{1}{2}\left[\frac{e\left(\frac{3\pi}{4}-\frac{\varphi}{2}\right)\tan\varphi}{\cos\left(45°+\frac{\varphi}{2}\right)}\right]^2$$

$$N_c = (N_q - 1)\frac{1}{\tan\varphi}$$

$$N_r = 2(N_q + 1)\tan\varphi$$

地基承载力安全系数 K_D 可表示为

$$K_D = \frac{p_u}{\gamma_{cs}\ (h+h_d)\ +q_0} = \frac{\gamma h_d N_q + c N_c + \frac{1}{2}\gamma b N_r}{\gamma_{cs}\ (h+h_d)\ +q_0} \qquad (19\text{-}15)$$

式中　q_0——水泥土墙顶附加荷载。

　　由于水泥土墙设计嵌固深度是依据整体稳定性确定的。其安全系数小于抗隆起的安全系数。因此，按《规程》JGJ 120—99 规定的方法确定的水泥土墙嵌固深度再验算地基承载力安全系数 K_D 一般都大于 3，满足设计要求，故不必验算地基承载力。

五、水泥土墙的水平位移计算

　　水泥土墙的水平位移直接影响周围建筑物、道路和地下管线的安全。水平位移可采用经验公式法和弹性地基法计算。

　　1. 经验公式法

　　当墙体嵌固深度 h_d =（0.8~1.2）h（h 为基坑开挖深度），墙宽 b =（0.6~1.0）h 时，可用下列经验公式估算

$$\delta = \frac{h^2 L_{max}\zeta}{\eta h_d b} \qquad (19\text{-}16)$$

式中　　δ——墙顶水平位移计算值（mm）；

　　　　L_{max}——基坑最大边长（m）；

　　　　ζ——施工质量系数取（0.8~1.5）；

　　　　h——基坑开挖深度（m）；

　　　　h_d——墙体嵌入基底以下深度（m）；

　　　　η——量纲换算系数，δ 单位用 mm 时 $\eta=1$；δ 单位用 cm 时 $\eta=10$；

　　　　b——水泥土墙宽度。

　　2. 水泥土墙的弹性地基"m"法

　　本方法是假定地基为线弹性体，把侧向受力的地基视为一系列弹簧，弹簧间相互不影响，弹簧受力与其位移成正比，表示为

$$p = K\ (z)\ y \qquad (19\text{-}17)$$

式中　p——挡墙侧面的水平抗力；

　　　$K(z)$——随深度变化的基床系数；

　　　　y——深度 z 处的水平位移值。

　　"m"法认为 K（z）随深度按正比增加，即

$$K\ (z)\ = mz \qquad (19\text{-}18)$$

式中　m——比例系数，其值由试验测定。

　　水泥土墙刚度大，在墙后的土水压力作用下，将产生平移和转动，沿 BB' 截面把墙身截开，可以计算作用在 BB' 截面上的弯矩 M_0 和剪力 V_0。取 BB' 截面以下水泥土墙为分离体，为弹性地基梁。假定 BB' 截面以上墙体刚度为无穷大，墙体以 BB' 截面形心 O 点为中心做刚体转动。

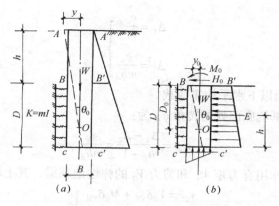

图 19-10　水泥土墙变形计算图

如图 19-10 所示，基坑底面处墙体的刚性位移 y_0 及转角 φ_0 可由两部分组成：

$$\left.\begin{array}{l} y_0 = y_{01} + y_{02} \\ \varphi_0 = \varphi_{01} + \varphi_{02} \end{array}\right\} \tag{19-19}$$

式中　y_{01}——由基坑底面以上荷载决定墙体在基坑底水平位移；

$\quad\quad y_{02}$——由基坑底面以下荷载决定墙体在基坑底的水平位移；

$\quad\quad \varphi_{01}$——由基坑底面以上荷载决定的墙体在基坑底面的转角；

$\quad\quad \varphi_{02}$——由基坑底面以下荷载决定的墙体在基坑底面的转角。

1）基坑底面以上荷载作用下基坑底面处的墙体变形

视基底以下部分墙体为弹性地基梁，用"m"墙变形计算

如图 19-11 所示，基坑底面以下作用均布荷载为 e_a 时，根据文克勒假定，在底面以下 1m 处的弹簧系数为 m，在墙底部的弹簧系数为 mh_d，变形为：

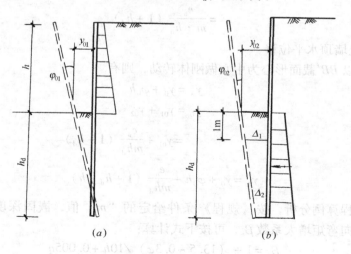

图 19-11　基坑底面墙体变形

（a）基坑底面以上荷载作用变形图；（b）基坑底面以下荷载作用变形图

$$\left. \begin{aligned} \Delta_1 &= \frac{e_{\mathrm{a}}}{m} \\ \Delta_2 &= \frac{e_{\mathrm{a}}}{mh_{\mathrm{d}}} \end{aligned} \right\} \tag{19-20}$$

式中 e_{a}——基坑底面以下水平均布荷载。

近似方法可求得基坑底面处的转角 φ_{02} 为：

$$\varphi_{02} = \frac{\Delta_1 - \Delta_2}{h_{\mathrm{d}} - 1} = \frac{e_{\mathrm{a}}}{mh_{\mathrm{d}}} \tag{19-21}$$

求解此段梁，即上端作用有力矩 M_0 和剪力 V_0 的弹性地基梁，其上端的水平位移和转角为

$$\left. \begin{aligned} y_{01} &= V_0 \delta_{\mathrm{VV}} + M_0 \delta_{\mathrm{VM}} \\ \varphi_{01} &= V_0 \delta_{\mathrm{MV}} + M_0 \delta_{\mathrm{MM}} \end{aligned} \right\} \tag{19-22}$$

式中 δ_{VV}、$\delta_{\mathrm{VM}} = \delta_{\mathrm{MV}}$、$\delta_{\mathrm{MM}}$——为单位长水泥土墙挠度系数。

其中定义 δ_{AB} 是作用端部 B 方向的单位力引起 A 方向的变形。即在 B 力作用下的柔度系数。以上各系数计算公式为

$$\left. \begin{aligned} \delta_{\mathrm{VV}} &= \frac{1}{\alpha^3 EI} A_{\mathrm{VV}} \\ \delta_{\mathrm{MV}} &= \delta_{\mathrm{VM}} = \frac{1}{\alpha^2 EI} B_{\mathrm{MV}} \\ \delta_{\mathrm{MM}} &= \frac{1}{\alpha EI} C_{\mathrm{MM}} \end{aligned} \right\} \tag{19-23}$$

式中 A_{VV}、B_{MV}、C_{MM}——无量纲影响系数。如计算其值可见文献 [50] 表 13.3。

2）基坑底面以下荷载作用时基坑底面处的位移

$$\begin{aligned} y_{02} &= \Delta_2 + \varphi_{02} h_{\mathrm{d}} \\ &= \frac{e_{\mathrm{a}}}{m \cdot h_{\mathrm{d}}} \ (1 + h_{\mathrm{d}}) \end{aligned} \tag{19-24}$$

3）水泥土墙顶水平位移

假定墙体以 BB' 截面形心为中心做刚体转动，则有

$$y_{\mathrm{A}} = y_0 + \varphi_0 h \tag{19-25}$$

式中

$$\begin{aligned} y_0 &= y_{01} + y_{02} \\ &= y_{01} + \frac{e_{\mathrm{a}}}{mh_{\mathrm{d}}} \ (1 + h_{\mathrm{d}}) \end{aligned} \tag{19-26}$$

$$y_{\mathrm{A}} = y_0 + \varphi_0 h + \frac{e_{\mathrm{a}}}{mh_{\mathrm{d}}} \ (1 + h_{\mathrm{d}} + h) \tag{19-27}$$

经大量工程算例分析，按《规程》条件给定的"m"值，嵌固深度按上述方法计算后，应考虑侧向弯矩增大系数 β_{e}，可按下式计算：

$$\beta_{\mathrm{e}} = 1 + \ (13.5 - 0.3\varphi) \ /10h + 0.005q \tag{19-28}$$

式中 h——水泥土墙开挖深度（m）；

φ——土的内摩擦角（°），当 $\varphi > 45°$ 时，取 $45°$；

q——地面超载。

并应用式（19-28）近似估算位移增大系数。最终，水泥土墙顶水平位移：

$$y_{终} = y \times \beta_e \qquad (19\text{-}29)$$

当水泥土墙变形不能满足要求时，宜采用基坑土体加固或水泥土墙顶插筋加混凝土面板等措施。水泥土墙顶宜设置 15～20cm 的钢筋混凝土压顶。压顶与水泥土墙用插筋连接，插筋用 $\phi12$ 钢筋，长度不小于 1.0m。

当缩小水泥土墙的宽度，可在墙体两侧插入型钢或钢筋，提高墙体抗弯能力。

为提高墙体的抗失稳的能力，可采用变截面形式，有时也可增加墙体宽度，但增加墙体嵌固深度效果不佳。

第四节　水泥土墙施工

一、水泥土配合比试验

为了保证水泥土墙的强度，必须研究与地基土相适应的水泥品种、强度等级、水泥掺入比、水灰比及外加剂等，掌握水泥土强度的增长规律，求得强度与龄期关系，在施工前应预先进行水泥土配合比试验。

配合比试验，应由建设单位，设计院会同施工单位到现场采集土样，做水泥土的配合比试验、测定各水泥土的不同龄期、不同的水泥掺入比试块抗压强度，寻求最佳的水灰比、水泥的掺入配方。土样不小于 2kg，采集的土样要密封好，防止水分蒸发。水泥与土要搅拌均匀，试块规格可根据要求制成边长 70.7mm 或 50mm 的立方体。

二、水泥土墙施工要点

水泥土墙无论是深层搅拌桩墙体还是粉喷桩墙体，施工的关键问题是要保证水泥和土搅拌均匀，且确保与邻桩搭接长度。这两个问题直接影响到墙体材料的强度和抗渗性能。

1. 深层搅拌桩墙体施工要点：

（1）搅拌机械就位对中后，启动搅拌机，把钻头沿着导向架边旋转边沉入土中。控制好下沉速度，使土体充分破碎。

（2）钻头下沉到设计深度后，提升 15～20cm，开启砂浆泵，把准备好水泥浆压入土中，边喷浆边提升钻头。压浆速度与钻头的提升速度应该匹配。一般情况下，每分钟钻头的提升速度不宜大于 0.5m。

（3）为使土和水泥浆搅拌均匀，应把额定的压浆量分两次均匀分布在桩身全长范围内。即在第一次压浆提升到地面后，再将钻头边旋转边沉入土中，到设计深度后，再沿桩全长压浆提升。

（4）水泥浆的水灰比不宜大于 0.5。

（5）桩位偏差小于 5cm，桩体垂直度偏差应小于 0.5%。

（6）相邻桩体的施工间隔不宜超过 24h，每一施工段应连续作业，并保证搭接长度。

2. 粉喷桩墙体施工要点

粉喷桩墙体是用压缩空气把干水泥以雾状喷入加固体，通过钻头旋转与地基深层的原状土充分搅拌均匀而形成。它的施工过程和施工要求基本上和搅拌桩墙体相同。

（1）粉喷搅拌机就位对中后，启动搅拌机使钻头边旋转边下沉，控制好下沉速度，以便把原状土充分破碎。

（2）钻头下沉到设计深度后停钻，再启动搅拌机使钻头反向旋转，然后通过送灰装置把水泥定时定量地喷入被搅动的土体中。在钻头反向旋转的过程中边送灰边提升，使土和水泥充分搅拌混合。送灰装置应附有计量装置，以便随时测定喷出的水泥重量。喷粉时，钻头每旋转一周的上提量以 1 ~ 1.5cm 为宜。

（3）为使土体与水泥均匀混合，应把额定的水泥用量分两次均匀喷送在桩体的全长范围内。在第一次喷灰提升到桩体顶面后，再把钻头边旋转边沉入土中，到设计深度后再自下而上沿桩体全长喷灰提升。

（4）应采用新鲜干燥的水泥施工，禁用受潮、结块水泥，以防堵塞喷嘴。

（5）桩位偏差应小于 5cm，垂直度偏差应小于 0.5%。

（6）相邻桩体的搭接长度不小于 20cm，施工间隔不应超过 2h。每一施工段应连续作业。

三、检测

施工质量可通过施工记录、强度试验和轻便触探进行间接或直接的判断。

1. 成桩施工期的质量检查

包括原材料质量，力学性能，掺入比的检查等。成桩时逐根检查桩位，桩直径，桩底标高，桩顶标高，桩身垂直度，喷浆提升速度，外掺剂掺量，喷浆均匀程度，搭接长度及搭接施工的间歇时间等。

2. 施工记录

施工记录是现场隐蔽工程的实录，反映施工工艺执行情况和施工中发生的各种问题。施工记录应详尽、如实进行并由专人负责。用施工前预定的施工工艺进行对照，可以判断施工操作是否符合要求。对施工中发生的如停电、机械故障、断浆等问题通过分析记录，可判断事故处理是否得当。

3. 强度检验

施工操作符合预定工艺要求的情况下，桩身的强度是否满足设计要求，是质量控制的关键。要求在施工后一周内进行开挖检查或采用钻孔取芯等手段检查成桩质量，若不符合设计要求应及时调整施工工艺。

水泥土墙在设计开挖龄期应采用钻孔取芯法检测墙身完整性，钻芯数量不宜少于总桩数的 1%，且不应少于 6 根；并根据设计要求取样进行单轴抗压强度试验芯样直径不应小于 80mm。

4. 基坑开挖期的检测

观察桩体软硬、墙面平整度和桩体搭接及渗漏情况，如不符合设计要求，应采取必要的补救措施。

应采用开挖方法检测水泥土搅拌桩的直径、搭接宽度、位置偏差。

第五节　算　例

某基坑地质条件见图 19-12，开挖深度为 5m，水泥土墙重度为 $22kN/m^3$，其强度为 C10，求墙的嵌固深度、墙宽及墙顶位移。

【解】（1）按整体稳定条件来确定嵌固深度

采用圆弧滑动简单条分法确定，根据《规程》（JGJ 120—2012）规定

$$h_0 = n_0 h$$

式中　n_0——嵌固深度系数，当 γ_k 取 1.3 且无地面超载时，可根据三轴试验确定的土层固结不排水（快）剪摩擦角 φ 及黏聚力系数 δ（$\delta = c/\gamma h$，γ 为土的天然重度）查文献 [52] 表 10.1.3。

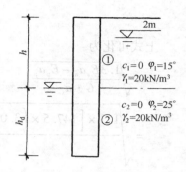

图 19-12　算例示意图

由第二层黏土知：$\varphi = 25°$，$C = 0$，即 $\delta = 0$，查表 10.1.3 得 $n_0 = 0.55$

则　　　　　　　　　　$h_0 = 0.55 \times 5 = 2.75$（m）

嵌固深度设计值按

$$h_d = 1.10 \gamma_0 h_0 = 1.10 \times 1.0 \times 2.75 = 3.03 m^*$$

（2）计算基坑外侧水平荷载及基坑内侧抗力

①基坑开挖以上水平荷载

$$E_{a1} = \frac{1}{2} \gamma_m h^2 K_{a1}$$

$$= \frac{1}{2} \times 20 \times 5^2 \times \tan^2 \left(45° - \frac{15°}{2}\right)$$

$$= 147.5 \text{（kN）}$$

$$a_{a1} = \left(3.03 \times \frac{5}{3}\right)$$

②第二层为黏土水平荷载及抗力为按分层计算土压：

上层土引起侧压力

$$E'_{a2} = 20 \times 5 \times 0.426 \times 3.03 = 122.80 \text{（kN）}$$

$$a'_2 = \frac{3.03}{2} = 1.52 \text{（m）}$$

下层土引起侧压力

$$E''_{a2} = \frac{20}{2} \times 3.03^2 \times 0.426 = 39.1 \text{（kN）}$$

$$a''_2 = \frac{3.03}{3} = 1.01 \text{（m）}$$

$$E_{p2} = \frac{1}{2} \times 20 \times 3.03^2 \times 2.46 = 225.0 \text{（kN）}$$

$$a_\text{p} = \frac{3.03}{3} = 1.01\text{m}$$

（3）按《规程》规定公式（19-10）计算墙厚

$$\frac{E_\text{p}a_\text{p} + Ga_\text{G}}{E_\text{a}\alpha_\text{a}} \geq 1.3$$

$$G = 22 \times 5 \times 1 \times b \qquad a_\text{G} = \frac{b}{2}$$

上式可化为

$$b = \sqrt{\frac{1.3E_\text{a}a_\text{a} - E_\text{p}a_\text{p}}{G \cdot a_\text{G}}}$$

$$= \sqrt{\frac{1.3 \times \left[147.5 \times \left(3.03 + \frac{5}{3}\right) + 122.8 \times 1.52 + 39.1 \times 1.01\right] - 225.0 \times 1.01}{22 \times 5 \times \frac{1}{2}}}$$

$$= 3.02 \ (\text{m})$$

取墙厚 $b = 3.0$ （m）

（4）墙顶位移

水泥土墙强度为 C10，其弹性模量 $E = 17.5 \times 10^6$ （kN/m²）

水泥土墙截面惯性矩 $I = \dfrac{1 \times b^3}{12} = \dfrac{1 \times 3^3}{12} = 2.25$ （m⁴）

水泥土墙抗弯刚度 $EI = 17.5 \times 10^6 \times 2.25 = 39.4 \times 10^6$ （kN/m²）

水平变形系数 $\alpha = \sqrt[5]{\dfrac{mb_0}{EI}} = \sqrt[5]{\dfrac{6000 \times 1}{39.4 \times 10^6}} = 0.172$

根据文献[52]式（13.3.4）求墙底特征系数 K_h 及换算深度

$$K_\text{h} = \frac{C_0 I_0}{EI} = \frac{6000 \times 3 \times 2.25}{39.4 \times 10^6} = 0.0011$$

$$\alpha h_\text{d} = 0.172 \times 3.03 = 0.521$$

根据 K_h 和 αh_d 查文献[50]表 13.3 近似得

$$A_\text{VV} = 44.5 \qquad B_\text{MV} = 105 \qquad C_\text{MM} = 296.2$$

根据式（19-23）计算挠度系数

$$\delta_\text{VV} = \frac{1}{\alpha^3 EI} A_\text{VV} = \frac{44.5}{0.172^3 \times 39.4 \times 10^6} = 221.96 \times 10^{-6}$$

$$\delta_\text{MV} = \delta_\text{VM} = \frac{1}{\alpha^2 EI} B_\text{MV *} = \frac{105}{0.172^2 \times 39.4 \times 10^6} = 90.1 \times 10^{-6}$$

$$\delta_\text{MM} = \frac{1}{\partial EI} C_\text{MM} = \frac{296.2}{0.172 \times 39.4 \times 10^6} = 43.71 \times 10^{-6}$$

计算基坑底面以上作用荷载时墙体在基坑底面处的变形

$$V_0 = \frac{1}{2}\gamma h^2 K_\text{a} = \frac{1}{2} \times 20 \times 5^2 \times \tan^2\left(45° - \frac{15°}{2}\right)$$

$$= 147.5 \ (\text{kN})$$

$$M_0 = \frac{1}{6}\gamma h^3 K_\text{a} = \frac{1}{6} \times 20 \times 5^3 \times \tan^2\left(45° - \frac{15°}{2}\right)$$

$$= 245.3 \ (\text{kN} \cdot \text{m})$$

$$y_{01} = V_0 \delta_{VV} + M_0 \delta_{VM}$$

$$= (147.5 \times 221.96 + 245.3 \times 90.1) \times 10^{-6}$$

$$= 0.055 \ (\text{m})$$

$$\varphi_{01} = V_0 \delta_{MV} + M_0 \delta_{MM}$$

$$= (147.5 \times 90.1 + 245.3 \times 43.71) \times 10^{-6}$$

$$= 0.024 \ (\text{rad})$$

墙顶水平位移

$$y_\text{d} = y_{01} + \varphi_{01} h + \frac{e_\text{a}}{mh_\text{d}} \ (1 + h_\text{d} + h)$$

$$= 0.055 + 0.024 \times 5 + \frac{20 \times 5 \times 0.59}{6000 \times 3.03} \times \ (1 + 3.16 + 5)$$

$$= 0.055 + 0.12 + 0.021$$

$$= 0.196 \ (\text{m})$$

用式（14-28）近似估算位移增大系数：

$$\beta_\text{e} = 1 + \frac{1}{10h} \ (13.5 - 0.3\varphi) \ + 0.005q$$

$$= 1 + \frac{1}{10 \times 5} \ (13.5 - 0.3 \times 15) \ = 1.18$$

最终位移值

$$196 \times 1.18 = 231 \ (\text{mm})$$

强度计算略。

附　录

附录1　地质资料

土的颗粒划分　　　　　　　　　　　　　　　　　　　　　　　　　　附表 1-1

粒组名称		分界粒径（mm）	一　般　特　征
漂石、块石颗粒 卵石、碎石颗粒		>200 200～20	透水性大，无黏性，无毛细水，不能保持水分
圆砾，角砾 颗粒	粗 中 细	20～10 10～5 5～2	透水性大，无黏性，无毛细水
砂粒	粗 中 细	2～0.5 0.5～0.25 0.25～0.075	易透水，无黏性，干燥时不收缩，呈松散状态，不表现可塑性，压缩性小，毛细水上升高度不大
粉粒	粗 细	0.075～0.01 0.01～0.005	透水性小，湿时稍有黏性，干燥时稍有收缩，毛细水上升高度较大，极易出现冻胀现象
黏粒 胶粒		0.005～0.002 <0.002	几乎不透水，结合水作用显著，潮湿时呈可塑性，黏性大，遇水膨胀，干燥时收缩显著，压缩性大

注：1. 漂石、卵石和圆砾颗粒呈一定磨圆形状（圆形或亚圆形）、块石、碎石和角砾颗粒有棱角；
　　2. 黏粒、粉粒可分别称为黏土粒、粉土粒。

土按有机质含量分类　　　　　　　　　　　　　　　　　　　　　　　附表 1-2

分类名称	有机质含量（%）	现场鉴别特征	说　　明
无机土	W_u <5%		
有机质土	5%≤W_u≤10%	灰、黑色，有光泽，味臭，除腐殖质外含少量未完全分解的动植物体，浸水后水面出现气泡，干燥后体积收缩	①如现场能鉴别有机质土或有地区经验时，可不做有机质含量测定； ②当 w>w_L，1.0<e<1.5 时称淤泥质土； ③当 w>w_L，e≥1.5 时称淤泥
泥炭质土	10%≤W_u≤60%	深灰或黑色，有腥臭味，能看到未完全分解的植物结构，浸水体胀，易崩解，有植物残渣浮于水中，干缩现象明显	根据地区特点和需要可按 W_u 细分为： 弱泥炭质土（10%<W_u≤25%）； 中泥炭质土（25%<W_u≤40%）； 强泥炭质土（40%<W_u≤60%）

碎石土密实度野外鉴别法　　　　　　　　　　　　附表 1-3

密实度	骨架颗粒排列和含量	可 挖 性	可 钻 性
密 实	骨架颗粒含量大于总重 70%，呈交错排列，连续接触	锹镐挖掘困难，用撬棍方能松动，井壁一般较稳定	钻进极困难，冲击钻探时，钻杆、吊锤跳动剧烈，孔壁较稳定
中 密	骨架颗粒含量等于总重的 60% ~ 70%，呈交错排列，大部分接触	锹镐可挖掘，井壁有掉块现象，从井壁取出大颗粒，可保持颗粒凹面形状	钻进困难，冲击钻探时，钻杆、吊锤跳动不剧烈，孔壁有坍塌现象
稍 密	骨架颗粒含量小于总重的 60%，排列混乱，大部分不接触	锹可挖掘，井壁易坍塌，从井壁取出大颗粒后，砂土立即坍落	钻进较容易，冲击钻探时，钻杆稍有跳动，孔壁易坍落
松散	骨架颗粒含量小于总重的 55%，排列十分混乱，绝大部分不接触	锹易挖掘，井壁极易坍塌	钻进很容易，冲击钻探时，钻杆无跳动，孔壁极易坍塌

注：1. 骨架颗粒系指与表 2-4 相对应粒径的颗粒；
　　2. 碎石土的密实度应按表列各项要求综合确定。

岩石按强度分类　　　　　　　　　　　　　　　附表 1-4

类　别	亚　类	强度（MPa）	代表性岩石
硬质岩石	极硬岩石	>60	花岩石、花岗片麻岩、闪长岩、玄武岩、石灰岩、石英砂岩、石英岩、大理岩、硅质砾岩等
	次硬岩石	30 ~ 60	
软质岩石	次软岩石	5 ~ <30	黏土岩、页岩、千枚岩、绿泥石片岩、云母片岩等
	极软岩石	<5	

注：强度指新鲜岩块的饱和单轴极限抗压强度。

岩石按风化程度分类　　　　　　　　　　　　附表 1-5

岩石类别	风化程度	野 外 特 征	风化程度参数指标		
			压缩波速度 v_p（m/s）	波速比 K_v	风化参数 K_f
硬质岩石	未风化	岩质新鲜，未见风化痕迹	>5000	0.9 ~ 1.0	0.9 ~ 1.0
	微风化	组织结构基本未变，仅节理面铁锰质渲染或矿物略有变色。有少量风化裂隙	4000 ~ 5000	0.8 ~ 0.9	0.8 ~ 0.9
	中等风化	组织结构部分破坏，矿物成分基本未变化，仅节理面出现次生矿物。风化裂隙发育，岩体被切割成 20 ~ 50cm 的岩块，且不易击碎，不能用镐挖掘，岩芯钻方可钻进	2000 ~ 4000	0.6 ~ 0.8	0.4 ~ 0.8
	强风化	组织结构大部分破坏，矿物成分已显著变化，云母已风化成次生矿物。裂隙很发育，岩体破碎，岩体被切割成 2 ~ 20cm 的岩块，可用手折断。用镐可挖掘，干钻不易钻进	1000 ~ 2000	0.4 ~ 0.6	<0.4
	全风化	组织结构已基本破坏，但尚可辨认，并且有微弱的残余结构强度，可用镐挖，干钻可钻进	500 ~ 1000	0.2 ~ 0.4	—

岩石类别	风化程度	野外特征	风化程度参数指标		
			压缩波速度 v_p（m/s）	波速比 K_v	风化参数 K_f
	残积土	组织结构已全部破坏。矿物成分除石英外，大部分已风化成土状，镐易挖掘，干钻易钻进，具可塑性	<500	<0.2	—
软质岩石	未风化	岩质新鲜，未见风化痕迹	>4000	0.9~1.0	0.9~1.0
	微风化	组织结构基本未变，仅节理面有铁锰质渲染或矿物略有变色。有少量风化裂隙	3000~4000	0.8~0.9	0.8~0.9
	中等风化	组织结构部分破坏。矿物成分发生变化，节理面附近的矿物及风化成土状。风化裂隙发育。岩体被切割成20~50cm的岩块，锤击易碎，用镐难挖掘，岩芯钻方可钻进	1500~3000	0.5~0.8	0.3~0.8
	强风化	组织结构已大部分破坏，矿物成分已显著变化，含大量黏土质黏土矿物。风化裂隙很发育，岩体被切割成碎块，干时可用手折断或捏碎，浸水或干湿交替时可较迅速地软化或崩解。用镐或锹可挖掘，干钻可钻进	700~1500	0.3~0.5	<0.3
	全风化	组织已基本破坏，但尚可辨认，并且有微弱的残余结构强度，可用镐挖，干钻可钻进	300~700	0.1~0.3	—
	残积土	组织结构已全部破坏。矿物成分已全部改变并已风化成土状，镐易挖掘，干钻易钻进，具可塑性	<300	<0.1	

注：1. 波速比 K_v 为风化岩石与新鲜岩石压缩波速度之比。

2. 风化系数 K_f 为风化岩石与新鲜岩石饱和单轴抗压强度之比。

3. 岩石风化程度，除按表列野外特征和定量指标划分外，亦可根据地区经验按点荷载试验资料划分。

4. 花岗岩类的强风化与全风化、全风化与残积土的划分，宜采用标准贯入试验，其划分标准：$N \geqslant 50$ 为强风化；$50 > N \geqslant 30$ 为全风化；$N < 30$ 为残积土。

岩体按结构类型分类

附表1-6

岩体结构类型	岩体地质类型	主要结构体形状	结构面发育情况	岩土工程特征	可能发生的岩土工程问题
整体状结构	均质，巨块状岩浆岩、变质岩、巨厚层沉积岩、正变岩	巨块状	以原生构造节理为主，多呈闭合型，裂隙结构面间距大于1.5m，一般不超过1~2组，无危险结构面组成的落石掉块	整体性强度高，岩体稳定，可视为均质弹性各向同性体	不稳定结构体的局部滑动或坍塌，深埋洞室的岩爆
块状结构	厚层状沉积岩、正变质岩、块状岩浆岩、变质岩	块状柱状	只具有少量贯穿性较好的节理裂隙，裂隙结构面间距0.7~1.5m。一般为2~3组，有少量分离体	整体强度较高，结构面互相牵制，岩体基本稳定，接近弹性各向同性体	

续表

岩体结构类型	岩体地质类型	主要结构体形状	结构面发育情况	岩土工程特征	可能发生的岩土工程问题
层状结构	多韵律的薄层及中厚层状沉积岩、变质岩	层状板状透镜体	有层理、片理、节理,常有层间错动面	接近均一的各向异性体,其变形及强度特征受层面及岩层组合控制,可视为弹塑性体,稳定性较差	不稳定结构体可能产生滑塌,特别是岩层的弯张破坏及软弱岩层的塑性变形
破裂状结构	构造影响严重的破碎岩层	碎块状	断层、断层破碎带、片理、层理及层间结构面较发育,裂隙结构面间距 0.25 ~ 0.5m,一般在3组以上,由许多分离体形成	完整性破坏较大,整体强度很低,并受断裂等软弱结构面控制,多呈弹塑性介质,稳定性很差	易引起规模较大的岩体失稳,地下水加剧岩体失稳
散体状结构	构造影响剧烈的断层破碎带,强风化带,全风化带	碎屑状颗粒状	断层破碎带交叉,构造及风化裂隙密集,结构面及组合错综复杂,并多充填黏性土,形成许多大小不一的分离岩块	完整性遭到极大破坏,稳定性极差,岩体属性接近松散体介质	易引起规模较大的岩体失稳,地下水加剧岩体失稳

岩石坚硬程度的定性划分

附表 1-7

名称		定 性 鉴 定	代表性岩石
硬质岩	坚硬岩	锤击声清脆,有回弹,振手,难击碎,基本不吸水反应	未风化—微风化的花岗岩、闪长岩、辉绿岩、玄武岩、安山岩、片麻岩、石英岩、硅质砾岩、石英砂岩、硅质石灰岩等
	较硬岩	锤击声较清脆,有轻微回弹,稍振手,较难击碎,有轻微吸水反应	1. 微风化的坚硬岩; 2. 未风化—微风化的大理岩、板岩、石灰岩、白云岩、钙质砂岩等
软质岩	较软岩	锤击声不清脆,无回弹,较易击碎,浸水后指甲可刻出印痕	1. 中等风化—强风化的坚硬岩或较硬岩; 2. 未风化—微风化的凝灰岩、千枚岩、砂质泥岩、泥灰岩等
	软岩	锤击声哑,无回弹,有凹痕,易击碎,浸水后手可掰开	1. 强风化的坚硬岩和较硬岩; 2. 中等风化—强风化的较软岩; 3. 未风化—微风化的页岩、泥质砂岩、泥岩等
极软岩		锤击声哑,无回弹,有较深凹痕,手可捏碎,浸水后可捏成团	1. 全风化的各种岩石; 2. 各种半成岩

岩体完整程度的划分

附表 1-8

名称	结构面组数	控制性结构面平均间距(m)	代表性结构类型
完整	1 ~ 2	>1.0	整状结构
较完整	2 ~ 3	0.4 ~ 1.0	块状结构
较破碎	>3	0.2 ~ 0.4	镶嵌状结构
破碎	>3	<0.2	碎裂状结构
极破碎	无序	—	散体状结构

岩石物理性质 附表 1-9

岩石名称		天然重度（kN/m³）	相对密度	天然状态下极限抗压强度（MPa）
花岗岩		26～29	2.6～2.9	100～200
正长岩		25～28	2.5～2.8	100～180
闪长岩		27～29.5	2.7～3.0	180～250
辉绿岩		27～30	2.7～3.0	180～250 甚至 >250
玄武岩		26～31	2.5～3.2	200～250 甚至 >250
安山岩		27～31	2.6～3.2	200～250 甚至 >250
石灰岩	软质多孔	12		20～40
	泥灰质	23	1.3～2.9	60～80
	坚实的	27～31		80～200
砾岩	泥质	19～22		<20
	灰质	22～28	2.2～2.9	20～120
	硅质	25～29		40～160
砂岩	泥质	20～22		<20
	灰质	26	2.2～2.8	20～120
	硅质	27～28		40～140
页岩	泥质	23	2.2～2.7	<20
	灰质	26		20～100
片麻岩		26～29	2.6～3.0	100～200
石英岩		28～30	2.8～3.0	200～250 甚至 >250
大理岩		27～28	2.7～2.8	100～200
结晶片岩		26～28	2.6～3.0	100～180
泥质板岩		27	2.7～2.8	30～60

岩石抗剪强度有关参数 附表 1-10

岩石名称	饱和抗压强度（MPa）	摩擦系数	黏聚力（kPa）	岩石名称	饱和抗压强度（MPa）	摩擦系数	黏聚力（kPa）
辉绿岩	170	0.45	0	白云质泥灰岩	87.2	0.67	5
角闪花岗岩	106.5	0.57		薄层灰岩	106.3	0.75	22
花岗闪长岩	116.1	0.64	5	石灰岩	87.8	0.70	23
云母石英片岩	113.0	0.55	28	石英砂岩	68.1	0.54	13
花岗岩	160.0	0.70	31	砂岩	108.9	0.82	2
千枚岩	8.9	0.78	25	中粒砂岩	39.9	0.75	3
大理岩	63.7	0.60	51	砂质页岩	104.4	0.69	39
石英砾岩	126.2	0.69	10	泥灰岩	128.3	0.60	21
石英砂岩	165.8	0.49	54	页岩	43.8	0.70	47

岩石变形模量和泊松比值

附表 1-11

岩石名称	边界条件		变形模量 $(10^4 MPa)$	泊松比
	抗压强度（MPa）	应力范围（MPa）		
花岗岩	105	1.0～13.0	1.94	0.10
	105	1.0～35.0	2.92	0.14
片麻岩	113.2	1.0～61.0	3.17	0.033
	133.2	1.0～41.0	2.80	
	133.2	1.0～5.0	2.10	0.015
大理岩	147.5	1.0～6.0	5.60	0.032
	110.0	5.0～15.0	7.88	0.026
	110.0	1.0～20.0	8.65	0.023
石灰岩	88.7	1.0～9.0	9.75	0.037
	145	1.0～9.0	8.17	0.032
	84.6	1.0～25.0	7.83	0.032
砂岩	76.5	0.5～50	1.13	
	45.3	1.0～23.0	0.74	0.043
	74.6	0.5～1.5	0.33	0.13

各类软弱面抗剪强度参数

附表 1-12

软弱面类型	摩擦角 φ（°）	摩擦系数 f	黏聚力（kPa）
各种泥化软弱面，滑石片岩片理面，云母片岩片理面等	9～20	0.16～0.36	0.0～50
黏土岩层面，泥灰岩层面，凝灰岩层面，夹泥断层，页岩层面，炭质夹层，千枚岩片理面，绿泥石片岩片理面等	20～30	0.36～0.58	50～100
砂岩层面，石灰岩层面，部分页岩层面，构造裂隙等	30～40	0.58～0.64	50～100 甚至至400
各种坚硬岩体的构造裂隙砾岩层面，部分砂岩层面，部分石灰岩层面	40～43.5 有时至49	0.84～0.94 有时至1.14	80～220 有时至500

软弱夹层抗剪强度参数值

附表 1-13

软弱夹层性质	f	c（kPa）	软弱夹层性质	f	c（kPa）
含阳起石的构造挤压破碎带	0.48	27	节理中充填30%的黏土	1.0	100
黏土页岩夹层	0.40	15	节理中充填40%的黏土	0.51	0
断层破碎带	0.35	0	碎石充填的节理	0.4～0.5	100～300
膨润土薄层充填的页岩状石灰岩	0.13	15	有黏土覆盖的节理	0.2～0.3	0～100
膨润土薄层	0.21～0.30	93～119	含角砾的泥岩	0.42	10

摩擦系数参考值

项　　目	滑动摩擦系数（f）		项　　目	滑动摩擦系数（f）
片石或混凝土在干燥黏性土上	0.3		干黏土之间	0.84 ~ 1.00
片石或混凝土在潮湿黏性土上	0.2		湿黏土之间	0.36 ~ 0.58
片石或混凝土在干燥砂类土上	0.55		干砂类土之间	0.58 ~ 0.70
片石或混凝土在潮湿砂类土上	0.45	同一材料之间	湿砂类土之间	0.62 ~ 0.84
片石或混凝土在干地卵砾石上	0.50 ~ 0.60		饱和砂土之间	0.36 ~ 0.47
片石或混凝土在水中卵砾石上	0.40 ~ 0.50		干砾石（卵石）之间	0.70 ~ 0.84
片石或混凝土在干地生植土上	0.45 ~ 0.65		湿砾石（卵石）之间	0.58
片石或混凝土在水中生植土上	0.30 ~ 0.40		干的密实的淤泥土之间	0.84 ~ 1.20
片石或混凝土在干地抛石基础上	0.70 ~ 0.8		湿淤泥土之间	0.36 ~ 0.47
片石或混凝土在水中抛石基础上	0.50 ~ 0.60		水中抛石（填石）之间	0.70 ~ 0.84
圬工与圬工之间				
片石与片石之间	0.75		料石与混凝土之间	0.60
片石与混凝土之间	0.70		混凝土与混凝土之间	0.65

附录2 水力计算资料

黏性土的容许无冲刷流速参考数值表 附表2-1

土的名称	颗料成分（%）		土的密实程度															
			不甚密实土（孔隙比为1.2~0.9，土的骨架重度为12kN/m³以下）				中等密实的土（孔隙比为0.6~0.3，土的骨架重度为16.6~20.4kN/m³）				密实的土（孔隙比0.6~0.3，土的骨架重度为16.6~20.4kN/m³）				极密实的土（孔隙比为0.3~0.2，土的骨架重度为20.4~21.4kN/m³）			
	小于0.005（mm）	0.005~0.050（mm）	平均水深（m）															
			0.4	1.0	2.0	3.0	0.4	1.0	2.0	3.0	0.4	1.0	2.0	3.0	0.4	1.0	2.0	3.0
			容许流速（m/s）															
黏土	20~50	70~50	0.35	0.4	0.45	0.5	0.70	0.85	0.95	1.10	1.00	1.20	1.40	1.50	1.40	1.70	1.90	2.10
重粉质砂黏土	20~30	80~70	0.35	0.4	0.45	0.5	0.70	0.85	0.95	1.10	1.00	1.20	1.40	1.50	1.40	1.70	1.90	2.10
中、轻粉质砂黏土	10~20	90~80	0.35	0.4	0.45	0.5	0.65	0.80	0.90	1.00	0.95	1.20	1.40	1.50	1.40	1.70	1.90	2.10
新沉积的黄土类土	—	—	—	—	—	—	0.60	0.70	0.80	0.85	0.80	1.00	1.20	1.30	1.10	1.30	1.50	1.70
黏砂土	5~10	20~40	根据土中所含砂粒大小按非黏性土的容许无冲刷流速采用															

注：1. 均质黏性土按表中数值采用。对于粗颗粒石块的混杂土，其中黏土只填充粗颗粒石块之间的空隙时，则容许流速根据粗颗粒石块平均粒径按非黏性土的容许无冲刷流速表采用之。

2. 表中流速值不应内插，可采用最接近于表中水深值的流速值。

3. 水深大于3m，又无资料时，可采用水深3.0m的容许流速值。

4. 若开挖河槽出来的密实域极密实土已遭风化，则容许流速只能取中等密实土相应数值。

岩层的容许无冲刷流速参考数值 附表2-2

岩石种类	平均水深（m）			
	0.40	1.00	2.00	3.00
	容许流速（m/s）			
砾石、泥灰岩、页岩	2.0	2.5	3.0	3.5
多孔石灰岩紧密砾岩，成层石灰岩，石灰质砂岩，白云质石灰岩	3.0	3.5	4.0	4.5
白云质砂岩，致密不分层的石灰岩，矽质石灰岩，大理石	4.0	5.0	6.0	6.5
花岗岩、辉绿岩、玄武岩、安山岩、石英岩、斑岩	15.0	18.0	20.0	22.0

注：1. 表中数值是岩层比较完整情况考虑的，对于有裂隙或已风化的岩层，则容许流速值应根据岩层的完整程度减少10%~15%。对于严重风化的岩层，则应根据占大多数的碎块尺寸按非黏性土的容许无冲刷流速表采用。

2. 表中流速值不应内插，可采用最接近于表中水深值的流速值。

3. 当水深大于3.0m，而缺少资料时，可采用3.0的容许流速。

非黏性土的容许无冲刷流速参考数值表

土及其特征		土的粒径 (mm)	平均水深（m）					
名称	分类形态		0.1	1.0	2.0	3.0	5.0	≥10.0
			容　许　流　速（m/s）					
粉土	含细砂的粉土和淤泥、种植土	0.005 ~ 0.05	0.15 ~ 0.20	0.20 ~ 0.30	0.25 ~ 0.4	0.30 ~ 0.45	0.40 ~ 0.55	0.45 ~ 0.65
砂	杂有中砂的细砂	0.05 ~ 0.25	0.20 ~ 0.35	0.30 ~ 0.45	0.40 ~ 0.55	0.45 ~ 0.60	0.55 ~ 0.70	0.65 ~ 0.80
	含黏土的中砂，杂有中砂之粒砂	0.25 ~ 1.0	0.35 ~ 0.50	0.45 ~ 0.60	0.55 ~ 0.70	0.60 ~ 0.75	0.70 ~ 0.85	0.85 ~ 0.95
	杂有砾石之粗砂，含黏土之粗砂	1.0 ~ 2.5	0.50 ~ 0.65	0.60 ~ 0.75	0.70 ~ 0.80	0.75 ~ 0.90	0.85 ~ 1.00	0.95 ~ 1.20
砾石	杂有中砾石的小砾石	2.5 ~ 5.0	0.65 ~ 0.80	0.75 ~ 0.85	0.80 ~ 1.00	0.90 ~ 1.10	1.00 ~ 1.20	1.20 ~ 1.50
	杂有砂和小砾石的中砾石	5 ~ 10	0.80 ~ 0.90	0.85 ~ 1.05	1.00 ~ 1.15	1.10 ~ 1.30	1.20 ~ 1.45	1.50 ~ 1.75
	杂有砂和小砾石的大砾石	10 ~ 15	0.90 ~ 1.10	1.05 ~ 1.20	1.15 ~ 1.35	1.30 ~ 1.50	1.45 ~ 1.65	1.75 ~ 2.00
卵石	杂有砂和砾石的小卵石	15 ~ 25	1.10 ~ 1.25	1.20 ~ 1.45	1.35 ~ 1.65	1.50 ~ 1.85	1.65 ~ 2.00	2.00 ~ 2.30
	杂有砾和中卵石的小卵石	25 ~ 40	1.25 ~ 1.50	1.45 ~ 1.85	1.65 ~ 2.10	1.85 ~ 2.30	2.00 ~ 2.45	2.30 ~ 2.70
	杂有大卵石的中卵石	40 ~ 75	1.50 ~ 2.00	1.85 ~ 2.40	2.10 ~ 2.75	2.30 ~ 3.10	2.45 ~ 3.30	2.70 ~ 3.60
大卵石	杂有卵、砾石的小号大卵石	75 ~ 100	2.00 ~ 2.45	2.40 ~ 2.80	2.75 ~ 3.20	3.10 ~ 3.50	3.30 ~ 3.80	3.60 ~ 4.20
	杂有卵、砾石的中号大卵石	100 ~ 150	2.45 ~ 3.00	2.80 ~ 3.35	3.20 ~ 3.75	3.50 ~ 4.10	3.80 ~ 4.40	4.20 ~ 4.50
	杂有卵、砾石的大号大卵石	150 ~ 200	3.00 ~ 3.50	3.35 ~ 3.80	3.75 ~ 4.30	4.10 ~ 4.65	4.40 ~ 5.00	4.50 ~ 5.40
漂石	杂有卵石的小漂石	200 ~ 300	3.50 ~ 3.85	3.80 ~ 4.35	4.30 ~ 4.70	4.65 ~ 4.90	5.00 ~ 5.50	5.40 ~ 5.90
	杂有中漂石的小漂石	300 ~ 400	—	4.35 ~ 4.75	4.70 ~ 4.95	4.90 ~ 5.60	5.50 ~ 5.60	5.90 ~ 6.00
	中漂石和大漂石	400 ~ 500 及以上	—	—	4.95 ~ 5.35	5.30 ~ 5.50	5.60 ~ 6.00	6.00 ~ 6.20

注：1. 表中流速上、下限与土粒径上、下限相对应。
　　2. 土的粒径应采用河床表层土中占大多数的颗粒粒径或采用平均粒径。
　　3. 表中流速不内插，可用最接近表列水深和粒径值的流速值。

附录3 工程材料

钢丝规格、重量表

线号 BWG	直径（mm）	截面面积（mm²）	每1000m 重量（kg）	每1kg 重之长度（m）
4	6.0	28.27	221.40	4.52
5	5.5	23.76	186.04	5.38
6	5.0	19.64	153.75	6.50
7	4.5	15.90	124.54	8.03
8	4.0	12.57	98.30	10.16
9	3.5	9.621	75.34	13.27
10	3.2	8.024	62.98	15.57
11	2.9	6.605	51.72	19.33
12	2.6	5.309	41.57	24.05
13	2.3	4.155	32.57	30.70
14	2.0	3.124	24.60	40.65
15	1.8	2.546	19.93	50.18
16	1.6	2.011	15.74	63.52
17	1.4	1.540	12.05	83.00
18	1.2	1.154	8.86	112.90
19	1.0	0.785	6.15	162.60
20	0.9	0.636	4.98	200.76
21	0.8	0.502	3.94	254.00
22	0.7	0.385	3.01	332.00

钢绞线公称直径、公称截面面积及理论重量

种　类	公称直径（mm）	公称截面面积（mm²）	理论重量（kg/m）
1×3	8.6	37.4	0.295
	10.8	59.3	0.465
	12.9	85.4	0.671
1×7 标准型	9.5	54.8	0.432
	11.1	74.2	0.580
	12.7	98.7	0.774
	15.2	139	1.101
	17.8	191	1.500
	21.6	285	2.237

镀锌钢丝规格、重量表　　　　　　　附表 3-3

标称直径 （mm）	面积 （mm²）	重量 （kg）	长度 （m/kg）	标称直径 （mm）	面积 （mm²）	重量 （kg）	长度 （m/kg）
1.6	2.00	15.38	65.00	3.2	8.04	61.52	16.20
2.0	3.14	24.03	41.50	3.5	9.36	73.60	13.70
2.5	4.98	38.50	26.00	4.0	12.56	96.13	9.15
2.6	5.30	40.62	24.60	4.5	15.39	121.67	8.23
3.0	7.07	52.80	19.00				

六角带帽螺栓规格、重量表（kg/100 个）　　　　　　附表 3-4

长度 （mm）	直　径　（mm）							
	6 (1/4″)	8 (5/16″)	10 (3/8″)	13 (1/2″)	16 (5/8″)	19 (3/4″)	22 (7/8″)	25 (1″)
20	1.37	—	3.37					
25	1.52	—	3.62	7.10	13.00	23.90		
30	1.64	—	3.87	7.56	13.56	25.05	30.45	
35	1.76	—	4.23	8.07	14.03	26.20	31.94	
40	1.90	3.17	4.43	8.64	14.77	27.35	33.43	
45	2.08	3.44	4.71	9.20	15.60	28.74	34.92	
50	2.40	3.72	5.09	9.72	16.39	29.58	36.41	56.04
55	2.62	4.00	5.37	10.24	17.35	30.65	37.90	58.04
60	2.83	4.28	5.65	10.26	18.32	31.81	39.39	60.04
65	3.04	4.57	5.80	11.28	19.11	32.93	40.83	62.04
70	3.25	4.86	5.94	11.80	19.90	34.04	42.37	64.04
75	3.47	—	6.49	12.32	20.69	35.46	43.83	66.04
80	3.69	—	6.77	12.84	21.48	36.27	45.35	68.04
85	3.92	—	7.05	13.36	22.27	37.39	46.84	70.04
90	4.15	—	7.33	13.88	23.06	38.50	48.33	72.04
95	4.38	—	7.61	14.40	23.85	39.62	49.87	74.05
100	4.62	—	7.89	14.92	24.64	40.73	51.31	76.06
105			8.17	15.44	25.43	41.83	52.80	77.37
110			8.45	15.96	26.22	42.96	54.29	78.68
115			8.73	16.48	27.02	44.07	55.78	80.00

六角螺帽规格、重量表（kg/100 个）　　　　　　附表 3-5

直　径		平头	帽头	直　径		平头	帽头
（mm）	（英寸）			（mm）	（英寸）		
6	1/4	0.59	0.54	22	7/8	17.10	16.01
8	5/16	1.04	0.95	25	1	26.08	24.40
10	3/8	1.95	1.81	29	1 1/8	45.36	41.23
11	7/16	3.18	2.86	32	1 1/4	63.00	57.43
13	1/2	3.40	3.13	35	1 3/8	84.01	76.88
14	9/16	6.21	5.67	38	1 1/2	110.63	100.79
16	5/8	7.21	6.90	44	1 3/4	185.16	168.01
19	3/4	10.07	9.34	51	2	221.26	206.16

铁垫圈每公斤个数 附表 3-6

形状	直　　　　径　　（mm）											
	6	8	9	12	16	19	22	25	28	32	35	38
圆形	300	250	140	80	42	36	27	22	18	15	13	12
方形			45	30	12	6	5	4				

注：表列垫圈均为圆孔。

弹簧垫圈规格、重量表 附表 3-7

规格（mm）内径×宽×厚	重量（kg/100 个）	规格（mm）内径×宽×厚	重量（kg/100 个）
3×2×1	0.03	22×6×3	2.00
5×2×2	0.04	25×6×6	4.00
6×3×2	0.14	29×10×6	6.00
8×3×2	0.15	32×10×6	6.50
10×3×2	0.17	35×8×8	6.50
13×5×2	0.48	38×10×10	10.00
16×6×3	1.00	44×6×6	12.80
19×6×3	1.05	50×10×10	13.50

注：表列弹簧垫圈为圆形垫圈。

热轧圆钢和方钢的规格及理论重量 附表 3-8

直径或边长	圆　　钢		方　　钢	
	截面面积（cm²）	理论重量（kg/m）	截面面积（cm²）	理论重量（kg/m）
5	0.1963	0.154	0.25	0.196
5.5	0.2376	0.187	0.30	0.236
6	0.2827	0.222	0.36	0.283
6.5	0.3318	0.260	0.42	0.332
7	0.3848	0.302	0.49	0.385
8	0.5027	0.395	0.64	0.502
9	0.6362	0.499	0.81	0.636
10	0.7854	0.617	1.00	0.785
11	0.9503	0.746	1.21	0.95
12	1.131	0.888	1.44	1.13
13	1.327	1.04	1.69	1.33
14	1.539	1.21	1.96	1.54
15	1.767	1.39	2.25	1.77
16	2.011	1.58	2.56	2.01
17	2.270	1.78	2.89	2.27
18	2.545	2.00	3.24	2.54
19	2.835	2.23	3.61	2.82

续表

直径或边长	圆　钢		方　钢	
	截面面积（cm²）	理论重量（kg/m）	截面面积（cm²）	理论重量（kg/m）
20	3.142	2.47	4.00	3.14
21	3.464	2.72	4.41	3.46
22	3.801	2.98	4.84	3.80
23	4.155	3.26	5.29	4.15
24	4.524	3.55	5.76	4.52
25	4.909	3.85	6.25	4.91
26	5.309	4.17	6.76	5.30
27	5.726	4.49	7.29	5.72
28	6.158	4.83	7.84	6.15
29	6.605	5.18	8.41	6.60
30	7.069	5.55	9.00	7.06
31	7.548	5.93	9.61	7.54
32	8.042	6.31	10.24	8.04
33	8.553	6.71	10.89	8.55
34	9.079	7.13	11.56	9.07
35	9.621	7.55	12.25	9.62
36	10.18	7.99	12.96	10.17
38	11.34	8.9	14.44	11.24
40	12.57	9.87	—	—

钢筋的计算截面面积及理论重量　　　　　　　　　　　　　　附表 3-9

公称直径（mm）	不同根数钢筋的计算截面面积（mm²）									单根钢筋理论重量（kg/m）
	1	2	3	4	5	6	7	8	9	
6	28.3	57	85	113	142	170	198	226	255	0.222
6.5	33.2	66	100	133	166	199	232	265	299	0.260
8	50.3	101	151	201	252	302	352	402	453	0.395
8.2	52.8	106	158	211	264	317	370	423	475	0.432
10	78.5	157	236	314	393	471	550	628	707	0.617
12	113.1	226	339	452	565	678	791	904	1017	0.888
14	153.9	308	461	615	769	923	1077	1231	1385	1.21
16	201.1	402	603	804	1005	1206	1407	1608	1809	1.58
18	254.5	509	763	1017	1272	1527	1781	2036	2290	2.00
20	314.2	628	942	1256	1570	1884	2199	2513	2827	2.47
22	380.1	760	1140	1520	1900	2281	2661	3041	3421	2.98
25	490.9	982	1473	1964	2454	2945	3436	3927	4418	3.85
28	615.8	1232	1847	2463	3079	3695	4310	4926	5542	4.83
32	804.2	1609	2413	3217	4021	4826	5630	6434	7238	6.31
36	1017.9	2036	3054	4072	5089	6107	7125	8143	9161	7.99
40	1256.6	2513	3770	5027	6283	7540	8796	10053	11310	9.87
50	1964	3928	5892	7856	9820	11784	13748	15712	17676	15.42

注：表中直径 $d = 8.2$mm 的计算截面面积及理论重量仅适用于有纵肋的热处理钢筋。

常用木材的强度设计值和弹性模量（N/mm²）　　　　附表 3-10

强度等级	组别	适用树种	抗弯 f_m	顺纹抗压及承压 f_c	顺纹抗拉 f_t	顺纹抗剪 f_v	横纹承压 f_c, 90			弹性模量 E
							全表面	局部表面及齿面	拉力螺栓垫板下面	
TC17	A	柏木，长叶松	17	16	10	1.7	2.3	3.5	4.6	10000
	B	湿地松，粗皮落叶松 东北落叶松		15	9.5	1.6				
TC15	A	铁杉　油杉 鱼鳞云杉	15	13	9	1.6	2.1	3.1	4.2	10000
	B	西南云杉		12	9	1.5				
TC13	A	油松，新疆落叶松， 云南松，马尾松， 红皮云杉，丽江云杉， 红松，樟子松	13	12	8.5	1.5	1.9	2.9	3.8	10000
	B			10	8	1.4				9000
TC11	A	西北云杉，新疆云杉， 杉木，冷杉	11	10	7.5	1.4	1.8	2.7	3.6	9000
	B			10	7	1.2				
TB20		栎木、青冈木	20	18	12	2.8	4.2	6.3	7.4	12000
TB17		水曲柳	17	16	11	2.4	3.8	5.7	7.6	11000
TB15		锥栗（椎木） 桦木	15	14	10	2.0	3.1	4.7	6.2	10000

注：1. 对位于木构件端部（如接头处）的拉力螺栓垫板其计算中所取的木材横纹承压设计值应按"局部表面及齿面"一栏采用；

　　2. 木材树种归类说明请见《木结构设计规范》GB 50005—2003 附录五。

石 灰 的 品 种　　　　附表 3-11

项　目	石灰膏	磨细生石灰粉	熟化石灰粉
制作方法	由生石灰加水，经过淋制熟化生成	由火候适度的块灰，经过干磨成粉末即成	用生块灰淋以适当比例的水，经过熟化而得粉末
细度要求	淋灰时应用 6mm 的网格过滤	应经 4900 孔/cm² 的筛子，过滤	应经 6mm 的网格过滤
特　点	应在沉淀池内最少储存 7d 后使用，保水性能好	具有快干，高强度特点，便于冬季施工	

石油沥青与煤沥青区别　　　　附表 3-12

性　质	石 油 沥 青	煤 沥 青
相对密度	近于 1.0	1.25 ~ 1.28
气　味	加热后有松香味	加热后有臭味
毒　性	无	有刺激性和毒性
延　性	较好	低温脆性
温度敏感性	较小	较大
大气稳定性	较高	较低
抗腐蚀性	差	强

五大品种水泥主要性能及适用范围　　　　　　　　　　附表 3-13

	硅酸盐水泥	普通水泥	矿渣水泥	火山灰水泥	粉煤灰水泥	复合水泥
组成	纯熟料不掺任何混合材料	允许掺活性混合材料 15%，非活性混合材料 10%	允许掺粒化高炉矿渣 20%～70%	允许掺加火山灰质混合材料 20%～50%	允许掺加粉煤灰 20%～40%	掺入两种或两种以上混合料 20%～50% 适量石膏磨细
相对密度	3.0～3.15	3.0～3.15	2.9～3.1	2.8～3.0	2.8～3.0	
重度	1000～1600	1000～1600	1000～1200	1000～1200	1000～1200	
标号	42.5 42.5R 52.5 52.5R 62.5 62.5R	32.5 32.5R 42.5 42.5R 52.5 52.5R	32.5 32.5R 42.5 42.5R 52.5 52.5R	32.5 32.5R 42.5 42.5R 52.5 52.5R	32.5 32.5R 42.5 42.5R 52.5 52.5R	32.5 42.5 42.5R 52.5 52.5R
主要特性	1. 快硬早强 2. 水化热较高 3. 耐冻性好 4. 耐热性较差 5. 耐腐蚀与耐水性较差	1. 早强 2. 水化热较高 3. 耐冻性较好 4. 耐热性较差 5. 耐腐蚀及耐水性较差	1. 早期强度低，后期强度增长较快 2. 水化热较低 3. 耐热性较好 4. 耐硫酸盐侵蚀和耐水性较好 5. 抗冻性较差 6. 干缩性较大 7. 抗碳化能力差	1. 早期强度低，后期强度增长较快 2. 水化热较低 3. 耐热性较差 4. 耐硫酸盐类侵蚀和耐水性较好 5. 抗冻性较差 6. 干缩性较大 7. 抗渗性较好 8. 抗碳化能力差	1. 早期强度低，后期强度增长较快 2. 水化热较低 3. 耐热性较差 4. 对硫酸盐类侵蚀和耐水性较好 5. 抗冻性较差 6. 干缩性较小 7. 抗碳化能力差	1. 早期强度低后期强度增长较快 2. 水化热较低 3. 抗冻性差 4. 耐腐蚀性较好 5. 抗渗性较好 6. 其他性能与掺入混合料种类与数量有关
适用范围	适用快硬早强工程，配制高强度混凝土	适用于制造地上地下及水中混凝土、钢筋混凝土及预应力钢筋混凝土结构，包括受循环冻融的结构及早期强度要求较高工程，配制建筑砂浆	1. 适用于大体积工程 2. 配制耐热混凝土 3. 适用于蒸汽养护的构件 4. 适用一般地上地下和水中混凝土及钢筋混凝土结构 5. 配制建筑砂浆	1. 适用于大体积工程 2. 有抗渗要求工程 3. 适用于蒸汽养护的构件 4. 用于混凝土和钢筋混凝土 5. 配制建筑砂浆	1. 适用于地上、地下水中大体积混凝土工程 2. 适用于蒸汽养护的构件 3. 适用于一般混凝土工程 4. 配制建筑砂浆	1. 适用于大体积工程 2. 有抗渗要求工程 3. 有抗腐蚀要求工程 4. 配制建筑砂浆
不适用范围	1. 不宜用于大体积混凝土工程 2. 不宜用于受化学侵蚀、压力水（软水）作用及海水侵蚀工程	1. 不适用于大体积混凝土工程 2. 不适用于受化学侵蚀、压力水（软水）作用及海水侵蚀工程	1. 不适用于早期强度要求较高的工程 2. 不适用于寒冷地区并处在水位升降范围内的混凝土工程	1. 不适用于处在干燥环境的混凝土工程 2. 不宜用于耐磨性要求高的工程 3. 其他同矿渣水泥	1. 不适用于抗碳化要求的工程 其他同矿渣水泥	1. 不适于早期强度要求较高工程 2. 不适于寒冷地区并处在水位升降范围内的工程

混凝土最大水灰比和最小水泥用量　　附表 3-14

混凝土所处的环境条件	最大水灰比	最小水泥用量（kg/m³）			
		普通混凝土		轻骨料混凝土	
		配筋	无筋	配筋	无筋
不受雨雪影响的混凝土	不作规定	225	200	250	225
①受雨雪影响的露天混凝土 ②位于水中或水位升降范围内混凝土 ③在潮湿环境中的混凝土	0.7	250	225	275	250
①寒冷地区水位升降范围内混凝土 ②受水压作用的混凝土	0.65	275	250	300	275
严寒地区水位升降范围内混凝土	0.6	300	275	325	300

注：1. 本表所列水灰比，普通混凝土系指水与水泥（包括外掺混合料）用量之比；轻骨料混凝土系指水与水泥的净水灰比（水：不包括骨料 1h 吸水量；水泥不包括外掺混合材料）；
2. 表中最小水泥用量（普通混凝土包括掺混合材料；轻骨料混凝土不包括外掺混合材料）；当用人工捣实时应增加 25kg/m³，当掺用外加剂，且能有效改善混凝土的和易性时，水泥用量可减少 25kg/m³；
3. 混凝土强度等级≤C10，其最大水灰比和最小水泥用量可不受本表的限制；
4. 寒冷地区系指最冷月份的月平均温度在 −5 ～ −15℃之间；严寒地区则指最冷月份月平均温度低于 −15℃。

天然石材技术性能　　附表 3-15

种　类	强　度　（MPa）			相对密度	膨胀系数	吸水率（%）	耐用年限（年）
	抗　压	抗　折	抗　剪				
花岗石	110 ～ 210	8.5 ～ 15	13 ～ 19	2.6 ～ 3.6	34 ～ 118	0.2 ～ 1.7	75 ～ 200
石灰石	140	1.8 ～ 20	7 ～ 14	2.6 ～ 2.8	30 ～ 112	0.1 ～ 6.0	20 ～ 40
大理石	70 ～ 110	6 ～ 16	7 ～ 12	2.5 ～ 2.9	68 ～ 92	0.1 ～ 0.8	40 ～ 100
砂　石	50 ～ 140	3.5 ～ 14	8.5 ～ 18	2.5 ～ 2.7	67 ～ 116	0.7 ～ 1.33	50 ～ 200
板　石	—	49 ～ 78	—	2.7 ～ 2.9	63 ～ 88	0.13	

每 1m³ 浆砌石料用量及规格表　　附表 3-16

	浆砌片石	浆砌块石	浆砌粗凿石	浆砌预制块
石料规格	形状不规则厚度不小于 15cm	形状大致方正，顶、底面较为平整；厚度不小于 20cm	形状较规整，经稍加工；厚度不小于 20cm，长度为厚度 1.5 ～ 3 倍	
石料用量（m³/m³）	1.16 ～ 1.25	1.10	0.9 ～ 1.0	0.85
砂浆用量（m³/m³）	0.33 ～ 0.4	0.25	0.22	0.13

石材的规格尺寸及其强度
等级的确定方法

石材按其加工后的外形规则程度，可分为料石和毛石。

1. 料石

1）细料石：通过细加工，外表规则，叠砌面凹入深度不应大于 10mm，截面的宽度、高度不宜小于 200mm，且不宜小于长度的 1/4。

2）粗料石：规格尺寸同上，但叠砌面凹入深度不应大于 20mm。

3）毛料石：外形大致方正，一般不加工或仅稍加修整，高度不应小于 200mm，叠砌面凹入深度不应大于 25mm。

2. 毛石

形状不规则，中部厚度不应小于 200mm。

石材的强度等级，可用边长为 70mm 的立方体试块的抗压强度表示。抗压强度取三个试件破坏强度的平均值。试件也可采用附表 3-17 所列边长尺寸的立方体，但应对其试验结果乘以相应的换算系数后方可作为石材的强度等级。

石材强度等级的换算系数　　　　　　　　　　　　　　　　　　　　附表 3-17

立方体边长（mm）	200	150	100	70	50
换算系数	1.43	1.28	1.14	1	0.86

石砌体中的石材应选用无明显风化的天然石材。

附录4 钢筋混凝土构造一般规定

钢筋混凝土结构伸缩缝最大间距（m）　　　　　　附表 4-1

结 构 类 别		室内或土中	露 天
排架结构	装配式	100	70
框架结构	装配式	75	50
	现浇式	55	35
剪力墙结构	装配式	65	40
	现浇式	45	30
挡土墙、地下室墙壁类结构	装配式	40	30
	现浇式	30	20

注：1. 如有充分依据或可靠措施，表中数值可予以增减；
　　2. 当屋面板上部无保温或隔热措施时，对框架、剪力墙结构的伸缩缝间距，可按表中露天栏的数值选用；对排架的伸缩缝间距，可按表中室内栏的数值适当减小；
　　3. 排架结构的柱高（从基础顶面算起）低于 8m 时，宜适当减小伸缩缝间距；
　　4. 外墙装配内墙现浇的剪力墙结构，其伸缩缝最大间距宜按现浇式一栏的数值选用。滑模施工的剪力墙结构，宜适当减小伸缩缝间距。现浇墙体在施工中应采取措施减小混凝土收缩应力；
　　5. 位于气候干燥地区，夏季炎热且暴雨频繁地区的结构或经常处于高温作用下的结构，可按照使用经验适当减小伸缩缝的间距；
　　6. 伸缩缝间距尚应考虑施工条件的影响，必要时（如材料收缩较大或室内结构因施工外露时间较长）宜适当减小伸缩缝间距。

混凝土保护层最小厚度（mm）　　　　　　附表 4-2

环境类别	板、墙、壳	梁、柱、杆
一	15	20
二a	20	25
二b	25	35
三a	30	40
三b	40	50

注：1. 混凝土强度等级不大于 C25 时，表中保护层厚度应增加 5mm；
　　2. 钢筋混凝土基础宜设置混凝土垫层，基础中钢筋的混凝土保护层的厚度应从垫层顶面算起，且不应小于 40mm。

混凝土结构的环境类别　　　　　　附表 4-3

环境类别	条件
一	室内干燥环境；无侵蚀性静水浸没环境
二a	室内潮湿环境；非严寒和非寒冷地区的露天环境； 非严寒和非寒冷地区与无侵蚀的水或土壤直接接触的环境； 严寒和寒冷地区冰冻线以下与无侵蚀的或土壤直接接触环境

续表

环境类别	条件
二ᵦ	干湿交替环境；水位频繁变动环境； 严寒和寒冷地区的露天环境； 严寒和寒冷地区冰冻线以上与无侵蚀性的水或土壤直接接触的环境
三ₐ	严寒和寒冷地区冬季水位变动区环境； 受除冰盐影响环境；海风环境
三ᵦ	盐渍土环境；受除冰盐环境； 海岸环境
四	海水环境
五	受人为或自然的侵蚀性物质影响的环境

注：1. 室内潮湿环境是指构件表面经常处于结露或湿润状态的环境；
　　2. 寒冷和寒冷地区的划分应符合现行国家标准《民用建筑热工设计规范》GB 50176 的有关规定；
　　3. 海岸环境和海风环境宜根据当地情况，考虑主导风向及结构所处迎风，背风部位等因素的影响，由调查研究及工程经验确定；
　　4. 受除冰盐影响环境是指受到除冰盐、盐雾影响的环境；受除冰盐作用环境是指被除冰盐溶液溅射的环境以及使用除冰盐地区的洗车房，停车楼等建筑。
　　5. 暴露的环境是指混凝土结构表面所处的环境。

纵向受力钢筋的最小配筋百分率 ρ_{min}（%） 附表 4-4

受力类型		最小配筋百分率
受压构件	全部纵向钢筋 强度等级 500MPa	0.50
	全部纵向钢筋 强度等级 400MPa	0.55
	全部纵向钢筋 强度等级 300MPa、335MPa	0.60
	一侧纵向钢筋	0.20
受弯构件、偏心受拉、轴心受拉构件一侧的受拉钢筋		0.20 和 $45f_t/f_y$ 中的较大值

注：1. 受压构件全部纵向钢筋最小配筋百分率，当采用 C60 以上强度等级的混凝土时，应按表中规定增加 0.10
　　2. 板类受弯构件（不包括悬臂板）的受拉钢筋，当采用强度等级 400MPa、500MPa 的钢筋时，其最小钢筋百分率应允许采用 0.15 和 $45f_t/f_y$ 中的较大值；
　　3. 偏心受拉构件中的受压钢筋，应按受压构件一侧纵向钢筋考虑；
　　4. 受压构件的全部纵向钢筋和一侧纵向钢筋的配筋率以及轴心受拉构件和小偏心受拉构件一侧受拉钢筋的配筋率均应按构件的全截面面积计算；
　　5. 受弯构件、大偏心受拉构件一侧受拉钢筋的配筋率应按全截面面积扣除受压翼缘面积 $(b'_f - b) h'_f$ 后的截面面积计算；
　　6. 当钢筋沿构件截面周边布置时，"一侧纵向钢筋"系指沿受力方向两个对边中一边布置的纵向钢筋。

矩形和 T 形截面受弯构件 γ_s、α_s 计算表 附表 4-5

ξ	γ_s	α_s	ξ	γ_s	α_s
0.01	0.995	0.010	0.08	0.960	0.077
0.02	0.990	0.020	0.09	0.955	0.085
0.03	0.985	0.030	0.10	0.950	0.095
0.04	0.980	0.039	0.11	0.945	0.104
0.05	0.975	0.048	0.12	0.940	0.113
0.06	0.970	0.058	0.13	0.935	0.121
0.07	0.965	0.067	0.14	0.930	0.130

续表

ξ	γ_s	α_s	ξ	γ_s	α_s
0.15	0.925	0.139	0.37	0.815	0.302
0.16	0.920	0.147	0.38	0.810	0.308
0.17	0.915	0.155	0.39	0.805	0.314
0.18	0.910	0.164	0.40	0.800	0.320
0.19	0.905	0.172	0.41	0.795	0.326
0.20	0.900	0.180	0.42	0.790	0.332
0.21	0.895	0.188	0.43	0.785	0.338
0.22	0.890	0.196	0.44	0.780	0.343
0.23	0.885	0.204	0.45	0.775	0.349
0.24	0.880	0.211	0.46	0.770	0.354
0.25	0.875	0.219	0.47	0.765	0.359
0.26	0.870	0.226	0.48	0.760	0.365
0.27	0.865	0.234	0.49	0.755	0.370
0.28	0.860	0.241	0.50	0.750	0.375
0.29	0.855	0.248	0.51	0.745	0.380
0.30	0.850	0.255	0.52	0.740	0.385
0.31	0.845	0.262	0.528	0.736	0.389
0.32	0.840	0.269	0.53	0.735	0.390
0.33	0.835	0.276	0.54	0.730	0.394
0.34	0.830	0.282	0.544	0.728	0.396
0.35	0.825	0.289	0.55	0.725	0.400
0.36	0.820	0.295	0.556	0.722	0.401

附录 5　无筋砌体矩形截面偏心受压承载力影响系数

影响系数 φ（砂浆强度等级 $\geqslant$ M5）　　　　　　　　　　附表 5-1

β	$\dfrac{e}{h}$或$\dfrac{e}{h_T}$												
	0	0.025	0.05	0.075	0.1	0.125	0.15	0.175	0.2	0.225	0.25	0.275	0.3
≤3	1	0.99	0.97	0.94	0.89	0.84	0.79	0.73	0.68	0.62	0.57	0.52	0.48
4	0.98	0.95	0.90	0.85	0.80	0.74	0.69	0.64	0.58	0.53	0.49	0.45	0.41
6	0.95	0.91	0.86	0.81	0.75	0.69	0.64	0.59	0.54	0.49	0.45	0.42	0.38
8	0.91	0.86	0.81	0.76	0.70	0.64	0.59	0.54	0.50	0.46	0.42	0.39	0.36
10	0.87	0.82	0.76	0.71	0.65	0.60	0.55	0.50	0.46	0.42	0.39	0.36	0.33
12	0.82	0.77	0.71	0.66	0.60	0.55	0.51	0.47	0.43	0.39	0.36	0.33	0.31
14	0.77	0.72	0.66	0.61	0.56	0.51	0.47	0.43	0.40	0.36	0.34	0.31	0.29
16	0.72	0.67	0.61	0.56	0.52	0.47	0.44	0.40	0.37	0.34	0.31	0.29	0.27
18	0.67	0.62	0.57	0.52	0.48	0.44	0.40	0.37	0.34	0.31	0.29	0.27	0.25
20	0.62	0.57	0.53	0.48	0.44	0.40	0.37	0.34	0.32	0.29	0.27	0.25	0.23
22	0.58	0.53	0.49	0.45	0.41	0.38	0.35	0.32	0.30	0.27	0.25	0.24	0.22
24	0.54	0.49	0.45	0.41	0.38	0.35	0.32	0.30	0.28	0.26	0.24	0.22	0.21
26	0.50	0.46	0.42	0.38	0.35	0.33	0.30	0.28	0.26	0.24	0.22	0.21	0.19
28	0.46	0.42	0.39	0.36	0.33	0.30	0.28	0.26	0.24	0.22	0.21	0.19	0.18
30	0.42	0.39	0.36	0.33	0.31	0.28	0.26	0.24	0.22	0.21	0.20	0.18	0.17

影响系数 φ（砂浆强度等级 M2.5）　　　　　　　　　　附表 5-2

β	$\dfrac{e}{h}$或$\dfrac{e}{h_T}$												
	0	0.025	0.05	0.075	0.1	0.125	0.15	0.175	0.2	0.225	0.25	0.275	0.3
≤3	1	0.99	0.97	0.94	0.89	0.84	0.79	0.73	0.68	0.62	0.57	0.52	0.48
4	0.97	0.94	0.89	0.84	0.78	0.73	0.67	0.62	0.57	0.52	0.48	0.44	0.40
6	0.93	0.89	0.84	0.78	0.73	0.67	0.62	0.57	0.52	0.48	0.44	0.40	0.37
8	0.89	0.84	0.78	0.72	0.67	0.62	0.57	0.52	0.48	0.44	0.40	0.37	0.34
10	0.83	0.78	0.72	0.67	0.61	0.56	0.52	0.47	0.43	0.40	0.37	0.34	0.31
12	0.78	0.72	0.67	0.61	0.56	0.52	0.47	0.43	0.40	0.37	0.34	0.31	0.29
14	0.72	0.66	0.61	0.56	0.51	0.47	0.43	0.40	0.36	0.34	0.31	0.29	0.27
16	0.66	0.61	0.56	0.51	0.47	0.43	0.40	0.36	0.34	0.31	0.29	0.26	0.25
18	0.61	0.56	0.51	0.47	0.43	0.40	0.36	0.33	0.31	0.29	0.26	0.24	0.23
20	0.56	0.51	0.47	0.43	0.39	0.36	0.33	0.31	0.28	0.26	0.24	0.23	0.21
22	0.51	0.47	0.43	0.39	0.36	0.33	0.31	0.28	0.26	0.24	0.23	0.21	0.20
24	0.46	0.43	0.39	0.36	0.33	0.31	0.28	0.26	0.24	0.23	0.21	0.20	0.18
26	0.42	0.39	0.36	0.33	0.31	0.28	0.26	0.24	0.22	0.21	0.20	0.18	0.17
28	0.39	0.36	0.33	0.30	0.28	0.26	0.24	0.22	0.21	0.20	0.18	0.17	0.16
30	0.36	0.33	0.30	0.28	0.26	0.24	0.22	0.21	0.20	0.18	0.17	0.16	0.15

影响系数 φ（砂浆强度 0）

β	$\dfrac{e}{h}$ 或 $\dfrac{e}{h_T}$												
	0	0.025	0.05	0.075	0.1	0.125	0.15	0.175	0.2	0.225	0.25	0.275	0.3
≤3	1	0.99	0.97	0.94	0.89	0.84	0.79	0.73	0.68	0.62	0.57	0.52	0.48
4	0.87	0.82	0.77	0.71	0.66	0.60	0.55	0.51	0.46	0.43	0.39	0.36	0.33
6	0.76	0.70	0.65	0.59	0.54	0.50	0.46	0.42	0.39	0.36	0.33	0.30	0.28
8	0.63	0.58	0.54	0.49	0.45	0.41	0.38	0.35	0.32	0.30	0.28	0.25	0.24
10	0.53	0.48	0.44	0.41	0.37	0.34	0.32	0.29	0.27	0.25	0.23	0.22	0.20
12	0.44	0.40	0.37	0.34	0.31	0.29	0.27	0.25	0.23	0.21	0.20	0.19	0.17
14	0.36	0.33	0.31	0.28	0.26	0.24	0.23	0.21	0.20	0.18	0.17	0.16	0.15
16	0.30	0.28	0.26	0.24	0.22	0.21	0.19	0.18	0.17	0.16	0.15	0.14	0.13
18	0.26	0.24	0.22	0.21	0.19	0.18	0.17	0.16	0.15	0.14	0.13	0.12	0.12
20	0.22	0.20	0.19	0.18	0.17	0.16	0.15	0.14	0.13	0.12	0.12	0.11	0.10
22	0.19	0.18	0.16	0.15	0.14	0.14	0.13	0.12	0.12	0.11	0.10	0.10	0.09
24	0.16	0.15	0.14	0.13	0.13	0.12	0.11	0.11	0.10	0.10	0.09	0.09	0.08
26	0.14	0.13	0.13	0.12	0.11	0.11	0.10	0.10	0.09	0.09	0.08	0.08	0.07
28	0.12	0.12	0.11	0.11	0.10	0.10	0.09	0.09	0.08	0.08	0.08	0.07	0.07
30	0.11	0.10	0.10	0.09	0.09	0.09	0.08	0.08	0.07	0.07	0.07	0.07	0.06

附录6 力学公式

图形几何性质表

截面形状	面积 A	形心距离 e	惯性矩 I	截面系数 $W = I/e$	惯性半径 $r = \sqrt{\dfrac{I}{A}}$
	$A = ab$	$e_x = \dfrac{b}{2}$ $e_y = \dfrac{a}{2}$	$I_x = \dfrac{ab^3}{12}$ $I_y = \dfrac{ba^3}{12}$	$W_x = \dfrac{bh^2}{6}$ $W_y = \dfrac{b^2 h}{6}$	$r_x = 0.289b$ $r_y = 0.289a$
	$A = a^2$	$e_x = \dfrac{a}{2}$ $e_{x1} = 0.7d$	$I_x = \dfrac{a^4}{12}$	$W_x = \dfrac{a^3}{6}$ $W_{x1} = 0.118a^3$	$r = 0.289a$
	$A = \dfrac{bh}{2}$	$e_1 = \dfrac{2}{3}h$ $e_2 = \dfrac{h}{3}$	$I_x = \dfrac{bh^3}{36}$	$W_1 = \dfrac{bh^2}{24}$ $W_2 = \dfrac{bh^2}{12}$	$r = 0.236h$
	$A = \pi r^2$ $= \dfrac{\pi d^2}{4}$	$e = \dfrac{d}{2}$	$I_x = \dfrac{\pi D^4}{64}$	$W_x = \dfrac{\pi D^3}{32}$	$r = \dfrac{d}{4}$
	$A = B^2 - b^2$	$e = \dfrac{B}{2}$	$I_x = \dfrac{B^4 - b^4}{12}$	$W_x = \dfrac{B^4 - b^4}{6B}$	$r = \sqrt{\dfrac{B^2 + b^2}{12}}$
	$A = \dfrac{\pi(D^2 - d^2)}{4}$	$e = \dfrac{D}{2}$	$I_x = \dfrac{\pi(D^4 - d^4)}{64}$	$W_x = \dfrac{\pi}{32D}(D^4 - d^4)$	$r_x = \dfrac{\sqrt{D^2 + d^2}}{4}$

截面形状	面积 A	形心距离 e	惯性矩 I	截面系数 $W=I/e$	惯性半径 $r=\sqrt{\dfrac{I}{A}}$
	$A=BH+bh$	$e=\dfrac{H}{2}$	$I_x=\dfrac{BH^3+bh^3}{12}$	$W_x=\dfrac{BH^3+bh^3}{6H}$	$r_x=\sqrt{\dfrac{I_x}{A}}$
	$A=BH-bh$	$e=\dfrac{H}{2}$	$I_x=\dfrac{BH^3-bh^3}{12}$	$W_x=\dfrac{BH^3-bh^3}{6H}$	$r_x=\sqrt{\dfrac{I_x}{A}}$
 	$A=BH-bh$	$e=\dfrac{H}{2}$	$I_x=\dfrac{BH^3-bh^3}{12}$	$W_x=\dfrac{BH^3-bh^3}{6H}$	$r_x=\sqrt{\dfrac{I_x}{A}}$
  	$A=BH-b\,(e_2+h)$	$e_1=\dfrac{aH^2+bd^2}{2\,(aH+bd)}$ $e_2=H-e_1$	$I_x=\dfrac{1}{3}\ (Be_1^2$ $-bh^3+ce_2^2)$	$W_{x1}=\dfrac{I_x}{e_1}$ $W_{x2}=\dfrac{I_x}{e_2}$	$r_x=\sqrt{\dfrac{I_x}{A}}$

单跨梁内力计算公式

计 算 简 图	支反力及剪力	弯 矩
	$R_A = \dfrac{pb}{l}$　$R_B = \dfrac{pa}{l}$ $x \leqslant a$　$V_x = \dfrac{pb}{l}$ $x \geqslant a$　$V_x = -\dfrac{pa}{l}$	$x \leqslant a$　$M_x = \dfrac{pb}{l}x$ $x \geqslant a$　$M_x = \dfrac{pa}{l}(l-a)$ $M_{max} = \dfrac{pab}{l}$
	$R_A = R_B = \dfrac{ql}{2}$ $V_x = \dfrac{ql}{2}\left(1 - \dfrac{2x}{l}\right)$	$M_x = \dfrac{qx}{2}(l-x)$ $M_{max} = \dfrac{ql^2}{8}$
	$R_A = \dfrac{ql}{b}$　$R_B = \dfrac{ql}{3}$ $V_x = \dfrac{q}{2l}\left(\dfrac{l^2}{3} - x^2\right)$	$M_x = \dfrac{qx}{6l}(l^2 - x^2)$ $M_{max} = 0.064ql^2$ $(x = 0.5774l)$
	$-R_A = R_B = \dfrac{-m}{l}$ $V_x = \dfrac{-m}{l}$	$M_x = m - \dfrac{m}{l}x$ $M_{max} = m$
	$R_B = p$ $V_x = -p$	$M_x = -px$ $M_{max} = -pl$
	$R_B = ql$ $V_x = -qx$	$M_x = -\dfrac{qx^2}{2}$ $M_B = -\dfrac{ql^2}{2}$
	$R_B = \dfrac{ql}{2}$ $V_x = \dfrac{q_x x}{2} = \dfrac{qx^2}{2l}$	$M_x = -\dfrac{qx^3}{6l}$ $M_B = -\dfrac{ql^2}{6}$

计 算 简 图	支反力及剪力	弯　　矩
	$R_A = \dfrac{l+a}{l}p$　　$R_B = -\dfrac{pa}{l}$	$M_A = -pa$
	$R_A = \dfrac{q\ (l+a)^2}{2l}$　　$R_B = \dfrac{q\ (l^2-a^2)}{2l}$	$M_A = -\dfrac{qa^2}{2}$　$l>a$　$M_{max} = \dfrac{q\ (l^2-a^2)^2}{8l^2}$　$\left(x = \dfrac{l^2+a^2}{2l}\right)$
	$R_A = \dfrac{q\ (a+l)^2}{6l}$　　$R_B = \dfrac{q\ (a+l)}{2}\left(1-\dfrac{a+l}{3l}\right)$	$M_A = -\dfrac{qa^3}{6\ (a+l)}$　$\dfrac{a}{l} \geqslant 2$ 跨中无 M_{max}　$\dfrac{a}{l} = 0.816$　$M_{max} = MA$　M_{max} 在跨中　$\dfrac{a}{l} = 0.5774\sqrt{\left(\dfrac{a}{l}+1\right)^3} - \dfrac{a}{l}$
	$R_A = \dfrac{pb^2}{2l^2}\left(3-\dfrac{b}{l}\right)$　$R_B = \dfrac{pa}{2l}\left(3-\dfrac{a^2}{l^2}\right)$　$x<a$　$V_x = R_A$　$x>a$　$V_x = -R_B$	$M_B = -\dfrac{pab}{2l}\left(1+\dfrac{a}{l}\right)$　$x<a$　$M_x = R_A x$　$x>a$　$M_x = R_A x - p\ (x-a)$　$M_c = \dfrac{pab^2}{2l^2}\left(3-\dfrac{b}{l}\right)$
	$R_A = \dfrac{ql}{10}$　$R_B = \dfrac{2ql}{5}$　$V_x = \dfrac{ql}{10}\left(1-5\dfrac{x^2}{l^2}\right)$	$M_B = -\dfrac{ql^2}{15}$　$M_x = \dfrac{qlx}{30}\left(3-5\dfrac{x^2}{l^2}\right)$　$x = 0.447l$　$M_{max} = 0.0298ql^2$
	$R_A = \dfrac{3ql}{8}$　$R_B = \dfrac{5ql}{8}$　$V_x = \dfrac{ql}{8}\left(3-8\dfrac{x}{l}\right)$	$M_B = -\dfrac{ql^2}{8}$　$M_x = \dfrac{qlx}{8}\left(3-4\dfrac{x}{l}\right)$　$x = \dfrac{3l}{8}$　$M_{max} = \dfrac{9ql^2}{128}$

连续梁

1. 不等跨连续梁

连续梁的支座弯矩可用三弯矩方程求解。由附图中连续梁，以支座弯矩为多余未知力，利用支座处转角相等条件，得出三弯矩方程为：

$$M_{i-1}\frac{l_i}{I_i} + 2M_i\left(\frac{l_i}{I_i} + \frac{l_{i+1}}{I_{i+1}}\right) + M_{i+1}\frac{l_{i+1}}{I_{i+1}} = -6\left(\frac{B_i^\varphi}{I_i} + \frac{A_{i+1}^\varphi}{I_{i+1}}\right)$$

当各跨截面相同时，上式简化为：

$$M_{i-1}l_i + 2M_i(l_i + l_{i+1}) + M_{i+1}l_{i+1} = -6(B_i^\varphi + A_{i+1}^\varphi)$$

式中，A^φ、B^φ 是把连续梁分解为几个简支梁，将其弯矩图作为其虚梁上虚荷载的反力，

如图，$$B_i^\varphi = \frac{\Omega_i a_i}{l_i} \qquad A_{i+1}^\varphi = \frac{\Omega_{i+1} b_{i+1}}{l_{i+1}}$$

其中 Ω 为简支梁弯矩图面积。

A^φ，B^φ 均可查附表 6-5。连续梁的每个中间支座均列一三弯矩方程，求解联立方程，可求得支座弯矩，再按简支梁计算跨中的弯矩和剪力。若梁端为固定端，可假定将梁假想延长，令伸延跨长 $l_0 = 0$，$I_0 = \propto$；如梁端为悬臂端，把悬臂处支座弯矩代入方程式即可。

不等跨连续梁支座弯矩计算公式　　　　　　　　附表 6-3

计　算　简　图	计　算　系　数		支座弯矩公式
0　1　2 l_1　l_2	$K_1 = 2(l_1 + l_2)$		$M_1 = -\dfrac{N_1}{K_1}$
0　1　2　3 l_1　l_2　l_3	$K_1 = 2(l_1 + l_2)$ $K_2 = 2(l_2 + l_3)$ $K_3 = K_1K_2 - l_2^2$	$a_1 = \dfrac{K_2}{K_3}$ $a_2 = \dfrac{l_2}{K_3}$ $a_3 = \dfrac{K_1}{K_3}$	$M_1 = -a_1N_1 + a_2N_2$ $M_2 = a_2N_1 - a_3N_2$

2. 等跨连续梁

等跨连续梁支座弯矩计算公式　　　　　　　　附表 6-4

计　算　简　图	支座弯矩计算	
	各跨承受不同荷载	各跨承受相同荷载
0　1　2 l_1　l_2 0　1　2　3 l_1　l_2　l_3	$M_1 = \dfrac{-3}{2l}R_1^\varphi$ $M_1 = -\dfrac{2}{5l}(4R_1^\varphi - R_2^\varphi)$ $M_2 = \dfrac{2}{5l}(R_1^\varphi - 4R_2^\varphi)$	$M_1 = -\dfrac{3}{2l}\Omega$ $M_1 = M_2 = -\dfrac{6\Omega}{5l}$

注：表中 $R_i^\varphi = B_i^\varphi + A_{i+1}^\varphi$。

B_i^φ、A_{i+1}^φ 荷载计算公式表

附表 6-5

实梁荷载图	Ω　A^φ　B^φ	实梁荷载图	Ω　A^φ　B^φ
	$\Omega = \dfrac{pl^2}{8}$ $A^\varphi = B^\varphi = \dfrac{pl^2}{16}$		$\Omega = \dfrac{ml}{2}$ $A^\varphi = \dfrac{ml}{6},\ B^\varphi = \dfrac{ml}{3}$
	$\Omega = \dfrac{pab}{2}$ $A^\varphi = \dfrac{pba}{6}\left(1+\dfrac{b}{l}\right)$ $B^\varphi = \dfrac{pba}{6}\left(1+\dfrac{a}{l}\right)$		$\Omega = \dfrac{1}{2}(2m_1+m_2)$ $A^\varphi = \dfrac{1}{6}(2m_1+m_2)$ $B^\varphi = \dfrac{1}{6}(m_1+2m_2)$
	$\Omega = \dfrac{n(n+1)pl^2}{6(2n+1)}$ $A^\varphi = \dfrac{n(n+1)^3+n^3(n+1)}{6(2n+1)^3}pl^2$ $B^\varphi = \dfrac{n^2(n+1)^2}{3(2n+1)^3}pl^2$		$\Omega = \dfrac{qa^2l}{12}\left(3-2\dfrac{a}{l}\right)$ $A^\varphi = \dfrac{qa^2l}{24}\left(2-\dfrac{a}{l}\right)^2$ $B^\varphi = \dfrac{qa^2l}{24}\left(2-\dfrac{a^2}{l^2}\right)$
	$\Omega = \dfrac{pl^3}{12}$ $A^\varphi = B^\varphi = \dfrac{pl^3}{24}$		$\Omega = \dfrac{pl^3}{24}$ $A^\varphi = \dfrac{7pl^3}{360}$　　$B^\varphi = \dfrac{8pl^3}{360}$
	$\Omega = \dfrac{l^3}{24}(q_1+q_2)$ $A^\varphi = \dfrac{l^3}{360}(8q_1+7q_2)$ $B^\varphi = \dfrac{l^3}{360}(7q_1+8q_2)$		$\Omega = \dfrac{qa^2l}{24}\left(4-3\dfrac{a}{l}\right)$ $A^\varphi = \dfrac{qa^2l}{360}\left(40-45\dfrac{a}{l}+12\dfrac{a^2}{l^2}\right)$ $B^\varphi = \dfrac{qb^2l}{360}\left(5-3\dfrac{a^2}{l^2}\right)$
	$\Omega = \dfrac{qb^2l}{24}\left(2-\dfrac{b}{l}\right)$ $A^\varphi = \dfrac{qb^2l}{360}\left(10-3\dfrac{b^2}{l^2}\right)$ $B^\varphi = \dfrac{qb^2l}{360}\left(20-15\dfrac{b}{l}+3-\dfrac{b^2}{l^2}\right)$		$\Omega = \dfrac{qcl}{24}\left[12a\left(1-\dfrac{a}{l}\right)-\dfrac{c^2}{l}\right]$ $A^\varphi = \dfrac{qclb}{24}\left(4-\dfrac{4b^2}{l^2}-\dfrac{c^2}{l^2}\right)$ $B^\varphi = \dfrac{qcla}{24}\left(4-\dfrac{4a^2}{l^2}-\dfrac{c^2}{l^2}\right)$
	$\Omega = \dfrac{qcl}{72}\left(18a-\dfrac{18a^2}{l}-\dfrac{c^2}{l}\right)$ $A^\varphi = \dfrac{qcl}{12}\left(b-\dfrac{b^3}{l^2}-\dfrac{a^2b}{6l^2}-\dfrac{a^2c}{135l^2}\right)$ $B^\varphi = \dfrac{qcl}{12}\left(a-\dfrac{a^3}{l^2}-\dfrac{ac^2}{6l^2}-\dfrac{c^3}{135l^2}\right)$		

抛物线、圆弧拱内力计算公式

附表 6-6

拱轴	计算简图	曲参数	支座竖向反力 $V_A=V_B$	支座水平反力 $H_A=H_B$	支座弯矩 $M_A=M_B$	跨中轴力 N_C	跨中弯矩 M_C	β
抛物线		$a=\dfrac{4f}{L}$, $b=\sqrt{1+a^2}$, $B=\dfrac{1}{2}[ab+\ln(a+b)]$ $C=\dfrac{1}{4}$ $D=\dfrac{1}{6}(ab^3-3C)$ $E=\dfrac{1}{8}(a^3b^3-5D)$	$\dfrac{1}{2}qL$	$qf-N_C$	$M_C+N_Cf-\dfrac{1}{2}\left[\left(\dfrac{L}{2}\right)^2+f^2\right]q$	$\dfrac{(4D+E)B-(4C+D)C}{8a\,(BD-C^2K)}\times KqL$	$\dfrac{(4C+D)D-(4D+E)CK}{32a^2\,(BD-C^2K)}\times qL^2$	$\dfrac{a^2\ln(a+b)}{D}$
			$\dfrac{1}{2}qL$	$\dfrac{\left[(4a^4-a^4)B+(3a^4-8a^2)\right]C+(4-a^2)D-E}{8a\,(a^4B-2ac+D)}\times KqL$	0	$qf-H_A$	$V_Af-\dfrac{1}{2}H_AL-\dfrac{1}{2}\left[\left(\dfrac{L}{2}\right)^2+f^2\right]q$	$\dfrac{a^4\ln(a+b)}{a^4B-2a^2C+D}$
圆拱		$a=\dfrac{4f}{L}$, $b=\dfrac{4a}{4+a^2}$, $c=\dfrac{4-a^2}{4+a^2}$, $d=\dfrac{\pi}{180}\arcsin b$ $B=d-b$ $C=\dfrac{1}{2}(3d-4b+bc)$ $D=d+bc$ $E=(2c^2+1)d+5bc$ $G=(b+cd)-2bc^2-cD$	$\dfrac{1}{2}qL$	$qf-N_C$	$M_C+N_Cf-\dfrac{1}{2}\left[\left(\dfrac{L}{2}\right)^2+f^2\right]q$	$\dfrac{(4+a^2)^2(B^2-dC)}{8a\,(B^2K-dC)}\times KqL$	$\dfrac{(4+a^2)^2BC}{64a\,(B^2K-dC)}\times(1-K)qL^2$	$\dfrac{2a^4D}{(a^4+8a^2+16)C}$
			$\dfrac{1}{2}qL$	$\dfrac{(4+a^2)G}{8aE}KqL$	0	$qf-H_A$	$V_Af-\dfrac{1}{2}H_AL-\dfrac{1}{2}\left[\left(\dfrac{L}{2}\right)^2+f^2\right]q$	$\dfrac{4a^4D}{(a^4+8a^2+16)E}$

注: 不考虑轴力对变形的影响时, $K=1$; 考虑轴力对变形的影响时, $K=\cfrac{1}{1+\cfrac{BI}{Af^2}}$; A—拱墙的断面积; I—拱墙断面惯性矩。

三边固定一边自由板弯矩计算表　　　附表 6-7

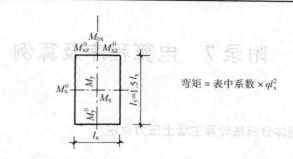

弯矩 = 表中系数 × ql_x^2

序号		M_x	M_y	M_x^0	M_y^0	M_{0x}	M_{xz}^0
1		0.0384	0.0113	−0.0794	−0.0569	0.0433	−0.0616
2		0.0184	0.0071	−0.0387	−0.0421	0.0065	−0.0015
3		0.0200	0.0042	−0.0407	−0.0148	0.0368	−0.0601

附录7 电算程序及算例

一、非黏性土楔体分析法计算主动土压力程序

（一）程序功能

计算竖直墙背在非黏性填土作用下的主动土压力、破裂面的临界角。

（二）方法简介

1. 原理

采用楔体分析方法，即采用不同破裂面而不同的楔体由其平衡而求得主动土压力极值及破裂面的临界角。

由附图7-1可知：当破裂面与墙背之间夹角为 θ 时，由破裂楔体的平衡，求得 E_A

$$E_A = \frac{G\tan\left(\frac{\pi}{2} - \theta - \varphi\right)}{1 + \tan\delta \times \tan\left(\frac{\pi}{2} - \theta - \varphi\right)} \qquad (\text{附}7\text{-}1)$$

其中

$$G = \frac{rh^2}{2} \cdot \frac{\tan\theta}{(1 - \tan\beta\tan\theta)} \qquad (\text{附}7\text{-}2)$$

然后改变 θ，直至找到最危险破坏面，求得 $E_{A\max}$ 值。

2. 程序简介

为求得 E_A 的极值，程序开始按通常方法输入数据，然后给出 θ 的初值 $\left(\frac{\pi}{4} - \frac{\varphi}{2}\right)$，即当 $\delta = 0$，$\beta = 0$ 时的 θ 取值。

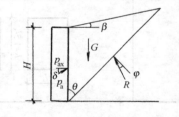

附图7-1 非黏性土、黏土楔体分析图

在 210 ~ 220 行置上两个附加值，PL（E_A）初值为 0，θ 角的增量 TI = 0.1 弧度，对各 θ 值做计算。在 310 行对计算出的 PL 与初值比较，如计算 PL 大于 PL 初值，则 PL 赋值为刚计算的 PL；再增大 θ 角值，反复循环。当语句执行到 310 句，新的计算结余 PL 小于原有 PL 值，说明已超过极值点。则用 TI = -0.5 · TI，反向，使 θ 减小，再计算 PL，使之达到极值。判断极值点是使 θ 的增量无穷小，再计算已无必要。最后给出土压力及破裂面与墙背所夹的临界角。

（三）使用说明

1. 变量

PH　填土内摩擦角；

GA　填土重度；

DE　填土与墙背之间摩擦角；

H　墙高；

BE　填土表面与水平面之间的倾角；

540

TN　为破裂面与墙背之间的夹角的正切；

PL　为作用在墙背上主动土压力。

2. 数据输入

采用菜单提示方式分项输入；

（1）输入 PH；

（2）输入 GA；

（3）输入 DE；

（4）输入 H；

（5）输入 BE。

3. 输出主动土压力 PL（kN/m）；

破裂面与墙背夹角 T（°）。

（四）程序

10 REM PROGRAM 1 COULOMB WEDGE ANALYSIS OF ACTIVE RETAINING WALL

20 REM FOR FRICTIONAL SOIL

30 REM

40 PRINT″ ENTER ANGLE OF INTERNAL FRICTION (PH1. DEGREES):″

50 INPUT PH

60 PH = PH * 3. 14159/180

70 PRINT″ ENTER UNIT WEIGHT OF SOIL (GAMMA, KN/M * M * M):″

80 INPUT GA

90 PRINT″ ENTER ANGLE OF WALL FRICTION (DELTA DEGREES):″

100 INPUT DE

110 DE = DE * 3. 14159/180

120 PRINT″ ENTER HEIGHT OF WALL (H, M):″

130 INPUT H

140 PRINT″ ENTER ANGLE OF BACKFILL UPWARDS FROM MORIZONTAL (BETA, DEG):″

150 INPUT BE

160 BE = BE * 3. 14159/180

170 REM

180 REM MAKE INITIAL GUESS ANGLE OF FAILURE SURFACE THETA

190 REM

200 T = 3. 14159 * . 25 − PH * . 5

210 PL = 0

220 T1 = . 1

230 REM

240 REM ENTER ITERATIVE CALCULATION

250 REM

260 W = (GA * H * H * . 5) * TAN (T) / (1 − TAN (BE) * TAN (T))

270 P = W * TAN (. 5 * 3. 14159 − T − PH) / (1 + TAN (DE) * TAN (. 5 * 3. 14159 − T − PH))

280 REM

290 REM CHECK ON IMPROVEMENT INCALCULATION OF P

300 REM

310 IF P < PL THEN T1 = − .5 * T1

320 IF ABS（T1）< .001 GOTO 360

330 PL = P

340 T = T + T1

350 GOTO 260

360 PRINT" FORCE ON WALL PER UNIT LENGTH（KN/M）:", P

370 PRINT"CRITICAL ANGLE OF FAILURE SURFACE（DEG）:", 180 * T/3.14159

380 STOP

390 END

（五）算例

例1

RUN

ENTER ANGLE OF INTERNAL FRICTION（PH1. DEGREES）:

? 30

ENTER UNIT WEIGHT OF SOIL（GAMMA, KN/M * M * M）:

? 20

ENTER ANGLE OF WALL FRICTION（DELTA DEGREES）:

? 0

enter height of wall（h, m）:

? 10

ENTER ANGLE OF BACKFILL UPWARDS FROM MORIZONTAL（BETA, DEG）:

? 0

FORCE ON WALL PER UNIT LENGTH（KN/M）: 333. 3305

CRITICAL ANGLE OF FAILURE SURFACE（DEG）: 30. 08952

Break in 380

Ok

例2

RUN

ENTER ANGLE OF INTERNAL FRICTION（PH1. DEGREES）:

? 38. 5

ENTER UNIT WEIGHT OF SOIL（GAMMA, KN/M * M * M）:

? 19. 7

ENTER ANGLE OF WALL FRICTION（DELTA DEGREES）:

? 11

enter height of wall（h, m）:

? 10. 0

ENTER ANGLE OF BACKFILL UPWARDS FROM MORIZONTAL（BETA, DEG）:

? 7. 2

FORCE ON WALL PER UNIT LENGTH（KN/M）: 225. 1531

CRITICAL ANGLE OF FAILURE SURFACE（DEG）: 28. 52526

Break in 380

Ok

例 3

ENTER ANGLE OF INTERNAL FRICTION （PH1. DEGREES）：

? 38

ENTER UNIT WEIGHT OF SOIL （GAMMA, KN/M * M * M）：

? 18

ENTER ANGLE OF WALL FRICTION （DELTA DEGREES）：

? 20

enter height of wall （h, m）：

? 8

ENTER ANGLE OF BACKFILL UPWARDS FROM MORIZONIAL （BETA, DEG）：

? 8

FORCE ON WALL PER UNIT LENGTH （KN/M）：127. 4775

CRITICAL ANGLE OF FAILURE SURFACE （DEG）：30. 11813

Break in 380

Ok

二、黏性土楔体分析法求主动土压力程序

（一）程序功能

计算竖直墙背在黏性土填土作用下土压力及破裂面与墙背之间的夹角。

（二）方法简介

计算采用附图 7-2 所示之计算简图，计算时考虑了黏聚力的作用。同时，也考虑了拉裂缝的存在。对于土的强度及黏聚力均视为深度的线性函数。

当地面黏聚力为 c_0，随深度增长率 c_1，拉裂缝深度计算公式

$$h_t = \frac{2(c_0 + h_1 \cdot c_1)}{r} \qquad （附 7-3）$$

如允许裂缝存在

$$h_t = \frac{2c_0}{r - 2c_1} \qquad （附 7-4）$$

不允许裂缝存在 $h_t = 0$。

破裂面与墙背成 θ 角时，块体重是

$$G = \frac{1}{2}(h - h_t)^2 \tan\theta + r(h - h_t)h_t\tan\theta \qquad （附 7-5）$$

破裂面上剪力

$$V = \frac{(h - h_t)\left[c_0 + \dfrac{1}{2}(h + h_t)\right]}{\cos\theta} \qquad （附 7-6）$$

墙背上的剪力

$$EV = (h - h_t)\left[A_0 + \frac{1}{2}(h + h_t)A_1\right] \qquad \text{（附 7-7）}$$

$$EH = \frac{G - EV}{\tan\theta} - \frac{V}{\sin\theta} \qquad \text{（附 7-8）}$$

改变 θ，便之求得 EH 的极值。程序运行同非黏性土楔体分析计算土压力程序。

（三）使用说明

1. 变量

C0　地面黏聚力强度；

C1　黏聚力随土深增长率；

GA　填土重度；

A0　填土在墙顶时与墙背的附着强度；

A1　随土深增加的填土与墙背附着强度增长率；

H　墙高；

T　墙背与破裂面之间夹角；

PL（p）　主动土压力；

TC　拉裂缝深度。

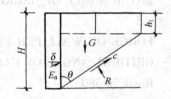

附图 7-2　黏性土楔体分析图

2. 数据输入

（1）输入　C0

（2）输入　C1

（3）输入　GA

（4）输入　A0

（5）输入　A1

（6）输入　H

（7）输入 1 或 2（"1" 代表充满水，"2" 代表无水）

（8）输入　是否允许有拉裂缝存在信息；

（9）输入　拉裂缝中是否有水存在的信息。

3. 结果输出

（1）输出　土压力 p（kN/m）

（2）输出　破裂面与墙背之间的夹角 T（度）

（3）输出　拉裂缝的深度（m）。

（四）程序

10 REM PROGRAM 2 COULOMB WEDGE ANALYSIS OF ACTIVE RETAININGWALL

20 REM COHESIVE SOIL WITH INCREASE OF CU WITH DEPTH, TENSION CRACK

30 REM

40 PRINT" ENTER COHESION AT SOIL SURFACE（CO, KN/M * M）:"

50 INPUT CO

60 PRINT" ENTER INCREASE OF COHESION WITH DEPTE（C1, KN/M * M * M）:"

70 INPUT C1

80 PRINT" ENTER UNIT WEIGHT OF SOIL（GAMMA, KN/M * M * M）:"

90 INPUT GA

```
100 PRINT" ENTER WALL ADHESION AT TOP（AO，KN/M∗M）:"
110 INPUT AO
120 PRINT"ENTER INCREASE OF WALL ADHESION WITH DEPTE（A1，KN/M∗M∗M）:"
130 INPUT A1
140 PRINT" ENTER HEIGHT OF WALL（H，M）:"
150 INPUT H
160 PRINT" IS TENSION CRACK TO BE INCLUDED（YES＝1/NO＝2）"
170 INPUT TS
180 IF TS＝2 GOTO 240
190 IF TS＜＞1 GOTO 160
200 PRINT" MAY TENSION CRACK BE WATE FILLED（YES＝1/NO＝2）"
210 INPUT WS
220 IF WS＝2 GOTO 240
230 IF WS＜＞1 GOTO 200
240 REM
250 REM MAKE INITIAL GUESS FOR ANGLE OF FAILURE SURFACE THETA
260 REM
270 T＝3.1416∗.25
280 PL＝0
290 TI＝.1
300 REM
310 REM ENIER ITERATIVE CALCULATION
320 REM
330 IF TS＝2 GOTO 360
340 TC＝2∗CO/（GA－2∗C1）
350 GOTO 370
360 TC＝0
370 W＝GA∗.5∗（H－TC）∗（H－TC）∗TAN（T）＋GA∗（H－TC）∗TAN（T）∗TC
380 VW＝（H－TC）∗（AO＋.5∗A1∗（H＋TC））
390 C＝（H－TC）∗（CO＋.5∗（H＋TC））/COS（T）
400 P＝（（W－VW）/TAN（T））－C/SIN（T）
410 IF TS＝2 GOTO 430
420 IF WS＝1 THEN P＝P＋9.810001∗TC∗TC∗.5
430 REM
440 REM CHECH ON IMPROVEMENT IN CALCULATION OF P
450 REM
460 IF P＜PL THEN TI＝－.5∗TI
470 IF ABS（TI）＜.001 GOTO 510
480 PL＝P
490 T＝T＋TI
500 GOTO 330
510 PRINT" FORCE PER UNIT LENGTH ON WALL（KN/M）:"，P
520 PRINT" CRITICAL ANGLE OF FAIL URE SURFACE（DEG）:"，180∗T/3.14159
```

530 IF TS = 1 THEN PRINT" DEPTH OF TENSION CRACK (M):", TC

540 PRINT"   "

550 PRINT" ENTER 0 TO STOP, 1 FOR NEW DATA:"

560 INPUT I

570 PRINT"   "

580 IF I = 1 GOTO 40

590 STOP

600 END

（五）算例

RUN

ENTER COHESION AT SOIL SURFACE (CO, KN/M * M):

? 20. 5

ENTER INCREASE OF COHESION WITH DEPTE (C1, KN/M * M * M):

? 3. 1

ENTER UNIT WEIGHT OF SOIL (GAMMA, KN/M * M * M):

? 19. 7

ENTER WALL ADHESION AT TOP (AO, KN/M * M):

? 7. 0

ENTER INCREASE OF WALL ADHESION WITH DEPTE (A1, KN/M * M * M):

? 1. 0

ENTER HEIGHT OF WALL (H, M):

? 14. 5

IS TENSION CRACK TO BE INCLUDED (YES = 1/NO = 2)

? 1

MAY TENSION CRACK BE WATE FILLED (YES = 1/NO = 2)

? 2

FORCE PER UNIT LENGTH ON WALL (KN/M): 1147. 747

CRITICAL ANGLE OF FAILURE SURFACE (DEG): 51. 17734

DEPTH OF TENSION CRACK (M): 3. 037037

ENTEP 0 TO STOP, 1 FOR NEW DATA:

? 1

ENTER COHESION AT SOIL SURFACE (CO, KN/M * M):

? 20. 5

ENTER INCREASE OF COHESION WITH DEPTE (C1, KN/M * M * M):

? 3. 1

ENTER UNIT WEIGHT OF SOIL (GAMMA, KN/M * M * M):

? 19. 7

ENTER WALL ADHESION AT TOP (AO, KN/M * M):

? 0

ENTER INCREASE OF WALL ADHESION WITH DEPTE (A1, KN/M * M * M):

? 0

ENTER HEIGHT OF WALL （H，M）：

? 14.5

IS TENSION CRACK TO BE INCLUDED （YES=1/NO=2）

? 1

MAY TENSION CRACK BE WATE FILLFD （YES=1/NO=2）

? 2

FORCE PER UNIT LENGTH ON WALL （KN/M）：1309.099

CRITICAL ANGLE OF FAILURE SURFACE （DEG）；45.08966

DEPTH OF TENSION CRACK （M）：3.037037

ENTER 0 TO STOP，1 FOR NEW DATA：

三、应用《建筑地基基础设计规范》GB 50007—2011

挡土墙主动土压力系数 K_a 计算程序

（一）程序功能

应用《建筑地基基础设计规范》式附（10.1-1）即式（4-22）及式（4-26）计算黏性土回填土作用于墙背上的主动土压力及破裂面与水平面之间的夹角。

（二）程序方法

直接应用式（4-22）和式（4-26）计算。

（三）使用说明

1. 变量

PH 土内摩擦角；

C 黏聚力；

GA 填土重度；

DE 填土与墙背摩擦角；

Q 地面荷载；

H 墙高；

BE 填土表面与水平面之间夹角；

AL 墙背与水平面之间的夹角；

KA 主动土压力系数；

EA 主动土压力；

EAX 主动土压力水平分力；

EAZ 主动土压力竖向分力；

CAT 破裂面与水平面之间的夹角。

2. 数据输入

（1）输入 PH （°）

（2）输入 C （kN/m²）

（3）输入 GA （kN/m³）

（4）输入 DE（°）

（5）输入 Q（kN/m²）

（6）输入 H（m）

（7）输入 BE（°）

（8）输入 AC（°）

3. 结果输出

KA 主动土压力系数；

EA 主动土压力（kN/m）；

EAX 主动土压力水平分力（kN/m）；

EAZ 主动土压力竖向分力（kN/m）。

（四）程序

```
10 REM PROGRAM TO CALCULATE COULOMB FORMULA
20 REM FOR CLAY
30 REM
40 PRINT" ENTER ANGLE OF INTERNAL FRICTION (PH, DEG):"
50 INPUT PH
60 PH = PH * 3. 14159/180!
70 PRINT" ENTER COHESION (C, KN/M * M):"
80 INPUT C
90 PRINT" ENTER UNIT WEIGHT OF SOIL (GA, KN/M * M):"
100 INPUT GA
110 PRINT" ENTER ANGLE OF WALL FRICTION (DE, DEG):"
120 INPUT DE
130 DE = DE * 3. 14159/180!
135 PRINT" ENTER LIVE LOAD (q, KN/M):"
140 INPUT Q
150 PRINT" ENTER HEIGHT OF WALL (H, M):"
160 INPUT H
170 PRINT" ENTER ANGLL OF BACKFILL UPWARDS FROM HORIZONTAL (BETA, DEG):"
180 INPUT BE
190 BE = BE * 3. 14159/180!
200 PRINT" ENTER ANGLE OF WALL BACK (ALFA, DEG):"
210 INPUT AL
220 AL = AL * 3. 14159/180!
230 B1 = SIN (AL)
240 B2 = SIN (AL + BE)
250 B3 = SIN (AL - DE)
260 B4 = SIN (AL + BE - PH - DE)
270 B5 = SIN (PH + DE)
280 B6 = SIN (PH - BE)
290 B7 = COS (PH)
300 B8 = COS (AL + BE - PH - DE)
```

310 B9 = COS（BE）

315 KQ = 1 +（2 * Q * B1 * B9）/（GA * H * B2）

320 ET =（2 * C）/（GA * H）

330 BB1 = B2 * B3

340 BB2 = B5 * B6

350 BB3 = B1 * B7 * B8

360 BB4 = B2 * B6

370 BB5 = B1 * B7

380 BB6 = B3 * B5

390 C1 = KQ * BB4

400 C2 = KQ * BB6

410 C3 = ET * BB5

420 D1 = B2/（B1 * B1 * B4）

430 D2 = KQ *（BB1 + BB2）

440 D3 = 2 * ET * BB3

450 D4 = SQR（（C1 + C3）*（C2 + C3））

460 KA = D1 *（D2 + D3 − D4）

470 EA = GA * H * H * KA/2!

480 EAX = EA * SIN（AL − DE）

490 EAZ = EA * COS（AL − DE）

500 SQ = SQR（（C2 + C3）/（C1 + C3））

510 E1 = SIN（BE）* SQ

520 E2 = SIN（AL − PH − DE）

530 E3 = SQ * B9

540 E4 = COS（AL − PH − DE）

550 TN =（E1 + E2）/（E3 − E4）

560 PRINT" KA"," EA"," EAX"," EAZ"," TN"

570 PRINT"","kn/m","kn/m","kn/m",""

580 PRINT KA, EA, EAX, EAZ, TN

590 STOP

600 END

（五）算例

RUN

ENTER ANGLE OF INTERNAL FRICTION（PH, DEG）：

? 35

ENTER COHESION（C, KN/M * M）：

? 10

ENTER UNIT WEIGHT OF SOIL（GA, KN/M * M）：

? 18

ENTER ANGLE OF WALL FRICTION（DE, DEG）：

? 20

ENTER LIVE LOAD（q, KN/M）：

? 10

ENTER HEIGHT OF WALL (H, M):

? 6

ENTER ANGLL OF BACKFILL UPWARDS FROM HORIZONTAL (BETA, DEG):

? 10

ENTER ANGLE OF WALL BACK (ALFA, DEG):

? 80

KA	EA	EAX	EAZ	TN
kn/m	kn/m	kn/m		
1. 573517	509. 8195	441. 5165	254. 9101	2. 063052

Break in 590

Ok

四、圆弧形破坏面验算挡土墙稳定性程序

(一) 程序功能

应用圆弧形破坏面，验算挡土墙稳定性。可处理的荷载力：自重，地面荷载，水压力及地震荷载。计算前应将挡土墙的自重作为地面荷载，施加于其地基上。

(二) 方法

1. 本程序采用简化毕肖普模型，将土视为刚塑材料，其基本假定为：

（1）滑裂面为圆弧形；

（2）采用竖向土条，土条间只有水平力作用，而无剪力作用。

其基本计算公式为

$$K_{s} = \frac{\sum\limits_{i=1}^{n} \frac{1}{m_{\alpha i}}\Big[c_i b_i + G_i\Big(1 \pm \frac{1}{3}K_{H}C_{Z}\Big) - u_i b_i \tan\varphi_i \Big]}{\sum\limits_{i=1}^{n} G_i\Big(1 \pm \frac{1}{3}K_{H}C_{Z}\Big)\sin\alpha_i + \sum\limits_{i=1}^{n} K_{H}C_{Z}G_i \frac{l_i}{R}}$$ （附7-9）

$$m_{\alpha i} = \cos\alpha_i + \frac{\tan\varphi_i \sin\alpha_i}{K_s}$$ （附7-10）

式中　K_{s}——挡墙抗滑稳定安全系数；

G_i——土条自重（kN）；

b_i——土条宽度（m）；

α_i——土条底边倾角；

c_i——土的有效黏聚力（kN/m^2）；

φ_i——土的内摩擦角；

R——滑动圆弧半径；

u_i——作用于土条底边的孔隙水压力；

l_i——土条中心至滑动圆心的垂直距离；

K_{H}——水平地震加速度系数；

C_{z}——综合影响系数，一般可取 0. 25。

2. 解法

方程（附7-9）为一非线性方程，应用迭代法。对于圆心位置的搜集采用"二分法"。

（三）使用说明

1. 变量与数组说明

NB　土坡地面几何特征点数；

NS　土层数；

N　土条数；

TOLI　安全系数相对误差精度值；

EQH　水平地震系数；

DS　滑弧通过土坡的最小深度；

XU（24）　存地表特征是水平坐标；

YU（10，24）　存地表特征点下各土层界面的垂直坐标；

WWL（24）　各地表特征点下地下水位垂直坐标；

QA（23）　各地表特征点间的荷载；

GGS（10）　各土层重度；

X（41）　土条边线的水平坐标；

YW（A1）　土条边线下地下水位垂直坐标；

Y（10，4）　土条边线上与土层界面交点的垂直坐标；

XA，XB　圆心在可能存在的平面区域中左、右侧水平坐标；

YA、YB　圆心其可能存在的平面区域上垂直坐下限与上限值。

2. 数据输入

输入数据可用数据文件（BISHOP. DAT），也可按菜单提示方式两种形式进行。

输入的数据有：XU（24），WL（24），QA（23）；CC（10），GGS（10），YU（24），T（10），NB，NS，N，EQH，TOL，XA，XB，YA，YB。

各点坐标按图示。

3. 计算结果输出

第一部分为输入数据的输出，供用户检查；第二部分还可分为两部分，第一是最危险圆的圆心搜索的记录；第二为计算结果圆心坐标 x_c、y_c；滑动半径 R 以及抗滑安全系数。

如计算挡土墙只需将挡土墙重作为荷载加在相应地面点处即可。

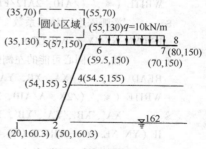

附图7-3　算例图

（四）程序

```
c    边坡稳定计算－－－毕肖普法
c    文件名：bishop. for
c    边坡稳定计算－－－（简化毕肖普法）
     CHARACTER DFALE * 12, YN * 1
     COMMON /NB/NB, NS, N/C/C (10), T (10), GS (10),
    *            //X (41), YW (41), Y (10, 41), Q (41), DX
     COMMON /TOL/TOL1, DS/EQ/EQH/QA/QA (23)
```

```
        COMMON /XU/XU（24）/YU/YU（10，24）/WL/WL（24）
        COMMON /XA/XA，XB，YA，YB
        WRITE（＊，'（2X，A\'）
    $       '已有原始数据文件（Y－－已有 N－－没有）吗? ［N］:'
        READ（＊，'（A1）'）YN
        IF（YN. EQ. 'Y'）YN = 'Y'
        IF（YN. NE. 'Y'）YN = 'N'
        IU = 0
        IF（YN. NE. 'Y'）    GOTO 5
        IF（YN. EQ. 'Y'）THEN
          DFALE = 'BISHOP. DAT'
          WRITE（＊，'（2X，3A\'）'输入已有数据文件名［'，DFALE，'］:'
          READ（＊，'（A12）'）DFALE
          IF（DFALE. EQ. ''）DFALE = 'BISHOP. DAT'
          IU = 7
          OPEN（IU，FILE = DFALE，STATUS = 'OLD'）
        END IF
5       WRITE（＊，'（/2X，A）'）输入数据部分:'
        IF（YN. NE. 'Y'）WRITE（＊，'（2X，A\'）
    $       '输入: 土坡表面几何特征点数 NB，土层数 NS，土条数 N = '
        READ（IU，＊）NB，NS，N
        WRITE（＊，'（/3A14/I10，I16，I14）'）
    $       '地表特征点数'，'土层数'，'土条数'，NB，NS，N
        IF（YN. NE. 'Y'）WRITE（＊，'（2X，A\'）
    $       '输入: 滑弧最小深度 DS，水平地震系数 QEH，相对精度 TOL1 = '
        READ（IU，＊）DS，EQH，TOL1
        WRITE（＊，'（/A10，2A12/F10. 2，2F12. 2）'）
    $       '滑弧深度'，'地震系数'，'相对精度'，DS，EQH，TOL1
        IF（YN. NE. 'Y'）WRITE（＊，'（2X，A\'）
    $       '输入: 圆心可能的左侧坐标 XA，右侧坐标 XB，垂直坐标下限 YA，上限 YB = '
        READ（IU，＊）XA，XB，YA，YB
        WRITE（＊，'（/2X，A/A10，3A12/F10. 2，3F12. 2）'）圆心初始坐标:'，
    $       'XA'，'XB'，'YA'，'YB'，XA，XB，YA，YB
        IF（YN. NE. 'Y'）WRITE（＊，'（2X，A/2X，A\'）输入地表特征点水平坐标:'，
    $       'X1，X2，…，Xnb = '
        READ（IU，＊）（XU（J），J = 1，NB）
        IF（YN. NE. 'Y'）THEN
          WRITE（＊，'（2X，A）'）输入地表特征点下各土层界面的垂直坐标:'
          DO 40 I = 1，NS
            WRITE（＊，'（2X，A，I2，A\'）输入第'，I，'层: Y1，Y2，…，Ynb = '
            READ（IU，＊）（YU（I，J），J = 1，NB）
40      CONTINUE
        ELSE
```

```
        READ（IU，＊）（（YU（I，J），J＝1，NB），I＝1，NS）
      END IF
      WRITE（＊，'（/2X，A/A10，A10，10（A7，I1，A4））'）'输出地表特征点坐标：'，
$          '特征点号'，'X（米）'，（'Y'，J，'（米）'，J＝1，NS）
      DO 50 I＝1，NB
        WRITE（＊，'（A，I2，A，F11．2，10F12．2）'）'（'，I，'）'，
$          XU（I），（YU（J，I），J＝1，NS）
50    CONTINUE
      IF（YN．NE．'Y'）WRITE（＊，'（2X，A/2X，A \ '））
$ '输入地表特征点下地下水位或浸润线的垂直坐标：'，'WL1，WL2，…，WLnb＝'
      READ（IU，＊）（WL（J），J＝1，NB）
      IF（YN．NE．'Y'）WRITE（＊，'（2X，A/2X，A \ '））
$          '输入地表特征点间的荷载：'，'QA1，QA2，…，QAnb＝'
      READ（IU，＊）（QA（J），J＝1，NB）
      WRITE（＊，'（/2X，A/A10，2A16）'）'输出地表特征点间的地下水位与荷载：'，
$          '特征点号'，'地下水位 X（米）'，'荷载（KN/M＊＊2）'
      WRITE（＊，'（5X，A，I2，A，F16．2，F16．2）'）
$          '（'，I，'）'，WL（I），QA（I），I＝1，NB）
      IF（YN．NE．'Y'）THEN
        WRITE（＊，'（2X，A）'）'输入各土层的黏聚力，重度，内摩擦角：'
        DO 70 I＝1，NS
          WRITE（＊，'（2X，A，I2，A \ '））'输入第'，I，'层：CI，GSI，TI＝'
          READ（IU，＊）C（I），GS（I），T（I）
70      CONTINUE
      ELSE
        READ（IU，＊）（C（I），GS（I），T（I），I＝1，NS）
      END IF
      WRITE（＊，'（/2X，A）'）'输出各土层的黏聚力，重度，内摩擦角：'
      WRITE（＊，'（/A8，3A12）'）'土层号'，'黏聚力'，'重度'，'内摩擦角'
      WRITE（＊，'（3X，A，I2，A，F10．2，2F12．2）'）
$          '（'，I，'）'，C（I），GS（I），T（I），I＝1，NS）
      IF（IU．GT．1）CLOSE（IU）
C     - - - - - - - - - - - - - - - - - - - - - - - - - - - - - - - - - - -
      WRITE（＊，'（//2X，A/）'）'输出计算结果：'
c
      DX＝（XU（NB）－XU（1））/FLOAT（N）
      X（1）  ＝XU（1）
      Y（1，1）  ＝YU（1，1）
      IF（NS．EQ．1）GOTO 26
      DO 20 K＝2，NS
      Y（K，1）  ＝YU（K，1）
      IF（Y（K，1）．LT．Y（K－1，1））Y（K，1）  ＝Y（K－1，1）
20    CONTINUE
```

```
26      YW (1)  = WL (1)
        J = 2
        N1 = N + 1
        DO 21 I = 2, N1
        X (I)  = XU (1)  + DX * FLOAT (I−1)
23      IF (X (I) . LE. XU (J)) GOTO 22
        J = J + 1
        GOTO 23
22      A =  (X (I)  − XU (J−1)) / (XU (J)  − XU (J−1))
        Y (1, I)  = YU (1, J−1)  + A * (YU (1, J)  − YU (1, J−1))
        IF (NS. EQ. 1) GOTO 25
        DO 24 K = 2, NS
        Y (K, I)  = YU (K, J−1)  + A * (YU (K, J)  − YU (K, J−1))
24      CONTINUE
25      YW (I)  = WL (J−1)  +  (WL (J)  − WL (J−1))  * A
        IF (YW (I) . LT. Y (1, I)) YW (I)  = Y (1, I)
21      Q (I−1)  = QA (J−1)
        WRITE ( * ,' (//20X, A)')'COODINATERS OF CIRCLE CENTRE'
        WRITE ( * ,' (/10X, 60A)') ('+', K = 1, 60)
        CALL CENTER
        STOP''
        END
C       − − − − − − − − − − − − − − − − − − − − − − − − − − − − − − −
        SUBROUTINE CENTER
        DIMENSION XX (5), YY (5), RA (5), FA (5)
        COMMON /NB/NB, NS, N/C/C (10), T (10), GS (10) //
*                X (41), YW (41), Y (10, 41), Q (41), DX
        COMMON /XA/XA, XB, YA, YB/TOL/TOL1, DS
        WRITE ( * ,' (6X, 4A16)')'XC','YC','R','FS'
        DXA =  (XB − XA) /4.0
        DYA =  (YB − YA) /4.0
        XX (1)  =  (XA + XB) /2.0
        YY (1)  =  (YA + YB) /2.0
        CALL RADIUS (XX (1), YY (1), RA (1), FA (1))
        WRITE ( * ,' (A, 4F16.2)')'FA (1)', XX (1), YY (1), RA (1), FA (1)
10      XX (2)  = XX (1)  − DXA
        XX (3)  = XX (2)
        XX (4)  = XX (1)  + DXA
        XX (5)  = XX (4)
        YY (2)  = YY (1)  − DYA
        YY (3)  = YY (1)  + DYA
        YY (4)  = YY (2)
        YY (5)  = YY (3)
```

```
        J = 1
        FM = FA (1)
        FAMIN = FA (1)
        DO 14 I = 2, 5
        CALL RADIUS (XX (I), YY (I), RA (I), FA (I))
        WRITE ( * ' (A, I1, A, 4F16. 2)')'FA (', I,')', XX (I), YY (I), RA (I), FA (I)
        FM = FM + FA (I)
        IF (FAMIN. LT. FA (I)) GOTO 14
        J = I
        FAMIN = FA (J)
14      CONTINUE
        FM = FM/5. 0
        AA = ABS ( (FAMIN – FM /FAMIN))
        IF (AA. LE. TOL1) GO TO 16
        FA (1) = FA (J)
        XX (1) = XX (J)
        YY (1) = YY (J)
        DXA = DXA/2. 0
        DYA = DYA/2. 0
        GOTO 10
16      WRITE ( * ,' (/10X, 60A)') (' +', I = 1, 60)
        WRITE ( * ,' (/10X, A, F7. 3/46X, A, F7. 3/47X, A, F7. 2/30X, A, F7. 4)')
$          'CENTERS COODINATE OF SLIDING RADIUS XC =', XX (J),'YC =', YY (J),
$          'R =', RA (J),'FACTOR OF SAFTY FS =', FA (J)
        WRITE ( * ,' (/10X, 60A)') (' +', I = 1, 60)
        RETURN
        END
C  - - - - - - - - - - - - - - - - - - - - - - - - - - - - - - - - - - - - - - - - - -
        SUBROUTINE RADIUS (XC, YC, RC, FC)
        DIMENSION RB (3), FB (3)
        COMMON /XU/XU (24) /YU/YU (10, 24) /NB/NB, NS, N
        COMMON /C/C (10), T (10), GS (10) //X (41), YW (41),
*          Y (10, 41), Q (41), DX/XA/XA, XB, YA, YB
        COMMON /TOL/TOL1, DS
        R1 = SQRT ( (XC – XU (1)) * *2 + (YC – YU (1, 1)) * *2)
        R2 = SQRT ( (XC – XU (NB)) * *2 + (YC – YU (1, NB)) * *2)
        RMAX = AMIN1 (R1, R2)
        RMIN = RMAX
        DO 10 I = 2, NB
        R1 = SQRT ( (XC – XU (I)) * *2 + (YC – YU (1, I)) * *2)
        IF (R1. LT. RMIN) RMIN = R1
10      CONTINUE
        DR = (RMAX – RMIN) /4. 0
```

```
                RB (1) = (RMAX + RMIN) /2.0
                CALL FACTOR (RB (1), XC, YC, FB (1))
12              RB (2) = RB (1) − DR
                RB (3) = RB (1) + DR
                CALL FACTOR (RB (2), XC, YC, FB (2))
                CALL FACTOR (RB (3), XC, YC, FB (3))
                FM = (FB (1) + FB (2) + FB (3)) /3.0
                J = 1
                FMIN = FB (1)
                DO 14 I = 2, 3
                IF (FMIN. LT. FB (I)) GOTO 14
                J = 1
                FMIN = FB (J)
14              CONTINUE
                IF (ABS ( (FMIN − FM) /FMIN) . LE. TOL1) GO TO 16
                RB (1) = RB (J)
                FB (1) = FMIN
                DR = DR/2.0
                GOTO 12
16              FC = FMIN
                RC = RB (J)
                RETURN
                END
C       − − − − − − − − − − − − − − − − − − − − − − − − − − − − − − − − − − −
                SUBROUTINE FACTOR (R, XC, YC, F)
                DIMENSION DL (60), CA (60), SA (60), YR (61)
                COMMON /NB/NB, NS, N/C/C (10), T (10), GS (10)
                COMMON /EQ/EQH//X (41) YW, (41), Y (10, 41), Q (41), DX
                COMMON /XA/XA, XB, YA, YB/TOL/TOL1, DS
                N1 = N + 1
                DO 10 I = 1, N1
                IF (ABS (XC − X (I)) . GT. R) GO TO 11
                YR (I) = SQRT (R ∗ ∗2 − (X (I) − XC) ∗ ∗2) + YC
                IF (YR (I) . GE. Y (1, I)) GO TO 10
11              YR (I) = Y (1, I)
10              CONTINUE
                DO 15 I = 1, N
                DL (I) = SQRT ( (X (I + 1) − X (I)) ∗ ∗2 + (YR (I) − YR (I + 1)) ∗ ∗2)
                CA (I) = (X (I + 1) − X (I)) /DL (I)
                SA (I) = (YR (I) − YR (I + 1)) /DL (I)
15              CONTINUE
                F = 1.0
16              WS = 0.0
```

```
      Z = 0.0
      DO 20 I = 1,N
      YRM = (YR (I) + YR (I + 1)) /2.0
      YM = (Y (1, I) + Y (1, I + 1)) /2.0
      YT = YM
      YEQ = (YT + YRM) /2.
      YWM = (YW (I) + YW (I + 1)) /2.0
      IF (YT. GE. YWM) U = YRM - YT
      U = YRM - YWM
      IF (U. LT. 0.0) U = 0.0
C     - - - - - - - - - - - - - - - - - - - - - - - - - - - - - - - -
C     IF (YRM. LE. YM) GO TO 20
      W = DX * Q (I)
      IF (NS. EQ. 1) GO TO 25
      NS1 = NS - 1
      DO 22 J = 1,NS1
      YM = (Y (J + 1, I + 1) + Y (J + 1, I)) /2.0
      IF (YRM. GT. YM) GO TO 22
      JA = J
      GO TO 24
22    W = W + GS (J) * DX * (YM - (Y (J, I + 1) + Y (J, I)) /2.0)
25    JA = NS
24    W = W + GS (JA) * DX * (YRM - (Y (JA, I + 1) + Y (JA, I)) /2.0)
      WQH = .25 * W * EQH
      WQV = WQH/3.
      WS = WS + (W + WQV) * SA (I) + WQH * YEQ/YRM
      SIT = SIN (3.141592 * T (JA) /180.0)
      COT = COS (3.141592 * T (JA) /180.0)
      ZU = C (JA) * DL (I) * CA (I) + (W + WQV - U * DL (I) * CA (I)) * SIT/COT
      ZL = CA (I) + SA (I) * SIT/ (COT * F)
      Z = Z + ZU/ZL
20    CONTINUE
      FA = Z/WS
250   FORMAT (1X,'FC = ', E15. 7)
      IF (ABS (FA - F) /FA. LF. TOL1) GO TO 30
      F = FA
      GOTO 16
30    F = FA
      IF (F. LE. 0.0) F = 100000.0
      RETURN
      END
```

（五）算例

已有原始数据文件（Y—已有　N—没有）吗？［N］：n

输入数据部分：

输入：土坡表面几何特征点数 NB，土层数 NS，土条数 N = 8, 2, 20

地表特征点数	土层数	土条数
8	2	20

输入：滑弧最小深度 DS，水平地震系数 QEH，相对精度 TOL1 = 0, 0, .02

滑弧深度	地震系数	相对精度
.00	.00	.20

输入：圆心可能的左侧坐标 XA，右则坐标 XB，垂直坐标下限 YA，上限 YB = 10, 60, 50, 120

圆心初始坐标：

XA	XB	YA	YB
10.00	60.00	50.00	120.00

输入地表特征点水平坐标：

X1, X2, ..., Xnb = 20, 50, 54, 54.5, 57, 59.5, 70, 80

输入地表特征点下各土层界面的垂直坐标：

输入第 1 层：Y1, Y2, ..., Ynb = 160.3, 160.3, 155, 155, 150, 150, 150, 150

输入第 2 层：Y1, Y2, ..., Ynb = 160.3, 160.3, 156, 156, 156, 156, 156, 156

输出地表特征点坐标：

特征点号	X（m）	Y1（m）	Y2（m）
(1)	20.00	160.30	160.30
(2)	50.00	160.30	160.30
(3)	54.00	155.00	156.00
(4)	54.50	155.00	156.00
(5)	57.00	150.00	156.00
(6)	59.50	150.00	156.00
(7)	70.00	150.00	156.00
(8)	80.00	150.00	156.00

输入地表特征点下地下水位或浸润线的垂直坐标：

WL1, WL2, .., WLnb = 162, 162, 162, 162, 162, 162, 162, 162

输入地表特征点间的荷载：

QA1, QA2, ..., QAnb = 0, 0, 0, 0, 0, .5, 0, 0

输出地表特征点间的地下水位与荷载：

特征点号	地下水位 X（m）	荷载（kN/m ＊ ＊ 2）
(1)	162.00	.00
(2)	162.00	.00
(3)	162.00	.00
(4)	162.00	.00
(5)	162.00	.00
(6)	162.00	.50

(7)   162.00   .00
(8)   162.00   .00

输入各土层的黏聚力，重度，内摩擦角：
输入第 1 层：CI，GSI，TI = 2.8，1.99，18
输入第 2 层：CI，GSI，TI = 2.5，2，22
输出各土层的黏聚力，重度，内摩擦角：

土层号	黏聚力	重度	内摩擦角
(1)	2.80	1.99	18.00
(2)	2.50	2.00	22.00

输出计算结果：

COODINATERS OF CIRCLE CENTRE

+ +

	XC	YC	R	FS
A（1）	35.00	85.00	72.70	8.44
FA（2）	22.50	67.50	91.13	53.59
FA（3）	22.50	102.50	57.85	4846112.00
FA（4）	47.50	67.50	85.86	18.35
FA（5）	47.50	102.50	53.00	7.90
FA（2）	41.25	93.75	63.36	6.86
FA（3）	41.25	111.25	47.64	4.68
FA（4）	53.75	93.75	59.21	18.49
FA（5）	53.75	111.25	42.85	10.32
FA（2）	38.13	106.88	51.75	6.73
FA（3）	38.13	115.63	43.71	6.51
FA（4）	44.38	106.88	50.44	5.86
FA（5）	44.38	115.63	43.06	4.18
FA（2）	42.81	113.44	45.67	4.07
FA（3）	42.81	117.81	41.70	3.85
FA（4）	45.94	113.44	44.09	5.17
FA（5）	45.94	117.81	40.45	4.33
FA（2）	42.03	116.72	42.66	4.14
FA（3）	42.03	118.91	40.70	4.03
FA（4）	43.59	116.72	42.60	3.81
FA（5）	43.59	118.91	40.75	3.62
FA（2）	43.20	118.36	41.22	3.73
FA（3）	43.20	119.45	40.25	3.68
FA（4）	43.98	118.36	41.08	3.69
FA（5）	43.98	119.45	40.21	3.59

```
+ + + + + + + + + + + + + + + + + + + + + + + + + + + + + + + +
       CENTERS CODINAIE OF SLIDING RADIUS XC = 43. 984
                                             YC = 119. 453
                                              R = 40. 21
                        FACTOR OF SAFTY FS = 3. 5888
+ + + + + + + + + + + + + + + + + + + + + + + + + + + + + + + +
```

五、锚定板桩墙电算程序

程序使用说明

（一）主要变量及数组说明

YTB　锚杆高程；

YOL　基坑开挖高程；

AHW　板桩墙后水位；

PHW　板桩墙前水位；

AQ　板桩墙后地面荷载（kN/m^2）；

PQ　板桩墙前地面荷载（kN/m^2）；

FOS　安全系数；

NSTRAT　地基土壤土层数；

BY（20）　存放每一土层底面高程；

ADENS（20）　存放每一土层重度（水面以下用饱和重度）；

AKC（20）　存放每层土（层）主动土压力系数；

PKC（20）　存放每一层土的被动土压力系数；

ASWT（20）　存放自地面算起至土层底面墙后土的自重应力；

PSWT（20）　存放自开挖高程算起至以下各土层底面墙前的自重应力。

程序中，y 坐标原点为桩顶，高程从桩顶为零，向下为正。

（二）数据输入

数据输入采用菜单提示方式。

（1）输入　YTB，YDL，AHWT，PHWT；

（2）输入　AQ，PQ，FOS；

（3）输入　NSTRAT；

（4）输入　BY，ADENS，AKC，PKC。

（三）计算结果输出

输出信息分两部分。第一部分为输入数据的输出，供用户核对数据是否正确，第二部分为计算结果的输出，其中有入土深度，安全系数，锚杆拉力及安全系数随入土深度增加的变化情况，最后是板桩承受的最大弯矩。

关于本程序计算的原理参见第十六章第三节。

（四）程序

```
c          锚定板桩墙计算（PILE）
c     文件名：pile. for
c     锚定板桩墙计算
```

```
      INTEGER FIN
      REAL MPAT, MPPT, MTB, MT
      DIMENSION BY (20), ADENS (20), PDENS (20), ASWT (20), PSWT (20),
     *          AKC (20), PKC (20)
C     - - - - - - - - - - - - - - - - - - - - - - - - - - - - - - - - - -
      WRITE (∗,'(2X, A\')'输入数据部分：'
      WRITE (∗,'(2X, 2A/2X, A\')'输入：锚杆高程 YTB，基坑开挖高程 YDL，',
     $        '板桩后水位 AHWT，','板桩前水位 PHWT（地表为零，向下为正）='
      READ (∗,∗) YTB, YDL, AHWT, PHWT
      WRITE (∗,'(2X, 2A\')'输入：板桩墙后地面荷载 AQ，板桩墙前地面荷载',
     $        'PQ，安全系数 FOS='
      READ (∗,∗) AQ, PQ, FOS
      WRITE (∗,'(2X, A\')'输入：地基土层数 NSTRAT='
      READ (∗,∗) NSTRAT
      do 10 I = 1，NSTRAT
      WRITE (∗,'(2X, A, I2, A/2X, 2A\')'输入第'，I,'层：',
     $        '底面高程 BY (I)，重度 ASENS (I)，',
     $        '主动土压力系数 AKC (I)，被动土压力系数 PKC (I)='
      READ (∗,∗) BY (I), ADENS (I), AKC (I), PKC (I)
10    CONTINUE
      WRITE (∗,'(//2X, A)')'输入信息输出：'
      WRITE (∗,'(/A10, A16, 2A14/F8.3, F16.3, 2F14.3)')
     $        '锚杆高程','基坑开挖高程',
     $        '板桩后水位','板桩前水位', YTB, YDL, AHWT, PHWT
      WRITE (∗,'(/A18, A18, A12)')'板桩墙后地面荷载','板桩墙前地面荷载',
     $        '安全系数'
      WRITE (∗,'(F13.3, F19.3, F15.3)') AQ, PQ, FOS
      WRITE (∗,'(/2X, A, I3)')'地基土层数 NSTRAT=', NSTRAT
      WRITE (∗,'(/2X, A4, 4A16)')'层数','底面高程','重度',
     $        '主动土压力系数','被动土压力系数'
      WRITE (∗,'(2X, A, I2, A, 4F16.3)') ('（', I,'）', BY (I), ADENS (I), AKC (I),
     *        PKC (I), I = 1，NSTRAT)
C
      WRITE (∗,'(//2X, A)')'输出计算结果：'
      IF (NSTRAT. EQ. 1) GOTO 40
20    I = 0
      DO 30 J = 2，NSTRAT
      IF (BY (J). GE. BY (J-1)) GOTO 30
      I = 1
      T = BY (J)
      BY (J) = BY (J-1)
      BY (J-1) = T
      T = ADENS (J)
```

```
            ADENS (J)  = ADENS (J - 1)
            ADENS (J - 1)  = T
            T = AKC (J)
            AKC (J)  = AKC (J - 1)
            AKC (J - 1)  = T
            T = PKC (J)
            PKC (J)  = PKC (J - 1)
            PKC (J - 1)  = T
30      CONTINUE
            IF (I. NE. 0) GOTO 20

40      IF (YTB. GT. BY (NSTRAT)) GOTO 190
            IF (YDL. GT. BY (NSTRAT)) GOTO 200
C
            CALL SPLIT (AHWT, BY, ADENS, AKC, PKC, NSTRAT)
            CALL SPLIT (PHWT, BY, ADENS, AKC, PKC, NSTRAT)
            CALL SPLIT (YTB, BY, ADENS, AKC, PKC, NSTRAT)
            CALL SPLIT (YDL, BY, ADENS, AKC, PKC, NSTRAT)
C
            DO 50 I = 1, NSTRAT
50      PDENS (I)  = ADENS (I)
C
            DO 60 I = 1, NSTRAT
            IF (BY (I) . GT. AHWT) ADENS (I)  = ADENS (I)  - 9. 81
            IF (BY (I) . GT. PHWT) PDENS (I)  = PDENS (I)  - 9. 81
60      CONTINUE
C
            DO 70 I = 1, NSTRAT
            IF (BY (I) . LE. YDL) PDENS (I)  = 0.
70      CONTINUE
C
            ASWT (1)  = AQ
            PSWT (1)  = 0.
            YTOP = 0.
            DO 100 I = 2, NSTRAT
            ASWT (I)  = ASWT (I - 1)  + (BY (I - 1)  - YTOP) * ADENS (I - 1)
            PSWT (I)  = 0.
            IF (BY (I)  - YDL) 100, 80, 90
80      PSWT (I)  = PQ
            GOTO 100
90      PSWT (I)  = PSWT (I - 1)  + (BY (I - 1)  - YTOP) * PDENS (I - 1)
100    YTOP = BY (I - 1)
C
```

```
        T = 0.
        K = 1
110     YTOP = 0.
        BMMIN = 0.
        BMMAX = 0.
        PA = 0.
        PP = 0.
        PAMT = 0.
        PPMT = 0.
        WAMT = 0.
        WPMT = 0.
        MPAT = 0.
        MPPT = 0.
        MTB = 0.
        WA = 0.
        WP = 0.
        DWA = 0.
        DWP = 0.
        DMTB = 0.
        APA = 0.
        APP = 0.
        AWA = 0.
        AWP = 0.
        FIN = 0.
        DO 150 I = 1, NSTRAT
        H = YTOP
        NSTEP = IFIX (2. * (BY (I) - YTOP))
        IF (NSTEP. LT. 1) NSTEP = 1
        DH = (BY (I) - YTOP) /FLOAT (NSTEP)
        IF (H. GE. YTB) DMTB = T * DH
        IF (H. GE. AHWT) DWA = 9. 81 * DH
        IF (H. GE. PHWT) DWP = 9. 81 * DH
        DPA = DH * ADENS (I) * AKC (I)
        DPP = DH * PDENS (I) * PKC (I)
        PA = ASWT (I) * AKC (I)
        PP = PSWT (I) * PKC (I)
        DO 140 J = 1, NSTEP
120     H = H + DH
        DPAMT = PA * DH * (H - DH/2. - YTB) + DPA * DH * (H - DH/3. - YTB) /2. 0
        DPPMT = PP * DH * (H - DH/2. - YTB) + DPP * DH * (H - DH/3. - YTB) /2. 0
        DWAMT = WA * DH * (H - DH/2. - YTB) + DWA * DH * (H - DH/3. - YTB) /2. 0
        DWPMT = WP * DH * (H - DH/2. - YTB) + DWP * DH * (H - DH/3. - YTB) /2. 0
        PAMT = PAMT + DPAMT
```

```
        PPMT = PPMT + DPPMT
        WAMT = WAMT + DWAMT
        WPMT = WPMT + DWPMT
        IF (H. LT. YDL) GOTO 130
        FS = PPMT/ (PAMT + WAMT – WPMT)
        IF (FIN. EQ. 1. OR. FS. LT. FOS) GOTO 130
        PAMT = PAMT – DPAMT
        PPMT = PPMT – DPPMT
        WAMT = WAMT – DWAMT
        WPMT = WPMT – DWPMT
C
        OLDFOS = PPMT/ (PAMT + WAMT – WPMT)
        D = DH * (FOS – OLDFOS) / (FS – OLDFOS)
        DMTB = DMTB * D/DH
        DPA = DPA * D/DH
        DPP = DPP * D/DH
        DWA = DWA * D/DH
        DWP = DWP * D/DH
        H = H – Dh
        Dh = D
        FIN = 1
        GOTO 120
130     Y = H – YDL
        MTB = MTB + DMTB
        MPAT = MPAT + (APA + AWA) * DH + (PA + WA) * DH * *2/2. + (DPA
     *           + DWA) * DH * *2/6.0
        MPPT = MPPT + (APP/FOS + AWP) * DH + (PP/FOS + WP) * DH * *2/2. 0 + (DPP/FOS
     *           + DWP) * DH * *2/6.
        MT = MTB – MPAT + MPPT
        APA = APA + (PA + DPA/2. ) * DH
        APP = APP + (PP + DPP/2. ) * DH
        AWA = AWA + (WA + DWA/2. ) * DH
        AWP = AWP + (WP + DWP/2. ) * DH
        PA = PA + DPA
        PP = PP + DPP
        WA = WA + DWA
        WP = WP + DWp
        IF (MT. GT. BMMAX) BMMAX = MT
        IF (MT. LT. BMMIN) BMMIN = MT
        IF (K. EQ. 2. AND. H. GT. YDL) WRITE ( *,' (1X, 5F12. 3)')  Y, PA, PP, MT, FS
        IF (FIN. EQ. 1) GOTO (160, 170), K
140     CONTINUE
        YTOP = BY (I)
```

```
150    CONTINUE
       WRITE ( * ,'(2X，A//)')'ERROR：NOT ENOUGH DEPTH FOR FOS'
       STOP''
160    T = （APA + AWA – APP/FOS – AWP）
       Y = H – YDL
       WRITE ( * ,'(/A14，2A20/F12. 3，F22. 3，f20. 3)')'板桩贯入深度，'
$        '安全系数','锚杆张力'，Y，FS，T
       WRITE ( * ,'(/1X，5A12,)')'PEN DEPTH','PA','PP','BMOM','FOS'
       K = 2
       GOTO 110
170    IF （BMMAX. LT. ABS （BMMIN)) BMMAX = ABS （BMMIN)
       WRITE ( * ,'(//5X，A，F10. 3，A)')'MAX，BENDING MOMENt = '，BMMAX，
$        '（KN – M)'
       STOP''
190    WRITE ( * ,'(/A)')'ERROR：TIE BAR BELOW BOTTOM STRATUM'
       STOP''
200    WRITE ( * ,'(A//)')'ERROR：DREDGE LEVEL BELOW STRATA'
       STOP''
       END
C
       SUBROUTINE SPLIT （Y，YS，DENS，AK，PK，N)
       DIMENSION YS （20)，DENS （20)，AK （20)，PK （20)
       I = 1
10     IF （YS （I) – Y) 20，50，30
20     I = I + 1
       IF （I – N) 10，10，50
30     DO 40 J = I，N
       K = N – J + I
       YS （K + 1) = YS （K)
       DENS （K + 1) = DENS （K)
       AK （K + 1) = AK （K)
       PK （K + 1) = PK （K)
40     CONTINUE
       YS （I) = Y
       N = N + 1
50     RETURN
       END
```

（五）算例

如附图 7-4 所示，在建筑物基坑开挖中采用锚定板桩墙护壁。各土层物理性质量如图示，如抗倾覆安全系数为1.2时，计算其入土深度、锚杆张力及板桩的最大弯矩。

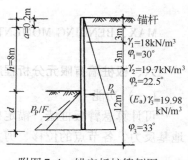

附图7-4　锚定板桩算例图

首先，将各土层有关参数代入土压力系数公式，求得主、被动土压力系数：

$$K_{A1} = 0.297 \qquad K_{A2} = 0.399 \qquad K_{A3} = 0.265$$
$$K_{P1} = 3.0 \qquad K_{P2} = 2.24 \qquad K_{P3} = 3.392$$

按屏幕提示，输入相应数据。其格式如下：

输入信息输出：

锚杆高程	基坑开挖高程	板桩后水位	板桩前水位
.200	8.000	6.000	8.000

板桩墙后地面荷载	板桩墙前地面荷载	安全系数
.000	.000	1.200

地基土层数 NSTRAT = 3

层数	底面高程	重度	主动土压力系数	被动土压力系数
（1）	3.000	18.000	.297	3.000
（2）	6.000	19.700	.399	2.240
（3）	18.000	19.980	.265	3.392

输出计算结果：

板桩贯入深度	安全系数	锚杆张力
5.277	1.200	136.388

PEN DEPTH	PA	PP	BMOM	FOS
.500	36.709	17.248	467.879	.027
1.000	38.057	34.497	414.745	.095
1.500	39.404	51.745	354.378	.189
2.000	40.752	68.993	290.035	.301
2.500	42.099	86.242	224.974	.425
3.000	43.447	103.490	162.449	.557
3.500	44.794	120.738	105.718	.695
4.000	46.142	137.987	58.037	.835
4.500	47.489	155.235	22.663	.978
5.000	48.837	172.483	2.853	1.121
5.277	49.585	182.054	−.230	1.200

MAX, BENDING MOMENT = 564.651 （kN-m）

六、板桩墙有限元分析程序

（一）功能

可计算悬臂板桩墙，锚定板桩墙及内支撑的护壁的入土深度，板桩墙承受的土压力、地基反力，各节点的位移、剪力、弯矩及最大弯矩、锚杆拉力、内支撑的支撑力。

（二）方法简介

采用有限单元法将板桩划分为有限个梁单元，如附图 7-5 所示。

有限单元法计算原理：

1. 节点平衡方程

对于单元相连的节点均可建立节点内力和节点外力的平衡方程式：

$$P = SF \qquad (\text{附} 7\text{-}11)$$

式中　P——节点外力矩阵；

　　　F——节点内力矩阵；

　　　S——静力矩阵。

2. 静力矩阵

静力矩阵实际是节点内力与外力的关系矩阵。将板桩视为弹性地基梁。如附图 7-6 所示，梁分为五个梁单元。内力 $F_1 \sim F_{10}$ 为节点内力矩，$F_{11} \sim F_{16}$ 为内弹簧力；$e_1 \sim e_{10}$ 为单元节点的转角，$e_{11} \sim e_{16}$ 为节点的垂直位移；$x_1 \sim x_6$ 为节点转角，而 $x_7 \sim x_{12}$ 为节点线位移。

由节点 1 平衡条件知

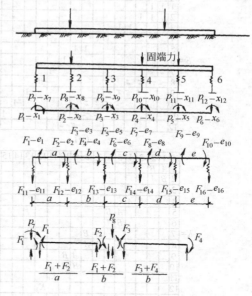

附图 7-5　板桩有限单元划分图

$$p_1 = F_1 \qquad (\text{附} 7\text{-}12)$$

$$p_7 = \frac{F_1}{a} - \frac{F_2}{a} - F_{11} \qquad (\text{附} 7\text{-}13)$$

对于节点 2，

$$p_2 = F_2 + F_3 \qquad (\text{附} 7\text{-}14)$$

$$p_8 = -\frac{F_1}{a} - \frac{F_2}{a} + \frac{F_3}{a} + \frac{F_4}{a} - F_{12} \qquad (\text{附} 7\text{-}15)$$

此梁有 6 个节点可列出 12 个平衡方程，S 矩阵可写成附图 7-6（a）。当梁划分为 N 个单元，则 S 矩阵为 $[(2N+1),(3N+1)]$。

3. 几何矩阵

对于单元节点转角和垂直位移，其几何关系为：

$$\left.\begin{aligned}
e_1 &= x_1 + \frac{x_7}{a} - \frac{x_8}{a} \\
e_2 &= x_2 + \frac{x_7}{a} - \frac{x_8}{a} \\
&\cdots\cdots \\
e_{11} &= -x_7 \\
e_{12} &= -x_8 \\
&\cdots\cdots \\
e_{16} &= -x_{12}
\end{aligned}\right\} \qquad (\text{附} 7\text{-}16)$$

几何矩阵 D 如附图 7-6（b）。由图可知：$D = ST$。

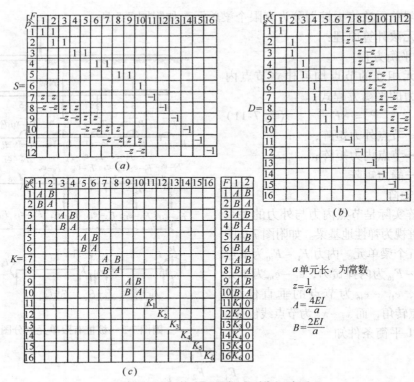

(a)

(b)

(c)

附图 7-6　静力、几何、刚度矩阵图

4. 刚度矩阵 K

由结构力学知附图 7-7 所示单元节点变形与内力之间的关系：

$$F_1 = \frac{4EI}{a}e_1 + \frac{2EI}{a}e_2$$

$$F_2 = \frac{2EI}{a}e_1 + \frac{4EI}{a}e_2$$

$$\cdots\cdots$$

$$F_{11} = K_1 e_{11} \qquad\qquad\qquad\qquad （附 7\text{-}17）$$

$$F_{12} = K_2 e_{12}$$

$$\cdots\cdots$$

$$F_{16} = K_6 e_{16}$$

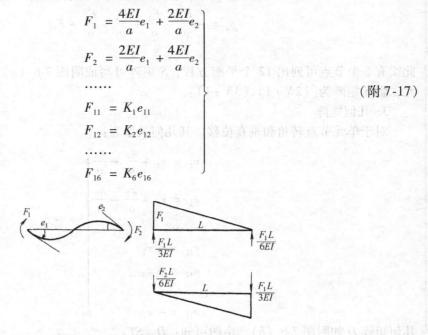

附图 7-7　节点变形与节点力关系图

568

当梁宽为 B，其地基反力系数

$$
\left.\begin{array}{l}
K_1 = aBK_s \\
K_2 = \dfrac{(a+b)}{2}BK_s \\
\cdots\cdots \\
K_6 = eBK_s
\end{array}\right\}
$$ （附7-18）

如各单元长度相等，则

$$K_i = hBK_s$$

K 矩阵为主对角线对称，高度稀疏，最大带席仅为2，如附图7-6（c）。

5. 荷载列阵

荷载列阵为作用于节点上外力向量的有序集合。当荷载作用于节点之间，则应计算其相应等效节点力，其计算固端弯矩和固端力的正负号规定如附图7-8所示。

6. 有限单元法求解过程：

对于板桩墙计算如附图7-9所示。

附图7-8 固端力与固端力矩正号图

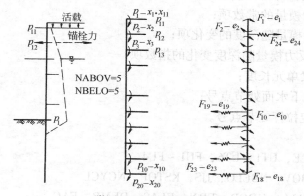

附图7-9 板桩墙计算图

$$P = AF$$
$$e = A^T x$$
$$F = Se = SA^T x$$ （附7-19）
$$P = ASA^T x$$ （附7-20）

求解上式得：$x = (ASA^T)^{-1}P$

代入内力方程 $F = SA^T x$ 可求得各节点单元力。

（三）使用说明

1. 变量

TLTLE——课题题目

UT1 ~ UT6——单位。分别为 m，cm，kN，kN/m²，kN/m³；

NABOV——开挖线以上单元数；

NBELO——开挖线以下单元个数；

JJS——有无外部刚度矩阵；

KSTOP——是否进行循环控制（KSTOP >0，只运行一次；KSTOP =0，按要求循环）；

NCYCL——要求循环次数；

HWALL——开挖线以上板桩墙高；

HROD——锚定拉杆距地面的深度；

ERN——单位宽板桩墙截面惯性矩；

ELAS——板桩墙的弹性模量；

DEMB——板桩墙入土深度初始值；

FAC——横向土压力系数变换系数；

HWAT——地下水位高；

GSAT——填土饱和重度；

GWET——填土湿重度；

PHI——填土内摩擦角；

SCHGE——超载选择，有超载为1；无超载为0；

XMAX——地基最大位移值；

ARODK——锚定拉杆的弹簧常数；

AS——地基反力模量的常数项；

BS——地基反力模量随深度的变化项；

EXPO——地基反力模量随深度变化的指数项；

H（I）——各梁单元长度；

NODWAT——地下水面处节点号；

NODAR——锚定拉杆处节点号。

2. 数据输入

（1）输入　TITLE, UT1 ~ UT6, FU1 ~ FU4

（2）输入　NABOV, NBELO, JJS, KSTOP, NCYCL

（3）输入　HWALL, HROD, ERN, ELAS, DEMB, FAC

（4）输入　HWAT, GSAT, GWET, PHI, DELTA, SCHGE, XMAX, ARODK

（5）输入　AS, BS, EXPO

（6）输入　H（I）, I = 1, MM1

（7）输入　NODWAT, NODAR

3. 计算结果输出

（1）输出全部输入数据，供用户校核；

（2）检查计算过程中的数据；S, P, X, F 的矩阵；

（3）输出土的反力，板桩墙的内力剪力，弯矩及最终的入土深度。

（四）程序

c　　板桩墙有限元分析程序

c　　CANTILEVER AND ANCHORED SHEETPILE WALL ANALYSIS PROGRAM

C　　NABOV, NBELO = NO OF SEGMENT ABOVE AND BELOW DREDGE LINE, RESPECTIVE

C　　HROD HWAT = DEPTH TO ANCH ROD OR WATER M.

C　　AS, BS, EXPO PERTAIN TO MODULUS OF SUBGRADE REACTION, T/CU M,

```
C       FOR CANTILEVER SHEET – PILE WALL READ NODAR = – 1 OR 0
C       UNIT WIDTH = 1 METER；SCHGE = SURCHARGE TSM
C       KSTOP USED TO COMPUTE 1 – CYCLE WITHOUT TEST FOR DEFL. OR XMAX IF > 1
C       NCYCL = NO OF ITERATIONS – – STOPS PROG REGARLESS OF STABILITY
C       ELAS = MOD. OF ELAST KN/SQ M
C       ERN = MOMENT OF INERTIA M ∗ ∗4
c       UT1 = M
c       UT2 = CM
c       UT3 = KN
c       UT4 = KN ∗ M
c       UT5 = KN/M ∗ ∗2
c       UT6 = KN/M ∗ ∗3
        DIMENSION G (50), PT (50), PRESS (50), P (50), H (30), X (50), V (50)
        DIMENSION XMIN (15), SS (50), D (50), SOIR (50), SOILP (50), LS (50)
        DIMENSION A (44, 55), S (60, 2), C (54, 44), E (44, 44), F (55), TITLE (20)
        DIMENSION SMOD (50)
        EQUIVALENCE (E (1, 1), A (1, 1))
5000    WRITE ( ∗ ,' (/2X, A)')'输入数据:'
        WRITE ( ∗ ,' (2 (2X, A/), 2X, A \ ')' ¥'输入:','开挖线上单元数 NABOV = ',
     ¥'开挖线下单元数 NBELO = ',
     ¥'有无外刚度矩阵输入（有为1, 无为0）JJS = ',
     ¥'循环控制（一次为1, 多次为0）KSTOP = ', &'循环次数 NCYCL = '
        READ ( ∗ , ∗ ) NABOV, NBELO, JJS, KSTOP, NCYCL
        write ( ∗ , 1001) NABOV, NBELO, JJS, KSTOP, NCYCL
        WRITE ( ∗ ,' (2 (2x, A/), 2x, A\/)')
     ¥'输入:','板桩高 HWALL = ','锚杆深度 HROD = ','桩截面惯性矩 ERN = ',
     ¥'弹性模量 ELAS = ','入土深度 DEMB = ','土压力增减系数 FAC = '
        READ ( ∗ , ∗ ) HWALL, HROD, ERN, ELAS, DEMB, FAC
        write ( ∗ , 5) HWALL, HROD, ERN, ELAS, DEMB, FAC
5       format (2F8. 4, 2X, F10. 8, 2X, F12. 2, 2X, 2F8. 4)
        WRITE ( ∗ ,' ( (2X, A/), 2X, 2A \ )'
     ¥'输入:','地下水位 HWAT = ','饱和填土重度 GSAT = ','湿土重度 GWET = ',
     ¥'内摩擦角 PHI = ','与墙背摩擦角 DELTA = ','有无超载（有为1, 无为0）SCHGE = ',
     ¥'土最大变形 XMAX = ','锚杆刚度系数 ARODK = '
        READ ( ∗ , ∗ ) HWAT, GSAT, GWET, PHI, DELTA, SCHGE, XMAX, ARODK
        WRITE ( ∗ , 10) HWAT, GSAT, GWET, PHI, DELTA, SCHGE, XMAX, ARODK
10      FORMAT (5F8. 3, 2X, F5. 2, 2F8. 3)
        WRITE ( ∗ ,' (2X, 2X/2X, A \ )')
     ¥'地基反力模量常数 AS = ', ∗ ,'随深度变化项 BS = '&,'随深度变化指数项 EXPO = '
        READ ( ∗ , ∗ ) AS, BS, EXPO
        write ( ∗ , 6) AS, BS, EXPO
6       format (3f8. 2)
        FU1 = 100
```

```
          FU2 = 0. 3
          FU3 = 10
          FU4 = 9. 807
          XMA = XMAX/FU1
          M = NABOV + NBELO + 1
          MM1 = M – 1
          MP1 = M + 1
          WRITE ( * ,' (/2X, 2A/)')
     ¥'输入:','H (I) = , I = 1, MM1'
          READ ( * , * ) (H (I), I = 1, MM1)
          write ( * , 7) (H (I), I = 1, MM1)
7     format (20f5. 2)
          WRITE ( * ,' (/2X, A/2X, A \ )')
     ¥'输入:','地下水位处节点号 NODWAT =','锚杆处的节点号 NODAR ='
          READ ( * , * ) NODWAT, NODAR
          write ( * , 8) NODWAT, NODAR
8     format (2i2)
1001  FORMAT (5I5)
          WRITE ( * , 2002) NABOV, NBELO, JJS
2002  FORMAT (T5,'NO SEGS: ABOVE D. L. =', I3, /, T15,'BELOW D. L. =', I3, /, T5
     * ,'NO NODES REQ. S – MATRIX CORRECT =', I3, //)
          WRITE ( * , 2004) HWALL, HROD, ERN, ELAS, DEMB, FAC
2004  FORMAT (T5,'WALL HT. ABOVE DREDGE LINB =', F7. 3, 1X,'m', /T5,'DEPTH
     * GROUND LINE TO ANC. ROD =', F6. 3, 1X,'m', /T5,'MOMENT OF INERTIA OF
     * PILE =', G12. 5, 1X,'m * * 4', /T5,'MODULUS OF ELAST =', F12. 2, 1X,
     * 'KN/sq m', /T5,'INIT ASSUMED EMBED DEPTH =', F7. 3, 1X,'M'/T5,
     * 'PRESS RED FAC =', F4. 2, //)
          WRITE ( * , 2007) HWAT, GSAT, GWET, PHI, XMAX, SCHGE, DELTA
2007  FORMAT (T5,'DEPTH TO WATER =', F6. 3, 1X,'m', /T5,'SAT. UNIT WT OF SOIL
     * =', F8. 4, 1X,'kn/cu m', /T5,'WET UNIT WT OF SOIL =', F8. 4, 1X,'kn/cu m'
     * , /T5,'ANGLE OF INTERNAL FRICT. =', F6. 2,'DEG. '/T5,'MAX SOIL DEFL =',
     * F5. 2, 1X,'cm'/T5,'SURCHARGE PRESS =', F8. 3, 1X, 3X,
     * 'ANGLE WALL FRIC =', F7. 2,'DEG. ')
          WRITE ( * , 2003) AS, BS, EXPO
2003  FORMAT (//, T8,'SOIL MODULUS: KS =', F8. 2,'+', F7. 2,' * Z * ', F5. 3)
          WRITE ( * , 2005)
2005  FORMAT (//, T8,'THE SEGMENT NOS AND LENGTHS ARE:')
          NAR = 0
          IF (NODAR. LE. 0) WRITE ( * , 2015) NODWAT
2015  FORMAT (//, T5,'NO ANCHOR ROD USED * * ', /, T5,'WATER LEVEL LOCATED
     * AT NODE'I3)
          IF (NODAR. GT. O) WRITE ( * , 2012) NODAR, NODWAT
2012  FORMAT (//, T5,'ANCHOR ROD LOCATED AT NODE', I3, /, T7,'WATER LEVEL
```

```
     *LOCATED AT NODE', I3, //)
200   IF (NODAR. GT. 0) NAR = 1
C - - - -COMPUTATION CONSTANTS FORMED HERE
      NP = 2 * M
      NPM1 = NP - 1
      NPP1 = NP + 1
      NFM = 2 * (M - 1)
      NF = NFM + NBELO + NAR + 1
      NFM1 = NF - 1
      NFMM1 = NF - 1
      NFMP1 = NFM + 1
      KABOV = M + NABOV + 1
      NEND = NF
      IF (NODAR. GT. 0) NEND = NEND - 1
      NDEL = NEND - NP
      NPDL = NP - NBELO
      NABP1 = NABOV + 1
      XMIN (1) = 0. 0
      JK = 2
      ANBELO = NBELO
      WRITE (*, 2017) NP, NF, NFM, NEND, NDEL, KABOV, NPDL, NABP1, M, MM1, MP1
2017  FORMAT (//, T5,'NP =', I3, 2X,'NF =', I3, 2X,'NFM =', I3, 2X,'NEND =',
     *I3, 2X,'NDEL =', I3, 2X,'KABOV =', I3, /, T5,'NPDL =', I3, 2X,'NABP1 =',
     *I3, 2X,'M =', I3, 2X,'MM1 =', I3, 2X,'MP1 =', I3)
      DO 600 I = 1, NP
      P (I) = 0. 0
      PT (I) = 0. 0
600   G (I) = 0. 0
C     FORM A - MATRIX - - BEGIN LOOP FOR STABILITY
100   DO 480 I = 1, NP
      DO 480 J = 1, NF
480   A (I, J) = 0. 0
      LCOUN = 0
      write (*, 1500) anbelo
1500  format (F5. 2)
      IF (JK. EQ. 2) GOTO 101
      DO 121 I = NABP1, MM1
121   H (I) = DEMB/anbelo
101   WRITE (*, 2009) (I, H (I), I = 1, MM1)
2009  FORMAT (5 (T3, 5 (2X, I2, F7. 3), /))
      A (1, 1) = 1. 0
      A (M, NFM) = 1.
      NN = 2
```

```
        K = 2
        DO 481 J = 2, MM1
        L = K + 1
        DO 481 I = K, L
        A (J, I) = 1.
481     K = L + 1
        A (NP, NFM - 1) = - 1. /H (MM1)
        A (NP, NFM) = - 1. /H (MM1)
        L = NFM + 1
        DO 482 J = KABOV, NP
        A (J, L) = - 1.
482     L = L + 1
        IF (NODAR. GT. 0) A (M + NODAR, NF) = - 1. 0
485     A (M + 1, 1) = 1. /H (1)
        A (M + 1, 2) = 1. /H (1)
        MP2 = M + 2
        K = 0
        I2 = 0
        DO 486 J = MP2, NPM1
        I2 = I2 + 1
        DO 486 I = 1, 2
        K = K + 1
        A (J, K) = - 1. /H (I2)
486     A (J, K + 2) = 1. /H (I2 + 1)
        IF (JK. GT. 2) GOTO 1100
        WRITE ( * , 2024)
2024    FORMAT ('1', //, T20,'THE STATICS MATRIX', //)
        M2 = 0
818     M1 = M2 + 1
        M2 = MIN0 (M1 + 14, NF)
        DO 819 I = 1, NP
819     WRITE ( * , 1898) I, (A (I, J), J = M1, M2)
1898    FORMAT (T3, I3, 2X, 15F6. 3)
        IF (M2. LT. NF) WRITE ( * , 1921)
1921    FORMAT ('1', //, T5,'THE ADDITIONAL PART OF THE STATICS MATRIX', //)
        IF (M2. LT. NF) GOTO 818
C       FORM S - MATRIX IN 2 COLUMNA
        J = 0
        DO 510 I = 1, NFM
        IF (I/2 * 2. NE. I) J = J + 1
        S (I, 1) = 4. * ERN * ELAS/H (J)
        S (I, 2) = 2. * ERN * ELAS/H (J)
        IF (I/2 * 2. NE. I) GOTO 510
```

```
          SAVES = S (I, 1)
          S (I, 1)  = S (I, 2)
          S (I, 2)  = SAVES
510    CONTINUE
C      FORM REMAINDER OF S – MATRIX DUE TO SOIL
1100   J = NABOV
          IF (LS (JK – 1). GT. 0. AND. JK. GT. 2) GOTO 3060
          JJ = NBELO + 1
          DH = 0.
          DO 495 I = 1, JJ
          SMOD (I)  = AS + (BS * DH) ** EXPO
          J = J + 1
495    DH = DH + H (J)
          J = NABOV
          IF (NODAR. LE. 0) NFM1 = NF
          IJ = 1
          DO 511 I = NFMP1, NFM1
          J = J + 1
          IF (I. GT. NFMP1) GOTO 496
          S (I, 1)  = (7. * SMOD (IJ) + 6. * SMOD (IJ + 1) – SMOD (IJ + 2)) * H (J) /24.
          GOTO 499
496    IF (I. EQ. NFM1) GOTO 497
          S (I, 1)  = (3. * SMOD (IJ – 1) + 10. * SMOD (IJ) – SMOD (IJ + 1)) * H (J – 1) /24. +
(3. *
          * SMOD (IJ + 1) + 10. * SMOD (IJ) – SMOD (IJ – 1)) * H (J) /24.
          GOTO 499
497    S (I, 1)  = (7. * SMOD (IJ) + 6. * SMOD (IJ – 1) – SMOD (IJ – 2)) * H (J – 1) /24.
499    IJ = IJ + 1
          S (I, 2)  = 0.
C      REDUCE 1ST SOIL SPRING 50% AND 2ND SPRING 25%
          IF (I. EQ. NFMP1) S (I, 1)  = 0. 5 * S (I, 1)
          IF (I. EQ. NFMP1 + 1) S (I, 1)  = 0. 75 * S (I, 1)
511    SS (I)  = S (I, 1)
          IF (NODAR. GT. 0) S (NF, 1)  = ARODK
          S (NF, 2)  = 0.
3060   WRITE ( * , 2061)
2061   FORMAT ('1', ///, T5, 'THE S – MATRIX IN 2 – COLS – – INCL F – NUMBER')
          NFDB2 = NF/2
          IF (NF/2 * 2. NE. NF) NFDB2 = NFDB2 + 1
          DO 507 I = 1, NFDB2
          LL = I + NFDB2
          IF (NFDB2. NE. NF/2. AND. I. EQ. NFDB2) WRITE ( * , 2051) I, (S (I, J), J = 1, 2)
          IF (NFDB2. NE. NF/2. AND. I. EQ. NFDB2) GOTO 507
```

```
              WRITE ( * , 2051) I, (S (I, J), J = 1, 2), LL, (S (LL, J), J = 1, 2)
2051   FORMAT (T5, I3, 2F12. 2, 2X, I3, 2F12. 2)
507    CONTINUE
              IF (JK. GT. 2) GOTO 1111
              DO 515 I = 1, NP
515    PRESS (I) = 0.
C      COMPUTE COULOMB EARTH PRESSURE COEFFICIENT
              DA = DELTA/57. 2958
              PHE = PHI/57. 2958
              ROOT = SQRT (SIN (PHE + DA) * SIN (PHE) /COS (DA))
              CKA = (COS (PHE) * *2/ (COS (DA) * (1. + ROOT) * *2))
              WRITE ( * , 2025) CKA
2025   FORMAT (//, T7, 'THE COULOMB PRESS. COEFF = ', F8. 6)
              TH = 0.
              DO 505 I = 1, NABP1
              IF (TH. LE. HWAT) J = I
              IF (TH. LE. HWAT) PRESS (I) = SCHGE * CKA + GWET * TH * CKA
              IF (TH. GT. HWAT) PRESS (I) = PRESS (J) + (GSAT - FU4) * (TH - HWAT) * CKA
505    TH = TH + H (I)
C      FORM P - MATRIX DUE TO WALL PRESSURE
              WRITE ( * , 2031)
2031   FORMAT (T5, 'SOIL MODULUS,', 'kn/cu m', T27, 'NODAL SOIL PRESSURE AND
       &P - MATRIX VALUES')
              J = 0
              SUML = 0.
              DO 512 I = MP1, KABOV
              IF (I. EQ. KABOV) PRESS (J + 2) = 0.
              IF (I. NE. MP1) P (I) = H (J) * (2. * PRESS (J + 1) + PRESS (J)) /6.
       & + H (J + 1) * (2. * PRESS (J + 1) + PRESS (J + 2)) /6.
              IF (I. EQ. MP1) P (I) = H (I) * (2. * PRESS (1) + PRESS (2)) /6.
508    SUML = SUML + P (I)
              J = J + 1
              IF (J. LE. JJ) WRITE ( * , 2030) J, SMOD (J), J, PRESS (J), I, P (I)
512    IF (J. GT. JJ) WRITE ( * , 2032) J, PRESS (J), I, P (I)
2030   FORMAT (T9, I3, 2X, F10. 4, 2 (2X, I3, 2X, F10. 4))
2032   FORMAT (T26, I3, 2X, F10. 4, 2X, I3, 2X, F10. 4)
C      COMPLETE P - MATRIX
1111   DO 524 I = 1, NP
524    PT (I) = P (I) + G (I)
C      FORM SAT - MATRIX
              DO 552 I = 1, NFM
              DO 552 J = 1, NP
              KA = I
```

576

```
          IF (I/2 * 2. EQ. I) KA = I - 1
552   C (I, J) = S (I, 1) * A (J, KA) + S (I, 2) * A (J, KA + 1)
          DO 553 I = NFMP1, NF
          DO 553 J = 1, NP
553   C (I, J) = S (I, 1) * A (J, I)
C     END OF SAT MATRIX – – BUILD ASAT MATRIX AND STORE OVER A – MATRIX
          DO 557 I = 1, NP
          DO 559 J = 1, NP
          D (J) = 0.
          DO 559 K = 1, NF
559       D (J) = D (J) + A (I, K) * C (K, J)
          DO 557 L = 1, NP
557   E (I, L) = D (L)
          write ( *, 558) (D (L), L = 1, NP)
558   FORMAT (22F12. 2)
C     INVERT ASAT – MATRIX USING GAUSS – JORDAN METHOD
          WRITE ( *, 561) (E (K, K), K = 1, NP)
561       FORMAT (22F12. 2)
          DO 562 K = 1, NP
          DO 563 J = 1, NP
563   IF (J. NE. K) E (K, J) = E (K, J) / E (K, K)
          DO 565 I = 1, NP
          IF (I. EQ. K) GOTO 565
          DO 564 J = 1, NP
          IF (J. EQ. K) GOTO 564
          E (I, J) = E (I, J) – E (K, J) * E (I, K)
564   CONTINUE
565   CONTINUE
          DO 567 I = 1, NP
567   IF (I. NE. K) E (I, K) = – E (I, K) / E (K, K)
562   E (K, K) = 1. 0/E (K, K)
          WRITE ( *, 570) (E (K, K), K = 1, NP)
570       FORMAT (22F12. 2)
C – – – – – END OF ASAT INVERSION – – COMPUTE X – MATRIX
          DO 575 I = 1, NP
          X (I) = 0.
          DO 575 K = 1, NP
575   X (I) = X (I) + E (I, K) * PT (K)
          WRITE ( *, 576) (X (I), I = 1, NP)
576       FORMAT (22F12. 2)
C – – – – – – COMPUTE F – MATRIX USING F = SAT * X
          DO 580 I = 1, NF
          F (I) = 0.
```

```
          DO 580 K = 1, NP
580    F (I) = F (I) + C (I, K) * X (K)
          IF (JK. LE. 2) GOTO 582
          J = 0
          DO 581 I = NFMP1, NEND
          F (I) = F (I) + G (NPDL + J)
581    J = J + 1
          WRITE ( * , 2101)
2101   FORMAT ('1', //)
582    WRITE ( * , 2026)
2026   FORMAT (//T6,'THE TOTAL LOAD MATRIX', 4X,'KN', 2X,'THE JOINT DEFL',
          &8X,'KN – M', 2X,'THE FORCE MATRIX', 2X,'KN'/T6,'KN','OR', KN – M','IS'
          &, 10X,'KN','OR RADS ARE', 11X,'KN','OR','KN – M'/)
30     WRITE ( * , 1021) (I, PT (I), I, X (I), I = 1, NFM)
1021   FORMAT (T4,'LOAD DIR. ', I3, F8. 4, T27,'DIR = ', I3, 2X, F10. 7, T50,'MOMENT'
          &', I3, F10. 4)
36     WRITE ( * , 2027) (I, PT (I), I, X (I), I, F (I), I = NFMP1, NP)
2027   FORMAT (T4,'LOAD DIR. ', I3, F8. 4, T27,'DIR = ', I3, 2X, F10. 7, T49,'FORCE
          &', I3, F10. 4)
          WRITE ( * , 2033) (I, F (I), I = NPP1, NEND)
2033   FORMAT (T49,'FORCE', I3, F10. 4)
          IF (NODAR. GT. 0) WRITE ( * , 2035) NF, F (NF)
2035   FORMAT (T40,'ANCHOR ROD FORCE', I3, F10. 4)
C – – – – – CALCULATION OF SHEARS AND FINAL FIXED – END MOMENTS
          WRITE ( * , 2034)
2034   FORMAT ('1'//T5,'SHEAR AT EACH', 2X,'NODAL BEND. MOMENT', 3X,
          &'SOIL FORCE AND PRESS', /T6,'NODE', 2X,'KN', 4X,'NODE', 6X,
          * 'KN. M', 10X,'KN')
          VI = 0.
          SUM = 0.
          NSOIL = NFMP1 – NABOV – 1
          DO 53 I = 1, M
          IF (I. GT. NABOV) GOTO 51
          V (I) = VI + PT (I + M)
          IF (I. EQ. NODAR) V (I) = V (I) – F (NF)
          GOTO 53
51     V (I) = VI + PT (I + M) + F (I + NSOIL)
          SOIR (I) = – F (I + NSOIL)
          SOILR (I) = X (I + M) * SMOD (I – NABOV)
          IF (X (I + M). GT. XMA) SOILP (I) = XMA * SMOD (I – NABOV)
          SUM = SUM + SOIR (I)
          IF (NODAR. GT. O. AND. I. EQ. M) SUM = SUM + F (NF)
53     IV = V (I)
```

```
        L = -1
        DO 54 I = 1, M
        L = L + 2
        IF (L. GT. NFM) L = NFM
        IF (I. GT. NABOV) WRITE ( * , 2038) I, V (I) , I, F (L) , I, SOIR (I) , SOILP (I)
2038    FORMAT (T5, I2, F10. 4, 4X, I2, F10. 4, 6X, I2, F9. 4, 2X, F9. 3, 1X, A7,
    *   'KN/SQ M')
54      IF (I. LE. NABOV) WRITE ( * , 2037) I, V (I) , I, F (L)
2037    FORMAT (T5, I2, F10. 4, 4X, I2, F10. 4)
        WRITE ( * , 2039) SUM, SUML
2039    FORMAT (T9,'SUM SOIL REACT INCL ANCH. ROD = ', F10. 4,' (' C, F8. 4,')'
    &   , //)
C - - - - - TEST FOR STABILITY - - CURRENT X (JK) < X (JK - 1) - - ALSO
C   NON - LINEAR TEST IF (KSTOP. GT. O) GOTO 538
996     LS (1) = 0
        LS (JK) = 0
        XMIN (JK) = X (KABOV)
        DO 56 I = KABOV, NPM1
56      IF (X (I + 1) . LT. XMIN (JK)) XMIN (JK) = X (I + 1)
        IF (LS (JK) . GT. 0. OR. XMIN (JK) . GE. (XMIN (JK - 1) - . 0002). OR.
    &   JK. GE. 4. AND. ABS (XMIN (JK)) . GT. XMA) GOTO 3000
        GOTO 70
3000    DO 59 I = NPM1 , NEND
        IF (X (I - NDEL) . GT. 0) GOTO 59
        IF (ABS (X (I - NDEL)) - XMA) 59, 60, 60
60      G (I - NDEL) = - SS (I) * XMA
        S (I, 1) = 0.
        LS (JK) = LS (JK) + 1
59      CONTINUE
70      JKM1 = JK - 1
        IF (JK. EQ. 2) GOTO 75
        IF (LS (JK) . LE. LS (JKM1)) GOTO 538
75      WRITE ( * , 2102) JK, LS (JK) , LS (JKM1) , XMA, XMIN (JK) , XMIN (JKM1)
2102    FORMAT (T5,'JK = ', I3, 2X,'LS (JK) = ', I3, 2X,'LS (JKM1) = ', I3, 2X,'XMA = '
    &   , F9. 6, /, T5,'XMIN (JK) = ', F9. 6, 3X,'XMIN (JKM1) = ', F9. 6)
        IF (JK. EQ. NCYCL) GOTO 538
        WRITE ( * , 2041) JKM1
2041    FORMAT (//, T10,'COMPUTATIONS FOR CYCLE', I3,'FOLLOW', //)
C - - - - - EMBED DEPTH INCR . 3 - M ANCH SHEETPILE;. 6M CANTIL
        IF (LS (JK) . GT. 0. AND. JK. GT. 2. AND. LS (JK) . LT. (NBELO + 1) /2 + 1) GOTO
250
        IF (LS (JK) . GE. ( (NBELO + 1) /2 + 1)) GOTO 538
79      DEMB = DEMB + FU2
```

```
      IF（NODAR. LE. 0）DEMB = DEMB + FU2
      WRITE（*，2042）DEMB
2042  FORMAT（//T5,'PILE EMBEDMENT INCREASED TO',F6. 2,1X,A2,'M'///）
250   JK = JK + 1
      GOTO 100
538   WRITE（*，2044）DEMB
2044  FORMAT（///T5,'* * FINAL EMBEDMENT LENGTH OF SHEET PILE = ',F6. 2,
     &1X,A2,'M'/T10,'OUTPUT ABOVE FOR THIS EMBEDMENT VALUE'）
      IF（LS（JK）. GE.（（NBELO + 1）/2 + 1））WRITE（*，2054）LS（JK）
2054  FORMAT（T5,'* * * * PILE UNSTABLE',I3,'NODES ZEROED IN S-MATRIX'）
      IF（LS（JK）. GE.（（NBELO + 1）/2 + 1））LCOUN = 1
      IF（LCOUN. NE. 1. OR.（JK. EQ. NCYCL）. OR.（KSTOP. GE. O））GOTO 80
      LS（JK）= 0
      GOTO 79
80    GOTO 500
150   STOP
      END
```

（五）算例

计算一悬臂板桩墙的入土深度，土反力，板桩墙
的剪力、弯矩及最大弯矩值。

板桩墙如附图7-10所示。地基反力 K_s = 3927.5，
单位宽板桩墙截面惯性矩 $3.837 \times 10^{-4} \text{m}^4$，板桩墙弹
性模量 $E = 20.4 \times 10^7 \text{kN/m}^2$，地基（土）最大位移值
为3.81cm，开挖线以上板桩墙高为4.572m，单元长
为0.91m，假定入土深度初始值为2.743m，开挖线以
下单元长为0.55m，填土的饱和重度为20.81kN/m³，
水中土重度17.59kN/m³。

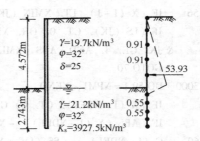

附图7-10　悬臂板桩算例图

无外刚度矩阵输入，JJS = 0，要求计算循环五次，KSTOP = 0，NCYCL = 5。

输入数据：

输入：开挖线上单元数 NABOV，开挖线下单元数 NBELO，

有无外刚度矩阵输入（有为1，无为0）JJS，

循环控制（一次为1，多次为0）KSTOP，循环次数 NCYCL =

5，5，0，0，5

5 5 0 0 5

输入：板桩高 HWALL，锚杆深度 HROD，

桩截面惯性矩 ERN，

弹性模量 ELAS，入土深度 DEMB，

土压力增减系数 FAC = 4.572，0.0，0.0003837，204000000，2.743，1.0

4.5720.0000.00038370 204000000. 00 2.7430 1.0000

输入：地下水位 HWAT，饱和填土重度 GSAT，

湿土重度 GWET，

内摩擦角 PHI，与墙背摩擦角 DELTA，

有无超载（有为1，无为0）SCHGE，

土最大变形 XMAX，锚杆刚度系数 ARODK＝

4.572，20.81，17.59，32，25，0.0，3.81，0.0

4.572 20.810 17.590 32.000 25.000.00 3.810.000

地基反力模量常数 AS，随深度变化项 BS，

随深度变化指数项 EXPO＝3927.5，0.0，1.0

3927.50.00 1.00

输入：H（I），I＝1，MM1

0.91，0.91，0.91，0.91，0.91，0.55，0.55，0.55，0.55，0.55

.91.91.91.91.91.55.55.55.55.55

输入：地下水位处节点号 NODWAT，

锚杆处的节点号 NODAR＝6，0

计算过程中：

板桩入土深度由2.743m增到3.34m。程序自动增加深度（增量为0.3m）。输出了入土深度为2.743m和3.34m两种情况下相应计算结果，供用户选择满足需要的入土深度。由输出结果可知，桩顶位移为－0.122m，开挖线处为－0.0357m＜0.0381m。当入土深度增加至3.34m时，开挖线处的位移由0.0457m下降到0.0357m。

结果打印如下：

（1）输出输入数据：

NO SEGS：ABOVE D.L. ＝5

BELOW D.L.   ＝5

NO NODES REQ. S－MATRIX CORRECT＝0

WALL HT. ABOVE DREDGE LINE＝4.572m

DEPTH GROUND LINE TO ANC. ROD＝.000m

MOMENT OF INERTIA OF PILE＝.38370E－03m＊＊4

MODULUS OF ELAST＝204000000.00kN/sq m

INIT ASSUMED EMBED DEPTH＝2.743m

PRESS RED FAC＝1.00

DEPTH TO WATER＝4.572m

SAT. UNIT WT OF SOIL＝20.8100kn/cu m

WET UNIT WT OF SOIL＝17.5900kn/cu m

ANGLE OF INTERNAL FRICT.＝32.00DEG.

MAX SOIL DEFL = 3.81cm

SURCHARGE PRESS = .000 ANGLE WALL FRIC = 25.00DEG.

SOIL MODULUS：KS = 3927.50 + .00 * Z * * 1.000

THE SEGMENT NOS AND LENGTHS ARE：

1.910 2.910 3.910 4.910 5.910

6.550 7.550 8.550 9.550 10.550

NO ANCHOR ROD USED * *

WATER LEVEL LOCATED AT NODE 6

NP = 22 NF = 26 NFM = 20 NEND = 26 NDEL = 4 KABOV = 17

NPDL = 17 NABP1 = 6 M = 11 MM1 = 10 MP1 = 12

（2）输出中间结果

THE S - MATRIX IN 2 - COLS - - INCL F - NUMBER

1	344065.10	172032.50	14	284635.60	569271.30
2	172032.50	344065.10	15	569271.30	284635.60
3	344065.10	172032.50	16	284635.60	569271.30
4	172032.50	344065.10	17	569271.30	284635.60
5	344065.10	172032.50	18	284635.60	569271.30
6	172032.50	344065.10	19	569271.30	284635.60
7	344065.10	172032.50	20	284635.60	569271.30
8	172032.50	344065.10	21	540.03	.00
9	344065.10	172032.50	22	1620.09	.00
10	172032.50	344065.10	23	2160.13	.00
11	569271.30	284635.60	24	2160.13	.00
12	284635.60	569271.30	25	2160.13	.00
13	569271.30	284635.60	26	1080.06	.00

（3）输出最后结果

SHEAR AT EACH NODAL BEND. MOMENT SOIL FORCE AND PRESS

NOSE	kN	NODE	kN · m		kN	实际土压力
1	.0000	1	.0217			
2	3.9983	2	-.0122			
3	11.9950	3	-3.6239			
4	23.9901	4	-14.5440			
5	39.9835	5	-36.3639			
6	30.4183	6	-72.7577	6	22.9223	137.136
7	-15.4693	7	-93.0988	7	45.8877	91.510

8	− 47. 2329	8	− 82. 7540	8	31. 7635	47. 508
9	− 50. 5536	9	− 51. 1875	9	3. 3208	4. 967
10	− 26. 0585	10	− 17. 4056	10	− 24. 4951	− 36. 636
11	− .0272	11	− .0013	11	− 26. 0313	− 77. 868

SUM SOIL REACT INCL ANCH.　ROD =53. 3678 （53. 3406）

校核水平力和为零

＊＊FINAL EMBEDMENT LENGTH OF SHEET PILE = 3. 34

8	-47.7339		-62.7340	5	51.1033	4	47.3053
9	50.5530		-51.1873	9	3.3208		4.9670
10	-26.0585		-17.4054	10	21.4054		-38.6300
11	-9970		60073	11	-26.0413		-77.1843

参 考 文 献

[1] W. C. 亨廷顿著，张式深等译．土力学和挡土墙．北京：人民铁道出版社，1995

[2] I. K Lee，W. White，O. G. Ingles 等著，俞调梅等译．岩土工程．北京：中国建筑工业出版社，1986

[3] 铁道部第二设计院．挡土墙．北京：人民铁道出版社，1962

[4] 华东水利学院主编．水工设计手册（4）：土石坝．北京：水利电力出版社，1984

[5] 铁家欢．土力学．南京：河海大学出版社，1988

[6] 洪毓康．土质学与土力学．北京：人民交通出版社，1987

[7] 蔡伟铭，胡中雄编．土力学与基础工程．北京：中国建筑工业出版社，1991

[8] 殷永安编．土力学及基础工程．北京：中央广播电视大学出版社，1986

[9] 黄道宣编．土质学及土力学．北京：水利电力出版社，1980

[10] 朱百里，沈珠江等．计算土力学．上海：上海科学技术出版社，1990

[11] 张剑峰等编译．岩石工程勘测设计手册．北京：水利电力出版社，1992

[12] J. E. 波勒斯著，唐念慈等译．基础工程分析与设计．北京：中国建筑工业出版社，1987

[13] 郭继武主编．建筑地基基础．北京：高等教育出版社，1990

[14] 日本土木工程手册：土力学．北京：中国铁道出版社，1984

[15] 日本土木工程手册：基础及土工结构．北京：中国铁道出版社，1984

[16] ［日］松尾　稔著，万国朝等译．地基工程学：可靠性设计的理论和实际．北京：人民交通出版社，1990

[17] Braja M. Das 著，吴世明等译．土动力学原理．杭州：浙江大学出版社，1984

[18] 铁道部第一设计院主编．路基．北京：中国铁道出版社，1992

[19] 陈载赋主编．钢筋混凝土建筑结构与特种结构手册．成都：四川科学技术出版社，1992

[20] T. H. 汉纳著，胡定等译．锚定技术在岩土工程中的应用．北京：中国建筑工业出版社，1987

[21] 卢肇钧主编．锚定板挡土结构．北京：中国铁道出版社，1989

[22] 铁道部第四设计院科研所．加筋土挡墙．北京：人民交通出版社，1984

[23] 日本建设机械化协会编．地下连续墙设计与施工手册．北京：中国建筑工业出版社，1983

[24] 郭继武主编．混凝土结构与砌体结构．北京：高等教育出版社，1990

[25] 王寿华等编著．实用建筑材料学．北京：中国建筑工业出版社，1988

[26] 陈巧珍编．建筑材料试验计算手册．广州：广东科技出版社，1992

[27] 江见鲸等编．土建工程实用计算程序选编．北京：地震出版社，1992

[28] J. E. Boweles. Analytical and Computer Methods in Foundation Engineering. Mc Gran-Hill, Inc. 1974

[29] M. J. Tomlison. Foundation Design and Construction. Pitman, 1975

[30] 《建筑结构静力计算手册》编写组．建筑结构静力计算手册．北京：中国建筑工业出版社，1975

[31] 中华人民共和国国家标准．工程结构可靠性设计统一标准 GB 50153—2008．北京：中国建筑工业出版社，2008

[32] 中华人民共和国国家标准．工程结构设计基本术语和通用符号 GBJ 132—90．北京：中国计划出版社，1991

[33] 中华人民共和国国家标准．建筑地基基础设计规范 GB 50007—2011．北京：中国建筑工业出版

社，2012

[34] 中华人民共和国国家标准．建筑抗震设计规范 GB 50011—2010．北京：中国建筑工业出版社，2010

[35] 中华人民共和国国家标准．建筑结构荷载规范 GB 50009—2012．北京：中国建筑工业出版社，2012

[36] 中华人民共和国国家标准．混凝土结构设计规范 GB 50010—2010．北京：中国建筑工业出版社，2011

[37] 中华人民共和国国家标准．砌体结构设计规范 GB 50003—2011．北京：中国建筑工业出版社，2012

[38] 华东水利学院主编．水工设计手册（7）：水电建筑物．北京：水利电力出版社，1984

[39] 大连工学院，天津大学．结构力学．北京：人民教育出版社，1980

[40] 铁道部锚定板结构研究组．锚定板挡土墙设计原则．北京：中国铁道出版社，1988

[41] 中华人民共和国行业标准．铁路路基设计规范 TB 10001—2005 北京：中国铁道出版社，2005

[42] 中华人民共和国行业标准．铁路路基支挡结构设计规范 TB 10025—2006．北京：中国铁道出版社，2013

[43] 贺才钦．折线形墙下墙力多边形法的土压力图形及土压力力臂．铁道标准设计，1993，11

[44] 贺才钦．挡土墙土压力计算商榷．铁道标准设计，1993，8

[45] 中国工程建设标准化协会标准．土层锚杆设计与施工规范 CECS22—90

[46] 中华人民共和国行业标准．建筑基坑支护技术规程 JGJ 120—2012．北京：中国建筑工业出版社．2012

[47] 中国工程建设标准化协会标准．基坑土钉支护技术规程 CECS 96：97．北京：中国技术标准出版社，1997

[48] 中华人民共和国行业标准．建筑地基处理技术规范 JGJ 79—2012．北京：中国建筑工业出版社，2012

[49] 中华人民共和国国家标准．建筑地基基础工程施工质量验收规范 GB 50202—2002．北京：中国计划出版社，2002

[50] 高大钊主编．陈忠汉，程丽萍编著．深基坑工程．北京：机械工业出版社，1999

[51] 崔江余，梁仁旺编著．建筑基坑工程设计计算与施工．北京：中国建材工业出版社，1999

[52] 黄强编著．建筑基坑支护技术规程应用手册．北京：中国建筑工业出版社，1999

[53] 余志诚．施文华编著，深基坑支护设计与施工．北京：中国建筑工业出版社，1997

[54] 东南大学，天津大学，同济大学合编．混凝土结构（上册）混凝土结构设计原理．北京：中国建筑工业出版社，2002

[55] 黄运飞编著．深基坑工程实用技术．北京：兵器工业出版社，1996

[56] 陈肇元，崔京浩主编，土钉支护在基坑工程中的应用．北京：中国建筑工业出版社，2002

[57] 龚晓南主编，高有潮副主编．深基坑工程设计施工手册．北京：中国建筑工业出版社，1998

[58] 程良奎，杨志银编著．喷射混凝土与土钉墙．北京：中国建筑工业出版社，1998

[59] 李海光等编著．新型支挡结构设计与工程实例．北京：人民交通出版社，2011

[60] 周坚．钢筋混凝土结构．北京：清华大学出版社，2012

[61] 朱彦鹏．罗晓辉，周勇编著．支挡结构设计．北京：高等教育出版社，2008

[62] 王成，梁波编著．新型支挡结构．成都：西南交通大学出版社，2011

[63] 薛殿基，冯仲林等编．挡土墙设计实用手册．北京：中国建筑工业出版社，2008

[64] 郭长庆，梁勇旗、魏进，张文胜主编．冯忠居主审．公路边坡处治技术．北京：中国建筑工业出版社，2007

[65] 雷用，赵尚义，郝江南，石少卿编著．支挡结构设计与施工．北京：中国建筑工业出版社，2010

[66] 朱彦鹏．王秀丽，周勇编著．支挡结构设计计算手册．北京：中国建筑工业出版社，2008

[67] 中交第二公路勘察设计研究院有限公司主编．公路挡土墙设计与施工技术细则．北京：人民交通出

版社，2008
[68] 中华人民共和国国家标准．建筑边坡工程技术规范 GB 50330—2013．中国建筑工业出版社，2013
[69] 中华人民共和国国家标准．复合土钉墙基坑支护技术规范 GB 50739—2011．北京：中国计划出版社，2012
[70] 中华人民共和国军用标准．土钉支护技术 GJB 5055—2006．武汉：武汉大学出版社，2007
[71] 北京市地方标准．建筑基坑支护技术规程 DB 11/489—2007. 2007
[72] 中华人民共和国行业标准．预应力筋用锚具，夹具和连接器应用技术规程 JGJ85—2010．北京：中国建筑工业出版社，2010
[73] 中华人民共和国行业标准．建筑桩基技术规范 JGJ 94—2008．北京：中国建筑工业出版社，2008
[74] 中华人民共和国行业规范．滑坡防治工程设计与施工技术规范 DZ/T 0219—2006．北京：中国标准化出版社，2006
[75] 中华人民共和国国家标准．预应力混凝土钢绞丝技术规范 GB 5224—2014．北京：中国标准出版社，2015
[76] 中华人民共和国行业标准．水工预应力锚固设计规范 SL 212—2012．北京：中国水利水电出版社，2012
[77] 中华人民共和国行业标准．水电工程预应力锚固设计规范 DL/T5176—2003．北京：中国电力出版社，2003
[78] 中华人民共和国国家标准．通用硅酸盐水泥规范 GB 175—2007．北京：中国标准出版社，2008
[79] 中华人民共和国国家标准．工业建筑防腐蚀设计规范 GB 50046—2008．北京：中国计划出版社，2008
[80] 铁道部第二设计院．抗滑桩设计与计算．北京：中国铁道出版社，1983
[81] 施大震．路肩卸荷板挡土墙试验研究．路基工程．1997（1）．
[82] 中华人民共和国国家标准．锚杆喷射混凝土支护技术规范 GB 50086—2001．北京：中国计划出版社，2001